Grundlagen des Raketenbaus und der Konstruktion

Richard Skiba

AFTER MIDNIGHT
PUBLISHING

Urheberrecht © 2025 Richard Skiba

Alle Rechte vorbehalten.

Kein Teil dieses Buches darf in irgendeiner Form ohne schriftliche Genehmigung des Verlags oder des Autors vervielfältigt werden, außer in den Fällen, die das Urheberrecht ausdrücklich erlaubt.

Diese Veröffentlichung wurde mit dem Ziel erstellt, genaue und verlässliche Informationen zu dem behandelten Thema bereitzustellen. Obwohl Verlag und Autor größte Sorgfalt bei der Erstellung dieses Buches angewandt haben, übernehmen sie keine Gewähr oder Haftung für die Genauigkeit oder Vollständigkeit des Inhalts und lehnen insbesondere jegliche stillschweigenden Garantien hinsichtlich der Gebrauchstauglichkeit oder Eignung für einen bestimmten Zweck ab. Es können keine Garantien durch Vertriebsmitarbeiter oder schriftliche Verkaufsunterlagen begründet oder erweitert werden. Die in diesem Buch enthaltenen Ratschläge und Strategien sind möglicherweise nicht für jede Situation geeignet. Bei Bedarf sollte fachlicher Rat eingeholt werden. Weder der Verlag noch der Autor haften für entgangenen Gewinn oder sonstige wirtschaftliche Schäden, einschließlich, aber nicht beschränkt auf besondere, zufällige, Folgeschäden, persönliche oder andere Schäden.

Copyright © 2025 by Richard Skiba

All rights reserved.

No portion of this book may be reproduced in any form without written permission from the publisher or author, except as permitted by copyright law.

This publication is designed to provide accurate and authoritative information in regard to the subject matter covered. While the publisher and author have used their best efforts in preparing this book, they make no representations or warranties with respect to the accuracy or completeness of the contents of this book and specifically disclaim any implied warranties of merchantability or fitness for a particular purpose. No warranty may be created or extended by sales representatives or written sales materials. The advice and strategies contained herein may not be suitable for your situation. You should consult with a professional when appropriate. Neither the publisher nor the author shall be liable for any loss of profit or any other commercial damages, including but not limited to special, incidental, consequential, personal, or other damages.

Skiba, Richard (Author)

Grundlagen des Raketenbaus und der Konstruktion

ISBN 978-1-7643896-2-4 (Taschenbuch /Paperback) 978-1-7643896-3-1 (eBook)

Non-fiction

Dieses Buch wurde aus der ursprünglichen englischen Version mit Hilfe von TranslateGPT übersetzt.

Inhalt

Teil 1 – Grundlagen der Raketentechnik 1

  Kapitel 1: Einführung in die Raketentechnik 2

    Die Geschichte der Raketen: Von Feuerwerkskörpern zur Weltraumforschung 2

    Wichtige Errungenschaften der Raketentechnik (Sputnik, Apollo, SpaceX) 13

    Überblick über den Raketenentwurf und seine Rolle in der modernen Weltraumforschung 21

    Die Raketenbau- und Konstruktionsindustrie 24

  Kapitel 2: Grundprinzipien des Raketenantriebs 33

    Newtons Bewegungsgesetze und ihre Anwendung auf Raketen 34

    Die Raketengleichung: Schub, Geschwindigkeit und Masse 41

    Arten von Antriebssystemen (chemisch, elektrisch, nuklear) 46

  Kapitel 3: Materialien und Strukturen im Raketenbau 58

    Anatomie einer Rakete 58

    Materialien im Raketenbau (Legierungen, Verbundwerkstoffe, Keramiken) 93

    Konstruktive Gestaltungsaspekte (Festigkeit, Gewicht und Haltbarkeit) 102

    Fortschritte in der Fertigung, einschließlich 3D-Druck und Automatisierung 117

Teil 2 - Raketenentwurf 120

  Kapitel 4: Raketensystemkomponenten 121

    Wichtige Teilsysteme: Antrieb, Steuerung, Regelung und Nutzlast 121

    Stufenkonzept und modulares Design für Effizienz 143

    Umweltaspekte: Hitze-, Vibrations- und Vakuumeinflüsse 151

  Kapitel: Raketentypen 155

    Einstufen- und Mehrstufenraketen 160

    Wiederverwendbare vs. Einweg-Raketen 171

    Vertikale Startsysteme vs. Horizontale Startsysteme 178

  Kapitel 6: Antriebstechnologien 188

    Feste vs. Flüssige Treibstoffe 188

    Hybride Antriebssysteme 219

    Neue Technologien: Ionentriebwerke und Plasmatriebwerke 235

  Kapitel 7: Avionik- und Leitsystem 257

    Navigationssysteme für die Raumfahrt 257

Bordcomputer und Telemetrie 279

Redundanz und Ausfallsicherheit im Avionikdesign 295

Teil 3 - Konstruktion und Prüfung 311

Kapitel 8: Raketenbau: Vom Entwurf bis zur Montage 312

Umsetzung von Entwürfen in die Produktion 312

Montageprozesse für Raketen und Raumfahrzeuge 324

Integration von Teilsystemen und Nutzlasten 335

Kapitel 9: Tests und Validierung 339

Statische Zündtests und Triebwerksversuche 339

Windkanaltests für die Aerodynamik 350

Startsimulationen und Fehleranalyse 354

Teil 4 - Anwendungen von Raketen 356

Kapitel 10: Weltraumforschung 357

Raketen für die planetare Erforschung (Rover, Orbiter, Lander) 357

Bemannte Raumfahrt: ISS-, Mond- und Marsmissionen 364

Tiefraum-Missionen: Interstellare Sonden und Teleskope 369

Kapitel 11: Satellitenaussetzung 373

Arten von Satelliten (Kommunikation, GPS, Wetter, Erdbeobachtung) 373

Raketensysteme für Satellitenstarts (LEO-, MEO- und GEO-Orbits) 380

Satellitenkonstellationen: Starlink, OneWeb und ihre Auswirkungen 383

Kapitel 12: Militärische und kommerzielle Anwendungen 385

Verteidigungsanwendungen: Ballistische Raketen und Weltraumverteidigungssysteme 385

Kommerzielle Startdienste: Private Unternehmen und Kostenoptimierung 389

Weltraumtourismus und neue Horizonte der kommerziellen Raumfahrt 391

Teil 5 - Zukunft des Raketendesigns und der Weltraumforschung 399

Kapitel 13: Wiederverwendbare Raketen und Nachhaltigkeit 400

Innovationen in der Wiederverwendbarkeit 400

Kostensenkung und Verringerung der Umweltbelastung 407

Fortschritte in der Treibstofftechnologie und grüner Antrieb 409

Kapitel 14: Antriebssysteme der nächsten Generation 411

Nuklearantrieb für die Tiefenraumfahrt 411

Sonnensegel und Laserantrieb 413

    Antimaterie- und Fusionsbasierte Antriebskonzepte 415

  Kapitel 15: Die Rolle von KI und Robotik in der Raketentechnik 421

    Autonome Raumfahrzeugsysteme.. 421

    KI-gesteuerte Konstruktion und Optimierung 426

    Roboter in Konstruktion, Wartung und Weltraumforschung.. 430

Teil 6 - Herausforderungen und Chancen 434

  Kapitel 16: Regulierung und Ethik in der Weltraumforschung 435

    Internationale Weltraumgesetze und -verträge 435

    Ausgleich zwischen Exploration und ökologischer Verantwortung 438

    Finanzielle und logistische Hürden 440

    Wettbewerb und Zusammenarbeit zwischen Nationen und privaten Akteuren 444

    Entstehende Märkte in der Weltraumtechnologie 445

Literaturverzeichnis 449

Index.. 475

Grundlagen des Raketenbaus und der Konstruktion

TEIL 1

Grundlagen der Raketentechnik

Richard Skiba

Kapitel 1
Einführung in die Raketentechnik

Die Geschichte der Raketen: Von Feuerwerkskörpern zur Weltraumforschung

Uralte Anfänge

Die Ursprünge der Raketentechnik lassen sich bis ins alte China zurückverfolgen, wo die Entwicklung des Schwarzpulvers im 9. Jahrhundert zur Entstehung früher Raketenantriebssysteme führte. Diese primitiven Geräte, bekannt als „Feuerpfeile", waren im Wesentlichen mit Schwarzpulver gefüllte Röhren, die an Pfeile befestigt wurden, und veranschaulichten das grundlegende Prinzip des Raketenantriebs durch die Ausdehnung von Gasen [1]. Diese frühe Innovation legte den Grundstein für spätere Fortschritte in der Raketentechnik und zeigte das Potenzial kontrollierter Antriebssysteme, die in verschiedenen Kulturen weiterentwickelt und verfeinert wurden v

Die Geschichte der Raketen umfasst Jahrhunderte menschlicher Erfindungskraft und technologischer Entwicklung – von den ersten Experimenten der Antike bis zu den modernen Meisterleistungen der Ingenieurskunst. Raketen sind heute ein Zeugnis für tausende Jahre kumulativer Experimente und Forschung, die Prinzipien der Physik, Chemie und Ingenieurwissenschaften miteinander verbinden, welche im Laufe der Zeit verfeinert wurden [2].

Das grundlegende Prinzip der Raketentechnik, das Aktions-Reaktions-Prinzip (später als Newtons Drittes Gesetz formalisiert), wurde bereits um 400 v. Chr. vom griechischen Philosophen Archytas in Tarent (Süditalien) demonstriert. Archytas konstruierte einen hölzernen Vogel, der sich entlang gespannter Drähte bewegte, indem er durch entweichenden Dampf angetrieben wurde. Dieses Experiment faszinierte seine Zeitgenossen und zeigte das Potenzial kontrollierter Antriebe [2].

Drei Jahrhunderte später entwickelte Hero(n) von Alexandria, ein weiterer griechischer Erfinder, ein Gerät namens Aeolipile. Es bestand aus einer Kugel, die auf einem Kessel mit kochendem Wasser montiert war. Der Dampf gelangte durch Rohre in die Kugel und entwich durch zwei L-förmige Düsen. Dies führte dazu, dass sich die Kugel drehte – eine Veranschaulichung der grundlegenden Prinzipien von Schub und Antrieb. Obwohl diese Vorrichtungen keine echten Raketen waren, legten sie das konzeptionelle Fundament für die spätere Raketenantriebstechnik [2].

Die ersten echten Raketen entstanden wahrscheinlich in China im 9. bis 10. Jahrhundert mit der Entdeckung des Schwarzpulvers. Zunächst wurden sie in Feuerwerken bei religiösen Zeremonien

Grundlagen des Raketenbaus und der Konstruktion

verwendet: Bambusröhren, die mit Schwarzpulver gefüllt waren, wurden ins Feuer geworfen, um Explosionen zu erzeugen. Einige dieser Röhren platzten jedoch nicht, sondern wurden aus den Flammen herausgeschleudert – was zur Entwicklung von schwarzpulvergetriebenen Vorrichtungen führte [2].

Im 13. Jahrhundert, während der Song-Dynastie, wurden diese Feuerpfeil-Raketen für militärische Zwecke angepasst. Die Schlacht von Kai-Keng im Jahr 1232 markierte einen entscheidenden Moment, als die Chinesen „fliegende Feuerpfeile" einsetzten, um die mongolischen Invasoren zurückzuschlagen. Diese Raketen bestanden aus einer verschlossenen Röhre, die mit Schwarzpulver gefüllt war und an einem langen Führungsstab befestigt wurde – eine einfache, aber wirkungsvolle Waffe [2].

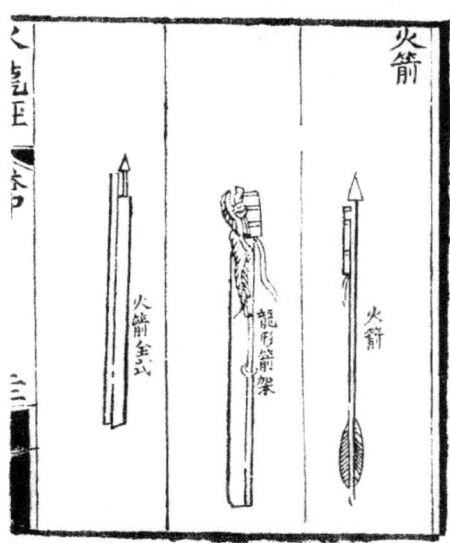

Abbildung 1: Die älteste Darstellung von Raketenpfeilen. Aus dem Huolongjing. Der rechte Pfeil ist mit „Feuerpfeil" beschriftet, der mittlere zeigt einen „Pfeilrahmen in Form eines Drachen", und der linke stellt einen „vollständigen Feuerpfeil" dar. Hrsg.: 焦玉 (Jiāo Yù) und 文言 (Liu Bowen), CC BY-SA 4.0, via Wikimedia Commons.

Die Mongolen, beeindruckt von der chinesischen Raketentechnik, übernahmen diese Technologie und trugen wahrscheinlich während ihrer Invasionen im 13. Jahrhundert zu ihrer Verbreitung in ganz Eurasien bei. Im Nahen Osten dokumentierten Gelehrte wie Hasan al-Rammah fortgeschrittene Raketenrezepte und -techniken, die deren Wirksamkeit verbesserten. Gegen Ende des Mittelalters hatten Raketen Europa erreicht, wo sie für militärische Zwecke angepasst wurden [2].

Europäische Erfinder leisteten bedeutende Beiträge zur Weiterentwicklung der Raketentechnik. Im 14. Jahrhundert schlug Jean Froissart in Frankreich vor, Raketen zur Erhöhung der Zielgenauigkeit durch Röhren zu starten – ein Vorläufer der modernen Bazooka. Der italienische Ingenieur Joanes de

Fontana entwarf raketengetriebene Torpedos für die Seekriegsführung. Raketen fanden auch in festlichen Feuerwerken zunehmende Verwendung: Der deutsche Pyrotechniker Johann Schmidlap erfand im 16. Jahrhundert die sogenannte „Stufenrakete", ein Konzept, das die Grundlage moderner Mehrstufenraketen bildet [2].

Das Königreich Mysore in Indien brachte im 18. Jahrhundert bedeutende Fortschritte in der Raketentechnik hervor, insbesondere durch die Entwicklung eisenummantelter Raketen, die eine größere Reichweite und Stabilität boten. Diese Raketen wurden während der Anglo-Mysore-Kriege erfolgreich gegen die britischen Truppen eingesetzt. Die Briten übernahmen und verfeinerten die Technologie später, was zur Entwicklung der Congreve-Rakete führte, die eine wichtige Rolle in den Napoleonischen Kriegen spielte und die ikonische Zeile in „The Star-Spangled Banner" inspirierte [2].

Das 19. und frühe 20. Jahrhundert markierte einen Wandel von militärischen Anwendungen hin zur wissenschaftlichen Erforschung. Der russische Wissenschaftler Konstantin Tsiolkovsky legte das theoretische Fundament der modernen Raketentechnik, einschließlich der Raketengleichung und des Einsatzes flüssiger Treibstoffe. In den Vereinigten Staaten führte Robert H. Goddard bahnbrechende Experimente mit flüssigbetriebenen Raketen durch und startete 1926 das erste erfolgreiche Modell [2].

Grundlagen des Raketenbaus und der Konstruktion

Abbildung 2: V2-Rakete. Leon Petrosyan, CC BY-SA 3.0, via Wikimedia Commons.

Die Raketentechnologie erreichte während des Zweiten Weltkriegs mit der deutschen V2-Rakete – der weltweit ersten ballistischen Langstreckenrakete – bisher unerreichte Höhen. Obwohl sie für Zerstörungszwecke entwickelt wurde, bewies die V2 die Machbarkeit, die obere Atmosphäre zu erreichen, und inspirierte die nachkriegszeitlichen Bestrebungen zur Erforschung des Weltraums.

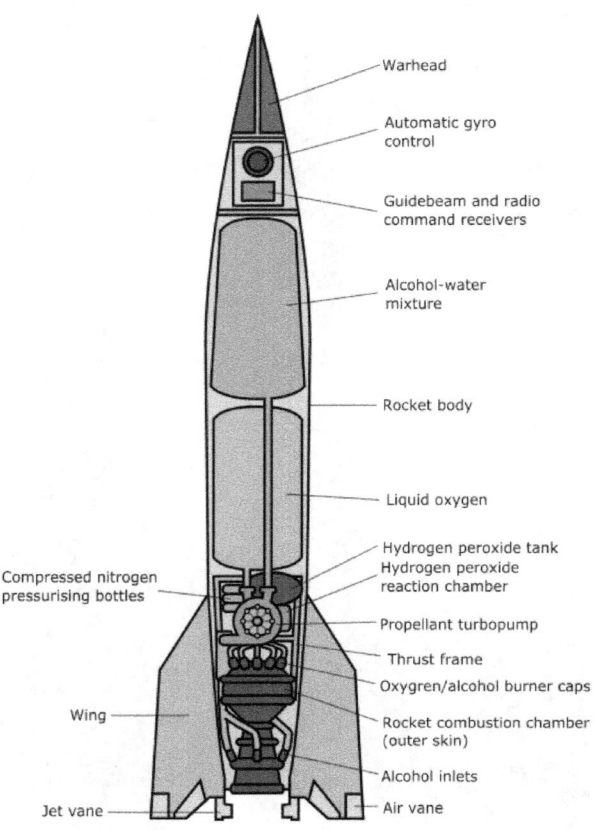

Abbildung 3: Diagramm der im Zweiten Weltkrieg verwendeten V2-Rakete (basierend auf einem gemeinfreien Bild, veröffentlicht von Benutzer Fastfission). j4p4n, Public Domain, via Openclipart.

Die Geburt der Raketentechnik im Westen

Das Wissen über die Raketentechnik verbreitete sich im 13. und 14. Jahrhundert nach Europa und in den Nahen Osten, hauptsächlich durch Handel und militärische Konflikte. Die Mongolen spielten eine bedeutende Rolle bei dieser Wissensübertragung, indem sie waffenbasierte Schwarzpulvertechnologien nutzten und in entfernte Regionen brachten [1]. In Europa entwickelte sich die Raketentechnik unregelmäßig und konzentrierte sich vor allem auf militärische Anwendungen. Bedeutende Persönlichkeiten wie William Congreve traten im 19. Jahrhundert hervor und verfeinerten Raketenentwürfe für den militärischen Einsatz. Seine Congreve-Raketen wurden von den Briten während der Napoleonischen Kriege und des Krieges von 1812 eingesetzt und stellten einen bedeutenden Fortschritt in der militärischen Nutzung von Raketen dar [3].

Die Entwicklung der Raketentechnik als wissenschaftliche und praktische Technologie verdankt sich wesentlich den Fortschritten im Verständnis physikalischer Bewegung, insbesondere den von Sir Isaac Newton im 17. Jahrhundert formulierten Gesetzen. Newtons drei Bewegungsgesetze legten das

Grundlagen des Raketenbaus und der Konstruktion

wissenschaftliche Fundament der modernen Raketentechnik und erklärten nicht nur, wie Raketen funktionieren, sondern auch, warum sie selbst im Vakuum des Weltraums wirksam sind. Diese Prinzipien beeinflussten bald nach ihrer Veröffentlichung praktische Entwürfe und inspirierten frühe Experimente, die das Potenzial kontrollierter Antriebssysteme demonstrierten.

Zu Beginn des 18. Jahrhunderts begannen Ingenieure und Wissenschaftler, die newtonsche Mechanik auf experimentelle Antriebssysteme anzuwenden. Um 1720 konstruierte Willem Gravesande, ein niederländischer Professor, Modellfahrzeuge, die durch Dampfdüsen angetrieben wurden. Obwohl diese Entwürfe einfach waren, zeigten sie das Potenzial, Druckgas zur Schuberzeugung zu nutzen. Zur gleichen Zeit gewann die Raketenforschung in Deutschland und Russland an Dynamik, wo einige Raketen eine Masse von über 45 Kilogramm erreichten. Diese frühen Prototypen erzeugten so starke Abgasflammen, dass sie den Boden vor dem Start versengten – ein Hinweis auf das enorme Potenzial dieser frühen Raketendesigns [2].

Das späte 18. und frühe 19. Jahrhundert erlebte eine Wiederbelebung der Raketen als Kriegswaffen, insbesondere aufgrund ihres Erfolgs außerhalb Europas. Indische Truppen setzten Raketen erfolgreich ein, um britische Angriffe während der Anglo-Mysore-Kriege von 1792 und 1799 abzuwehren. Diese eisenummantelten Mysore-Raketen inspirierten den britischen Artillerieoffizier Colonel William Congreve, der verbesserte Designs für militärische Zwecke entwickelte. Congreves Raketen erlangten während des Krieges von 1812 große Aufmerksamkeit, insbesondere beim britischen Bombardement von Fort McHenry – einem Ereignis, das Francis Scott Key zu seinem Gedicht inspirierte, das später zur US-Nationalhymne *„The Star-Spangled Banner"* wurde [2].

Trotz ihrer Wirksamkeit in großer Zahl waren frühe Raketen berüchtigt für ihre Ungenauigkeit. Diese Einschränkung führte zu Innovationen zur Verbesserung von Stabilität und Präzision. Eine der bedeutendsten war die Drallstabilisierung, eingeführt von dem Engländer William Hale Mitte des 19. Jahrhunderts. Hales Entwurf verwendete Leitschaufeln am Raketenende, um die Abgase umzulenken und so eine stabilisierende Rotation zu erzeugen – ähnlich dem Drall von Gewehrkugeln. Diese Innovation bildete die Grundlage für moderne Raketenleitsysteme.

Obwohl Raketen in zahlreichen europäischen Kriegsführungen eingesetzt wurden, ging ihre Bedeutung mit dem Aufkommen fortschrittlicherer Artillerie zurück. Gezogene, hinten ladbare Kanonen mit Sprenggeschossen erwiesen sich im Kampf als weitaus effektiver, wodurch Raketen in Nebenrollen verdrängt wurden. Dennoch blieb die Raketentechnik in Friedenszeiten, insbesondere in Feuerwerken und Unterhaltungsveranstaltungen, erhalten und förderte weiteres Experimentieren. Die Entwicklung von Mehrstufenraketen in dieser Zeit – wie jene des deutschen Pyrotechnikers Johann Schmidlap – war ein Vorläufer der später für die Weltraumfahrt verwendeten Konstruktionen [2].

Auch im 16. und 17. Jahrhundert entstanden wichtige theoretische Beiträge zur Raketentechnik. Conrad Haas, ein Militäringenieur des 16. Jahrhunderts, verfasste ein Manuskript, das Konzepte wie Mehrstufenraketen, deltaförmige Flossen und flüssige Treibstoffe beschrieb. Jahrhunderte später wiederentdeckt, zeigte Haas' Werk ein bemerkenswert fortgeschrittenes Verständnis der Raketentechnik für seine Zeit. Ebenso diente Kazimierz Siemienowicz' Abhandlung *„The Great Art of*

Artillery" von 1650 über zwei Jahrhunderte als Standardwerk für Artillerie- und Raketendesign, mit wertvollen Erkenntnissen über Mehrstufenkonstruktionen und Stabilisierungssysteme [2].

William Congreves Arbeiten im frühen 19. Jahrhundert stellten einen bedeutenden Fortschritt in der Raketenentwicklung dar. Inspiriert von den Mysore-Technologien entwickelte er eisenummantelte Raketen mit verbesserten Treibstoffformulierungen und aerodynamischen Formen. Diese Raketen waren nicht nur leichter, sondern konnten auch Nutzlasten über größere Distanzen transportieren. Congreves Innovationen wurden in ganz Europa und darüber hinaus übernommen und spielten in Schlachten wie Waterloo eine herausragende Rolle. Ihre inhärente Ungenauigkeit begrenzte jedoch weiterhin ihren strategischen Nutzen.

Zu den Versuchen, diese Einschränkungen zu überwinden, gehörten auch die Arbeiten von Alexander Dmitrievich Zasyadko in Russland, der Startplattformen für Raketen entwickelte, die Salvenfeuer ermöglichten. Diese Innovationen verdeutlichten das wachsende Interesse, die taktische Einsatzfähigkeit von Raketen zu maximieren – selbst in Konkurrenz zu den aufkommenden modernen Artillerietechnologien [2].

Theoretische Grundlagen

Das späte 19. und frühe 20. Jahrhundert markierten einen entscheidenden Übergang von der praktischen Anwendung der Raketentechnik hin zu einer wissenschaftlichen Erforschung ihrer zugrunde liegenden Prinzipien. Der russische Wissenschaftler Konstantin Ziolkowski gilt weithin als Begründer des theoretischen Fundaments der modernen Raketentechnik. In seiner bahnbrechenden Arbeit von 1903 schlug er den Einsatz flüssiger Treibstoffe für Raketen vor und formulierte die Ziolkowski-Raketengleichung, die den Zusammenhang zwischen der Geschwindigkeit einer Rakete und ihrer Treibstoffeffizienz beschreibt [4]. Zur gleichen Zeit führte Robert H. Goddard, bekannt als der *„Vater der modernen Raketentechnik"*, bahnbrechende Experimente mit flüssig angetriebenen Raketen durch. Im Jahr 1926 gelang ihm der erfolgreiche Start der weltweit ersten Rakete mit Flüssigtreibstoff – ein entscheidender Beweis für die Realisierbarkeit kontrollierter Antriebssysteme und ein Meilenstein, der bis heute die Grundlagen moderner Raketentechnik prägt [5].

Raketen im Krieg und im Wettlauf ins All

Die Entwicklung der Raketentechnik beschleunigte sich während des Zweiten Weltkriegs dramatisch, insbesondere in Deutschland, wo die V2-Rakete zur ersten langstreckenfähigen, gelenkten ballistischen Rakete wurde. Entworfen von Wernher von Braun, demonstrierte die V2 nicht nur das zerstörerische Potenzial der Raketentechnologie, sondern auch ihre Möglichkeiten für friedliche Erforschung [1].

In der anschließenden Ära des Kalten Krieges wandelte sich die Raketentechnik von einem militärischen Werkzeug zu einem Instrument wissenschaftlicher Entdeckungen, was schließlich im Wettlauf ins All zwischen den Vereinigten Staaten und der Sowjetunion gipfelte. Der Start von Sputnik 1 im Jahr 1957 markierte den Beginn des Raumfahrtzeitalters, gefolgt von Meilensteinen wie dem

Grundlagen des Raketenbaus und der Konstruktion

historischen Raumflug von Juri Gagarin im Jahr 1961 und der Apollo-11-Mission von 1969, bei der erstmals Menschen den Mond betraten [1, 3].

Bereits Mitte des 19. Jahrhunderts begann sich die Raketentechnik von einer primär militärischen Technologie zu einem wissenschaftlichen Forschungsfeld zu entwickeln. Die Verfeinerung von Stabilisierungstechniken, Fortschritte in der Materialwissenschaft und die zunehmende Verfügbarkeit theoretischer Rahmenbedingungen bereiteten den Weg für die Nutzung der Rakete zur Erforschung des Weltraums. Frühe Pioniere wie Robert Anderson schlugen Raketen mit Metallgehäusen vor, während andere mit Mehrstufenraketen und verbesserten Treibstoffsystemen experimentierten. Diese Entwicklungen bildeten die Grundlage für die bahnbrechenden Fortschritte des 20. Jahrhunderts [2].

Moderne Raketen und Weltraumforschung

In der Nach-Apollo-Ära hat sich die Raketentechnologie auf ein breites Spektrum von Anwendungen ausgeweitet – vom Satellitenstart bis hin zu kommerziellen Raumfahrtprojekten. Das Space-Shuttle-Programm der NASA war ein Beispiel für den wiederverwendbaren Raumflug und ermöglichte den Bau der Internationalen Raumstation (ISS) [1].

Darüber hinaus hat der Aufstieg privater Unternehmen wie SpaceX die Branche revolutioniert. Mit Innovationen wie der Falcon 9 und der Falcon Heavy wurden die Kosten für den Zugang zum Weltraum erheblich gesenkt [6]. Auch andere Nationen, darunter China und Indien, haben eigene Raumfahrtprogramme entwickelt und tragen zu einem globalen Fortschritt in der Raketentechnik und Weltraumforschung bei [1].

Das späte 19. und frühe 20. Jahrhundert markierten den Beginn der modernen Raketentechnik, angetrieben von Visionären wie Konstantin Ziolkowski, Robert H. Goddard und Hermann Oberth. Ihre bahnbrechenden Arbeiten legten den Grundstein für die Raumfahrt und die Entwicklung moderner Raketen.

Im Jahr 1898 entwarf der russische Lehrer Konstantin Ziolkowski (1857–1935) erste Konzepte für die Raumfahrt mittels Raketen. In seinem Bericht von 1903 schlug er vor, flüssige Treibstoffe zu verwenden, um größere Reichweiten und höhere Effizienz zu erzielen. Sein entscheidender Gedanke war, dass die Geschwindigkeit und Reichweite einer Rakete nur durch die Austrittsgeschwindigkeit der Gase begrenzt sei. Dieses Prinzip wurde zu einem Grundpfeiler der modernen Astronautik und brachte ihm den Titel *„Vater der modernen Raumfahrt"* ein. Seine theoretische Arbeit inspirierte künftige Generationen und schuf eine wissenschaftliche Basis für die Raumfahrt [2].

Der amerikanische Wissenschaftler Robert H. Goddard (1882–1945) setzte Ziolkowskis Theorien in die Praxis um. Angetrieben vom Wunsch, größere Höhen als mit Ballons zu erreichen, veröffentlichte er 1919 das Werk *A Method of Reaching Extreme Altitudes*, in dem er die Mathematik meteorologischer Höhenforschungsraketen untersuchte. Anfangs experimentierte Goddard mit Feststofftreibstoffen, verbesserte deren Verbrennung und maß die Austrittsgeschwindigkeit der

Gase. Bald erkannte er das überlegene Potenzial flüssiger Treibstoffe – ein Konzept, das bis dahin nie erfolgreich umgesetzt worden war [2].

Am 16. März 1926 startete Goddard in Auburn, Massachusetts, die erste Rakete mit Flüssigtreibstoff der Welt. Angetrieben von flüssigem Sauerstoff und Benzin, flog sie 2,5 Sekunden, erreichte eine Höhe von 12,5 Metern und landete 56 Meter vom Startpunkt entfernt. Obwohl diese Leistung nach heutigen Maßstäben bescheiden erscheint, markierte sie den Beginn einer neuen Ära in der Raketentechnik – vergleichbar mit dem ersten Motorflug der Gebrüder Wright in der Luftfahrtgeschichte. Goddards spätere Innovationen umfassten Kreiselsteuerung, wissenschaftliche Nutzlastfächer und Fallschirmsysteme zur Bergung, womit er seinen Ruf als *„Vater der modernen Raketentechnik"* festigte [2].

Der deutsch-ungarische Physiker Hermann Oberth (1894–1989) trieb die Vision der Raumfahrt weiter voran. Im Jahr 1923 veröffentlichte er *Die Rakete zu den Planetenräumen*, ein grundlegendes Werk über den Einsatz von Raketen für interplanetare Reisen. Oberths Schriften führten zur Gründung von Raketenvereinen weltweit, darunter der deutsche Verein für Raumschiffahrt (VfR). Diese Organisation trug direkt zur Entwicklung der V2-Rakete während des Zweiten Weltkriegs bei – einem Projekt, an dem auch Oberth und Wernher von Braun beteiligt waren [2].

Die V2-Rakete (auch A4 genannt) stellte den Höhepunkt der Kriegsraketenentwicklung dar. Unter der Leitung von Wernher von Braun in Peenemünde entwickelt, wurde sie mit einer Mischung aus flüssigem Sauerstoff und Alkohol betrieben, die mit einer Rate von einer Tonne alle sieben Sekunden verbrannte. Trotz ihrer vergleichsweise geringen Größe konnte die V2 ganze Stadtviertel zerstören. Obwohl sie zu spät kam, um den Ausgang des Krieges zu verändern, bildete ihre Technologie die Grundlage für die Raketenentwicklung der Nachkriegszeit [2].

Nach dem Krieg wurden erbeutete V2-Raketen und deutsche Wissenschaftler zu Schlüsselfaktoren beim Aufbau der Raketenprogramme sowohl der Vereinigten Staaten als auch der Sowjetunion. In den USA entwickelten Wernher von Braun und sein Team Goddards frühe Konzepte weiter und schufen Raketen wie Redstone, Atlas und Titan, die entscheidende Rollen beim Start von Astronauten ins All spielten [2].

Auch die Sowjetunion nutzte die deutsche Technologie und entwickelte die R-7-Rakete, mit der am 4. Oktober 1957 der erste künstliche Satellit, Sputnik I, gestartet wurde. Dieses Ereignis entzündete den Wettlauf ins All, der in Meilensteinen wie Juri Gagarins historischem Erdorbitflug 1961 und den Apollo-Mondlandungen der späten 1960er Jahre gipfelte [2].

Grundlagen des Raketenbaus und der Konstruktion

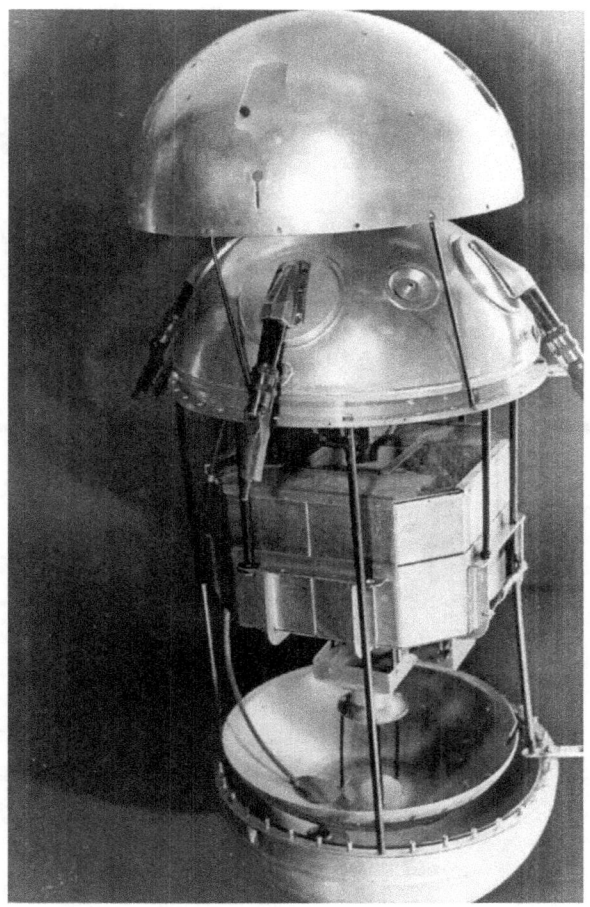

Abbildung 4: Sputnik 1 mit sichtbaren Komponenten (Quelle: NASA). ITU Pictures, CC BY 2.0, via Flickr.

Die gemeinsamen Beiträge von Ziolkowski, Goddard und Oberth verwandelten die Raketentechnik von einem aufstrebenden Forschungsgebiet in das Rückgrat der Raumfahrt. Ihre Vision und ihr Erfindergeist inspirieren weiterhin Fortschritte in der Luft- und Raumfahrttechnologie und beweisen, dass die Träume der Vergangenheit die Errungenschaften der Zukunft beflügeln können.

Die Geschichte der Raketentechnik erstreckt sich über Jahrhunderte – von den frühen Experimenten mit Schwarzpulver bis zu den modernen Fortschritten der Weltraumforschung. Die folgende Zeitleiste hebt zentrale Meilensteine hervor, die die Entwicklung der Raketentechnologie geprägt haben.

Richard Skiba

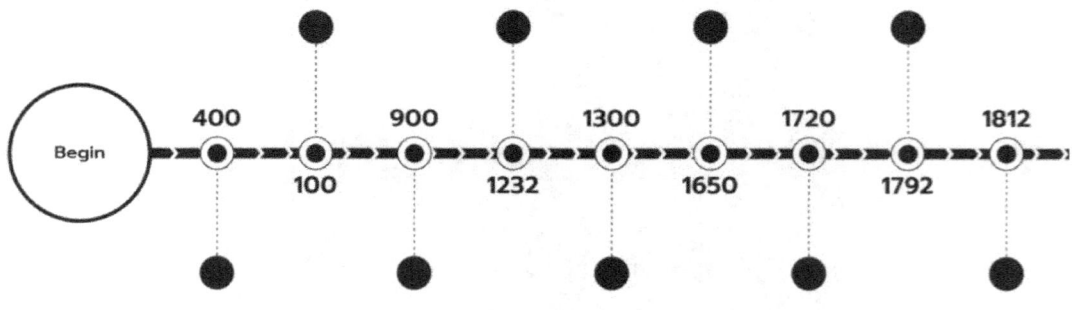

Hero of Alexandria's Aeolipile (100) — Hero of Alexandria creates the aeolipile, a steam-powered device illustrating the principles of thrust and propulsion.

Battle of Kai-Keng (1232) — Chinese forces use 'arrows of flying fire' to repel Mongol invaders, marking a significant advancement in military rocketry.

Kazimierz Siemienowicz's Treatise (1650) — Kazimierz Siemienowicz publishes 'The Great Art of Artillery,' detailing multi-stage rockets and stabilization mechanisms.

Mysorean Rockets (1792) — Indian forces use iron-cased rockets against British troops during the Anglo-Mysore Wars, inspiring future European designs.

Archytas' Wooden Bird (400) — Greek philosopher Archytas demonstrates the action-reaction principle with a wooden bird propelled by steam.

Gunpowder in China (900) — The development of gunpowder in China leads to the creation of early rocket propulsion systems known as 'fire arrows.'

Spread of Rocketry (1300) — The Mongols adopt Chinese rocketry and facilitate its spread across Eurasia, influencing Middle Eastern and European innovations.

Willem Gravesande's Steam Jets (1720) — Dutch professor Willem Gravesande constructs model vehicles propelled by steam jets, demonstrating the potential of pressurized gas for thrust.

Congreve Rockets (1812) — William Congreve's improved rocket designs are used by the British during the Napoleonic Wars and the War of 1812.

Grundlagen des Raketenbaus und der Konstruktion

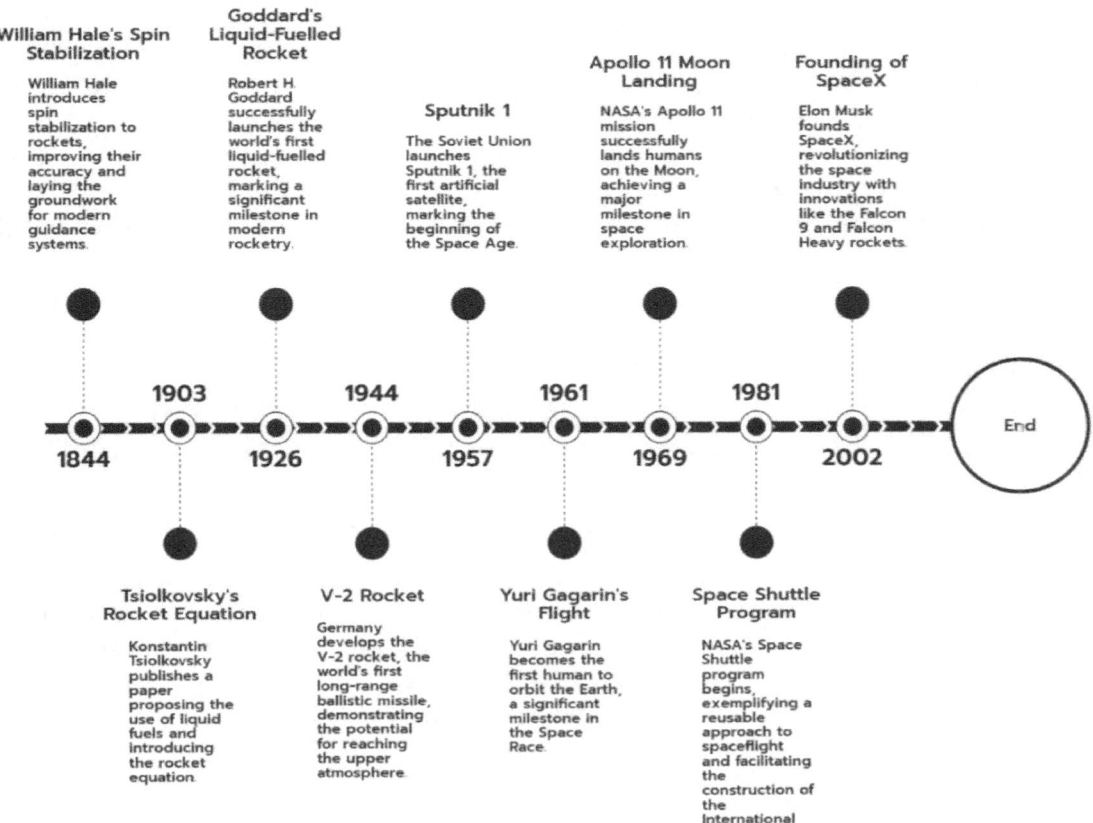

Wichtige Errungenschaften der Raketentechnik (Sputnik, Apollo, SpaceX)

Die Raketentechnik hat im Laufe der Jahrzehnte monumentale Errungenschaften hervorgebracht – jede einzelne ein bedeutender Sprung in der Technologie und in unserem Verständnis des Weltraums. Meilensteine wie der Start von Sputnik, die Apollo-Mondlandungen und die Fortschritte von SpaceX haben die Grenzen des Möglichen neu definiert und einstige Science-Fiction in Realität verwandelt.

Sputnik: Der Beginn des Raumfahrtzeitalters

Am 4. Oktober 1957 startete die Sowjetunion Sputnik I, den weltweit ersten künstlichen Satelliten [7, 8]. Diese metallene Kugel in der Größe eines Strandballs war mit einem einfachen Radiosender ausgestattet, der Signaltöne („Beep-Beep") zur Erde sendete, die von Bodenstationen empfangen werden konnten [7, 8]. Obwohl dieser Satellit nach heutigen Maßstäben primitiv war, bewies Sputnik die Machbarkeit des Raumflugs und leitete das Zeitalter der Raumfahrt ein [7, 8].

Die Bedeutung von Sputnik ging weit über die technische Leistung hinaus. Der Start markierte den Beginn des Wettlaufs ins All zwischen den Vereinigten Staaten und der Sowjetunion – zwei Supermächten, die während des Kalten Krieges um technologische und ideologische Vorherrschaft konkurrierten [7, 8]. Der erfolgreiche Start durch die R-7-Rakete demonstrierte die sowjetische Kompetenz in der Raketentechnik und veranlasste die US-Regierung, ihr eigenes Raumfahrtprogramm massiv zu beschleunigen [7, 8]. Nur wenige Monate später starteten die USA Explorer 1 und gründeten 1958 die NASA, womit das institutionelle Fundament für die zukünftige Weltraumforschung gelegt wurde [7, 8].

Apollo: Der gewaltige Sprung der Menschheit

Das Apollo-Programm, das 1961 von der NASA initiiert wurde, bleibt eine der bedeutendsten Leistungen der Menschheitsgeschichte. Präsident John F. Kennedys kühne Herausforderung, *„noch vor Ende des Jahrzehnts einen Menschen auf dem Mond zu landen und sicher zur Erde zurückzubringen"*, entfachte eine beispiellose technologische und logistische Anstrengung [9].

Das Programm erreichte seinen Höhepunkt mit der erfolgreichen Apollo 11-Mission im Juli 1969, als Neil Armstrong und Buzz Aldrin als erste Menschen den Mond betraten [9]. Das Rückgrat des Programms bildete die Saturn V-Rakete, eine dreistufige Trägerrakete von gewaltigen Ausmaßen [9]. Mit einer Höhe von 110 Metern (363 Fuß) und einer Schubkraft von 7,6 Millionen Pfund gilt sie bis heute als eine der leistungsstärksten Raketen, die je gebaut wurden [9].

Grundlagen des Raketenbaus und der Konstruktion

Abbildung 5: Die Apollo-11-Mission, die erste bemannte Mondmission, startete am 16. Juli 1969 vom Kennedy Space Center in Florida mit der vom Marshall Space Flight Center (MSFC) entwickelten Saturn-V-Trägerrakete und kehrte am 24. Juli 1969 sicher zur Erde zurück. Defense Visual Information Distribution Service, Public Domain, via National Archives and Defense Visual Information Distribution Service.

Die Apollo-Missionen erreichten eine Reihe von bahnbrechenden Erstleistungen, darunter den Mondorbit (Apollo 8), präzise Mondlandungen (Apollo 12) und die erweiterte lunare Erforschung (Apollo 17) [10]. Diese Missionen brachten nicht nur wertvolle wissenschaftliche Daten hervor, sondern stellten auch kulturelle und politische Triumphe dar, die die Führungsrolle der Vereinigten Staaten in der Raumfahrt festigten [9].

Abbildung 6: Dies ist eine Fotografie der Apollo-8-Kapsel, die nach der Wasserung am 27. Dezember 1968 an Bord des Bergungsschiffs gehievt wird. Die Apollo-8-Mission war die erste bemannte Apollo-Mission, die die Erdanziehungskraft verließ und in die Nähe des Mondes reiste. Der Start der Saturn V, SA-503, erfolgte sieben Tage zuvor, am 21. Dezember 1968. Defense Visual Information Distribution Service, Public Domain, via National Archives and Defense Visual Information Distribution Service.

Das Apollo-Programm zeigte eindrucksvoll die Möglichkeiten menschlicher Erfindungskraft und internationaler Zusammenarbeit [9]. Die Mondgesteine, die im Rahmen der Missionen zur Erde gebracht wurden, vertieften unser Verständnis der planetaren Entstehung [11], und die technologischen Fortschritte des Programms legten den Grundstein für zukünftige Weltraummissionen, einschließlich der Internationalen Raumstation (ISS) [12].

Auch das wissenschaftliche Erbe des Programms ist von großer Bedeutung. Das Apollo Passive Seismic Experiment lieferte beispielsweise wertvolle seismische Daten über die innere Struktur des Mondes [13. Darüber hinaus entstand mit dem Lunar Sourcebook, einem umfassenden Nachschlagewerk über die Zusammensetzung und Umweltbedingungen des Mondes, ein Schlüsselergebnis des Programms [13].

Grundlagen des Raketenbaus und der Konstruktion

SpaceX: Die Revolution des Zugangs zum Weltraum

SpaceX, im Jahr 2002 vom Unternehmer Elon Musk gegründet, hat die Luft- und Raumfahrtindustrie durch innovative und kostensparende Ansätze grundlegend verändert [14]. Eines der Hauptziele des Unternehmens besteht darin, die Weltraumforschung zugänglich und nachhaltig zu machen – mit der langfristigen Vision, eine menschliche Besiedlung des Mars zu ermöglichen [14, 15].

Einen entscheidenden Meilenstein erreichte SpaceX 2008, als die Falcon 1 als erste privat entwickelte Rakete erfolgreich den Orbit erreichte [14]. Dieser Durchbruch wurde gefolgt von der Entwicklung der Falcon 9, einer wiederverwendbaren Rakete, die die Startkosten erheblich senken sollte [14, 16]. Die erfolgreiche Bergung und Wiederverwendung der ersten Stufe der Falcon 9 im Jahr 2015 markierte einen Paradigmenwechsel in der Raumfahrtökonomie und bewies, dass Raketen eher wie Flugzeuge als wie Einwegfahrzeuge behandelt werden können [16].

Abbildung 7: Start der Falcon 1 Flug 4 am 29. September 2008 mit der Ratsat-Demonstrationsnutzlast. SpaceX, CC BY-SA 3.0, via Wikimedia Commons.

Das Dragon-Raumfahrzeug, eine weitere Innovation von SpaceX, war 2012 das erste privat entwickelte Raumfahrzeug, das erfolgreich an die Internationale Raumstation (ISS) andockte [14]. Im

Jahr 2020 wurde die Crew Dragon von SpaceX zum ersten kommerziellen Raumfahrzeug, das Astronauten zur ISS beförderte – ein Ereignis, das eine neue Ära der öffentlich-privaten Partnerschaften in der Weltraumforschung einläutete [14].

Abbildung 8: SPX-8 SpaceX Dragon-Raumfahrzeug vom SSRMS erfasst. NASA, Public Domain, via Picryl.

Das ambitionierteste Projekt von SpaceX ist das Starship, ein vollständig wiederverwendbares Raumfahrzeug, das für Tiefraum-Missionen entwickelt wurde – einschließlich der Erkundung des Mondes und des Mars [14]. Nach seiner vollständigen Inbetriebnahme könnte das Starship große Nutzlasten und Besatzungen zu weit entfernten Zielen transportieren und damit die Reichweite der Menschheit im Kosmos erheblich erweitern [14, 15].

Die Auswirkungen der SpaceX-Innovationen gehen jedoch über die rein technischen Errungenschaften hinaus. Forschende haben die Auswirkungen der wiederverwendbaren Trägerraketen und die daraus resultierende Preiswettbewerbsdynamik in der Raumfahrtindustrie untersucht [16, 17]. Darüber hinaus wurden Studien zu den ökologischen Auswirkungen des Weltraumtourismus und der Notwendigkeit nachhaltiger Praktiken in der wachsenden Weltraumwirtschaft durchgeführt [18, 19].

Ferner wurden die Kooperationen von SpaceX mit internationalen Partnern sowie die Strategien zur Verwaltung dieser Partnerschaften analysiert, was wertvolle Erkenntnisse für künftige internationale Raumfahrtkooperationen liefert [20]. Auch die Netzwerkeffekte und Innovationsstrategien des Unternehmens wurden in der wissenschaftlichen Literatur untersucht [15].

Grundlagen des Raketenbaus und der Konstruktion

SpaceX hat den Zugang zum Weltraum revolutioniert, indem es innovative und kostensenkende Ansätze eingeführt hat, die die Weltraumforschung zugänglicher und nachhaltiger machen. Die Errungenschaften des Unternehmens – darunter die erfolgreiche Entwicklung wiederverwendbarer Raketen, das Dragon-Raumfahrzeug und das Starship-Projekt – haben die Luft- und Raumfahrtindustrie tiefgreifend verändert und den Weg für eine neue Ära der Weltraumforschung und Kommerzialisierung geebnet.

Vermächtnis und Zusammenhänge

Sputnik, Apollo und SpaceX stehen für Schlüsselmomente in der Entwicklung der Raketentechnik [21, 22]. Sputnik durchbrach die Barriere der Erdatmosphäre und markierte einen bedeutenden Meilenstein in der Weltraumforschung [21]. Apollo erfüllte den Traum, auf einem anderen Himmelskörper zu wandeln – eine der größten Leistungen der bemannten Raumfahrt [22]. SpaceX hingegen definiert im 21. Jahrhundert den Ansatz zur Raumfahrt neu, insbesondere durch die Entwicklung wiederverwendbarer Raketen [21].

Gemeinsam verkörpern diese Errungenschaften den unermüdlichen Drang der Menschheit nach Wissen und den Willen, das Unbekannte zu erforschen [21, 22]. Sie inspirieren weiterhin neue Generationen von Wissenschaftlerinnen, Ingenieuren und Raumfahrtpionieren und stellen sicher, dass das Vermächtnis der Raketentechnik die Menschheit zu noch größeren Höhen führen wird [21, 22].

Der Start von Sputnik erschütterte die Vereinigten Staaten und löste den Wettlauf ins All zwischen den USA und der Sowjetunion aus [21]. Dieses Ereignis hatte tiefgreifende Folgen für die Naturwissenschaftsbildung und führte zu einer verstärkten Förderung der MINT-Fächer (Mathematik, Informatik, Naturwissenschaften, Technik) in den USA [23].

Sputnik, Apollo und SpaceX hatten zudem breitere gesellschaftliche Auswirkungen, etwa auf die Entwicklung der Luft- und Raumfahrtmedizin [22] und die Kommerzialisierung des Weltraums [21]. Diese Meilensteine inspirieren weiterhin neue Forschungsinitiativen und technologische Entwicklungen, die die Grenzen dessen, was in der Weltraumforschung möglich ist, immer weiter verschieben [21].

Aktuelle Fortschritte seit 2022

Seit 2022 haben bedeutende Fortschritte im Raketenbau und in der Weltraumforschung den menschlichen Drang, über die Erde hinaus zu reisen, weiter vorangetrieben. Diese Entwicklungen umfassen innovative Antriebssysteme, wiederverwendbare Raketen, ambitionierte Mondmissionen und bahnbrechende Weltraumteleskope, die gemeinsam unsere Fähigkeiten in der Raumfahrt erweitern und unser Verständnis des Kosmos vertiefen.

Die NASA hat den Rotating Detonation Rocket Engine (RDRE) validiert – ein revolutionäres Antriebskonzept, das Überschallverbrennung (Detonation) zur Schuberzeugung nutzt. Dieser Motor erzeugt mehr Leistung bei geringerem Treibstoffverbrauch als herkömmliche Systeme und gilt als vielversprechend für zukünftige Tiefraummissionen zu Zielen wie dem Mond und dem Mars.

SpaceX führt weiterhin bei der Entwicklung wiederverwendbarer Raketen und hat über tausend Verbesserungen an seiner Starship-Rakete implementiert, um Leistung und Wiederverwendbarkeit zu optimieren. Dazu gehören grundlegende Änderungen an den Stufentrennungsverfahren und Verbesserungen am Antriebssystem, mit dem Ziel, schnelle Startwiederholungen zu ermöglichen und die Kosten für Weltraumflüge erheblich zu senken.

Auch Europa dringt in den Markt der wiederverwendbaren Raketen vor: Maiaspace, eine Tochtergesellschaft von ArianeGroup, entwickelt eine teilweise wiederverwendbare Rakete, deren Erstflug für 2026 geplant ist.

Das Artemis-Programm der NASA hat Zeitplananpassungen erfahren: Die Mission Artemis II, bei der Astronauten den Mond umrunden sollen, ist nun für April 2026 vorgesehen. Diese Mission soll den Weg für eine anschließende Mondlandung ebnen und die Verpflichtung der NASA bekräftigen, Menschen dauerhaft auf dem Mond zu etablieren.

Parallel dazu wurde die Space Launch System (SLS)-Rakete der NASA, ein zentrales Element der Artemis-Missionen, modernisiert, um diese ehrgeizigen Mondprojekte zu unterstützen.

Das James-Webb-Weltraumteleskop (JWST), das seit 2022 in Betrieb ist, liefert beispiellose Aufnahmen ferner kosmischer Objekte und gesteinsähnlicher Exoplaneten innerhalb habitabler Zonen. Seine Beobachtungen bringen Wissenschaftlerinnen und Wissenschaftler der Entdeckung möglicher Lebenszeichen außerhalb unseres Sonnensystems näher und markieren einen bedeutenden Fortschritt in der Astrophysik und Weltraumforschung.

Grundlagen des Raketenbaus und der Konstruktion

Abbildung 9: James-Webb-Weltraumteleskop-Spiegel in voller Entfaltung. NASA's James Webb Space Telescope, CC BY 2.0, via Flickr.

Diese Fortschritte spiegeln eine gemeinsame weltweite Anstrengung wider, die Grenzen der Weltraumforschung zu erweitern – durch den Einsatz modernster Technologien und internationaler Kooperationen, um Meilensteine zu erreichen, die einst als unerreichbar galten.

Überblick über den Raketenentwurf und seine Rolle in der modernen Weltraumforschung

Der Raketenentwurf bildet das Fundament der modernen Weltraumforschung und ermöglicht es der Menschheit, über die Erdatmosphäre hinaus in den Kosmos vorzudringen. Das zugrunde liegende physikalische Prinzip basiert auf Newtons Drittem Bewegungsgesetz: *„Zu jeder Aktion gibt es eine gleich große, entgegengesetzte Reaktion."* Dieses Gesetz erlaubt es Raketen, Schub zu erzeugen, indem sie Masse (Treibstoff) mit hoher Geschwindigkeit in die entgegengesetzte Richtung ausstoßen.

Im Laufe der Jahrzehnte haben Fortschritte in den Bereichen Materialwissenschaft, Ingenieurwesen und Antriebstechnologien Raketen von primitiven Feuerpfeilen zu hochkomplexen Maschinen für interplanetare Reisen weiterentwickelt.

Moderne Raketen sind hochspezialisierte Fahrzeuge, die aus mehreren entscheidenden Systemen bestehen, von denen jedes eine zentrale Rolle für den Missionserfolg spielt:

1. **Antriebssysteme:** Dazu gehören Feststoff-, Flüssig- oder Hybridraketentriebwerke, die den Schub liefern, um die Erdanziehungskraft zu überwinden. Flüssigtriebwerke – etwa jene in der SpaceX Falcon 9 oder im NASA Space Launch System (SLS) – ermöglichen eine präzise Steuerung des Schubs und sind für komplexe Manöver unerlässlich.
2. **Struktursysteme:** Der Rumpf der Rakete muss stark genug sein, um den enormen Kräften beim Start standzuhalten, gleichzeitig jedoch leicht, um die Nutzlastkapazität zu maximieren. Moderne Verbundwerkstoffe und Leichtmetalllegierungen werden hierfür eingesetzt.
3. **Nutzlastsysteme:** Raketen transportieren Satelliten, wissenschaftliche Instrumente, Besatzungskapseln oder andere Nutzlasten zu bestimmten Zielen. Die Art der Nutzlast bestimmt Größe, Design und Leistungsanforderungen der Rakete.
4. **Leit- und Kontrollsysteme:** Dazu gehören Kreisel, Beschleunigungssensoren und Computer, die sicherstellen, dass die Rakete ihre vorgesehene Flugbahn einhält und Abweichungen in Echtzeit korrigiert.
5. **Stufung:** Mehrstufige Raketen werfen leere Treibstofftanks ab, um Gewicht zu reduzieren. Dadurch können die oberen Stufen höhere Geschwindigkeiten und größere Höhen erreichen – ein entscheidender Schritt für den Orbit- oder interplanetaren Flug.

Moderne Raketen nutzen zunehmend wiederverwendbare Technologien, wodurch die Kosten für den Zugang zum Weltraum erheblich sinken. Die Falcon 9 und das Starship von SpaceX sind herausragende Beispiele: Ihre Booster-Stufen können vertikal landen, überholt und erneut eingesetzt werden. Diese Innovationen steigern nicht nur die Effizienz, sondern ermöglichen auch häufigere und ambitioniertere Missionen.

Raketen sind unverzichtbar für die Erforschung und Nutzung des Weltraums. Sie übernehmen Aufgaben, die entscheidend für das Verständnis und die Weiterentwicklung der Menschheit im All sind:

1. **Satellitenstarts:** Raketen bringen Satelliten in Umlaufbahnen um die Erde und unterstützen Kommunikation, Wettervorhersage, Navigation und wissenschaftliche Forschung.
2. **Interplanetare Missionen:** Raketen ermöglichen es Raumsonden, die Erdanziehung zu überwinden und andere Planeten, Monde und Himmelskörper zu erreichen – etwa bei Missionen wie NASA's Perseverance (Mars) oder ESA's JUICE (Jupiter).
3. **Bemannte Raumfahrt:** Systeme wie NASA's SLS und SpaceX's Starship sind darauf ausgelegt, Astronauten zur ISS, zum Mond und künftig zum Mars zu transportieren.
4. **Kommerzialisierung des Weltraums:** Raketen dienen der Ausbringung kommerzieller Nutzlasten, darunter Weltraumtourismus, Internetkonstellationen (z. B. *Starlink*) und Fertigungsprojekte in der Schwerelosigkeit.

Grundlagen des Raketenbaus und der Konstruktion

5. Wissenschaftliche Forschung: Raketen transportieren Teleskope, Sonden und Instrumente über die Erdatmosphäre hinaus, um kosmische Strahlung, die Ursprünge des Universums und mögliche außerirdische Lebensformen zu erforschen.

Trotz erheblicher Fortschritte steht der Raketenentwurf weiterhin vor Herausforderungen wie Kostenreduktion, Umweltverträglichkeit und Effizienzsteigerung.

Neue Entwicklungen wie elektrischer Antrieb, additive Fertigung (3D-Druck) und neuartige Treibstoffe versprechen, den Raketenbau weiter zu revolutionieren.

Die Entwicklung vollständig wiederverwendbarer Raketen – etwa der SpaceX Starship und der Blue Origin New Glenn – markiert einen Paradigmenwechsel hin zu nachhaltiger Weltraumforschung.

Trägerraketen bilden die Basis der modernen Weltraumforschung, da sie die primären Mittel zum Transport von Satelliten, Raumfahrzeugen und bemannten Missionen in den Orbit darstellen. Es handelt sich dabei um komplexe Raketen, die entwickelt wurden, um die Erdanziehungskraft zu überwinden und Nutzlasten auf festgelegte Flugbahnen oder Umlaufbahnen zu bringen. Mit Ausnahme des inzwischen stillgelegten US Space Shuttle beruhen die meisten Weltraummissionen auf Einweg-Trägerraketen (ELVs), die nach jedem Einsatz verworfen werden [24].

Marktklassifikation der Trägerraketen [24]

1. Kleine Trägerraketen:

- Entwickelt für leichte Nutzlasten bis zu einigen hundert Kilogramm.
- Beispiel: Pegasus der *Orbital Sciences Corporation*, der Nutzlasten bis zu 500 kg in eine niedrige Erdumlaufbahn (LEO) befördern kann. Der Luftstart bietet dabei höhere Flexibilität und niedrigere Kosten.

2. Mittlere Trägerraketen:

- Befördern Nutzlasten von etwa 800–2.000 kg in den LEO.
- Beispiele: *Orbital Sciences Taurus*, *Lockheed Martin Athena I* und *Athena II*.

3. Schwere Trägerraketen:

- Entwickelt für mehrtonnige Nutzlasten wie große Satelliten oder interplanetare Raumsonden.
- Führende Hersteller: Lockheed Martin (Atlas-Centaur, Titan), Boeing (Delta), sowie internationale Anbieter wie Russlands Proton (Chrunitschew), Ukraines Zenit (Juschnoje), Chinas Langer Marsch (Great Wall Aerospace) und Japans H-II.

In den frühen 1980er-Jahren dominierten die Vereinigten Staaten den kommerziellen Raumfahrtmarkt, doch bis Mitte der 1990er sank ihr Marktanteil auf etwa 30 %. Die europäischen Ariane-Raketen der ESA eroberten über die Hälfte des Marktes und verdeutlichten die wachsende internationale Konkurrenzfähigkeit. Diese Entwicklung unterstreicht, dass Innovation und Kosteneffizienz entscheidende Faktoren in der Raumfahrtindustrie sind [24].

Das US Space Shuttle war ein beispielloses System, das Start-, Transport- und Wiederverwendungsfunktionen kombinierte. Es konnte bis zu 30 Tonnen in den LEO transportieren, und die Flotte bestand Anfang der 1990er aus vier aktiven Orbitern. Zwar waren die Feststoffbooster wiederverwendbar, doch der externe Treibstofftank wurde nach jedem Start verworfen. Trotz der hohen betrieblichen Kosten bot das Shuttle eine außergewöhnliche Vielseitigkeit – es wurde zum Satellitenstart, für den ISS-Aufbau und für wissenschaftliche Experimente eingesetzt.

Arten von Raumfahrzeugen [24]:

1. Unbemannte Raumfahrzeuge:

- Satelliten in der Erdumlaufbahn dienen der Wetterbeobachtung, Kommunikation, Fernerkundung und Navigation.
- Sonden werden für interplanetare Missionen eingesetzt.
- Kommerzielle Satelliten sind das Rückgrat der globalen Telekommunikation. Hersteller wie Boeing, Lockheed Martin und Astrium dominieren diesen Markt.

2. Bemannte Raumfahrzeuge:

- Diese Systeme sind technisch anspruchsvoller, da sie Lebenserhaltung und sichere Wiedereintrittssysteme benötigen.
- Beispiele: Russlands Sojus, die Internationale Raumstation (ISS) und das inzwischen außer Dienst gestellte Space Shuttle.
- Die ISS, ein Kooperationsprojekt von 15 Nationen, ist ein Paradebeispiel für internationale Zusammenarbeit in der Raumfahrt.

Die Raketenbau- und Raumfahrtindustrie ist ein weltweites Unterfangen, an dem Nationen wie die USA, Russland, China, Indien und Japan maßgeblich beteiligt sind.

Staatliche Raumfahrtagenturen wie NASA, ESA, Roscosmos und ISRO leiten große Programme und kooperieren zunehmend mit privaten Raumfahrtunternehmen.

Kommerzielle Akteure wie SpaceX und Blue Origin haben durch wiederverwendbare Raketenstufen eine neue Ära der Kosteneffizienz und Zugänglichkeit eingeläutet – und damit die Ökonomie und Zukunft der Weltraumforschung grundlegend verändert.

Die Raketenbau- und Konstruktionsindustrie

Grundlagen des Raketenbaus und der Konstruktion

Die Raketenbau- und Konstruktionsindustrie ist ein dynamischer und sich rasant entwickelnder Sektor, der eine Schlüsselrolle in der modernen Weltraumforschung, bei Satellitenstarts und in kommerziellen Raumfahrtprojekten spielt. Diese Branche vereint modernstes Ingenieurwesen, Materialwissenschaft und Präzisionsfertigung, um Fahrzeuge zu entwickeln, die den extremen Bedingungen des Weltraumflugs standhalten können. In den letzten zehn Jahren hat die Raketenindustrie einen tiefgreifenden Wandel erlebt, angetrieben durch Innovationen in der Wiederverwendbarkeit, die steigende Nachfrage nach Satellitenstarts und ein erneutes weltweites Interesse an der Weltraumforschung.

Der globale Markt für Weltraumstartdienste wurde im Jahr 2023 auf etwa 12 Milliarden US-Dollar geschätzt und soll bis 2030 auf 30 Milliarden US-Dollar anwachsen – mit einer jährlichen Wachstumsrate (CAGR) von 12,3 % im Prognosezeitraum [25]. Der Raketenbau- und Konstruktionssektor stellt dabei einen erheblichen Anteil dieses Marktes dar, da Trägerraketen unverzichtbar sind, um Satelliten, Fracht und Besatzungen ins All zu transportieren. Die zunehmende Zahl kleiner Satelliten und Mega-Konstellationen wie SpaceX' Starlink und Amazons Project Kuiper hat die Nachfrage nach Raketenstarts erheblich gesteigert. Allein im Jahr 2022 führte SpaceX 61 erfolgreiche Falcon-9-Starts durch – ein neuer Rekord, der die wachsende kommerzielle Nachfrage unterstreicht.

Die Raketenbau- und Konstruktionsbranche umfasst sowohl etablierte Luft- und Raumfahrtkonzerne als auch innovative Privatunternehmen:

- **SpaceX:** Branchenführer, der die Raumfahrt mit wiederverwendbarer Raketentechnik revolutionierte und die Startkosten drastisch senkte. Eine Falcon-9-Mission kostet etwa 62 Millionen US-Dollar, im Vergleich zu mehreren Hundert Millionen für herkömmliche Einweg-Raketen.

- **Blue Origin:** Entwickelt wiederverwendbare Raketen wie New Shepard und New Glenn, mit dem Ziel, den Weltraumzugang erschwinglicher zu machen.

- **United Launch Alliance (ULA):** Ein Joint Venture zwischen Boeing und Lockheed Martin; entwickelt Raketen wie Atlas V, Delta IV und arbeitet an der Vulcan Centaur für zukünftige Starts.

- **Arianespace:** Europäischer Anbieter zuverlässiger Startdienste mit Ariane 5 und Vega, spezialisiert auf den Satellitentransport.

- **Relativity Space:** Ein aufstrebendes Unternehmen, das 3D-Drucktechnologien für Raketen wie Terran 1 nutzt, um Produktionszeit und Kosten zu reduzieren.

Die Branche hat in den letzten Jahren bahnbrechende Innovationen hervorgebracht:

- **Wiederverwendbare Raketen:** Modelle wie SpaceX Falcon 9, Falcon Heavy und Blue Origin New Shepard haben die wirtschaftlichen und ökologischen Vorteile der Wiederverwendung bewiesen. Sie können die Kosten um bis zu 80 % senken.

- **3D-Druck:** Unternehmen wie Relativity Space setzen auf additive Fertigung, um Raketenteile in Wochen statt Monaten herzustellen – mit weniger Materialabfall und niedrigeren Produktionskosten.
- **Verbundwerkstoffe:** Leichte und widerstandsfähige Materialien, etwa Kohlefaserverbunde, erhöhen Tragfähigkeit und Effizienz.
- **Elektrische Antriebe:** Für Orbitanpassungen und Langzeitmissionen gewinnen elektrische Antriebssysteme an Bedeutung, da sie eine höhere Effizienz als chemische Antriebe bieten.
- **Fortschrittliche Treibstoffe:** Forschung zu umweltfreundlichen (grünen) und kryogenen Treibstoffen zielt darauf ab, Raketen sauberer und effizienter zu machen.

Die Raketenindustrie ist ein bedeutender Wachstumstreiber für Wirtschaft und Beschäftigung. Allein in den USA beschäftigte der Luft- und Verteidigungssektor im Jahr 2022 über 2,1 Millionen Menschen, von denen ein erheblicher Teil im Raketenbau und in der Weltraumforschung tätig war. Weltweit schafft die Branche Tausende hochqualifizierter Arbeitsplätze – von Luft- und Raumfahrtingenieuren über Materialwissenschaftler bis zu Softwareentwicklern und Technikern.

Der Aufstieg privater Raumfahrtunternehmen hat zudem die globale Lieferkette stimuliert, wovon Hersteller von Triebwerken, Avioniksystemen und Bodenausrüstung profitieren. Die ökonomischen Multiplikatoreffekte reichen bis in Sektoren wie Telekommunikation, Navigation und Erdbeobachtung, die auf Raketenstarts für den Satelliteneinsatz angewiesen sind.

Trotz ihrer Erfolge steht die Raketenbau- und Konstruktionsindustrie vor mehreren Herausforderungen:

- **Kostenreduktion:** Obwohl wiederverwendbare Systeme die Kosten bereits gesenkt haben, sind weitere Innovationen nötig, um den Weltraumzugang breiteren Akteuren zu ermöglichen.
- **Umweltauswirkungen:** Raketenstarts verursachen Treibhausgase und Schadstoffe. Forschungen zu nachhaltigen Treibstoffen und Maßnahmen zur Reduktion ökologischer Schäden laufen [26, 27].
- **Regulatorische Hürden:** Startlizenzen, Exportbeschränkungen und Weltraumverkehrsregeln erschweren den Betrieb für viele Unternehmen.
- **Technische Komplexität:** Raketen müssen unter extremen Bedingungen fehlerfrei funktionieren – ein einziger Defekt kann katastrophale finanzielle und reputationsbezogene Folgen haben [28].

Die Raketenbau- und Konstruktionsindustrie steht an der Schwelle zu beispiellosem Wachstum, angetrieben von mehreren transformierenden Trends, die die Zukunft der Weltraumforschung und -kommerzialisierung prägen:

Grundlagen des Raketenbaus und der Konstruktion

- **Interplanetare Exploration:** Missionen zu Mond, Mars und anderen Himmelskörpern treiben die Entwicklung neuer Hochleistungsträgersysteme wie NASA's SLS und SpaceX's Starship voran – beide entworfen für schwere Nutzlasten und bemannte Tiefraummissionen.

- **Kommerzieller Weltraumtourismus:** Unternehmen wie Blue Origin und Virgin Galactic eröffnen privaten Personen den Zugang zum All. Diese Pioniere schaffen einen neuen Markt für suborbitale und orbitale Raumflüge und fördern gleichzeitig Investitionen und öffentliches Interesse.

- **Mega-Konstellationen:** Projekte wie Starlink (SpaceX) und Project Kuiper (Amazon) treiben den Masseneinsatz von Satelliten für globale Internetversorgung voran – und erhöhen die Nachfrage nach kostengünstigen, zuverlässigen Trägersystemen.

- **Internationale Kooperation:** Globale Partnerschaften zwischen Raumfahrtagenturen, Forschungseinrichtungen und Privatunternehmen fördern den Austausch von Wissen, Technologie und Ressourcen. Diese Zusammenarbeit beschleunigt Innovation und unterstützt eine nachhaltige und inklusive Erforschung des Weltraums.

Gemeinsam signalisieren diese Trends eine zukunftsorientierte, dynamische und transformative Ära für die Raketenbau- und Konstruktionsindustrie.

Der Entwurf und Bau von Trägerraketen ist ein interdisziplinäres Unterfangen, das hochqualifizierte Fachkräfte aus verschiedenen Bereichen erfordert. Nachfolgend ein Überblick über die wichtigsten Berufsgruppen:

Luft- und Raumfahrtingenieure [29-33]

- **Rolle:** Zentrale Verantwortliche für Aerodynamik, Antrieb, Strukturfestigkeit und Flugdynamik.
- **Spezialisierungen:**
    - **Antriebsingenieure:** Entwickeln Flüssig-, Feststoff- und Hybridtriebwerke.
    - **Strukturingenieure:** Gewährleisten, dass der Rumpf hohen Belastungen standhält.
    - **Systemingenieure:** Koordinieren Subsysteme und stellen sicher, dass sie integriert funktionieren.
- **Fähigkeiten:** Höhere Mathematik, Physik, Simulationssoftware, Werkstoffkunde.

Maschinenbauingenieure [29, 34]

- **Rolle:** Konstruktion und Test mechanischer Systeme wie Kupplungen, Lager, Schwenkgelenke.
- **Aufgaben:**
    - Analyse thermischer und mechanischer Lasten.
    - Entwicklung kryogener Systeme für LOX- und LH_2-Treibstoffe.
- **Fähigkeiten:** CAD, FEM-Analyse, Thermodynamik.

Elektro- und Elektronikingenieure [29, 30, 32]

- **Rolle:** Entwicklung der Avionik und Energieverteilungssysteme.
- **Aufgaben:**
    - Design von Navigations- und Steuerungssystemen.
    - Entwicklung von Telemetriesystemen zur Leistungsüberwachung.
- **Fähigkeiten:** Schaltungsdesign, eingebettete Systeme, Programmierung (C++, Python).

Softwareingenieure [29, 30]

- **Rolle:** Programmierung der Flug- und Steuerungssoftware.
- **Aufgaben:**
    - Algorithmen für Navigation, Schubsteuerung, Fehlererkennung.
    - Entwicklung von Bodensteuerungssoftware.
- **Fähigkeiten:** Echtzeitprogrammierung, Machine Learning, Simulation.

Materialwissenschaftler und Werkstoffingenieure [29]

- **Rolle:** Entwicklung von Hochleistungswerkstoffen gegen Hitze, Vibration und Strahlung.
- **Aufgaben:**
    - Konstruktion leichter Verbundstoffe.
    - Prüfung hitzebeständiger Materialien für Hitzeschilde.
- **Fähigkeiten:** Kenntnisse über Kohlefaserverbunde und Metalllegierungen.

Fertigungsingenieure [29]

- **Rolle:** Leitung von Produktion und Montage der Raketenkomponenten.
- **Aufgaben:**
    - Einführung additiver Fertigungstechniken.
    - Lieferkettenmanagement für kritische Teile.
- **Fähigkeiten:** Prozessoptimierung, Qualitätskontrolle, CNC-Technik.

Testingenieure [29, 34, 35]

- **Rolle:** Durchführung von Funktions- und Belastungstests.
- **Aufgaben:**
    - Statische Zündtests, Stufentrennungstests.
    - Vibrations- und Thermotests zur Simulation des Starts.
- **Fähigkeiten:** Datenerfassung, Fehleranalyse, Instrumentierung.

Projektmanager [29]

- **Rolle:** Koordination von Teams, Budgets und Zeitplänen.
- **Aufgaben:**
    - Steuerung interdisziplinärer Teams.
    - Kommunikation von Projektfortschritten an Stakeholder.

Grundlagen des Raketenbaus und der Konstruktion

- **Fähigkeiten:** Führung, Planung, Risikomanagement.

Qualitäts- und Sicherheitsspezialisten [29]

- **Rolle:** Sicherstellung der Einhaltung von Sicherheits- und Qualitätsstandards.
- **Aufgaben:**
    - Inspektionen und Audits in Fertigung und Montage.
    - Überprüfung der Regelkonformität.
- **Fähigkeiten:** Genauigkeit, Dokumentation, Sicherheitsvorschriften.

Antriebstechniker [29]

- **Rolle:** Montage und Test der Antriebssysteme.
- **Aufgaben:**
    - Umgang mit kryogenen Treibstoffen und Hochdrucksystemen.
    - Wartung und Fehlersuche an Triebwerken.
- **Fähigkeiten:** Mechanisches Geschick, Sicherheitsprotokolle.

Integrationsspezialisten [29]

- **Rolle:** Zusammenbau und Integration der Subsysteme zur vollständigen Rakete.
- **Aufgaben:**
    - Verbindung und Ausrichtung von Stufen, Nutzlasten und Verkleidungen.
    - Sicherstellung der elektrischen und mechanischen Kompatibilität.
- **Fähigkeiten:** Interdisziplinäres Verständnis, praktische Erfahrung.

Startoperationsspezialisten [29]

- **Rolle:** Vorbereitung und Durchführung des Raketenstarts.
- **Aufgaben:**
    - Überwachung von Betankung, Systemchecks und Countdown.
    - Reaktion auf Anomalien während der Startphase.
- **Fähigkeiten:** Teamkoordination, Echtzeit-Problemlösung, Systemkontrolle.

Der Entwurf und Bau von Trägerraketen ist ein kooperativer, multidisziplinärer Prozess, der Expertise aus Ingenieurwesen, Wissenschaft, Fertigung und Betrieb vereint. Mit dem Fortschritt der Weltraumforschung entwickeln sich diese Rollen stetig weiter und bieten spannende Karrierechancen in einer Branche, die an der Spitze technologischer Innovation steht.

Aktuelle Trends in der Luft- und Raumfahrtindustrie

Die Luft- und Raumfahrtindustrie erlebt derzeit ein tiefgreifendes Wachstum, das durch Innovationen und neue Märkte geprägt ist, die die Art und Weise verändern, wie die Menschheit mit dem Weltraum interagiert. Von wiederverwendbaren Trägersystemen bis hin zum Weltraumbergbau steht die Branche vor einer beispiellosen Expansion – gestützt auf fortschrittliche Technologien, private Investitionen und nachhaltige Praktiken [36].

Wiederverwendbare Trägersysteme (RLS): Wiederverwendbare Startsysteme (Reusable Launch Systems, RLS) stellen einen revolutionären Wandel in der Raumfahrt dar, da sie das traditionelle Modell der Einwegträgerraketen herausfordern. Durch die Wiederverwendung zentraler Raketenkomponenten werden Kosten, Umweltbelastung und logistische Komplexität erheblich reduziert.

- **Kostenreduktion:** Der Verzicht auf Einwegkomponenten führt zu enormen Einsparungen und ermöglicht häufige Starts kleiner Satelliten, erschwinglichen Weltraumtourismus und kosteneffiziente Forschungsmissionen.

- **Höhere Startfrequenz:** Kürzere Wiederverwendungszeiten erlauben häufigere Starts, beschleunigen den Aufbau von Satellitenkonstellationen und fördern den technologischen Fortschritt.

- **Nachhaltigkeit:** RLS verringern Weltraumschrott und Treibstoffverbrauch, was zu einer umweltfreundlicheren Raumfahrt beiträgt.

Unternehmen wie SpaceX haben dabei Meilensteine gesetzt. Die teilweise wiederverwendbare Falcon 9 hat zahlreiche Missionen erfolgreich absolviert und die Startkosten erheblich gesenkt. Das vollständig wiederverwendbare Starship zielt darauf ab, die menschliche Präsenz auf Mars und darüber hinaus zu erweitern, befindet sich jedoch noch in der Erprobungsphase.

Laut Fortune Business Insights wurde der Markt für wiederverwendbare Trägersysteme im Jahr 2022 auf 1,61 Milliarden US-Dollar geschätzt und soll bis 2030 auf 5,41 Milliarden US-Dollar anwachsen. Nordamerika führte den Markt mit einem Anteil von 40 % im Jahr 2023, gefolgt von Europa und dem asiatisch-pazifischen Raum [36].

Entwicklung des Weltraumtourismus: Der Weltraumtourismus transformiert die Luft- und Raumfahrtindustrie und eröffnet lukrative Chancen für die Kommerzialisierung des Weltraums. Der globale Markt hatte 2022 einen Wert von 869,20 Millionen US-Dollar und soll bis 2032 über 3,88 Milliarden US-Dollar erreichen – mit einer jährlichen Wachstumsrate (CAGR) von 16,20 % [36].

- **Wichtige Treiber:**
    - Wiederverwendbare Raketen haben die Kosten für den Zugang zum Weltraum drastisch gesenkt.
    - Die Privatunternehmen SpaceX, Blue Origin und Virgin Galactic haben Wettbewerb und Innovation in den Markt gebracht.

Zu den Meilensteinen zählen Virgin Galactics suborbitale Tourismusflüge (2023) und Blue Origins New Shepard-Missionen. Auch NASA hat den Zugang zur Internationalen Raumstation (ISS) für Forschung und Bildung geöffnet.

Grundlagen des Raketenbaus und der Konstruktion

Herausforderungen wie hohe Kosten, Sicherheitsrisiken und Umweltauswirkungen bestehen weiterhin, werden aber durch technologische Fortschritte und neue Regulierungsrahmen zunehmend adressiert, was eine breitere Beteiligung am Weltraumtourismus ermöglicht [36].

Aufstieg privater Raumfahrtunternehmen: Der Aufstieg privater Unternehmen hat die Luft- und Raumfahrtbranche revolutioniert – mit schnelleren technologischen Fortschritten, wachsender globaler Finanzierung und einer Demokratisierung des Weltraumzugangs.

- **Zentrale Akteure** [36]:
    - **SpaceX:** Revolutionierte die Branche mit wiederverwendbaren Raketen, häufigen Starts und ehrgeizigen interplanetaren Missionen.
    - **Blue Origin:** Entwickelt wiederverwendbare Systeme und suborbitale Raumfahrzeuge für Tourismus.
    - **Rocket Lab:** Führt dedizierte Starts für Kleinsatelliten durch und entwickelt wiederverwendbare Orbitalraketen.
    - **OneWeb:** Baut Satellitenkonstellationen für weltweite Internetverbindungen auf.

Das globale Risikokapital für Weltraum-Start-ups erreichte 2021 einen Wert von 16,8 Milliarden US-Dollar – ein Anstieg von 44 % gegenüber 2020 –, was das wachsende Interesse an der Weltraumforschung verdeutlicht.

Private Unternehmen fördern zudem öffentlich-private Partnerschaften, etwa im ISS National Laboratory, wo staatliche Aufsicht auf privatwirtschaftliche Innovation trifft. Solche Kooperationen stärken die Forschungskapazitäten, senken finanzielle Risiken und eröffnen neue Märkte [36].

Weltraumbergbau: Der Weltraumbergbau ist eine neue und vielversprechende Grenze für nachhaltige Ressourcennutzung. Ziel ist die Gewinnung natürlicher Rohstoffe wie Seltene Erden, Wasser und Gase von Asteroiden, dem Mond und dem Mars.

- **Ziele:**
    - Versorgung von Astronauten im All mit lebenswichtigen Ressourcen wie Wasser zur Lebenserhaltung und Antriebsnutzung.
    - Nachhaltige Erforschung durch Reduktion der Abhängigkeit von irdischen Ressourcen.
    - Wirtschaftliches Wachstum durch die Schaffung eines neuen Industriezweigs.

Bedeutende Initiativen [36]:

- **Planetary Resources:** Konzentriert sich auf den Abbau von Wasser und Edelmetallen auf Asteroiden.
- **iSpace:** Zielt auf die Gewinnung von Wassereis auf dem Mond für Raumfahrtantriebe.

- **AstroForge:** Entwickelt Weltraum-3D-Druckverfahren zur Metallgewinnung.

Obwohl der Weltraumbergbau noch in den Kinderschuhen steckt, birgt er ein enormes Potenzial. Prognosen schätzen, dass sein Marktwert bis 2040 über 1 Billion US-Dollar erreichen könnte, unterstützt durch über 500 Millionen US-Dollar an Investitionen (Stand 2023). Simulationen erfolgreicher Asteroidenbergbau-Experimente unterstreichen die technologische Machbarkeit.

Die Luft- und Raumfahrtindustrie steht an der Spitze globaler Innovation, angetrieben durch Trends wie wiederverwendbare Raketen, Weltraumtourismus, private Beteiligung und Weltraumbergbau. Diese Entwicklungen erweitern nicht nur den Aktionsradius der Menschheit im Weltraum, sondern fördern auch wirtschaftliches Wachstum, technologische Fortschritte und nachhaltige Entwicklung.

Mit der fortschreitenden Entwicklung dieser Trends wird sich unser Verständnis des Weltraums weiter verändern – und mit ihm die Rolle der Menschheit im Universum [36].

Kapitel 2
Grundprinzipien des Raketenantriebs

Der Raketenantrieb ist der grundlegende Mechanismus, der es Raketen ermöglicht, die Gravitationskraft der Erde zu überwinden und in den Weltraum zu gelangen. Im Kern basiert der Raketenantrieb auf Newtons Drittem Bewegungsgesetz, das besagt: *„Zu jeder Aktion gibt es eine gleich große, entgegengesetzte Reaktion."* Indem eine Rakete Masse (Treibstoff) mit hoher Geschwindigkeit in eine Richtung ausstößt, erzeugt sie einen gleich großen und entgegengesetzten Schub, der sie vorwärts treibt.

Die Grundprinzipien des Raketenantriebs umfassen mehrere zentrale Konzepte:

1. **Schuberzeugung:** Schub entsteht, wenn der Treibstoff im Raketentriebwerk verbrannt wird und Hochdruckgase entstehen, die durch eine Düse ausgestoßen werden. Dieses Ausstoßen der Gase beschleunigt die Rakete nach vorn.

2. **Treibstoffarten:** Raketen nutzen die in chemischen Treibstoffen gespeicherte Energie, die fest, flüssig oder hybrid sein kann. Die Wahl des Treibstoffs beeinflusst die Leistung, Effizienz und Einsatzmöglichkeiten der Rakete.

3. **Spezifischer Impuls:** Der spezifische Impuls misst die Effizienz eines Raketentriebwerks. Er beschreibt, wie viel Schub pro verbrauchter Treibstoffmenge über die Zeit erzeugt wird. Ein höherer spezifischer Impuls bedeutet eine effizientere Triebwerksleistung.

4. **Düsengestaltung:** Die Düse spielt eine entscheidende Rolle bei der Ausrichtung und Beschleunigung der Abgase, um den Schub zu maximieren. De-Laval-Düsen werden häufig verwendet, um Gase auf Überschallgeschwindigkeit zu beschleunigen.

5. **Stufenbauweise:** Mehrstufige Raketen werfen leere Treibstofftanks während des Aufstiegs ab, wodurch das Gesamtgewicht reduziert und die Effizienz erhöht wird. Dieses Stufenkonzept ermöglicht es Raketen, die für den Orbit oder interplanetare Reisen erforderlichen Geschwindigkeiten zu erreichen.

6. **Betrieb im Vakuum:** Raketen sind einzigartig, da sie im Vakuum des Weltraums funktionieren können. Im Gegensatz zu Strahltriebwerken, die atmosphärischen Sauerstoff benötigen, führen Raketen ihren eigenen Oxidator mit, wodurch die Verbrennung im Weltraum möglich wird.

Diese Prinzipien bilden die Grundlage der modernen Raketentechnik – von Satellitenstarts bis hin zu interplanetaren Missionen. Das Verständnis dieser Grundlagen ist entscheidend, um Raketenentwürfe weiterzuentwickeln und erfolgreiche Weltraummissionen zu gewährleisten.

Newtons Bewegungsgesetze und ihre Anwendung auf Raketen

Die drei Bewegungsgesetze von Sir Isaac Newton bilden die wissenschaftliche Grundlage für das Verständnis, wie Raketen funktionieren. Diese Prinzipien erklären die Kräfte, die auf Raketen wirken, und die Mechanik ihres Antriebs, wodurch sie in der Lage sind, die Schwerkraft zu überwinden und sich durch den Weltraum zu bewegen.

Erstes Gesetz: Das Trägheitsgesetz

- **Definition:** Ein Körper bleibt in Ruhe oder in gleichförmiger geradliniger Bewegung, solange keine äußere Kraft auf ihn einwirkt.
- **Anwendung auf Raketen:** Eine Rakete bleibt auf der Startrampe in Ruhe, bis eine Kraft (Schub) auf sie wirkt. Im Weltraum, wo äußere Kräfte wie Luftwiderstand vernachlässigbar sind, bewegt sich die Rakete mit konstanter Geschwindigkeit weiter, solange keine andere Kraft – etwa die Gravitation oder ein Triebwerksschub – sie beeinflusst.

Um Newtons erstes Bewegungsgesetz – häufig auch Trägheitsgesetz genannt – vollständig zu verstehen, müssen die Begriffe Ruhe, Bewegung und unausgeglichene Kraft klar definiert werden [37].

Ruhe und Bewegung sind relative Begriffe. Ein Objekt befindet sich in Ruhe, wenn es seine Position relativ zu seiner Umgebung nicht verändert. Wenn man auf einem Stuhl sitzt, ist man relativ zum Stuhl in Ruhe. Befindet sich der Stuhl jedoch in einem Flugzeug, bewegt man sich dennoch mit hoher Geschwindigkeit relativ zum Boden. Sogar zu Hause befindet man sich in Bewegung, da sich die Erde um ihre Achse dreht, die Sonne umkreist und die Milchstraße durch das Universum bewegt. Absolute Ruhe existiert also nicht – Ruhe ist immer relativ zu einem bestimmten Bezugssystem [37].

Bewegung wird als Änderung der Position eines Objekts relativ zu seiner Umgebung definiert. Ein Ball auf dem Boden ist relativ zum Boden in Ruhe, beginnt aber, sich zu bewegen, wenn er rollt. Ein Passagier, der sich im Flugzeuggang bewegt, ist relativ zur Kabine in Bewegung, bewegt sich aber dennoch mit dem Flugzeug relativ zum Boden. Bei einer Rakete veranschaulicht der Übergang von Ruhe zu Bewegung beim Start eine klare Positionsänderung relativ zur Erde [37].

Das Konzept der unausgeglichenen Kräfte ist entscheidend für das Verständnis von Ruhe und Bewegung. Wenn Kräfte ausgeglichen sind, bleibt ein Objekt in Ruhe. Hält man beispielsweise einen Ball in der Hand, zieht die Schwerkraft den Ball nach unten, während die Hand eine gleich große Gegenkraft nach oben ausübt. Die Kräfte heben sich auf. Lässt man den Ball los oder wirft ihn, wird das Gleichgewicht aufgehoben – der Ball beginnt sich zu bewegen.

Grundlagen des Raketenbaus und der Konstruktion

Eine Rakete auf der Startrampe verhält sich ähnlich: Solange der Auflagerdruck der Rampe die Gravitationskraft ausgleicht, bleibt sie stationär. Sobald die Triebwerke zünden, erzeugt der Schub eine unausgeglichene Kraft, und die Rakete beschleunigt nach oben [37].

Während des gesamten Fluges wechseln sich ausgeglichene und unausgeglichene Kräfte ab. Beim Start überwindet der Triebwerksschub die Schwerkraft; sobald der Treibstoff verbraucht ist, gewinnt die Schwerkraft wieder die Oberhand, verlangsamt die Rakete, bis sie ihren Scheitelpunkt erreicht, und zieht sie schließlich zur Erde zurück [37].

Auch im Weltraum reagieren Objekte auf Kräfte – jedoch unter anderen Bedingungen. In der Schwerelosigkeit bewegt sich ein Raumfahrzeug geradlinig und gleichförmig, solange alle Kräfte im Gleichgewicht sind. Nähert es sich jedoch einem Himmelskörper, stört dessen Gravitation das Gleichgewicht und lenkt die Bahn des Objekts ab, z. B. in eine Umlaufbahn. Wird ein Satellit parallel zur Erdoberfläche mit ausreichender Geschwindigkeit gestartet, bewirkt die Erdanziehung, dass seine Bahn sich ständig krümmt, sodass er die Erde umkreist. Ohne äußere Kräfte wie Luftwiderstand bleibt er theoretisch unbegrenzt in Umlaufbahn [37].

In vereinfachter Form lautet das erste Gesetz:

„Ein Körper verharrt im Zustand der Ruhe oder der gleichförmigen Bewegung, solange keine unausgeglichene Kraft auf ihn einwirkt."

Für Raketen bedeutet das: Eine Kraft ist erforderlich, um Bewegung zu beginnen, zu stoppen, die Richtung zu ändern oder die Geschwindigkeit zu variieren. Dieses fundamentale Prinzip bestimmt das Verhalten aller Objekte, auf der Erde ebenso wie im Weltraum, und bildet die Grundlage der Raketendynamik [37].

Zweites Gesetz: Das Gesetz von Kraft und Beschleunigung

- **Definition:** Die Beschleunigung eines Körpers ist direkt proportional zur resultierenden Kraft, die auf ihn wirkt, und umgekehrt proportional zu seiner Masse.

Mathematisch ausgedrückt:

$$F = m \times a$$

wobei **F** die Kraft, **m** die Masse und **a** die Beschleunigung ist.

- **Anwendung auf Raketen:** Der Schub, der durch ein Raketentriebwerk erzeugt wird, stellt die Kraft dar, die die Rakete beschleunigt. Während der Flug verläuft, wird Treibstoff verbrannt und ausgestoßen, wodurch die Gesamtmasse der Rakete abnimmt. Diese Verringerung der Masse ermöglicht eine größere Beschleunigung bei gleicher Schubkraft.

Dies ist insbesondere beim Start entscheidend, wenn die Rakete eine enorme Kraft aufbringen muss, um die Erdanziehungskraft zu überwinden.

Newtons zweites Bewegungsgesetz beschreibt die grundlegende Beziehung zwischen Kraft, Masse und Beschleunigung und wird mathematisch als F = m × a dargestellt.

Diese Gleichung besagt, dass die auf ein Objekt wirkende Kraft dem Produkt aus seiner Masse (m) und seiner Beschleunigung (a) entspricht.

Sie kann auch umgestellt werden, um die Beschleunigung (a = F/m) oder die Masse (m = F/a) zu berechnen – je nach Anwendung.

Dieses Gesetz ist entscheidend, um Bewegungsvorgänge zu verstehen, insbesondere im Zusammenhang mit dem Raketenantrieb [37].

Zur Veranschaulichung kann das Beispiel einer alten Kanone herangezogen werden: Beim Abfeuern treibt die Explosion eine Kanonenkugel aus dem Lauf und schleudert sie in Richtung des Ziels. Gleichzeitig wird die Kanone selbst leicht rückwärts gestoßen, wenn auch über eine viel kürzere Strecke.

Dies verdeutlicht zwar auch das Prinzip von Aktion und Reaktion (Newtons Drittes Gesetz), doch die konkreten Bewegungen der Kanone und der Kugel werden durch das Zweite Gesetz bestimmt [37].

Die durch die Explosion erzeugte Kraft ist für Kanone und Kugel gleich groß.

Dies lässt sich durch zwei Gleichungen ausdrücken [37]:

$$F = m_{\text{Kanone}} \times a_{\text{Kanone}}$$
$$F = m_{\text{Kugel}} \times a_{\text{Kugel}}$$

Hierbei stehen m_{Kanone} und a_{Kanone} für die Masse und Beschleunigung der Kanone, während m_{Kugel} und a_{Kugel} die Masse und Beschleunigung der Kanonenkugel bezeichnen.

Da die wirkende Kraft in beiden Fällen gleich ist, können die Gleichungen kombiniert werden [37]:

$$m_{\text{Kanone}} \times a_{\text{Kanone}} == m_{\text{Kugel}} \times a_{\text{Kugel}}$$

Da die Kanone eine viel größere Masse hat als die Kugel, ist ihre Beschleunigung deutlich geringer.

Umgekehrt führt die geringere Masse der Kugel zu einer wesentlich höheren Beschleunigung [37].

Bei Raketen gilt ein ähnliches Prinzip.

Anstelle der Kanonenkugel übernehmen die aus dem Triebwerk ausgestoßenen Gase die Rolle der kleineren Masse, während die Rakete selbst der Kanone entspricht.

Die wirkende Kraft ist der Druck, der durch die kontrollierte Verbrennung der Treibstoffe im Raketentriebwerk entsteht.

Diese Kraft treibt die Gase mit hoher Geschwindigkeit aus der Düse (Aktion) und beschleunigt die Rakete in die entgegengesetzte Richtung (Reaktion) [37].

Grundlagen des Raketenbaus und der Konstruktion

Im Gegensatz zur Kanone wirkt der Raketenantrieb kontinuierlich, solange die Triebwerke feuern, wodurch eine anhaltende Kraft erzeugt wird.

Darüber hinaus ändert sich die Masse der Rakete während des Fluges.

Die Gesamtmasse einer Rakete besteht aus Triebwerken, Treibstofftanks, Nutzlast und Steuerungssystemen, wobei der größte Anteil auf den Treibstoff entfällt.

Wenn dieser verbrannt wird, nimmt die Masse der Rakete stetig ab.

Nach Newtons Zweitem Gesetz bedeutet dies: Wenn die Kraft konstant bleibt, die Masse aber abnimmt, steigt die Beschleunigung.

Deshalb beginnen Raketen ihren Start langsam und beschleunigen zunehmend, je höher sie steigen und je mehr Treibstoff sie verbrauchen [37].

Newtons Zweites Gesetz ist grundlegend für den Entwurf effizienter Raketen, die die enormen Geschwindigkeiten erreichen müssen, die für die Raumfahrt erforderlich sind.

Um eine niedrige Erdumlaufbahn (LEO) zu erreichen, muss eine Rakete Geschwindigkeiten von über 28.000 km/h erreichen.

Um die Erdanziehung vollständig zu überwinden und in den interplanetaren Raum vorzudringen, ist eine Fluchtgeschwindigkeit von über 40.250 km/h erforderlich.

Um diese Geschwindigkeiten zu erreichen, muss die Rakete in kurzer Zeit enormen Schub erzeugen – das geschieht durch das Verbrennen großer Treibstoffmengen und das Ausstossen der Verbrennungsgase mit hoher Geschwindigkeit [37].

Im Kontext der Raketentechnik lässt sich Newtons Zweites Gesetz wie folgt zusammenfassen:

Je größer die Masse des verbrannten Treibstoffs und je schneller die entstehenden Gase aus dem Triebwerk ausgestoßen werden, desto größer ist der erzeugte Schub der Rakete.

Dieses Prinzip bildet die Grundlage für die Konstruktion moderner Raketentriebwerke, die darauf ausgelegt sind, die Effizienz der Treibstoffverbrennung und des Gasausstoßes zu maximieren, um die für Weltraumflüge erforderlichen Geschwindigkeiten zu erreichen [37].

Drittes Gesetz: Das Gesetz von Aktion und Reaktion
- **Definition:** Zu jeder Aktion gibt es eine gleich große, entgegengesetzte Reaktion.
- **Anwendung auf Raketen:** Der Raketenantrieb ist das deutlichste Beispiel für dieses Gesetz in der Praxis. Wenn eine Rakete Abgase mit hoher Geschwindigkeit nach unten ausstößt (Aktion), entsteht eine gleich große, entgegengesetzte Kraft (Schub), die die Rakete nach oben treibt. Dieses Prinzip ermöglicht es Raketen, auch im Vakuum des Weltraums zu funktionieren, wo es keine Luft gibt, gegen die sie sich abstoßen könnten.

Newtons Drittes Bewegungsgesetz gehört zu den intuitivsten und zugleich tiefgreifendsten Prinzipien der Physik. Es besagt, dass zu jeder Aktion eine gleich große, entgegengesetzte Reaktion erfolgt. Dieses Konzept ist grundlegend für das Verständnis des Raketenbetriebs, sowohl auf der Erde als auch im Vakuum des Weltraums. Das Prinzip gilt universell, von alltäglichen Erfahrungen bis hin zu komplexen Raketenstarts [37].

Ein einfaches Beispiel: Stell dir vor, du trittst von einem kleinen Boot, das nicht am Steg festgebunden ist. Wenn du nach vorne trittst, bewegt sich das Boot nach hinten. Die Aktion ist dein Schritt nach vorne, während die Reaktion die Bewegung des Bootes in entgegengesetzter Richtung ist. Die auf dich und das Boot wirkenden Kräfte sind gleich groß, jedoch entgegengesetzt gerichtet. Dass sich das Boot weiter bewegt als du, liegt nicht an ungleichen Kräften, sondern daran, dass das Boot eine geringere Masse hat und daher bei gleicher Kraft stärker beschleunigt wird [37].

Dieses Prinzip bildet die Grundlage des Raketenantriebs. Eine Rakete hebt ab, indem sie Abgase aus ihrem Triebwerk ausstößt. Die Aktion ist die Kraft, die die Rakete auf die entweichenden Gase ausübt, während die Reaktion die Kraft ist, die die Gase auf die Rakete ausüben – diese Kraft treibt die Rakete nach oben. Damit eine Rakete die Erdanziehungskraft überwinden und abheben kann, muss die Reaktionskraft (der Schub) größer sein als die Gravitationskraft, die auf die Masse der Rakete wirkt [37].

Sobald sich die Rakete im Weltraum befindet, können selbst kleine Schubstöße ihre Richtung oder Geschwindigkeit deutlich verändern. Dies liegt daran, dass es im Vakuum keine entgegengesetzten Kräfte wie Luftwiderstand gibt, die die Bewegung der Rakete behindern könnten [37]. Zur Verdeutlichung kann man sich eine Person auf einem Skateboard vorstellen. Wenn sie abspringt, übt sie eine Kraft auf das Skateboard aus (Aktion), wodurch sich das Skateboard in entgegengesetzter Richtung bewegt (Reaktion). Ist die Person deutlich schwerer als das Skateboard, bewegt sich das Skateboard weiter, da seine Masse kleiner ist und es somit stärker beschleunigt. Dieser Unterschied in der Bewegung verdeutlicht das Zusammenspiel von Kraft, Masse und Beschleunigung, das im Zweiten Gesetz näher erläutert wird [37].

Eine der häufigsten Fragen über Raketen lautet, wie sie im Vakuum des Weltraums funktionieren, wo es keine Luft gibt, gegen die sie sich abstoßen könnten. Die Antwort liegt in Newtons Drittem Gesetz: Raketen benötigen keine Luft, um Schub zu erzeugen – sie beruhen auf der Reaktionskraft, die durch das Ausstoßen von Abgasen entsteht [37]. Zur weiteren Veranschaulichung kann man erneut das Skateboard-Beispiel betrachten. Die umgebende Luft spielt keine Rolle bei den Aktions- und Reaktionskräften; sie erzeugt lediglich Luftwiderstand, der die Bewegung verlangsamt. Ebenso muss eine Rakete auf der Erde ihre Abgase gegen die umgebende Luft ausstoßen, was einen Teil der vom Triebwerk erzeugten Energie absorbiert. Im Vakuum des Weltraums jedoch gibt es keine Luft, die den Abgasstrom behindert. Dadurch kann die Rakete ihre Energie effizienter nutzen – sie funktioniert im Weltraum sogar besser als in der Atmosphäre [37].

Das Fehlen von Luftwiderstand im Weltraum eliminiert Energieverluste durch Reibung. Wenn eine Rakete ihre Gase mit hoher Geschwindigkeit ausstößt, entweichen diese frei, und die gesamte Schubkraft, die durch den Aktions-Reaktions-Prozess entsteht, wird zum Antrieb der Rakete verwendet. Diese Effizienz ist entscheidend, um die hohen Geschwindigkeiten zu erreichen, die für

Grundlagen des Raketenbaus und der Konstruktion

Raumflüge erforderlich sind – sei es, um die Umlaufbahn zu erreichen, zu anderen Planeten zu reisen oder die Trajektorie interplanetarer Missionen anzupassen [37].

Newtons Drittes Gesetz bildet somit die theoretische Grundlage des gesamten Raketenantriebs. Durch das Ausstoßen von Gasen mit hoher Geschwindigkeit (Aktion) erzeugt die Rakete eine gleich große, entgegengesetzte Reaktionskraft, die sie antreibt. Dieses Prinzip gilt unabhängig davon, ob sich die Rakete in der Erdatmosphäre oder im Vakuum des Weltraums befindet. Das Verständnis dieses grundlegenden Gesetzes erklärt, warum Raketen auch im scheinbar leeren Weltraum funktionieren – und warum ihre Effizienz dort aufgrund des fehlenden Luftwiderstands noch größer ist [37].

Kombinierte Anwendung der Newtonschen Gesetze

Die kombinierte Anwendung der Newtonschen Gesetze ist entscheidend, um zu verstehen, wie Raketen vom Start bis zum Raumflug funktionieren. Diese Prinzipien steuern jede Phase der Reise einer Rakete und gewährleisten einen effizienten Antrieb, präzise Steuerung und optimale Konstruktion.

Beim Start erzeugen die Raketentriebwerke eine Schubkraft, die die Gravitationskraft, die auf die Masse der Rakete wirkt, übersteigen muss. Dieser nach oben gerichtete Schub, der durch das Zweite Newtonsche Gesetz beschrieben wird, beschleunigt die Rakete in den Himmel, überwindet die Erdanziehungskraft und leitet ihren Aufstieg ein.

Ein effizienter Antrieb wird durch die sorgfältige Konstruktion der Raketendüse und die hohe Geschwindigkeit der ausgestoßenen Gase erreicht. Gemäß dem Dritten Newtonschen Gesetz erzeugt das nach unten gerichtete Ausstoßen der Gase eine gleich große, entgegengesetzte Reaktionskraft (Schub), die die Rakete nach oben treibt. Diese Effizienz ist entscheidend, um die erforderliche Fluchtgeschwindigkeit zu erreichen oder in eine Umlaufbahn einzutreten [37].

Abbildung 10: Kräfte, die beim Start auf eine Rakete wirken.

Im Weltraum gewinnt das Erste Newtonsche Gesetz besondere Bedeutung. Da dort nahezu keine äußeren Kräfte wie Luftwiderstand oder Reibung wirken, bewegt sich eine Rakete mit konstanter Geschwindigkeit weiter, solange keine andere Kraft auf sie einwirkt. Anpassungen ihrer Flugbahn oder Geschwindigkeit erfolgen durch das Zünden von Steuerdüsen, wobei sowohl das Zweite als auch das Dritte Newtonsche Gesetz angewendet werden, um Richtung und Impuls zu steuern.

Mehrstufige Raketen verdeutlichen die praktische Anwendung des Zweiten Newtonschen Gesetzes. Durch das Abwerfen verbrauchter Stufen verringert sich die Masse der Rakete, wodurch die gleiche Schubkraft eine größere Beschleunigung erzeugen kann. Diese Massenreduzierung optimiert die Treibstoffeffizienz und ermöglicht es der Rakete, ihre Reise zum Ziel fortzusetzen.

Gemeinsam gewährleisten diese Anwendungen der Newtonschen Gesetze, dass Raketen erfolgreich starten, durch den Weltraum fliegen und ihre vorgesehenen Ziele erreichen können. Diese Prinzipien

Grundlagen des Raketenbaus und der Konstruktion

bilden die Grundlage der modernen Raketentechnik und stehen im Zentrum der Fortschritte in der Raumfahrt.

Die Raketengleichung: Schub, Geschwindigkeit und Masse

Die Raketengleichung, auch bekannt als die Tsiolkovsky-Raketengleichung, ist ein grundlegendes Prinzip der Raketentechnik, das die Beziehung zwischen der Geschwindigkeitsänderung einer Rakete, der Masse des ausgestoßenen Treibstoffs und der Austrittsgeschwindigkeit beschreibt [38]. Formuliert wurde sie 1903 von Konstantin Ziolkowski, der damit das mathematische Fundament schuf, um zu verstehen, wie sich die Geschwindigkeit einer Rakete durch das Zusammenspiel von Schub, Geschwindigkeit und Masse verändert [38].

Die Tsiolkovsky-Gleichung verdeutlicht die Herausforderungen und Komplexitäten des Raumflugs [4]. Sie erklärt, wie der Ausstoß von Masse (Treibstoff) mit hoher Geschwindigkeit den Schub erzeugt, der erforderlich ist, um die Rakete zu beschleunigen [39]. Diese Gleichung ist in der Raumfahrtmissionsplanung von entscheidender Bedeutung, da sie die Berechnung des Δv (der Geschwindigkeitsänderung) ermöglicht, die für spezifische Manöver wie Bahnwechsel oder Landungen erforderlich ist [40].

Die kanonische Form der Tsiolkovsky-Raketengleichung wird unter der Annahme hergeleitet, dass sich die Rakete während ihres gesamten Fluges mit Geschwindigkeiten bewegt, die im Vergleich zur Lichtgeschwindigkeit gering sind [39]. Diese Gleichung stellt den Zusammenhang zwischen der Treibstoffmasse (mp), der Anfangs- und Endmasse des Raumfahrzeugs sowie der effektiven Ausströmgeschwindigkeit (ve) des Antriebssystems her [38]. Sie zeigt, dass der Anteil der ursprünglichen Fahrzeugmasse, der über eine bestimmte Geschwindigkeitszunahme Δv beschleunigt werden kann, eine negative Exponentialfunktion des Verhältnisses dieser Geschwindigkeitszunahme zur effektiven Ausströmgeschwindigkeit ist [4].

Die Tsiolkovsky-Gleichung wurde weiterentwickelt und auf verschiedene Szenarien ausgedehnt, darunter relativistische Raketen [41], luftdruckbetriebene Wasserstrahlraketen [39] und Raketen mit Verbrennungsschwingungen [42]. Diese Weiterentwicklungen haben unser Verständnis des Raketenantriebs und seiner Grenzen erheblich verfeinert.

Im Kern der Raketengleichung steht das Prinzip der Impulserhaltung. Wenn eine Rakete Abgase mit hoher Geschwindigkeit in eine Richtung ausstößt, wird der Rakete in die entgegengesetzte Richtung ein gleich großer Impuls verliehen, der sie nach vorn treibt. Dies ist eine direkte Anwendung des Dritten Newtonschen Gesetzes der Bewegung: Jede Aktion hat eine gleich große und entgegengesetzte Reaktion.

Die Gleichung: Eine mathematische Darstellung

Die Raketengleichung wird ausgedrückt als:

$$\Delta v = v_e \ln\left(\frac{m_0}{m_f}\right)$$

Dabei gilt:

- **Δv** = Änderung der Geschwindigkeit (delta-v) der Rakete.
- **v_e** = Effektive Ausströmgeschwindigkeit (Geschwindigkeit der ausgestoßenen Gase relativ zur Rakete).
- **m_0** = Anfangsmasse der Rakete einschließlich Treibstoff.
- **m_f** = Endmasse der Rakete nach der Verbrennung des Treibstoffs.
- **ln** = Natürliche Logarithmusfunktion.

Diese Gleichung verknüpft drei entscheidende Parameter:

1. **Geschwindigkeit (Δv):** Die gesamte Änderung der Geschwindigkeit der Rakete, die ihre Fähigkeit bestimmt, eine Umlaufbahn zu erreichen oder durch den Weltraum zu reisen.
2. **Schub:** Die Kraft, die durch das Ausstoßen der Abgase erzeugt wird.
3. **Masse:** Insbesondere das Verhältnis zwischen der Anfangsmasse und der Endmasse der Rakete.

Der **Schub** ist die Kraft, die die Rakete nach vorn treibt und durch den Hochgeschwindigkeitsaustritt der Abgase aus dem Triebwerk entsteht. Die Stärke des Schubs hängt ab von:

- Der **Massenstromrate** des Treibstoffs (der pro Sekunde ausgestoßenen Masse).
- Der **Ausströmgeschwindigkeit (v_e)** der Gase.

Der Schub wird durch die folgende Gleichung beschrieben:

$$F = \dot{m} v_e$$

Dabei gilt:

- **F** = Schubkraft.
- **$\dot{m}$** = Massenstromrate des Treibstoffs.
- **v_e** = Ausströmgeschwindigkeit.

Eine höhere Ausströmgeschwindigkeit oder eine größere Massenstromrate führt zu einem stärkeren Schub, was direkt die Fähigkeit der Rakete beeinflusst, die Schwerkraft zu überwinden und die gewünschte Beschleunigung zu erreichen [38–40].

Geschwindigkeit: Erreichen von Delta-v

Delta-v (Δv) ist ein Maß für die Fähigkeit einer Rakete, ihre Geschwindigkeit zu ändern. Es ist ein entscheidender Parameter in Raumfahrtmissionen, da er bestimmt, ob eine Rakete eine Umlaufbahn

Grundlagen des Raketenbaus und der Konstruktion

erreichen, zwischen Planeten wechseln oder der Erdanziehung entkommen kann. Die Raketengleichung zeigt, dass Delta-v von zwei Faktoren abhängt:

- der effektiven Ausströmgeschwindigkeit (v_e) und
- dem Verhältnis der Anfangsmasse (m_0) der Rakete zu ihrer Endmasse (m_f).

Je höher das Delta-v, desto weiter und schneller kann eine Rakete reisen. Das Erreichen eines höheren Delta-v erfordert jedoch entweder effizientere Antriebssysteme oder einen größeren Anteil an Treibstoff, was zu erheblichen Konstruktionsherausforderungen führt.

Masse: Der Schlüssel zur Effizienz

Die Masse ist ein kritischer Faktor in der Raketengleichung, da sie die Leistung und Effizienz einer Rakete direkt beeinflusst. Die Gesamtmasse einer Rakete kann in drei Hauptkomponenten unterteilt werden: Strukturmasse, Nutzlastmasse und Treibstoffmasse. Die Strukturmasse umfasst das Gewicht der Rakete selbst, einschließlich wesentlicher Elemente wie Triebwerke, Tanks und strukturelle Komponenten. Die Nutzlastmasse steht für die Nutzlast, die die Rakete transportieren soll, wie Satelliten, wissenschaftliche Instrumente oder eine Besatzung. Die Treibstoffmasse schließlich besteht aus dem Brennstoff, der benötigt wird, um Schub zu erzeugen und die Rakete anzutreiben.

Das Masseverhältnis – das Verhältnis der Anfangsmasse (m_0) zur Endmasse (m_f) nach dem Verbrauch des Treibstoffs – ist eine entscheidende Kennzahl für die Effizienz der Rakete. Ein höheres Anfangs-Endmassenverhältnis bedeutet, dass ein größerer Teil der Raketenmasse aus Treibstoff besteht, was ein höheres Delta-v ermöglicht. Allerdings bringt ein höheres Masseverhältnis Kompromisse mit sich, wie z. B. verringerte strukturelle Festigkeit oder eingeschränkte Nutzlastkapazität.

Zur Steigerung der Effizienz und zur Bewältigung dieser Herausforderungen werden mehrere Strategien angewendet. Mehrstufige Raketen werden häufig eingesetzt, um unnötige Masse während des Fluges abzuwerfen und dadurch das Masseverhältnis zu verbessern. Ingenieure verwenden zudem leichte Materialien für die Raketenstruktur, um die Strukturmasse zu minimieren, ohne die Festigkeit zu beeinträchtigen. Fortschritte in der Antriebstechnologie spielen ebenfalls eine entscheidende Rolle: Hochleistungstriebwerke mit höheren Ausströmgeschwindigkeiten verringern die für die Mission erforderliche Treibstoffmenge. Durch die sorgfältige Kombination dieser Faktoren werden moderne Raketen so konzipiert, dass sie maximale Leistung erreichen und die Geschwindigkeiten und Höhen erzielen, die für die Raumfahrt erforderlich sind.

Herausforderungen laut der Gleichung

Die Raketengleichung offenbart mehrere grundlegende Herausforderungen im Raketenbau, die Ingenieure überwinden müssen, um effizienten und praktikablen Raumflug zu ermöglichen. Diese

Herausforderungen sind in der Physik der Raketentechnik verankert und beeinflussen das Design, die Kosten und die Realisierbarkeit von Missionen.

Ein zentrales Problem sind die abnehmenden Erträge. Mehr Treibstoff hinzuzufügen, um das Delta-v zu erhöhen, scheint logisch, führt jedoch zu einer paradoxen Situation: Der zusätzliche Treibstoff erhöht die Gesamtmasse der Rakete, was wiederum mehr Schub erfordert, der noch mehr Treibstoff verlangt. Dieses zyklische Verhältnis führt zu einem Punkt, an dem der Nutzen zusätzlichen Treibstoffs durch dessen Gewicht zunichtegemacht wird – ein klassisches Beispiel für die Ineffizienz wachsender Masse.

Eine weitere Herausforderung ist der Nutzlastanteil, also der Anteil der Gesamtmasse der Rakete, der für die Nutzlast zur Verfügung steht. Die Raketengleichung verdeutlicht, dass nur ein kleiner Prozentsatz der Gesamtmasse für die Nutzlast reserviert werden kann, da der Großteil auf Treibstoff und Struktur entfällt. Ingenieure müssen daher das Massenverhältnis sorgfältig ausbalancieren, um die Nutzlastkapazität zu maximieren und gleichzeitig ausreichenden Schub und Stabilität sicherzustellen.

Auch die Begrenzung der Ausströmgeschwindigkeit stellt ein Hindernis dar. Höhere Ausströmgeschwindigkeiten verbessern das Delta-v erheblich und ermöglichen der Rakete, die für Orbitalflüge oder interplanetare Missionen erforderlichen Geschwindigkeiten zu erreichen. Jedoch erfordern sie fortschrittliche und teure Antriebstechnologien wie kryogene Triebwerke oder Ionentriebwerke. Diese Systeme sind technisch komplex und mit hohen Entwicklungs- und Betriebskosten verbunden.

Zur Bewältigung dieser Herausforderungen sind Innovationen wie Mehrstufenkonzepte, Leichtbaumaterialien und neue Antriebstechnologien erforderlich. Diese Ansätze sind entscheidend, um die durch die Raketengleichung aufgezeigten Grenzen zu überwinden und ambitionierte, wirtschaftlichere Raumfahrtmissionen zu ermöglichen.

Praktische Auswirkungen in der modernen Raketentechnik

Die Raketengleichung bildet die Grundlage für das Design und die Betriebsstrategien der modernen Raumfahrt. Sie ist das leitende Prinzip hinter zentralen ingenieurtechnischen Entscheidungen und hilft Ingenieuren und Wissenschaftlern, die Herausforderungen des Orbital- und interplanetaren Flugs zu meistern.

Die Gleichung beschreibt die grundlegende Physik des Raketenflugs und gilt insbesondere für Reaktionsfahrzeuge, bei denen die effektive Ausströmgeschwindigkeit konstant ist. Wenn die Ausströmgeschwindigkeit variiert, kann die Gleichung summiert oder integriert werden, um präzisere Vorhersagen zu liefern. Allerdings berücksichtigt sie nur die Reaktionskraft des Triebwerks, nicht jedoch externe Kräfte wie Luftwiderstand oder Schwerkraft. Bei der Berechnung der Treibstoffanforderungen für Starts von Planeten mit Atmosphäre oder Landungen auf solchen müssen diese externen Kräfte in die Δv-Anforderungen einbezogen werden.

Grundlagen des Raketenbaus und der Konstruktion

Diese Einschränkung wird oft als die „Tyrannei der Raketengleichung" bezeichnet. Sie zeigt, dass der Nutzlastanteil stark durch den hohen Treibstoffbedarf begrenzt ist. Eine Erhöhung der Treibstoffmenge steigert die Gesamtmasse, was wiederum mehr Treibstoff und Schub erfordert – ein Teufelskreis abnehmender Effizienz.

Die Raketengleichung ist entscheidend für die Berechnung des Treibstoffbedarfs bei unterschiedlichen Raumfahrtmanövern wie Bahnänderungen oder interplanetaren Transfers. Bei Orbitalmanövern geht sie von impulsivem Schub aus, d. h. von kurzen, nahezu sofortigen Verbrennungen. Diese Annahme trifft auf kurzzeitige Schubphasen wie Bahnkorrekturen oder Orbitaleinsätze zu. Für niedrigschubige, langandauernde Systeme wie Ionentriebwerke hingegen muss die Gleichung integriert werden, um den schrittweisen Einfluss von Schwerkraft und Bahnänderungen zu berücksichtigen.

Beispielsweise erfordert das Erreichen eines niedrigen Erdorbits (LEO) typischerweise ein Δv von etwa 9 700 m/s, einschließlich des Überwindens der Erdanziehung und des Luftwiderstands. Für eine einstufige Rakete mit einer Ausströmgeschwindigkeit von 4 500 m/s müsste etwa 88,4 % der Startmasse aus Treibstoff bestehen, während nur 11,6 % für Struktur, Triebwerke und Nutzlast verbleiben. Mehrstufige Raketen verbessern die Effizienz erheblich, indem sie leere Stufen abwerfen und so unnötige Masse reduzieren.

Eine der wichtigsten Anwendungen der Gleichung ist daher das Mehrstufenkonzept. Durch das Aufteilen der Rakete in Stufen kann nach jeder Brennphase unnötige Masse abgeworfen werden, was das Masseverhältnis optimiert und höhere Beschleunigungen ermöglicht. Jede Stufe hat dabei ihre eigene spezifische Impulsleistung, abhängig von Triebwerkstyp und Treibstoff.

Beispielsweise kann eine erste Stufe, die zu 80 % aus Treibstoff, zu 10 % aus Struktur und zu 10 % aus Oberstufen und Nutzlast besteht, ein Δv von etwa $1{,}61 \times v_e$ erzeugen. Werden mehrere Stufen mit ähnlichen Verhältnissen kombiniert, erhöht sich das Gesamt-Δv erheblich – bei einer dreistufigen Rakete auf etwa $4{,}83 \times v_e$, ausreichend für Orbital- oder interplanetare Missionen.

Ein weiterer bedeutender Fortschritt sind wiederverwendbare Raketen, die die hohen Startkosten erheblich senken. Traditionell wurden Raketen nach einer Mission verworfen. Unternehmen wie SpaceX haben mit der Falcon 9 gezeigt, dass Erststufen geborgen und wiederverwendet werden können – ein Durchbruch in Wirtschaftlichkeit und Nachhaltigkeit.

Die Raketengleichung verdeutlicht zudem die Bedeutung hocheffizienter Antriebe, um die Grenzen von Masse und Treibstoff zu überwinden. Ionentriebwerke und nukleare thermische Antriebe bieten durch höhere Ausströmgeschwindigkeiten größere Δv-Werte. Ionentriebwerke erzeugen durch elektrisch beschleunigte Teilchen einen extrem effizienten Schub und eignen sich besonders für Langzeitmissionen, während nukleare Systeme durch hohe Energiedichte eine noch größere Effizienz versprechen.

Einstufige Orbitalraketen (SSTO) sind im Vergleich zu Mehrstufensystemen weniger effizient, da sie keine Masse während des Aufstiegs abwerfen können. Eine SSTO mit vergleichbarem Nutzlastanteil erreicht nur etwa $2{,}19 \times v_e$, was ihre Leistungsfähigkeit erheblich einschränkt.

Zusammen zeigen diese Innovationen – Mehrstufentechnik, Wiederverwendbarkeit und Hochleistungsantriebe – wie die Raketengleichung jede Facette der modernen Raketentechnik beeinflusst. Sie verdeutlichen, dass durch gezielte technologische Fortschritte die inhärenten Grenzen der Gleichung überwunden werden können – und damit der Weg zu nachhaltigen Mondbasen, Marsmissionen und Tiefraumerkundung geebnet wird.

Arten von Antriebssystemen (chemisch, elektrisch, nuklear)

Raumfahrzeuge verlassen sich auf verschiedene Antriebssysteme, deren Auswahl an die Missionsanforderungen wie Nutzlast, Reichweite und Effizienz angepasst ist. Die Haupttypen von Antriebssystemen umfassen chemische, elektrische und nukleare Antriebe, die jeweils unterschiedliche Vor- und Nachteile bieten.

Chemische Antriebssysteme

Chemische Antriebssysteme sind die am weitesten verbreitete und am besten etablierte Antriebsart bei Trägerraketen. Sie beruhen auf der Verbrennung chemischer Treibstoffe zur Erzeugung energiereicher Abgase, die durch eine Düse ausgestoßen werden und so gemäß Newtons drittem Gesetz Schub erzeugen [43].

Wesentliche Eigenschaften chemischer Antriebe:

1. Hoher Schub: Ein definierender Vorteil chemischer Antriebe ist ihre Fähigkeit, enormen Schub zu erzeugen. Dieser hohe Schub ist essenziell, um die Erdanziehungskraft besonders während der Startphase zu überwinden. Die schnelle Beschleunigung durch chemische Antriebe ermöglicht es Raketen, die für den Ausstieg aus der Atmosphäre erforderliche Geschwindigkeit zu erreichen, weshalb sie primär für Startfahrzeuge eingesetzt werden.

2. Kurzzeitigkeit: Chemische Antriebe liefern kurze, kräftige Beschleunigungsstöße, wodurch sie sich hervorragend für kritische Missionsphasen wie Start, Orbitaleinschuss oder schnelle Bahnkorrekturen eignen.

3. Vielfalt an Treibstoffen: Chemische Systeme lassen sich nach dem verwendeten Treibstofftyp klassifizieren, jeder mit eigenen Vorzügen und Anwendungsfällen:

- **Flüssigantriebe:** Flüssige Treibstoffe und Oxidatoren (z. B. flüssiger Wasserstoff als Treibstoff und flüssiger Sauerstoff als Oxidator) werden in einer Brennkammer gemischt und gezündet. Flüssigantriebe erlauben eine präzise Schubsteuerung und sind für komplexe Manöver und Oberstufenanwendungen geeignet; Beispiele sind SpaceX Falcon 9 und Nasa Saturn V.
- **Feststoffantriebe:** Feststofftreibstoffe sind bereits vorgemischt aus Brennstoff und Oxidator; Feststoffmotoren sind einfach, sehr zuverlässig und kostengünstig – daher häufig

Grundlagen des Raketenbaus und der Konstruktion

als Booster eingesetzt. Sie bieten jedoch keine Schubregelung oder Abschaltmöglichkeit nach der Zündung (z. B. Feststoffbooster von SLS/Space Shuttle).
- **Hybridantriebe:** Hybride Systeme kombinieren flüssigen Oxidator mit festem Treibstoff und verbinden die Einfachheit von Feststoffsystemen mit der Steuerbarkeit flüssiger Systeme; sie werden vermehrt für kleinere oder experimentelle Träger untersucht.

Flüssigtreibstoffsysteme sind eine zentrale Technologie der Raketentechnik und können entweder als Monopropellant- oder Bi-Propellant-Systeme ausgelegt sein; sie werden je nach Konstruktion druckgespeist oder pumpengespeist.

Arten flüssiger Antriebe [44]:

1. Monopropellant-Systeme: Monopropellant-Triebwerke verwenden eine einzige Flüssigkeit (z. B. Hydrazin oder neuere „grüne" Treibstoffe), die bei Kontakt mit einem Katalysator zerfällt und Schub erzeugt. Sie sind vergleichsweise einfach und zuverlässig und eignen sich gut für Lageregelung und kleine Bahnänderungen; jedoch benötigen sie schwere Katalysatorsysteme. Grüne Treibstoffe werden entwickelt, um toxische Monopropellants wie Hydrazin zu ersetzen.

2. Hypergole Bi-Propellant-Systeme: Hypergolische Treibstoffe entzünden sich spontan beim Kontakt von Treibstoff und Oxidator (z. B. Hydrazin + Stickstofftetroxid). Diese Kombinationen sind sehr zuverlässig (keine separate Zündung erforderlich) und gut lagerfähig, weshalb sie häufig in Raumfahrzeugen Verwendung finden; nachteilig sind Toxizität und Korrosivität sowie meist geringere Leistungswerte gegenüber kryogenen Systemen.

3. Kryogene Bi-Propellant-Systeme: Kryogene Systeme nutzen sehr kalt gelagerte Treibstoffe (z. B. LH_2 als Treibstoff und LOX als Oxidator). Sie bieten hohe Leistungswerte und relativ verträgliche Handhabung im Vergleich zu Hypergolen, erfordern jedoch aufwändige Isolierung und Kühltechnik, da Treibstoffe ausgasen können; daher werden kryogene Tanks meist kurz vor dem Start betankt. Die Space Shuttle- und Saturn-V-Hauptstufen verwendeten kryogene Antriebe.

4. Nuklearthermische Antriebe: Als spezialisierte Kategorie nutzen nuklearthermische Systeme einen Reaktor, um kryogenen Wasserstoff stark zu erhitzen; der erhitzte Wasserstoff wird dann durch eine Düse ausgestoßen. Solche Systeme bieten sehr hohe Leistungswerte und sind interessant für tiefer-raumliche Missionen, bringen jedoch schwere Reaktoren, regulatorische Hürden und öffentliche Akzeptanzprobleme mit sich.

Flüssigtreibstoffsysteme fördern den Treibstoff zur Brennkammer auf zwei Hauptarten [44]:

- **Druckgespeiste Systeme:** Hochdrucktanks drücken die Treibstoffe in die Brennkammer; sie sind einfach, benötigen aber schwere Druckbehälter und eignen sich deshalb weniger für sehr große Träger.
- **Pumpengespeiste Systeme:** Turbopumpen fördern die Treibstoffe, wodurch leichtere Tanks und höhere Leistungen möglich werden; diese Systeme sind Standard bei großen Trägerraketen.

Vorteile flüssiger Antriebe [44]:

1. Schubkontrolle: Start/Stopp und Drosselung sind möglich, was Präzision bei Orbitaleinsätzen, Dockings und Landungen erlaubt.

2. Großer Schubbereich: Flüssigantriebe decken einen weiten Bereich von kleinen Lageregelungsmanövern bis zu kräftigen Startphasen ab.

3. Vielseitigkeit: Einsatz in Startfahrzeugen, Bahnmanövern und Tiefraumprojekten.

Nachteile [44]:

1. Komplexität: Pumpen, Ventile und Kühlsysteme erhöhen die Komplexität gegenüber Feststoffsystemen.

2. Kryogene Herausforderungen: Kryogene Treibstoffe erfordern aufwändige Isolation und Kühlung, was Langzeitmissionen erschwert.

3. Toxizität: Hypergole Treibstoffe sind gefährlich und erfordern umfangreiche Sicherheitsmaßnahmen.

Zusammenfassung von Vor- und Nachteilen

Systemtyp	Typische Treibstoffe	Vorteile	Nachteile
Monopropellant	Hydrazin, grüne Treibstoffe	Einfach und zuverlässig	Schwere Katalysatorsysteme erforderlich
Hypergole Treibstoffe	Hydrazin, Distickstofftetroxid (N_2O_4)	Zuverlässig, langfristig lagerfähig	Toxisch, korrosiv, geringere Leistungsfähigkeit
Kryogene Treibstoffe	Wasserstoff, Sauerstoff, Methan	Hohe Leistungsfähigkeit, teilweise leichter zu handhaben	Erfordern komplexe Kühlung, Risiko von Ausgasung/Boil-off
Nuklearthermisch	Wasserstoff	Sehr hohe Leistungsfähigkeit	Komplex, schwer, regulatorische und öffentliche Herausforderungen

Anwendungen dieser Antriebssysteme umfassen [44]:

Grundlagen des Raketenbaus und der Konstruktion

- Trägerraketen: Flüssigtreibstoffsysteme bilden das Rückgrat moderner Raketen, treiben die Hauptstufen an und ermöglichen es den Fahrzeugen, die Erdatmosphäre zu verlassen. Beispiele sind die *Saturn V* und das *Space Shuttle*.
- Manöver im Weltraum: Monopropellant- und hypergole Systeme werden häufig für präzise Bahnkorrekturen, Lageregelung und Andockmanöver von Raumfahrzeugen verwendet.
- Tiefraumforschung: Kryogene und nuklear-thermische Systeme werden für interplanetare Missionen entwickelt und bieten die Leistungsfähigkeit, die für Langzeitflüge zum Mars und darüber hinaus erforderlich ist.

Fortschritte in der Materialwissenschaft, bei umweltfreundlichen Treibstoffen („Green Propellants") und in der nuklear-thermischen Antriebstechnik werden die Effizienz und Sicherheit flüssiger Antriebssysteme weiter verbessern. Mit der Ausweitung der Weltraumforschung auf neue Horizonte bleibt der Flüssigantrieb eine Schlüsseltechnologie, die es der Menschheit ermöglicht, das Universum effektiv zu erkunden und zu nutzen [44].

Feststofftreibstoffe gehören zu den ältesten und zuverlässigsten Antriebstechnologien der Raketentechnik. Im Gegensatz zu Flüssigtreibstoffen, bei denen Treibstoff und Oxidator getrennt gelagert werden, vereinen Feststofftreibstoffe beide Komponenten in einer homogenen Mischung. Diese Mischung wird zu einem festen Material gegossen, das stabil und inert bleibt, bis es gezündet wird [44].

Der Feststofftreibstoff ist ein Verbundwerkstoff, in dem Oxidator und Brennstoff chemisch gebunden in Suspension vorliegen. Der Oxidator liefert den Sauerstoff für die Verbrennung, während der Brennstoff die Energiequelle bereitstellt. Diese Konfiguration ermöglicht eine effiziente Verbrennung und erzeugt die energiereichen Gase, die für den Schub notwendig sind.

Nach der Zündung setzt die Verbrennungsreaktion Energie frei, die heiße Gase erzeugt. Diese dehnen sich aus und werden durch eine Düse ausgestoßen, wodurch Schub entsteht. Der Prozess folgt Newtons drittem Bewegungsgesetz: Die ausgestoßenen Gase erzeugen eine gleich große, entgegengesetzte Reaktionskraft, die die Rakete nach vorne treibt.

Ein wesentlicher Vorteil von Feststofftreibstoffen liegt in ihrer Stabilität und einfachen Handhabung. Da der Treibstoff in fester Form gelagert wird, kann er bei Raumtemperatur aufbewahrt werden, ohne dass komplexe Kühlsysteme erforderlich sind. Diese Eigenschaft macht Feststoffraketen äußerst langlebig und zuverlässig über lange Lagerzeiten hinweg – sie bleiben „einsatzbereit", wann immer sie benötigt werden [44].

Feststoffraketen sind außerdem weniger komplex als Flüssigantriebe, da sie keine Pumpen, Ventile oder andere komplizierte Mechanismen zur Treibstoffförderung benötigen. Diese Einfachheit erhöht ihre Robustheit und verringert die Wahrscheinlichkeit mechanischer Ausfälle.

Feststoffraketen-Booster (SRBs) sind eine bekannte Anwendung der Feststofftechnologie. So nutzte das *Space Shuttle* zwei massive SRBs, die an den Seiten des zentralen Tanks montiert waren. Diese Booster lieferten den enormen Schub, der nötig war, um das Shuttle und seine Nutzlast von der Startrampe in die obere Atmosphäre zu befördern.

Feststofftreibstoffe finden auch breite Anwendung im militärischen Bereich, etwa in ballistischen Raketen, da sie schnelle Reaktionszeiten bieten und über lange Zeiträume einsatzbereit bleiben können. Darüber hinaus werden sie in kleineren Trägerraketen für Satellitenstarts, in Feuerwerkskörpern sowie in Notausstiegssystemen für Flugzeuge eingesetzt.

Trotz ihrer Zuverlässigkeit und Einfachheit weisen Feststoffantriebssysteme einige bedeutende Einschränkungen auf [44]:

1. **Fehlende Schubkontrolle:** Nach der Zündung brennt ein Feststoffraketenmotor weiter, bis der gesamte Treibstoff verbraucht ist. Diese Unfähigkeit, den Schub zu drosseln, zu stoppen oder neu zu starten, schränkt seine Flexibilität bei Missionen ein, die präzise Manöver oder variablen Schub erfordern.

2. **Feste Brennrate:** Der Verbrennungsprozess in Feststoffraketen folgt einer vorgegebenen Brennrate, die von der Zusammensetzung und Geometrie des Treibstoffs abhängt. Diese Vorhersehbarkeit kann zwar vorteilhaft sein, begrenzt aber die Anpassungsfähigkeit des Systems.

3. **Gewichtsfaktoren:** Feststofftreibstoffe und ihre Hüllen fügen der Rakete erhebliches Gewicht hinzu. Im Gegensatz zu Flüssigtreibstoffsystemen, bei denen Tanks nach Gebrauch abgeworfen werden können, muss der gesamte Feststoffmotor mitgeführt werden – es sei denn, er ist als abtrennbare Stufe konstruiert.

4. **Umwelt- und Sicherheitsbedenken:** Feststofftreibstoffe können bei der Verbrennung schädliche Nebenprodukte freisetzen, und ihre Herstellung erfordert häufig gefährliche Chemikalien. Außerdem kann eine vorbereitete Feststoffrakete nicht leicht demontiert oder verändert werden, was Sicherheitsrisiken beim Transport und Handling birgt.

Um einige dieser Einschränkungen zu überwinden, werden moderne Feststoffantriebe mit segmentierten Raketenmotoren und Hybridantriebssystemen weiterentwickelt. Segmentierte Motoren ermöglichen eine gestufte Verbrennung, während Hybridantriebe den hohen Schub von Feststofftreibstoffen mit der Steuerbarkeit flüssiger Oxidatoren kombinieren [44].

Hybridantriebssysteme nehmen in der Raketentechnik eine besondere Stellung ein, da sie Merkmale von Feststoff- und Flüssigantrieben vereinen. Diese Hybridisierung behebt die Schwächen beider Systeme und nutzt gleichzeitig ihre jeweiligen Stärken. Das Grundprinzip besteht darin, einen festen Treibstoff als Brennstoff und einen separaten flüssigen oder gasförmigen Oxidator zur Aufrechterhaltung der Verbrennung zu verwenden – ein flexibles und effizientes Antriebskonzept.

In einem Hybridantrieb dient der Festtreibstoff, häufig aus hydroxylterminiertem Polybutadien (HTPB) oder Paraffinwachs, als Brennstoff. Der Oxidator, meist flüssiger Sauerstoff oder Lachgas (N_2O), seltener gasförmiger Sauerstoff, wird getrennt gelagert und bei Bedarf in die Brennkammer geleitet, wo er mit dem festen Brennstoff reagiert und Schub erzeugt. Die Verbrennung findet nur statt, wenn der Oxidator aktiv zugeführt wird. Dadurch lassen sich Hybridantriebe durch Regulierung des Oxidatorflusses drosseln, stoppen oder neu starten – ein entscheidender Vorteil gegenüber klassischen Feststoffsystemen [44].

Grundlagen des Raketenbaus und der Konstruktion

Hybridantriebe bieten erhebliche Vorteile. Der Festtreibstoff liefert hohe Energie und ermöglicht starken Schub ähnlich dem von Feststoffraketen, was sie für Anwendungen mit großem Leistungsbedarf prädestiniert. Die Möglichkeit, den Motor zu drosseln oder wieder zu starten, verbessert die Steuerbarkeit, was bei Missionen mit mehreren Brennphasen oder präzisen Manövern entscheidend ist. Zudem erhöhen Hybridantriebe die Sicherheit, da Oxidator und Brennstoff getrennt gelagert werden, wodurch das Risiko unbeabsichtigter Zündungen verringert wird. Der einfache Aufbau ohne komplexe Turbopumpen reduziert das Gewicht sowie Herstellungs- und Wartungskosten [44].

Allerdings bestehen auch Herausforderungen. Der spezifische Impuls, also die Effizienz des Antriebs, ist im Allgemeinen geringer als bei Flüssigantrieben, wodurch Hybride für Hochleistungsmissionen weniger geeignet sind. Eine gleichmäßige und kontrollierte Zufuhr des Oxidators unter variablen Druck- und Temperaturbedingungen ist technisch anspruchsvoll. Auch die gleichmäßige Verbrennung im Inneren der Kammer ist schwer zu erreichen, da der Brennstoff durch Oberflächenerosion abbrennt und unregelmäßig mit dem Oxidator interagiert [44].

Hybridraketen werden zunehmend in Bereichen eingesetzt, in denen ihr hoher Schub und ihre Steuerbarkeit Vorteile bieten. Virgin Galactic verwendet beispielsweise Hybridantriebe im Raumflugzeug *SpaceShipTwo* für suborbitale Raumflüge, bei denen starker Schub und kontrollierte Landung erforderlich sind. Aufgrund ihrer einfachen Handhabung und erhöhten Sicherheit eignen sich Hybridantriebe auch für Bildungsprogramme und Forschungsexperimente, da sie geringere Risiken aufweisen. Darüber hinaus werden Hybridantriebe für planetare Landefahrzeuge, wiederverwendbare Trägerraketen und Notabbruchsysteme erforscht, wo Sicherheit und Steuerbarkeit entscheidende Vorteile darstellen [44].

Zukünftige Innovationen in der Hybridantriebstechnologie umfassen die Entwicklung fortschrittlicher Materialien für Festbrennstoffe und effizienterer Systeme zur Oxidatorzufuhr, um Leistung und Zuverlässigkeit zu verbessern. Die Forschung an umweltfreundlichen Oxidatoren und Treibstoffen unterstützt die nachhaltigen Ziele der Raumfahrt. Obwohl Hybridantriebe in Bezug auf Leistung noch nicht mit Flüssigsystemen konkurrieren, bieten sie eine attraktive Balance aus Sicherheit, Einfachheit und Anpassungsfähigkeit. Damit stellen sie eine wertvolle Technologie für ein breites Spektrum von Luft- und Raumfahrtanwendungen dar – von kommerziellem Weltraumtourismus bis hin zu wissenschaftlichen Missionen [44].

Chemische Antriebe werden vorwiegend in den Anfangsphasen von Trägerraketen eingesetzt, um das hohe Delta-v zu erreichen, das zum Verlassen der Erdatmosphäre erforderlich ist [43]. Gele-Antriebssysteme, die in taktischen Lenkflugkörpern, Lageregelungssystemen und Trägerraketen-Boostern Anwendung finden, können – ähnlich wie Flüssigraketen – durch die Verwendung halbflüssiger Treibstoffe gedrosselt werden [45]. Diese Systeme vereinen in der Regel die Vorteile herkömmlicher Flüssig- und Festtreibstoffe [45].

Mit der zunehmenden Größe und Lebensdauer von Telekommunikationssatelliten werden integrierte flüssige Bipropellant-Antriebssysteme die Kombination aus Feststoff- und Flüssig-Monopropellant-Triebwerken für Apogäum- und Orbit-Manöver ersetzen [46]. Der Treibstofftank eines Satelliten ist ein zentrales Element, da die meisten Satellitenantriebe auf chemischen Systemen basieren und flüssiger Treibstoff die notwendige Energiequelle für den Antrieb darstellt [46].

Die JAXA entwickelt derzeit ein Gas-Flüssigkeits-Gleichgewichts-Antriebssystem für Kleinsatelliten, bei dem der Treibstoff in flüssiger Phase gespeichert und in gasförmiger Form durch eine Düse ausgestoßen wird [47].

Die Stufung von ionischen Flüssigkeits-Elektrospray-Triebwerken, analog zur Stufung von Trägerraketen, wurde als mögliche Lösung vorgeschlagen, um die Lebensdauer einzelner Triebwerke zu verlängern und die Gesamtlebensdauer des Antriebssystems zu erhöhen [48].

Ionische Flüssigkeiten besitzen Vorteile wie niedrigen Dampfdruck, Umweltfreundlichkeit und geringe Toxizität. Mehrkomponenten-Ionische Flüssigkeiten könnten hydrazinbasierte Treibstoffe ersetzen, indem sie energetische Komponenten zur Leistungssteigerung enthalten. Sie können auch in elektrischen Antriebssystemen eingesetzt werden, da ihre hohe Ionisationsrate und ihre leichte Beeinflussbarkeit durch elektrische Felder eine Dual-Mode-Antriebstechnologie für Luft- und Raumfahrt ermöglichen [49].

Elektrische Antriebssysteme

Elektrische Antriebssysteme sind eine Art von Raumfahrtantrieb, die Elektrizität nutzen, um ionisierte Teilchen (Plasma) zu beschleunigen und so Schub zu erzeugen. Diese Systeme zeichnen sich durch ihre hohe Effizienz und ihren geringen Schub im Vergleich zu chemischen Antrieben aus [50, 51].

Ionentriebwerke verwenden elektrische Energie, um Atome zu ionisieren und so ein geladenes Plasma zu erzeugen, das in einem magnetischen Feld („magnetic bottle") eingeschlossen wird. Die Ionen werden anschließend durch eine magnetische Düse mit hoher Geschwindigkeit ausgestoßen, wodurch Schub entsteht – ohne dass feste Materie mit dem Plasma interagieren muss. Der Prozess umfasst zwei zentrale Schritte: die Ionisierung des Treibstoffs und die Beschleunigung der Ionen mittels eines elektrischen Feldes. Ein Neutralisator gibt Elektronen ab, um eine elektrische Gesamtneutralität zu gewährleisten, damit sich der Ionenstrahl nicht auflädt.

Die hohe Ausströmgeschwindigkeit, die für elektrische Antriebe typisch ist, führt zu außergewöhnlicher Effizienz, da nur sehr wenig Treibstoff verbraucht wird. Diese Effizienz hat jedoch ihren Preis: elektrische Antriebe benötigen erhebliche Energiemengen und erzeugen im Allgemeinen nur geringen Schub. Daher eignen sie sich besonders für Missionen, bei denen ein kontinuierlicher Betrieb über längere Zeiträume die erforderliche Impulsänderung ermöglicht – etwa für Satelliten-Lageregelung oder als Hauptantrieb für Tiefraummissionen.

Hauptmerkmale elektrischer Antriebssysteme:

- **Hohe Effizienz:** Elektrische Antriebe besitzen einen deutlich höheren spezifischen Impuls, d. h. sie nutzen den Treibstoff wesentlich effizienter [50, 51].
- **Geringer Schub:** Sie erzeugen nur kleine Schubkräfte und sind daher besser für Langzeitmissionen als für Startphasen geeignet [50, 51].

Grundlagen des Raketenbaus und der Konstruktion

- **Treibstofftypen:** Xenon ist der am häufigsten verwendete Treibstoff, da es nert und gleichzeitig schwer ist [50, 52].

Arten elektrischer Antriebe:

- **Ionentriebwerke:** Ionisieren die Treibstoffatome und beschleunigen sie durch elektrische Felder. Beispiele sind die *Dawn*-Raumsonde der NASA [50, 53].
- **Hall-Effekt-Triebwerke:** Erzeugen Schub, indem ein Magnetfeld Elektronen einschließt, die den Treibstoff ionisieren und Plasma bilden. Sie werden häufig in Kommunikationssatelliten eingesetzt [50, 53].
- **Elektrothermische Triebwerke:** Erhitzen den Treibstoff elektrisch, bevor er ausgestoßen wird, um Schub zu erzeugen [54, 55].

Elektrische Antriebe erfordern leistungsstarke Energiequellen. Solarenergie ist die häufigste Option für Missionen in Sonnennähe und bietet eine zuverlässige und leichte Lösung. Für Missionen, die weiter von der Sonne entfernt sind, ist Kernenergie unerlässlich. Nuklear-elektrische Antriebssysteme verwenden Reaktoren zur Stromerzeugung und eignen sich für Tiefraummissionen. Andere innovative Konzepte, etwa energiebündelnde Strahlungsübertragung („beamed energy") von externen Quellen, werden erforscht, um die Grenzen der bordeigenen Energieerzeugung zu überwinden.

Elektrische Antriebssysteme eignen sich ideal für Tiefraummissionen, Satelliten-Lageregelung und interplanetare Exploration, bei denen Effizienz und anhaltender Schub wichtiger sind als ein hoher Anfangsschub [50, 56, 57].

Die größte Einschränkung elektrischer Antriebe liegt in ihrem hohen Energiebedarf. Bestehende Energiequellen – ob solar, nuklear oder chemisch – begrenzen den maximal erzeugbaren Schub. Zudem erhöht die Energiequelle selbst die Gesamtmasse des Raumfahrzeugs, was Leistung und Design beeinflusst. Während elektrische Antriebe durch ihre Effizienz bestechen, ist der Nachteil ihr geringer Schub, der ihren Einsatz auf Missionen mit langfristiger Beschleunigung beschränkt.

Fortschritte in der Energieerzeugung, der Ionisierungstechnik und der magnetischen Einschlusssteuerung werden die Leistungsfähigkeit elektrischer Antriebe weiter verbessern. Diese Technologie hat das Potenzial, die Raumfahrt zu revolutionieren, indem sie effiziente, lang andauernde Missionen zu fernen Planeten ermöglicht und die Abhängigkeit von chemischen Treibstoffen verringert. Mit anhaltender Innovation wird der elektrische Antrieb voraussichtlich eine Schlüsselrolle in der Erweiterung der menschlichen Präsenz im Sonnensystem und darüber hinaus spielen.

Nukleare Antriebssysteme

Nuklearantriebssysteme nutzen die Energie aus nuklearen Reaktionen – hauptsächlich Kernspaltung –, um Schub für die Raumfahrt zu erzeugen [58, 59]. Diese Technologie bietet erhebliche Vorteile gegenüber chemischen Antrieben, darunter eine höhere Energiedichte und einen höheren spezifischen Impuls [58, 59].

Es gibt zwei Haupttypen nuklearer Antriebssysteme:

1. **Nuklearthermischer Antrieb (NTP):** Beim NTP wird ein Kernreaktor verwendet, um ein Treibmittel – meist Wasserstoff – zu erhitzen, das anschließend ausgestoßen wird, um Schub zu erzeugen [58, 59]. Diese Methode erreicht einen höheren spezifischen Impuls als chemische Antriebe [59].

2. **Nuklear-elektrischer Antrieb (NEP):** Beim NEP erzeugt ein Kernreaktor elektrische Energie, die anschließend elektrische Triebwerke antreibt [60-62]. Diese Kombination vereint die hohe Energiedichte der Kernenergie mit der Effizienz elektrischer Antriebssysteme [61].

Das zentrale Prinzip des NTP beruht auf der Nutzung der Kernspaltung zur Wärmegewinnung. Der Reaktorkern enthält spaltbares Material, typischerweise Uran-235. Wenn Neutronen von den Urankernen absorbiert werden, geraten diese in einen angeregten, instabilen Zustand. Diese Instabilität führt zur Spaltung des Kerns (Fission), wobei erhebliche Energiemengen – etwa 190 bis 200 Megaelektronenvolt (MeV) pro Spaltungsereignis – freigesetzt werden. Zusätzlich entstehen Gammastrahlung, Neutronen und Spaltprodukte, die zu einer anhaltenden Kettenreaktion im Reaktorkern beitragen [63].

Die bei der Spaltung freigesetzte Energie wird genutzt, um Wasserstoff – das bevorzugte Treibmittel – zu erhitzen. Aufgrund seines geringen Molekulargewichts erreicht Wasserstoff einen sehr hohen spezifischen Impuls (ISP), ein Maß für die Effizienz eines Triebwerks. So kann Wasserstoff in einem NTP-System einen ISP von etwa 900 Sekunden bei einer Brennstofftemperatur von rund 2800 K erreichen. Zum Vergleich: Wird Wasser als Treibstoff im selben System verwendet, liegt der ISP nur bei etwa 375 Sekunden, da Wasser eine höhere Molekülmasse besitzt [63].

Fusionsantriebe gelten als mögliche zukünftige Option, da sie noch höhere Effizienz und Schub bieten könnten, sich jedoch derzeit noch im Forschungsstadium befinden [64].

Damit Wasserstoff in flüssigem Zustand bleibt, muss er bei extrem niedrigen Temperaturen (unter 20 K) gespeichert werden, wodurch er als kryogener Treibstoff gilt. Diese Speicheranforderung stellt erhebliche technische Herausforderungen dar, da Wasserstoff kalt bleiben muss, um ein Verdampfen zu verhindern. Kryogene Systeme unterscheiden sich deutlich von anderen Antriebsarten wie elektrischen oder Feststoffsystemen, insbesondere hinsichtlich Handhabung und Verhalten der Treibstoffe.

Vorteile nuklearthermischer Antriebe (NTP) gegenüber konventionellen Antriebstechnologien [64]:

- **Hohe Effizienz und Schub:** NTP-Systeme erreichen fast den doppelten spezifischen Impuls chemischer Triebwerke – bis zu 900 s gegenüber etwa 465 s moderner chemischer Systeme. Diese Effizienz senkt den Treibstoffbedarf und ermöglicht leichtere Raumfahrzeuge oder größere Nutzlasten.
- **Kürzere Flugzeiten:** NTP-Systeme verkürzen Reisezeiten zu Zielen wie dem Mars erheblich. Eine schnelle Konjunktionsmission mit NTP könnte die einfache Flugzeit auf 4–6 Monate reduzieren. Kürzere Reisen verringern die Strahlenexposition der Astronauten und die negativen Effekte langer Schwerelosigkeit, wie Muskel- und Knochenschwund.

Grundlagen des Raketenbaus und der Konstruktion

- **Vielseitigkeit und Wiederverwendbarkeit:** NTP-Systeme können wiederverwendbare Raumfahrzeugkonzepte unterstützen und so Entwicklungs- und Betriebskosten senken. Sie ermöglichen zudem künstliche Gravitation und bieten erweiterte Notfall- und Abbruchoptionen, was die Missionssicherheit erhöht.
- **Breite Einsatzmöglichkeiten:** Über Marsmissionen hinaus kann NTP für wiederverwendbare Mondfrachttransporte, bemannte Asteroidenmissionen, hochentropische Injektionsstufen für robotische Erkundung ferner Planeten und vieles mehr eingesetzt werden. Diese Anpassungsfähigkeit macht NTP zu einer universellen Lösung für vielfältige Missionsprofile.

Nuklearer Antrieb gilt als entscheidender Technologieträger für ehrgeizige Raumfahrtprojekte – etwa bemannte Missionen zum Mars, zu den äußeren Planeten oder sogar für zukünftige interstellare Reisen [65, 66]. Die hohe Energiedichte und der kontinuierliche Schub nuklearer Systeme unterstützen Langzeitmissionen mit hohen Energieanforderungen [65, 66].

Allerdings stehen die Entwicklung und der Einsatz nuklearer Antriebssysteme vor einer Reihe technischer und gesellschaftlicher Herausforderungen, darunter Sicherheits-, Zuverlässigkeits- und Akzeptanzfragen [68]. Laufende Forschungs- und Entwicklungsprogramme konzentrieren sich darauf, diese Probleme zu lösen und die Technologie weiterzuentwickeln [61, 67].

Um Nichtverbreitungsbedenken zu begegnen, setzen moderne NTP-Konzepte zunehmend auf niedrig angereichertes Uran (LEU) oder hochangereichertes, aber niedrigprozentiges Uran (HALEU) anstelle des stark angereicherten Urans (HEU), das in früheren Programmen wie dem NERVA-Rover-Projekt verwendet wurde. Diese Fortschritte gewährleisten weiterhin hohe Spaltungseffizienz bei gleichzeitig erhöhter Sicherheits- und Proliferationsresistenz.

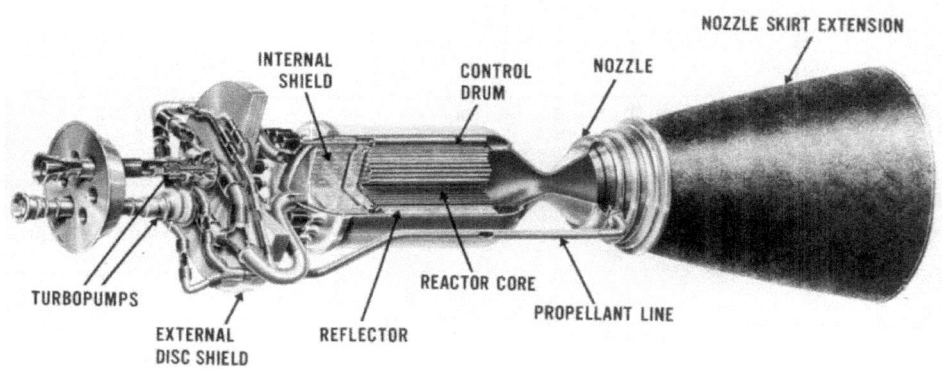

Abbildung 11: Eine erläuternde Zeichnung des NERVA-Triebwerks (Nuclear Engine for Rocket Vehicle Application), eines thermodynamischen Nuklearraketenmotors. Das Hauptziel des Projekts Rover/NERVA war die Entwicklung eines flugtauglichen Triebwerks mit einem Schub von 75.000 Pfund. NASA, Public Domain, via Picryl.

Trotz seiner Vorteile steht der nuklearthermische Antrieb (NTP) vor mehreren Herausforderungen, darunter die Notwendigkeit eines fortschrittlichen Wärmemanagements, um die kryogene Wasserstofflagerung aufrechtzuerhalten, sowie die Belastbarkeit des Reaktors während des Langzeitbetriebs sicherzustellen. Darüber hinaus müssen öffentliche Wahrnehmung und regulatorische Hürden, die mit der Nutzung nuklearer Technologie verbunden sind, sorgfältig berücksichtigt und gesteuert werden.

Der NTP besitzt das Potenzial, die Raumfahrt grundlegend zu revolutionieren. Seine hohe Effizienz und Schubkraft machen ihn zu einer Schlüsseltechnologie für kosteneffiziente und nachhaltige Missionen zum Mars und darüber hinaus. Die durch NTP erzielte Reduktion der Anfangsmasse in einem niedrigen Erdorbit (IMLEO) verringert zudem die erforderliche Anzahl an Starts, was ehrgeizige Raumfahrtmissionen realistischer und wirtschaftlicher macht [63].

Als wiederverwendbare und anpassungsfähige Technologie unterstützt NTP eine Vielzahl von Missionsprofilen – von Mondlandungen über robotische Erkundungsmissionen zu den äußeren Planeten bis hin zu zukünftigen bemannten interplanetaren Vorhaben. Mit fortschreitender Forschung und Entwicklung steht der NTP kurz davor, eine zentrale Rolle in der nächsten Generation der Weltraumforschung einzunehmen, indem er Effizienz, Vielseitigkeit und Zuverlässigkeit vereint, um die interplanetaren Bestrebungen der Menschheit zu verwirklichen.

Vergleich und Anwendungsfälle

Merkmal	Chemisch	Elektrisch	Nuklear
Schub	Hoch	Niedrig	Mittel bis Hoch
Spezifischer Impuls	Niedrig bis Mittel	Hoch	Hoch
Effizienz	Mittel	Hoch	Hoch
Komplexität	Niedrig (Feststoff) bis Mittel (Flüssig)	Hoch	Sehr hoch
Hauptanwendung	Start und Orbitaleintritt	Tiefraum-Missionen, Lageregelung	Langstrecken- und bemannte Exploration

Grundlagen des Raketenbaus und der Konstruktion

Fortschritte in den Bereichen Materialwissenschaft, Ingenieurwesen und computergestützte Modellierung treiben die Innovation in allen drei Antriebsarten voran. Wiederverwendbare chemische Raketen, hocheffiziente elektrische Systeme und experimentelle nukleare Antriebstechnologien werden voraussichtlich nebeneinander bestehen, wobei jede für bestimmte Missionsphasen optimiert ist. Die Integration dieser Antriebssysteme wird weiterhin die Zukunft der Raumfahrt prägen und es der Menschheit ermöglichen, tiefer in das Universum vorzudringen.

Kapitel 3
Materialien und Strukturen im Raketenbau

Anatomie einer Rakete

Eine Rakete ist ein hochentwickeltes technisches Fahrzeug, das darauf ausgelegt ist, die Schwerkraft der Erde zu überwinden und den Weltraum zu erreichen. Raketen werden für eine Vielzahl von Zwecken eingesetzt, etwa zum Transport von Satelliten, wissenschaftlichen Instrumenten, Versorgungsgütern oder Menschen in den Orbit oder darüber hinaus. Jedes Bauteil einer Rakete ist sorgfältig konstruiert, um spezifische Funktionen zu erfüllen, die für den Erfolg einer Mission unerlässlich sind. Im Folgenden werden die wichtigsten Elemente beschrieben, aus denen eine Rakete besteht:

In einem mehrstufigen System liefert die erste Stufe den anfänglichen Schub, um die Rakete vom Boden abzuheben und sie durch die dichten Schichten der Erdatmosphäre zu treiben. Sobald ihr Treibstoff aufgebraucht ist, wird die erste Stufe abgetrennt, um Gewicht zu reduzieren, und die zweite Stufe übernimmt. Diese Stufe bringt das Fahrzeug in größere Höhen, wo der Luftwiderstand minimal ist, was das Erreichen höherer Geschwindigkeiten mit geringerem Schub erleichtert. Wenn der Treibstoff der zweiten Stufe erschöpft ist, wird auch sie abgetrennt. Die dritte Stufe beschleunigt schließlich die Nutzlast auf die erforderliche Umlaufgeschwindigkeit und -höhe. Nach dem Aussetzen der Nutzlast wird auch die dritte Stufe verworfen und ihre Funktion ist erfüllt [68].

Der Hauptvorteil der Mehrstufigkeit liegt in der erheblichen Gewichtsreduzierung, da jede Stufe nach dem Verbrauch ihres Treibstoffs abgeworfen wird. Diese Reduktion des Gewichts ermöglicht es der Rakete, höhere Endgeschwindigkeiten mit weniger Gesamtantriebsmittel zu erreichen. Durch diesen Prozess wird das Verhältnis von Nutzlast zu Gesamtmasse maximiert, sodass das Trägersystem eine größere Nutzlast im Verhältnis zu seiner Gesamtmasse transportieren kann. Für Missionen in niedrige Erdumlaufbahnen (LEO) genügen häufig zweistufige Raketen, während dreistufige Systeme in der Regel für größere Höhen oder Tiefraumflüge erforderlich sind, etwa für geostationäre Umlaufbahnen oder interplanetare Flugbahnen [68].

Das Erreichen des erforderlichen Schubs, um den Orbit zu erreichen, erfordert hohe Treibstoffdurchflussraten durch die Raketentriebwerke. In einem flüssigtreibstoffbetriebenen Triebwerk regulieren Turbopumpen und fördern den Treibstoff und das Oxidationsmittel mit den erforderlichen Raten in die Brennkammer. Eine Technik namens regenerative Kühlung wird eingesetzt, um die strukturelle Integrität der Düse zu erhalten, indem der Treibstoff um die Düsenwände

Grundlagen des Raketenbaus und der Konstruktion

zirkuliert. Dieser Prozess kühlt nicht nur die Düse, sondern erhitzt auch den Treibstoff vor, was die Verbrennungseffizienz erhöht und den Schub verbessert [68].

Ein weiterer Vorteil von Mehrstufenraketen ist die Möglichkeit, jede Stufe für spezifische Betriebsbedingungen zu optimieren. Triebwerke der ersten Stufe werden für den Einsatz in der Atmosphäre konzipiert, wo aerodynamische Kräfte eine große Rolle spielen. Dagegen sind die Triebwerke der oberen Stufen für den Betrieb im Vakuum des Weltraums optimiert, wo kein Luftwiderstand herrscht. Auch unterschiedliche Treibstoffe können je nach Missionsanforderungen für jede Stufe verwendet werden, um die Effizienz zu maximieren [68].

Mehrstufige Raketen haben jedoch auch Nachteile, insbesondere den Verlust der Stufen nach der Abtrennung. Diese abgelegten Komponenten verglühen beim Wiedereintritt in die Erdatmosphäre und sind somit nicht wiederverwendbar. Jüngste Fortschritte in der Technologie wiederverwendbarer Trägersysteme, wie bei SpaceX' Falcon 9, haben begonnen, dieses Problem zu lösen. Die erste Stufe der Falcon 9 ist mit aerodynamischen Steuerflächen und Triebwerken zur präzisen Steuerung beim Abstieg ausgestattet. Mit Hilfe ihrer eigenen Antriebssysteme führt sie eine kontrollierte Landung auf einer Startplattform oder einer Offshore-Plattform durch und kann für zukünftige Missionen wiederverwendet werden. Diese Innovation senkt die Kosten erheblich, erfordert jedoch zusätzlichen Treibstoff und höhere technische Komplexität, um eine sichere Rückführung zu gewährleisten [68].

Feststoffraketenbooster (SRBs) werden häufig verwendet, um die Haupttriebwerke beim Start zu unterstützen und zusätzlichen Schub bereitzustellen, um schwere Nutzlasten zu heben. Diese Booster werden in der Regel nach dem Verbrauch ihres Treibstoffs abgeworfen. In einigen Fällen können SRBs geborgen und überholt werden, wenn sie in niedrigen Höhen abgetrennt und mit Fallschirmen ausgestattet sind. Ihre relativ geringen Kosten und modulare Bauweise machen sie zu einer flexiblen Option zur Leistungssteigerung von Hauptträgerraketen [68].

Historisch stellte das Space Shuttle-Programm einen bedeutenden Fortschritt in der Technologie wiederverwendbarer Raumfahrzeuge dar. Das Orbiter-Raumschiff, das die Nutzlast enthielt, war so konzipiert, dass es nach der Mission wie ein Flugzeug zur Erde zurückkehren und landen konnte. Die beiden SRBs wurden aus dem Ozean geborgen und überholt, während der externe Treibstofftank verworfen wurde. Dieser Ansatz zeigte die Machbarkeit teilweise wiederverwendbarer Startsysteme und bildete die Grundlage für moderne Fortschritte in der Raketenneuverwendung [68].

Die von mehrstufigen Raketen gestarteten Nutzlasten umfassen ein breites Spektrum an Missionen – vom Platzieren von Satelliten in geostationären Umlaufbahnen bis hin zum Einsatz von Tiefraumsonden und bemannten Kapseln. So trugen beispielsweise die Voyager-Sonden wissenschaftliche Instrumente und Kommunikationssysteme zur Erforschung der äußeren Planeten und des interstellaren Raums. Das mit dem Space Shuttle in eine niedrige Erdumlaufbahn gebrachte Hubble-Weltraumteleskop (HST) hat unser Verständnis des Kosmos revolutioniert. Sein modulares Design, mit separaten Sektionen für optische Baugruppen, Steuerungselektronik und wissenschaftliche Instrumente, zeigt die präzise Ingenieurskunst, die für den Bau von Weltraumnutzlasten erforderlich ist [68].

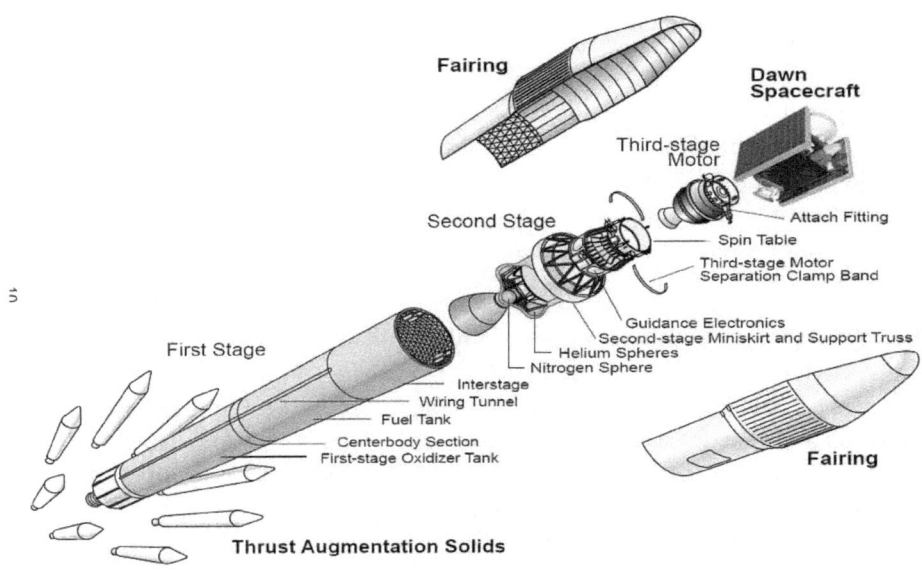

Abbildung 12: Delta II Heavy 2925H-9.5 einschließlich Star-48-Oberstufe. NASA, CC0, über Picryl.

Nutzlast: Das Missionsziel

Die Nutzlast ist die Hauptfracht, für deren Transport die Rakete entwickelt wurde. Sie kann Folgendes umfassen:

- Satelliten für Kommunikation, Wetterbeobachtung oder Erdbeobachtung.
- Teleskope wie das Hubble-Weltraumteleskop, das zur Erforschung entfernter Galaxien entwickelt wurde.
- Versorgungsgüter für die Internationale Raumstation (ISS), darunter Lebensmittel, Ausrüstung und Experimente.
- Bemannten Missionen, bei denen Astronautinnen und Astronauten zur ISS oder zu anderen Zielen reisen.

Das Gewicht und die Abmessungen der Nutzlast bestimmen das Design und die Leistungsfähigkeit der Rakete. Eine der größten technischen Herausforderungen besteht darin, sicherzustellen, dass die Nutzlast während der enormen Kräfte beim Start intakt und funktionsfähig bleibt.

Das Nutzlastsystem einer Rakete ist so ausgelegt, dass es die Fracht, die dem Missionszweck dient, sicher transportiert und schützt. Im Laufe der Zeit haben sich Raketen-Nutzlasten von einfachen Sprengkörpern zu hochkomplexen wissenschaftlichen Instrumenten, Satelliten und sogar bemannten Raumfahrzeugen entwickelt. Diese Entwicklung spiegelt die Fortschritte in der Raketentechnologie und den wachsenden Umfang der Weltraumforschung und -nutzung wider und zeigt die Vielseitigkeit moderner Nutzlastsysteme zur Erfüllung unterschiedlichster Missionsziele.

Grundlagen des Raketenbaus und der Konstruktion

Die frühesten Raketen-Nutzlasten waren einfacher Natur, etwa Feuerwerkskörper, die im alten China zu Feierlichkeiten eingesetzt wurden. Der Einsatz von Raketen als militärische Waffen markierte einen bedeutenden Wendepunkt in ihrer Entwicklung. Während des Zweiten Weltkriegs stellte die deutsche V2-Rakete einen Meilenstein in der Raketentechnologie dar – sie konnte mehrere tausend Pfund Sprengstoff über große Entfernungen transportieren. Die V2 war die erste Rakete, die die Grenze zum Weltraum durchbrach, und demonstrierte das Potenzial von Raketen, größere und fortschrittlichere Nutzlasten zu befördern – ein Meilenstein, der den Weg für zukünftige Entwicklungen ebnete.

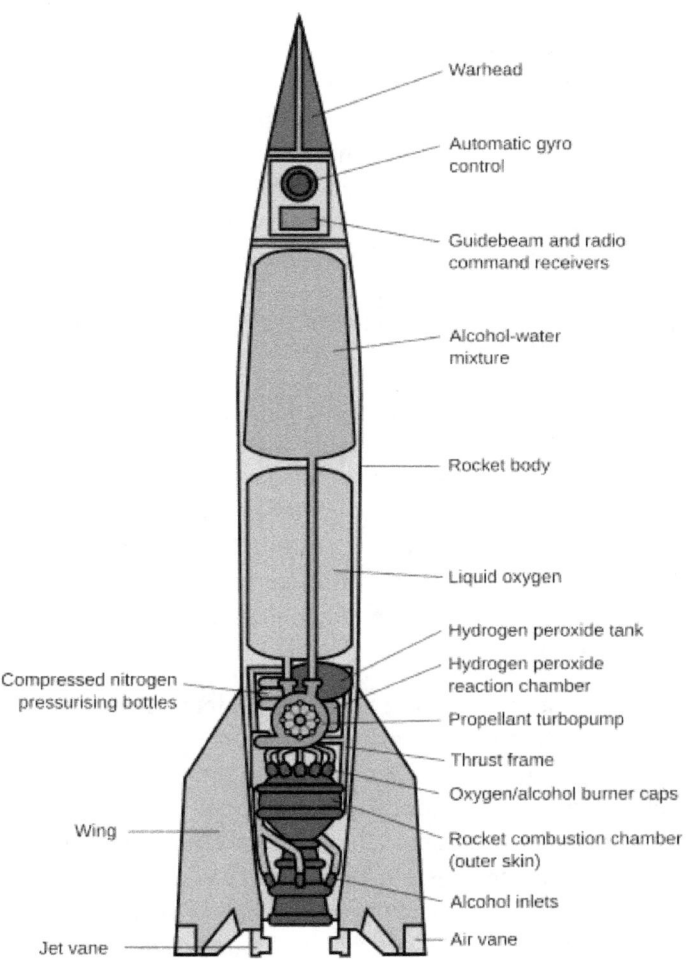

Abbildung 13: Schematische Darstellung eines V-2-Raketendesigns. Fastfission, Public Domain, via Wikimedia Commons.

Nach dem Zweiten Weltkrieg beschleunigte sich die Raketenentwicklung während des Kalten Krieges erheblich, angetrieben durch geopolitische Spannungen. Viele Nationen, insbesondere die Vereinigten Staaten und die Sowjetunion, entwickelten gelenkte ballistische Raketen, die mit Nuklearsprengköpfen ausgestattet waren. Diese Raketen wurden so konstruiert, dass sie hochpräzise und leistungsstark waren, wobei der Schwerpunkt hauptsächlich auf zerstörerischen militärischen Nutzlasten und weniger auf wissenschaftlichen oder explorativen Zwecken lag. Diese Ära verdeutlichte den Doppelverwendungscharakter der Raketentechnologie und legte den Grundstein für ihre Anpassung an zivile Anwendungen.

Mit dem Übergang der Raketen von militärischen zu zivilen und wissenschaftlichen Anwendungen markierte der Start von Sputnik 1 durch die Sowjetunion im Jahr 1957 den Beginn der Raumfahrt. Satelliten wurden zu einer gängigen Nutzlast und erfüllten eine Vielzahl von Missionen, darunter Kommunikation, Wetterbeobachtung und Erdbeobachtung. Kommunikationssatelliten revolutionierten die globale Konnektivität, während Wettersatelliten entscheidende Daten für Wettervorhersagen lieferten. Aufklärungssatelliten erweiterten die Anwendungsgebiete der Nutzlastsysteme weiter, indem sie wichtige Informationen sowohl für zivile als auch militärische Zwecke sammelten. Die Nutzlastsysteme der Raketen passten sich diesen Missionen an, indem sie fortschrittliche Abschirmungen, strukturelle Modifikationen und optimierte Auslieferungsmechanismen integrierten, um den Erfolg zunehmend komplexer Ziele sicherzustellen [68].

Mit der Ausweitung der Raumfahrt begannen Raketen, wissenschaftliche Nutzlasten zu transportieren, die darauf abzielten, das Universum besser zu verstehen. Observatorien wie das Hubble-Weltraumteleskop wurden gestartet, um ferne Galaxien zu untersuchen, während Raumsonden wie Voyager und Cassini zu anderen Planeten und Monden geschickt wurden. Diese Nutzlasten erforderten präzise Ingenieurskunst, um empfindliche Instrumente vor den extremen Bedingungen des Starts und dem Vakuum des Weltraums zu schützen. Diese Ära unterstrich die Bedeutung der Nutzlastsysteme für bahnbrechende Entdeckungen, die das Wissen der Menschheit über das Universum erweiterten.

Die Fähigkeit von Raketen, Menschen ins All zu befördern, stellte einen bedeutenden Meilenstein in der Entwicklung von Nutzlastsystemen dar. Spezielle Raketen, wie die im Apollo-Programm eingesetzten, wurden gebaut, um Astronauten zum Mond zu bringen. Diese Raketen umfassten Crew-Module, die Lebenserhaltungssysteme und Sicherheit für die Astronauten boten, sowie Landemodule zur Erkundung der Mondoberfläche. Heute werden moderne Raketen wie SpaceX' Falcon 9 und das NASA Space Launch System (SLS) für eine Vielzahl von Missionen eingesetzt – von der Versorgung der Internationalen Raumstation (ISS) bis hin zur Vorbereitung zukünftiger bemannter Missionen zum Mars. Diese Fortschritte zeigen die Anpassungsfähigkeit der Nutzlastsysteme an die Anforderungen der menschlichen Raumfahrt.

Das Nutzlastsystem von Raketen entwickelt sich ständig weiter, um neue und vielfältige Missionen zu unterstützen. Planetare Erkundungsnutzlasten, wie Marsrover und Lander, sind darauf ausgelegt, außerirdische Oberflächen zu analysieren und unser Verständnis des Sonnensystems zu erweitern. Kommerzielle Satelliten, die von Unternehmen wie SpaceX und OneWeb gestartet werden, bilden das Rückgrat globaler Kommunikationsnetze und ermöglichen neue Technologien und Dienste. Darüber

Grundlagen des Raketenbaus und der Konstruktion

hinaus hat der Aufstieg des Weltraumtourismus zur Anpassung von Raketen geführt, um Privatpersonen ins All zu transportieren – eine neue Ära menschlicher Erkundung und wirtschaftlicher Möglichkeiten.

Das Nutzlastsystem einer Rakete ist eine vielseitige und wesentliche Komponente, die die jeweilige Mission widerspiegelt. Von den frühen Sprengköpfen bis hin zu hochentwickelten wissenschaftlichen Instrumenten, Satelliten und bemannten Modulen haben Nutzlastsysteme die Entwicklung der Raketentechnologie vorangetrieben. Diese Fortschritte sind zentral für die Erforschung des Weltraums und ermöglichen sowohl wissenschaftliche Entdeckungen als auch kommerzielle Anwendungen. Mit dem Fortschritt der Technologie werden Nutzlastsysteme weiterhin eine Schlüsselrolle bei der Gestaltung der Zukunft der Raumfahrt spielen und neue Möglichkeiten eröffnen, um die menschliche Präsenz über die Erde hinaus auszudehnen.

Stufe 1: Die erste Stufe

Die erste Stufe ist der grundlegende Abschnitt der Rakete und enthält die Haupttriebwerke und Treibstofftanks. Sie liefert den anfänglichen Schub, der erforderlich ist, um die Rakete vom Boden zu heben und ihren Aufstieg durch die dichten Schichten der Erdatmosphäre zu beginnen. Sobald ihr Treibstoff aufgebraucht ist, wird die erste Stufe abgeworfen, um die Last für die folgenden Stufen zu verringern.

Richard Skiba

Abbildung 14: Einbau der H-1-Triebwerke in die S-IB-Stufe – Saturn-Apollo-Programm. NASA, CC0, via Picryl.

Die erste Stufe einer Rakete ist der entscheidende, grundlegende Abschnitt, der für die Bereitstellung des anfänglichen Schubs verantwortlich ist, der erforderlich ist, um das gesamte Fahrzeug vom Boden zu heben und es durch die dichten unteren Schichten der Erdatmosphäre zu treiben. Diese Stufe ist der größte und leistungsstärkste Teil der Rakete, da sie die Kräfte der Schwerkraft und des Luftwiderstands überwinden muss, um die Reise der Rakete ins All zu beginnen. Ihr Design und ihre Funktionsweise sind für maximale Effizienz und Leistung während dieser anfänglichen Flugphase optimiert.

Die erste Stufe besteht aus zwei Hauptkomponenten: den Triebwerken und den Treibstofftanks.

Triebwerke: Die Triebwerke der ersten Stufe gehören zu den leistungsstärksten der Rakete und sind dafür ausgelegt, enorme Mengen an Schub zu erzeugen. Sie funktionieren, indem sie Brennstoff und Oxidator in einer Brennkammer zünden, wodurch eine Hochdruck- und Hochtemperaturreaktion entsteht, die Abgase mit hoher Geschwindigkeit durch die Raketendüse ausstößt. Diese Aktion erzeugt den Schub, der die Rakete anhebt. Triebwerke der ersten Stufe sind in der Regel mit Flüssigtreibstoff oder Festtreibstoff betrieben, je nach Design der Rakete. Flüssigtreibstoff-Triebwerke bieten den Vorteil der Regelbarkeit und Steuerung, während Feststofftriebwerke einfacher und robuster sind.

Grundlagen des Raketenbaus und der Konstruktion

Treibstofftanks: Die Treibstofftanks in der ersten Stufe speichern die Treibstoffe, die die Triebwerke benötigen, um zu arbeiten. Diese Tanks sind gewaltig, da die erste Stufe eine erhebliche Menge an Treibstoff benötigt, um den Schub zu erzeugen, der nötig ist, um die Schwerkraft zu überwinden. In Flüssigtreibstoffraketen enthalten die Tanks sowohl den Brennstoff (wie flüssigen Wasserstoff oder RP-1 Kerosin) als auch den Oxidator (wie flüssigen Sauerstoff). Diese Treibstoffe werden unter kontrollierten Bedingungen gelagert, um Stabilität zu gewährleisten, und während des Betriebs durch Turbopumpen in die Triebwerke eingespeist.

Die erste Stufe weist spezifische Merkmale auf, die ihre Funktion und Leistung definieren:

- **Hohe Leistung:** Die Triebwerke der ersten Stufe sind so konstruiert, dass sie enormen Schub erzeugen – oft mehrere Millionen Pfund Kraft. Diese Leistung ist notwendig, um die kombinierten Kräfte von Schwerkraft und Luftwiderstand zu überwinden. Das **Schub-Gewichts-Verhältnis** der ersten Stufe ist eine entscheidende Kennzahl, die sicherstellt, dass die Rakete effektiv vom Boden abheben und beschleunigen kann.

- **Begrenzte Reichweite:** Obwohl die erste Stufe sehr leistungsstark ist, wird ihre Reichweite durch die Menge des mitgeführten Treibstoffs begrenzt. Sie ist darauf ausgelegt, ihren Treibstoff schnell zu verbrennen, um während ihrer kurzen Betriebsphase den maximalen Schub zu erreichen. Typischerweise arbeitet die erste Stufe nur wenige Minuten, bevor ihr Treibstoff erschöpft ist.

Die erste Stufe zündet beim Start und brennt kontinuierlich, bis ihr Treibstoff aufgebraucht ist. Sobald sie ihre Aufgabe erfüllt hat, wird sie vom Rest der Rakete abgetrennt, um Gewicht zu reduzieren. Dieser Stufentrennungsprozess ist entscheidend für die Effizienz und Gesamtleistung der Rakete. Durch das Abwerfen der leeren ersten Stufe verliert die Rakete unnötige Masse, wodurch die nachfolgenden Stufen mit weniger Energieaufwand effektiver arbeiten können.

In vielen modernen Raketen ist die Trennung der ersten Stufe ein präzise kontrollierter Prozess. Beispielsweise verwendet SpaceX' Falcon 9 einen pneumatischen oder explosiven Mechanismus, um die erste Stufe zu lösen, gefolgt von einer kurzen Zündung der Triebwerke der zweiten Stufe, um einen reibungslosen Übergang zu gewährleisten. Einige Raketen, wie die Falcon 9, verwenden sogar Technologien, um die erste Stufe zurückzugewinnen und wiederzuverwenden, was die Kosten erheblich senkt und die Nachhaltigkeit verbessert.

Das Design und die Leistungsfähigkeit der ersten Stufe variieren je nach Rakete, Mission und Nutzlastanforderungen:

- **Saturn V:** Die erste Stufe, bekannt als S-IC, wurde von fünf F-1-Triebwerken angetrieben und erzeugte über 7,5 Millionen Pfund Schub. Sie arbeitete etwa 2,5 Minuten, bevor sie abgetrennt wurde, und brachte die Rakete auf eine Höhe von etwa 68 Kilometern.

- **Falcon 9:** Die erste Stufe der Falcon 9 wird von neun Merlin-Triebwerken angetrieben und erzeugt etwa 1,7 Millionen Pfund Schub beim Start. Ihr wiederverwendbares Design umfasst Landebeine und Gitterflossen für einen kontrollierten Abstieg und eine erneute Nutzung.

- **Delta IV Heavy:** Die erste Stufe verfügt über einen Common Booster Core mit einem einzelnen RS-68-Triebwerk, unterstützt von zwei zusätzlichen Boostern, die zusätzlichen Schub liefern.

Die erste Stufe ist das Arbeitspferd jeder Rakete, das die rohe Kraft liefert, um den Flug zu beginnen und die dichtesten Schichten der Erdatmosphäre zu durchdringen. Ihre Hochleistungstriebwerke und großen Treibstofftanks sind für kurze, intensive Einsätze optimiert. Der Stufentrennungsprozess gewährleistet die Effizienz, indem er die erschöpfte erste Stufe abwirft und so das Gewicht für die nachfolgenden Stufen reduziert. Fortschritte im Design, wie Wiederverwendbarkeit, verbessern weiterhin die Leistung und Kosteneffizienz von Erststufensystemen und machen sie zu einer zentralen Komponente der modernen Raumfahrt und kommerziellen Raketenstarts.

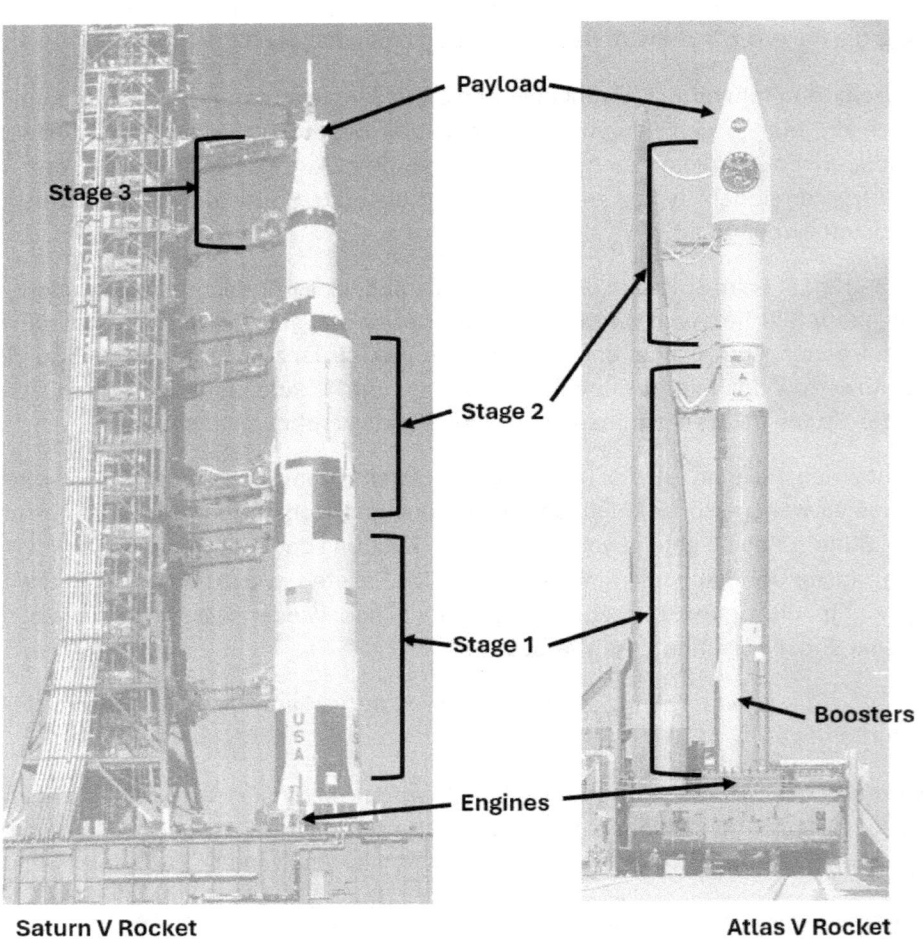

Abbildung 15: Grundlegender Aufbau einer Rakete.

Grundlagen des Raketenbaus und der Konstruktion

Stufe 2: Übernahme im Flug

Die zweite Stufe übernimmt, nachdem die erste Stufe abgetrennt wurde. Sie befindet sich oberhalb der ersten Stufe und ist kleiner sowie weniger leistungsstark, weil:

- **Reduzierter Luftwiderstand:** In größeren Höhen ist die Luft dünner, wodurch der Luftwiderstand geringer ist und die Triebwerke weniger Leistung benötigen.
- **Effizienz:** Die leere erste Stufe wird abgeworfen, um Energie zu sparen, sodass sich die zweite Stufe vollständig darauf konzentrieren kann, die Nutzlast weiter in Richtung Umlaufbahn zu bringen.

Die Triebwerke der zweiten Stufe sind in der Regel für den Betrieb im Vakuum des Weltraums optimiert, wo aerodynamische Einflüsse kaum eine Rolle spielen.

Abbildung 16: Die zweite Stufe der Delta-II-Rakete wird vom Transporter abgehoben, um auf der Startrampe 17-A der Cape Canaveral Air Force Station in den Startturm gehoben zu werden. NASA, CC0, via Picryl.

Die zweite Stufe einer Rakete spielt eine entscheidende Rolle bei der Fortsetzung der Mission, nachdem die erste Stufe ihre Aufgabe erfüllt und abgetrennt wurde. Sie befindet sich direkt oberhalb der ersten Stufe, ist kleiner und weniger leistungsstark, dafür jedoch hoch effizient und an die Bedingungen in größeren Höhen angepasst. Ihre Hauptfunktion besteht darin, die Nutzlast weiter zu beschleunigen und die für die Mission erforderliche Umlaufgeschwindigkeit oder Flugbahn zu erreichen.

Die zweite Stufe besteht aus folgenden zentralen Elementen:

- **Triebwerk:** Die Triebwerke der zweiten Stufe sind speziell für den Betrieb im Vakuum des Weltraums ausgelegt. Im Gegensatz zu den Triebwerken der ersten Stufe, die Luftwiderstand und Umgebungsdruck berücksichtigen müssen, sind die Triebwerke der zweiten Stufe für den nahezu luftleeren Raum optimiert. Sie verfügen häufig über größere Düsen, um die Abgase in der Niederdruckumgebung besser zu expandieren und so die Effizienz zu maximieren. Diese Triebwerke werden in der Regel mit Flüssigtreibstoff betrieben, was eine präzise Steuerung, Zündung und Abschaltung ermöglicht – entscheidend für das exakte Platzieren von Nutzlasten in den vorgesehenen Umlaufbahnen oder Flugbahnen.

- **Treibstofftanks:** Die zweite Stufe führt ihren eigenen Treibstoff und Oxidator in kleineren Tanks als die erste Stufe mit. Als Treibstoffe werden meist leichte, energiereiche Kombinationen wie flüssiger Wasserstoff (LH_2) und flüssiger Sauerstoff (LOX) oder RP-1 (raffiniertes Kerosin) und LOX verwendet. Die Tanks sind unter Druck gesetzt, um während des Betriebs – auch in der Schwerelosigkeit – einen gleichmäßigen Treibstofffluss zum Triebwerk sicherzustellen.

- **Strukturelles Gerüst:** Die zweite Stufe muss stark genug sein, um die Belastungen beim Start und bei der Stufentrennung zu überstehen, und gleichzeitig so leicht wie möglich, um die Effizienz zu maximieren. Moderne Materialien wie Aluminium-Lithium-Legierungen oder Kohlefaserverbundstoffe werden häufig eingesetzt, um dieses Gleichgewicht zu erreichen.

- **Nutzlastbefestigung und Schnittstelle:** Die zweite Stufe enthält eine sichere Halterung, um die Nutzlast oder eine dritte Stufe während des Aufstiegs zu fixieren. Diese Schnittstelle kann auch Trennmechanismen oder Strukturelemente enthalten, die Kräfte gleichmäßig übertragen.

Kennzeichnende Merkmale der zweiten Stufe:

- **Verringerter Luftwiderstand:** Wenn die zweite Stufe gezündet wird, hat die Rakete bereits Höhen erreicht, in denen die Atmosphäre deutlich dünner ist. Dadurch wird der Luftwiderstand minimal, und die Triebwerke benötigen weniger Leistung, um die Nutzlast zu beschleunigen. Dies ermöglicht eine effizientere Treibstoffnutzung und höhere Geschwindigkeiten.

- **Vakuumoptimierte Triebwerke:** Die Triebwerke der zweiten Stufe sind auf den Betrieb im Weltraum abgestimmt und zeichnen sich durch einen hohen spezifischen Impuls (Maß für

Grundlagen des Raketenbaus und der Konstruktion

die Effizienz) aus. Die größeren Düsen verbessern die Leistung, indem sie den Abgasstrom im Vakuum weiter expandieren lassen, was den Schub maximiert.

- **Energieeffizienz:** Nach dem Abwurf der ersten Stufe ist die Rakete deutlich leichter, wodurch die zweite Stufe effizienter arbeitet. Da sie nur noch die verbleibende Struktur und die Nutzlast tragen muss, kann sie mit weniger Treibstoff eine größere Beschleunigung erzielen.

Nach der Trennung der ersten Stufe zündet die zweite Stufe, um den Aufstieg der Rakete fortzusetzen. Diese Zündung erfolgt präzise getaktet, um einen stabilen Übergang zu gewährleisten. Die zweite Stufe arbeitet meist mehrere Minuten lang, erhöht Geschwindigkeit und Flughöhe, bis die gewünschte Umlaufbahn oder Flugbahn erreicht ist. Nach dem Verbrauch des Treibstoffs wird sie – je nach Missionsanforderung – abgetrennt oder in der Umlaufbahn belassen.

Vorteile der zweiten Stufe:

1. **Optimierte Leistung:** Durch die Anpassung an Vakuumbedingungen arbeitet die zweite Stufe deutlich effizienter als die erste Stufe unter denselben Bedingungen.
2. **Flexibilität:** Zweite Stufen lassen sich präzise steuern und eignen sich ideal für das Einsetzen von Nutzlasten in bestimmte Umlaufbahnen – etwa für Satelliten, Raumsonden oder bemannte Missionen.
3. **Nutzlastschutz:** Die zweite Stufe enthält häufig strukturelle Unterstützung oder Verkleidungen, um die Nutzlast während des Fluges zu sichern und vor Beschädigungen zu schützen.

Beispiele für zweite Stufen:

- **Saturn V (S-II-Stufe):** Die zweite Stufe der Saturn-V-Rakete wurde von fünf J-2-Triebwerken angetrieben, die mit flüssigem Wasserstoff und flüssigem Sauerstoff betrieben wurden. Sie spielte eine entscheidende Rolle beim Beschleunigen der Apollo-Raumfahrzeuge in Richtung Mondumlaufbahn.
- **Falcon 9:** Die zweite Stufe der SpaceX Falcon 9 nutzt ein einzelnes vakuumoptimiertes Merlin-Triebwerk, das mit RP-1 und LOX betrieben wird. Sie ist extrem präzise und kann mehrfach gezündet werden, um Nutzlasten in unterschiedliche Umlaufbahnen zu bringen.
- **Delta IV:** Die zweite Stufe der Delta IV verwendet dashocheffiziente RL10-Triebwerk, das sich durch seinen hohen spezifischen Impuls auszeichnet und ideal für geostationäre Transferbahnen und interplanetare Missionen ist.

Obwohl zweite Stufen äußerst effizient sind, stellen sie besondere Herausforderungen dar – etwa die Kontrolle von thermischen Belastungen bei längerem Betrieb im Weltraum und die Gewährleistung einer zuverlässigen Stufentrennung. Moderne Entwicklungen konzentrieren sich auf teilweise wiederverwendbare zweite Stufen, die Verringerung von Weltraummüll und den Einsatz fortschrittlicher Steuerungssysteme für präzisere Orbitmanöver.

Stufe 3: Für besonders schwere Nutzlasten

Beim Transport besonders schwerer Nutzlasten oder bei Missionen in sehr hohe Umlaufbahnen kann eine dritte Stufe erforderlich sein. Diese liefert den zusätzlichen Schub, der nötig ist, um die Missionsziele zu erreichen. Dritte Stufen sind in modernen Raketen selten geworden, da Fortschritte in der Technik oft ausreichen, um Zwei-Stufen-Raketen für die meisten Aufgaben effizient einzusetzen.

Abbildung 17: Saturn-V-Rakete, dritte Stufe. Alan Wilson aus Stilton, Peterborough, Cambs, Vereinigtes Königreich, CC BY-SA 2.0, über Wikimedia Commons.

Die dritte Stufe einer Rakete ist für Missionen mit außergewöhnlich schweren Nutzlasten oder Zielen in hohen Umlaufbahnen und interplanetaren Flugbahnen von entscheidender Bedeutung. Als letzte Antriebseinheit sorgt sie dafür, dass die Nutzlast ihre vorgesehene Umlaufgeschwindigkeit erreicht oder die Erdanziehung überwindet, um in den interplanetaren Raum zu gelangen. Obwohl

Grundlagen des Raketenbaus und der Konstruktion

technologische Fortschritte zweistufige Raketen für viele Missionen ausreichend gemacht haben, bleibt die dritte Stufe für besonders anspruchsvolle Aufgaben, die zusätzlichen Schub und höchste Präzision erfordern, unverzichtbar.

Das Triebwerk der dritten Stufe ist für eine optimale Leistung im Vakuum des Weltraums ausgelegt. Im Gegensatz zu den Triebwerken der unteren Stufen, die auf hohen Schub zur Überwindung der Schwerkraft und des Luftwiderstands ausgelegt sind, konzentrieren sich die Triebwerke der dritten Stufe auf kontrollierte, gleichmäßige Beschleunigung. Diese Triebwerke sind kleiner, effizienter und erreichen einen hohen spezifischen Impuls, um den Treibstoffverbrauch zu optimieren und Abfälle zu minimieren. Die dritte Stufe enthält kompakte Treibstofftanks, die in der Regel mit energiereichen Treibstoffen wie flüssigem Wasserstoff und flüssigem Sauerstoff gefüllt sind. Diese Tanks bestehen aus leichten Materialien wie Aluminium-Lithium-Legierungen oder Kohlefaserverbundstoffen, um das Gewicht zu reduzieren, ohne die strukturelle Festigkeit zu beeinträchtigen.

Die dritte Stufe ist über eine sichere Schnittstelle direkt mit der Nutzlast verbunden, die während des Aufstiegs Stabilität gewährleistet und eine präzise Abtrennung beim Aussetzen ermöglicht. Diese Verbindung verhindert, dass ungewollte Kräfte die Flugbahn der Nutzlast beeinflussen. Zudem verfügen die Stufen über fortschrittliche Steuer- und Navigationssysteme, die Position und Geschwindigkeit in Echtzeit überwachen und Anpassungen vornehmen, um eine genaue Flugbahn sicherzustellen. Dabei kommen Sensoren, Gyroskope und Bordcomputer zum Einsatz, um die Nutzlast präzise in die vorgesehene Umlaufbahn oder Flugbahn zu bringen.

Da sie vollständig im Vakuum des Weltraums operiert, weist die dritte Stufe besondere Funktionen und Eigenschaften auf. Sie liefert den finalen Schub, der erforderlich ist, um die Umlauf- oder Fluchtgeschwindigkeit für interplanetare Missionen zu erreichen. So erfordert beispielsweise der niedrige Erdorbit (LEO) Geschwindigkeiten von über 28.000 Kilometern pro Stunde, während interplanetare Missionen noch höhere Geschwindigkeiten verlangen. Durch die Abtrennung der ersten und zweiten Stufe hat die dritte Stufe eine deutlich geringere Masse und kann daher effizienter arbeiten, da sie weniger Treibstoff benötigt, um ihre Ziele zu erreichen. Ihr Design ermöglicht zudem Flexibilität für verschiedene Missionsprofile – vom Erreichen hoher oder geostationärer Umlaufbahnen bis hin zu tiefen Weltraumtrajektorien. Die Fähigkeit des Triebwerks, zu drosseln, neu zu zünden und die Richtung zu steuern, erhöht die Vielseitigkeit dieser Stufe erheblich.

Dritte Stufen sind unverzichtbar für Missionen mit schweren Nutzlasten oder komplexen Bahnmanövern. Sie werden beispielsweise eingesetzt, um große Satelliten oder Fracht in den geostationären Orbit zu befördern und dabei die erforderliche Geschwindigkeit zu erreichen, um die Erdanziehung zu überwinden. In interplanetaren Missionen liefert die dritte Stufe den entscheidenden Schub, um die Fluchtgeschwindigkeit zu erzielen – wie etwa die S-IVB-Stufe der Saturn-V-Rakete, die die Apollo-Missionen in Richtung Mond beschleunigte. Weitere Beispiele sind die dritte Stufe der Ariane 5, die für die präzise Platzierung kommerzieller Satelliten konzipiert wurde, sowie die Vulcan-Centaur-Rakete, die eine optionale dritte Stufe für Hochenergiemissionen bietet – ein Beleg für die Bedeutung dieser Technologie in der modernen Raumfahrt.

Die dritte Stufe bietet mehrere Vorteile, darunter eine erweiterte Fähigkeit, größere Nutzlasten in höhere Umlaufbahnen zu transportieren, eine präzise Steuerung von Bahnmanövern und eine hohe

Flexibilität für verschiedene Missionsprofile. Sie bringt jedoch auch Herausforderungen mit sich – etwa eine erhöhte Konstruktionskomplexität, höhere Kosten und das Risiko, bei unsachgemäßer Handhabung zum Weltraummüll beizutragen. Fortschritte in der Antriebstechnik und Materialwissenschaft begegnen diesen Herausforderungen, indem sie die Triebwerkseffizienz verbessern, mehrfache Neustarts ermöglichen und durch den Einsatz moderner Werkstoffe die Strukturmasse verringern. Diese Entwicklungen sichern die Relevanz der dritten Stufe für aktuelle und zukünftige Weltraummissionen.

Die dritte Stufe einer Rakete ist somit ein entscheidendes Element für das Erreichen von Missionszielen, die über die Möglichkeiten einfacher zweistufiger Konstruktionen hinausgehen. Ihre Präzision, Effizienz und Anpassungsfähigkeit machen sie unverzichtbar für ehrgeizige Raumfahrtprojekte. Auch wenn sie in modernen Raketen seltener geworden ist, bleibt die dritte Stufe ein Grundpfeiler komplexer Missionen – und ermöglicht der Menschheit, die Grenzen des Möglichen in der Weltraumforschung und -technologie weiter hinauszuschieben.

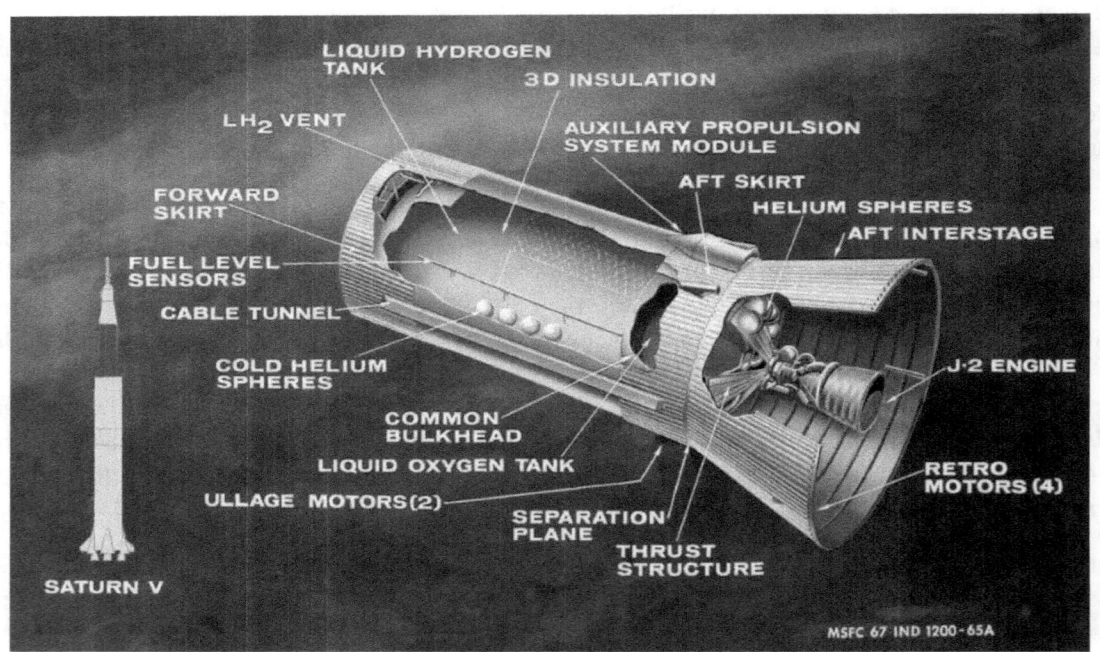

Abbildung 18: Diese Schnittdarstellung zeigt die S-IVB-Stufe (dritte Stufe) der Saturn-V-Rakete mit Beschriftungen ihrer Hauptkomponenten. NASA, CC0, über Picryl.

Booster: Zusatzschub

Booster sind kleinere, abtrennbare Raketen, die an der ersten Stufe befestigt werden, um während des Starts zusätzlichen Schub zu liefern. Sie sind besonders nützlich für schwere Nutzlasten oder

Grundlagen des Raketenbaus und der Konstruktion

Missionen, die mehr Leistung benötigen, um die Umlaufbahn zu erreichen. Sobald ihr Treibstoff verbraucht ist, werden die Booster abgeworfen, um Gewicht zu sparen. Zum Beispiel:

- Die **Feststoffbooster des Space Shuttles** lieferten während des Starts erheblichen Schub und waren wiederverwendbar.
- **Falcon Heavy** verwendet seitlich montierte Booster, die zur Erde zurückkehren, um geborgen und wiederverwendet zu werden.

Booster sind ein wesentlicher Bestandteil vieler Raketenkonstruktionen, da sie zusätzlichen Schub in den entscheidenden Momenten des Starts und Aufstiegs liefern. Diese kleineren, abwerfbaren Raketen sind neben der Hauptstufe angebracht und erhöhen den Gesamtschub des Fahrzeugs, wodurch es schwerere Nutzlasten transportieren oder größere Höhen erreichen kann. Booster sind besonders wertvoll bei Missionen, bei denen die Haupttriebwerke allein nicht genug Leistung erzeugen würden, um Schwerkraft und Luftwiderstand in der Anfangsphase des Starts zu überwinden.

Die Hauptfunktion der Booster besteht darin, zusätzlichen Schub während des anfänglichen Aufstiegs der Rakete durch die dichten unteren Schichten der Erdatmosphäre bereitzustellen. Diese Phase erfordert die meiste Energie, da die Rakete gleichzeitig der Schwerkraft und dem Luftwiderstand entgegenwirken muss, um die Fluchtgeschwindigkeit zu erreichen. Booster liefern diese zusätzliche Energie, indem sie zusammen mit den Haupttriebwerken der ersten Stufe gezündet werden. Sie verbrennen ihren Treibstoff schnell und erzeugen so eine erhebliche Schubsteigerung, wodurch die Haupttriebwerke entlastet und die Startleistung verbessert werden.

Sobald der Treibstoff der Booster aufgebraucht ist, werden sie abgetrennt, um das Gesamtgewicht der Rakete zu verringern. Dieser Stufentrennungsprozess ist entscheidend für die Effizienz, da er es den verbleibenden Stufen ermöglicht, den Aufstieg fortzusetzen, ohne das zusätzliche Gewicht leerer Treibstofftanks und Triebwerke mitzutragen. Die Abtrennung erfolgt kontrolliert, häufig durch Sprengbolzen oder pyrotechnische Vorrichtungen, um eine saubere und sichere Trennung vom Hauptfahrzeug zu gewährleisten. Nach der Trennung fallen die Booster meist zur Erde zurück und werden entweder entsorgt oder – in manchen Fällen – geborgen und wiederverwendet.

Booster gibt es in verschiedenen Ausführungen und Konfigurationen, wobei zwei Haupttypen unterschieden werden: Feststoff- und Flüssigtreibstoffbooster.

- Feststoffbooster, wie die des Space Shuttles, sind einfach und zuverlässig. Sie enthalten einen vorgemischten Feststofftreibstoff, der während des gesamten Betriebs gleichmäßig abbrennt. Diese Booster sind robust und erfordern nur minimale Wartung, was sie zu einer wirtschaftlichen Wahl für viele Missionen macht.
- Flüssigtreibstoffbooster, wie jene der Falcon Heavy von SpaceX, bieten dagegen eine größere Kontrolle und Flexibilität. Sie können gedrosselt und mehrfach gezündet werden, was sie ideal für komplexe Missionen macht, die präzise Anpassungen während des Aufstiegs erfordern.

Die Feststoffbooster (SRBs) des Space Shuttles sind ein klassisches Beispiel für diese Technologie. Jeder SRB erzeugte etwa 3,3 Millionen Pfund Schub und lieferte den Großteil der Startkraft. Sie waren zudem eine der ersten wiederverwendbaren Boostertypen: Nach dem Start öffneten sich Fallschirme, die Booster landeten im Ozean und wurden für die Wiederverwendung geborgen und überholt. Diese Wiederverwendbarkeit senkte die Gesamtkosten des Space-Shuttle-Programms erheblich.

Im Gegensatz dazu verwendet die Falcon Heavy von SpaceX flüssigtreibstoffbetriebene Seitenbooster, die auf der ersten Stufe der Falcon 9 basieren. Diese Booster nutzen RP-1 (raffiniertes Kerosin) und flüssigen Sauerstoff als Treibstoffe und sind mit hochentwickelten Landungssystemen ausgestattet. Nach dem Abtrennen kehren sie kontrolliert zur Erde zurück und landen entweder auf Landeplattformen oder autonomen Drohnenschiffen. Diese Innovation ermöglicht es SpaceX, Booster mehrfach zu verwenden, wodurch die Startkosten drastisch sinken und der Zugang zum Weltraum wirtschaftlicher wird.

Darüber hinaus tragen Booster zur Modularität und Flexibilität im Raketendesign bei. Durch das Hinzufügen oder Entfernen von Boostern können Ingenieure die Schubkraft einer Rakete an die spezifischen Anforderungen einer Mission anpassen. Eine Trägerrakete kann beispielsweise mit zusätzlichen Boostern für schwere oder hochenergetische Missionen ausgestattet werden, während für leichtere Nutzlasten weniger Booster verwendet werden. Diese Anpassungsfähigkeit macht Booster zu einer kosteneffizienten und vielseitigen Lösung für eine Vielzahl von Startanforderungen.

Grundlagen des Raketenbaus und der Konstruktion

Abbildung 19: Ankunft und Entladung des Atlas-V-Boosters. NASA, CC0, über Picryl.

Booster sind ein wesentlicher Bestandteil des modernen Raketenbaus und liefern den zusätzlichen Schub, der erforderlich ist, um schwere Nutzlasten ins All zu befördern. Ob mit Feststoff- oder Flüssigtreibstoff betrieben – Booster verbessern die Leistungsfähigkeit einer Rakete während des Starts und des frühen Aufstiegs, wodurch höhere Geschwindigkeiten und größere Höhen erreicht werden können. Durch das Abtrennen nach dem Verbrauch ihres Treibstoffs erhöhen Booster die Gesamteffizienz der Rakete.

Innovationen in der Bergung und Wiederverwendung von Boostern, wie sie beim Space Shuttle und bei der Falcon Heavy zu sehen sind, revolutionieren weiterhin die Wirtschaftlichkeit der Raumfahrt und ebnen den Weg für noch ehrgeizigere Missionen in der Zukunft.

Triebwerke: Das Herz des Antriebs

Raketentriebwerke sind die zentralen Komponenten, die den Schub erzeugen, indem sie Treibstoff in einer Brennkammer zünden. Die dabei freigesetzte Energie treibt die Rakete in die entgegengesetzte Richtung. Die Triebwerkskonstruktionen variieren:

- **Einmalzündende Triebwerke:** Sie werden einmal gezündet und brennen kontinuierlich, bis der Treibstoff aufgebraucht ist.

- **Wiederzündbare Triebwerke:** Sie können bei Bedarf abgeschaltet und erneut gezündet werden, was Flexibilität für komplexe Missionen bietet – etwa zum Aussetzen mehrerer Nutzlasten in unterschiedlichen Umlaufbahnen.

Moderne Raketentriebwerke wie die Merlin-Triebwerke von SpaceX sind so konzipiert, dass sie wiederverwendbar sind, was die Missionskosten erheblich reduziert.

Abbildung 20: Blue Origin BE-4 Raketentriebwerk, Seriennummer 103. N2e, CC BY-SA 4.0, über Wikimedia Commons.

Raketentriebwerke sind die wichtigsten Komponenten jedes Trägersystems, da sie die Hauptquelle des Schubs darstellen, der erforderlich ist, um die Rakete ins All zu befördern. Durch die Zündung des Treibstoffs in einer Brennkammer wandeln Raketentriebwerke chemische Energie in kinetische Energie um, indem sie Abgase mit hoher Geschwindigkeit ausstoßen und so gemäß Newtons drittem Bewegungsgesetz Schub in die entgegengesetzte Richtung erzeugen. Ihr Aufbau und ihre Funktionsweise bestimmen maßgeblich die Leistung, Zuverlässigkeit und den Erfolg einer Mission.

Grundlagen des Raketenbaus und der Konstruktion

Die Grundstruktur eines Raketentriebwerks besteht aus mehreren entscheidenden Elementen, darunter der Brennkammer, dem Treibstofffördersystem und der Düse. In der Brennkammer werden Treibstoff und Oxidator gemischt und gezündet, wodurch Gase mit hohem Druck und hoher Temperatur entstehen. Diese Gase werden anschließend durch die Düse ausgestoßen, die so geformt ist, dass sie den Abgasstrom auf Überschallgeschwindigkeit beschleunigt und damit den Schub maximiert. Das Treibstofffördersystem – häufig über Turbopumpen betrieben – sorgt für eine gleichmäßige und kontrollierte Zufuhr von Treibstoff und Oxidator in die Brennkammer.

Raketentriebwerke lassen sich grob in zwei Haupttypen einteilen: Einmalzündende Triebwerke und Wiederzündbare Triebwerke. Einmalzündende Triebwerke sind so konstruiert, dass sie einmal gezündet werden und kontinuierlich brennen, bis der Treibstoff aufgebraucht ist. Sie kommen typischerweise in den ersten Stufen von Raketen zum Einsatz, wo maximaler und gleichmäßiger Schub erforderlich ist, um die Erdanziehungskraft und den Luftwiderstand zu überwinden. Sobald der Treibstoff erschöpft ist, sind diese Triebwerke nicht mehr funktionsfähig, und die leere Stufe wird abgetrennt, um Gewicht zu reduzieren.

Im Gegensatz dazu bieten wiederzündbare Triebwerke eine größere Flexibilität und Präzision, da sie mehrfach abgeschaltet und erneut gezündet werden können. Diese Triebwerke werden häufig in den oberen Stufen von Raketen eingesetzt, wo präzise Bahnmanöver oder der Ausstoß mehrerer Nutzlasten erforderlich sind. Besonders bei interplanetaren Missionen sind wiederzündbare Triebwerke von Vorteil, da sie Kurskorrekturen während des Fluges oder Übergänge in höhere Umlaufbahnen nach der ersten Insertion ermöglichen.

Moderne Raketentriebwerke integrieren fortschrittliche Technologien, um Leistung und Wiederverwendbarkeit zu verbessern. Ein Beispiel sind die Merlin-Triebwerke von SpaceX – eine Klasse von Flüssigtreibstofftriebwerken, die RP-1-Kerosin und flüssigen Sauerstoff (LOX) als Treibstoffe verwenden. Diese Triebwerke sind auf hohe Effizienz und Wiederverwendbarkeit ausgelegt. Durch den Einsatz robuster Materialien und innovativer Kühlsysteme können Merlin-Triebwerke die extremen Temperaturen und Drücke wiederholter Starts überstehen, was die Kosten und die Zeit zwischen den Missionen erheblich reduziert. SpaceX hat die Wiederverwendbarkeit seiner Triebwerke durch zahlreiche erfolgreiche Starts und Landungen nachgewiesen – ein Meilenstein, der die Ökonomie der Raumfahrt grundlegend verändert hat.

Abbildung 21: Ein SpaceX Merlin 1C Vakuumtriebwerk, gebaut in der Firmenzentrale in Hawthorne, Kalifornien. SpaceX, CC0, über Wikimedia Commons.

Das Design von Raketentriebwerken variiert je nach der Stufe, in der das Triebwerk eingesetzt wird. Triebwerke der ersten Stufe sind auf rohe Kraft und hohen Schub ausgelegt, um die Rakete vom Boden abzuheben und sie durch die dichten Schichten der unteren Atmosphäre zu treiben. Diese Triebwerke sind für den Betrieb bei Meeresspiegeldruck optimiert und besitzen kleinere Düsen, die an die dichten Luftbedingungen angepasst sind. Triebwerke der oberen Stufen hingegen sind für den Einsatz im Vakuum des Weltraums optimiert, wo der fehlende atmosphärische Druck den Einsatz größerer Düsen erlaubt. Diese vakuumoptimierten Triebwerke erreichen einen höheren spezifischen Impuls, ein Maß für die Treibstoffeffizienz, und sind daher ideal für längere Brennphasen geeignet.

Grundlagen des Raketenbaus und der Konstruktion

Ein weiterer entscheidender Aspekt des Triebwerksdesigns ist das thermische Management. Während des Betriebs sind Brennkammer und Düse extremen Temperaturen ausgesetzt, die die strukturelle Integrität gefährden könnten. Um dem entgegenzuwirken, verwenden viele Triebwerke regenerative Kühlung, bei der der Treibstoff um die Wände des Triebwerks geleitet wird, bevor er in die Brennkammer eingespritzt wird. Dieses System kühlt nicht nur das Triebwerk, sondern erwärmt den Treibstoff vor, was die Verbrennungseffizienz erhöht.

Die Vielseitigkeit von Raketentriebwerken geht über traditionelle chemische Antriebe hinaus. In den letzten Jahren wurden alternative Antriebstechnologien wie Ionentriebwerke und nukleare thermische Antriebe für Tiefraum-Missionen erforscht. Obwohl sie nicht so leistungsstark wie chemische Triebwerke sind, bieten diese Systeme eine außergewöhnliche Treibstoffeffizienz und eignen sich daher für lang andauernde Missionen im Weltraumvakuum.

Leitwerke: Steuerung in der Atmosphäre

Leitwerke (Fins) sind bei einigen Raketen vorhanden, um die Steuerung während des Fluges durch die untere Atmosphäre zu unterstützen. Ihre Hauptfunktionen umfassen:

- **Aerodynamische Stabilität:** Sie helfen der Rakete, eine stabile Flugbahn beizubehalten.
- **Notfallfunktion:** Bei der Saturn V dienten feste Heckflossen als Sicherheitsmaßnahme zur Stabilisierung der Rakete in Notfällen, um den Astronauten Zeit zu geben, die Rettungssysteme zu aktivieren.

Viele moderne Raketen verzichten jedoch auf Leitwerke und verlassen sich stattdessen auf Triebwerks-Schwenkmechanismen (Engine Gimbaling) für präzise Richtungssteuerung.

Leitwerke sind aerodynamische Strukturen, die an den unteren Abschnitten einiger Raketen angebracht sind. Sie dienen vor allem der Stabilisierung und Steuerung während der frühen Flugphase durch die dichte Atmosphäre. Ihr Design und ihre Platzierung sind entscheidend für die Aufrechterhaltung der Stabilität der Rakete, die Reduzierung des Luftwiderstands und – in bestimmten Fällen – die Bereitstellung einer Notstabilisierung. Obwohl moderne Antriebstechnologien den Bedarf an Leitwerken verringert haben, bleiben sie in bestimmten Raketenentwürfen ein wichtiges Element.

Eine der Hauptfunktionen von Leitwerken ist die aerodynamische Stabilität. Während die Rakete aufsteigt, muss sie eine stabile Flugbahn beibehalten, um die gewünschte Höhe und Umlaufbahn zu erreichen. Leitwerke wirken als Steuerflächen, die unerwünschte seitliche oder rotatorische Bewegungen kompensieren, die durch atmosphärische Störungen oder Schubungleichgewichte entstehen. Symmetrisch um die Basis der Rakete angeordnet, erzeugen sie eine Rückstellkraft, die die Rakete entlang ihres vorgesehenen Flugpfades hält. Diese Stabilität ist besonders in den ersten Flugphasen entscheidend, wenn die Rakete durch die dichten Luftschichten fliegt und starken aerodynamischen Kräften ausgesetzt ist.

Leitwerke können auch eine Notfallfunktion erfüllen, wie das Beispiel der Saturn V-Rakete zeigt. Sie war mit großen, festen Heckflossen ausgestattet, die nicht für die normale Steuerung gedacht waren, sondern als Sicherheitsmaßnahme dienten. Im Falle einer Störung, die die Stabilität der Rakete gefährdet hätte, hätten die Flossen dazu beigetragen, die Rakete zu stabilisieren, bis die Besatzung das Rettungssystem aktivieren konnte. Obwohl ein solcher Notfall während der Saturn V-Missionen nie eintrat, verdeutlicht das Design die Bedeutung der Leitwerke als Backup-Sicherheitsmerkmal in kritischen Startsystemen.

Das Design und die Wirksamkeit von Leitwerken hängen von ihrer Form, Größe und Positionierung ab. Die meisten Leitwerke sind so konstruiert, dass sie den Luftwiderstand minimieren und gleichzeitig eine ausreichende Oberfläche für die Stabilisierung bieten. In manchen Fällen sind Leitwerke fest, das heißt, sie bewegen sich nicht und dienen nur der passiven Stabilisierung. In anderen Fällen sind sie beweglich und fungieren als aktive Steuerflächen, die ihren Winkel anpassen können, um die Rakete zu steuern. Dies geschieht über hydraulische oder elektronische Aktuatoren, die Befehle vom Leitsystem der Rakete erhalten.

Während Leitwerke in der dichten Atmosphäre wirksam sind, werden sie mit zunehmender Höhe überflüssig, da die Luftdichte abnimmt. In großen Höhen haben aerodynamische Kräfte kaum noch Einfluss auf die Flugbahn. Dort übernehmen Systeme wie das Triebwerks-Gimbaling die Steuerung, bei dem die Triebwerke geschwenkt werden, um den Schubvektor zu steuern. Diese Methode ermöglicht eine präzise Kontrolle über Nick-, Gier- und Rollbewegungen der Rakete und ist daher die bevorzugte Steuerungsmethode moderner Raumfahrzeuge.

Der Trend zum Verzicht auf Leitwerke wird auch durch Fortschritte in der Material- und Antriebstechnologie beeinflusst. Moderne Raketen wie die Falcon 9 von SpaceX verlassen sich vollständig auf das Gimbaling ihrer Triebwerke, wodurch Leitwerke überflüssig werden. Dies reduziert Gewicht und Luftwiderstand und steigert die Gesamteffizienz. Dennoch finden Leitwerke weiterhin Anwendung in kleineren Raketen, Forschungsraketen und Trägersystemen, die während der atmosphärischen Flugphase zusätzliche Stabilisierung benötigen.

Atlas V-Rakete

Abbildung 22 zeigt eine detaillierte Schnittzeichnung der Atlas V-Rakete, in der ihre Strukturkomponenten, Antriebssysteme und Nutzlastsektionen dargestellt sind. Das Diagramm ist in zentrale Abschnitte unterteilt, die jeweils mit Beschriftungen versehen sind, um die spezifischen Komponenten und deren Funktionen innerhalb der Raketenarchitektur zu erklären.

Grundlagen des Raketenbaus und der Konstruktion

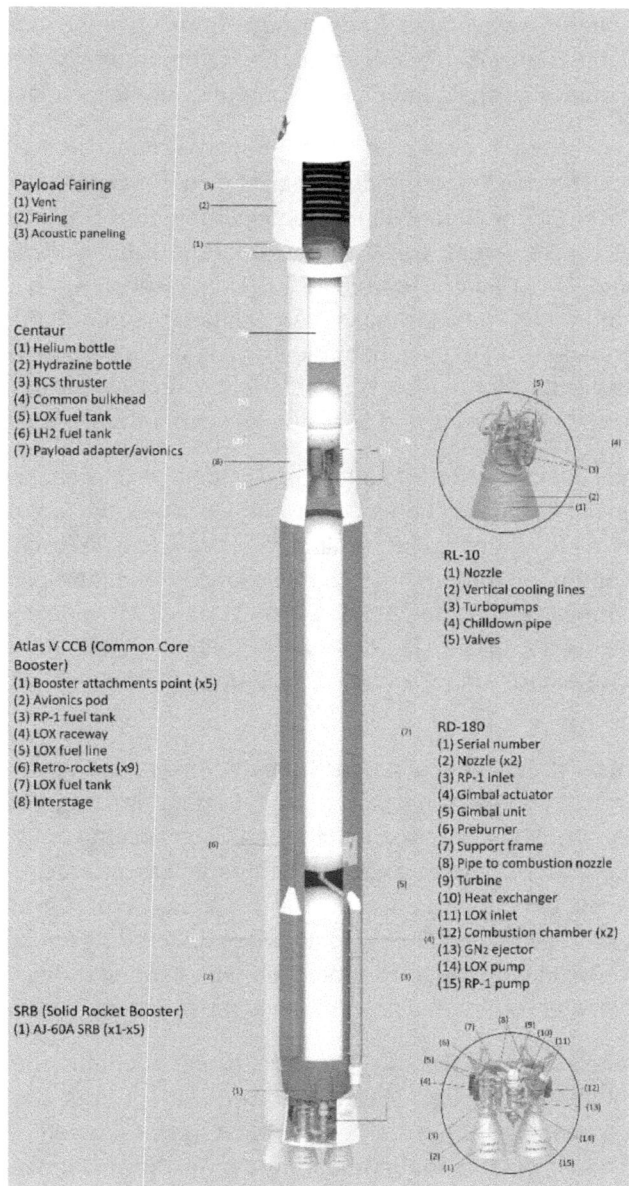

Abbildung 22: Atlas V 4-Meter-Nutzlastverkleidung im Schnitt. Fac-tory-o, CC BY-SA 4.0, über Wikimedia Commons.

An der Spitze der Rakete befindet sich die Nutzlastverkleidung, die dazu dient, die Nutzlast während des Aufstiegs durch die Erdatmosphäre aufzunehmen und zu schützen. Diese Spitze der Rakete erfüllt mehrere Funktionen. Belüftungsöffnungen ermöglichen den Druckausgleich innerhalb der Verkleidung während des Aufstiegs, um strukturelle Belastungen zu vermeiden. Die äußere Hülle schützt die Nutzlast vor aerodynamischen Kräften und Wärme, während innere akustische Paneele intensive Vibrationen und Schallwellen während des Starts dämpfen. Dadurch bleibt empfindliche Nutzlast – wie Satelliten oder wissenschaftliche Instrumente – unbeschädigt und voll funktionsfähig.

Die Centaur-Stufe, die sich unter der Nutzlastverkleidung befindet, ist die Oberstufe der Atlas V-Rakete und verantwortlich für das Einsetzen der Nutzlast in ihre endgültige Umlaufbahn. Sie enthält mehrere entscheidende Komponenten. Heliumflaschen speichern Gas zur Druckbeaufschlagung der Treibstofftanks und zur Steuerung von Ventilen, während Hydrazinflaschen Treibstoff für das Reaction Control System (RCS) liefern, das feine Lageanpassungen und Stabilität im Weltraum ermöglicht. Die LOX- und LH_2-Treibstofftanks der Centaur, getrennt durch eine gemeinsame Trennwand zur Gewichtsreduzierung, speichern die kryogenen Treibstoffe, die das RL-10-Triebwerk antreiben. Zudem umfasst die Stufe einen Nutzlastadapter und Avioniksysteme, die die Nutzlast sichern und die Elektronik für Steuerung und Kommunikation der Stufe enthalten.

Das RL-10-Triebwerk, das die Centaur-Stufe antreibt, ist für hohe Effizienz und Leistung im Vakuum ausgelegt. Seine Düse stößt Abgase mit hoher Geschwindigkeit aus, um Schub zu erzeugen, während vertikale Kühlleitungen eine Überhitzung verhindern, indem sie Kühlmittel um das Triebwerk zirkulieren lassen. Turbopumpen fördern flüssigen Wasserstoff und flüssigen Sauerstoff mit hohem Druck in die Brennkammer, wobei Vorkühlleitungen (chill-down pipes) die Treibstoffleitungen vorkühlen, um Temperaturschocks beim Durchfluss der kryogenen Treibstoffe zu vermeiden. Ventile steuern den präzisen Treibstoff- und Oxidatorfluss und gewährleisten einen zuverlässigen und effizienten Betrieb.

Der Common Core Booster (CCB) dient als erste Stufe der Rakete und liefert den Hauptschub beim Start. Diese Stufe enthält Befestigungspunkte für Feststoffraketen-Booster, die bei Bedarf zusätzlichen Schub liefern. Das Avionikmodul beherbergt wichtige Systeme für Steuerung, Navigation und Regelung. Der RP-1-Tank speichert hochraffiniertes Kerosin, während der LOX-Tank flüssigen Sauerstoff enthält, der als Oxidator für die Verbrennung dient. Der LOX-Kanal (raceway), ein isolierter Leitungspfad, ermöglicht den Fluss des flüssigen Sauerstoffs entlang des Raketenkörpers. Rückstoßraketen (Retro-Rockets) unterstützen die Trennung der ersten Stufe von der Centaur, und die Zwischenstufe (interstage) verbindet beide physisch miteinander.

Angetrieben wird die erste Stufe vom RD-180-Triebwerk, einem hocheffizienten Antriebssystem, das beim Start enorme Schubkräfte erzeugt. Dieses Triebwerk verfügt über zwei Düsen, durch die die Abgase ausgestoßen werden, RP-1-Zuführungen für den Kerosintreibstoff und Schwenkaktuatoren (Gimbal Actuators), mit denen die Düsen zur Steuerung der Rakete bewegt werden. Im Vorverbrenner (pre-burner) wird eine kleine Menge Treibstoff und Oxidator gezündet, um die Turbopumpen anzutreiben, die die Treibstoffe in die Brennkammer fördern. Dort vermischen sich Treibstoff und Oxidator und verbrennen, wodurch Hochdruck-Abgase entstehen, die die Rakete nach oben treiben.

Die Atlas V kann zudem mit ein bis fünf AJ-60A-Feststoffraketenboostern (SRBs) ausgestattet werden, die zusätzlichen Schub beim Start liefern. Diese Booster, die mit Festtreibstoff betrieben werden, bieten eine zuverlässige Hochleistungsunterstützung. Sie sind sicher am Common Core Booster befestigt und verfügen über Trennsysteme, die sie nach dem Ausbrennen des Treibstoffs abstoßen, um Gewicht zu reduzieren und den Aufstieg effizient fortzusetzen.

Grundlagen des Raketenbaus und der Konstruktion

Insgesamt ist die Atlas V-Rakete ein vielseitiges und modulares Trägersystem, das Nutzlasten in den niedrigen Erdorbit (LEO), den geostationären Transferorbit (GTO) oder sogar auf interplanetare Flugbahnen befördern kann. Ihr Design, das optionale Feststoffbooster und eine effiziente Centaur-Oberstufe umfasst, ermöglicht eine Anpassung an unterschiedlichste Missionsanforderungen. Im Gegensatz zu einigen modernen Raketen ist die Atlas V nicht wiederverwendbar – Komponenten wie der CCB und die Booster werden nach dem Flug nicht geborgen. Dieses Schnittdiagramm bietet einen umfassenden Einblick in die Funktionsweise der einzelnen Komponenten und zeigt wie sie gemeinsam den erfolgreichen Transport der Nutzlast ermöglichen – ein Beispiel für die Komplexität und Präzision moderner Raketentechnologie.

NASA Space Launch System (SLS)

Abbildung 23 zeigt die Komponenten und Systeme der NASA Space Launch System (SLS)-Rakete, die für Missionen im Rahmen des Artemis-Programms entwickelt wurde. Das NASA Space Launch System (SLS) ist eine leistungsstarke Schwerlastrakete, die entwickelt wird, um die bemannte Erforschung des Weltraums, einschließlich Missionen zum Mond und zum Mars, zu ermöglichen [69, 70]. Das SLS ist als evolvierbare Architektur konzipiert, die im Laufe der Zeit aufgerüstet werden kann, um ihre Leistungsfähigkeit zu steigern [69, 70].

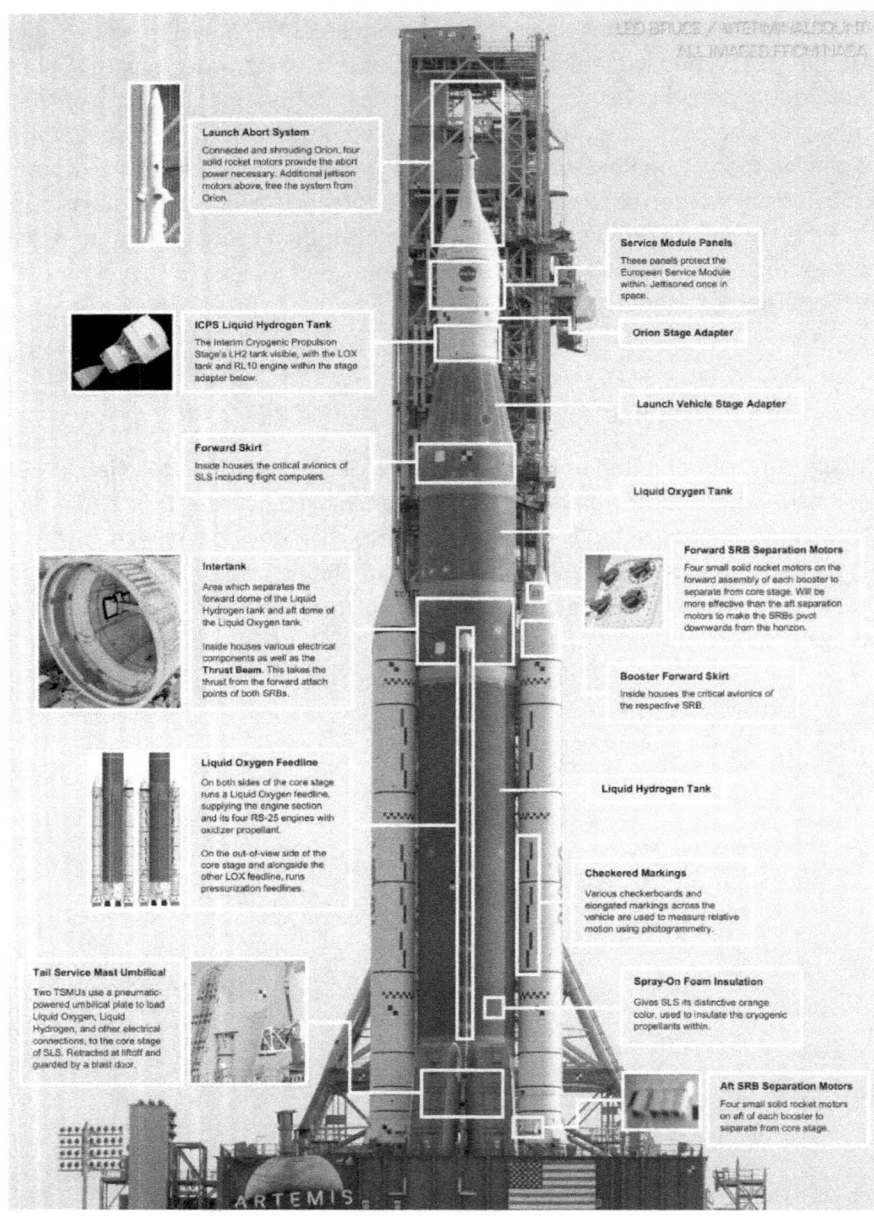

Abbildung 23: Technisches Diagramm des NASA Space Launch System für Artemis I.

Leo Bruce, CC BY 2.0, über Flickr.

Ein wesentliches Merkmal des Space Launch System (SLS) ist der Einsatz der Rührreibschweißtechnologie (Friction Stir Welding, FSW) zur Herstellung des großen

Grundlagen des Raketenbaus und der Konstruktion

Flüssigwasserstofftanks, der eine Länge von 39 Metern aufweist [71]. Dies wurde durch den Bau eines speziell für das SLS entwickelten, leistungsstarken FSW-Systems ermöglicht [71].

Das SLS wird eingesetzt, um das Orion Multi-Purpose Crew Vehicle (MPCV) sowie andere wichtige Nutzlasten auf Missionen jenseits der Erdumlaufbahn zu bringen [69, 70]. Es ist darauf ausgelegt, die Komplexität von Raumfahrzeugen zu reduzieren, Massenreserven und Strahlenschutz zu verbessern und Missionsdauern zu verkürzen, was erhebliche Vorteile für ambitionierte Projekte wie eine bemannte Mission zum Mars bietet [70].

Neben seiner Hauptaufgabe, das Orion MPCV zu starten, bietet das SLS auch Kapazitäten für sekundäre Nutzlasten, beispielsweise CubeSats, die auf Tiefraummissionen ausgesetzt werden können [72, 73]. Dadurch können zahlreiche wissenschaftliche und explorative Missionen parallel zu den primären Missionszielen durchgeführt werden [72, 73].

Die Entwicklung des SLS war mit mehreren Herausforderungen verbunden, darunter logistische Probleme [74] und die Notwendigkeit, neue Technologien wie das Adaptive Augmenting Control (AAC)-System für die Flugsteuerung zu entwickeln [75, 76]. Die NASA begegnete diesen Herausforderungen durch verschiedene Risikominderungsmaßnahmen und Demonstrationen [77, 78].

Das Launch Abort System (LAS) befindet sich an der Spitze der Rakete, verbunden mit dem Orion-Raumschiff. Es ist mit vier Feststoffraketenmotoren ausgestattet, die im Falle eines Notfalls während des Starts den erforderlichen Schub liefern, um Orion sicher von der Rakete wegzuziehen. Zusätzliche Abwurfmotoren trennen das LAS von Orion, sobald es nicht mehr benötigt wird.

Der Orion Stage Adapter verbindet das Raumschiff mit der Rakete und gewährleistet die strukturelle Integrität während des Starts. Die Service Module Panels umschließen und schützen das Europäische Servicemodul, das die Antriebs- und Lebenserhaltungssysteme für Orion enthält. Sobald die Rakete den Weltraum erreicht, werden diese Paneele abgeworfen, um das Raumschiff für den Betrieb freizulegen.

Die Interim Cryogenic Propulsion Stage (ICPS) enthält einen Flüssigwasserstofftank (LH_2), kombiniert mit einem Flüssigsauerstofftank (LOX) und dem RL-10-Triebwerk im Stufenadapter. Diese Stufe sorgt nach der Trennung von der Hauptstufe für den zusätzlichen Schub, um das Raumschiff in die vorgesehene Umlaufbahn oder Flugbahn zu bringen.

Der Forward Skirt ist Teil der Hauptstufe und beherbergt die kritischen Avioniksysteme des SLS, einschließlich der Flugcomputer, die während des gesamten Starts für Navigation, Steuerung und Stabilisierung verantwortlich sind.

Der Intertank ist das Strukturelement, das den Flüssigwasserstofftank und den Flüssigsauerstofftank trennt. Er enthält elektrische Komponenten und den Schubträgerbalken, der den Schub der Feststoffraketen-Booster (SRBs) auf die Hauptstufe überträgt. Dieses Segment ist entscheidend für die strukturelle Integrität der Rakete.

Der Flüssigsauerstofftank speichert den Oxidator, der für die Verbrennung in den RS-25-Triebwerken benötigt wird. Zuleitungen an beiden Seiten der Hauptstufe transportieren flüssigen Sauerstoff vom

Tank zu den Triebwerken. Diese Leitungen sind isoliert und druckbeaufschlagt, um die Stabilität des kryogenen Treibstoffs zu gewährleisten.

Das SLS verfügt über zwei leistungsstarke Feststoffraketen-Booster, die an beiden Seiten der Hauptstufe montiert sind. Jeder Booster enthält eine vordere Boosterverkleidung (Booster Forward Skirt), in der die Avioniksysteme für den Betrieb des Boosters untergebracht sind. Die Forward SRB Separation Motors unterstützen die Trennung der Booster von der Hauptstufe nach dem Ausbrennen, während die Aft SRB Separation Motors am unteren Ende eine saubere Abtrennung sicherstellen.

Der große Flüssigwasserstofftank speichert den kryogenen Treibstoff, der die primäre Energiequelle für die RS-25-Triebwerke darstellt. Er ist mit aufgesprühter Schaumisolierung beschichtet, um die niedrigen Temperaturen zu halten und Wärmeübertragung zu verhindern, die zur Verdampfung oder Instabilität führen könnte.

Die Tail Service Mast Umbilicals (TSMUs) befinden sich an der Basis der Rakete. Diese pneumatisch betriebenen Systeme leiten flüssigen Sauerstoff, flüssigen Wasserstoff sowie elektrische Energie und Daten während der Startvorbereitungen in die Hauptstufe. Kurz vor dem Start ziehen sich die Versorgungsarme automatisch zurück.

Die orangefarbene Oberfläche der Hauptstufe stammt von der Schaumisolierung, die den Wärmeaustausch mit den kryogenen Treibstoffen verhindert. Die karierten und länglichen Markierungen entlang der Rakete dienen der Photogrammetrie, die es Ingenieuren ermöglicht, während des Fluges Bewegungen präzise zu messen.

Raumfahrzeugplattformen

Der SmallSat-Markt hat sich rasant entwickelt und bietet heute eine Vielzahl von missionsunterstützenden Komponenten, von einzelnen Subsystemen bis hin zu vollständig integrierten Satellitenbussen. Ein Raumfahrzeugbus bezeichnet den Teil eines Satelliten, der zentrale Dienste wie Energieversorgung, Antrieb und Datenmanagement für die Nutzlast bereitstellt. Dieses Feld hat sich stark erweitert, um verschiedene Missionsprofile von akademischen bis zu kommerziellen Anwendungen abzudecken. Der aktuelle Stand der SmallSat-Plattformtechnologie bietet wertvolle Einblicke in verfügbare Optionen und programmatische Überlegungen für die Missionsentwicklung [79].

Der SmallSat-Markt repräsentiert eine dynamisch wachsende Branche, die sich auf die Entwicklung, Produktion und den Einsatz kleiner Satelliten für vielfältige Anwendungen konzentriert. SmallSats sind kompakte Satelliten, die typischerweise nach ihrer Masse (unter 1 kg bis einige Hundert kg) klassifiziert werden. Das Wachstum dieses Marktes wird durch Fortschritte in der Miniaturisierungstechnologie, gesunkene Startkosten und die steigende Nachfrage nach satellitengestützten Diensten angetrieben.

Es gibt zwei Haupttypen von Raumfahrzeugplattformen: Hosted Payloads und dedizierte Satellitenbusse. Keine dieser Optionen ist grundsätzlich überlegen – die Auswahl hängt von den missionsspezifischen Anforderungen ab [79].

Grundlagen des Raketenbaus und der Konstruktion

Hosted Payloads (auch „Satellite-as-a-Service" genannt) ermöglichen es mehreren unabhängigen Nutzern, ihre Nutzlasten auf einer gemeinsamen Plattform zu betreiben. Diese Konfiguration betont Ressourcenteilung, Kostenersparnis, operative Autonomie und Datenmanagement. Hosted Payloads können in zwei Formen auftreten:

1. Plattformen, die mehrere unabhängige Nutzlasten ohne primäres Missionsziel integrieren, oder

2. Plattformen mit einer Hauptmission, die sekundäre Nutzlasten aufnehmen, um überschüssige Ressourcen zu nutzen.

    Diese Modelle erfreuen sich wachsender Beliebtheit, insbesondere in akademischen und staatlichen Forschungsmissionen, da sie kosteneffizient und skalierbar sind [79].

Dedizierte Satellitenbusse hingegen stellen die gesamte Plattform exklusiv einem Kunden oder einer Mission zur Verfügung, wodurch vollständige Kontrolle über Ressourcen gewährleistet ist. Diese Plattformen werden in PocketQubes, CubeSats und ESPA-Klasse-Busse unterteilt, die jeweils unterschiedliche Leistungsstufen bieten. PocketQubes sind ultrakleine Satelliten mit strengen Masse- und Volumenbegrenzungen, während CubeSats einem modularen 10 cm-Würfelstandard folgen und Größen von 1U bis 27U unterstützen. ESPA-Klasse-Busse dienen größeren Nutzlasten und werden häufig als sekundäre Nutzlasten auf Trägerraketen eingesetzt [79].

SmallSats lassen sich auch nach Größe und Funktionalität unterscheiden:

- **CubeSats:** modulare Satelliten mit Standardmaßen von 10 cm^3 (1U), skalierbar bis 27U; weit verbreitet in Forschung, Industrie und Regierungsprojekten.

- **PocketQubes:** noch kleinere Satelliten mit 5 cm^3-Einheiten für ultrakostengünstige Raumfahrtzugänge.

- **MicroSats und NanoSats:** mit Massen von wenigen bis mehreren Hundert kg, geeignet für fortschrittliche Nutzlasten.

- **MiniSats:** zwischen 100 und 500 kg schwer, für komplexe kommerzielle Anwendungen ausgelegt.

Diese Vielfalt an Plattformen und Größenklassen unterstreicht den technologischen Fortschritt und die Zukunftsorientierung des SmallSat-Marktes, der zunehmend eine tragende Rolle in Forschung, Kommunikation und Erdbeobachtung übernimmt [79].

Abbildung 24: 1U-CubeSat-Struktur ohne Außenhülle. Svobodat, CC BY-SA 3.0, über Wikimedia Commons.

Der SmallSat-Markt bedient eine Vielzahl von Branchen. Die Telekommunikation stellt dabei ein zentrales Anwendungsgebiet dar. SmallSats ermöglichen durch Konstellationen wie SpaceX' Starlink und OneWeb Breitbandverbindungen mit geringer Latenz und globaler Internetabdeckung. Diese Satellitennetzwerke tragen entscheidend dazu bei, abgelegene Regionen mit dem Internet zu verbinden und die Kommunikationsinfrastruktur weltweit zu verbessern.

Im Bereich der Erdbeobachtung werden SmallSats eingesetzt, um Landwirtschaft, städtische Entwicklung, Naturkatastrophen und den Klimawandel zu überwachen. Mithilfe hochauflösender Bildgebung liefern sie wertvolle Daten zur Analyse von Umweltveränderungen, Erntezyklen und urbaner Ausbreitung. Diese Anwendungen haben sowohl wirtschaftliche als auch ökologische Bedeutung, da sie Entscheidungsträgern präzise und aktuelle Informationen bereitstellen.

Die wissenschaftliche Forschung profitiert ebenfalls von SmallSats, da sie Experimente im Weltraum ermöglichen, die früher großen, kostenintensiven Satelliten vorbehalten waren. Dazu gehören Untersuchungen in der Astrophysik, biologische Studien in der Mikrogravitation sowie Analysen der Erdatmosphäre. Durch ihre kompakte Bauweise und niedrigen Kosten fördern SmallSats die internationale Zusammenarbeit und eröffnen Universitäten und Forschungseinrichtungen neue Möglichkeiten zur Durchführung eigener Weltraummissionen.

Darüber hinaus werden SmallSats in der Navigation und Positionsbestimmung genutzt, um bestehende GPS-Dienste zu ergänzen und die Genauigkeit von Navigationssystemen zu verbessern.

Grundlagen des Raketenbaus und der Konstruktion

Diese Technologie trägt insbesondere zur Entwicklung autonomer Fahrzeuge, präziser Landvermessung und globaler Logistiksysteme bei.

Auch in den Bereichen Verteidigung und Sicherheit spielen SmallSats eine zunehmende Rolle. Sie unterstützen militärische Operationen durch Aufklärungsmissionen, Überwachung und sichere Kommunikationsverbindungen. Ihre geringe Größe und schnelle Einsatzfähigkeit machen sie zu einem flexiblen Werkzeug in sicherheitsrelevanten und strategischen Anwendungen.

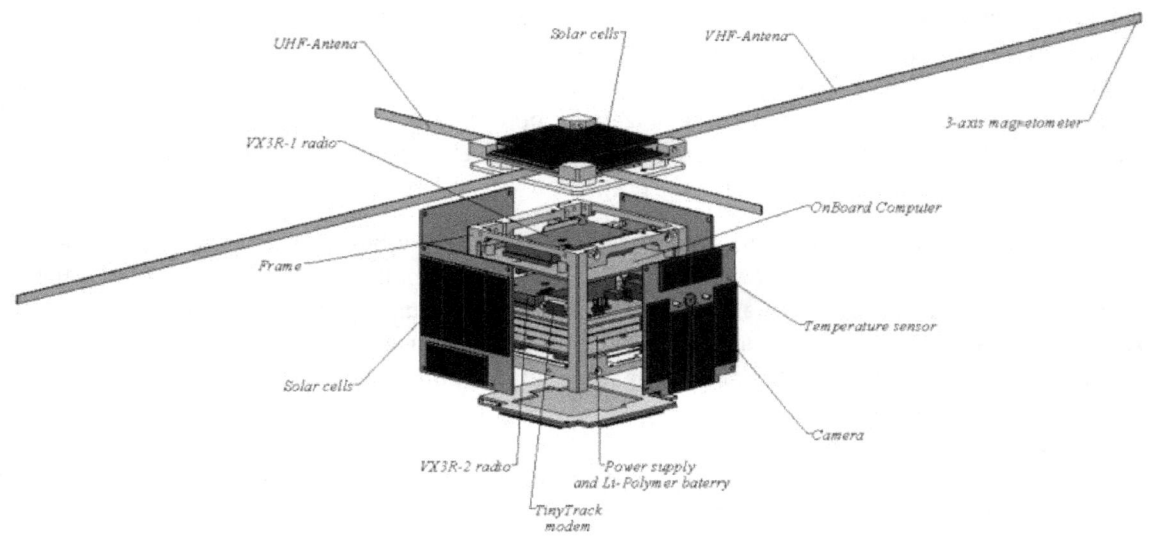

Abbildung 25: F-1 CubeSat Explosionsdarstellung. Thuvt, CC BY-SA 3.0, über Wikimedia Commons.

Mehrere Faktoren treiben den SmallSat-Markt an. SmallSats bieten kostengünstige Alternativen zu herkömmlichen großen Satelliten, da miniaturisierte Technologien eine erschwingliche Produktion und den Start ermöglichen. Technologische Fortschritte in Sensorik, Prozessoren und Antriebssystemen haben die Leistungsfähigkeit von SmallSats erheblich gesteigert. Kommerzielle Chancen ergeben sich durch Unternehmen, die SmallSats einsetzen, um satellitengestützte Dienste wie globale Konnektivität und Fernerkundung anzubieten. Darüber hinaus können SmallSats als sekundäre Nutzlasten auf größeren Trägerraketen gestartet oder im Rahmen von dedizierten Startmissionen eingesetzt werden. Unternehmen wie Rocket Lab und SpaceX entwickeln Trägersysteme, die speziell für diesen Markt konzipiert sind.

Die Entwicklung solcher Plattformen bringt erhebliche logistische und technische Herausforderungen mit sich, darunter die Integration von Nutzlasten, die Gewährleistung der Missionskompatibilität und die Einhaltung strenger Größen- und Gewichtsbeschränkungen. Darüber hinaus beeinflussen programmatische Überlegungen wie Risikobewertung, Systemzuverlässigkeit und Produktionszeitpläne maßgeblich die Gestaltung und Umsetzung dieser Systeme [79].

Neue Technologien stehen kurz davor, die SmallSat-Industrie zu revolutionieren. Da Startdienste zunehmend kosteneffizienter und häufiger werden, wird der Zugang zu SmallSat-Plattformen erweitert. Dies ermöglicht Universitäten, Forschungseinrichtungen und kleineren Unternehmen, Missionen durchzuführen, die früher als unerschwinglich galten. Fortschritte in zentralen Subsystemen – etwa in Weltraumantrieben, Navigationskontrolle, optischer Kommunikation und Strahlungsresistenz – werden voraussichtlich die Leistungsfähigkeit und Zuverlässigkeit verbessern. Diese Entwicklungen dürften zu Plattformen mit erweiterten Fähigkeiten führen, Innovation fördern und neue Anbieter in den Markt locken [79].

Um Missionsentwickler bei der Orientierung in dieser komplexen Landschaft zu unterstützen, bieten Ressourcen wie NASA's CubeSat 101 Book, das NASA Systems Engineering Handbook und das Small Spacecraft Technology Guidebook umfassende Anleitungen zu Entwurfs-, Auswahl- und Implementierungsprozessen. Diese Werkzeuge betonen die Bedeutung eines fundierten Verständnisses der Missionsanforderungen, der Bewertung der Systemleistung und der durchdachten risikobasierten Abwägungen [79].

Mit Blick auf die Zukunft werden SmallSat-Plattformen weiterhin eine zentrale Rolle bei der Demokratisierung des Weltraumzugangs spielen. Die Kombination aus modularen Designs, reduzierten Kosten und schlüsselfertigen Lösungen positioniert die Branche für weiteres Wachstum. Aufkommende Trends wie anpassbare Plattformen und turnkey-Lösungen unterstreichen die Anpassungsfähigkeit der Industrie an vielfältige Kundenbedürfnisse. Mit zunehmender Marktreife werden statistische Zuverlässigkeitsdaten und Subsystem-Verbesserungen die Konstruktionskriterien verfeinern und robustere, nachhaltigere Weltraummissionen ermöglichen. Diese Entwicklung hebt das transformative Potenzial der SmallSat-Technologien hervor, globale Herausforderungen zu bewältigen und die Weltraumforschung weiter voranzutreiben [79].

Strukturelle Anforderungen für jede Raketenstufe

Das strukturelle Design jeder Raketenstufe ist ein entscheidender Aspekt für ihre Funktionalität und ihren Erfolg. Jede Stufe wird auf die spezifischen Betriebsbedingungen abgestimmt, die sich aus ihrer Position im Trägersystem, den Umweltbelastungen und den erforderlichen Leistungsparametern ergeben. Diese Anforderungen stellen sicher, dass die Rakete während ihres gesamten Fluges – vom Start bis zum Eintritt in den Orbit – strukturell stabil und effizient bleibt.

Erste Stufe: Bewältigung der Startbelastungen

Die erste Stufe einer Rakete liefert den ersten Schub, der erforderlich ist, um das gesamte Fahrzeug vom Startplatz abzuheben und durch die dichtesten Schichten der Erdatmosphäre zu befördern. Diese Stufe ist den höchsten mechanischen Belastungen ausgesetzt, einschließlich Gravitationskräften, aerodynamischem Widerstand und Vibrationen der Triebwerke.

Das Strukturdesign der ersten Stufe muss daher Festigkeit und Steifigkeit priorisieren, um diesen extremen Kräften standzuhalten. Materialien wie hochfeste Aluminiumlegierungen, Edelstahl oder

Grundlagen des Raketenbaus und der Konstruktion

Kohlenstofffaserverbundwerkstoffe werden häufig für die Außenhülle und innere Verstrebungen verwendet. Die Struktur muss außerdem große Treibstofftanks aufnehmen, die kryogene oder andere energiereiche Treibstoffe enthalten, und darf sich unter hohem Innendruck nicht verformen. Zusätzlich muss die Stufe Montagepunkte für Feststoffbooster oder Hilfstriebwerke umfassen, sofern diese verwendet werden, um eine sichere Befestigung während der Hochleistungsphase des Starts zu gewährleisten.

Die strukturelle Integrität der ersten Stufe wird zudem durch akustische Vibrationen geprüft, die durch die Triebwerke entstehen und zerstörerische Ausmaße annehmen können. Ingenieure konstruieren die Stufe so, dass sie diese Schwingungen dämpfen kann, um empfindliche Komponenten zu schützen und die Gesamtstabilität aufrechtzuerhalten. Außerdem müssen aerodynamische Elemente wie Verkleidungen oder Leitwerke integriert werden, um die Rakete während des Aufstiegs zu stabilisieren.

Zweite Stufe: Übergang in größere Höhen

Die zweite Stufe arbeitet in höheren Atmosphärenschichten, in denen die Luftdichte deutlich geringer ist. Ihre Hauptaufgabe besteht darin, die Beschleunigung der Nutzlast nach dem Abtrennen der ersten Stufe fortzusetzen. Die strukturellen Anforderungen unterscheiden sich hier, da sie geringeren aerodynamischen Kräften ausgesetzt ist, aber hohe Geschwindigkeiten und eigene Antriebskräfte aushalten muss.

Die Struktur der zweiten Stufe muss leicht sein, um die Effizienz zu maximieren, gleichzeitig aber stark genug, um Treibstofftanks, Triebwerke und andere Systeme sicher aufzunehmen. Häufig kommen Aluminium-Lithium-Legierungen zum Einsatz, die ein hohes Festigkeits-Gewichts-Verhältnis und Thermoresistenz bieten. Die Stufe enthält zudem Montagesysteme für die Verbindung mit der Nutzlast oder der nächsten Raketenstufe.

Ein wesentlicher Aspekt der zweiten Stufe ist der thermische Schutz. Während des Aufstiegs erfährt die Rakete Erwärmung durch atmosphärische Reibung und die Abwärme der Triebwerke. Daher verfügt die zweite Stufe oft über leichte Hitzeschutzschichten, um Überhitzung zu verhindern und die strukturelle Integrität zu bewahren. Eine präzise Ausrichtung der Struktur ist ebenfalls entscheidend, damit die Stufe die Nutzlast oder die obere Stufe auf die genaue geplante Flugbahn bringen kann.

Dritte Stufe: Erreichen der Orbitalgeschwindigkeit

Die dritte Stufe einer Rakete, sofern vorhanden, ist dafür verantwortlich, die Nutzlast auf ihre Orbitalgeschwindigkeit zu bringen oder sie auf eine Flugbahn für Tiefraum-Missionen zu transferieren. Da sie im Vakuum des Weltraums arbeitet, ist sie keinen aerodynamischen Kräften ausgesetzt, muss jedoch strukturell optimiert sein, um hohe Beschleunigungen, intensive Vibrationen beim Zünden und die Belastungen durch längere Weltraumexposition zu überstehen.

Das strukturelle Design der dritten Stufe legt den Schwerpunkt auf Leichtbauweise, da jedes zusätzliche Gewicht die Nutzlastkapazität direkt verringert. Fortschrittliche Materialien wie Kohlenstofffaserverbundstoffe werden häufig eingesetzt, um die Masse zu minimieren und gleichzeitig die Haltbarkeit zu gewährleisten. Die Struktur muss die Nutzlast – etwa Satelliten, wissenschaftliche Instrumente oder bemannte Module – sicher aufnehmen können. Das Befestigungssystem muss robust genug sein, um die während der Beschleunigung auftretenden Kräfte zu tragen, und gleichzeitig eine präzise Abtrennung und Freigabe der Nutzlast ermöglichen.

Ein weiterer entscheidender Aspekt der dritten Stufe ist der Wärme- und Strahlungsschutz. Im Weltraum ist die Stufe extremen Temperaturschwankungen und kosmischer Strahlung ausgesetzt. Daher werden isolierende Materialien und reflektierende Beschichtungen eingesetzt, um empfindliche Komponenten zu schützen und thermische Spannungen in der Struktur zu vermeiden. Darüber hinaus kann die dritte Stufe über Lagekontrollmechanismen wie Reaktionsräder oder Steuerdüsen verfügen, die in das Strukturdesign integriert werden müssen, um präzise Flugsteuerung zu gewährleisten.

Strukturelle Integration zwischen den Stufen

Auch die Verbindungsstellen zwischen den Raketenstufen müssen strengen strukturellen Anforderungen genügen. Diese sogenannten Interstage-Adapter übertragen während des Starts die Kräfte zwischen den Stufen und sorgen für eine saubere Trennung, sobald eine Stufe abgeworfen wird. Sie müssen stark genug sein, um das kombinierte Gewicht und den Schub der oberen Stufen zu tragen, gleichzeitig aber leicht genug, um unnötige Masse zu vermeiden. Die Konstruktion der Trennmechanismen, etwa durch Sprengbolzen oder pneumatische Systeme, muss eine reibungsloses und zuverlässiges Abtrennen ermöglichen, ohne übermäßige Kräfte auf die verbleibenden Stufen auszuüben.

Die strukturellen Anforderungen jeder Raketenstufe sind äußerst spezifisch und spiegeln die individuellen Herausforderungen und Aufgaben dieser Stufe während der Mission wider. Die erste Stufe muss den enormen Kräften beim Start und beim Durchqueren der Atmosphäre standhalten, die zweite Stufe muss Effizienz und Festigkeit für die Beschleunigung in großer Höhe ausbalancieren, und die dritte Stufe muss den Bedingungen des Weltraums trotzen, während sie die Nutzlast an ihr endgültiges Ziel bringt.

Jede Stufe ist so konstruiert, dass sie nahtlos mit den anderen zusammenarbeitet, wodurch ein Trägersystem entsteht, das die präzisen Anforderungen der modernen Raumfahrt erfüllt. Durch fortschrittliche Materialien, präzises Ingenieurwesen und innovatives Design gelingt es heutigen Raketen, diese strukturellen Herausforderungen zu meistern – und damit immer ambitioniertere Missionen zu ermöglichen.

Grundlagen des Raketenbaus und der Konstruktion

Materialien im Raketenbau (Legierungen, Verbundwerkstoffe, Keramiken)

Der Raketenbau erfordert ein komplexes Zusammenspiel von Materialien, die so entwickelt sind, dass sie extremen Bedingungen standhalten – darunter hohe Temperaturen, starke mechanische Belastungen und korrosive Umgebungen. Um diese Anforderungen zu erfüllen, greifen Ingenieurinnen und Ingenieure auf fortschrittliche Materialien wie Legierungen, Verbundwerkstoffe und Keramiken zurück, die jeweils aufgrund ihrer spezifischen Eigenschaften und Einsatzgebiete besondere Vorteile bieten.

Legierungen gehören zu den am häufigsten verwendeten Materialien im Raketenbau, da sie eine Kombination aus Festigkeit, Haltbarkeit und Hitzebeständigkeit bieten. Aluminiumlegierungen wie 7075 und 6061 werden häufig im Rumpf und in den Treibstofftanks von Raketen eingesetzt. Diese Legierungen zeichnen sich durch ein hervorragendes Festigkeits-Gewichts-Verhältnis aus, das entscheidend ist, um die Gesamtmasse der Rakete zu verringern, ohne die strukturelle Integrität zu beeinträchtigen.

Besonders Aluminium-Magnesium- und Aluminium-Lithium-Legierungen sind weit verbreitet. Erstere sind wegen ihrer guten Verformbarkeit und Schweißbarkeit geschätzt, während Aluminium-Lithium-Legierungen eine leichte und zugleich feste Kombination bieten [80]. Titanlegierungen sind ein weiteres zentrales Material, das vor allem in Bereichen mit hohen Temperaturen und Belastungen, wie etwa Triebwerkskomponenten, verwendet wird. Aufgrund ihrer Korrosionsbeständigkeit und der Fähigkeit, hohen Temperaturen standzuhalten, ohne sich zu verformen, eignen sich Titanlegierungen ideal für Anwendungen in oxidierenden Umgebungen.

Ebenso werden nickelbasierte Superlegierungen wie Inconel in Turbinenblättern und Brennkammern eingesetzt, wo Temperaturen von über 1.000 °C herrschen können. Diese Materialien behalten ihre Festigkeit auch unter extremen thermischen und mechanischen Belastungen bei und gewährleisten so die Zuverlässigkeit während Start und Flug. Titanlegierungen wie Ti-6Al-4V und Ti-17 werden aufgrund ihres hohen Festigkeits-Gewichts-Verhältnisses und ihrer hervorragenden Korrosionsbeständigkeit häufig für Raketenschalen, Druckbehälter und Triebwerkskomponenten eingesetzt [81-83].

Leichte Verbundwerkstoffe, wie keramische Matrixverbunde (CMC) und Kohlenstoff-Kohlenstoff-Verbundstoffe, gewinnen in der Raumfahrtindustrie zunehmend an Bedeutung. Diese Materialien bieten bei geringer Dichte eine hohe Festigkeit und sind traditionellen Metallen in vielen Bereichen überlegen [84-87]. Faserverbundwerkstoffe haben sich durch ihr außergewöhnliches Festigkeits-Gewichts-Verhältnis und ihre Vielseitigkeit im Raketenbau etabliert. Kohlenstofffaserverstärkte Kunststoffe (CFRPs) gehören zu den beliebtesten Materialien, da sie hohe Zugfestigkeit, Steifigkeit und geringes Gewicht aufweisen. Sie werden häufig für Verkleidungen, Nutzlastverkleidungen und Strukturstützen verwendet, wo Gewichtsreduktion entscheidend ist.

Auch glasfaserverstärkte Kunststoffe (GFRPs) und Kevlar-Verbundwerkstoffe kommen dort zum Einsatz, wo Flexibilität und Stoßfestigkeit erforderlich sind. Fortschrittliche keramische

Matrixverbunde (CMCs) kombinieren die Vorteile von Keramik und Polymer und eignen sich besonders für Hochtemperaturbereiche wie Raketendüsen und Hitzeschilde.

Keramiken spielen eine entscheidende Rolle bei Komponenten, die extremen thermischen Bedingungen ausgesetzt sind. Hochleistungswerkstoffe wie Siliciumcarbid (SiC) und Aluminiumoxid (Al_2O_3) werden in Thermalschutzsystemen, Raketendüsen und ablativen Hitzeschildern eingesetzt. Diese Materialien können Temperaturen von über 2.000 °C standhalten und sind somit unverzichtbar für den Schutz der Rakete beim Wiedereintritt oder bei langandauernden Hochtemperaturphasen. Keramikkacheln, wie sie bei den Hitzeschilden des Space Shuttles verwendet wurden, bieten eine leichte Isolierung und hohe Wärmeresistenz, wodurch die darunterliegenden Strukturen vor extremer Hitze geschützt werden. Neben ihren thermischen Eigenschaften sind Keramiken außerdem korrosions- und verschleißbeständig, was ihre Langlebigkeit in kritischen Anwendungen erhöht.

In der modernen Raketenkonstruktion führt die Kombination von Legierungen, Verbundwerkstoffen und Keramiken zu einem synergetischen Effekt, der die Stärken jedes Materials optimal nutzt. So kann beispielsweise der Raketenkörper aus Aluminiumlegierungen für strukturelle Festigkeit bestehen, während Kohlenstoffverbunde das Gewicht reduzieren und Keramikbeschichtungen Triebwerkskomponenten vor Hochtemperaturkorrosion schützen. Dieser Multi-Material-Ansatz gewährleistet, dass Raketen sowohl robust als auch effizient und leistungsoptimiert sind.

Materialien im Struktursystem einer Orbitalrakete

Das Struktursystem einer Orbitalrakete ist ein hochentwickeltes Zusammenspiel fortschrittlicher Materialien, die speziell ausgewählt werden, um den extremen Belastungen, Temperaturen und Bedingungen des Weltraums standzuhalten und dabei die Leistung und das Gewicht der Rakete zu optimieren. Zu den wichtigsten Materialien moderner Orbitalraketen gehören [88].

Aluminiumlegierungen – Leicht und vielseitig: Aluminiumlegierungen bilden das Rückgrat des Raketenbaus, da sie eine hohe Festigkeit bei geringem Gewicht, Korrosionsbeständigkeit und gute Verarbeitbarkeit bieten. Besonders Luft- und Raumfahrt-Aluminiumlegierungen wie 6061 Aluminium kommen häufig in Rumpf- und Tragstrukturen zum Einsatz.

6061-Aluminium ist eine der am weitesten verbreiteten Legierungen aufgrund ihrer Vielseitigkeit, Festigkeit und Korrosionsbeständigkeit [89-92]. Sie gehört zur 6xxx-Serie, die hauptsächlich aus Aluminium, Magnesium und Silizium besteht [89, 93, 94].

Die typische Zusammensetzung von 6061-Aluminium umfasst [89, 93, 94]:

- Aluminium: 95,8–98,6 %
- Magnesium: 0,8–1,2 %
- Silizium: 0,4–0,8 %
- Kupfer: 0,15–0,4 %
- Chrom: 0,04–0,35 %
- Eisen: bis 0,7 %
- Zink: bis 0,25 %

Grundlagen des Raketenbaus und der Konstruktion

- Titan: bis 0,15 %
- Andere Elemente: max. 0,05 % jeweils, 0,15 % insgesamt

Diese Zusammensetzung verleiht der Legierung ihre Festigkeit, Korrosionsbeständigkeit und Bearbeitbarkeit.

Wichtige Eigenschaften von 6061-Aluminium sind [89-92, 94]:

- **Festigkeit:** mittlere bis hohe Festigkeit bei hervorragender Gewichtsreduktion.
- **Korrosionsbeständigkeit:** ausgezeichnete Beständigkeit gegen Korrosion, auch in maritimen Umgebungen.
- **Bearbeitbarkeit:** leicht zu fräsen, zu schweißen und zu formen.
- **Wärmebehandlung:** kann wärmebehandelt werden (z. B. T6-Zustand) zur Erhöhung von Festigkeit und Härte.
- **Gewicht:** sehr gering – ideal für Anwendungen, bei denen Masseeinsparung entscheidend ist.
- **Leitfähigkeit:** gute thermische und elektrische Leitfähigkeit.

Weitere Aluminiumlegierungen werden je nach Anwendungsbereich ausgewählt [88]:

- Duralumin (Aluminium, Kupfer, Mangan) bietet hohe Festigkeit, erfordert jedoch Niet- oder Schraubverbindungen statt Schweißen.
- Aluminium-Magnesium-Legierungen sind leicht verformbar und gut schweißbar.
- Aluminium-Lithium-Legierungen (z. B. AlLi 2198) sind besonders leicht und fest und werden in modernen Systemen wie der Falcon 9 von SpaceX verwendet, während die Saturn V Legierungen wie 2014T6-Aluminium nutzte.

Edelstahl – Robust und kosteneffizient: Obwohl schwerer als Aluminium, ist Edelstahl ein entscheidendes Material, insbesondere bei Raketen wie SpaceX's Starship. Er ist kostengünstig, temperaturbeständig und widersteht Rissbildung und thermischer Ausdehnung. Seine hohe Wärmeleitfähigkeit macht ihn besonders geeignet für große Trägersysteme [88].

Titan – Hohe Festigkeit für kritische Komponenten: Titan wird für stark beanspruchte Bauteile eingesetzt, etwa für Strukturverbindungen und Strahlungsschutz, wie beim Juno-Raumschiff, dessen Elektronik durch Titan vor Jupiters intensiven Strahlungsgürteln geschützt wird [88].

Silica- (Keramik-) Fasern und Kohlenstoffverbunde – Fortschrittlicher Hitzeschutz: Siliciumdioxidfasern und Kohlenstoffverbundstoffe dienen hauptsächlich dem thermischen Schutz, etwa in Hitzeschilden für den Wiedereintritt. Silica-Keramiken widerstehen Temperaturen bis zu 1.600 °C, während verstärkter Kohlenstoff-Kohlenstoff (RCC) in Raketendüsen und Außenstrukturen verwendet wird [88].

Kohlenstoffverbundstoffe – Leicht und stabil:

Raketen wie die Electron von Rocket Lab bestehen nahezu vollständig aus Kohlenstofffaserstrukturen. Diese Materialien sind leicht, steif und stark und können per 3D-Druck in nur 12 Stunden hergestellt werden – ein Beispiel für ihre Anpassungsfähigkeit und Effizienz [88].

Materialien im Antriebssystem einer Orbitalrakete

Das Antriebssystem einer Rakete erfordert Materialien, die extremen Temperaturunterschieden standhalten können – von kryogenen Bedingungen bis zur glühenden Hitze der Verbrennung. Zu den wichtigsten Werkstoffen gehören:

Edelstahl und Aluminium-Lithium-Legierungen – Treibstofftanks: Edelstahl ist das Hauptmaterial für Treibstofftanks, da er steif, druckbeständig und für kryogene Treibstoffe wie flüssigen Wasserstoff und flüssigen Sauerstoff geeignet ist. Diese Treibstoffe müssen bei Temperaturen von bis zu –253 °C gelagert werden. Aluminium-Lithium-Legierungen werden jedoch zunehmend eingesetzt, da sie leichter und zugfester sind als herkömmliche Aluminiumlegierungen. Der Außentank des Space Shuttle und die Treibstofftanks der SpaceX Falcon 9 sind Beispiele für den Einsatz solcher Legierungen, um das Gewicht zu reduzieren, ohne die strukturelle Festigkeit zu beeinträchtigen [88].

Kupferlegierungen und Inconel – Brennkammern und Düsen: Die extremen Temperaturen in Raketentriebwerken erfordern Materialien mit außergewöhnlicher Wärmeleitfähigkeit und thermischer Beständigkeit. Kupferlegierungen, insbesondere Chromkupfer, werden häufig in Brennkammern eingesetzt, da sie Wärme effizient leiten und ableiten können. Inconel, eine nickelbasierte Superlegierung, wird oft mit Kupfer kombiniert, um Kammerwände zu bilden, die durch regenerative Kühlung geschützt werden – hierbei wird der kryogene Treibstoff durch interne Kanäle gepumpt, um die Kammer zu kühlen [88].

Niob – Düsenverlängerungen: Niob, ein Metall mit einem hohen Schmelzpunkt und ausgezeichneter Wärmeleitfähigkeit, wird für Düsenverlängerungen verwendet, insbesondere in vakuumoptimierten Triebwerken. Es wurde bereits im Apollo-Service-Modul eingesetzt und findet heute Verwendung in der Merlin-Düse der SpaceX Falcon 9, was seine Wirksamkeit beim Umgang mit hohen Temperaturen im Weltraum unterstreicht [88].

Materialien im Nutzlastsystem einer Orbitalrakete

Das Nutzlastsystem einer Orbitalrakete ist eine der entscheidendsten Komponenten, da es die missionkritische Fracht enthält – seien es Satelliten, Versorgungsmodule, Erkundungssonden oder Astronauten. Dieses System muss hohe Festigkeit, Langlebigkeit und Schutz gewährleisten und zugleich leicht sein, um die Effizienz der Rakete zu maximieren. Es besteht aus der Nutzlastverkleidung, dem vorderen Adapter und der Nutzlast selbst, die jeweils spezielle Materialien erfordern, um den Belastungen von Start und Weltraum standzuhalten [88].

Nutzlastverkleidung – Leichter Schutz: Die Nutzlastverkleidung ist eine schutzgebende Hülle, die die Nutzlast während des Starts und Aufstiegs umschließt. Sie schützt vor aerodynamischen Kräften, Vibrationen und Umwelteinflüssen und reduziert durch ihre stromlinienförmige Form den Luftwiderstand.

Grundlagen des Raketenbaus und der Konstruktion

Kohlenstofffaserverbundstoffe sind das bevorzugte Material für Verkleidungen, da sie ein herausragendes Festigkeits-Gewichts-Verhältnis bieten. Diese Verbunde bestehen aus Kohlenstofffasern, die in einer Polymermatrix eingebettet sind, und bieten hohe Zugfestigkeit, Steifigkeit und Verformungsresistenz – entscheidend, um die Nutzlast während des Starts zu schützen [88]. Moderne Raketen wie die SpaceX Falcon 9, Atlas V und Ariane 5 nutzen allesamt Kohlenstofffaserverbunde für ihre Verkleidungen. Nach dem Durchqueren der dichten Atmosphärenschichten spalten sich die Verkleidungshälften und werden abgeworfen, um die Nutzlast freizugeben [88].

Vorderer Adapter – Strukturelle Verbindung: Der vordere Adapter dient als Verbindungselement zwischen der oberen Raketenstufe und der Nutzlast. Er muss mechanischen Belastungen beim Start standhalten und gleichzeitig die Nutzlast sicher fixieren. Hier kommen häufig Aluminium-Lithium-Legierungen zum Einsatz, die die Leichtigkeit von Aluminium mit der Festigkeit und Steifigkeit von Lithium kombinieren. Diese Legierungen sind zudem korrosionsbeständig und thermisch stabil, was sie ideal für die wechselnden Bedingungen während des Aufstiegs macht [88]. Ihr Einsatz verringert das Gesamtgewicht der Rakete, steigert die Treibstoffeffizienz und erhöht die Nutzlastkapazität – ein wesentlicher Faktor moderner Orbitalraketen.

Nutzlastmaterialien – Missionsspezifische Anpassungen: Die Nutzlast selbst variiert stark je nach Missionsziel und kann unterschiedliche Materialien erfordern [88]:

- **Satelliten:** Hergestellt aus Aluminium- und Titanlegierungen für Strukturteile und Verbundwerkstoffen für leichte Paneele.
- **Raumstations-Versorgungen:** Verpackt in haltbaren Polymeren oder Leichtmetallbehältern.
- **Erkundungssonden:** Mit Hochleistungskeramiken, strahlungsresistenten Metallen und Hitzeschutzschildern für planetare Missionen.
- **Astronautenkapseln:** Gefertigt aus hochfesten Legierungen und thermischen Schutzmaterialien, um die Sicherheit beim Wiedereintritt zu gewährleisten.

Jede Nutzlastkomponente muss nicht nur den Belastungen des Starts standhalten, sondern auch den Bedingungen des Weltraums – Vakuum, Strahlung und Temperaturschwankungen. Daher ist eine präzise Materialauswahl, abgestimmt auf die spezifischen Missionsanforderungen, entscheidend [88].

Leistungskriterien für Nutzlastmaterialien

1. **Festigkeits-Gewichts-Verhältnis:** Materialien müssen leicht genug sein, um die Nutzlastkapazität zu maximieren, aber stark genug, um Startkräfte auszuhalten.
2. **Thermische Stabilität:** Fähigkeit, Temperatur-Extreme zu überstehen – von der Hitze des Wiedereintritts bis zur Kälte des Weltraums.
3. **Dauerhaftigkeit:** Widerstandsfähigkeit gegen Vibrationen, akustische Belastungen und Strahlungseinflüsse.

4. **Präzision:** Bei missionskritischen Nutzlasten wie Satelliten müssen Materialien präzise Konfigurationen ermöglichen und strukturelle Integrität wahren.

Diese Faktoren bestimmen die Zuverlässigkeit, Effizienz und Sicherheit von Nutzlastsystemen und sind damit zentral für den Erfolg moderner Raumfahrtmissionen.

Zusammenfassende Liste der im Raketenbau verwendeten Materialien

Raketen werden aus einer breiten Palette von Materialien gefertigt, die jeweils so ausgewählt werden, dass sie bestimmte strukturelle, thermische und funktionale Anforderungen erfüllen. Diese Materialien werden anhand ihrer Eigenschaften – wie Festigkeit, Gewicht, Wärmebeständigkeit, Korrosionsresistenz und Kosten – sorgfältig ausgewählt. Im Folgenden findet sich eine umfassende Übersicht über die am häufigsten im Raketenbau verwendeten Materialien, geordnet nach ihrem Einsatzbereich:

1. Strukturmaterialien

Diese Materialien bilden den Hauptkörper, die Rahmen und die tragenden Elemente einer Rakete.

- **Aluminiumlegierungen:** Weit verbreitet für leichte und dennoch stabile Strukturteile wie Treibstofftanks, Außenhüllen und Nutzlastadapter. Beispiele:
    - 6061 Aluminium (Luftfahrtqualität)
    - 7075 Aluminium
    - Aluminium-Lithium-Legierungen (z. B. AlLi 2198)
    - Duralumin (Aluminium-Kupfer-Mangan-Legierung)
- **Edelstahl:** Wird für Komponenten verwendet, die hohe Festigkeit, Steifigkeit und Temperaturbeständigkeit erfordern. Beispiele:
    - 301 Edelstahl (verwendet in SpaceX' *Starship*)
    - 321 Edelstahl (für Hochtemperaturanwendungen)
- **Titanlegierungen:** Ideal für hochfeste und korrosionsbeständige Bauteile, besonders in kritischen Bereichen wie Verschraubungen, Tanks und Strukturkomponenten.
- **Kohlenstofffaserverbundstoffe:** Leicht und äußerst fest, eingesetzt in Nutzlastverkleidungen, Strukturträgern und Rumpfsektionen. Beispiele:
    - Kohlenstofffaserverstärkte Polymere (CFRP)
    - Kohlenstoff-Kohlenstoff-Verbundstoffe (RCC)

Grundlagen des Raketenbaus und der Konstruktion

- **Magnesiumlegierungen:** Mitunter für sehr leichte Strukturteile verwendet, jedoch seltener, da sie im Vergleich zu Aluminium eine geringere Festigkeit aufweisen.

2. Materialien für Treibstofftanks

Diese Materialien müssen hohen Drücken und kryogenen Temperaturen standhalten.

- **Aluminium-Lithium-Legierungen:** Hervorragendes Festigkeits-Gewichts-Verhältnis und Korrosionsbeständigkeit. Häufig in kryogenen Tanks verwendet (z. B. beim *Space Shuttle*).

- **Edelstahl:** Robust und rissbeständig, geeignet für Hochdruck-Kryotanks.

- **Titanlegierungen:** Leicht und stark, ideal für kleinere Hochleistungstanks.

- **Kohlenstoffverbundstoffe:** Neue Generation von Materialien für ultraleichte und druckbeständige Tanks.

3. Materialien für den thermischen Schutz

Diese Materialien schützen die Rakete vor extremen Temperaturen beim Start, Aufstieg und Wiedereintritt.

- **Keramiken:**
    - **Siliciumcarbid (SiC):** Hochtemperaturbeständig, verwendet in Hitzeschilden.
    - **Aluminiumoxid (Al_2O_3):** Eingesetzt in Thermalkacheln und Beschichtungen.
    - **Verstärkter Kohlenstoff-Kohlenstoff (RCC):** Hitzebeständig, genutzt an Vorderkanten und Düsen.
    - **Siliciumdioxid-Kacheln:** Bestandteil von Wiedereintrittssystemen (z. B. beim *Space Shuttle*).

- **Ablative Materialien:** Entwickelt, um beim Wiedereintritt abzutragen und Wärme abzuleiten. Beispiele:
    - Phenolharz-Verbundstoffe
    - Kohlenstoff-Phenol

- **Isolationsschäume:** Polyurethanschaum zur Wärmedämmung von kryogenen Treibstofftanks.

4. Materialien für Triebwerkskomponenten

Raketentriebwerke erfordern Materialien, die extremer Hitze, hohem Druck und korrosiven Gasen standhalten.

- **Kupferlegierungen:** In Brennkammern und Düsen wegen ihrer hohen Wärmeleitfähigkeit und Temperaturbeständigkeit.
- **Nickelbasierte Superlegierungen:** Hochfest und hitzebeständig, verwendet in Turbinen und Brennkammern. Beispiele: *Inconel* (z. B. Inconel 718), *Hastelloy*
- **Niob:** Mit hohem Schmelzpunkt, genutzt in Vakuumdüsen (z. B. SpaceX Falcon 9 Merlin Vacuum).
- **Molybdän:** Gelegentlich in Düsen und Wärmetauschern.
- **Wolfram:** Für hochtemperaturbelastete Bereiche wie Düsenhälse.
- **Kollumbium (Niob):** In Oberstufendüsen, da es hitzebeständig und oxidationsresistent ist.

5. Materialien für Nutzlastverkleidungen

Die Nutzlastverkleidung schützt die Fracht während des Starts und besteht aus leichten, festen Werkstoffen.

- **Kohlenstofffaserverbundstoffe:** Am häufigsten verwendet aufgrund ihres hervorragenden Festigkeits-Gewichts-Verhältnisses.
- **Aluminium-Wabenstrukturen:** Häufig kombiniert mit Verbund-Deckschichten für hohe Steifigkeit bei geringem Gewicht.
- **Glasfaserverbundstoffe:** Bei weniger anspruchsvollen Anwendungen.

6. Verbindungselemente und Befestigungen

Diese Materialien sichern verschiedene Raketenkomponenten.

- **Titan-Befestigungen:** Leicht und korrosionsbeständig, eingesetzt in kritischen Bereichen.
- **Inconel-Befestigungen:** Hochfeste Schrauben für Hochtemperaturumgebungen.
- **Stahlbolzen: Für nicht-kritische Verbindungen.**

7. Materialien für Elektronik und Avionik

Elektronische Systeme benötigen Schutzgehäuse und hochleistungsfähige Materialien, die im Weltraum funktionieren.

• **Aluminium- und Titan-Gehäuse:** Für Stärke und Strahlungsabschirmung.

• **Gold- und Silberbeschichtungen:** In Leiterbahnen und Kabeln zur Verbesserung der Leitfähigkeit.

• **Kapton:** Polyimidfolie mit hoher Temperaturbeständigkeit zur Isolierung von Kabeln und Schaltkreisen.

Grundlagen des Raketenbaus und der Konstruktion

- **Silicium** und **Galliumarsenid:** Halbleitermaterialien für Solarzellen und Sensoren.

8. Beschichtungen und Oberflächenbehandlungen

Spezielle Beschichtungen schützen die Rakete vor Hitze, Korrosion und Abnutzung.

- **Thermische Barrierebeschichtungen:** Keramikbasierte Schichten auf Triebwerkskomponenten.
- **Eloxiertes Aluminium:** Schutz vor Korrosion.
- **Reflektierende Beschichtungen:** Gold- oder Silberfilme für Strahlungsschutz im All.
- **Hitzebeständige Lacke und Folien:** z. B. Mylar-Folien zur Temperaturregulierung.

9. Materialien für Feststoffraketenbooster

Feststoffbooster bestehen aus Materialien, die festen Treibstoff enthalten und kontrolliert abbrennen.

- **Stahlgehäuse:** Für Strukturfestigkeit und Eindämmung des Treibstoffs.
- **Graphit-Düsen-Auskleidungen:** Hitzebeständig für den Abgasstrom.
- **Gummibasierte Isolierungen:** Verhindern Wärmeübertragung auf das Gehäuse.

10. Spezialkomponenten

Einige Raketenkomponenten nutzen spezielle Materialien für besondere Anwendungen.

- **Pyrotechnische Materialien:** Für Trennmechanismen (z. B. Sprengbolzen).
- **Kevlar:** Hochfeste Fasern für Gurte, Fallschirme und Verstärkungen.
- **Beryllium:** Ultraleichtes Metall, eingesetzt in Spiegeln und Strukturstützen wissenschaftlicher Nutzlasten.

Der Raketenbau stützt sich auf eine außergewöhnliche Vielfalt an Materialien, die gezielt ausgewählt werden, um Festigkeit, Gewichtsoptimierung, Hitzebeständigkeit und Langlebigkeit zu gewährleisten. Mit dem Fortschritt der Materialwissenschaften entstehen kontinuierlich neue Werkstoffe und Verbundsysteme, die Raketen leichter, effizienter und leistungsfähiger machen. Diese umfassende Übersicht verdeutlicht die Komplexität und Präzision, die beim Bau dieser technischen Meisterwerke erforderlich sind.

Konstruktive Gestaltungsaspekte (Festigkeit, Gewicht und Haltbarkeit)

Bei der Konstruktion der Struktur einer Rakete müssen Ingenieure mehrere zentrale Faktoren berücksichtigen – darunter Materialauswahl, Masse, Festigkeit, Präzision und Kosten. Die angegebenen Quellen bieten wertvolle Einblicke in diese Konstruktionsüberlegungen.

Das für die Raketenstruktur verwendete Material sollte stark, leicht und mit guten mechanischen Eigenschaften wie Elastizitätsmodul, Zähigkeit und Festigkeit ausgestattet sein [95]. Zu den gängigen Materialien gehören Aluminium, Wabenstrukturen, Verbundwerkstoffe, hochfeste Aluminium- und Titanlegierungen sowie hochbeständige Stähle [95]. Die Auswahl des geeigneten Materials ist entscheidend, da sie die Leistung, Haltbarkeit und Kosten der Rakete maßgeblich beeinflusst [96, 97].

Der Rumpf der Rakete, einschließlich Durchmesser und Wandstärke, kann einen großen Teil der Gesamtmasse ausmachen. Eine Verdopplung des Durchmessers oder der Wandstärke erhöht die Masse erheblich, wobei die genaue Beziehung vom jeweiligen Design abhängt [95]. Daher müssen Ingenieure die Masse der Struktur sorgfältig abwägen, um die Gesamtleistung der Rakete zu optimieren [98].

Während des Flugs ist der Raketenrumpf Druck- und Biegebelastungen ausgesetzt, weshalb die Struktur so ausgelegt sein muss, dass sie diesen Kräften standhält [95]. Zur Sicherstellung der Struktursicherheit werden üblicherweise das Sicherheitsfaktorverfahren und das Last- und Widerstandsfaktorverfahren (LRFD) eingesetzt [95].

Die Struktur muss zudem ihre geometrische Präzision beibehalten – unabhängig davon, ob sie starr oder im Weltraum entfaltet ist [95]. Diese Anforderung beeinflusst die Materialwahl ebenso wie die Fertigungsprozesse.

Auch die Materialkosten spielen eine wesentliche Rolle, da sie die Gesamtkosten der Rakete erheblich beeinflussen können [99]. Faktoren wie Rohstoffpreise, Skaleneffekte in der Produktion und Lebenszykluskosten sollten bei der Materialauswahl sorgfältig berücksichtigt werden [99].

Festigkeit

Die **strukturelle Integrität einer Rakete** ist entscheidend, um sicherzustellen, dass sie ihre Nutzlast unter den extremen Bedingungen des **Starts, des Aufstiegs und des Raumflugs** sicher transportieren kann. Ein erfolgreicher Entwurf berücksichtigt dabei verschiedene **Kräfte und Belastungen**, sodass alle Komponenten während der gesamten Mission stabil und funktionsfähig bleiben. Im Folgenden werden die wichtigsten strukturellen Aspekte im Detail erläutert:

Tragfähigkeit: Die Struktur der Rakete muss das Gesamtgewicht aller Komponenten tragen können – einschließlich Triebwerke, Treibstofftanks, Nutzlasten und zusätzliche Stufen. Dies erfordert eine präzise Ingenieursarbeit, um die Lasten gleichmäßig über das gesamte Fahrzeuggerüst zu verteilen.

Grundlagen des Raketenbaus und der Konstruktion

Der Treibstoff, der einen erheblichen Teil der Gesamtmasse ausmacht, erhöht die Komplexität, da sich seine Verteilung während des Fluges verändert. Die Struktur muss ihre Stabilität bewahren, selbst wenn sich der Schwerpunkt dynamisch verschiebt.

Während des Starts ist die Rakete einer Kombination aus Schubkraft, Schwerkraft und aerodynamischem Widerstand ausgesetzt. Diese dynamischen Kräfte führen zu erheblichen Spannungen in der Struktur. Die Rakete muss robust genug sein, um Beulen oder Verformungen zu verhindern – insbesondere während der kritischen Phasen des Abhebens und des ersten Aufstiegs durch die dichten Schichten der Erdatmosphäre. Um dies zu erreichen, wird die Struktur mit tragenden Elementen wie verstärkten Ringen, Fachwerken und Schotten konstruiert, die die Lasten gleichmäßig verteilen.

Schubübertragung: Der vom Triebwerk erzeugte Schub muss durch die gesamte Struktur der Rakete übertragen werden, um sie nach oben zu beschleunigen. Dazu ist ein direkter und effizienter Kraftfluss vom Triebwerk bis zur Nutzlast erforderlich. Schwachstellen in diesem Kraftpfad könnten zu Verformungen, Strukturversagen oder Energieverlusten führen, die die Mission gefährden.

Um diese Kräfte zu bewältigen, werden Triebwerksaufhängungen und das umgebende Tragwerk stark verstärkt. Materialien mit hoher Zugfestigkeit, wie Titan oder Kohlenstoffverbundstoffe, werden häufig verwendet, um sicherzustellen, dass die Struktur den Schub ohne Risse oder Verformungen aushält. Ingenieure berücksichtigen außerdem Spannungskonzentrationen – also Bereiche, in denen sich Kräfte lokal häufen – und gestalten die Struktur so, dass diese gleichmäßig verteilt werden. Dazu werden oft Abrundungen (Fillets), Verstärkungsplatten (Gussets) oder konische Übergänge eingesetzt.

Aerodynamische Belastungen: Beim Aufstieg erfährt die Rakete erhebliche aerodynamische Kräfte, insbesondere in den unteren Atmosphärenschichten, wo die Luftdichte am höchsten ist. Der Luftwiderstand erzeugt Druckkräfte auf der Raketenoberfläche, die Biege- und Druckspannungen verursachen können. Diese aerodynamischen Belastungen erreichen ihren Höhepunkt während des sogenannten Max Q – dem Punkt des maximalen dynamischen Drucks.

Max Q (Maximum Dynamic Pressure) ist der Moment des größten aerodynamischen Stresses, wenn sich Geschwindigkeit und Luftdichte so kombinieren, dass die höchste mechanische Belastung auf die Rakete wirkt. Der dynamische Druck (q) beschreibt den aerodynamischen Stress auf die Rakete und wird mit der Formel

$$q = \frac{1}{2} p v^2$$

berechnet, wobei

- **p** = Luftdichte und
- **v** = Geschwindigkeit der Rakete ist.

Mit zunehmender Geschwindigkeit steigt der dynamische Druck, während die Luftdichte mit der Höhe abnimmt. Max Q tritt typischerweise in einer Höhe zwischen 11 und 15 Kilometern (6,8–9,3

Meilen) auf, etwa 30 bis 60 Sekunden nach dem Start. Nach diesem Punkt sinkt die Luftdichte rasch, wodurch der aerodynamische Stress abnimmt – selbst wenn die Rakete weiter beschleunigt.

Raketen werden speziell dafür ausgelegt, die Belastungen während Max Q zu überstehen. Stromlinienförmige Formen wie konische Spitzen und glatte Oberflächen reduzieren den Luftwiderstand. Gleichzeitig werden stark beanspruchte Bauteile wie der Rumpf, die Verkleidung und Verbindungsstellen mit hochfesten Materialien wie Aluminium-Lithium-Legierungen, Kohlenstoffverbundstoffen oder Titan verstärkt.

Zusätzlich entstehen während Max Q Vibrationen und akustische Belastungen, die empfindliche Instrumente beeinträchtigen können. Um dies zu vermeiden, werden Dämpfungssysteme und Isolierungen integriert, die Vibrationen absorbieren und Schäden verhindern.

Ein Beispiel aus der Praxis ist die SpaceX Falcon 9, bei deren Starts die Triebwerke drosseln, sobald die Rakete sich Max Q nähert [100-102]. Dadurch werden die aerodynamischen Kräfte minimiert. Nach dem Durchqueren dieses Abschnitts wird die Leistung wieder erhöht. Auch die Saturn V, NASAs legendäre Mondrakete, wurde speziell so konstruiert, dass sie die extremen Belastungen während Max Q sicher übersteht [103-105]. Beide Beispiele verdeutlichen die entscheidende Bedeutung von präziser Schubsteuerung und robuster Strukturtechnik für den erfolgreichen Aufstieg einer Rakete.

Vibrationen und akustische Belastungen: Vibrationen, die von den Triebwerken und dem Luftstrom erzeugt werden, stellen zusätzliche strukturelle Herausforderungen dar. Diese Schwingungen können Materialermüdung hervorrufen, insbesondere bei empfindlichen Komponenten wie Avionik, Nutzlast oder Treibstoffleitungen. Um dem entgegenzuwirken, werden Dämpfungselemente wie Schwingungsisolatoren oder abgestimmte Tilger (Tuned Mass Dampers) integriert. Zudem wird die Struktur so gestaltet, dass sie keine Eigenfrequenzen aufweist, die den Motorvibrationen entsprechen. Akustische Auskleidungen in den Nutzlastverkleidungen schützen empfindliche Instrumente vor den extremen Schallpegeln beim Start.

Materialfestigkeit

Die in der Raketenstruktur verwendeten Materialien müssen die erforderliche Festigkeit aufweisen, um diesen extremen Kräften standzuhalten – bei möglichst geringem Gewicht. Ingenieure nutzen daher Hochleistungswerkstoffe, um das optimale Gleichgewicht zwischen Festigkeit und Masse zu erreichen:

- **Aluminiumlegierungen:** Leicht und korrosionsbeständig; weit verbreitet für Strukturbauteile, Tanks und Außenhüllen.
- **Titan:** Hervorragendes Festigkeits-Gewichts-Verhältnis und Hitzebeständigkeit; verwendet in kritischen Hochlastbereichen.
- **Edelstahl:** Zäh und rissbeständig; ideal für Hochdrucktanks und wiederverwendbare Stufen (z. B. SpaceX *Starship*).
- **Kohlenstoffverbundstoffe:** Extrem leicht und stark, ideal zur Gewichtsreduktion bei gleichzeitiger Strukturerhaltung, z. B. in Nutzlastverkleidungen und Trägerstrukturen.

Grundlagen des Raketenbaus und der Konstruktion

Die Materialwahl hängt stark von den Anforderungen der jeweiligen Raketenstufe ab – jede Stufe erfordert eine spezifische Kombination aus Festigkeit, Temperaturtoleranz und Gewichtsoptimierung, um den Belastungen während des Fluges standzuhalten.

Gewicht

Das Gewicht einer Rakete ist ein grundlegender Aspekt ihres Designs, da es direkt ihre Effizienz, Nutzlastkapazität und Gesamtleistung beeinflusst. Ingenieure müssen ein empfindliches Gleichgewicht zwischen der Minimierung der Masse und der Wahrung der strukturellen Integrität finden. Verschiedene Techniken und Materialien werden eingesetzt, um das Gewicht zu optimieren, ohne die Fähigkeit der Rakete zu gefährden, den enormen Belastungen beim Start und im Weltraum standzuhalten.

Die Minimierung der Strukturmasse ist entscheidend, um Effizienz und Nutzlastkapazität zu verbessern. Jedes Kilogramm überflüssiges Gewicht verringert die Tragfähigkeit der Rakete oder erhöht die benötigte Treibstoffmenge. Daher verwenden Ingenieure fortschrittliche Leichtbaumaterialien wie Kohlenstofffaserverbundstoffe und Aluminium-Lithium-Legierungen. Kohlenstofffaserverbundstoffe bieten außergewöhnliche Festigkeit bei deutlich geringerem Gewicht als herkömmliche Metalle – ideal für Nutzlastverkleidungen und Rumpfsektionen. Aluminium-Lithium-Legierungen kombinieren das geringe Gewicht von Aluminium mit erhöhter Festigkeit und Haltbarkeit, was sie besonders für Treibstofftanks und Strukturträger geeignet macht.

Im Raketenbau ist das Festigkeits-Gewichts-Verhältnis (strength-to-weight ratio) von Materialien ein entscheidender Parameter. Materialien mit einem hohen Verhältnis ermöglichen es, die strukturelle Stabilität zu gewährleisten und gleichzeitig die Masse zu minimieren. Titan und Kohlenstoffverbundstoffe werden beispielsweise häufig in Hochbelastungsbereichen wie Triebwerksaufhängungen und Zwischenstufenverbindungen eingesetzt, da sie extremen Kräften standhalten, ohne übermäßiges Gewicht hinzuzufügen. Die Optimierung dieses Verhältnisses ermöglicht es Ingenieuren, stabile und zugleich effiziente Raketen zu konstruieren, die den harten Bedingungen des Starts und des Raumflugs standhalten und gleichzeitig maximale Nutzlasten transportieren können.

Das Design einer Rakete umfasst mehrere Stufen, die jeweils eigene strukturelle und funktionale Anforderungen haben. Um die Leistung zu optimieren, wird jede Stufe so leicht wie möglich konstruiert, ohne an Stabilität zu verlieren. Die erste Stufe, die das gesamte Gewicht der Rakete tragen muss, ist die größte und robusteste. Höhere Stufen, die in größeren Höhen und im Vakuum arbeiten, können leichter gebaut werden, da sie geringeren aerodynamischen Kräften ausgesetzt sind. Die Stufentrennung ermöglicht es, leere Stufen abzuwerfen, wodurch das Gewicht während des Flugs erheblich reduziert und die Effizienz der verbleibenden Stufen verbessert wird. Dieses modulare Prinzip sorgt dafür, dass nur die notwendige Masse weitertransportiert wird – ein Schlüssel zur Treibstoffeffizienz und Nutzlastoptimierung.

Das Gewicht einer Rakete hat auch einen direkten Einfluss auf ihren Treibstoffverbrauch. Leichtere Strukturen benötigen weniger Treibstoff, um dieselbe Schubleistung zu erzielen – das reduziert die

Gesamtkosten und verbessert die Flugleistung. Jedes eingesparte Kilogramm an Strukturgewicht erhöht die mögliche Nutzlast oder verlängert die Reichweite der Mission. Das ist besonders wichtig für Missionen zu hohen Umlaufbahnen oder interplanetare Ziele, bei denen der Energiebedarf enorm ist. Durch die Verwendung von Leichtbaumaterialien und effizienten Designs können Raketen höhere Geschwindigkeiten und größere Distanzen erreichen, ohne zusätzlichen Treibstoff zu benötigen.

Um das ideale Gleichgewicht zwischen Gewicht und Festigkeit zu erreichen, nutzen Ingenieure moderne Optimierungstechniken. Die Finite-Elemente-Analyse (FEA) wird verwendet, um die Raketenstruktur zu modellieren und die Belastungen während des Starts und des Flugs zu simulieren. So lassen sich Bereiche mit hohen Spannungen erkennen und überflüssiges Material gezielt entfernen – für eine leichte und zugleich belastbare Struktur. Die Computational Fluid Dynamics (CFD) optimiert die aerodynamische Form der Rakete, reduziert den Luftwiderstand und steigert die Leistung. Diese Werkzeuge ermöglichen es Ingenieuren, Entwürfe iterativ zu verfeinern, um maximale Effizienz bei gleichzeitiger Einhaltung der Sicherheitsgrenzen zu erreichen.

Das Gewicht ist somit ein kritischer Faktor, der jeden Aspekt des Raketenbaus beeinflusst – von der Nutzlastkapazität über die Treibstoffeffizienz bis hin zu den Gesamtkosten. Durch die Minimierung der Masse, die Optimierung des Festigkeits-Gewichts-Verhältnisses und den Einsatz modularer Stufenkonzepte können Ingenieure Raketen entwickeln, die effizient, stabil und leistungsfähig sind. Mit Hilfe von FEA und CFD wird jede Komponente präzise gestaltet, um unnötige Masse zu vermeiden, ohne Kompromisse bei Sicherheit und Zuverlässigkeit einzugehen. Diese Überlegungen ermöglichen es modernen Trägersystemen, ihre Nutzlasten effizient zu transportieren und die anspruchsvollen Anforderungen der Weltraumforschung und kommerziellen Raumfahrt zu erfüllen.

Leichtbaukonstruktion und Entwicklungsprozesse

Das Design von Leichtbauteilen ist ein komplexer Ingenieurprozess, der ein Gleichgewicht zwischen Festigkeit, Steifigkeit, Fertigungsmöglichkeiten und Kosten erfordert. Ziel ist es, die Masse zu reduzieren, während die erforderliche strukturelle Leistung erhalten bleibt. Dies umfasst die präzise Definition der Anforderungen, die Materialauswahl, Optimierungsmethoden und die Berücksichtigung von Fertigungsbeschränkungen [106].

Der erste Schritt besteht darin, die primäre Anforderung der Komponente zu identifizieren: ob sie steifigkeitsgetrieben oder festigkeitsgetrieben ist.

- Steifigkeitsgetriebene Designs konzentrieren sich darauf, Durchbiegungen unter Last zu minimieren, und optimieren Parameter wie Biegemodul oder Schwingungsverhalten, um übermäßige Nachgiebigkeit zu vermeiden.

- Festigkeitsgetriebene Designs hingegen legen den Schwerpunkt auf die Fähigkeit, Lasten ohne Versagen zu tragen, auch wenn größere Verformungen toleriert werden, solange die strukturelle Integrität erhalten bleibt.

Die frühzeitige Unterscheidung zwischen diesen beiden Ansätzen ist entscheidend für die Wahl der Materialien und Designstrategien [106].

Grundlagen des Raketenbaus und der Konstruktion

Die Materialauswahl für Leichtbauteile ist ein Kompromiss zwischen Kosten, Leistung und Herstellbarkeit. In der Luft- und Raumfahrt werden häufig Aluminiumlegierungen, Titan, Magnesium, Edelstahl sowie Nickelbasis-Superlegierungen wie Inconel und Hastelloy verwendet. Verbundwerkstoffe wie Kohlenstofffaser, Glasfaser und Kevlar gewinnen zunehmend an Bedeutung, da sie hervorragende Festigkeits-Gewichts-Verhältnisse bieten.

Zur Auswahl geeigneter Materialien verwenden Ingenieure häufig Ashby-Diagramme, die Materialeigenschaften wie Dichte, Festigkeit und Steifigkeit grafisch in Beziehung zu Kosten oder anderen Parametern setzen. Diese Diagramme erleichtern Abwägungsentscheidungen und helfen dabei, Materialien zu identifizieren, die die Leistungsanforderungen am besten erfüllen [106].

Ein Ashby-Diagramm, wie in Abbildung 26 gezeigt, ist ein leistungsfähiges Visualisierungstool, das es Ingenieuren ermöglicht, Materialeigenschaften zu vergleichen und geeignete Kandidaten für spezifische technische Anwendungen auszuwählen. Es stellt zwei Schlüsselfaktoren gegeneinander – beispielsweise Bruchzähigkeit (KIC) und Elastische Grenze (σ_f) – und bietet damit wertvolle Einblicke in die Festigkeit eines Materials und seine Fähigkeit, Rissausbreitung zu widerstehen.

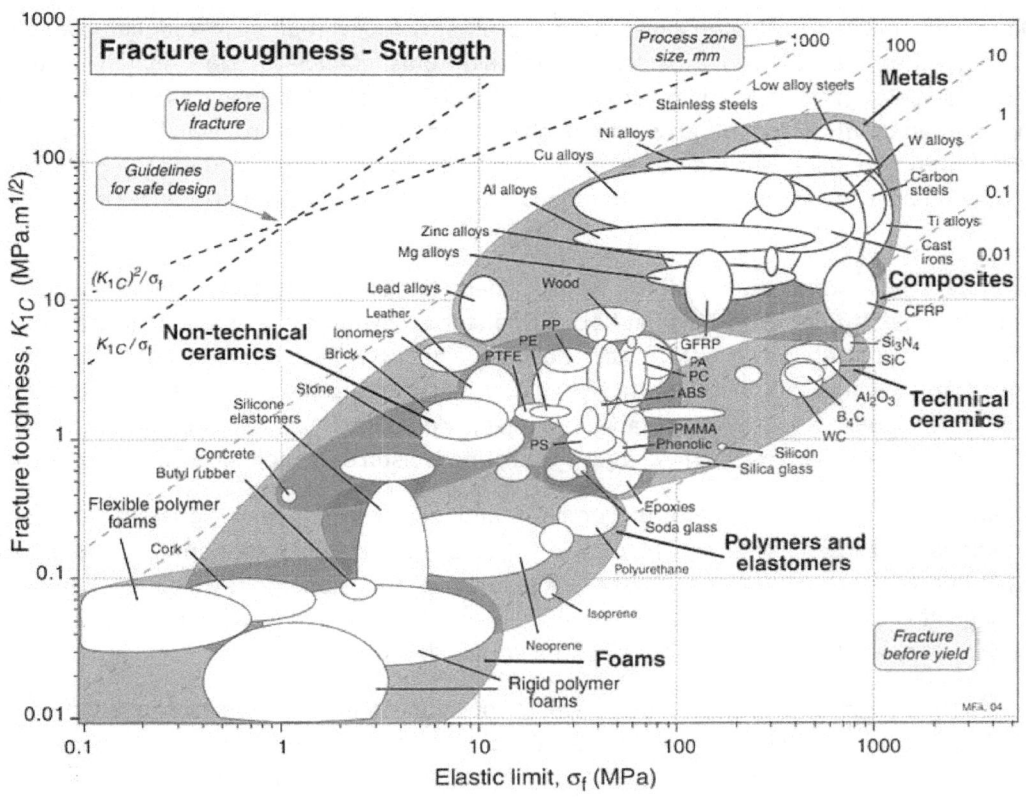

Abbildung 26: Bruchzähigkeit im Verhältnis zur Festigkeit für verschiedene Materialien und Materialklassen. M. F. Ashby, CC0, über Wikimedia Commons.

Die Achsen des Diagramms sind logarithmisch dargestellt, was die exponentielle Natur der Werte widerspiegelt. Die x-Achse zeigt die Elastische Grenze, also die Spannung, die ein Material aushalten kann, ohne sich dauerhaft zu verformen – angegeben in Megapascal (MPa). Die y-Achse misst die Bruchzähigkeit, angegeben in MPa√m, die die Fähigkeit eines Materials beschreibt, Risswachstum unter Belastung zu widerstehen. Durch die logarithmische Skalierung lassen sich Materialien mit stark unterschiedlichen Eigenschaften besser miteinander vergleichen.

Die Materialien im Diagramm sind in Kategorien gruppiert, darunter Metalle, Verbundwerkstoffe, technische Keramiken, Polymere, Schäume und nicht-technische Keramiken. Jede Kategorie wird durch einen Cluster oder eine Blase dargestellt, die den Eigenschaftsbereich der jeweiligen Materialgruppe zeigt. Beispielsweise befinden sich Metalle im oberen rechten Bereich des Diagramms und weisen im Allgemeinen hohe Elastizitätsgrenzen und Bruchzähigkeiten auf, was sie ideal für Strukturanwendungen macht. Verbundwerkstoffe, im mittleren rechten Bereich, kombinieren hohe Festigkeit mit moderater Zähigkeit und sind damit hervorragend für Luft- und Raumfahrtkonstruktionen geeignet. Polymere und Elastomere, die im mittleren linken Bereich erscheinen, besitzen geringere Festigkeit und Zähigkeit, bieten dafür aber größere Flexibilität.

Das Diagramm unterteilt die Materialien zudem nach ihrem Bruchverhalten. Materialien oberhalb der Diagonalen gelten als duktil, d. h. sie verformen sich plastisch, bevor sie brechen. Materialien unterhalb der Linie sind spröde und brechen ohne nennenswerte Verformung. Diese Unterscheidung hilft Ingenieuren bei der Werkstoffauswahl je nach Anwendungsanforderung. Duktile Materialien sind vorteilhaft, wenn Energieabsorption und Zähigkeit erforderlich sind, während spröde Materialien in Anwendungen bevorzugt werden, bei denen hohe Steifigkeit und geringe Verformung entscheidend sind.

Jeder Materialtyp wird durch eine Blase oder Ellipse dargestellt, deren Größe den Eigenschaftsbereich zeigt. Zum Beispiel haben Edelstähle sowohl eine hohe Elastizitätsgrenze als auch hohe Bruchzähigkeit, was sie vielseitig für Strukturzwecke einsetzbar macht. Kohlenstofffaserverstärkte Kunststoffe (CFRP) bieten hohe Steifigkeit bei moderater Zähigkeit und sind ideal für Luft- und Raumfahrtanwendungen. Keramiken wie Siliziumnitrid (Si_3N_4) und Aluminiumoxid (Al_2O_3) sind extrem fest, aber spröde und weisen eine niedrige Bruchzähigkeit auf.

Das Diagramm enthält außerdem diagonale Richtlinien wie K_{IC}/σ_f = konstant, die sichere Konstruktionsgrenzen kennzeichnen. Materialien oberhalb dieser Linien können Rissausbreitung bei höheren Spannungen widerstehen, was insbesondere für sicherheitskritische Bauteile von Bedeutung ist. Diese Richtlinien unterstützen Ingenieure bei der Auslegung von Komponenten, die hohe Sicherheits- und Zuverlässigkeitsstandards erfüllen müssen.

Ashby-Diagramme werden zur Werkstoffauswahl, Abwägungsanalyse und zum schnellen Vergleich von Materialklassen eingesetzt. Wenn eine Anwendung beispielsweise sowohl hohe Festigkeit als auch hohe Zähigkeit erfordert, sind Materialien im oberen rechten Bereich – etwa Stähle oder Nickellegierungen – optimal. Für Leichtbaukonstruktionen werden dagegen oft CFRP oder Aluminiumlegierungen gewählt, die zwar geringere Zähigkeit, aber ein hervorragendes Steifigkeits-Gewichts-Verhältnis bieten. Das Diagramm verdeutlicht zudem, dass Metalle im Allgemeinen sowohl

Grundlagen des Raketenbaus und der Konstruktion

in Zähigkeit als auch in Festigkeit besser abschneiden als Polymere, auch wenn sie schwerer und teurer sind.

Ashby-Diagramme sind ein unverzichtbares Werkzeug zur Visualisierung und zum Vergleich von Materialeigenschaften. Das hier gezeigte Diagramm konzentriert sich auf Bruchzähigkeit und Elastische Grenze – zwei entscheidende Faktoren in strukturellen und sicherheitsrelevanten Anwendungen. Durch das Verständnis der Achsen, Materialgruppen und Richtlinien können Ingenieure gezielt Materialien auswählen, die den jeweiligen Design- und Funktionsanforderungen entsprechen. Diese datenbasierte Entscheidungsfindung ermöglicht optimierte Leistung und Sicherheit in einer Vielzahl technischer Anwendungen.

Die Gestaltung leichter Bauteile erfordert die Optimierung der Materialverteilung, um mit minimaler Masse maximale Leistung zu erreichen. Der Prozess beginnt häufig mit intuitiven, prinzipienbasierten Ansätzen, bei denen Ingenieure Spannungsverläufe visualisieren und potenzielle Geometrien skizzieren. Handberechnungen werden eingesetzt, um grundlegende Parameter wie Wanddicken, Trägerprofile oder Schraubengrößen zu bestimmen. Diese einfachen Methoden sind in vielen Bereichen der Luft- und Raumfahrttechnik nach wie vor effektiv [106].

Die Finite-Elemente-Analyse (FEA) ermöglicht eine detaillierte Simulation von Spannungen, Dehnungen und Verformungen unter realistischen Bedingungen. Sie dient der Validierung und Verfeinerung erster Entwürfe, indem sie Spannungskonzentrationen identifiziert und unnötiges Material eliminiert. Für besonders anspruchsvolle Designs wird zusätzlich die Topologieoptimierung eingesetzt – eine rechnergestützte Methode, die die optimale Materialverteilung innerhalb eines gegebenen Designraums ermittelt. Dabei entstehen häufig organische, komplexe Strukturen, die Festigkeit und Steifigkeit maximieren, jedoch anschließend sorgfältig überprüft werden müssen, um sicherzustellen, dass sie allen Lastfällen standhalten [106].

Bestimmte Geometrien und Strukturelemente werden häufig verwendet, um leichte und zugleich robuste Konstruktionen zu erreichen. Dazu gehören Träger (Beams), Stege (Webs), Versteifungsrippen (Ribs) und Isogrid-Strukturen, die Lasten effizient verteilen und gleichzeitig Gewicht einsparen.

- Träger sind grundlegende Elemente des Raketenrahmens, die Lasten durch Biegung und Schub aufnehmen. Sie werden in Bereichen wie dem Raketenkörper, den Triebwerksaufhängungen und Nutzlastadaptern verwendet. Unterschiedliche Profilformen – etwa I-, T- oder Rechteckhohlträger – werden je nach Anforderungen an Steifigkeit und Gewichtsreduktion gewählt. Der Flächenträgheitsmoment (Second Moment of Area) ist dabei entscheidend: I-Träger bieten hohe Biegesteifigkeit bei geringer Masse, weshalb sie ideal zur Verstärkung von Raketenstufen sind.

- Stege (Webs) sind dünne, flache Platten, die Träger verbinden oder Teil eines größeren Rahmensystems sind. Ihre Hauptaufgabe ist es, Schubkräfte aufzunehmen und Lasten über größere Flächen zu verteilen, ohne viel Gewicht hinzuzufügen. In Raketen sind sie häufig zwischen der Rumpfhaut und den Schotten integriert.

- Rippen (Ribs) dienen der Versteifung dünnwandiger Strukturen. Sie werden in Gittermustern angeordnet, um Beulen zu verhindern und die Vibrationsbeständigkeit zu verbessern – etwa in Nutzlastverkleidungen, Treibstofftanks oder Zwischenstufenadaptern.
- Isogrid-Strukturen bestehen aus einem gleichseitigen Dreiecksmuster von Rippen und bieten eine hervorragende Kombination aus Steifigkeit, Festigkeit und Gewichtsreduktion. Sie werden häufig in zylindrischen Strukturen wie Druckbehältern oder Raketentanks eingesetzt.

Diese Designstrategien demonstrieren, wie Leichtbau und Festigkeit durch gezielte Materialverteilung, strukturelle Geometrie und rechnergestützte Optimierung vereint werden können – ein zentrales Prinzip des modernen Raketenbaus.

Abbildung 27: Isogrid-Struktur.

Das Isogrid-Design ist besonders effektiv beim Widerstehen von axialen, Biege- und Torsionslasten und daher eine bevorzugte Wahl im Raketenbau. So nutzte beispielsweise die Saturn-V-Rakete der NASA Isogrid-Strukturen in ihren Treibstofftanks und Rumpfsegmenten, um ein hohes Festigkeits-Gewichts-Verhältnis zu erreichen. Das gleichseitige Dreiecksmuster einer Isogrid-Struktur sorgt dafür, dass Lasten gleichmäßig über die gesamte Struktur verteilt werden, wodurch Spannungskonzentrationen vermieden werden, die zu Beulen oder Versagen führen könnten. Zudem bieten Isogrid-Strukturen eine inhärente Redundanz – der Ausfall einer einzelnen Rippe beeinträchtigt nicht die Integrität der gesamten Struktur.

Grundlagen des Raketenbaus und der Konstruktion

Moderne Fortschritte in der Fertigungstechnologie, wie CNC-Bearbeitung und Additive Fertigung, haben die Herstellung von Isogrid-Strukturen mit hoher Präzision erheblich erleichtert. Diese Verfahren ermöglichen es Ingenieuren, Isogrid-Designs an missionsspezifische Anforderungen anzupassen, indem sie die Dicke und den Abstand des Gitters auf die zu erwartenden Belastungen und Umgebungsbedingungen optimieren.

Im Raketenbau werden Träger, Stege, Rippen und Isogrids häufig kombiniert, um ein kohärentes Strukturgerüst zu schaffen. Beispielsweise kann eine Isogrid-Struktur die Primärstruktur eines Treibstofftanks bilden, während zusätzliche Rippen und Stege stark beanspruchte Bereiche oder Schnittstellen zu anderen Komponenten verstärken. Träger können in die Gesamtstruktur integriert werden, um konzentrierte Lasten wie Schubkräfte des Triebwerks oder Nutzlastgewichte aufzunehmen.

Die Optimierung dieser Elemente wird durch rechnergestützte Werkzeuge wie die Finite-Elemente-Analyse (FEA) und die Topologieoptimierung unterstützt. Diese Tools ermöglichen es Ingenieuren, Spannungen und Lastverteilungen innerhalb der Raketenstruktur zu simulieren, sodass Material nur dort platziert wird, wo es tatsächlich benötigt wird. Dieser Ansatz reduziert die Masse, ohne Festigkeit oder Steifigkeit zu beeinträchtigen – ein entscheidender Faktor in der Luft- und Raumfahrttechnik.

Verbundwerkstoffe sind zu einem zentralen Element des Leichtbaus geworden, da sie hohe Festigkeits-Gewichts-Verhältnisse und anpassbare Eigenschaften bieten. Durch die Variation der Faserausrichtung und der Harztypen können Entwickler die Werkstoffe gezielt auf bestimmte Steifigkeits-, Festigkeits- und Durchbiegungsanforderungen abstimmen. So werden beispielsweise Flugzeugflügel aus Verbundwerkstoffen konstruiert, um Flattern bei hohen Geschwindigkeiten zu verhindern und das Gesamtgewicht zu verringern. Verbundwerkstoffe bieten außerdem Korrosionsbeständigkeit und Langlebigkeit, was geringere Sicherheitsfaktoren und längere Lebensdauern ermöglicht. Der Einsatz von Sandwichpaneelen, die Verbundwerkstoff-Außenhäute mit Leichtkernstrukturen wie Waben kombinieren, ist ein weiterer wirksamer Ansatz, um hohe Steifigkeit bei minimaler Masse zu erreichen [106].

Fertigungsverfahren spielen eine entscheidende Rolle im Leichtbau-Design. CNC-Bearbeitung ermöglicht eine präzise Materialabtragung und die Herstellung komplexer Geometrien. Allerdings kann die Bearbeitung dünnwandiger Bauteile zu Herausforderungen wie Vibrationen oder Werkzeugschwingungen führen, was eine sorgfältige Spannung und konstruktive Herstellbarkeit (DFM) erfordert. Die Additive Fertigung, insbesondere das Direct Metal Laser Sintering (DMLS), ermöglicht die Produktion komplexer, leichter Strukturen wie konformer Rippen oder Gitterstrukturen, die mit traditionellen Verfahren kaum realisierbar wären. Verfahren wie das Rührreibschweißen (Friction Stir Welding) werden ebenfalls in der Luft- und Raumfahrt eingesetzt, um Leichtmetalle zu verbinden, ohne deren Festigkeit zu beeinträchtigen [106].

Direct Metal Laser Sintering (DMLS) ist ein modernes additives Fertigungsverfahren, mit dem hochpräzise Metallkomponenten direkt aus digitalen 3D-Modellen hergestellt werden. Dabei wird ein Hochleistungslaser verwendet, um feine Metallpulver Schicht für Schicht gezielt zu verschmelzen und so ein massives Bauteil in einer kontrollierten Umgebung aufzubauen. Im Gegensatz zu subtraktiven Verfahren, bei denen Material von einem größeren Block entfernt wird, ermöglicht DMLS die Fertigung komplexer Geometrien, die mit konventionellen Methoden nur schwer oder gar nicht herstellbar sind.

Der Prozess beginnt mit einem CAD-Modell, das in dünne Schichten zerlegt wird. Diese Schichtdaten werden an die DMLS-Anlage übermittelt, wo eine Rakelschiene eine feine Metallschicht – oft nur 20 Mikrometer dick – aufträgt. Der Laser schmilzt gezielt das Pulver an den Stellen, die dem Querschnitt des Bauteils entsprechen. Nach Abschluss einer Schicht senkt sich die Plattform leicht ab, und eine neue Pulverschicht wird aufgetragen. Dieser Vorgang wiederholt sich, bis das gesamte Teil aufgebaut ist.

DMLS erzeugt vollständig dichte Bauteile mit mechanischen Eigenschaften, die gegossenen oder geschmiedeten Werkstoffen entsprechen. Dadurch eignet sich das Verfahren besonders für Hochleistungsanwendungen in der Luft- und Raumfahrt, der Medizintechnik und der Automobilindustrie, wo Festigkeit und Haltbarkeit entscheidend sind. Zu den verwendeten Werkstoffen zählen Titan, Aluminium, Edelstahl, Kobalt-Chrom und Inconel, was Designern eine große Auswahl für spezifische Anwendungen bietet.

Ein wesentlicher Vorteil von DMLS ist die Möglichkeit, filigrane, leichte Strukturen mit Gittermustern, internen Kanälen oder organischen Formen zu erzeugen. So lassen sich Bauteile gezielt auf bestimmte Leistungsanforderungen optimieren – etwa Gewichtsreduktion bei gleichbleibender Festigkeit oder verbesserte Wärmeableitung. Zudem entsteht kaum Materialabfall, da ungenutztes Pulver häufig recycelt wird – ein klarer Vorteil in puncto Nachhaltigkeit.

Trotz seiner Vorteile hat DMLS auch Einschränkungen: Der Prozess ist relativ langsam, insbesondere bei großen Teilen, und sowohl Maschinen als auch Materialien sind kostspielig. Zudem sind oft Nachbearbeitungsschritte wie Wärmebehandlung, Oberflächenbearbeitung oder Entfernung von Stützstrukturen erforderlich. Dennoch überwiegen die Vorteile – insbesondere in Anwendungen, die Präzision, Individualisierung und Materialeffizienz erfordern.

Ein weiteres zentrales Konzept ist das Massenbudget, das in Großprojekten wie Raketen oder Fahrzeugen von entscheidender Bedeutung ist. Die Nachverfolgung der Masse jedes Bauteils ermöglicht es, gezielt Bereiche zu identifizieren, in denen Gewichtsreduzierung den größten Nutzen bringt. Ingenieure streben an, die Bauteilanzahl zu verringern, indem mehrere Funktionen in monolithischen Strukturen kombiniert werden – wie etwa bei Teslas integralen Gigacastings oder Formel-1-Konstruktionen, bei denen Motor und Getriebe tragend integriert sind. Auch die Reduzierung von Verbindungselementen und der Einsatz innovativer Fügetechniken, wie die Kombination von Klebstoffen und Nieten, vereinfachen die Montage und tragen zur weiteren Gewichtsersparnis bei [106].

Haltbarkeit

Haltbarkeit ist ein zentrales Prinzip des Raketenbaus und gewährleistet, dass die Struktur den extremen Bedingungen standhält, denen sie während des Starts, des Flugs und einer möglichen Bergung ausgesetzt ist. Eine Rakete muss enorme thermische, mechanische und

Grundlagen des Raketenbaus und der Konstruktion

Umweltbelastungen überstehen und dabei ihre strukturelle Integrität bewahren. Bei wiederverwendbaren Raketen ist die Haltbarkeit von noch größerer Bedeutung, da diese Systeme über mehrere Missionen hinweg mit minimalem Wartungsaufwand funktionieren sollen. Im Folgenden werden die wichtigsten Faktoren beschrieben, die die Haltbarkeit im Raketenbau beeinflussen.

Raketenkonstruktionen sind während ihrer Mission extremen Temperaturschwankungen ausgesetzt, und die Konstruktionswerkstoffe müssen entsprechend ausgelegt sein. Beim Start werden bestimmte Komponenten – etwa Triebwerksdüsen und Brennkammern – Temperaturen von über 3.000 °C ausgesetzt, die durch die Verbrennungsprozesse entstehen. Umgekehrt müssen kryogene Treibstofftanks ihre strukturelle Integrität bei Temperaturen von bis zu –253 °C (–423 °F) für flüssigen Wasserstoff und –183 °C (–297 °F) für flüssigen Sauerstoff bewahren.

Zur Bewältigung dieser Temperaturunterschiede werden thermische Schutzsysteme (Thermal Protection Systems, TPS) in die Raketenstruktur integriert. Diese können Isolierschäume zur Abschirmung kryogener Tanks, Keramikbeschichtungen für Hitzeschilde oder abtragende Materialien (Ablative) umfassen, die beim Wiedereintritt gezielt verbrennen und so Wärme ableiten. Für wiederverwendbare Raketen ist die thermische Beständigkeit besonders entscheidend, da die Komponenten mehrfache Heiz- und Abkühlzyklen ohne nennenswerte Alterung überstehen müssen.

Raketen werden häufig von Küstenstartplätzen aus gestartet, wo Salzwasser und Luftfeuchtigkeit die Korrosion beschleunigen können. Zudem sind einige Raketentreibstoffe und ihre Rückstände stark korrosiv. Um diesen Einflüssen entgegenzuwirken, werden korrosionsbeständige Materialien weitgehend eingesetzt. Edelstahl ist aufgrund seiner Beständigkeit gegen Rost und Oxidation weit verbreitet, während eloxiertes Aluminium durch seine Schutzoxidschicht eine hohe Widerstandsfähigkeit in aggressiven Umgebungen bietet.

Bei wiederverwendbaren Raketen wie der SpaceX Falcon 9 spielt die Korrosionsbeständigkeit eine noch größere Rolle. Diese Raketen sind während des Starts, der Bergung und der Aufbereitung wiederholt Umwelteinflüssen ausgesetzt. Zusätzliche Schutzbeschichtungen und Oberflächenbehandlungen, wie thermische Spritzschichten oder Korrosionsschutzlacke, erhöhen die Lebensdauer der Strukturbauteile zusätzlich.

Raketen sind während ihrer Mission zyklischen Belastungen ausgesetzt – etwa durch Triebwerksschub, aerodynamische Kräfte beim Aufstieg oder mechanische Spannungen bei Stufentrennung und Bergung. Diese wiederholten Belastungen können zu Materialermüdung führen, die sich zunächst in feinen Rissen äußert, die sich mit der Zeit ausbreiten und im schlimmsten Fall zu einem katastrophalen Versagen führen können.

Um die Ermüdungsfestigkeit sicherzustellen, verwenden Ingenieure Materialien mit hohen Ermüdungsgrenzen, beispielsweise Titan und Kohlenstoffverbundstoffe. Bauteile werden mit Sicherheitsreserven ausgelegt und an kritischen Spannungsstellen verstärkt, um die Rissbildung zu verhindern. Für wiederverwendbare Systeme ist diese Eigenschaft besonders wichtig, da sie über viele Belastungszyklen hinweg einsatzfähig bleiben müssen, ohne dass die Struktur merklich degradiert.

Raketen müssen außerdem Aufprallbelastungen standhalten – etwa durch Trümmer beim Start, Mikrometeoriten im Weltraum oder harte Landungen bei wiederverwendbaren Stufen. Daher werden in der Strukturkonstruktion verstärkte und schadensresistente Materialien in kritischen Bereichen eingesetzt.

Beispielsweise sind Wiedereintrittsfahrzeuge und wiederverwendbare Booster mit robusten Landebeinen und Stoßdämpfern ausgestattet, um die Kräfte bei der Landung aufzunehmen. Nutzlastverkleidungen enthalten häufig verstärkte Abschnitte, um empfindliche Nutzlasten zu schützen. Im Weltraum wird Mikrometeoriten-Schutz in Form von Kevlar-Schichten oder mehrlagiger Isolierung (Multi-Layer Insulation, MLI) verwendet, um kritische Systeme und Instrumente zu schützen.

Der Aufstieg wiederverwendbarer Raketen wie SpaceX Falcon 9 und Starship hat die Bedeutung der Haltbarkeit deutlich erhöht. Diese Systeme sind darauf ausgelegt, die extremen Bedingungen von Start, Flug und Wiedereintritt mehrfach zu überstehen, wodurch Kosten gesenkt und Effizienz gesteigert werden.

Wiederverwendbare Komponenten müssen daher aus hochbeständigen Materialien bestehen und verschleißfeste Beschichtungen aufweisen, um den Wartungsbedarf zu minimieren. So ist die erste Stufe der Falcon 9 mit robuster Wärmeschutzverkleidung und aerodynamischen Steuerflächen ausgestattet, die einen sicheren Wiedereintritt und eine präzise Landung ermöglichen. Modulare Designs erleichtern zudem den Austausch verschlissener Teile, wodurch sich die Betriebsdauer erheblich verlängert.

Neben der strukturellen Haltbarkeit erfordert die Wiederverwendbarkeit auch fortschrittliche Wartungsverfahren und Diagnosetools, um Verschleiß und Materialermüdung nach jeder Mission zu überprüfen. Diese Maßnahmen stellen sicher, dass die Rakete über ihren gesamten Lebenszyklus hinweg den Sicherheits- und Leistungsanforderungen entspricht.

Umweltfaktoren

Raketen sind einer Vielzahl von Umwelteinflüssen ausgesetzt, die ihre strukturelle Integrität und Betriebseffizienz beeinträchtigen können. Vom Vakuum des Weltraums über intensive Strahlung bis hin zu dynamischen Missionsanforderungen muss das Design all diese Bedingungen berücksichtigen, um eine zuverlässige Leistung zu gewährleisten. Im Folgenden werden die wichtigsten Umweltfaktoren beschrieben, die die Raketenstruktur beeinflussen, sowie die Maßnahmen, mit denen Ingenieure diesen Herausforderungen begegnen.

Raketen operieren in Umgebungen mit stark variierendem atmosphärischem Druck – von der dichten Atmosphäre am Boden bis zum nahezu vollständigen Vakuum des Weltraums. Die Struktur muss so ausgelegt sein, dass sie diese Druckunterschiede ohne Verformung oder Versagen übersteht.

Während des Starts steigt die Rakete mit hoher Geschwindigkeit durch die Atmosphäre und erfährt dabei rasche Druckabfälle, die insbesondere an Verbindungsstellen, Dichtungen und dünnwandigen Strukturen wie Treibstofftanks erhebliche Spannungen erzeugen. Um dies zu bewältigen, verwenden

Grundlagen des Raketenbaus und der Konstruktion

Ingenieure Werkstoffe mit hoher Zug- und Druckfestigkeit, etwa Aluminium-Lithium-Legierungen und Kohlenstoffverbundstoffe, und gestalten die Struktur so, dass die Lasten gleichmäßig verteilt werden.

Im Weltraum stellt der Mangel an äußerem Druck eine zusätzliche Herausforderung dar. Interne Komponenten, wie Treibstofftanks und Nutzlastsysteme, müssen so konstruiert sein, dass sie ihre strukturelle Integrität auch ohne äußeren Gegendruck bewahren. So sind beispielsweise Drucktanks verstärkt oder besitzen optimierte Geometrien, um einem Kollaps vorzubeugen. Ebenso müssen Nutzlastverkleidungen empfindliche Instrumente vor Druckschwankungen während des Aufstiegs und der Entfaltung schützen.

Im Weltraum sind Raketenstrukturen einer dauerhaften Strahlenbelastung ausgesetzt. Sonnenstrahlung kann thermische Ausdehnung und Materialermüdung verursachen, während kosmische Strahlung zu mikrostrukturellen Schäden in Metallen und Verbundwerkstoffen führen kann. Mit der Zeit beeinträchtigt diese Belastung die Leistungsfähigkeit und Zuverlässigkeit der Strukturelemente.

Um diese Effekte zu mindern, werden strahlungsresistente Materialien und Schutzbeschichtungen eingesetzt. Materialien wie Titan und Kohlenstoffverbundstoffe sind weniger anfällig für strahlungsbedingte Degradation und werden daher häufig in kritischen Komponenten verwendet. Schutzschichten wie Mehrschicht-Isolation (MLI) oder dünne Filme aus Gold oder Aluminium reflektieren Strahlung und reduzieren die Wärmeaufnahme. In Nutzlastsystemen werden zusätzliche Strahlenschilde aus Materialien wie Blei oder Kevlar eingesetzt, um empfindliche Elektronik und Instrumente zu schützen.

Die Strahlenbelastung ist besonders bei Langzeitmissionen – etwa bei geostationären Satelliten oder interplanetaren Raumsonden – von Bedeutung. In diesen Fällen werden die Strukturelemente so konstruiert, dass sie kumulative Strahlungseffekte über Jahre oder Jahrzehnte hinweg verkraften können.

Moderne Raketen müssen für eine Vielzahl von Missionen und Nutzlasten ausgelegt sein – vom Satellitenstart bis zum Transport wissenschaftlicher Instrumente oder Besatzungen. Diese Vielfalt erfordert eine hohe strukturelle Anpassungsfähigkeit. Modulare Designs sind hierbei entscheidend, um verschiedene Konfigurationen und Umgebungen zu berücksichtigen, ohne Leistungseinbußen zu riskieren.

Ein modulares Design ermöglicht austauschbare Komponenten – etwa Nutzlastverkleidungen, Oberstufen oder Antriebssysteme –, die missionsspezifisch angepasst werden können. So kann eine Rakete, die für niedrige Erdumlaufbahnen (LEO) bestimmt ist, eine einfachere Nutzlastverkleidung besitzen, während eine Rakete für interplanetare Missionen zusätzliche thermische und Strahlungsschutzmaßnahmen benötigt. Diese Flexibilität senkt Herstellungskosten und erhöht die Einsatzvielfalt.

Neben der Nutzlastanpassung müssen Raketen auch für verschiedene Startumgebungen geeignet sein. Küstenstarts erfordern etwa höhere Korrosionsbeständigkeit, während Tiefraummissionen verstärkten thermischen und strahlungstechnischen Schutz benötigen. Ingenieure erreichen diese

Anpassungsfähigkeit durch standardisierte Schnittstellen und modulare Baugruppen, die eine schnelle Neukonfiguration der Rakete ermöglichen.

Integration und Kompatibilität

Integration und Kompatibilität sind wesentliche Aspekte des Raketenbaus, da sie sicherstellen, dass alle Systeme reibungslos zusammenarbeiten, um die Missionsziele zu erreichen. Von der sicheren Unterbringung der Nutzlast bis hin zur Stufentrennung, Triebwerksmontage und aerodynamischen Gestaltung muss das Struktursystem sowohl funktional als auch widerstandsfähig sein.

Die Nutzlast stellt den zentralen Zweck jeder Mission dar – sei es ein Satellit, ein bemanntes Modul oder wissenschaftliche Instrumente. Die Struktur muss sie sicher aufnehmen, vor mechanischen Belastungen beim Start schützen und ihre präzise Freisetzung im Orbit gewährleisten. Während des Aufstiegs ist die Nutzlast starken Vibrationen, Akustikbelastungen, Beschleunigungen und später im Weltraum Temperaturschwankungen und Strahlung ausgesetzt.

Um dies zu bewältigen, wird der Nutzlastraum präzise konstruiert, um eine stabile und schützende Umgebung zu schaffen. Leichte, aber robuste Werkstoffe wie Kohlenstoffverbundstoffe und Aluminiumlegierungen werden häufig verwendet. Dämpfungs- und Polstersysteme reduzieren Vibrationen, während die Nutzlastverkleidung die Nutzlast vor aerodynamischen Kräften und Umwelteinflüssen während des Starts schützt. Mechanismen wie Scharniere, Federn oder pyrotechnische Trennsysteme sorgen für eine kontrollierte Abtrennung der Nutzlast.

Die Schnittstellen zwischen den Raketenstufen sind entscheidend für die Integrität des Trägersystems. Diese Verbindungen müssen die Schubkräfte der Triebwerke sicher an die oberen Stufen weiterleiten und gleichzeitig eine stabile Fluglage gewährleisten. Ebenso müssen sie eine zuverlässige Stufentrennung ermöglichen, damit verbrauchte Stufen die weitere Flugbahn nicht stören.

Hierzu werden robuste, aber leichte Verbindungselemente konstruiert, meist aus hochfesten Aluminium- oder Titanlegierungen. Trennsysteme – etwa Sprengbolzen, pneumatische Aktuatoren oder Federmechanismen – sorgen für eine präzise Ablösung der Stufen. Diese Systeme werden intensiv getestet, da eine fehlgeschlagene Trennung die Mission gefährden oder zum Verlust des Fahrzeugs führen könnte.

Die Triebwerke sind das Herzstück der Rakete. Ihre Montagepunkte müssen so ausgelegt sein, dass sie die enormen Kräfte beim Zünden und Betrieb aufnehmen können. Dies umfasst Vibrationen, hochfrequente Schwingungen und thermische Ausdehnung, ohne übermäßige Spannungen auf angrenzende Strukturen zu übertragen.

Triebwerksaufhängungen bestehen meist aus Titan oder Edelstahl aufgrund ihrer hohen Zug- und Hitzebeständigkeit. Sie sind oft mit flexiblen Verbindungen oder Dämpfungselementen versehen, um Vibrationen zu absorbieren und die Materialermüdung zu minimieren. Zudem muss die Konstruktion das Schwenken der Triebwerke (Thrust Vectoring) berücksichtigen, das zur Steuerung der Rakete dient.

Grundlagen des Raketenbaus und der Konstruktion

Die aerodynamische Effizienz ist entscheidend, um Widerstand zu minimieren und die Leistung während des Aufstiegs zu maximieren. Die Rakete muss eine stromlinienförmige Gestalt aufweisen, um den Luftwiderstand zu verringern und so mit weniger Treibstoff höhere Geschwindigkeiten zu erreichen.

Spitzenkegel (Nose Cones) und Nutzlastverkleidungen sind speziell geformt, um Strömungsabrisse und Druckwiderstand zu minimieren. Glatte Oberflächen und präzise Fertigungstechniken sind dabei entscheidend. Materialien wie Aluminium-Lithium-Legierungen und Kohlenstoffverbundstoffe werden aufgrund ihres geringen Gewichts und ihrer Formstabilität bevorzugt. Verkleidungen sind oft so konstruiert, dass sie sich in zwei Hälften abwerfen, sobald die Rakete eine bestimmte Höhe erreicht hat, wodurch Gewicht eingespart und die Nutzlast freigegeben wird.

Zusätzlich können aerodynamische Steuerflächen wie Flossen in der unteren Raketenstufe für Stabilität und Kontrolle sorgen, besonders in den dichten Schichten der Atmosphäre. Moderne Raketen nutzen jedoch zunehmend Triebwerks-Schwenkungssysteme, um die Steuerung zu übernehmen, wodurch große externe Flossen entfallen und die Aerodynamik weiter verbessert wird.

Fortschritte in der Fertigung, einschließlich 3D-Druck und Automatisierung

Das Gebiet des Raketenbaus hat sich durch Fortschritte in der Fertigungstechnologie, insbesondere durch den 3D-Druck (Additive Fertigung) und die Automatisierung, grundlegend gewandelt. Diese Innovationen verändern, wie Raketen entworfen, gebaut und getestet werden, und ermöglichen eine schnellere Produktion, Kostenreduktion sowie die Herstellung hochkomplexer, optimierter Bauteile. Dieser Paradigmenwechsel macht die Weltraumforschung zugänglicher und nachhaltiger und verbessert gleichzeitig die Leistung und Zuverlässigkeit von Raketen.

Der 3D-Druck ist eine der revolutionärsten Entwicklungen in der Raketenfertigung. Additive Fertigungsverfahren wie das Direkte Metall-Lasersintern (DMLS), das Elektronenstrahlschmelzen (EBM) und das Fused Deposition Modelling (FDM) ermöglichen es Ingenieuren, komplexe Geometrien direkt aus digitalen Modellen herzustellen [107, 108]. Für Raketen bedeutet dies, dass Komponenten wie Triebwerksdüsen, Brennkammern und Strukturträger als einzelne Bauteile anstatt aus mehreren montierten Teilen gefertigt werden können [107, 108]. Dadurch wird das Gewicht reduziert, da Schraubverbindungen und Schweißnähte entfallen, was gleichzeitig Schwachstellen minimiert und die Gesamtzuverlässigkeit erhöht [107, 108]. So nutzt beispielsweise SpaceX den 3D-Druck zur Herstellung von Komponenten für seine Raptor-Triebwerke und konnte damit Produktionszeit und Gewicht gegenüber herkömmlichen Verfahren deutlich verringern [107, 108].

Ein weiterer Vorteil des 3D-Drucks im Raketenbau ist die Möglichkeit, Designs missionsspezifisch zu optimieren [109, 110]. Ingenieure können Gitterstrukturen, konforme Kühlkanäle und organische Formen integrieren, die die Leistung verbessern und gleichzeitig den Materialeinsatz minimieren [109, 110]. Diese Optimierung ist besonders in der Luft- und Raumfahrtindustrie entscheidend, wo jedes eingesparte Gramm zu höherer Nutzlastkapazität oder geringerem Treibstoffverbrauch führt

[109, 110]. Zudem erlaubt die additive Fertigung schnelles Prototyping, wodurch Designs rasch getestet und angepasst werden können – was Entwicklungszyklen verkürzt und Kosten senkt [109, 110].

Auch die Automatisierung ist zu einem zentralen Element des modernen Raketenbaus geworden und revolutioniert sowohl die Produktion als auch die Systemintegration [111, 112]. Automatisierte Fertigungsanlagen wie Roboterarme, CNC-Maschinen und Laser-Schweißsysteme gewährleisten höchste Präzision und Wiederholbarkeit – entscheidende Faktoren im sicherheitskritischen Umfeld der Raketenproduktion [111, 112]. Automatisierung reduziert menschliche Fehler, senkt Arbeitskosten und beschleunigt die Fertigungsabläufe [111, 112]. So werden beispielsweise automatisierte Faserwickelmaschinen eingesetzt, um Verbundwerkstoff-Gehäuse und Treibstofftanks herzustellen. Diese gewährleisten gleichbleibende Qualität und eliminieren Ungenauigkeiten, die bei manuellen Prozessen auftreten können [111, 112].

Neben der Fertigung spielt die Automatisierung auch bei der Montage und Integration von Raketensystemen eine wichtige Rolle [111, 112]. Fortschrittliche Robotik und automatisierte Systeme vereinfachen den Prozess des Zusammenfügens kritischer Komponenten, etwa beim Anbringen von Triebwerken an Raketenstufen oder beim Integrieren von Nutzlasten in die Verkleidung [111, 112]. Dies steigert nicht nur die Effizienz, sondern auch die Sicherheit, da Roboter Aufgaben in gefährlichen Umgebungen übernehmen können – beispielsweise beim Umgang mit Treibstoffen oder in engen Strukturräumen [111, 112].

Die Kombination aus 3D-Druck und Automatisierung hat zu völlig neuen Ansätzen in der Raketenentwicklung geführt [113, 114]. Unternehmen wie Rocket Lab nutzen diese Technologien zur Herstellung der Electron-Rakete, die über Kohlenstoffverbundstrukturen und 3D-gedruckte Rutherford-Triebwerke verfügt [113, 114]. Diese Fortschritte ermöglichen es kleineren Raumfahrtunternehmen, im wachsenden kommerziellen Weltraummarkt mitzuwirken, indem sie kosteneffiziente Lösungen für den Start kleiner Satelliten und anderer Nutzlasten anbieten [113, 114].

Auch große Luft- und Raumfahrtunternehmen wie NASA, Boeing und Lockheed Martin integrieren diese Fortschritte in ihre Programme [115]. So verwendet das NASA-Artemis-Programm 3D-gedruckte Komponenten im Space Launch System (SLS) und setzt robotische Automatisierung zur Montage großer Raketensegmente ein [115]. Ebenso hat SpaceX Automatisierung in den Produktionslinien der Starship-Rakete eingeführt, um Edelstahlstrukturen in hohem Tempo und mit minimalem manuellen Eingriff zu fertigen [115].

Trotz der zahlreichen Vorteile bringen diese Technologien auch Herausforderungen mit sich. Der 3D-Druck erfordert spezialisierte Werkstoffe und aufwendige Nachbearbeitung, um sicherzustellen, dass die Komponenten den strengen Luft- und Raumfahrtstandards entsprechen [116]. Ebenso erfordert die Implementierung von Automatisierungssystemen hohe Anfangsinvestitionen in Ausrüstung und Software [117]. Dennoch überwiegen die langfristigen Vorteile – schnellere Produktion, geringere Kosten und höhere Zuverlässigkeit – deutlich, wodurch diese Technologien heute unverzichtbar für den modernen Raketenbau geworden sind [117].

Grundlagen des Raketenbaus und der Konstruktion

Richard Skiba

TEIL 2

Raketenentwurf

Kapitel 4
Raketensystemkomponenten

Wichtige Teilsysteme: Antrieb, Steuerung, Regelung und Nutzlast

Raketen sind hochkomplexe Fahrzeuge, die aus mehreren Teilsystemen bestehen, von denen jedes eine entscheidende Funktion während des Starts, des Aufstiegs und der Missionsausführung erfüllt. Unter diesen sind die Teilsysteme Antrieb, Steuerung, Regelung und Nutzlast die wichtigsten, da sie gemeinsam sicherstellen, dass die Rakete ihre Missionsziele erreicht.

Antriebssystem

Das Antriebssystem ist das Herzstück einer Rakete, da es den notwendigen Schub liefert, um die Erdanziehung zu überwinden und die Rakete in den Weltraum zu befördern. Dieses Teilsystem besteht aus Triebwerken, Treibstofftanks und Kraftstofffördersystemen, die zusammenarbeiten, um Schub durch das Ausstoßen von Hochgeschwindigkeitsabgasen zu erzeugen.

Es gibt zwei Haupttypen von Raketentriebwerken: Flüssigtreibstoffsysteme und Feststoffsysteme. Flüssigtreibstoffsysteme – wie sie beispielsweise in der Saturn V oder der SpaceX Falcon 9 verwendet werden – mischen Brennstoff (z. B. flüssiger Wasserstoff oder RP-1) und Oxidator (z. B. flüssiger Sauerstoff) in einer Brennkammer, um einen kontrollierten und einstellbaren Schub zu erzeugen. Flüssigtriebwerke sind vielseitig, da sie sich drosseln, abschalten und wiederzünden lassen.

Der Kern des Schuberzeugungsprozesses liegt in der Mischung von Brennstoff und Oxidator innerhalb der Brennkammer, wo unter präzisen Bedingungen eine chemische Reaktion abläuft, die enorme Energiemengen freisetzt. Nach dem dritten Newtonschen Gesetz erzeugt das Ausstoßen von Abgasen in eine Richtung den Schub in die entgegengesetzte Richtung.

Die Kombination aus flüssigem Wasserstoff und flüssigem Sauerstoff bietet eine der höchsten spezifischen Impulse aller gebräuchlichen Raketentreibstoffe, was bedeutet, dass sie pro verbrauchter Treibstoffeinheit sehr viel Schub erzeugt [118]. Allerdings ist flüssiger Wasserstoff sehr leicht und erfordert große, schwere Tanks, um genügend Treibstoff für einen Start zu speichern [118].

Die Kombination aus RP-1 (raffiniertem Kerosin) und flüssigem Sauerstoff ist praktischer, da RP-1 bei Raumtemperatur gelagert werden kann und eine höhere Dichte aufweist [118]. RP-1 ähnelt Flugkerosin (Jet A, JP-8), wird jedoch nach strengeren Standards hergestellt [118].

Injektoren mischen und zerstäuben die Treibstoffe in der Brennkammer, um eine stabile und effiziente Verbrennung zu gewährleisten [119]. Ihr Design hängt von der Art der Treibstoffe und den

Betriebsanforderungen des Triebwerks ab [119]. Einige Treibstoffe, wie unsymmetrisches Dimethylhydrazin (UDMH) und Distickstofftetroxid (N_2O_4), zünden spontan beim Kontakt miteinander (hypergolisch) [118]. Solche Treibstoffe werden häufig in Oberstufen oder Rettungssystemen verwendet [118].

In Hochleistungstriebwerken auf Wasserstoff-Sauerstoff-Basis werden häufig Titanlegierungen wegen ihrer Festigkeit und Hitzebeständigkeit eingesetzt [82, 120], während Nickellegierungen (z. B. Inconel) für Sauerstoffpumpen verwendet werden, da Titan nicht mit Sauerstoff kompatibel ist [82].

Der Treibstoff und der Oxidator werden aus separaten Tanks über Turbopumpen in die Brennkammer geleitet. Diese Pumpen gewährleisten den präzisen Durchfluss in den richtigen Mischungsverhältnissen. Bei Wasserstoff-Sauerstoff-Triebwerken liegt das optimale Verhältnis typischerweise bei 6 : 1 (Sauerstoff : Wasserstoff nach Gewicht), um eine maximale Energieausbeute zu erzielen.

In der Brennkammer werden die Stoffe gezündet – entweder durch elektrische Funken oder durch hypergolische Reaktionen. Die entstehende Wärme wandelt die Stoffe in Hochdruckgase um, die durch die Düse mit Überschallgeschwindigkeit ausgestoßen werden und den Schub erzeugen.

Der Mischungsprozess muss exakt kontrolliert ablaufen, da Ungleichgewichte zu ineffizienter Verbrennung oder gar Explosionen führen können. Moderne Triebwerke verwenden daher Sensoren und Steuerungssysteme, die Parameter in Echtzeit überwachen und anpassen.

Im Gegensatz dazu bestehen Feststofftriebwerke, wie jene der Space Shuttle-Booster, aus einem vorkonfektionierten Treibstoff, der nach der Zündung kontinuierlich abbrennt. Sie sind einfacher und robuster, können jedoch nicht gedrosselt oder neu gezündet werden.

Moderne Entwicklungen umfassen Hybridtriebwerke, die flüssige und feste Treibstoffe kombinieren, sowie elektrische Antriebe für Bahnmanöver im Weltraum.

Hybridtriebwerke vereinen die Vorteile beider Systeme. Hierbei ist der Brennstoff fest, während der Oxidator flüssig oder gasförmig vorliegt. Eine häufige Kombination ist HTPB (hydroxyterminiertes Polybutadien) als fester Brennstoff und LOX (flüssiger Sauerstoff) als Oxidator.

HTPB zeichnet sich durch hohe thermische Stabilität und gute mechanische Eigenschaften aus [121, 122], während LOX eine hohe Dichte, Verdampfungstemperatur und Kühlleistung bietet [121, 123]. Die Verbrennung erfolgt, indem der flüssige Oxidator in die Brennkammer eingespritzt wird, wo er mit dem festen Brennstoff reagiert und Schub erzeugt [121, 123, 124].

Die Regressionsrate – also die Geschwindigkeit, mit der der feste Brennstoff abgetragen wird – ist ein entscheidender Leistungsparameter und wird durch die Gestaltung des Injektors und die Verteilung des Oxidatorflusses beeinflusst [122, 124, 125].

Hybridantriebe bieten eine gute Steuerbarkeit, verbesserte Sicherheit und Effizienz, weshalb sie zunehmend in experimentellen und kommerziellen Raketen eingesetzt werden.

Hybridtriebwerke arbeiten, indem der Oxidator in die Brennkammer eingespritzt wird, wo er mit dem festen Brennstoff an dessen freiliegender Oberfläche reagiert. Diese Konstruktion ermöglicht eine

Grundlagen des Raketenbaus und der Konstruktion

bessere Steuerung des Verbrennungsprozesses im Vergleich zu Feststoffraketen, da der Fluss des flüssigen Oxidators während des Fluges gedrosselt, gestoppt oder neu gestartet werden kann. Diese Eigenschaft bietet eine größere Flexibilität in der Missionsplanung und macht Hybridtriebwerke sicherer im Betrieb als reine Feststoffraketenmotoren, die nach der Zündung weder gedrosselt noch abgeschaltet werden können.

Ein wesentlicher Vorteil von Hybridtriebwerken liegt in ihrer Einfachheit und Kosteneffizienz im Vergleich zu Flüssigtriebwerken, da sie weniger bewegliche Teile wie Turbopumpen benötigen. Außerdem sind sie stabiler und sicherer als Feststoffraketen, da sie ein geringeres Explosionsrisiko während Lagerung oder Handhabung aufweisen. Allerdings bieten Hybridtriebwerke in der Regel eine geringere Leistung (spezifischen Impuls) als reine Flüssigtriebwerke und werden daher seltener für Schwerlast- oder Hochleistungsanwendungen eingesetzt. Sie finden häufig Verwendung in kleineren Trägerraketen, Forschungsraketen oder als Antriebssysteme für experimentelle und suborbitale Missionen.

Der elektrische Antrieb stellt eine hochmoderne Technologie für Bahnmanöver im Weltraum dar und bietet unvergleichliche Effizienz für Langzeitmissionen. Im Gegensatz zu chemischen Antrieben, die auf energiereicher Verbrennung basieren, nutzen elektrische Antriebssysteme elektrische Energie, um Ionen oder Plasma zu beschleunigen und so Schub zu erzeugen. Diese Systeme sind nicht für Starts von der Erde geeignet, leisten jedoch im Vakuum des Weltraums hervorragende Arbeit, wo hohe Effizienz und geringer Treibstoffverbrauch entscheidend sind.

Eine der am häufigsten verwendeten Formen des elektrischen Antriebs ist der Ionentriebwerk, der elektrische Felder nutzt, um positiv geladene Ionen auf hohe Geschwindigkeiten zu beschleunigen. Dabei wird zunächst ein Treibmittel wie Xenongas durch Elektronenbeschuss ionisiert. Die entstehenden Ionen werden anschließend durch ein starkes elektrisches Feld beschleunigt, und die ausgestoßenen Ionen erzeugen den Schub. Obwohl der erzeugte Schub sehr gering ist, sind Ionentriebwerke außerordentlich effizient und erreichen spezifische Impulse, die mehrfach höher sind als bei herkömmlichen chemischen Raketen.

Ein Ionentriebwerk ist eine fortschrittliche Form der Antriebstechnologie, die Schub erzeugt, indem geladene Teilchen (Ionen) mithilfe elektrischer Felder beschleunigt werden. Anders als chemische Raketen, die auf Hochtemperaturverbrennung beruhen, nutzt das Ionentriebwerk elektrische Energie für eine hocheffiziente Antriebsleistung – ideal für Langzeitmissionen, bei denen Treibstoffeffizienz entscheidend ist.

1. Ionisierung des Treibmittels: Das Ionentriebwerk verwendet ein neutrales Gas, meist Xenon, aufgrund seiner Inertheit, hohen Atommasse und leichten Ionisierbarkeit. Xenonatome werden durch hochenergetische Elektronen ionisiert, die von einer Hohlkathode emittiert werden. Beim Zusammenstoß dieser Elektronen mit Xenonatomen werden Elektronen aus der Atomen herausgeschlagen, sodass positiv geladene Xenonionen entstehen. Das Ergebnis ist ein Plasma – ein elektrisch geladenes Gas aus Ionen und freien Elektronen.

2. Beschleunigung der Ionen: Die positiv geladenen Xenonionen werden anschließend durch ein starkes elektrisches Feld beschleunigt, das zwischen zwei Gittern erzeugt wird: dem Schirmgitter (positiv geladen) und dem Beschleunigergitter (negativ geladen). Das elektrische Feld zieht die Ionen an und beschleunigt sie auf Geschwindigkeiten von bis zu 30 km/s (≈67.000 mph), bevor sie aus dem Triebwerk austreten und Schub erzeugen.

3. Neutralisierung des Abgasstrahls: Da das Austreten positiver Ionen eine positive Ladung im Raumfahrzeug hinterlässt, wird am Austritt des Triebwerks ein Neutralisator installiert. Dieser emittiert Elektronen in den Ionenausstoß, wodurch ein neutraler Gasstrahl entsteht und die elektrische Balance des Raumfahrzeugs aufrechterhalten wird.

4. Erzeugung des Schubs: Die Ausstoßung der Ionen erzeugt gemäß dem Dritten Newtonschen Gesetz eine gleich große Gegenkraft auf das Raumfahrzeug. Obwohl der Schub im Bereich von nur Millisekunden (mN) liegt, ermöglicht die hohe Effizienz des Systems den dauerhaften Betrieb über Monate oder Jahre, wodurch erhebliche Geschwindigkeitszuwächse erreicht werden.

Der größte Vorteil von Ionentriebwerken liegt in ihrem hohen spezifischen Impuls, einem Maß für die Effizienz des Antriebs. Ionentriebwerke erreichen Werte zwischen 1.500 und 10.000 Sekunden, während chemische Raketen meist nur 200–400 Sekunden erreichen. Diese Effizienz macht sie ideal für interplanetare Reisen, Bahnkorrekturen oder Orbittransfers.

Ionentriebwerke verbrauchen deutlich weniger Treibstoff als chemische Antriebe, was kleinere Tanks ermöglicht und mehr Raum für wissenschaftliche Instrumente oder Nutzlasten schafft. Ihre Fähigkeit, über lange Zeiträume kontinuierlich zu arbeiten, macht sie besonders geeignet für Tiefraummissionen wie die NASA-Mission *Dawn* (Erkundung des Asteroidengürtels) und die ESA-Mission *BepiColombo* auf dem Weg zum Merkur.

Grundlagen des Raketenbaus und der Konstruktion

Abbildung 28: Mercury Ion Thruster. Die U.S. National Archives, Gemeinfrei, über das NARA & DVIDS Public Domain Archive.

Trotz ihrer hohen Effizienz haben Ionentriebwerke gewisse Einschränkungen. Die auffälligste ist ihr geringer Schub, wodurch sie sich nicht für den Raketenstart oder schnelle Beschleunigungen eignen. Ein Ionentriebwerk benötigt beispielsweise Tage oder Wochen, um dieselbe Geschwindigkeitsänderung zu erreichen, die eine chemische Rakete in wenigen Minuten erzielt. Darüber hinaus benötigen Ionentriebwerke erhebliche elektrische Energie zum Betrieb, die in der Regel von Solarzellen oder nuklearen Energiequellen bereitgestellt wird, was ihre Wirksamkeit in sonnenfernen Bereichen des Weltraums einschränken kann.

Ein weiteres weit verbreitetes elektrisches Antriebssystem ist das Hall-Effekt-Triebwerk, das Schub erzeugt, indem es Elektronen in einem Magnetfeld einfängt und sie zur Ionisierung und Beschleunigung eines Treibmittels nutzt. Hall-Triebwerke werden häufig für das Lageregeln von Satelliten, Bahnkorrekturen und Missionen zur Tiefraumerkundung eingesetzt.

Ein Hall-Effekt-Triebwerk ist ein fortschrittliches elektrisches Antriebssystem, das elektrische und magnetische Felder verwendet, um ein Treibmittel – typischerweise Xenongas – zu ionisieren und zu beschleunigen, um Schub zu erzeugen. Diese Art von Triebwerk wird häufig für Operationen im Weltraum eingesetzt, wie etwa Bahnänderungen, Lageregelung und interplanetare Missionen, da es eine hohe Effizienz und Zuverlässigkeit bietet. Im Gegensatz zu herkömmlichen chemischen Raketen, die auf Verbrennung beruhen, nutzt das Hall-Effekt-Triebwerk die Prinzipien des Hall-Effekts, um ein Plasma zu erzeugen, das den Schub liefert.

Der Betrieb eines Hall-Effekt-Triebwerks beginnt mit der Einspeisung von Xenongas in einen zylindrischen Entladungskanal. Eine hohe Spannung, die zwischen einer Anode im Inneren des Kanals und einer Kathode außerhalb angelegt wird, erzeugt ein elektrisches Feld entlang der Achse des Triebwerks. Wenn die Xenonatome dieses Feld durchqueren, kollidieren energiereiche Elektronen, die von der Kathode emittiert werden, mit ihnen und ionisieren die Atome zu positiv geladenen Xenonionen und freien Elektronen, wodurch ein Plasma entsteht.

Das durch Magnetspulen im Triebwerk erzeugte Magnetfeld fängt die Elektronen in einer kreisförmigen Bewegung um die Achse des Entladungskanals ein. Diese durch den Hall-Effekt hervorgerufene Kreisbewegung erhöht die Wahrscheinlichkeit von Kollisionen zwischen Elektronen und Xenonatomen, wodurch die Ionisation verstärkt wird. Während die Elektronen durch das Magnetfeld zurückgehalten werden, bleiben die schwereren Xenonionen weitgehend unbeeinflusst und können sich im elektrischen Feld frei bewegen.

Das elektrische Feld beschleunigt die Xenonionen zum Ausgang des Entladungskanals auf extrem hohe Geschwindigkeiten, die oft 15 bis 20 Kilometer pro Sekunde erreichen. Diese schnelle Ausstoßung der Ionen erzeugt gemäß dem Dritten Newtonschen Gesetz der Bewegung Schub: Die Ausstoßbewegung der Ionen bewirkt eine gleich große, entgegengesetzte Reaktionskraft, die das Raumfahrzeug vorantreibt. Gleichzeitig emittiert die Kathode freie Elektronen in die Ionenausströmung, um die positiv geladenen Ionen zu neutralisieren. Diese Neutralisierung stellt sicher, dass das Raumfahrzeug elektrisch ausgeglichen bleibt und verhindert Störungen der Bordsysteme.

Grundlagen des Raketenbaus und der Konstruktion

Abbildung 29: Zehn-Kilowatt-T-220-Hall-Effekt-Triebwerk-Lebensdauertest. Defense Visual Information Distribution Service, Gemeinfrei, über Picryl.

Hall-Effekt-Triebwerke werden wegen ihres hohen spezifischen Impulses geschätzt, der die Effizienz des Antriebs misst. Sie verbrauchen deutlich weniger Treibstoff als chemische Raketen, wodurch Raumfahrzeuge kleinere Treibstoffmengen mitführen und mehr Masse für Nutzlasten bereitstellen können. Ihre Fähigkeit, über lange Zeiträume kontinuierlich zu arbeiten, macht sie ideal für Missionen, die präzise Manöver und allmähliche Geschwindigkeitsänderungen erfordern – etwa zur Aufrechterhaltung von Satellitenbahnen oder bei interplanetaren Transfers.

Allerdings haben Hall-Effekt-Triebwerke auch Einschränkungen. Ihr Schub ist relativ gering – oft im Bereich von Millinewton – und sie sind daher für Raketenstarts oder schnelle Beschleunigungen ungeeignet. Zudem benötigen sie erhebliche elektrische Energie, die in der Regel durch Solarmodule bereitgestellt wird. Dies kann ihre Wirksamkeit in sonnenfernen Regionen des Weltraums einschränken. Darüber hinaus kann das energiereiche Plasma im Laufe der Zeit Komponenten innerhalb des Entladungskanals erodieren, was die Lebensdauer des Triebwerks potenziell verkürzt.

Hall-Effekt-Triebwerke werden in kommerziellen und wissenschaftlichen Anwendungen weit verbreitet eingesetzt. Sie dienen häufig zur Lageregelung und Bahnkorrektur von Satelliten sowie bei Weltraummissionen wie der ESA-Mission BepiColombo zum Merkur und der NASA-Mission Psyche zum Asteroiden Psyche. Ihre Kombination aus Effizienz, Einfachheit und Anpassungsfähigkeit macht sie zu einer Schlüsseltechnologie in der modernen Weltraumforschung – insbesondere für Langzeitmissionen, bei denen Treibstoffeffizienz und präzise Steuerung im Vordergrund stehen. Mit weiteren Fortschritten in Material- und Energiesystemen wird erwartet, dass Hall-Effekt-Triebwerke künftig eine noch größere Rolle in der Weltraumantriebstechnik spielen.

Elektrische Antriebssysteme sind äußerst effizient, da sie deutlich weniger Treibstoff verbrauchen als chemische Systeme. Sie eignen sich daher besonders für Missionen, bei denen die Minimierung der Masse entscheidend ist – wie etwa bei interplanetaren Reisen. Derzeit werden sie in Raumfahrzeugen wie der NASA-Mission Dawn zum Asteroidengürtel und in kommerziellen Satellitenplattformen eingesetzt, um über längere Zeiträume hinweg präzise Umlaufbahnen zu halten.

Grundlagen des Raketenbaus und der Konstruktion

Abbildung 30: Vor dem Hintergrund von Wolken am Horizont erhebt sich die Delta-II-Rakete, die die NASA-Raumsonde Dawn trägt, aus Rauch und Feuer auf der Startrampe, um ihre 1,7 Milliarden Meilen lange Reise durch das innere Sonnensystem zu beginnen, um ein Asteroidenpaar zu erforschen. NASA, Gemeinfrei, über GetArchive.

Allerdings haben elektrische Antriebssysteme auch Einschränkungen. Die geringen Schubkräfte bedeuten, dass sie nicht für schnelle Beschleunigungen oder zum Überwinden der Erdgravitation eingesetzt werden können, wodurch sie für Trägerraketen ungeeignet sind. Zudem benötigen sie erhebliche elektrische Energie, die häufig durch Solarmodule bereitgestellt wird. Dies kann ihren Einsatz in sonnenfernen Regionen des Weltraums einschränken.

Leitsystem (Guidance Subsystem)

Das Leitsystem stellt sicher, dass die Rakete ihre vorgesehene Flugbahn vom Start bis zum Erreichen der Umlaufbahn oder ihres endgültigen Ziels einhält. Es umfasst Sensoren, Bordcomputer und Navigationsausrüstung, die gemeinsam arbeiten, um Position, Geschwindigkeit und Orientierung der Rakete in Echtzeit zu berechnen.

Eine der Hauptaufgaben des Leitsystems besteht darin, kontinuierlich die Sollflugbahn zu bestimmen und Befehle an das Steuerungssystem zu übermitteln, um die Rakete auf Kurs zu halten. Dazu stützt sich das Leitsystem auf Daten verschiedener Sensoren wie Gyroskope, Beschleunigungsmesser, Sternsensoren und GPS-Empfänger. Für Missionen jenseits der Erdumlaufbahn werden zusätzlich Methoden der Himmelsnavigation eingesetzt, bei denen die Positionen von Sternen oder Planeten zur Orientierung genutzt werden.

Das Leitsystem einer Rakete spielt eine entscheidende Rolle, um Stabilität während des Starts zu gewährleisten und die Flugbahn während des gesamten Fluges zu steuern. Seine beiden Hauptaufgaben – die Stabilisierung und die Kontrolle bei Manövern – sind wesentlich für den Erfolg der Mission, sei es beim Abfangen eines Ziels oder beim Erreichen der Umlaufbahn. Um diese Ziele zu erreichen, verwendet das System verschiedene Steuerungsmethoden, um Bewegung und Orientierung der Rakete zu beeinflussen. Diese Methoden beruhen auf den physikalischen Kräften, die auf die Rakete wirken, und nutzen Drehmomente, um Rotationsbewegungen um den Schwerpunkt (oder Massenmittelpunkt) der Rakete zu erzeugen [126].

Eine der ältesten und bis heute weit verbreiteten Methoden zur Steuerung von Raketen im Flug ist der Einsatz beweglicher Leitflächen (Fins). Diese befinden sich am Heck der Rakete und dienen dazu, die aerodynamischen Kräfte auf das Fluggerät zu beeinflussen. Wenn sich die Rakete durch die Atmosphäre bewegt, wirken diese Kräfte über den Druckpunkt, der typischerweise vom Schwerpunkt versetzt ist. Diese Versetzung erzeugt ein Drehmoment, das die Rakete rotieren lässt. Wird beispielsweise die Hinterkante einer Flosse nach rechts abgelenkt, erzeugt die resultierende aerodynamische Kraft eine Drehung der Raketenspitze nach rechts. Bewegliche Leitflächen sind besonders effektiv für Raketen, die durch die dichteren Schichten der Atmosphäre fliegen, wo aerodynamische Kräfte stark wirken. Daher sind sie auch heute noch häufig in Luft-Luft-Raketen und anderen kleineren Raketentypen zu finden [126].

Grundlagen des Raketenbaus und der Konstruktion

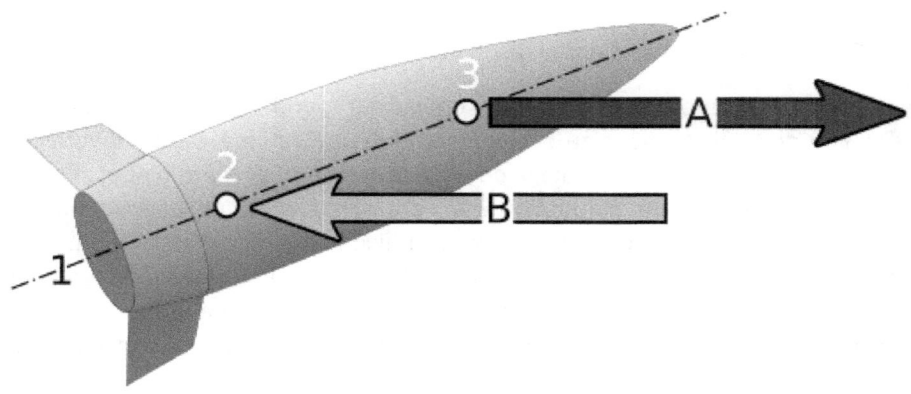

Abbildung 31: Wirkung des aerodynamischen Moments auf ein flügelstabilisiertes Projektil. 1: Achse des Projektils. 2: Druckpunkt. 3: Schwerpunkt. A: Flugrichtung. B: Aerodynamisches Moment. MagentaGreen, CC BY-SA 4.0, über Wikimedia Commons.

In modernen Raketen sind schwenkbare Schubsysteme (gimbaled thrust systems) die am häufigsten verwendete Steuerungsmethode. In diesen Systemen kann die Düse des Haupttriebwerks geschwenkt oder gedreht werden, um die Richtung des Schubs zu verändern. Dadurch entsteht ein Drehmoment relativ zum Schwerpunkt der Rakete, das eine präzise Steuerung ihrer Ausrichtung ermöglicht. Wird die schwenkbare Düse beispielsweise nach rechts geneigt, bewirkt die resultierende Schubkraft, dass sich die Raketenspitze ebenfalls nach rechts bewegt. Schwenkbare Schubsysteme sind äußerst effektiv, da sie auch außerhalb der Atmosphäre, wo aerodynamische Kräfte vernachlässigbar sind, eine zuverlässige und kontinuierliche Kontrolle bieten. Diese Methode wird in vielen modernen Trägerraketen eingesetzt, darunter der *Falcon 9* von SpaceX und die *Saturn V* der NASA, da sie präzise Bahnkorrekturen während aller Flugphasen ermöglicht [126].

Ältere Raketen wie die *Atlas*-Rakete verwendeten sogenannte Verniertriebwerke zur Steuerung. Diese kleinen Hilfstriebwerke befanden sich an der Basis der Hauptstufe und dienten der Feinjustierung der Raketenorientierung durch das Erzeugen von Drehmoment. Das Zünden eines Verniertriebwerks auf der rechten Seite der Rakete bewirkte beispielsweise eine Drehung der Raketenspitze nach rechts. Obwohl diese Methode effektiv war, erhöhte sie durch den zusätzlichen Treibstoff und die komplexe Rohrführung das Gesamtgewicht und wurde mit der Weiterentwicklung der Raketentechnik zunehmend unattraktiv. Daher wurden Verniertriebwerke weitgehend durch schwenkbare Schubsysteme ersetzt, die leichter und effizienter sind [126].

Frühe Raketen wie die *V2* und *Redstone* setzten Schubdüsenleitflächen (thrust vanes) ein – eine einfache, aber wirkungsvolle Steuerungsmethode. Dabei handelte es sich um kleine Platten, die direkt im Abgasstrahl des Haupttriebwerks platziert waren. Durch das Ablenken des Abgasstroms erzeugten sie ein Drehmoment, das die Ausrichtung der Rakete veränderte. Wurde beispielsweise eine Leitfläche nach rechts geneigt, drückte der Abgasstrom die Raketenspitze ebenfalls nach rechts. Trotz ihrer Einfachheit waren Schubdüsenleitflächen in ihrer Effizienz begrenzt und verursachten zusätzlichen Widerstand im Abgasstrom, was sie mit dem Fortschritt der Antriebs- und Steuerungstechnologien zunehmend unpraktisch machte [126].

Jede dieser Steuerungsmethoden wurde entwickelt und verfeinert, um spezifische Herausforderungen des Raketenflugs zu bewältigen. Frühere Systeme wie Schubdüsenleitflächen und Verniertriebwerke bildeten die Grundlage der Raketensteuerung, wurden aber schließlich durch fortschrittlichere und effizientere Methoden wie schwenkbare Schubsysteme und bewegliche Leitflächen ersetzt. Durch die Kombination aerodynamischer Kräfte, Drehmomenterzeugung und präziser Anpassung des Schwerpunkts stellen diese Systeme sicher, dass Raketen während ihres Fluges durch die Atmosphäre und im Weltraum stabil und steuerbar bleiben. Mit der Weiterentwicklung von Leitsystemen tragen sie wesentlich zur Zuverlässigkeit und Präzision moderner Raumfahrttechnik bei [126].

Fortgeschrittene Leitsysteme verwenden Algorithmen wie Kalman-Filter, um Sensordaten zu verarbeiten und Messfehler zu minimieren. Der Kalman-Filter ist ein Algorithmus, der eine effiziente Methode zur Schätzung des Zustands eines dynamischen Systems in Echtzeit bietet – selbst dann, wenn das System von Rauschen oder Unsicherheiten beeinflusst wird [127-129]. Er wird in verschiedenen Bereichen wie Regelungstechnik, Navigation, Robotik und Signalverarbeitung eingesetzt, um Variablen wie Position, Geschwindigkeit und Orientierung zu schätzen [127-129].

Der Kalman-Filter arbeitet nach dem Prinzip der Vorhersage und Korrektur, indem er Zustände iterativ schätzt und den Fehler minimiert [127, 129, 130]. Er ist besonders wirksam in Systemen mit verrauschten Messungen, die sich dynamisch über die Zeit verändern [127-129]. In der Raketenführung oder Raumsondennavigation kombiniert der Kalman-Filter beispielsweise Daten von Gyroskopen, Beschleunigungsmessern und GPS mit einem mathematischen Modell der Fahrzeugbewegung, um präzise Echtzeitschätzungen von Position und Geschwindigkeit zu liefern [127, 129, 131].

Es existieren verschiedene Varianten des Kalman-Filters, darunter der Standard-Kalman-Filter, der erweiterte Kalman-Filter (EKF), der unscented Kalman-Filter (UKF) und der Ensemble-Kalman-Filter (EnKF) [128, 129]. Diese Varianten wurden entwickelt, um die Einschränkungen des Standardfilters zu überwinden, wie die Annahmen über Gaußsches Rauschen und Linearität [132, 133].

Der Kalman-Filter ist ein optimaler linearer Schätzer, der den mittleren quadratischen Fehler (MSE) minimiert und davon ausgeht, dass sowohl Prozess- als auch Messrauschen durch eine gaußsche Verteilung beschrieben werden können [130, 132]. Wird der Filter jedoch auf nichtlineare Systeme angewendet, wird diese Annahme ungenau, was zur Entwicklung des erweiterten und unscented Kalman-Filters führte [132, 133].

Ein Kalman-Filter arbeitet in zwei Hauptschritten: Vorhersage und Aktualisierung (Korrektur). Diese Schritte werden iterativ wiederholt, sobald neue Messdaten verfügbar sind, wodurch sich die Schätzungen mit der Zeit verfeinern.

1. Vorhersageschritt: Im Vorhersageschritt nutzt der Filter ein mathematisches Modell des Systems, um den zukünftigen Zustand und die damit verbundene Unsicherheit abzuschätzen. Der Zustand kann Variablen wie Position, Geschwindigkeit oder Beschleunigung umfassen. Die Vorhersage

Grundlagen des Raketenbaus und der Konstruktion

basiert auf bekannten Systemdynamiken, die durch lineare Gleichungen beschrieben werden, und berücksichtigt Prozessrauschen durch Modellunsicherheiten oder äußere Einflüsse.

- **Zustandsvorhersage:** Der aktuelle Zustand wird mithilfe des Modells in die Zukunft projiziert, um den nächsten Zustand zu schätzen.

- **Fehlerkovarianzvorhersage:** Die Unsicherheit der Schätzung wird berechnet, wobei Prozessrauschen und Modellgenauigkeit berücksichtigt werden.

2. Aktualisierungsschritt (Korrektur): Sobald eine neue Messung vorliegt, vergleicht der Filter die Vorhersage mit dem gemessenen Wert und korrigiert seine Schätzung, um den Fehler zu minimieren. Dabei wird die Zuverlässigkeit der Messung berücksichtigt.

- **Kalman-Gewinn (Kalman Gain):** Ein Gewichtungsfaktor bestimmt, wie stark die neue Messung die Schätzung beeinflusst – zuverlässige Messungen erhalten mehr Gewicht.

- **Zustandsaktualisierung:** Der vorhergesagte Zustand wird durch den gewichteten Unterschied zwischen Messung und Vorhersage korrigiert.

- **Aktualisierung der Fehlerkovarianz:** Die Unsicherheit der neuen Schätzung wird neu berechnet, um die integrierte Messung zu berücksichtigen.

Abbildung 32 veranschaulicht das Grundprinzip der Kalman-Filterung, bei der Vorhersagen eines mathematischen Modells mit verrauschten Messungen kombiniert werden, um eine optimale Schätzung des Systemzustands zu erzeugen.

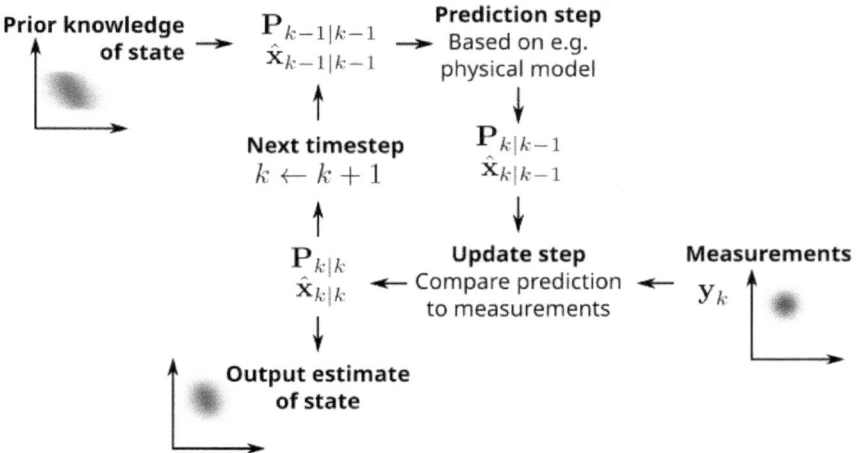

Abbildung 32: Das Diagramm erklärt die grundlegenden Schritte der Kalman-Filterung: Vorhersage und Aktualisierung. Es zeigt außerdem, wie der Filter nicht nur den Mittelwert des Zustands, sondern auch die geschätzte Varianz verfolgt. Petteri Aimonen, CC0, über Wikimedia Commons.

Der Kalman-Filterprozess besteht aus drei Hauptphasen: Vorhersage, Messung und Korrektur. In der Vorhersagephase schätzt der Filter den nächsten Zustand des Systems auf Grundlage des aktuellen Zustands und eines mathematischen Modells der Systemdynamik. Dieser vorhergesagte Zustand wird im Diagramm durch blaue Ovale dargestellt, die gleichzeitig die zugehörige Unsicherheit in Form von Fehlerellipsen zeigen. Die Größe dieser Ellipsen spiegelt den Grad der Unsicherheit wider, der von Prozessrauschen und den Grenzen des Vorhersagemodells beeinflusst wird.

Während der Messphase erfasst das System einen neuen Datenpunkt, der naturgemäß Rauschen und Unsicherheit enthält. Diese Messungen werden im Diagramm als einzelne Datenpunkte dargestellt, deren Unsicherheiten ebenfalls durch blaue Ellipsen veranschaulicht sind. Dies verdeutlicht die Variabilität und Ungenauigkeit realer Messungen, die beispielsweise durch Sensorausfälle oder Umwelteinflüsse entstehen können.

Die Korrekturphase ist der Schritt, in dem der Kalman-Filter seine Schätzung verfeinert, indem er den vorhergesagten Zustand mit der neuen Messung kombiniert. Dies geschieht durch einen gewichteten Mittelungsprozess, bei dem die Gewichte anhand der relativen Unsicherheiten von Vorhersage und Messung bestimmt werden. Das Ergebnis ist eine korrigierte Zustandschätzung, die den Gesamtschätzfehler minimiert. Diese korrigierte Schätzung ist genauer als jede der beiden Informationen allein, da sie die Stärken beider Quellen nutzt und ihre Schwächen ausgleicht.

Abbildung 32 hebt die zentralen Konzepte hervor, die der Funktionsweise des Kalman-Filters zugrunde liegen. Die Vorhersageunsicherheit, dargestellt als Ellipsen um die vorhergesagten Zustände, zeigt, wie sicher der Filter in seine modellbasierte Vorhersage ist. Größere Ellipsen deuten auf größere Unsicherheit hin und verdeutlichen die Herausforderungen, die mit rein modellbasierten Vorhersagen in dynamischen und verrauschten Systemen verbunden sind. Die Messpunkte und ihre zugehörigen Unsicherheiten, ebenfalls als Ellipsen dargestellt, veranschaulichen die Variabilität beobachteter Daten und betonen die Notwendigkeit, diese mit den Modellvorhersagen abzugleichen.

Die Fusion von Vorhersage und Messung wird durch kleinere korrigierte Ellipsen dargestellt, die zeigen, wie der Filter die Zustandsschätzung durch Reduzierung der Unsicherheit verfeinert. Die kleinere Größe dieser Ellipsen im Vergleich zu den ursprünglichen Unsicherheiten von Vorhersage oder Messung verdeutlicht die Effektivität des Kalman-Filters bei der Erzeugung genauerer und zuverlässigerer Zustandschätzungen. Dieser iterative Prozess aus Vorhersage, Messung und Korrektur macht den Kalman-Filter zu einem leistungsstarken Werkzeug für die Echtzeit-Zustandsschätzung in dynamischen Systemen.

Mathematische Grundlagen des Kalman-Filters

Der Kalman-Filter ist ein mathematischer Algorithmus, der den Zustand eines dynamischen Systems auf Grundlage verrauschter Messungen und eines Vorhersagemodells schätzt. Seine Hauptkomponenten bestehen aus einer Reihe von Gleichungen, die rekursiv arbeiten und den Systemzustand iterativ vorhersagen und aktualisieren, während der Fehler minimiert wird. Diese Gleichungen sind entscheidend für die Fähigkeit des Filters, Vorhersagen und Messungen effektiv zu kombinieren.

Grundlagen des Raketenbaus und der Konstruktion

Zustandsschätzung (State Prediction)

Die Zustandsgleichung liefert den geschätzten Zustand des Systems zum nächsten Zeitpunkt:

$$\hat{x}_k^- = F_k \hat{x}_{k-1} + B_k u_k$$

Dabei ist $\hat{x}_k^-$ der vorhergesagte Systemzustand zum Zeitpunkt k, basierend auf der Schätzung des vorherigen Zustands $\hat{x}_{k-1}$.

Die Zustandsübergangsmatrix F_k beschreibt, wie sich der Zustand des Systems über die Zeit entwickelt.

Der Term $B_k u_k$ berücksichtigt externe Steuereingaben (z. B. Kräfte oder Beschleunigungen), die den Zustand beeinflussen.

Kovarianzvorhersage (Error Covariance Prediction)

Diese Gleichung beschreibt die Unsicherheit der Vorhersage:

$$P_k^- = F_k P_{k-1} F_k^T + Q_k$$

Hier ist P_k^- die vorhergesagte Fehlerkovarianzmatrix, die die Unsicherheit im Zustand $\hat{x}_k^-$ beschreibt. Der Term Q_k steht für das Prozessrauschen, also für Unsicherheiten durch Modellfehler oder externe Einflüsse.

Kalman-Gewinn (Kalman Gain)

Der Kalman-Gewinn bestimmt, wie stark die neue Messung die Vorhersage beeinflussen soll:

$$K_k = P_k^- H_k^T (H_k P_k^- H_k^T + R_k)^{-1}$$

Der Kalman-Gewinn K_k wird anhand der vorhergesagten Unsicherheit P_k^-, des Messmodells H_k und der Messrauschkovarianz R_k berechnet.

Zustandsaktualisierung (State Update)

Die Vorhersage wird mithilfe der aktuellen Messung korrigiert:

$$\hat{x}_k = \hat{x}_k^- + K_k (z_k - H_k \hat{x}_k^-)$$

Hier ist z_k die tatsächliche Messung, während $H_k \hat{x}_k^-$ die vorhergesagte Messung darstellt. Die Differenz $(z_k - H_k \hat{x}_k^-)$ ist der Messresidual, also die Abweichung zwischen Messung und Modellvorhersage.

Kovarianzaktualisierung (Error Covariance Update)

Abschließend wird die Unsicherheit der korrigierten Schätzung angepasst:

$$P_k = (I - K_k H_k) P_k^-$$

Diese Gleichung verringert die Schätzunsicherheit, da die Messung in die Zustandsbewertung integriert wurde.

Praktisches Beispiel: Höhenbestimmung einer Rakete mit einem Kalman-Filter

Stellen wir uns vor, eine Rakete steigt auf, und wir wollen ihre Höhe und Geschwindigkeit in Echtzeit schätzen.

Zwei Sensoren liefern verrauschte Daten:

- ein Höhenmesser, der die Höhe direkt misst (mit Rauschen), und
- ein Beschleunigungsmesser, der die Beschleunigung misst, die über die Zeit integriert werden kann, um Änderungen in Geschwindigkeit und Höhe abzuschätzen.

Der Kalman-Filter kombiniert diese Messungen mit einem mathematischen Modell, um den Zustand der Rakete optimal zu schätzen.

Zustandsvariablen:

$$x_k = \begin{bmatrix} h_k \\ v_k \end{bmatrix}$$

wobei h_k die Höhe und v_k die Geschwindigkeit zum Zeitpunkt k ist.

Systemdynamik:

$$x_k = F_k x_{k-1} + B_k u_k + w_k$$

wobei:

- F_k: Zustandsübergangsmatrix (beschreibt, wie sich Höhe und Geschwindigkeit entwickeln),

Grundlagen des Raketenbaus und der Konstruktion

- $B_k u_k$: Einfluss der Steuergröße (gemessene Beschleunigung),
- w_k: Prozessrauschen.

Messmodell:

$$z_k = H_k x_k + v_k$$

wobei:

- H_k: Messmatrix (verknüpft Zustand mit der gemessenen Höhe),
- v_k: Messrauschen (z. B. Sensorfehler, Gauß-verteiltes Rauschen).

Fehlerkovarianzen:

- Q_k: Prozessrauschkovarianz (Modellunsicherheit),
- R_k: Messrauschkovarianz (Sensorgenauigkeit),
- P_k: Fehlerkovarianzmatrix (Unsicherheit der Schätzung).

Beispielparameter:

- Anfangsschätzung: $\hat{x}_0 = [100 \text{ m}, 0 \text{ m/s}]^T$
- Anfangsunsicherheit: $P_0 = \text{diag}(10,10)$
- Prozessrauschen: $Q_k = \text{diag}(0.1, 0.1)$
- Messrauschen: $R_k = 25$
- Beschleunigung: $u_k = 9.81$ m/s²
- Höhenmessung: $z_1 = 120$ m
- Zeitschritt: $\Delta t = 1$ s

Der Kalman-Filter verwendet diese Informationen, um die geschätzte Höhe und Geschwindigkeit der Rakete iterativ zu aktualisieren – wobei jede neue Messung die Genauigkeit der Schätzung verbessert.

Schritt-für-Schritt-Berechnung

1. Vorhersageschritt (Prediction Step)

Der Kalman-Filter sagt zunächst den Zustand und dessen Unsicherheit basierend auf dem Dynamikmodell voraus.

Zustandsvorhersage:

$$\hat{x}_k^- = F_k \hat{x}_{k-1} + B_k u_k$$

Einsetzen der Werte:

$$\hat{x}_1^- = \begin{bmatrix} 100 \\ 0 \end{bmatrix} + \begin{bmatrix} 0.5 \\ 1 \end{bmatrix} \times 9.81 = \begin{bmatrix} 104.9 \\ 9.81 \end{bmatrix}$$

Fehlerkovarianz-Vorhersage:

$$P_k^- = F_k P_{k-1} F_k^T + Q_k$$

Einsetzen:

$$P_1^- = \begin{bmatrix} 10 & 0 \\ 0 & 10 \end{bmatrix} + \begin{bmatrix} 0.1 & 0 \\ 0 & 0.1 \end{bmatrix} = \begin{bmatrix} 10.1 & 0 \\ 0 & 10.1 \end{bmatrix}$$

2. Aktualisierungsschritt (Update Step)

Der Kalman-Filter aktualisiert die Zustandsschätzung und die Fehlerkovarianz mithilfe der neuen Messung.

Kalman-Gewinn:

$$K_k = P_k^- H_k^T (H_k P_k^- H_k^T + R_k)^{-1}$$

Einsetzen:

$$K_1 = \frac{10.1}{10.1 + 25} = 0.288$$

Zustandsaktualisierung:

$$\hat{x}_1 = \hat{x}_1^- + K_1(z_1 - H_k \hat{x}_1^-)$$

Einsetzen:

$$\hat{x}_1 = 104.9 + 0.288(120 - 104.9) = 109.25$$
$$v_1 = 9.81 + 0.288(0) = 9.81$$

Fehlerkovarianz-Aktualisierung:

$$P_1 = (I - K_k H_k) P_k^-$$

Grundlagen des Raketenbaus und der Konstruktion

Einsetzen:

$$P_1 = (1 - 0.288) \times 10.1 = 7.20$$

Endergebnisse

Zum Zeitpunkt t = 1:

Die aktualisierte Zustandsschätzung lautet:

$$\hat{x}_1 = \begin{bmatrix} 120 \\ 22 \end{bmatrix}$$

Dies entspricht einer Höhe von 120 m und einer Geschwindigkeit von 22 m/s.

Die aktualisierte Fehlerkovarianzmatrix lautet:

$$P_1 = \begin{bmatrix} 7.2 & 0 \\ 0 & 7.2 \end{bmatrix}$$

Dies zeigt eine verringerte Unsicherheit in den Schätzungen der Höhe und Geschwindigkeit im Vergleich zur ursprünglichen Vorhersage.

Der Kalman-Filter kombiniert effektiv verrauschte Sensordaten, um die Zustandsschätzung der Rakete zu verfeinern und verbessert dadurch die Genauigkeit und Zuverlässigkeit in Echtzeit.

Die Bedeutung des Leitsystems (Guidance Subsystem) kann kaum überschätzt werden, da selbst kleine Abweichungen in der Flugbahn während des Starts zu einem Missionsfehler führen können.

Autonome Leitsysteme – wie die in SpaceX' *Falcon 9* – haben erhebliche Fortschritte in Genauigkeit und Anpassungsfähigkeit erzielt.

Diese Systeme ermöglichen es wiederverwendbaren Raketen, nach Abschluss ihrer Missionen präzise auf der Erde oder auf schwimmenden Plattformen zu landen.

Steuersubsystem (Control Subsystem)

Das Steuersubsystem ist dafür verantwortlich, die Stabilität der Rakete aufrechtzuerhalten und sicherzustellen, dass sie auf Steuerbefehle des Leitsystems reagieren kann, um ihre Flugbahn präzise einzuhalten. Es umfasst Aktuatoren, Schubvektorsteuerungen und aerodynamische Steuerflächen, die es der Rakete ermöglichen, während des Fluges ihre Ausrichtung und Richtung zu verändern. Die Steuerung erfolgt durch die Beeinflussung der Lage der Rakete – also ihrer Nick-, Gier- und Rollbewegungen – sowie des Schubvektors. In Flüssigkeitsantriebssystemen wird häufig die Schubvektorsteuerung (Thrust Vector Control, TVC) eingesetzt, bei der die Triebwerke leicht geschwenkt werden, um die Richtung des Schubs zu verändern. Bei Feststoffraketen oder Boostern werden andere Methoden wie bewegliche Düsen, Strahlruder (Jet Vanes) oder kleine Hilfstriebwerke verwendet, um ähnliche Steuerwirkungen zu erzielen.

Während des Aufstiegs durch die Erdatmosphäre steuert das Subsystem auch die aerodynamischen Kräfte. Raketen können in dieser Phase Leitwerke, Klappen oder Gitterflossen (Grid Fins) verwenden, um Stabilität und Manövrierfähigkeit sicherzustellen. Neben der Hardware spielt auch die Software eine entscheidende Rolle: Sie verarbeitet Echtzeitdaten und führt präzise Korrekturen aus. Moderne Raketen verfügen über hochentwickelte Autopilotsysteme, die den menschlichen Eingriff minimieren und die Flugpräzision erhöhen. Bei wiederverwendbaren Raketen sind die Steuersysteme noch komplexer, da sie auch den Abstieg und die Landung kontrollieren müssen. Die Falcon 9 von SpaceX nutzt beispielsweise Gitterflossen und Rückstoßtriebwerke (Retro-Thrust Engines), um ihre erste Stufe während der Rückkehr zur Erde zu führen und zu stabilisieren.

Nutzlastsubsystem (Payload Subsystem)

Das Nutzlastsubsystem stellt den eigentlichen Zweck der Raketenmission dar. Es umfasst die Fracht, die ins All transportiert wird – etwa Satelliten, wissenschaftliche Instrumente, bemannte Kapseln oder Versorgungsgüter für die Internationale Raumstation (ISS). In manchen Fällen besteht die Nutzlast auch aus einem Erkundungsraumfahrzeug, wie einem Marsrover oder einer interplanetaren Sonde.

Grundlagen des Raketenbaus und der Konstruktion

Abbildung 33: Raketennutzlast im Bau. National Parks Gallery, Gemeinfrei, über Picryl.

Die Nutzlast wird in der Regel in einer Nutzlastverkleidung untergebracht – einer schützenden Hülle, die sie während des Starts vor aerodynamischen Kräften und Umwelteinflüssen schützt. Sobald die Rakete die dichteren Schichten der Erdatmosphäre verlassen hat, wird die Verkleidung abgeworfen, um Gewicht zu reduzieren und die Nutzlast für den Einsatz freizulegen.

Abbildung 34: Die Nutzlastverkleidung mit dem NOAA-Satelliten GOES-T wird am 17. Februar 2022 auf die Atlas-V-Rakete gehoben. NOAA Satellites, Gemeinfrei, über Flickr.

Nutzlastsysteme sind so konzipiert, dass sie den sicheren Transport und die Funktionsfähigkeit der Fracht gewährleisten. Wissenschaftliche Instrumente benötigen beispielsweise thermischen Schutz, Vibrationsdämpfung und Strahlungsabschirmung, um unter den extremen Bedingungen des Weltraums betriebsfähig zu bleiben.

Bemannte Nutzlasten, wie sie etwa von SpaceX' *Dragon* oder NASAs *Orion* transportiert werden, müssen zusätzlich Lebenserhaltungssysteme, Strahlungsschutz und Hitzeschilde für den Wiedereintritt enthalten.

Bei kommerziellen Satellitenstarts steht die Maximierung der Nutzlastkapazität im Vordergrund, da sie die Wirtschaftlichkeit der Mission direkt beeinflusst. Fortschritte bei Leichtbaumaterialien und modularen Designs haben es ermöglicht, dass Raketen schwerere oder mehrere Nutzlasten transportieren können, ohne die Startkosten wesentlich zu erhöhen.

Integration der Teilsysteme

Der Erfolg einer Raketenmission hängt von der nahtlosen Integration der Teilsysteme für Antrieb, Führung, Steuerung und Nutzlast ab. Diese Systeme müssen harmonisch zusammenarbeiten, um sicherzustellen, dass die Rakete die richtige Flugbahn erreicht, stabil bleibt und die Nutzlast präzise abliefert. So müssen etwa Führungs- und Steuerungssysteme eventuelle Schubungleichgewichte im Antriebssystem ausgleichen, während das Nutzlastsystem sicher integriert sein muss, um Schäden durch Vibrationen oder Beschleunigungen zu vermeiden.

Moderne Raketen nutzen Automatisierung und fortschrittliche Software, um diese Systeme effizienter zu integrieren. Vor dem Start werden Simulationen und Tests durchgeführt, um sicherzustellen, dass die Teilsysteme realen Bedingungen standhalten. Diese Integration ist besonders bei wiederverwendbaren Raketen entscheidend, da die Systeme über mehrere Start- und Landezyklen hinweg fehlerfrei funktionieren müssen.

Stufenkonzept und modulares Design für Effizienz

Stufendesign

Das Stufenkonzept und das modulare Design sind grundlegende ingenieurtechnische Strategien, die die Effizienz und Leistungsfähigkeit von Trägerraketen maximieren. Diese Ansätze lösen zentrale Herausforderungen der Raketentechnik wie Schubantrieb, Gewichtsreduzierung und Anpassungsfähigkeit an unterschiedliche Missionen. Durch die Aufteilung der Rakete in mehrere Stufen oder modulare Komponenten können Ingenieurinnen und Ingenieure die Struktur des Fahrzeugs optimieren, überflüssige Masse reduzieren und die Treibstoffeffizienz verbessern.

Abbildung 35: Fragment einer unvollendeten Rakete. SpaceX, CC0, über Pexels.

Die Stufung von Raketen ist ein zentrales Konzept, das die Effizienz des raketenbasierten Weltraumtransports erheblich verbessert [134, 135]. Sie umfasst die Aufteilung der Rakete in zwei oder mehr Stufen, von denen jede über ihr eigenes Antriebssystem und ihren eigenen Treibstoff verfügt [134, 135]. Sobald eine Stufe ihre Aufgabe erfüllt hat, wird sie abgetrennt, sodass die verbleibenden Stufen den Aufstieg fortsetzen können [134, 135].

Die Hauptvorteile der Raketenstufung sind:

1. **Reduzierung des Eigengewichts:** Bei einer einstufigen Rakete muss die gesamte Struktur – einschließlich leerer Treibstofftanks und verbrauchter Triebwerke – während der gesamten Mission mitgeführt werden. Bei einer mehrstufigen Rakete werden die leeren Tanks und Triebwerke jeder Stufe nach Verbrauch des Treibstoffs abgeworfen. Dadurch wird unnötiges Gewicht eliminiert, und die verbleibenden Stufen können effizienter beschleunigen [134, 135].

2. **Optimierter Antrieb für jede Flugphase:** Jede Stufe ist für bestimmte Umgebungsbedingungen ausgelegt. Die erste Stufe ist für die dichte Atmosphäre nahe der Erdoberfläche optimiert und erzeugt den größten Schub, um der Schwerkraft und dem Luftwiderstand zu überwinden. Die nachfolgenden Stufen sind hingegen für dünnere Atmosphären oder das Vakuum des Weltraums ausgelegt und nutzen kleinere Triebwerke, die für höhere Effizienz bei niedrigem Umgebungsdruck optimiert sind [134, 135].

Grundlagen des Raketenbaus und der Konstruktion

3. **Kraftstoffeffizienz und Nutzlastkapazität:** Durch das Abwerfen von Gewicht nach jeder Stufe benötigt eine mehrstufige Rakete insgesamt weniger Treibstoff als ein einstufiges Fahrzeug für die gleiche Mission. Diese Gewichtsreduktion ermöglicht eine größere Nutzlastkapazität – wie die ikonische Saturn V zeigt, die mit drei Stufen effizient das Apollo-Raumschiff zum Mond beförderte [134, 135].

Beispiele für gestufte Raketensysteme sind die Falcon 9 von SpaceX mit einem zweistufigen Design und die Saturn V mit drei Stufen [134, 135].

Das Konzept der Raketenstufung wurde auf verschiedene Raketentypen angewendet, darunter Feststoffraketen [136], Hybridraketen [137] und luftgestartete Raketen [138]. Forschende haben außerdem Optimierungstechniken wie mehrzielige genetische Algorithmen [98, 139, 140] entwickelt, um mehrstufige Raketensysteme effizient zu entwerfen und zu optimieren.

Abbildung 36: Vier erste Stufen der Falcon 9 im Bau in der SpaceX-Zentrale in Hawthorne, Kalifornien. SpaceX, CC0, über Wikimedia Commons.

Einfluss der Raketenstufung auf den Konstruktionsprozess

Die Raketenstufung ist ein entscheidendes Konstruktionsprinzip im Raketenbau, das einen effizienten Antrieb und eine optimale Leistung während des Starts ermöglicht. Durch die Aufteilung der Rakete in zwei oder mehr Stufen, die jeweils über eigene Antriebssysteme, Treibstofftanks und spezifische Strukturauslegungen verfügen, können Ingenieure die Herausforderungen der Gewichtsreduzierung und der Anpassung des Antriebs an unterschiedliche atmosphärische Bedingungen bewältigen. Dieses Prinzip beeinflusst den Konstruktionsprozess einer Rakete grundlegend in Bezug auf Konstruktionskomplexität, strukturelle Optimierung und den Gesamterfolg der Mission.

Die Stufung erhöht die Komplexität des Raketenbaus, da jede Stufe als eigenständiges Antriebssystem funktionieren muss, während sie gleichzeitig nahtlos mit den anderen Stufen integriert wird. Ingenieure müssen jede Stufe mit eigenen Triebwerken, Treibstofftanks und Strukturträgern konstruieren. Diese Komponenten sind über Stufenschnittstellen miteinander verbunden, die präzise konstruiert werden müssen, um eine reibungslose Trennung zu vorher festgelegten Zeitpunkten während des Aufstiegs zu gewährleisten. Trennmechanismen wie Sprengbolzen, pneumatische Aktuatoren oder kleine Rückstoßtriebwerke werden in das Design integriert, um sicherzustellen, dass jede Stufe sauber abgetrennt wird, ohne die Flugbahn der Rakete zu beeinträchtigen.

Das strukturelle Design jeder Stufe ist einzigartig und an ihre Rolle innerhalb der Mission angepasst. So ist die erste Stufe darauf ausgelegt, dem enormen Schub und den aerodynamischen Kräften beim Start standzuhalten, was eine robuste Konstruktion und leistungsstarke Triebwerke erfordert. Die oberen Stufen hingegen sind leichter gebaut und mit Triebwerken ausgestattet, die auf Effizienz in dünner Atmosphäre oder im Vakuum optimiert sind. Dies erfordert einen modularen Konstruktionsansatz, bei dem die Stufen als separate Komponenten gefertigt und später zu einer vollständigen Trägerrakete zusammengesetzt werden.

Einer der Hauptvorteile der Stufung ist die Reduzierung von toter Masse, was den Bauprozess erheblich beeinflusst. Bei einstufigen Raketen muss die gesamte Struktur – einschließlich leerer Treibstofftanks und verbrauchter Triebwerke – während der gesamten Mission mitgeführt werden. Dies führt zu einem erheblichen Gewichts- und Effizienzverlust. Die Stufung löst dieses Problem, indem Ingenieure jede Stufe so entwerfen, dass sie nach Verbrauch des Treibstoffs abgeworfen werden kann.

Aus konstruktiver Sicht bedeutet dies, dass jede Stufe so leicht wie möglich gebaut werden muss, ohne ihre Funktionsfähigkeit zu beeinträchtigen. Materialien wie Aluminiumlegierungen, Kohlefaserverbundstoffe und Titan werden häufig verwendet, um Gewicht zu reduzieren und gleichzeitig die strukturelle Festigkeit zu gewährleisten. Ingenieure nutzen Verfahren wie die Finite-Elemente-Analyse (FEA), um sicherzustellen, dass jede Stufe ihre spezifischen Belastungen und Spannungen aushalten kann, ohne unnötige Masse zu verursachen. Besonders in den oberen Stufen wird auf Gewichtsersparnis geachtet, da selbst kleine Reduktionen erhebliche Verbesserungen der Treibstoffeffizienz bewirken.

Die Stufung ermöglicht es außerdem, jedes Antriebssystem für die spezifischen atmosphärischen Bedingungen in unterschiedlichen Höhen zu optimieren. Die erste Stufe, die die Erdanziehung und den Luftwiderstand überwinden muss, ist mit großen, leistungsstarken Triebwerken ausgestattet, die hohen Druck- und Temperaturbelastungen standhalten. Sie bestehen aus robusten Materialien wie Nickellegierungen und verfügen über hochentwickelte Kühlsysteme.

Grundlagen des Raketenbaus und der Konstruktion

Im Gegensatz dazu arbeiten die oberen Stufen in dünner Atmosphäre oder im Weltraum, wo Effizienz wichtiger ist als reine Schubkraft. Ihre Triebwerke sind daher kleiner, leichter und auf hohen spezifischen Impuls ausgelegt. Ihre Düsen sind verlängert, um die Leistung in Niederdruckumgebungen zu verbessern, und ihre Strukturen sind für geringere Lasten optimiert. Der Bauprozess muss diese Unterschiede berücksichtigen, um einen reibungslosen Übergang zwischen den Antriebssystemen sicherzustellen, während die Stabilität und Ausrichtung des gesamten Fahrzeugs erhalten bleiben.

Der Bau einer mehrstufigen Rakete hängt eng mit Treibstoffeffizienz und Nutzlastkapazität zusammen. Durch das Abwerfen von Gewicht nach jeder Stufe benötigt eine mehrstufige Rakete insgesamt weniger Treibstoff, um ihre Missionsziele zu erreichen, als eine einstufige Rakete. Dadurch können Ingenieure einen größeren Anteil der Gesamtmasse der Nutzlast widmen.

Der Nutzlastintegrationsprozess wird während der Konstruktion und Montage sorgfältig berücksichtigt. Die oberen Stufen sind strukturell leichter und darauf ausgelegt, Satelliten, bemannte Kapseln oder Forschungsgeräte zu tragen. Ingenieure entwickeln Nutzlastverkleidungen, um diese empfindlichen Komponenten während des Starts vor aerodynamischen Kräften und Vibrationen zu schützen. Der Nutzlastabschnitt, der sich an der Spitze der letzten Stufe befindet, wird zuletzt integriert, um die Kompatibilität mit der strukturellen und aerodynamischen Gestaltung der Rakete sicherzustellen.

Die Stufung beeinflusst auch den Herstellungsprozess, da jede Stufe als separates Modul gefertigt wird. Jede Stufe wird einzeln getestet – einschließlich der Überprüfung des Antriebssystems, der strukturellen Integrität und der Trennmechanismen. Dieser modulare Ansatz vereinfacht den Produktionsablauf, da Komponenten unterschiedlicher Stufen parallel gefertigt und später integriert werden können. Moderne Raketen wie die Falcon 9 und die Saturn V verdeutlichen die Vorteile dieses Prinzips, da jede Stufe separat montiert, getestet und optimiert wird, bevor die Endmontage erfolgt.

Während der Endmontage ist eine präzise Ausrichtung der Stufen entscheidend, um eine ordnungsgemäße Trennung und Stabilität während des Fluges zu gewährleisten. Trennsysteme wie pyrotechnische Bolzen oder pneumatische Abstoßvorrichtungen werden installiert, um eine saubere Abtrennung ohne strukturelle Schäden sicherzustellen. Nach der Montage wird die gesamte Rakete einer vollständigen Integrationsprüfung unterzogen, um die Funktion aller Systeme – einschließlich Schubausrichtung, Trennzeitpunkt und Treibstofffluss zwischen den Stufen – zu verifizieren.

Modulares Design

Das modulare Design ist ein bewährter Ansatz in der Luft- und Raumfahrtindustrie, insbesondere bei der Entwicklung von Raketen und Trägerraketen [141-143]. Diese Konstruktionsphilosophie umfasst den Bau von Raketen als eine Sammlung standardisierter, austauschbarer Komponenten oder Module [141, 142]. Dieser modulare Ansatz bietet mehrere wesentliche Vorteile, die ihn zu einer weit verbreiteten Praxis im Raketenbau gemacht haben.

Einer der Hauptvorteile des modularen Designs ist die erhöhte Flexibilität, die es für verschiedene Missionen bietet [141-143]. Durch die Verwendung standardisierter Module können Raketen leicht konfiguriert werden, um unterschiedliche Nutzlasten und Missionsanforderungen zu erfüllen. Beispielsweise können verschiedene Oberstufen oder Nutzlastadapter ausgetauscht werden, sodass dasselbe Kernraketensystem sowohl für den Transport von Satelliten in eine erdnahe Umlaufbahn als auch für den Start von Raumsonden ins tiefe All genutzt werden kann [141, 142].

Ein weiterer bedeutender Vorteil des modularen Designs ist das Kostensenkungspotenzial durch Wiederverwendbarkeit [141-143]. Viele modulare Raketenelemente, wie die Erststufe, werden so konzipiert, dass sie geborgen, überholt und für mehrere Starts wiederverwendet werden können. Dadurch sinken die Gesamtkosten für den Start von Nutzlasten erheblich im Vergleich zu herkömmlichen Einwegraketensystemen [141, 142]. Ein Beispiel ist die Falcon 9 von SpaceX, deren modulare Erststufe geborgen, überholt und mehrfach wiederverwendet wird, was zu erheblichen Einsparungen führt [141].

Darüber hinaus erleichtert das modulare Design die Standardisierung und Serienproduktion, was Kosten und Entwicklungszeiten weiter reduziert [141-143]. Durch die Massenproduktion standardisierter Module können Hersteller ihre Produktionsprozesse optimieren und von Skaleneffekten sowie modernen Fertigungstechnologien wie dem 3D-Druck profitieren [141, 142]. Ein Beispiel hierfür ist die Electron-Rakete von Rocket Lab, die 3D-gedruckte modulare Komponenten nutzt, um eine schnelle und kostengünstige Produktion zu ermöglichen [141].

Zusätzlich bietet das modulare Design Vorteile im Wartungs- und Aufrüstungsprozess [141, 142]. Die Möglichkeit, bestimmte Komponenten gezielt auszutauschen, ohne das gesamte Raketensystem zu überholen, ist besonders vorteilhaft für wiederverwendbare Systeme. Abgenutzte Module können nach der Bergung ersetzt werden [141, 142]. Darüber hinaus können modulare Komponenten mit fortschreitender Technologie individuell aufgerüstet werden, was schrittweise Verbesserungen des gesamten Raketensystems ermöglicht [141, 142].

Auswirkungen des modularen Designs auf den Raketenbau

Das modulare Design hat den Raketenbau revolutioniert, indem es Effizienz, Anpassungsfähigkeit und Wirtschaftlichkeit in den Vordergrund stellt. Durch die Aufteilung von Raketen in standardisierte, austauschbare Module können Ingenieure die Fertigung rationalisieren, die Montage vereinfachen und die Flexibilität erhöhen, um vielfältige Missionsanforderungen zu erfüllen.

Das modulare Design ermöglicht es, Raketen leicht für verschiedene Missionen, Nutzlasten und Zielorbits umzurüsten. Diese Flexibilität wird erreicht, indem bestimmte Komponenten – etwa Oberstufen, Nutzlastadapter oder Booster – ausgetauscht oder angepasst werden. So kann eine Mission in eine niedrige Erdumlaufbahn (LEO) eine einfachere und leichtere Konfiguration erfordern als eine Mission zum geostationären Orbit oder in den interplanetaren Raum. Durch die Wiederverwendung einer Kernstruktur und den Austausch missionsspezifischer Module können Hersteller Raketen effizient anpassen, ohne das Gesamtdesign zu verändern.

Grundlagen des Raketenbaus und der Konstruktion

Diese Anpassungsfähigkeit wirkt sich auf den Bauprozess aus, da sie die parallele Entwicklung von Modulen ermöglicht. Während die Kernrakete oder die Boosterstufe standardisiert bleibt, können Ingenieure gleichzeitig spezialisierte Komponenten wie Nutzlastverkleidungen oder zusätzliche Oberstufen entwickeln und testen. Bei der Falcon 9 von SpaceX bleibt beispielsweise die Erststufe nahezu unverändert zwischen den Missionen, während Nutzlastadapter und Oberstufen je nach Kundenanforderung angepasst werden. Diese modulare Flexibilität spart Zeit und Ressourcen, da nur bestimmte Komponenten pro Mission verändert werden müssen.

Einer der größten Vorteile des modularen Designs ist die Wiederverwendung kritischer Raketenteile, wodurch die Startkosten drastisch gesenkt werden. Traditionell wurden Raketen als Einwegfahrzeuge gebaut, deren Komponenten nach der Mission verworfen wurden. Modulare Systeme hingegen sind auf Mehrfachverwendung ausgelegt. Schlüsselmodule – wie die Erststufe – können geborgen, überholt und mehrfach verwendet werden.

Beispielsweise ist die Erststufe der Falcon 9 modular aufgebaut und mit Landebeinen und Grid-Fins ausgestattet, die eine kontrollierte Rückkehr und Bergung ermöglichen. Nach jedem Start wird die Erststufe geborgen, inspiziert und für den nächsten Flug vorbereitet, wodurch der Bau neuer teurer Komponenten entfällt. Diese Herangehensweise reduziert nicht nur die Kosten pro Start, sondern verändert auch den Bauprozess selbst: Der Fokus liegt stärker auf Haltbarkeit, einfacher Wartung und modularer Wiederverwendung. Ingenieure entwerfen Module, die mehreren Flugzyklen standhalten, indem sie verschleißresistente Materialien und vereinfachte Bergungssysteme einsetzen.

Das modulare Design basiert auf der Standardisierung von Komponenten, was tiefgreifende Auswirkungen auf die Fertigung hat. Anstatt für jede Mission eine einzigartige Rakete zu bauen, produzieren Hersteller standardisierte Module – etwa Treibstofftanks, Triebwerke oder Strukturbauteile – in Serie. Diese Vorgehensweise ermöglicht Skaleneffekte, verkürzt die Entwicklungszeit und reduziert Produktionskosten.

Abbildung 37: Modularer Aufbau. SpaceX, CC0, über Pexels.

Standardisierte Module vereinfachen die Montage, da Ingenieure vorgefertigte Komponenten schnell und effizient integrieren können. So verwendet beispielsweise die Electron-Rakete von Rocket Lab modulare Bauteile, von denen viele mithilfe fortschrittlicher Verfahren wie dem 3D-Druck hergestellt werden. Der Einsatz von 3D-gedruckten Komponenten ermöglicht eine schnelle, wiederholbare Produktion bei gleichzeitiger Wahrung von Präzision und Konsistenz über alle Module hinweg. Solche Innovationen machen es möglich, Raketen schneller und kostengünstiger zu fertigen und so der wachsenden Nachfrage nach Satellitenstarts und kommerziellen Missionen gerecht zu werden.

Die Standardisierung vereinfacht zudem die Qualitätskontrolle und die Testverfahren. Da jedes Modul identisch ist, können Prüfprozesse einheitlich angewendet werden, was die Zuverlässigkeit erhöht und das Ausfallrisiko verringert. Dieser Ansatz verbessert die Skalierbarkeit, da Hersteller Raketen in größeren Stückzahlen produzieren können, ohne Einbußen bei Leistung oder Sicherheit hinnehmen zu müssen.

Modulare Systeme vereinfachen die Wartung und Aufrüstung erheblich, da einzelne Komponenten isoliert, inspiziert und ersetzt werden können, ohne die gesamte Rakete zu zerlegen. Dies ist besonders wertvoll für wiederverwendbare Raketen, bei denen Komponenten nach dem Flug geborgen und gewartet werden müssen. Ingenieure können abgenutzte oder beschädigte Module schnell identifizieren, sie austauschen und die Rakete für den nächsten Start vorbereiten. Dieser modulare Ansatz reduziert die Stillstandszeiten und ermöglicht eine schnellere Wiederverfügbarkeit der Rakete für nachfolgende Missionen.

Grundlagen des Raketenbaus und der Konstruktion

Darüber hinaus können modulare Komponenten individuell aufgerüstet werden, wenn sich die Technologie weiterentwickelt. So können verbesserte Triebwerke, leichtere Treibstofftanks oder modernisierte Avioniksysteme in ein bestehendes Raketendesign integriert werden, ohne das gesamte Fahrzeug neu konstruieren zu müssen. Diese schrittweise Aufrüstbarkeit verbessert die langfristige Leistungsfähigkeit und Wettbewerbsfähigkeit modularer Raketen. Ein bemerkenswertes Beispiel ist die Falcon 9 von SpaceX, die im Laufe der Zeit mehrere Upgrades (z. B. die Version „Block 5") erhalten hat, während ihre modulare Architektur beibehalten wurde. Solche iterativen Verbesserungen sind innerhalb eines modularen Rahmens kosteneffizient und technisch realisierbar.

Der modulare Ansatz verändert grundlegend, wie Raketen entworfen, gebaut und betrieben werden. Er ermöglicht eine klare Arbeitsteilung, bei der spezialisierte Teams die Entwicklung bestimmter Module übernehmen. Module können parallel gefertigt werden, was die Gesamtkonstruktionszeit erheblich verkürzt. So können beispielsweise die Erststufe, Oberstufe und Nutzlastverkleidung unabhängig voneinander gebaut und getestet werden, bevor sie zu einer vollständigen Trägerrakete integriert werden.

Darüber hinaus vereinfacht die Modularität die Montage am Startplatz. Vorgeprüfte Module werden zur Startanlage transportiert und in einem optimierten Montageprozess zusammengesetzt, wodurch die Komplexität und das Risiko vor Ort deutlich reduziert werden. Dieser modulare Arbeitsablauf ist insbesondere für kommerzielle Startanbieter von Vorteil, die häufige und zuverlässige Starts gewährleisten müssen.

Umweltaspekte: Hitze-, Vibrations- und Vakuumeinflüsse

Der Raketenentwurf und -bau müssen extreme Umweltbedingungen während der gesamten Mission berücksichtigen – von der Zündung auf der Erde bis zu den harschen Bedingungen des Weltraums. Faktoren wie enorme Hitze, starke Vibrationen und die Auswirkungen des Vakuums stellen höchste Anforderungen an die strukturelle Integrität, die Materialwahl und die Gesamtsysteme der Rakete. Werden diese Bedingungen nicht ausreichend berücksichtigt, kann dies die Mission gefährden, strukturelle Schäden verursachen oder empfindliche Nutzlasten beschädigen.

Hitzeeinflüsse

Der Raketenbau steht vor erheblichen Herausforderungen bei der Bewältigung extremer Temperaturen, die in den verschiedenen Betriebsphasen auftreten [144, 145]. Die Hauptquellen der Wärme sind die Verbrennung im Triebwerk, die aerodynamische Erwärmung während des atmosphärischen Fluges und der Wiedereintritt in die Erdatmosphäre bei wiederverwendbaren Raketen [144].

Während des Starts erzeugen die Raketentriebwerke enorme Hitze – die Temperaturen in der Brennkammer können je nach Brennstoff und Oxidator zwischen 3000 und 6000 °C erreichen [144].

Materialien wie Inconel, Titanlegierungen oder regenerativ gekühlte Kupferkammern müssen diesen extremen Bedingungen standhalten, ohne zu schmelzen oder sich zu verformen [144]. Ingenieure nutzen thermische Managementsysteme wie die regenerative Kühlung, bei der kryogener Treibstoff um die Triebwerksdüse geleitet wird, um Wärme aufzunehmen, bevor er verbrannt wird [144].

Beim Aufstieg durch die Atmosphäre führen die hohe Geschwindigkeit und die Reibung mit Luftmolekülen zu Kompressions- und Reibungshitze an der Außenhaut [144]. Diese Erwärmung ist am stärksten während des Max-Q, des Punktes des maximalen dynamischen Drucks [144]. Hitzebeständige Materialien wie Ablativbeschichtungen oder Carbon-Carbon-Verbundstoffe schützen die Struktur vor thermisch bedingter Schwächung [144].

Bei wiederverwendbaren Raketen oder Raumfahrzeugen erzeugt der Wiedereintritt extreme Temperaturen durch Luftreibung und Kompression [144, 145]. Fahrzeuge wie die Falcon 9 von SpaceX oder die Orion-Kapsel der NASA nutzen fortschrittliche Thermalschutzsysteme (TPS) [144, 145], etwa ablative Materialien, Keramikkacheln oder verstärkte Carbon-Carbon-Schilde, die Wärme ableiten und die Struktur schützen [144, 145].

Die Bewältigung thermischer Belastungen erfordert sorgfältige Materialauswahl und umfassende Tests, um Verformung, Rissbildung oder Versagen kritischer Komponenten zu verhindern [144, 145]. Forschungen untersuchen Effekte von Oberflächenunregelmäßigkeiten, chemischen Reaktionen und mikrostrukturellen Veränderungen unter thermischer Belastung [144, 145]. Numerische Simulationen und experimentelle Methoden wie Lichtbogen-Windtunneltests sind entscheidend für die Bewertung der Wirksamkeit von Thermalschutzsystemen [145-147].

Vibrationseinflüsse

Vibrationen während des Raketenstarts und des Fluges stellen eine kritische Herausforderung dar. Sie entstehen hauptsächlich durch Triebwerkschub, Verbrennungsinstabilitäten und aerodynamische Kräfte [148, 149].

- *Triebwerksinduzierte Vibrationen:* Der starke Schub erzeugt Schwingungen, die sich durch die gesamte Struktur ausbreiten. Verbrennungsinstabilitäten – Druckschwankungen in der Brennkammer – können diese Schwingungen verstärken und empfindliche Systeme gefährden. Zur Dämpfung werden Triebwerke optimiert und Dämpfungssysteme oder Prallbleche eingebaut, um die Verbrennung zu stabilisieren [149, 150].

- *Aerodynamische Kräfte:* Während des Aufstiegs verursachen Wechselwirkungen mit der Luft Oszillationen und Flattern, insbesondere an dünnen oder hervorstehenden Teilen wie Flossen und Verkleidungen. Durch aerodynamische Formgebung und strukturverstärkende Stützen werden Schäden durch Flattern verhindert [151, 152].

- *Resonanz und Materialermüdung:* Wenn Schwingungen mit der Eigenfrequenz der Rakete oder einzelner Bauteile übereinstimmen, kann Resonanz auftreten, was Schwingungen verstärkt und zu katastrophalen Ausfällen führt. Ingenieure führen Modalanalysen durch, um Eigenfrequenzen zu

Grundlagen des Raketenbaus und der Konstruktion

identifizieren und Resonanz zu vermeiden. Verstrebungen, Rippen und Schwingungsdämpfer werden in kritische Bereiche integriert, um Stabilität zu gewährleisten [153, 154].

Vibrationstests sind ein fester Bestandteil des Raketenbaus. Auf speziellen Vibrationstischen werden Startbedingungen simuliert, um die Widerstandsfähigkeit der Struktur zu prüfen. Empfindliche Nutzlasten wie Satelliten oder wissenschaftliche Instrumente werden durch Stoßdämpfer und Isolatoren geschützt, um mechanische Belastungen zu reduzieren [155, 156].

Vakuumeinflüsse

Beim Übergang von der Erdatmosphäre in den Weltraum treten die besonderen Herausforderungen des Vakuums auf. Diese erfordern spezielle Konstruktions- und Materiallösungen, um die Funktionsfähigkeit der Systeme sicherzustellen:

– *Materialausgasung:* In einem Vakuum können Materialien eingeschlossene Gase freisetzen (Outgassing) [134]. Dies kann empfindliche Nutzlasten wie optische Linsen oder Elektronik verunreinigen. Daher werden niedrig ausgasende Materialien (z. B. spezielle Epoxide, Polymere und Klebstoffe) verwendet, die den NASA- oder ESA-Standards entsprechen [134].

– *Thermoregulierung:* Im Weltraum erfolgt Wärmetransport fast ausschließlich durch Strahlung, da keine Luft für Wärmeleitung oder Konvektion vorhanden ist [157]. Bereiche in direktem Sonnenlicht können sich stark aufheizen, während beschattete Zonen auf kryogene Temperaturen abkühlen. Ingenieure setzen Thermalbeschichtungen, Mehrschichtisolierungen (MLI) und Radiatoren ein, um Temperaturunterschiede auszugleichen [157].

– *Strukturelle Aspekte:* Ohne atmosphärischen Druck sinken die äußeren Belastungen, während innere Druckdifferenzen bestehen bleiben [158]. Treibstofftanks und Drucksysteme müssen stabil bleiben; daher werden dünnwandige Tanks aus Aluminium-Lithium-Legierungen eingesetzt, um Gewicht und Festigkeit auszugleichen [158].

– *Triebwerkseffizienz:* Raketentriebwerke arbeiten im Vakuum effizienter, da kein atmosphärischer Gegendruck besteht [159]. Deshalb besitzen Oberstufentriebwerke größere Düsen, um die Abgase optimal zu expandieren. Dies erhöht den spezifischen Impuls (Kraftstoffeffizienz) und den Schub [159].

– *Komponenten Zuverlässigkeit:* Schmierstoffe können im Vakuum verdampfen oder gefrieren, und Elektronik kann durch Strahlungseinwirkung ausfallen [160]. Daher werden vakuumgeeignete Schmiermittel, strahlungsgehärtete Elektronik und hermetisch abgedichtete Systeme eingesetzt, um die Zuverlässigkeit über lange Missionsdauern zu gewährleisten [160].

Richard Skiba

Grundlagen des Raketenbaus und der Konstruktion

Kapitel 5
Raketentypen

Raketenentwickler treffen eine strategische Entscheidung zwischen Einstufen- und Mehrstufenraketen auf der Grundlage der Missionsziele, der technischen Anforderungen und der Wirtschaftlichkeit des Trägersystems. Beide Konstruktionsarten bieten spezifische Vor- und Nachteile, die sorgfältig abgewogen werden, um die jeweiligen Missionsanforderungen zu erfüllen. Im Folgenden sind die wichtigsten Überlegungen dargestellt, die diese Entscheidung beeinflussen:

Missionsziele und Leistungsanforderungen: Der entscheidende Faktor bei der Wahl zwischen einer Einstufen- und einer Mehrstufenrakete sind die Leistungsanforderungen der Mission, einschließlich der Nutzlastmasse, der Zielbahn und des erforderlichen Δv (Geschwindigkeitsänderung). Das Erreichen des niedrigen Erdorbits (LEO) oder interplanetarer Ziele erfordert extrem hohe Geschwindigkeiten, die für Einstufenraketen aufgrund der Grenzen der Raketengrundgleichung nur schwer erreichbar sind. Mehrstufenraketen sind hier im Vorteil, da sie überflüssige Masse (verbrannte Stufen) während des Aufstiegs abwerfen, sodass jede folgende Stufe effizienter arbeiten kann. Für Missionen mit geringeren Geschwindigkeitsanforderungen oder kleineren Nutzlasten – etwa suborbitale Flüge oder leichte Satelliten – können Einstufenraketen ausreichend sein. Diese einfacheren Konstruktionen reduzieren die betriebliche Komplexität und die Herstellungskosten und sind daher besonders für Forschungs- oder Bildungszwecke attraktiv.

Masse- und Effizienzüberlegungen: Eine entscheidende Einschränkung von Einstufenraketen ist ihr Verhältnis von Nass- zu Trockengewicht, das durch die Ziolkowski-Raketengleichung bestimmt wird. Um eine Umlaufgeschwindigkeit zu erreichen, benötigt eine Einstufenrakete einen extrem hohen Anteil an Treibstoff im Verhältnis zur Trockenmasse (Struktur, Triebwerke, Nutzlast). Dadurch bleibt nur wenig Kapazität für die eigentliche Nutzlast, insbesondere bei schweren Nutzlasten oder höheren Umlaufbahnen.
Mehrstufenraketen lösen dieses Problem, indem sie das erforderliche Δv in mehrere Abschnitte aufteilen. Jede Stufe ist für ihre jeweilige Flugphase optimiert, und verbrauchte Stufen werden abgeworfen, um unnötiges Gewicht zu vermeiden. Dies führt zu einer höheren Gesamteffizienz und einer größeren Nutzlastkapazität, was besonders bei energieintensiven Missionen – etwa zu geostationären Orbits oder interplanetaren Zielen – von Vorteil ist.

Komplexität vs. Einfachheit: Einstufenraketen sind einfacher zu konstruieren, zu fertigen und zu betreiben, da sie keine Stufentrennungssysteme benötigen. Diese Einfachheit verringert die Ausfallwahrscheinlichkeit bei Trennungsereignissen und macht Einstufenraketen für bestimmte Missionen zuverlässiger. Zudem verfügen sie über weniger bewegliche Teile, was Wartungs- und Produktionskosten reduziert.

Mehrstufenraketen hingegen sind zwar effizienter, aber auch komplexer. Trennungs- und Zündvorgänge der Oberstufen stellen kritische Punkte dar, an denen Fehler auftreten können. Entwickler müssen daher robuste Systeme einbauen, um sichere und zuverlässige Übergänge zwischen den Stufen zu gewährleisten. Diese Komplexität erhöht sowohl die Entwicklungszeit als auch die Betriebskosten, wird jedoch durch die höhere Nutzlastkapazität und Leistungsfähigkeit bei anspruchsvollen Missionen mehr als ausgeglichen.

Kostenaspekte: Kosten sind ein entscheidender Faktor bei der Wahl des Raketentyps. Einstufenraketen verursachen geringere Entwicklungs- und Fertigungskosten, da sie weniger Komponenten und weniger anspruchsvolle Technologie erfordern. Sie sind daher ideal für kostensensitive Missionen mit begrenzten Leistungsanforderungen, wie suborbitale Forschungsflüge oder Ausbildungsexperimente.

Mehrstufenraketen sind in der Entwicklung und Herstellung teurer, bieten aber auf lange Sicht höhere Wirtschaftlichkeit für leistungsstarke Missionen. Durch die Optimierung jeder Stufe für ihre spezifische Flugphase können größere Nutzlasten befördert oder höhere Orbits erreicht werden, wodurch die Kosten pro Kilogramm Nutzlast sinken. Moderne Fortschritte bei wiederverwendbaren Stufen – wie bei SpaceX' Falcon 9 – haben die Wirtschaftlichkeit von Mehrstufenraketen zusätzlich verbessert.

Wiederverwendbarkeit und Nachhaltigkeit: Der Trend zu nachhaltiger Raumfahrt hat die Entscheidung zwischen Einstufen- und Mehrstufenraketen ebenfalls beeinflusst. Wiederverwendbare Einstufenraketen – sogenannte Single-Stage-to-Orbit (SSTO)-Konzepte – könnten die Raumfahrt revolutionieren, da sie keine abwerfbaren Stufen benötigen würden. Bisher konnte jedoch noch kein praktikables SSTO-Design realisiert werden, da die Leistungsanforderungen extrem hoch sind.

Wiederverwendbare Mehrstufenraketen wie die Falcon 9 oder Starship haben dagegen ihre wirtschaftliche und technische Machbarkeit bereits unter Beweis gestellt. Durch die Bergung und Wiederverwendung der unteren Stufen werden die Kosten erheblich gesenkt, während die Effizienzvorteile der Stufentrennung erhalten bleiben. Diese Kombination aus Wiederverwendbarkeit und Leistungsfähigkeit macht Mehrstufenraketen heute zur bevorzugten Wahl für moderne Raumfahrtmissionen.

Klassifizierung von Raketen nach Typ

Raketen können nach mehreren Kriterien klassifiziert werden, darunter Treibstoffart, Stufenkonfiguration, Missionsziele, Startumgebung, Wiederverwendbarkeit und Größe bzw. Nutzlastkapazität. Diese Klassifizierungen bilden einen Rahmen für das Verständnis der vielfältigen Raketentypen, die in militärischen, wissenschaftlichen und kommerziellen Anwendungen eingesetzt werden. Im Folgenden wird eine detaillierte Übersicht über die wichtigsten Kategorien gegeben, nach denen Raketen eingeteilt werden [103, 161-163].

Grundlagen des Raketenbaus und der Konstruktion

1. Nach Treibstoffart

Die Art des verwendeten Treibstoffs hat erheblichen Einfluss auf Leistung, Kosten und Konstruktion einer Rakete. Nach ihrem Antriebssystem lassen sich Raketen in folgende Hauptgruppen einteilen:

- **Feststoffraketen:** Diese Raketen verwenden eine feste Mischung aus Brennstoff und Oxidator, die in eine bestimmte Form gegossen wird. Feststoffraketen sind einfach, zuverlässig und können einen hohen Schub erzeugen, was sie für militärische Anwendungen, Startbooster und kleinere Nutzlastmissionen geeignet macht. Beispiele sind die Feststoffbooster (SRBs) des Space Shuttles oder militärische Raketen wie die Minuteman III.

- **Flüssigtreibstoffraketen:** Diese Raketen verwenden flüssigen Brennstoff und Oxidator, die in getrennten Tanks gelagert, im Brennraum gemischt und gezündet werden. Sie bieten hohe Effizienz und Steuerbarkeit und sind daher ideal für Raumfahrt- und Orbitalmissionen. Unterteilt werden sie in:
    - **Kryogene Raketen** (z. B. mit flüssigem Wasserstoff und flüssigem Sauerstoff, wie bei den Haupttriebwerken des Space Shuttles).
    - **Hypergolische Raketen** (z. B. Treibstoff-Oxidator-Kombinationen, die sich beim Kontakt selbst entzünden, wie im Apollo-Landemodul).

- **Hybridraketen:** Diese kombinieren festen Brennstoff mit einem flüssigen oder gasförmigen Oxidator. Sie verbinden die Einfachheit von Feststoffraketen mit der Steuerbarkeit von Flüssigraketen. Beispiele sind Virgin Galactic's SpaceShipTwo und verschiedene experimentelle Trägersysteme.

- **Elektrische Raketen:** Elektrische Antriebe wie Ionentriebwerke oder Hall-Effekt-Triebwerke nutzen elektrische Energie, um geladene Teilchen zu beschleunigen. Sie erzeugen nur geringen Schub, arbeiten aber sehr effizient und werden vor allem für Weltraummanöver, etwa bei Satelliten oder Tiefraummissionen, eingesetzt.

2. Nach Stufenkonfiguration

Die Anzahl der Raketenstufen beeinflusst das Design und den Missionsablauf. Jede Stufe ist ein eigenständiger Abschnitt, der nach Verbrauch seines Treibstoffs abgetrennt wird.

- **Einstufenraketen:** Diese bestehen aus nur einer Stufe, die alle Treibstoffe und die Nutzlast trägt. Sie sind einfacher und zuverlässiger, bieten jedoch begrenzte Leistung und werden meist für suborbitale Missionen oder kleine Nutzlasten verwendet.

- **Mehrstufenraketen:** Diese verwenden zwei oder mehr Stufen, die jeweils eigene Triebwerke und Treibstoffvorräte besitzen. Verbrauchte Stufen werden während des Fluges abgeworfen, um Gewicht zu sparen. Übliche Konfigurationen sind:

- **Zweistufige Raketen (TSTO)** – für Nutzlasttransporte in den niedrigen Erdorbit (LEO).

- **Dreistufige Raketen** – für höhere Orbits oder interplanetare Missionen.

- **Vierstufige Raketen** – selten, aber für Missionen mit extremen Geschwindigkeitsanforderungen, etwa zum Verlassen der Erdgravitation.

3. Nach Missionszielen

Raketen werden auch nach ihrem Zweck klassifiziert, was Konstruktion und Nutzlastgestaltung beeinflusst.

- **Militärische Raketen:** Entwickelt für Verteidigungs- und Angriffsaufgaben, darunter ballistische Raketen und Abfangsysteme. Beispiele: ICBMs wie die Trident II.

- **Wissenschaftliche Raketen:** Diese dienen der Forschung und Erkundung. Unterkategorien sind:
    - **Forschungsraketen (Sounding Rockets):** Kleine Raketen zur Untersuchung der Atmosphäre und suborbitaler Phänomene.
    - **Weltraumerkundungsraketen:** Trägersysteme wie die Saturn V oder das Space Launch System (SLS) für interplanetare Missionen.

- **Kommerzielle Raketen:** Für wirtschaftliche Zwecke wie Satellitenstarts, Weltraumtourismus oder Frachtlieferungen zur ISS. Beispiele: SpaceX Falcon 9 und Rocket Lab Electron.

- **Experimentelle Raketen:** Entwickelt, um neue Technologien, Antriebe oder aerodynamische Konzepte zu testen. Beispiele: Blue Origins New Shepard und SpaceX Starship-Prototypen.

4. Nach Startumgebung

Die Umgebung, aus der eine Rakete startet, bestimmt ihr Design und ihre Klassifizierung.

- **Bodenstart-Raketen:** Werden von festen Startplätzen aus gestartet, z. B. von Raumfahrtzentren. Beispiele: Falcon 9 und Atlas V.

- **Luftgestützte Raketen:** Diese werden von Flugzeugen in großer Höhe gezündet, um Luftwiderstand zu verringern und Energie zu sparen. Beispiele: Northrop Grumman Pegasus und Virgin Orbit LauncherOne.

- **Seegestützte Raketen:** Starts von Schiffen oder Unterseebooten, die flexible Startorte ermöglichen. Beispiele: russische Shtil und Sea Launch Zenit-3SL.

Grundlagen des Raketenbaus und der Konstruktion

- **Weltraumgestützte Raketen:** Werden im All gezündet, z. B. von Raumsonden oder Satelliten, um höhere Orbits oder Fluchtbahnen zu erreichen.

5. Nach Wiederverwendbarkeit

Die moderne Raumfahrt legt zunehmend Wert auf Nachhaltigkeit und Kosteneffizienz durch Wiederverwendung.

- **Einweg-Raketen:** Traditionelle Systeme wie Delta IV und Ariane 5 sind nur für eine Mission ausgelegt; nach dem Start werden die Stufen verworfen.
- **Wiederverwendbare Raketen:** Systeme wie SpaceX Falcon 9 und Starship sind so konstruiert, dass Stufen nach der Landung geborgen, überholt und erneut eingesetzt werden können. Dies senkt die Startkosten erheblich.

6. Nach Größe und Nutzlastkapazität

Raketen werden auch nach ihrer physischen Größe und der maximalen Nutzlast klassifiziert, die sie transportieren können.

- **Kleine Raketen:** Für Nutzlasten unter 2.000 kg, z. B. Rocket Lab Electron und Astra Rocket 3.
- **Mittelschwere Raketen:** Für Nutzlasten zwischen 2.000 kg und 20.000 kg, z. B. Sojus oder SpaceX Falcon 9.
- **Schwerlastraketen:** Für Nutzlasten über 20.000 kg in den LEO, z. B. Delta IV Heavy und Ariane 5.
- **Superschwerlastraketen:** Für Nutzlasten über 50.000 kg, z. B. NASA SLS und SpaceX Starship.

Raketen werden nach Treibstoffart, Stufenkonfiguration, Missionsziel, Startumgebung, Wiederverwendbarkeit und Größe klassifiziert. Jeder Typ erfüllt eine spezifische Rolle – sei es in der Weltraumforschung, der Verteidigung oder der kommerziellen Raumfahrt. Durch sorgfältige Analyse der Missionsanforderungen und technischen Rahmenbedingungen wählen Ingenieure den passenden Raketentyp, um Leistung und Wirtschaftlichkeit zu optimieren. Dieses Klassifizierungssystem verdeutlicht die Vielfalt und Spezialisierung der modernen Raketentechnik und ermöglicht maßgeschneiderte Lösungen für unterschiedlichste Anwendungen.

Einstufen- und Mehrstufenraketen

Der Hauptunterschied zwischen Einstufen- und Mehrstufenraketen besteht darin, dass Mehrstufenraketen die hohen Geschwindigkeiten erreichen können, die für Raumflüge erforderlich sind, während Einstufenraketen dabei auf erhebliche technische und physikalische Grenzen stoßen.

Mehrstufenraketen bestehen aus mehreren Stufen, die nacheinander zünden, wobei jede Stufe nach dem Verbrauch ihres Treibstoffs abgeworfen wird. Dieses Design reduziert das Gewicht der Rakete während des Aufstiegs und ermöglicht so das Erreichen der für den Orbitalflug notwendigen Geschwindigkeit [164, 165]. Mehrstufenraketen sind komplexer in Konstruktion und Betrieb als Einstufenraketen, da präzises Timing zwischen den Stufen entscheidend ist [164, 165].

Im Gegensatz dazu sind Einstufen-zum-Orbit-Fahrzeuge (SSTO, Single-Stage-to-Orbit) so konzipiert, dass sie den Orbit erreichen, ohne während des Fluges Hardware abzuwerfen. Allerdings hat bislang kein von der Erde gestartetes SSTO-Fahrzeug erfolgreich einen Orbit erreicht [166, 167]. Die physikalischen Herausforderungen bei der Konstruktion eines vollständig wiederverwendbaren SSTO-Systems werden durch die enge Wechselwirkung zahlreicher technischer Disziplinen verstärkt – nahezu jede Designentscheidung in einem Teilsystem beeinflusst das Gesamtsystem erheblich [164, 168].

Viele wissenschaftliche Arbeiten haben die Schwierigkeiten bei der Entwicklung eines praktikablen SSTO-Systems diskutiert [164, 167-171]. Ein zentrales Problem besteht darin, dass das Erreichen des Orbits mit einem rein chemischen Antrieb in einer einstufigen Rakete nur theoretisch an der Leistungsgrenze möglich ist [172]. Um diese Hürde zu überwinden, wurden verschiedene Ansätze untersucht, etwa die Verwendung von vorgekühlten luftatmenden Triebwerken, die in den oberen Flugphasen in den Raketenmodus wechseln [172], oder der Start von Hochgebirgs- oder Höhenplattformen, um den Energiebedarf zu verringern [173].

Im Gegensatz dazu sind Mehrstufenraketen eine bewährte und realisierbare Methode, um die für Raumflüge erforderlichen Geschwindigkeiten zu erreichen [164, 165, 169, 170]. Durch das Abwerfen verbrauchter Stufen wird das Gewicht der Rakete reduziert, was eine effizientere Beschleunigung und höhere Endgeschwindigkeit ermöglicht [164, 165].

Eine Mehrstufenrakete – auch Stufenrakete genannt – besteht aus zwei oder mehr Stufen, die jeweils über eigene Triebwerke und Treibstoffvorräte verfügen. Diese Stufen können entweder seriell (übereinander angeordnet) oder parallel (nebeneinander mit Zusatzboostern) konfiguriert sein. Im Prinzip ist eine Mehrstufenrakete eine Kombination mehrerer kleiner Raketen, die nacheinander oder gleichzeitig gezündet werden. Während Zweistufensysteme am häufigsten sind, wurden auch Raketen mit bis zu fünf Stufen erfolgreich gestartet – ein Beleg für die Vielseitigkeit und technische Komplexität dieses Prinzips.

Der größte Vorteil einer Mehrstufenrakete liegt in ihrer Fähigkeit, Masse während des Fluges abzuwerfen. Sobald eine Stufe ihren Treibstoff verbraucht hat, wird sie abgetrennt, wodurch die restliche Rakete erheblich leichter wird. Diese Gewichtsreduzierung ermöglicht es den verbleibenden Stufen, eine höhere Beschleunigung und Effizienz zu erreichen. Zudem kann jede Stufe für die jeweiligen atmosphärischen Bedingungen optimiert werden: Die erste Stufe ist für maximale

Grundlagen des Raketenbaus und der Konstruktion

Schubkraft im dichten unteren Atmosphärenbereich ausgelegt, während die oberen Stufen für den Einsatz in dünner Luft oder im Vakuum mit größeren Düsen und hocheffizienten Triebwerken konzipiert sind.

Beim seriellen Staging sind die Stufen vertikal angeordnet, wobei die größte und leistungsstärkste Stufe unten liegt. Diese zündet zuerst und hebt die Rakete vom Boden ab. Nach Verbrauch des Treibstoffs wird sie abgetrennt, und die nächste Stufe übernimmt den weiteren Aufstieg. In manchen fortgeschrittenen Systemen wird die obere Stufe bereits gezündet, bevor die untere abgetrennt ist – eine Methode, die als Heißstufung (Hot Staging) bezeichnet wird. Dadurch kann die Trennung stabilisiert und der mechanische Aufwand reduziert werden.

Beim parallelen Staging hingegen werden zusätzliche Booster – oft als „Stufe 0" bezeichnet – seitlich an der Hauptstufe angebracht. Diese werden gleichzeitig mit der ersten Stufe gezündet und liefern zusätzlichen Schub während des Starts. Nach Verbrauch ihres Treibstoffs werden sie mittels Sprengbolzen oder Trennladungen abgeworfen. Dieses Verfahren wird vor allem bei Schwerlastraketen eingesetzt, um größere Nutzlasten zu transportieren.

Die Stufentrennung ist ein kritischer Vorgang, der präzise Steuerung erfordert. Mechanismen wie Sprengbolzen, pneumatische Abstoßsysteme oder pyrotechnische Trennvorrichtungen sorgen dafür, dass sich die Stufen sauber lösen, ohne die verbleibende Struktur zu beschädigen. Jede Zünd- und Trennsequenz wird sorgfältig abgestimmt, um die Flugbahn und Stabilität der Rakete zu gewährleisten.

Mehrstufenraketen sind die einzigen Systeme, die bisher Orbitalgeschwindigkeiten erreicht haben. Die Energie, die nötig ist, um die Erdgravitation zu überwinden und in eine Umlaufbahn einzutreten, liegt weit über den Möglichkeiten von Einstufenraketen. Obwohl SSTO-Konzepte wegen ihrer Einfachheit und potenziellen Wiederverwendbarkeit weiterhin untersucht werden, ist ihre praktische Umsetzung bislang nicht gelungen. Mehrstufenraketen bilden daher das Rückgrat der modernen Raumfahrt und Satellitentechnik.

Mehrstufenraketen sind ingenieurtechnische Meisterwerke, $\Delta v = v_e \ln\left(\frac{m_0}{m_f}\right)$, die die Grenzen der klassischen Raketengleichung überwinden. Diese beschreibt den Zusammenhang zwischen Geschwindigkeitsänderung (Δv), Masse und Abgasgeschwindigkeit eines Triebwerks. Um hohe Δv-Werte zu erreichen, müsste eine Einstufenrakete ein extrem hohes Treibstoff-zu-Trockenmasse-Verhältnis aufweisen – ein Verhältnis, das durch Materialgrenzen und strukturelle Anforderungen praktisch nicht erreichbar ist. Mehrstufenraketen lösen dieses Problem, indem sie den erforderlichen Δv in Teilabschnitte auf verschiedene Stufen aufteilen.

Jede Stufe besitzt ihr eigenes Antriebssystem und ihren eigenen Treibstoffvorrat. Nach dem Verbrauch wird die leere Struktur abgeworfen, wodurch die nachfolgenden Stufen mit höherer Effizienz arbeiten können. Jede Stufe kann zudem auf die spezifischen Anforderungen ihres Einsatzbereichs hin optimiert werden – vom starken Startschub in Bodennähe bis zur hocheffizienten Beschleunigung im Vakuum.

Trotz ihrer Vorteile erhöhen Mehrstufenraketen die technische Komplexität des Konstruktionsprozesses. Zuverlässige Trennsysteme, Zündsequenzen und Schnittstellen müssen präzise aufeinander abgestimmt werden. Fehler bei der Stufentrennung oder Zündung können den gesamten Flug gefährden. Dennoch überwiegen die Vorteile – insbesondere geringere Masse, optimierte Triebwerksauslegung und höhere Effizienz – bei weitem, weshalb Mehrstufenraketen bis heute der Standard in der Raumfahrttechnik sind.

Komponentenauswahl und Dimensionierung für Mehrstufenraketen

Die Auslegung und Dimensionierung von Raketenteilen sind grundlegende Schritte bei der Entwicklung einer funktionsfähigen und effizienten Mehrstufenrakete. Dieser Prozess umfasst die Berechnung der Treibstoffmasse, die Ermittlung des Strukturgewichts und die Balance zwischen Leistung und praktischen Aspekten wie Tankvolumen oder Fertigungsbeschränkungen. Die Saturn-Raketenfamilie, die das Apollo-Raumschiff zum Mond brachte, ist ein klassisches Beispiel dafür, wie präzise Berechnungen und ingenieurtechnische Kompromisse in der Raketenkonstruktion angewandt werden.

Berechnung der Treibstoffmasse: Der erste Schritt bei der Dimensionierung einer Rakete besteht in der Bestimmung der erforderlichen Treibstoffmenge für die Mission. Dies geschieht mithilfe der Raketengleichung:

$$I_{tot} = g \cdot I_{sp} \cdot m_{prop}$$

wobei I_{tot} der erforderliche Gesamtimpuls (in Newtonsekunden), g die Erdbeschleunigung und I_{sp} der spezifische Impuls des Raketentriebwerks ist. Diese Gleichung liefert die Treibstoffmasse, die notwendig ist, um den gewünschten Schub und die Geschwindigkeitsänderung (Δv) für die jeweilige Raketenstufe zu erzielen.

Sobald die Treibstoffmasse bestimmt ist, wird das Volumen durch Division der Masse durch die Dichte des Treibstoffs berechnet. Aus diesem Volumen ergeben sich die Tankanforderungen, die wiederum entscheidend für die Dimensionierung der Rakete und die Integration der Tanks in die Gesamtstruktur sind.

Abschätzung der Strukturmasse: Neben der Treibstoffmasse muss auch die Strukturmasse berücksichtigt werden – also die Masse der Triebwerke, Elektronik, Instrumente, Energieversorgungssysteme und anderer Komponenten. Während genaue Werte meist erst in späteren Entwicklungsphasen vorliegen, werden in frühen Entwurfsphasen Näherungswerte verwendet, zumeist über Masseanteile. Moderne Feststoffraketen bestehen typischerweise zu 91–94 % aus Treibstoff, der Rest entfällt auf Strukturanteile.

Grundlagen des Raketenbaus und der Konstruktion

Auch Resttreibstoff wird in die Berechnungen einbezogen – das sind die kleinen Mengen, die nach der Verbrennung in den Tanks verbleiben. Dieser Anteil wird häufig mit etwa 5 % der Gesamtmasse des Treibstoffs angesetzt.

Kleinere Komponenten wie Trennsysteme oder Sicherungsvorrichtungen werden in der Anfangsphase oft vernachlässigt, aber in detaillierten Designphasen berücksichtigt, um die Gesamtmasse zu präzisieren.

Flüssige Zweikomponentensysteme: Komplexer wird die Konstruktion bei bipropellanten Flüssigraketensystemen, die zwei getrennte Tanks benötigen – einen für den Brennstoff und einen für das Oxidationsmittel. Das Verhältnis zwischen beiden wird durch das Mischungsverhältnis (Mixture Ratio) beschrieben:

$$R = \frac{m_{ox}}{m_{fuel}}$$

wobei m_{ox} die Masse des Oxidators und m_{fuel} die Masse des Brennstoffs ist. Das Mischungsverhältnis beeinflusst sowohl die Tankgrößen als auch den spezifischen Impuls der Rakete.

Ein optimales Mischungsverhältnis erfordert die Abwägung zwischen Leistung und praktischer Umsetzbarkeit. So kann das Verhältnis angepasst werden, um gleich große Tanks zu erhalten, was Fertigung und Integration vereinfacht, auch wenn dies eine geringfügige Reduktion der Effizienz bedeutet. Umgekehrt kann bei der Verwendung von niederdichten Treibstoffen (z. B. flüssigem Wasserstoff) ein oxidatorreiches Verhältnis gewählt werden, um das erforderliche Tankvolumen zu verringern – auf Kosten einer geringeren Triebwerksleistung.

Konstruktive Kompromisse bei der Tankauslegung: Die Wahl des Treibstoffs und des Oxidators bestimmt die Tankgeometrie und die Gesamtarchitektur der Rakete. Flüssiger Wasserstoff erfordert aufgrund seiner geringen Dichte deutlich größere Tanks. Dichtere Treibstoffe wie RP-1 (raffiniertes Kerosin) benötigen kleinere Tanks, erfordern jedoch stärkere Strukturen, um den höheren Startbelastungen standzuhalten.

Ingenieure müssen hierbei Fertigungs- und Integrationsaspekte berücksichtigen: Gleich große Tanks sind einfacher zu bauen und zu montieren, können aber leichte Leistungseinbußen verursachen, wenn das ideale Mischungsverhältnis geopfert wird. Die endgültige Entscheidung spiegelt stets einen Kompromiss zwischen Effizienz und Fertigungstauglichkeit wider.

Balance zwischen Effizienz und Praktikabilität: Die Dimensionierung einer Rakete ist letztlich ein Optimierungsproblem zwischen Leistung, Fertigungsaufwand und Missionsanforderungen. Das Ziel besteht darin, das Verhältnis von Strukturmasse, Treibstoffmasse und Nutzlast so zu gestalten, dass die Rakete ihre Zielparameter innerhalb physikalischer und wirtschaftlicher Grenzen erreicht.

Moderne Entwicklungsprozesse nutzen dafür numerische Modelle und Simulationen, um die Wechselwirkungen und Zielkonflikte zwischen Strukturfestigkeit, Tankgröße, Treibstoffdichte und spezifischem Impuls präzise zu analysieren.

Beispiel: Saturn-Raketen

Die Saturn-Raketen veranschaulichen diese Prinzipien eindrucksvoll. Ihre Konstrukteure berechneten sorgfältig Treibstoffmengen, Strukturanteile und Mischungsverhältnisse für jede Stufe. Durch die Verwendung getrennter Tanks für flüssigen Wasserstoff und flüssigen Sauerstoff, optimierte Mischungsverhältnisse und modulare Bauweise erreichte jede Stufe ihre spezifischen Missionsziele und trug zum Gesamterfolg des Apollo-Programms bei.

Die Komponentenauswahl und Dimensionierung ist ein entscheidender Teil des Raketenentwurfs. Sie erfordert präzise Berechnungen und durchdachte Abwägungen, um eine Balance zwischen Effizienz, Leistung und praktischer Umsetzbarkeit zu erreichen.

Von der Abschätzung der Treibstoffmasse über die Dimensionierung der Tanks bis zur Anpassung des Mischungsverhältnisses – jede Entscheidung beeinflusst die Struktur, Stabilität und Leistungsfähigkeit der Rakete. Durch die Kombination von mathematischer Genauigkeit und ingenieurtechnischem Feingefühl entstehen Trägersysteme, die sowohl leistungsfähig als auch wirtschaftlich sind – ein Beweis für die hohe Kunst der modernen Luft- und Raumfahrttechnik.

Optimale und eingeschränkte Stufung im Raketenentwurf

Das Design und die Konfiguration der Raketenstufen haben einen entscheidenden Einfluss auf die Leistung, Effizienz und Wirtschaftlichkeit eines Trägersystems. Zwei grundlegende Ansätze – die optimale Stufung und die eingeschränkte Stufung – dienen als Konstruktionsrahmen für Mehrstufenraketen. Während die optimale Stufung auf maximale Effizienz und Nutzlastausbeute abzielt, bietet die eingeschränkte Stufung eine vereinfachte Methodik für Konzept- oder Vorentwurfsphasen.

Maximierung der Nutzlasteffizienz (Optimale Stufung): Das Hauptziel der optimalen Stufung besteht darin, das Nutzlastverhältnis zu maximieren, also die größtmögliche Nutzlast bei minimaler nicht-nutzlastbezogener Masse (Struktur, Triebwerke, Treibstoff) in die Zielbahn zu bringen. Da die Startmasse direkt mit den Kosten einer Mission korreliert, ist Effizienz hier von zentraler Bedeutung.

Zur Erreichung dieser Effizienz werden mehrere Prinzipien angewendet:

- Frühere Stufen, die in der dichten Atmosphäre operieren, verwenden Triebwerke mit niedrigerem spezifischem Impuls (Isp), aber hohem Schub, um Schwerkraft- und Luftwiderstand effizient zu überwinden.

- Spätere Stufen, die in dünner Atmosphäre oder im Vakuum arbeiten, sind auf höheren Isp ausgelegt – sie opfern Schub zugunsten der Treibstoffeffizienz.

Grundlagen des Raketenbaus und der Konstruktion

Jede Stufe trägt einen angepassten Anteil zur Gesamtgeschwindigkeitsänderung (Δv) bei, wobei frühere Stufen aufgrund ihrer geringeren Effizienz einen kleineren Anteil liefern sollten.

Ein weiterer Aspekt der optimalen Stufung ist die abnehmende Größe der aufeinanderfolgenden Stufen. Da jede Stufe nicht nur die Nutzlast, sondern auch die Masse aller folgenden Stufen beschleunigen muss, verringert sich ihre Größe kaskadenartig mit jeder Stufe. Die Aufteilung der Δv-Anteile erfolgt in der Regel mithilfe analytischer Optimierungsverfahren oder iterativer Methoden, die Effizienz, Struktur und Missionsanforderungen ins Gleichgewicht bringen.

Das Gesamtnutzlastverhältnis einer Mehrstufenrakete ergibt sich als Produkt der individuellen Nutzlastverhältnisse der einzelnen Stufen:

$$\lambda = \prod_{i=1}^{n} \lambda_i$$

wobei n die Anzahl der Stufen ist. Ingenieur*innen beginnen typischerweise mit der obersten Stufe, deren Anfangsmasse als Nutzlast für die vorherige Stufe dient, und arbeiten sich dann schrittweise rückwärts durch das Design der Rakete.

Vereinfachte Annahmen (Eingeschränkte Stufung): Die eingeschränkte Stufung reduziert die Komplexität, indem sie annimmt, dass alle Stufen identische Eigenschaften besitzen – also denselben spezifischen Impuls, dieselbe Strukturquote und dasselbe Nutzlastverhältnis. Lediglich die Gesamtmasse jeder Stufe nimmt beim Aufstieg ab.

Diese Vereinfachung liefert keine optimalen Ergebnisse, erleichtert aber die Berechnung von Endgeschwindigkeit, Brenndauer, Brennhöhe und Stufenmasse erheblich. Dadurch eignet sich dieser Ansatz besonders für Konzeptstudien und Vorentwürfe.

Ein zentrales Ergebnis der eingeschränkten Stufung ist der Zusammenhang zwischen der Stufenzahl und der Endgeschwindigkeit: Je mehr Stufen hinzugefügt werden (bei gleichen Parametern), desto höher wird die erreichbare Geschwindigkeit. Da jede Stufe ihre Strukturmasse nach der Verbrennung abwirft, hat die nachfolgende Stufe weniger Masse zu beschleunigen.

Allerdings gilt das Gesetz des abnehmenden Nutzens: Mit zunehmender Stufenzahl werden die zusätzlichen Geschwindigkeitsgewinne immer geringer, bis sie sich asymptotisch einem Grenzwert annähern.

Praktische Beschränkungen: Obwohl die Theorie nahelegt, dass mehr Stufen höhere Geschwindigkeiten ermöglichen, verwenden reale Raketen selten mehr als drei Stufen. Jede zusätzliche Stufe erhöht die strukturelle Komplexität, das Gewicht und das Risiko von Fehlfunktionen (z. B. Trenn- oder Zündversagen). Zudem steigen Entwicklungs- und Fertigungskosten, während die Leistungsgewinne ab einem gewissen Punkt marginal bleiben.

Die optimale Stufung hingegen verlangt eine gezielte Abstimmung jeder Stufe auf die Missionsanforderungen und bietet die höchste Effizienz – insbesondere bei anspruchsvollen Missionen, etwa zu geostationären Umlaufbahnen oder interplanetaren Zielen.

Beide Ansätze erfüllen also unterschiedliche Funktionen:

- Optimale Stufung → maximale Effizienz, maßgeschneiderte Auslegung jeder Stufe.
- Eingeschränkte Stufung → vereinfachte Berechnungen, geeignet für frühe Designphasen.

Beide verdeutlichen die Abwägung zwischen Leistung, Komplexität und Kosten und unterstreichen die Notwendigkeit sorgfältiger Planung im Raketenentwurf.

Heißstufung (Hot-Staging) im Raketenentwurf und -betrieb

Die Heißstufung ist eine spezielle Art der Stufentrennung, bei der die Triebwerke der nächsten Stufe gezündet werden, bevor die vorherige Stufe vollständig abgetrennt ist. Im Gegensatz zur herkömmlichen Stufung, bei der die Zündung erst nach der Trennung erfolgt, gibt es hier eine kurze Überlappung der Triebwerksphasen.

Dieses Verfahren bietet Vorteile hinsichtlich Einfachheit, Effizienz und Nutzlastkapazität, bringt jedoch auch besondere technische Herausforderungen mit sich.

Beim Heißstaging wird die Leistung der ersten Stufe am Ende des Brennvorgangs gedrosselt, während die Triebwerke der nächsten Stufe bereits zünden. Die Restschubkraft der unteren Stufe unterstützt dabei den Trennvorgang und sorgt für eine nahtlose Übergabe des Schubs. Gleichzeitig hilft die Beschleunigung, die Treibstoffe in der nächsten Stufe am Tankboden zu stabilisieren, wodurch keine Ullage-Motoren (Treibstoff-Positionierungsraketen) erforderlich sind.

Vorteile des Heißstaging-Verfahrens

- **Reduzierte Stufentrennungskomplexität:** Der Schub der oberen Stufe unterstützt den Trennvorgang, wodurch auf zusätzliche pyrotechnische Trennsysteme oder Ullage-Motoren verzichtet werden kann.
- **Gewichts- und Kosteneinsparung:** Weniger mechanische Komponenten bedeuten weniger Ausfallrisiken und geringere Systemkomplexität.
- **Kontinuierliche Beschleunigung:** Da es keine „Schubpause" zwischen den Stufen gibt, bleibt die Beschleunigung gleichmäßiger, was die Gesamteffizienz leicht erhöht und höhere Nutzlasten ermöglicht.

Die Heißstufung wurde insbesondere in der sowjetischen und russischen Raumfahrt erfolgreich eingesetzt. Sojus- und Proton-M-Raketen nutzen dieses Verfahren regelmäßig, was seine Zuverlässigkeit bestätigt. Auch die N1-Mondrakete war für Heißstufung ausgelegt, obwohl ihre Testflüge scheiterten, bevor das System vollständig getestet werden konnte.

Optimale, eingeschränkte und Heißstufung repräsentieren drei bedeutende Ansätze im Stufendesign moderner Trägerraketen. Während optimale Stufung maximale Effizienz bietet, stellt eingeschränkte Stufung eine praktikable Vereinfachung in frühen Entwurfsphasen dar, und Heißstufung optimiert den

Grundlagen des Raketenbaus und der Konstruktion

Übergang zwischen Stufen im laufenden Betrieb. Zusammen bilden sie das Fundament für die Balance zwischen Leistung, Sicherheit und Wirtschaftlichkeit in der modernen Raketenentwicklung.

Abbildung 38: Eine Sojus-Trägerrakete startet das Raumschiff Sojus MS-11 vom Kosmodrom Baikonur in Kasachstan am Montag, den 3. Dezember 2018. Defense Visual Information Distribution Service, Public Domain, über National Archives and Defense Visual Information Distribution Service.

Die Titan-Raketenfamilie, beginnend mit der Titan II, integrierte ebenfalls das Prinzip der Heißstufung in ihr Design. Diese Anpassung ermöglichte es den Titan-Raketen, eine hohe Leistung und Zuverlässigkeit sowohl für zivile als auch für militärische Anwendungen zu erreichen. In jüngerer Zeit hat SpaceX seine Starship-Rakete nach dem ersten Testflug nachgerüstet, um Heißstufung einzuschließen. Damit wurde Starship nicht nur zur größten Rakete, die je Heißstufung verwendet hat, sondern auch zum ersten wiederverwendbaren Trägersystem, das diese Technik einsetzt – ein Beweis für ihr Potenzial zur Leistungssteigerung moderner, wiederverwendbarer Raketensysteme.

Trotz ihrer Vorteile bringt die Heißstufung spezifische technische Herausforderungen mit sich. Die Zündung der Triebwerke der nächsten Stufe, während die vorherige Stufe noch teilweise angebracht ist, erfordert eine sorgfältige thermische und strukturelle Kontrolle. Der Abgasstrahl der gezündeten Triebwerke kann die untere Stufe oder die Zwischenstruktur beschädigen. Um dies zu vermeiden, werden bei Raketen mit Heißstufung häufig Schutzmaßnahmen eingesetzt – beispielsweise

Hitzeschilde oder belüftete Zwischenstrukturen, die die Abgase von empfindlichen Komponenten ableiten.

Darüber hinaus muss das Timing von Zündung und Stufentrennung präzise gesteuert werden. Eine zu frühe Zündung kann strukturelle Schäden verursachen, während eine verzögerte Trennung zu Leistungsverlusten oder Schubunterbrechungen führen kann. Diese Anforderungen erfordern hochentwickelte Steuerungssysteme und umfangreiche Tests, um sichere und effiziente Heißstufungsvorgänge zu gewährleisten.

Oberstufen: Die Hochleistungsstufen für große Höhen und den Weltraum

Die Oberstufe einer Rakete spielt eine entscheidende Rolle in den letzten Phasen einer Mission. Sie ist dafür verantwortlich, den Orbitaleinschuss abzuschließen oder Nutzlasten in höhere Energieorbits wie den geostationären Transferorbit (GTO) oder sogar auf Fluchtbahnen für interplanetare Missionen zu bringen. Im Gegensatz zu den unteren Stufen sind Oberstufen für den Betrieb unter geringem oder fehlendem atmosphärischem Druck ausgelegt – was ihre Konstruktion, ihr Antriebssystem und ihre Funktion maßgeblich beeinflusst.

Ein wesentliches Merkmal von Oberstufen ist ihre Anpassung an den Vakuumbetrieb. In Abwesenheit von Atmosphärendruck können diese Stufen Düsen mit optimalen Expansionsverhältnissen verwenden, wodurch die Abgase effizienter expandieren und der spezifische Impuls (Isp) gesteigert wird. Dies steht im Gegensatz zu den Unterstufen, die in der dichten Atmosphäre arbeiten und daher kleinere Düsen benötigen, die für den Betrieb auf Meereshöhe optimiert sind.

Die Brennkammern von Oberstufen arbeiten in der Regel mit geringerem Druck als die der Unterstufen, da in großen Höhen kein äußerer Gegendruck vorhanden ist. Dadurch können leichtere Strukturen und einfachere Triebwerksdesigns verwendet werden, was die Nutzlastkapazität erhöht und die Kosten senkt.

Oberstufen nutzen eine Vielzahl von Antriebssystemen, die auf ihre Missionsanforderungen und Treibstoffe abgestimmt sind. Viele Oberstufen setzen auf druckgeförderte Triebwerke, bei denen auf komplexe Turbopumpen verzichtet wird. Hierbei wird der Treibstoff mithilfe von Druckgas in die Brennkammer gedrückt – ein Konzept, das sich insbesondere bei hypergolen Treibstoffen (z. B. in der Delta-K- oder Ariane 5 ES-Oberstufe) bewährt hat. Diese Einfachheit erhöht die Zuverlässigkeit und macht solche Systeme ideal für präzise Manöver, etwa bei Bahnkorrekturen oder Satellitenpositionierungen.

Andere Oberstufen verwenden fortschrittliche Flüssigtriebwerke, um eine höhere Effizienz zu erzielen. Die Centaur-Oberstufe beispielsweise nutzt Expander-Cycle-Triebwerke mit flüssigem Wasserstoff, bei denen die im Triebwerk entstehende Wärme verwendet wird, um kryogenen Wasserstoff in Gasform zu überführen, der wiederum die Turbopumpen antreibt. Ähnlich funktioniert die Delta Cryogenic Second Stage (DCSS).

Im Gegensatz dazu arbeiten Systeme wie das HM7B-Triebwerk der Ariane 5 ECA oder die S-IVB-Stufe der Saturn V (mit dem J-2-Triebwerk) nach dem Gasgeneratorzyklus. Hier wird eine kleine Menge

Grundlagen des Raketenbaus und der Konstruktion

Treibstoff verbrannt, um die Turbopumpen anzutreiben, während der Großteil des Treibstoffs in der Hauptbrennkammer zur Schuberzeugung verwendet wird. Diese Triebwerke sind für hohen Schub und Effizienz im Vakuum optimiert und spielen eine Schlüsselrolle bei der präzisen Platzierung von Nutzlasten und bei interplanetaren Missionen.

Abbildung 39: Arbeiter überwachen die zweite Stufe einer Delta IV, während ein Kran sie im Horizontal Integration Facility des Startkomplexes 37 auf der Cape Canaveral Air Force Station in Florida von ihrem Transporter hebt. NASA, Gemeinfrei, über Picryl.

Die Hauptfunktion einer Oberstufe besteht darin, den Orbitaleinschuss durchzuführen oder Nutzlasten auf gewünschte Flugbahnen jenseits der Erdumlaufbahn zu beschleunigen. Oberstufen sind beispielsweise dafür verantwortlich, Satelliten in den geostationären Transferorbit (GTO) zu bringen oder wissenschaftliche Nutzlasten auf heliozentrische oder interplanetare Bahnen zu befördern. Dafür sind präzise Steuerung des Schubs, der Brenndauer und der Bahnkorrekturen erforderlich – Aufgaben, die Oberstufen mithilfe fortschrittlicher Antriebs- und Leitsysteme erfüllen.

Bestimmte Oberstufen, sogenannte Space Tugs („Weltraumschlepper"), sind darauf spezialisiert, Nutzlasten von einem Orbit in einen anderen zu transferieren. Ein Beispiel ist die Fregat-Oberstufe, die häufig mit Sojus-Raketen eingesetzt wird und Nutzlasten vom Low Earth Orbit (LEO) in den GTO oder darüber hinaus transportiert. Space Tugs wie Fregat sind mit zusätzlichen Manövrierfähigkeiten ausgestattet, die es ihnen ermöglichen, komplexe Bahnänderungen durchzuführen oder mehrere Nutzlasten in verschiedene Orbits auszusetzen.

Obwohl Oberstufen vom Betrieb im Vakuum profitieren, stehen sie vor einzigartigen Herausforderungen. Der fehlende Atmosphärendruck erfordert eine präzise thermische Regelung, da die Wärmeabfuhr fast ausschließlich über Strahlung erfolgt. Zudem müssen kryogene Treibstoffe wie flüssiger Wasserstoff und flüssiger Sauerstoff während der gesamten Mission bei extrem niedrigen Temperaturen gehalten werden. Hierfür sind leistungsfähige Isolations- und Kühlsysteme notwendig, um Verdampfung („Boil-off") zu verhindern.

Eine weitere Herausforderung liegt in der präzisen Navigation und Steuerung. Oberstufen verfügen häufig über fortgeschrittene Navigations- und Avioniksysteme, die einen genauen Orbitaleinschuss und eine exakte Nutzlastabsetzung gewährleisten. Diese Systeme müssen Gravitationsstörungen, die Geschwindigkeit der Rakete und mögliche Abweichungen von der geplanten Flugbahn berücksichtigen.

Raketenstufungssysteme im Einsatz

Die folgende Tabelle bietet einen Überblick über verschiedene Stufungssysteme, ihre Eigenschaften und bekannte Beispiele:

Stufungssystem	Beschreibung	Beispiele
Two-Stage-to-Orbit (TSTO)	Ein Raumfahrtsystem mit zwei getrennten Stufen zur Erreichung der Orbitalgeschwindigkeit. Liegt zwischen einem Drei-Stufen-Launcher und einem hypothetischen Single-Stage-to-Orbit (SSTO).	- NASA-ESA Mars Ascent Vehicle (MAV) (geplanter Start von Mars im Jahr 2028)
Three-Stage-to-Orbit	Ein häufig genutztes Raketensystem mit drei aufeinanderfolgenden Stufen zur Erreichung der Orbitalgeschwindigkeit.	- Saturn V - Vanguard - Ariane 4 (optionale Booster) - Ariane 2 - GSLV (drei Stufen + Booster) - PSLV (vier Stufen) - Zenit-3SL - Proton (optionale vierte Stufe) - Langer Marsch 5 (optionale Booster und dritte Stufe)
Beispiele für zwei Stufen mit Boostern	Diese Designs beinhalten angekoppelte Booster („Stufe 0") mit zwei Kernstufen. Booster und erste Stufe zünden	- US Space Shuttle (SRB + Außentank + OMS) - Angara A5

Grundlagen des Raketenbaus und der Konstruktion

Stufungssystem	Beschreibung	Beispiele
	gleichzeitig; die Booster werden wenige Minuten nach dem Start abgeworfen, um Gewicht zu reduzieren.	- Falcon Heavy - Ariane 5 - Atlas V 551 - H-IIA, H-IIB - Space Launch System (SLS) - Sojus - Langer Marsch 2E, 2F, 3B - Delta II/III - Titan IV
Four-Stage-to-Orbit	Ein System mit vier aufeinanderfolgenden Stufen, meist bei Feststoffraketen eingesetzt.	- Ariane 1 - PSLV - Minotaur IV - Minotaur V (fünf Stufen) - ASLV (fünf Stufen) - Proton (optionale vierte Stufe)
Beispiele für drei Stufen mit Boostern	Enthält angekoppelte Booster („Stufe 0") mit drei Kernstufen. Booster und erste Stufe zünden gleichzeitig und werden nach wenigen Minuten abgeworfen.	- Langer Marsch 5 (optionale Booster und optionale dritte Stufe)

Diese Übersicht zeigt, dass verschiedene Stufungskonzepte je nach Missionsanforderung und Leistungsbedarf eingesetzt werden – von klassischen Mehrstufenraketen bis hin zu Systemen mit Zusatzboostern für Schwerlaststarts.

Wiederverwendbare vs. Einweg-Raketen

Die Designphilosophie einer Rakete – ob wiederverwendbar oder einweg – hat erhebliche Auswirkungen auf Kosten, Leistung, technische Komplexität und die Nachhaltigkeit der Raumfahrt. Sowohl wiederverwendbare als auch Einweg-Raketen besitzen spezifische Vorteile und Nachteile, und die Wahl zwischen beiden Ansätzen hängt von den jeweiligen Missionsanforderungen, Budgetbeschränkungen und technologischen Möglichkeiten ab [174-176].

Einweg-Raketen (Expendable Launch Vehicles, ELVs) sind für den Einmalgebrauch konzipiert, wobei die gesamte Rakete oder ihre einzelnen Stufen nach Erfüllung ihrer Aufgabe verworfen werden [174-176]. Dieser traditionelle Ansatz bildet seit Jahrzehnten das Rückgrat der Raumfahrt, etwa bei den Apollo-Mondmissionen (Saturn V), der Marsforschung (Delta IV) und dem Satellitenstartprogramm (Ariane 5) [174-176].

Der wichtigste Vorteil von Einweg-Raketen liegt in ihrer einfacheren Konstruktion: Ingenieure können sich vollständig auf die maximale Leistung und Nutzlastkapazität konzentrieren, ohne Rücksicht auf Rückgewinnungs- oder Wiederaufbereitungssysteme nehmen zu müssen [174-176]. Dadurch können sie im Verhältnis zu ihrem Gesamtgewicht schwerere Nutzlasten transportieren, was sie besonders geeignet macht für energieintensive Missionen, etwa interplanetare Flüge oder Nutzlasten in geostationären Orbits [174-176].

Allerdings haben Einweg-Raketen den Nachteil hoher Betriebskosten, da für jeden Start eine neue Rakete gebaut werden muss – was erhebliche Material-, Produktions- und Arbeitskosten verursacht [174-176]. Zudem wirft die Umweltbelastung durch verworfene Raketenstufen zunehmend Nachhaltigkeitsfragen auf [177].

Mehrere Länder und Organisationen setzen weiterhin auf Einweg-Trägersysteme für ihre Raumfahrtprogramme:

1. **Arianespace:** Die Vega C und Ariane 6 sind führende europäische Einweg-Raketen, optimiert für kleine bis mittlere Nutzlasten.

2. **China:** Die Langer Marsch-Serie, darunter die Schwerlastrakete Langer Marsch 5 und die schnell startfähige Langer Marsch 11, bilden das Rückgrat des chinesischen Raumfahrtprogramms.

3. **Vereinigte Staaten:** Die Space Launch System (SLS) der NASA und die Atlas V von ULA sind prominente Beispiele für Einweg-Raketen bei bemannten und wissenschaftlichen Missionen.

4. **Indien:** Die Raketen GSLV und PSLV der ISRO haben sich bei Satellitenstarts und Forschungsmissionen bewährt.

5. **Russland:** Die Sojus- und Proton-Raketen gelten als zuverlässige Arbeitspferde, wobei die Proton über Schwerlastfähigkeiten verfügt.

6. **Andere Nationen:** Länder wie Iran und Israel setzen weiterhin auf Einwegsysteme wie die Safir- und Shavit-Raketen für Satellitenstarts.

Grundlagen des Raketenbaus und der Konstruktion

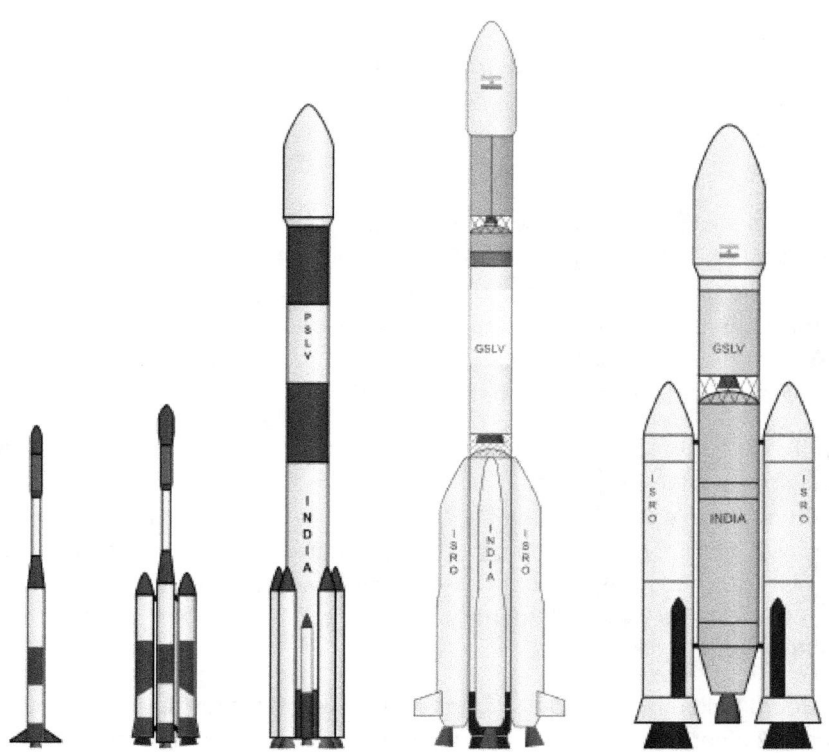

Abbildung 40: Vergleich indischer Trägerraketen. Von links nach rechts: SLV, ASLV, PSLV, GSLV, LVM 3. GW_Simulations, Namensnennung, via Wikimedia Commons.

Wiederverwendbare Raketen hingegen sind so konstruiert, dass sie zentrale Komponenten nach dem Start zur Erde zurückführen, um sie für weitere Missionen wiederaufzubereiten und erneut zu verwenden [174-176, 178]. Dieser innovative Ansatz wurde vor allem durch Unternehmen wie SpaceX populär gemacht, deren Falcon 9 und Starship-Raketen die Ökonomie der Raumfahrt grundlegend verändert haben [174, 176, 178, 179].

Der größte Vorteil wiederverwendbarer Raketen liegt in ihrer Kosteneffizienz: Durch die Mehrfachnutzung von Raketenstufen können Startkosten erheblich reduziert werden, was häufigere und günstigere Starts ermöglicht [174, 176, 178]. Diese Kostenreduktion hat neue kommerzielle Chancen eröffnet – etwa für Satelliten-Megakonstellationen (z. B. Starlink) oder den Weltraumtourismus [174, 179]. Darüber hinaus fördern wiederverwendbare Systeme die Nachhaltigkeit, da weniger Material verschwendet wird und ausgemusterte Stufen nicht länger zur Weltraumverschmutzung oder Umweltbelastung beitragen [177].

Ein weiterer Vorteil ist die Möglichkeit schnellerer Startzyklen, da die Umlaufzeiten zwischen den Missionen durch optimierte Wartungs- und Inspektionsprozesse deutlich verkürzt werden [174, 176,

178]. Allerdings bringt die Wiederverwendbarkeit technische Herausforderungen mit sich: Raketen, die sowohl den Start als auch die Rückkehr überstehen sollen, müssen robuster gebaut werden und benötigen zusätzliche Systeme für Steuerung, Thermoschutz und Landung. Diese zusätzlichen Anforderungen führen zu einem höheren Strukturgewicht und können die Nutzlastkapazität im Vergleich zu Einweg-Raketen reduzieren – insbesondere bei energieintensiven Missionen [174, 176, 180, 181].

Die Wahl zwischen wiederverwendbaren und Einweg-Raketen hängt stark vom jeweiligen Missionsprofil ab [174, 176, 178]. Einweg-Raketen eignen sich besonders für Missionen mit maximaler Nutzlastkapazität oder Ziele, bei denen eine Rückgewinnung nicht praktikabel ist, wie etwa Tiefraummissionen [174, 176]. So ist beispielsweise das Space Launch System (SLS) der NASA eine Einweg-Rakete, die für bemannte Mondmissionen und darüber hinaus konzipiert wurde, bei denen jedes Kilogramm Nutzlast entscheidend ist [174].

Wiederverwendbare Raketen hingegen sind ideal für kommerzielle Satellitenstarts, Versorgungsmissionen oder Flüge in den niedrigen Erdorbit (LEO), bei denen eine Bergung und Wiederaufbereitung technisch möglich ist [174, 176, 178, 179]. SpaceX' Falcon 9 und Falcon Heavy haben eindrucksvoll gezeigt, dass Wiederverwendbarkeit für häufige und kostengünstige Missionen äußerst effektiv ist [174, 176, 179]. Darüber hinaus ebnen wiederverwendbare Systeme wie SpaceX' Starship und Blue Origins New Shepard den Weg für zukünftigen Weltraumtourismus und interplanetare Erforschung [174, 176].

Wiederverwendbare Raketen haben die Ökonomie der Raumfahrt revolutioniert, indem sie privaten Unternehmen und kleineren Nationen den kostengünstigen Zugang zum Weltraum ermöglichen [174, 176, 178]. Durch die Senkung der Startkosten pro Kilogramm Nutzlast hat die Wiederverwendbarkeit ein starkes Wachstum in Branchen wie Satelliteninternet, Fernerkundung und Erdbeobachtung ausgelöst [174, 176]. Diese Entwicklung hat zudem die technologische Innovation gefördert, da Unternehmen in moderne Rückgewinnungstechnologien wie triebwerksgestützte Landungen, Fallschirmsysteme und aerodynamisches Gleiten investieren [174, 176].

Grundlagen des Raketenbaus und der Konstruktion

Abbildung 41: SpaceX-Starship-Booster während seines Landeanflugs auf den Turm bei IFT-5. Steve Jurvetson, CC BY 2.0, via Wikimedia Commons.

Einweg-Raketen, obwohl sie pro Start teurer sind, bleiben für Missionen, die maximale Leistung erfordern, unverzichtbar. Ihr einfacheres Design ermöglicht es, sich vollständig auf eine höhere Nutzlastkapazität oder komplexe Flugbahnen zu konzentrieren. Dadurch sind sie unentbehrlich für wissenschaftliche und explorative Missionen, bei denen jede Leistungssteigerung entscheidend ist [174, 176, 182, 183].

Wiederverwendbare Systeme

Ein wiederverwendbares Trägersystem (Reusable Launch Vehicle, RLV) ist so konzipiert, dass zentrale Komponenten – etwa Raketenstufen, Triebwerke und Booster – bergbar und wiederverwendbar sind, während es Nutzlasten von der Erde in den Weltraum transportiert. Dieses Konzept unterscheidet sich von Einweg-Trägersystemen, die nach einmaligem Gebrauch verworfen werden. Der Hauptvorteil wiederverwendbarer Systeme liegt in der deutlichen Senkung der Startkosten, da keine neuen Bauteile für jede Mission hergestellt werden müssen. Diese Einsparungen werden jedoch durch den höheren technischen Aufwand für Bergung, Wiederaufbereitung und das zusätzliche Gewicht wiederverwendbarer Komponenten relativiert.

Wiederverwendbare Raketen enthalten häufig zusätzliche Avioniksysteme, Hitzeschilde und Treibstoffreserven, wodurch sie schwerer sind als vergleichbare Einwegmodelle. Um Wiedereintritt und atmosphärische Navigation zu überstehen, benötigen sie Gitterflossen, Bremstriebwerke (Retrorockets) und teils Fallschirme. Diese Systeme ermöglichen die kontrollierte Abbremsung und gezielte Landung der zurückkehrenden Stufen oder Raumfahrzeuge. Einige Entwürfe – wie Raumgleiter (Spaceplanes) – nutzen aerodynamische Auftriebskräfte, um gleitend zur Erde zurückzukehren, was Spezialinfrastruktur wie Landebahnen erfordert.

Vertikale Landungssysteme, wie sie SpaceX einsetzt, basieren auf triebwerksgestützten Landungen mit Landebeinen und präziser autonomer Steuerung. Diese Systeme benötigen oft zusätzliche Bodeninfrastruktur, etwa autonome Drohnenschiffe oder Starttürme mit Fangvorrichtungen, um die Rückkehr zu ermöglichen.

Das Konzept der wiederverwendbaren Trägerraketen stammt ursprünglich aus der Science-Fiction des frühen 20. Jahrhunderts, wurde aber in den 1970er Jahren mit der Entwicklung des Space Shuttle Realität. Obwohl das Space Shuttle teilweise wiederverwendbar war, erfüllte es die Erwartungen an geringere Betriebskosten nicht, da Wartung und Überholung extrem aufwendig waren.

Gegen Ende des 20. Jahrhunderts ging das Interesse an Wiederverwendbarkeit zurück, und viele Konzepte blieben Prototypen. Erst mit dem Aufstieg privater Raumfahrtunternehmen wie SpaceX und Blue Origin in den 2000er- und 2010er-Jahren wurde das Thema wiederbelebt. Systeme wie SpaceShipOne, Falcon 9 und New Shepard bewiesen, dass Wiederverwendbarkeit Kosten senken kann, ohne die Zuverlässigkeit zu beeinträchtigen.

Heute markieren Projekte wie Starship, New Glenn und Ariane Next den Übergang zur Wiederverwendung als Industriestandard.

Vollständig wiederverwendbare Trägersysteme sollen alle Hauptkomponenten, einschließlich aller Stufen, bergen und erneut einsetzen. SpaceX' Starship gilt seit 2024 als das fortschrittlichste Beispiel dieses Konzepts und hat mehrere Testflüge absolviert, bei denen sowohl der Super-Heavy-Booster als auch die Starship-Oberstufe erfolgreich geborgen wurden.

Auch andere Unternehmen, wie Blue Origin (Projekt Jarvis) und Stoke Space, verfolgen vollständig wiederverwendbare Designs. Ziel ist es, die Betriebskosten zu minimieren und die Lebensdauer der

Grundlagen des Raketenbaus und der Konstruktion

Komponenten zu verlängern – allerdings erfordert dies hochentwickelte Materialien und Strukturen, um den Belastungen mehrerer Starts und Landungen standzuhalten.

Die meisten derzeit verwendeten Systeme sind jedoch teilweise wiederverwendbar. Typischerweise wird nur die Erststufe oder bestimmte Subsysteme zurückgewonnen. So nutzt SpaceX' Falcon 9 wiederverwendbare Booster, während das Space Shuttle seine Feststoffbooster und Haupttriebwerke wiederverwendete, den externen Tank jedoch verwarf. Die Vulcan Centaur der United Launch Alliance (ULA) plant, Triebwerke der Erststufe per Wasserbergung wiederzuverwenden – ein weiteres Beispiel für Teilwiederverwendung.

Die Bergung wiederverwendbarer Raketen bringt zusätzliche Konstruktionsanforderungen und Betriebskosten mit sich. Zusätzliche Komponenten wie Hitzeschilde, Gitterflossen oder Fallschirme erhöhen das Gewicht und reduzieren die Nutzlastkapazität. Nach der Bergung müssen die Bauteile geprüft und überholt werden, um flugbereit zu sein – ein Prozess, der je nach System unterschiedlich aufwendig ist.

SpaceX hat hierbei Maßstäbe gesetzt: Einige Falcon-9-Booster haben bis zu 22 Flüge absolviert, mit kurzen Wartungsintervallen. Ältere Systeme wie das Space Shuttle erforderten hingegen eine zeitintensive und teure Generalüberholung, wodurch die Kostenvorteile begrenzt blieben.

Zur Sicherstellung der Landung kommen verschiedene Bergungstechniken zum Einsatz:

- Fallschirme und Airbags (z. B. bei den Feststoffboostern des Space Shuttle),
- horizontale Gleitlandungen (z. B. Space Shuttle Orbiter),
- vertikale Landungen mit Bremstriebwerken, wie bei SpaceX' Falcon 9.

Letztere ermöglichen präzise, angetriebene Landungen und gelten als besonders effizient, erfordern jedoch zusätzliche Treibstoffreserven.

Neue Ansätze wie aufblasbare Hitzeschilde sollen künftig auch Komponenten wie Triebwerke oder Tanks, die bislang verworfen wurden, wiederverwendbar machen. Durch Nachrüstungen könnten selbst Systeme wie das Space Launch System (SLS) teilweise bergbar werden.

Aerodynamische Innovationen – etwa Lifting-Body-Konzepte oder Deltaflügel – verbessern die Landeeffizienz und verringern die Masseeinbußen bei der Wiederverwendung.

Die Einführung wiederverwendbarer Trägersysteme hat die Raumfahrtindustrie grundlegend verändert. Durch reduzierte Startkosten sind häufigere Missionen, neue Geschäftsmodelle und ein breiterer Zugang zum Weltraum möglich geworden.

Infrastrukturmodernisierungen, wie die Anpassungen in Cape Canaveral, zeigen das wachsende Engagement für wiederverwendbare Systeme. Mit fortschreitender Technologie dürften vollständig wiederverwendbare Raketen künftig den Markt dominieren – sie werden Kosten weiter senken, Innovation fördern und den Weg zu einer nachhaltigen Erforschung des Weltraums ebnen.

Vertikale Startsysteme vs. Horizontale Startsysteme

Vertikale Startsysteme sind die traditionellste und am weitesten verbreitete Methode für Raketenstarts. In dieser Konfiguration wird die Rakete senkrecht auf einer Startrampe positioniert und startet vertikal, angetrieben von leistungsstarken Triebwerken, die Schwerkraft und Luftwiderstand überwinden. Diese Methode wird bevorzugt für Orbitalstarts eingesetzt, da sie der Rakete ermöglicht, schnell durch die dichtesten Atmosphärenschichten zu steigen und so Energieverluste durch Luftwiderstand zu minimieren.

Ein vertikales Startsystem erfordert eine robuste Infrastruktur, einschließlich Startrampe, Betankungssystemen und Integrationstürmen zur Montage und Wartung der Rakete. Diese Anordnung unterstützt große Schwerlastraketen, die dafür ausgelegt sind, beträchtliche Nutzlasten in den Weltraum zu transportieren. Vertikale Starts sind besonders effizient für den Orbitaufstieg, da die Rakete den Großteil ihrer Energie nutzt, um die Schwerkraft zu überwinden, bevor sie in eine horizontale Flugbahn zur Bahneinschussphase übergeht.

Ein Vorteil vertikaler Startsysteme liegt in ihrer Skalierbarkeit: Sie können eine große Bandbreite an Raketengrößen aufnehmen – von kleinen Satellitenträgern bis zu Schwerlastraketen wie der Saturn V oder SpaceX' Starship. Zudem können vertikale Starts die volle Treibstoff- und Nutzlastkapazität nutzen, ohne dass zusätzliche Strukturen benötigt werden, um laterale Kräfte beim Start auszugleichen. Allerdings erfordern vertikale Startsysteme präzise Steuerungs- und Stabilisierungssysteme, um die Ausrichtung und Balance während des Aufstiegs zu gewährleisten.

Horizontale Startsysteme hingegen basieren auf einem flugzeugähnlichen Startverfahren. Diese Methode wird typischerweise bei luftgestützten Raketen oder Raumflugzeugen (Spaceplanes) eingesetzt. Bei einem Luftstart trägt ein Trägerflugzeug die Rakete zunächst in große Höhe, bevor sie abgeworfen wird und ihr Triebwerk zündet, um in den Orbit aufzusteigen. Raumflugzeuge wie das Space Shuttle oder Virgin Galactics SpaceShipTwo kombinieren Luftfahrt- und Raketentechnologie und ermöglichen horizontale Starts oder Landungen.

Horizontale Starts bieten mehrere Vorteile, insbesondere für kleinere Nutzlasten oder wiederverwendbare Systeme. Durch den Start in höheren Atmosphärenschichten vermeiden luftgestützte Raketen den größten Teil des Luftwiderstands, reduzieren den Treibstoffverbrauch und erhöhen die Effizienz. Zudem bieten horizontale Startsysteme größere Standortflexibilität, da sie keine festen Startanlagen erfordern. Dies ist insbesondere für militärische oder kommerzielle Einsätze vorteilhaft, die schnelle Starts oder variable Flugbahnen benötigen.

Raumflugzeuge und horizontal gestartete Systeme sind häufig wiederverwendbar, was die Gesamtkosten reduziert. Sie können auf herkömmlichen Landebahnen landen, was die Bergung und Wiederaufbereitung vereinfacht. Allerdings sind horizontale Startsysteme in ihrer Nutzlastkapazität begrenzt, da Trägerflugzeuge und Raumflugzeuge durch aerodynamische und strukturelle Beschränkungen limitiert sind.

Die Wahl zwischen vertikalen und horizontalen Startsystemen hängt von den Missionsanforderungen und der Größe der Nutzlast ab. Vertikale Starts eignen sich am besten für Schwerlastmissionen, etwa den Start großer Satelliten, Raumstationsmodule oder bemannter Raumfahrzeuge. Horizontale

Grundlagen des Raketenbaus und der Konstruktion

Starts sind ideal für kleinere Nutzlasten, experimentelle Missionen oder Weltraumtourismus, bei denen Wiederverwendbarkeit und Kosteneffizienz im Vordergrund stehen.

Vertikale Systeme erfordern eine umfangreiche Bodeninfrastruktur – Startrampen, Betankungseinrichtungen und Kontrollsysteme –, während horizontale Systeme Startbahnen und Trägerflugzeuge nutzen. Dies macht vertikale Systeme weniger flexibel hinsichtlich des Startorts, aber besser geeignet für große Missionen. Horizontale Systeme hingegen können von verschiedenen Flugplätzen aus operieren und bieten beträchtliche operative Flexibilität.

Einige hybride Systeme kombinieren Elemente beider Ansätze. So wird beispielsweise die Pegasus-Rakete horizontal von einem Flugzeug gestartet, steigt nach der Zündung jedoch vertikal auf. Auch SpaceX' Starship startet vertikal, nutzt jedoch horizontale Steuerungsmanöver während des Wiedereintritts und der Landung.

Mit dem Fortschritt in der Raumfahrttechnik werden vertikale und horizontale Startsysteme nebeneinander bestehen und komplementäre Rollen erfüllen. Vertikale Starts bleiben das Rückgrat der Schwerlasttransporte, während horizontale Starts den Zugang zum Weltraum erweitern und Kosten für kleinere Missionen senken. Zukünftige Antriebs-, Material- und Designinnovationen könnten die Grenzen zwischen beiden Ansätzen weiter verwischen und hybride Systeme hervorbringen, die die Stärken beider Methoden vereinen.

Beispiele für vertikale, horizontale und hybride Startsysteme

Vertikale Startsysteme

Vertikale Starts sind die am häufigsten verwendete Methode für Raumfahrtmissionen und werden von zahlreichen staatlichen und kommerziellen Raumfahrtorganisationen eingesetzt, da sie einfach und effizient sind, um den Orbit zu erreichen.

1. NASA (USA):

- **Saturn V:** Wurde für die Apollo-Mondmissionen eingesetzt – ein Schwerlast-Startsystem mit vertikalem Start.
- **Space Launch System (SLS):** NASAs Flaggschiff für das Artemis-Programm, entwickelt für bemannte Mond- und Tiefraumflüge.

2. SpaceX:

- **Falcon 9:** Teilweise wiederverwendbares vertikales Startsystem, eingesetzt für Satellitenstarts, ISS-Versorgungsflüge und bemannte Missionen.
- **Starship:** Vollständig wiederverwendbare Rakete in Entwicklung, die ebenfalls eine vertikale Startkonfiguration nutzt.

3. Roscosmos (Russland):

- **Sojus-Rakete:** Bewährtes vertikales Startsystem für bemannte und Frachtmissionen zur ISS und für Satellitenstarts.

4. ISRO (Indien):

- GSLV Mk III (LVM3): Indiens vertikales Schwerlast-Startsystem, verwendet für geostationäre Satellitenstarts und bemannte Missionen.

5. Arianespace (Europa):

- Ariane 5 und 6: Europäische Schwerlastraketen, die Satelliten und wissenschaftliche Nutzlasten in hohe Erdumlaufbahnen transportieren.

Grundlagen des Raketenbaus und der Konstruktion

Abbildung 42: Das James-Webb-Weltraumteleskop startete mit einer Ariane-5-Rakete vom europäischen Weltraumbahnhof in Französisch-Guayana. ESA – S. Corvaja, CC BY 4.0, über Wikimedia Commons.

Horizontale Startsysteme

Horizontale Startsysteme sind weniger verbreitet und werden häufig für wiederverwendbare Raumflugzeuge oder luftgestützte Raketen eingesetzt.

1. Virgin Galactic:

- **SpaceShipTwo:** Ein Raumflugzeug, das horizontal vom Trägerflugzeug *WhiteKnightTwo* gestartet wird und für suborbitale Weltraumtourismusflüge konzipiert ist.

Abbildung 43: WhiteKnightTwo (VMS Eve) und SpaceShipTwo (VSS Enterprise). Robert Sullivan, Gemeinfrei, über Picryl.

2. **Stratolaunch:**

- **Roc und Talon-A:** Das Trägerflugzeug *Roc* von Stratolaunch startet Nutzlasten wie das hyperschallschnelle Testfahrzeug *Talon-A* aus der Luft.

3. **Northrop Grumman:**

- **Pegasus-Rakete:** Eine luftgestützte Rakete, die in großer Höhe von einem Flugzeug abgeworfen wird, um kleine Satelliten in den Orbit zu bringen.

Grundlagen des Raketenbaus und der Konstruktion

Abbildung 44: Pegasus XL CYGNSS wird mit der L-1011 verbunden. NASA, CC0, über Picryl.

4. Scaled Composites (Virgin Galactics Muttergesellschaft):

- **SpaceShipOne:** Das erste privat finanzierte Raumfahrzeug, das den Weltraum erreichte, unter Verwendung eines horizontalen Startsystems.

5. Reaction Engines (Vereinigtes Königreich):

- **Skylon (Konzept):** Ein einstufiges Raumflugzeug (Single-Stage-to-Orbit, SSTO) mit horizontalem Start- und Landedesign, das sich derzeit in der Entwicklung befindet.

Hybride Startsysteme

Hybride Systeme kombinieren Elemente sowohl des vertikalen als auch des horizontalen Starts und nutzen häufig die Vorteile luftgestützter Techniken mit vertikaler Antriebsleistung.

1. SpaceX Starship (teilweise hybrid):

- **Start und Landung:** Während Starship vertikal startet, nutzt es beim Wiedereintritt und bei der Landung horizontales Gleiten und Aerodynamik zur Unterstützung der Rückkehr – ein Beispiel für hybride Fähigkeiten.

2. DARPA und Northrop Grumman:

- **XS-1 Experimental Spaceplane (inzwischen eingestellt):** Entwickelt, um mit Jet-Unterstützung horizontal zu starten und anschließend auf Raketenschub umzuschalten, um den Orbit zu erreichen.

3. Orbital Sciences Corporation (übernommen von Northrop Grumman):

- **Pegasus-Rakete:** Das Pegasus-System kombiniert einen horizontalen Start von einem Trägerflugzeug mit anschließendem vertikalen Raketenantrieb in den Orbit.

4. Blue Origins New Shepard:

- **Kapsel und Booster:** Obwohl primär vertikal ausgelegt, nutzt die wiederverwendbare Kapsel Fallschirme und aerodynamische Steuerung für horizontale Manövrierfähigkeit während der Landung.

5. Sierra Space:

- **Dream Chaser:** Wird vertikal auf Raketen wie der Atlas V der ULA gestartet, landet jedoch horizontal auf Landebahnen und kombiniert somit vertikale und horizontale Methoden.

Zusammenfassung nach Typ

Starttyp	Organisationen / Systeme
Vertikal	NASA (Saturn V, SLS), SpaceX (Falcon 9, Starship), ISRO (GSLV Mk III), Roscosmos (Sojus)
Horizontal	Virgin Galactic (SpaceShipTwo), Northrop Grumman (Pegasus), Stratolaunch (Roc, Talon-A)
Hybrid	SpaceX (Starship), Northrop Grumman (XS-1), Sierra Space (Dream Chaser)

Jeder Startsystemtyp ist für spezifische Missionsanforderungen optimiert: Vertikale Systeme dominieren Schwerlast- und bemannte Missionen, horizontale Systeme bieten überlegene Wiederverwendbarkeit und Flexibilität, während hybride Systeme die Vorteile beider Ansätze vereinen.

Infrastrukturanforderungen für vertikale, horizontale und hybride Startsysteme

Vertikale Startsysteme

Vertikale Startsysteme erfordern umfangreiche Bodeninfrastruktur, die darauf ausgelegt ist, die Rakete von der Montage bis zum Start zu unterstützen. Diese Systeme sind die am weitesten

Grundlagen des Raketenbaus und der Konstruktion

verbreiteten und am besten etablierten in der Raumfahrtindustrie, wobei ihre Infrastruktur das Ergebnis jahrzehntelanger Weiterentwicklung ist.

Startplattformen und Türme: Vertikale Raketen benötigen spezielle Startplattformen mit stabilen Halterungen, die das Fahrzeug während des Betankens, der Vorflugkontrollen und des Starts aufrecht halten. Türme neben der Rakete ermöglichen Ingenieuren den Zugang und enthalten Verbindungssysteme für Treibstoff, Strom und Kommunikation. Diese Türme sind oft mit Schwenkarmen oder einziehbaren Plattformen ausgestattet, die sich kurz vor dem Start zurückziehen.

Abbildung 45: Diese Luftaufnahme zeigt die Delta-II-Startplätze im Komplex 17 auf der Cape Canaveral Air Force Station in Florida, umgeben vom blauen Atlantischen Ozean im Hintergrund. NASA, CC0, über Picryl.

Betankung und Treibstofflagerung: Große Lagertanks sind erforderlich für kryogene Treibstoffe (wie flüssigen Sauerstoff und Wasserstoff), Kerosin (RP-1) oder hypergole Treibstoffe. Fortschrittliche Rohrleitungssysteme verbinden diese Tanks mit der Rakete zur Betankung, während zusätzliche Infrastrukturen notwendig sind, um kryogene Temperaturen aufrechtzuerhalten.

Flammenschächte und Schallschutzsysteme: Um die enorme Hitze und den Schub während des Starts zu bewältigen, werden unter der Rakete Flammenschächte gebaut, die die Abgase vom

Startplatz ableiten. Wassersprühsysteme dämpfen die Schallenergie und reduzieren thermische Belastungen, um Rakete und Infrastruktur während des Starts zu schützen.

Transport- und Integrationsanlagen: Raketen werden in der Regel horizontal in einem *Vehicle Assembly Building (VAB)* oder einer ähnlichen Einrichtung montiert und integriert. Nach Abschluss der Montage werden sie mithilfe mobiler Startplattformen oder spezieller Transportfahrzeuge – wie dem *Crawler-Transporter* der NASA – vertikal oder horizontal zur Startrampe transportiert.

Telemetrie- und Kontrollsysteme: Bodenbasierte Telemetriesysteme überwachen die Leistung der Rakete während des Starts, während Missionskontrollzentren alle Startparameter in Echtzeit verfolgen. Antennen und Kommunikationsanlagen sind entscheidend, um eine stabile Verbindung zur Rakete aufrechtzuerhalten.

Horizontale Startsysteme

Horizontale Startsysteme haben aufgrund ihrer Abhängigkeit von Start- und Landebahnen oder Trägerfahrzeugen besondere Infrastrukturanforderungen. Diese Systeme sind häufig flexibler und benötigen weniger spezialisierte Bodenausrüstung.

Start- und Landebahnen: Horizontale Startsysteme erfordern lange, verstärkte Start- und Landebahnen, ähnlich denen großer Verkehrsflugzeuge. Diese Bahnen müssen das Gewicht des Trägerflugzeugs oder Raumflugzeugs beim Start und bei der Landung tragen. Das Design der Landebahn muss hohe Geschwindigkeiten sowie die Belastungen durch schwere Nutzlasten und spezielle Landedynamiken berücksichtigen.

Hangars und Integrationsanlagen: Anstelle vertikaler Montagehallen nutzen horizontale Startsysteme Hangars zur Unterbringung und Integration von Komponenten. In diesen Einrichtungen werden Raketen oder Raumflugzeuge zusammengebaut und an das Trägerflugzeug montiert. Hangars bieten zudem Platz für Wartung und Überholung wiederverwendbarer Komponenten.

Trägerflugzeuge und unterstützende Infrastruktur: Luftgestützte Systeme wie die *Pegasus*-Rakete von Northrop Grumman benötigen Infrastruktur zur Unterstützung der Trägerflugzeuge, einschließlich Tankstationen, Wartungseinrichtungen und spezieller Kräne zum Beladen der Raketen. Beispielsweise erfordert das *WhiteKnightTwo*-Mutterschiff von Virgin Galactic Hangars mit angepassten Docking- und Servicemechanismen.

Bodengeräte: Horizontale Systeme benötigen spezielle Ausrüstung für den Transport von Raketen und Raumflugzeugen zwischen Einrichtungen. Dazu gehören Transportwagen oder Hebeplattformen, die für eine sichere Beförderung der Fahrzeuge ausgelegt sind.

Reduzierte Betankungsanforderungen: Die Betankungsinfrastruktur für horizontale Systeme ist oft einfacher als bei vertikalen Systemen. Das Trägerflugzeug wird konventionell betankt, während die an Bord befindlichen Raketenstufen kleinere, spezialisierte Betankungssysteme benötigen.

Grundlagen des Raketenbaus und der Konstruktion

Hybride Startsysteme

Hybride Startsysteme kombinieren vertikale und horizontale Ansätze und erfordern daher eine Kombination aus Infrastrukturkomponenten beider Methoden. Diese Systeme sind vielseitig, aber komplex im Aufbau.

Doppelfunktionale Startplattformen und Landebahnen: Hybride Systeme benötigen oft sowohl eine vertikale Startrampe für den initialen Start als auch eine Landebahn für die Rückkehr oder den Einsatz sekundärer Stufen. Systeme wie SpaceX' *Starship* benötigen beispielsweise einen Startturm für den vertikalen Aufstieg, aber auch verstärkte Landeplattformen für die Rückgewinnung der Booster.

Bergungs- und Wartungseinrichtungen: Hybride Systeme beinhalten häufig wiederverwendbare Komponenten – etwa Booster, die vertikal landen, oder Raumflugzeuge, die horizontal zurückkehren. Diese Komponenten erfordern spezialisierte Bergungseinrichtungen, wie Drohnenschiffe für Landungen auf See oder Landebahnen für horizontale Wiedereintrittsfahrzeuge.

Fortgeschrittenes Treibstoffmanagement: Hybride Systeme müssen sowohl vertikale Betankung für Raketenstufen als auch flugzeugspezifische Betankung für Trägersysteme oder Raumflugzeuge ermöglichen. Dies erfordert separate Lager- und Handhabungseinrichtungen für verschiedene Treibstofftypen.

Wiederverwendbarkeit und Wartung: Hybride Systeme wie SpaceX' *Starship* sind auf Wartungs- und Überholungseinrichtungen angewiesen, um schnelle Umläufe zwischen Flügen zu ermöglichen. Diese Anlagen umfassen Reinräume, fortschrittliche Diagnosetechnik und hochpräzise Fertigungsanlagen.

Landeplätze und Kontrollsysteme: Landeplätze für hybride Systeme müssen mit Stoßdämpfungen, Navigationsbaken und Telemetriesystemen ausgestattet sein, um kontrollierte Landungen wiederverwendbarer Stufen zu unterstützen. Die autonomen Drohnenschiffe von SpaceX sind ein Beispiel für eine speziell optimierte Infrastruktur zur Bergung vertikal landender Booster.

Richard Skiba

Kapitel 6
Antriebstechnologien

Feste vs. Flüssige Treibstoffe

Der Raketenantrieb beruht auf chemischen Treibstoffen zur Erzeugung von Schub, wobei feste und flüssige Treibstoffe die beiden Haupttypen darstellen. Jeder Typ besitzt eigene Eigenschaften, Vorteile und Nachteile, die seine Verwendung in verschiedenen Anwendungen bestimmen.

Zentrale Vergleichspunkte

Merkmal	Feste Treibstoffe	Flüssige Treibstoffe
Schubregelung	Nicht regelbar; kann nicht abgeschaltet werden	Regelbar; kann abgeschaltet und wiedergezündet werden
Komplexität	Einfaches Design ohne bewegliche Teile	Mechanisch komplex mit Pumpen, Ventilen und Rohrleitungen
Effizienz (spezifischer Impuls)	Geringere Effizienz, typischerweise 200–300 s	Höhere Effizienz, typischerweise 300–450 s
Lagerung und Handhabung	Leicht zu lagern und zu handhaben; lange Haltbarkeit	Erfordert sorgfältige Handhabung; kryogene Treibstoffe benötigen Isolierung
Zündung	Einmalige Zündung; kein Neustart möglich	Mehrfachzündungen möglich
Anwendungen	Booster, Raketen, kostengünstige Trägersysteme	Oberstufen, bemannte Missionen, Tiefraumforschung
Sicherheit	Risiko unbeabsichtigter Zündung; stabil bei korrekter Lagerung	Komplexe Systeme, anfällig für Lecks oder mechanische Ausfälle

Feste Treibstoffe

Grundlagen des Raketenbaus und der Konstruktion

Feste Treibstoffe bestehen aus einer homogenen oder zusammengesetzten Mischung von Brennstoff und Oxidator [184, 185]. *Homogene Treibstoffe* besitzen eine gleichmäßige Zusammensetzung, während *Komposit-Treibstoffe* getrennte Brennstoffpartikel (z. B. Aluminiumpulver) und Oxidatorpartikel (z. B. Ammoniumperchlorat) enthalten, die in einem Polymerbinder eingebettet sind [184, 185]. Die feste Masse wird zu einem „Grain" geformt, dessen Geometrie die Brennrate und das Schubprofil bestimmt [184, 185].

Feste Raketentreibstoffe umfassen eine breite Palette von Formulierungen und Anwendungen – von historischem Schwarzpulver bis hin zu modernen elektrisch steuerbaren Festtreibstoffen. Jede Treibstofffamilie ist auf spezifische Leistungsmerkmale, betriebliche Anforderungen und Sicherheitsaspekte zugeschnitten.

Einer der ältesten Treibstoffe, bestehend aus Holzkohle (Brennstoff), Kaliumnitrat (Oxidator) und Schwefel (Katalysator und sekundärer Brennstoff). Heute wird Schwarzpulver hauptsächlich im Modellraketenbau verwendet. Trotz seiner historischen Bedeutung ist sein spezifischer Impuls (~ 80 s) gering, und die Tendenz zu Kornbrüchen begrenzt seine Verwendung auf Triebwerke mit weniger als 40 N Schub.

Diese sogenannten „Micrograin"-Treibstoffe kombinieren Zink- und Schwefelpulver. Sie werden vor allem in der Amateur-Raketentechnik eingesetzt und erzeugen spektakuläre visuelle Effekte mit großen, feurigen Abgasfahnen. Ihre schlechte Effizienz und extrem schnellen Brennraten (~ 2 m/s) machen sie jedoch für ernsthafte Anwendungen ungeeignet.

Beliebt bei Hobby- und Experimentalraketenbauern, bestehen sie meist aus Zucker (z. B. Saccharose oder Sorbit) und Kaliumnitrat als Oxidator. Diese geschmolzen und gegossen erzeugen einen spezifischen Impuls von etwa 130 s – ausreichend für Hobbyprojekte, aber nicht für kommerzielle oder Hochleistungsmissionen.

Sie bestehen aus Nitroglycerin und Nitrozellulose, die zu einem Gel kombiniert und mit Additiven verfestigt werden. Sie erzeugen wenig Rauch und erreichen mittlere bis hohe spezifische Impulse (~ 235 s). Mit Metallzusätzen wie Aluminium lässt sich die Leistung auf ~ 250 s steigern, was jedoch Rauchentwicklung verursacht. DB-Treibstoffe werden häufig in taktischen Raketen verwendet.

Diese vielseitige Treibstoffklasse kombiniert Oxidatoren wie Ammoniumnitrat (AN) oder Ammoniumperchlorat (AP) mit metallischen Brennstoffen (z. B. Aluminium) und einem elastischen Binder wie Hydroxyl-terminiertem Polybutadien (HTPB). Ammoniumnitrat-basierte Mischungen (ANCP) liefern etwa 210 s Isp, während AP-basierte Mischungen (APCP) bis zu 304 s im Vakuum erreichen können. Sie kommen in militärischen Raketen und Trägerraketen wie den Space-Shuttle-Feststoffboostern zum Einsatz. Neue, chlorfreie Oxidatoren wie Ammoniumdinitramid (ADN) gelten als umweltfreundliche Alternativen.

Diese erweitern Standardkomposite um hochexplosive Zusätze wie RDX oder HMX. Dies erhöht den spezifischen Impuls leicht, bringt jedoch höhere Sicherheitsrisiken mit sich, weshalb sie vorwiegend militärisch genutzt werden.

Diese Kombination aus DB- und Komposit-Technologie fügt einer Nitrozellulose-/Nitroglycerin-Basis Ammoniumperchlorat und Aluminium hinzu. So werden Effizienz und Verbrennungsstabilität verbessert. Fortgeschrittene Varianten wie *NEPE-75* (in Trident II D-5-Raketen) ersetzen einen Großteil des Ammoniumperchlorats durch HMX in Polyethylenglykol-Bindung.

Diese modernen Formulierungen, oft auf Basis des Nitroamins CL-20, bieten eine hohe Energiedichte und nahezu rauchfreie Abgase. Sie sind ideal für taktische Anwendungen, bei denen Tarnung entscheidend ist. CL-20 gilt als sicherer und sauberer als HMX, ist jedoch teuer in der Herstellung.

Eine revolutionäre Entwicklung: plastisolbasierte Treibstoffe, die durch elektrische Ströme gezündet und geregelt werden können. Sie sind unempfindlich gegenüber Flammen und Funken und ermöglichen präzise Schubsteuerung bei hoher Sicherheit – ein bedeutender Fortschritt für künftige Raketenanwendungen.

Jede Familie fester Raketentreibstoffe bietet einzigartige Vorteile und Kompromisse, die sie für verschiedene Missionen und Anforderungen geeignet machen. Von historischem Schwarzpulver bis zu modernen ESPs treibt die Vielfalt der Feststofftechnologien die Innovation in der Raketentechnik stetig voran.

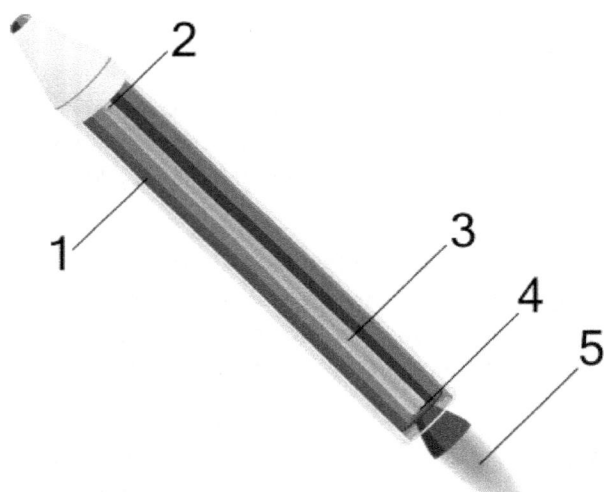

Abbildung 46: Ein vereinfachtes Diagramm einer Feststoffrakete. 1 – Eine feste Brennstoff-Oxidator-Mischung (Treibstoff) ist in der Rakete gepackt, mit einem zylindrischen Hohlraum in der Mitte; 2 – Ein Zünder entzündet die Oberfläche des Treibstoffs; 3 – Der zylindrische Hohlraum im Treibstoff dient als Brennkammer; 4 – Die heißen Abgase werden an der Düse (Engstelle) gedrosselt, was unter anderem die erzeugte Schubkraft bestimmt; 5 – Die Abgase treten aus der Rakete aus. Pbroks13, CC BY-SA 4.0, via Wikimedia Commons.

Wie in Abbildung 46 gezeigt, ist ein einfaches Feststoffraketentriebwerk ein grundlegendes Antriebssystem, das sich durch sein unkompliziertes Design und seine zuverlässige Funktion

Grundlagen des Raketenbaus und der Konstruktion

auszeichnet.

Seine Hauptkomponenten sind das Gehäuse, die Düse, der Treibstoffblock (Grain) und der Zünder. Diese Elemente arbeiten zusammen, um Schub zu erzeugen, indem der feste Treibstoff verbrannt und die heißen Abgase mit hoher Geschwindigkeit ausgestoßen werden.

Der feste Treibstoffblock in der Rakete dient gleichzeitig als Brennstoff und Oxidator in einer einzigen festen Masse. Dieser Grain brennt auf vorhersehbare Weise ab, gesteuert durch Prinzipien wie die Taylor–Culick-Strömung, welche das Verhalten des Gasflusses innerhalb des Triebwerks beschreibt. Die Düse spielt dabei eine entscheidende Rolle, da ihre Dimensionen sorgfältig berechnet werden, um einen bestimmten Kammerdruck aufrechtzuerhalten und gleichzeitig die Umwandlung der Gasenergie in Schub zu optimieren. Dieses Gleichgewicht gewährleistet, dass das Triebwerk während der gesamten Brenndauer effizient und zuverlässig arbeitet.

Die Taylor–Culick-Strömung ist ein wesentliches Konzept in der inneren Strömungsmechanik, insbesondere im Betrieb von Feststoffraketenmotoren. Sie beschreibt das Verhalten der Gasströmung, die durch die Verbrennung der festen Treibstoffkörner entsteht, und wie diese Gase durch die Brennkammer in Richtung Düse strömen. Die Strömung entsteht, weil bei der Verbrennung kontinuierlich Gase von der brennenden Oberfläche des Treibstoffs freigesetzt werden, die effizient durch die Kammer geleitet werden müssen, um Schub zu erzeugen.

Die Strömung weist axiale und radiale Komponenten auf:

- Die axiale Komponente treibt die Gase in Richtung Düse und erzeugt so den eigentlichen Schub.
- Die radiale Komponente sorgt dafür, dass Gase ständig von der brennenden Oberfläche des Treibstoffs nachgeliefert werden, wodurch ein gleichmäßiger Durchfluss in der Kammer aufrechterhalten wird.

Diese Komponenten wirken zusammen und gewährleisten einen stabilen, vorhersehbaren Betrieb des Triebwerks.

Grenzschichten spielen in der Taylor–Culick-Strömung eine entscheidende Rolle. Sie bilden sich entlang der Kammerwände und der brennenden Oberfläche des Treibstoffs. Sie beeinflussen Faktoren wie Wärmeübertragung, Druckverteilung und erosive Verbrennung. Eine korrekte Steuerung dieser Grenzschichten ist entscheidend, um die strukturelle Integrität des Triebwerks zu erhalten und eine effiziente Verbrennung sicherzustellen.

Die Taylor–Culick-Strömung beruht auf den Grundprinzipien der Erhaltung von Masse, Impuls und Energie:

- Massenerhaltung stellt sicher, dass die Gasmenge, die bei der Verbrennung entsteht, dem Durchfluss durch die Düse entspricht.
- Impulserhaltung beschreibt das Zusammenspiel zwischen Druckgradienten und Gasgeschwindigkeit zur effizienten Schuberzeugung.

- Energieerhaltung berücksichtigt die thermische und kinetische Energie der Gase, um die Gesamtleistung des Triebwerks zu optimieren.

In gut konstruierten Feststoffraketenmotoren erreicht die Strömung während des Betriebs einen stationären Zustand. Dabei bleibt der Kammerdruck weitgehend konstant, was eine vorhersehbare Triebwerksleistung sicherstellt. Dieses Gleichgewicht ist entscheidend für die Zuverlässigkeit und Effizienz der Rakete, da Druckschwankungen Instabilität oder Leistungsverluste verursachen könnten.

Das Geschwindigkeitsprofil der Taylor–Culick-Strömung ist parabolisch:

Die höchste Geschwindigkeit tritt im Zentrum der Kammer auf, wo viskose Effekte minimal sind. Nahe den Wänden sinkt die Geschwindigkeit aufgrund der Reibung in den Grenzschichten. Dieses parabolische Profil sorgt für eine gleichmäßige Gasrichtung zur Düse, verringert Turbulenzen und erhöht die Schubausbeute. Das stabile Strömungsverhalten ist entscheidend für den optimalen Betrieb von Feststoffraketenmotoren, da es die gewünschte Leistung mit minimalem Energieverlust ermöglicht.

Die Taylor–Culick-Strömung wird durch das Verständnis der inneren Gasdynamik in einer zylindrischen Kammer beschrieben, wie sie in Feststoffraketen üblich ist. Das zugrunde liegende mathematische Modell basiert auf einer achsensymmetrischen und reibungslosen (invisziden) Flüssigkeitsannahme. Die Strömung wird durch eine Stromfunktion ψ beschrieben, welche das Geschwindigkeitsfeld in Zylinderkoordinaten vereinfacht darstellt.

Die maßgebende Gleichung, bekannt als Hicks-Gleichung, lautet:

$$\frac{\partial^2 \psi}{\partial r^2} + \frac{\partial^2 \psi}{\partial z^2} = f(r, z)$$

wobei:

- **ψ** die Stromfunktion ist,
- **r** der radiale Abstand von der Achse,
- **z** der axiale Abstand vom geschlossenen Ende der Kammer,
- **f(r, z)** eine Funktion ist, die die Randbedingungen erfüllt.

Die Lösung beschreibt das Verhalten der Gasströmung, die sich radial von den Kammerwänden (durch Verbrennung des Treibstoffs) nach außen und axial zur Düse hin bewegt.

Die Lösung mit passenden Randbedingungen ergibt:

$$\psi = Ua\sin\left(\frac{\pi r}{a}\right)\left(1 - \frac{z}{L}\right)$$

Grundlagen des Raketenbaus und der Konstruktion

wobei:

- **a** der Radius der Kammer ist,
- **U** die Einspritzgeschwindigkeit der Gase an der Kammerwand bezeichnet.

Diese Lösung beschreibt das Strömungsfeld innerhalb der Kammer, wobei der Sinusanteil die radiale Geschwindigkeit darstellt und der lineare Term den axialen Transport zur Düse kennzeichnet. Experimentelle Messungen bestätigen die Genauigkeit dieses Modells insbesondere für Bereiche, in denen $z \gg a$ gilt.

Hauptmerkmale der Strömung

1. Grenzschichtbedingungen: Obwohl das Modell für reibungsfreie Strömung entwickelt wurde, erfüllt es die Haftbedingung an den Wänden („no-slip").

Die viskose Grenzschicht wird durch die kontinuierliche Gasinjektion quasi „abgetragen", weshalb die Strömung als *quasi-viskos* bezeichnet wird.

2. Gültigkeitsbereich: Das Taylor–Culick-Profil gilt für Bereiche mit $z \gg a$.

In der Nähe des geschlossenen Endes ($z \approx a$) kann sich die Grenzschicht ablösen, wodurch die Genauigkeit abnimmt.

3. Experimentelle Bestätigung: Trotz vereinfachter Annahmen (keine Viskosität, Achsensymmetrie) wurde das Modell experimentell bestätigt und liefert eine verlässliche Beschreibung der Gasdynamik in Raketenmotoren.

Die Taylor–Culick-Strömung bietet Ingenieuren ein praktisches Werkzeug, um den Gasfluss in Feststoffraketen zu analysieren und Düsen und Brennkammern so auszulegen, dass der Schub maximiert wird.

Nach der Zündung kann ein einfaches Feststoffraketentriebwerk nicht abgeschaltet oder gedrosselt werden, da es alle für die Verbrennung notwendigen Bestandteile in einer geschlossenen Kammer enthält [184, 185]. Dies macht es sehr zuverlässig, aber weniger flexibel als flüssige Triebwerke. Fortschritte in der Feststofftechnik haben jedoch zu drosselbaren und wiederzündbaren Motoren geführt, etwa durch veränderbare Düsengeometrien oder Entlüftungsöffnungen. Zudem wurden Impulstriebwerke entwickelt, die in einzelnen Segmenten brennen können – jedes Segment kann bei Bedarf gezündet werden, was eine kontrollierte Nutzung ermöglicht und ihre Einsatzfähigkeit in taktischen und Weltraumanwendungen deutlich erweitert.

Moderne Feststoffraketenmotoren integrieren heute zahlreiche Merkmale, die Leistung, Steuerbarkeit und Sicherheit verbessern. So ermöglichen beispielsweise schwenkbare Düsen eine präzise Steuerung und Kurskorrektur während des Fluges. Avioniksysteme liefern Echtzeitdaten und erlauben fortschrittliche Steuermechanismen. Rückgewinnungseinrichtungen wie Fallschirme können eingebaut werden, um die Bergung und Wiederverwendung bestimmter Raketenteile zu erleichtern. Selbstzerstörungssysteme gewährleisten die sichere Beendigung des Raketenfluges im Falle einer Fehlfunktion oder Abweichung von der vorgesehenen Flugbahn. Weitere Verbesserungen umfassen Hilfsenergieeinheiten (Auxiliary Power Units, APUs) zur Unterstützung des Betriebs, steuerbare taktische Antriebe für präzises Zielen sowie Ablenk- und Lageregelungstriebwerke für feine Positions- und Orientierungsanpassungen. Wärmeabschirmende Materialien schützen das Motorgehäuse und die internen Komponenten vor der intensiven Hitze während der Verbrennung. Diese Fortschritte verdeutlichen die Vielseitigkeit und stetige Weiterentwicklung von Feststoffraketenmotoren, die sie sowohl in militärischen als auch in Raumfahrtanwendungen unverzichtbar machen. Ihre robuste, zuverlässige und zunehmend anpassungsfähige Konstruktion hat ihre Rolle als Grundpfeiler der Raketentriebwerkstechnik gefestigt.

Feststofftreibstoffe sind einfach und zuverlässig, da sie bereits vorgefertigt und direkt im Raketenmotor gelagert werden, wodurch die Komplexität der Betankung vor Ort entfällt [184, 185]. Sie sind besonders verlässlich, da sie im Gegensatz zu Flüssigsystemen keine komplexe Rohrleitungs- oder Pumpentechnik erfordern [184, 185]. Feststoffraketenmotoren sind zudem widerstandsfähiger und können auch unter extremen Umweltbedingungen betrieben werden [184, 185]. Sie finden häufig Anwendung in militärischen Systemen, Lenkflugkörpern und als Booster in großen Trägerraketen [184, 185]. Nach der Zündung können Feststofftreibstoffe jedoch nicht abgeschaltet oder gedrosselt werden, was ihre Flexibilität im Flug einschränkt [184, 185]. Ihre Leistungsfähigkeit, ausgedrückt im spezifischen Impuls, ist in der Regel geringer als die von Flüssigtreibstoffen [184, 185]. Darüber hinaus birgt die Herstellung und Handhabung von Feststofftreibstoffen Sicherheitsrisiken, da sie empfindlich auf Stoß und Temperatur reagieren [184, 185]. Feststofftreibstoffe eignen sich ideal für Anwendungen, die Einfachheit und hohen Schub erfordern, etwa für militärische Raketen, Erststufen-Booster und kleine Satellitenträger [184-187]. Beispiele hierfür sind die Feststoff-Booster des Space Shuttle (SRBs) und die Vega-Rakete [184-186]. Forschende untersuchen derzeit neue energiereiche Materialien und Bindemittel, um die Energiedichte und Leistung von Feststofftreibstoffen zu verbessern [188-191]. Darüber hinaus werden Verbundtreibstoffe mit trimodaler Oxidatorverteilung und Geltreibstoffe erforscht, um spezifischen Impuls und Sicherheit zu erhöhen [185, 192, 193].

Die Konstruktion eines Feststoffraketenmotors beginnt mit der Bestimmung des erforderlichen Gesamtimpulses, der direkt die benötigten Mengen an Brennstoff und Oxidator festlegt. Diese Impulsanforderung bildet die Grundlage für die Gesamtmasse des Treibstoffs, aus der wiederum die Korngeometrie und chemische Zusammensetzung ausgewählt werden, um die gewünschten Leistungsmerkmale des Motors zu erreichen. Dabei handelt es sich um ein komplexes Zusammenspiel mehrerer Faktoren, die jeweils entscheidende Aspekte der Funktionalität und Sicherheit des Triebwerks beeinflussen.

Leistung von Feststofftreibstoffen

Die Leistungsfähigkeit von Feststoffraketenmotoren (Solid Rocket Motors, SRM) ergibt sich aus einem komplexen Zusammenspiel von Treibstoffchemie, Motorkonstruktion und Missionszielen. Im Kern bieten Feststoffraketen eine Balance aus Einfachheit, Zuverlässigkeit und hohem Schub, wodurch sie

Grundlagen des Raketenbaus und der Konstruktion

in zahlreichen Raumfahrt- und Verteidigungsanwendungen unentbehrlich sind. Ihr spezifischer Impuls (Isp), ein entscheidendes Maß für die Antriebseffizienz, liegt in der Regel unter dem von flüssigkeitsbetriebenen Raketen, bleibt jedoch wettbewerbsfähig, insbesondere dort, wo ihre besonderen Vorteile Effizienzeinbußen ausgleichen.

Ein gut konstruierter Ammoniumperchlorat-Verbundtreibstoff (APCP)-Motor kann beispielsweise einen spezifischen Impuls im Vakuum von bis zu 285,6 Sekunden erreichen, wie im Titan IVB SRMU. Zwar liegt dieser Wert unter dem Isp flüssigkeitsbetriebener Triebwerke wie dem RD-180 (339,3 s) oder dem wasserstoffbetriebenen RS-25 (452,3 s), doch bieten SRMs andere Vorteile. Ihr hohes Schub-Gewichts-Verhältnis und ihr kompakter Aufbau machen sie ideal für die ersten Startphasen, in denen das Überwinden der Erdgravitation und des atmosphärischen Widerstands im Vordergrund steht. Feststoff-Oberstufen wie die Orbus 6E verbessern die Effizienz leicht und erreichen einen spezifischen Impuls von 303,8 Sekunden im Vakuum, was ihre Anpassungsfähigkeit an größere Höhen und nahezu weltraumnahe Bedingungen zeigt.

Feststoffraketen besitzen im Allgemeinen hohe Treibstoffanteile, die oft über 90 % der Gesamtstufenmasse liegen. So weist die Castor 120-Erststufe einen Treibstoffanteil von 92,23 %, die Oberstufe Castor 30 einen Anteil von 91,3 % auf. Diese Werte spiegeln die hohe Effizienz der Treibstoffverpackung im Verhältnis zu Struktur- und Zusatzkomponenten wider und gewährleisten maximale Leistung pro Masseneinheit. Die Athena II, eine vierstufige Feststoffrakete, demonstriert die Vielseitigkeit dieses Antriebstyps eindrucksvoll – sie startete 1998 erfolgreich die Mondsonde *Lunar Prospector*.

Die inhärente Einfachheit und Zuverlässigkeit von Feststoffraketen macht sie besonders für Erststufenanwendungen geeignet. Ihre Fähigkeit, enormen Schub ohne komplexe Pumpen-, Ventil- oder Kühlsysteme zu liefern, ermöglicht einen schnellen und robusten Start. Auch in Satellitenmissionen bewähren sie sich als Endstufenantrieb, da ihre kompakte Bauweise und der geringe Wartungsaufwand kostengünstige Lösungen für den Orbitaleintritt bieten. Besonders spinstabilisierte Feststoffmotoren wie die *Star*-Serie von Thiokol wurden häufig eingesetzt und erreichten hohe Treibstoffanteile (bis zu 94,6 %) sowie zuverlässige Leistungen bei Missionen, die zusätzliche Geschwindigkeit für interplanetare Flugbahnen erfordern.

Im Verteidigungssektor profitieren Feststoffraketenmotoren von ihrer Fähigkeit, über lange Zeiträume geladen und einsatzbereit zu bleiben, ohne an Zuverlässigkeit zu verlieren. Strategische Raketen wie die Peacekeeper-ICBM verwendeten fortschrittliche Hochenergietreibstoffe wie HMX, die eine höhere Energiedichte als APCP bieten. Die zweite Stufe der Peacekeeper erreichte beispielsweise einen spezifischen Impuls von 309 s mit HMX-basiertem Treibstoff. Neuere Entwicklungen wie CL-20, entwickelt an der *Naval Air Weapons Station*, versprechen eine weitere Leistungssteigerung mit 14 % mehr Energie pro Masseeinheit im Vergleich zu HMX. Die höhere Energiedichte und die Einstufung als „Insensitive Munition" (IM) machen CL-20 zu einem vielversprechenden Kandidaten für künftige kommerzielle Trägersysteme und könnten spezifische Impulse im Bereich von 320 s ermöglichen.

Feststoffraketenmotoren sind insbesondere im militärischen Bereich von Vorteil, da sie schnell einsatzbereit sind und langfristig gelagert werden können. Im Gegensatz zu Flüssigsystemen, die aufwendige Handhabung und Wartung erfordern, bleiben Feststoffmotoren über Jahre hinweg startbereit und eignen sich somit ideal für strategische Abschreckung oder schnelle Einsatzszenarien. Mit dem Fortschritt der Technologie behalten Feststoffraketen ihre zentrale Bedeutung in kommerziellen, wissenschaftlichen und militärischen Anwendungen und bieten eine zuverlässige, effiziente und anpassbare Antriebslösung für unterschiedlichste Missionsanforderungen.

Korngeometrie

Das Brennverhalten des Treibstoffkorns spielt eine entscheidende Rolle bei der Bestimmung der Motorleistung. Die Brennrate wird durch die dem Verbrennungsprozess ausgesetzte Oberfläche des Korns und den Kammerdruck im Motor beeinflusst. Der Kammerdruck wiederum hängt von der Größe des Düsenhalses ab, der den Abgasstrom reguliert, sowie von der Brennrate des Korns. Diese gegenseitige Abhängigkeit bedeutet, dass Korngeometrie, Düsenabmessungen und Gehäusedesign gleichzeitig berechnet werden müssen, um die gewünschte Leistung zu erzielen und gleichzeitig Sicherheit und strukturelle Integrität zu gewährleisten. Das Gehäuse muss so ausgelegt sein, dass es den während der Verbrennung entstehenden Innendruck aushält, wobei der zulässige Kammerdruck direkt mit der Festigkeit und dem Material des Gehäuses verknüpft ist.

Ein weiterer entscheidender Faktor ist die Brenndauer, die von der sogenannten „Webdicke" des Korns abhängt. Dieser Begriff bezeichnet die Dicke des Korns in der Richtung, die senkrecht zur brennenden Oberfläche steht. Während das Korn abbrennt, verringert sich diese Dicke, bis der Treibstoff vollständig verbraucht ist – sie bestimmt somit die Brennzeit des Motors. Diese Beziehung erfordert eine präzise Berechnung, um sicherzustellen, dass der Motor den erforderlichen Schub über die vorgesehene Zeit liefert, ohne Überdruck oder vorzeitiges Ausbrennen zu verursachen.

Das Korn kann auch unterschiedlich mit dem Gehäuse verbunden sein. In einigen Motoren ist das Korn direkt mit dem Gehäuse verklebt, was zusätzliche Konstruktionskomplexität mit sich bringt. Die Deformationseigenschaften von Korn und Gehäuse unter Betriebsbelastung müssen kompatibel sein, um strukturelle Schäden zu vermeiden. Nicht verklebte Körner sind in dieser Hinsicht einfacher, können jedoch andere Herausforderungen mit sich bringen, etwa die Gewährleistung eines gleichmäßigen Brennverhaltens.

Feststoffraketenmotoren sind anfällig für spezifische Versagensarten, die bei der Konstruktion berücksichtigt werden müssen. Eine häufige Ursache ist das Aufreißen des Korns, das auftreten kann, wenn interne Spannungen die Materialtoleranzen überschreiten. Risse oder Hohlräume im Korn können zu einer plötzlichen Vergrößerung der Brennfläche führen, was einen raschen Anstieg der Gasproduktion und des Kammerdrucks bewirkt. Wenn der Druck die strukturelle Belastungsgrenze des Gehäuses überschreitet, kann es zu einem katastrophalen Versagen kommen. Ebenso kann ein Versagen der Verbindung zwischen Korn und Gehäuse zu ungleichmäßigem Brennen und Druckspitzen führen, was die Integrität des Motors gefährdet.

Auch Gehäusedichtungen stellen kritische Schwachstellen dar, insbesondere bei Motoren, bei denen das Gehäuse zum Einsetzen des Korns geöffnet werden muss. Ein Versagen dieser Dichtungen ermöglicht das Austreten heißer Gase, die das umliegende Material erodieren und die Öffnung

Grundlagen des Raketenbaus und der Konstruktion

schnell vergrößern können. Dies kann zum unkontrollierten Gasaustritt und zur Zerstörung des Motors führen. Ein solches Versagen war berüchtigt für die Challenger-Katastrophe, bei der eine fehlerhafte O-Ring-Dichtung das Austreten heißer Gase erlaubte und zur Zerstörung des Space Shuttle führte.

Die Konstruktion eines Feststoffraketenmotors ist daher ein komplexer Prozess, der eine sorgfältige Berücksichtigung von Geometrie, Materialverhalten und Betriebsbelastungen erfordert. Jede Komponente – vom Korn über das Gehäuse bis hin zur Düse – muss so optimiert werden, dass sie harmonisch zusammenarbeitet, während mögliche Fehlermodi sorgfältig analysiert und minimiert werden müssen, um einen zuverlässigen und sicheren Betrieb zu gewährleisten.

Die Geometrie des Treibstoffkorns in einem Feststoffraketenmotor ist ein entscheidender Konstruktionsparameter, der die Leistung des Motors maßgeblich beeinflusst. Da der Treibstoff an seiner dem Brennraum ausgesetzten Oberfläche abbrennt – ein Prozess, der als Deflagration bezeichnet wird –, bestimmt die Form und Anordnung des Treibstoffs, wie sich die Brennfläche im Laufe der Zeit verändert. Diese Veränderung wirkt sich direkt auf das Schubprofil des Motors aus. Die Beziehung zwischen Korngeometrie und Leistung ist ein zentrales Thema der inneren Ballistik.

Während die Oberfläche des Treibstoffs abbrennt, verändert sich ihre Geometrie, wodurch sich die freiliegende Brennfläche verändert. Diese Entwicklung der Brennfläche bestimmt die Geschwindigkeit, mit der Verbrennungsgase erzeugt werden. Die momentane Massenstromrate der Abgase, die den Schub erzeugen, lässt sich berechnen als Produkt aus der Dichte des Treibstoffs, der brennenden Oberfläche und der linearen Brennrate. Diese Beziehung kann wie folgt ausgedrückt werden:

$$\dot{m} = \rho A_b r_b$$

wobei gilt:

- $\dot{m}$ = Massenstromrate der Verbrennungsgase
- ρ = Dichte des Treibstoffs
- A_b = freiliegende Brennfläche
- r_b = lineare Brennrate

Die Korngeometrie wird basierend auf der gewünschten Schubkurve und den Missionsanforderungen ausgewählt. Verschiedene Designs werden verwendet, um spezifische Leistungsprofile zu erzeugen, darunter progressive, regressive oder neutrale Schubverläufe. Diese Konfigurationen werden im Folgenden beschrieben:

Zylindrischer Hohlkanal (Circular Bore): Bei dieser Konfiguration besitzt das Treibstoffkorn einen zylindrischen Hohlraum, der radial nach außen abbrennt. In einer BATES- (Ballistic Test and Evaluation System) Konfiguration erzeugt diese Geometrie eine progressiv-regressive Schubkurve: Zu Beginn steigt der Schub an, da die Brennfläche zunimmt, und sinkt dann wieder ab, wenn sich die Brennfläche gegen Ende der Verbrennung verringert.

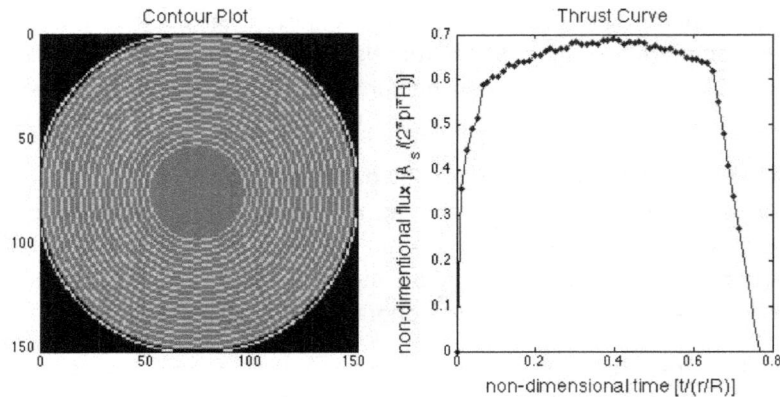

Abbildung 47: Niedrigauflösende Simulation des Brennprofils eines Treibstoffkorns mit zylindrischem Hohlkanal. ThirdCritical, Graham Orr, CC BY-SA 3.0, via Wikimedia Commons.

Endbrenner: Bei der Endbrenner-Konfiguration erfolgt die Verbrennung des Treibstoffs von einem axialen Ende zum anderen, wodurch ein gleichmäßiger und langanhaltender Brennvorgang erreicht wird. Dieses Design eignet sich besonders für Anwendungen, die einen konstanten Schub über eine längere Dauer erfordern. Allerdings bringt es Herausforderungen mit sich, wie etwa die thermische Belastungskontrolle und erhebliche Verschiebungen des Schwerpunkts (CG) im Verlauf der Verbrennung.

C-Schlitz (C-Slot): In dieser Konfiguration verläuft ein keilförmiger Ausschnitt entlang der Achse des Treibstoffkorns und erzeugt dadurch eine große Brennfläche. Dies führt zu einer regressiven Schubkurve, bei der der Schub im Laufe der Zeit abnimmt, da die Brennfläche kleiner wird. Obwohl dieses Design eine relativ lange Brenndauer ermöglicht, bringt es Herausforderungen mit sich, insbesondere hinsichtlich asymmetrischer Schwerpunktverlagerungen und thermischer Spannungen.

Grundlagen des Raketenbaus und der Konstruktion

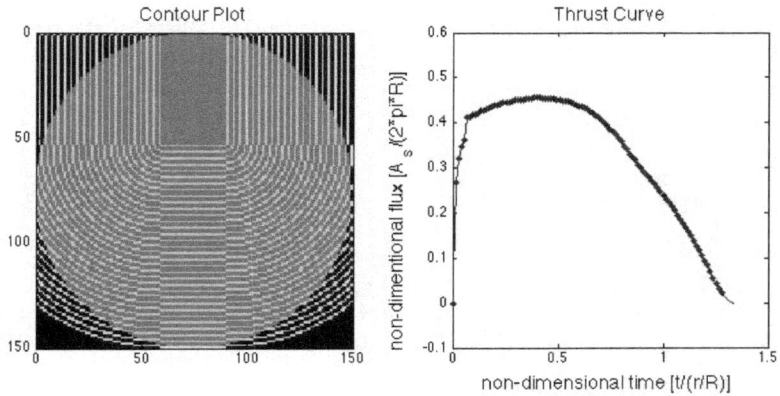

Abbildung 48: Niedrigauflösende Simulation des Brennprofils eines C-Schlitz-Treibstoffkorns. ThirdCritical, Graham Orr, CC BY-SA 3.0, via Wikimedia Commons.

Moon-Burner: Der Moon-Burner verwendet eine exzentrisch angeordnete zylindrische Bohrung, um eine progressiv-regressive Schubkurve mit längerer Brenndauer zu erzielen. Obwohl dieses Design in bestimmten Anwendungen effizient ist, führt die außermittige Anordnung zu einer leichten Asymmetrie in der Bewegung des Schwerpunkts (CG), die in den Stabilitätsberechnungen berücksichtigt werden muss.

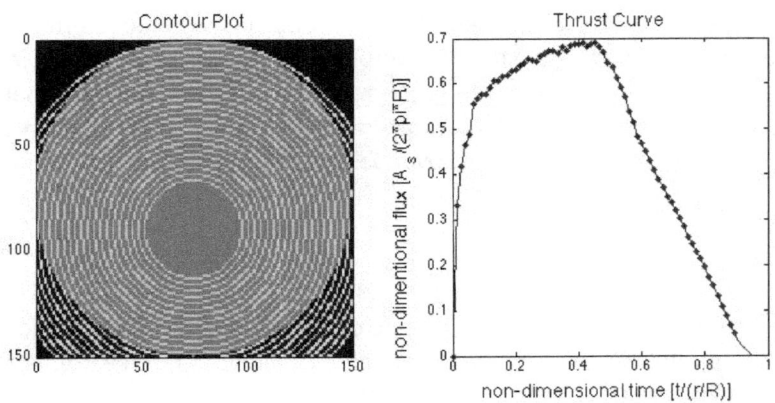

Abbildung 49: Niedrigauflösende Simulation des Brennprofils eines Moon-Burner-Treibstoffkorns. ThirdCritical, Graham Orr, CC BY-SA 3.0, via Wikimedia Commons.

Finocyl: Ein Finocyl-Treibstoffkorn besitzt einen sternförmigen Querschnitt, typischerweise mit fünf oder sechs Spitzen. Dieses Design vergrößert die anfängliche Brennfläche im Vergleich zu einer einfachen zylindrischen Bohrung, was zu einem höheren Schub zu Beginn der Verbrennung führt. Das Schubprofil bleibt relativ stabil, wobei die Brenndauer aufgrund der größeren Oberfläche kürzer ist als bei der zylindrischen Bohrungsgeometrie. Diese Form wird häufig für Anwendungen gewählt, die eine schnelle Beschleunigung erfordern.

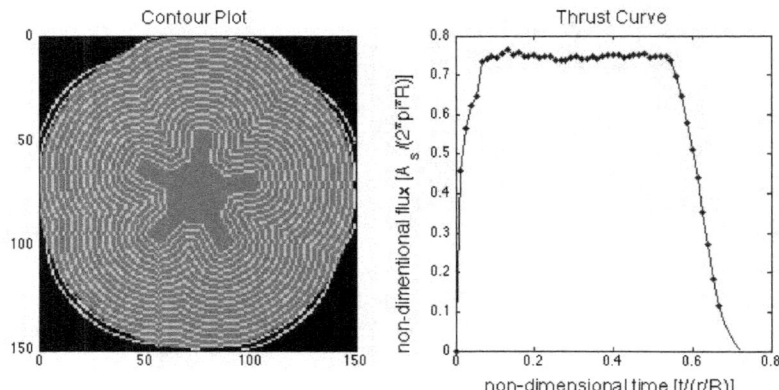

Abbildung 50: Niedrigauflösende Simulation des Brennprofils eines Finocyl-Bohrungs-Treibstoffkorns. ThirdCritical, Graham Orr, CC BY-SA 3.0, via Wikimedia Commons.

Die Wahl der Korngeometrie beinhaltet Abwägungen zwischen Schubprofil, Brenndauer und strukturellen Anforderungen. Konstrukteure müssen die Auswirkungen der Geometrie auf den Wärmetransport, die interne Druckverteilung und die strukturelle Integrität von Korn und Gehäuse berücksichtigen. So können Konfigurationen wie der End-Burner zu hohen thermischen Spannungen und einer ungleichmäßigen Bewegung des Schwerpunkts führen, während komplexere Geometrien wie Finocyl oder C-Slot eine präzise Fertigung erfordern, um ein vorhersehbares Verhalten zu gewährleisten. Durch die Anpassung der Korngeometrie an die spezifischen Anforderungen einer Mission können Ingenieure die Effizienz und Zuverlässigkeit von Feststoffraketenmotoren optimieren.

Gehäuse

Das Gehäuse eines Feststoffraketenmotors ist eine entscheidende Strukturkomponente, die sowohl als Behälter für den Treibstoff als auch als Druckbehälter dient, der den extremen Bedingungen im Inneren des Motors während des Betriebs standhalten muss [194-196]. Die Wahl von Material und Design des Gehäuses hängt von der Größe der Rakete, der Art des verwendeten Treibstoffs und den angestrebten Leistungsanforderungen ab [194-196].

Bei kleineren Raketen, wie Schwarzpulver-Modellraketen, bestehen die Gehäuse oft aus leichten und kostengünstigen Materialien wie Karton [194-196]. Diese Materialien sind ausreichend, um den moderaten Druck- und Wärmebelastungen solcher Motoren standzuhalten [194-196]. Für größere Hobbyraketen, die Verbundtreibstoffe verwenden, werden in der Regel Aluminiumgehäuse

Grundlagen des Raketenbaus und der Konstruktion

eingesetzt, da sie ein gutes Gleichgewicht zwischen Festigkeit, geringem Gewicht und einfacher Herstellung bieten [194-196].

Für größere, leistungsstärkere Systeme sind robustere Materialien erforderlich [194-196]. Die Stahlgehäuse der Feststoffraketenbooster (SRBs) des Space Shuttle-Programms wurden entwickelt, um den erheblichen Druck- und Wärmebelastungen bei großen Raketenstarts standzuhalten [194-196]. Stahl bietet außergewöhnliche Festigkeit und Haltbarkeit und gewährleistet, dass das Gehäuse den hohen Drücken während der Verbrennung sicher standhalten kann [194-196]. Aufgrund seines hohen Gewichts ist Stahl jedoch weniger geeignet für Anwendungen, bei denen maximale Effizienz und Nutzlastkapazität gefordert sind [194-196].

In modernen Hochleistungsmotoren kommen häufig filamentgewickelte Graphit-Epoxid-Gehäuse zum Einsatz [194-197]. Diese Verbundwerkstoffe bieten ein hervorragendes Verhältnis von Festigkeit zu Gewicht und ermöglichen die Aufnahme hoher Drücke ohne das erhebliche Masseproblem von Stahl [194-197]. Der Filament-Wickelprozess erlaubt eine präzise Steuerung der Faserorientierung, wodurch die Fähigkeit des Gehäuses optimiert wird, den bei Motorbetrieb auftretenden mehrachsigen Belastungen standzuhalten [194-197]. Zudem sind Verbundgehäuse korrosionsbeständiger – ein wesentlicher Vorteil für die Langzeitlagerung oder den Einsatz unter rauen Umgebungsbedingungen [194-197].

Das Gehäuse muss so konstruiert sein, dass es nicht nur den internen Drücken des Motors, sondern auch den hohen Temperaturen infolge der Verbrennung standhält [194-197]. Als Druckbehälter wird es mit Sicherheitsfaktoren ausgelegt, um diese Belastungen zu berücksichtigen [194-197]. Die Integrität des Gehäuses ist von entscheidender Bedeutung, da ein Versagen katastrophale Folgen haben kann [194-197]. Der Konstruktionsprozess umfasst daher umfangreiche numerische Simulationen und Tests, um sicherzustellen, dass das Gehäuse unter Betriebsbedingungen seine strukturelle Integrität behält [194-197].

Um das Gehäuse vor den korrosiven Einflüssen der heißen Verbrennungsgase zu schützen, wird häufig eine innere, opfernde Wärmeschutzschicht eingesetzt [194-197]. Diese Schicht dient als Barriere und trägt durch Ablation während des Betriebs dazu bei, Wärme aufzunehmen und den direkten Kontakt der heißen Gase mit dem Gehäusematerial zu verringern [194-197]. Durch diesen opfernden Prozess verlängert der Liner die Lebensdauer des Gehäuses und stellt sicher, dass der Motor wie vorgesehen funktioniert [194-197]. Die Zusammensetzung des Liners wird in der Regel an die spezifischen Anforderungen des Motors angepasst, wobei thermische Beständigkeit, Ablationsrate und Kompatibilität mit dem Treibstoff in Einklang gebracht werden [194-197].

Düse

Die Raketendüse ist ein entscheidendes Element im Design eines Feststoffraketenmotors, da sie die Verbrennungsgase beschleunigt und so den Schub erzeugt. Eine Standard-Konvergent-Divergent-Düse wird verwendet, um den Hochdruck- und Hochtemperaturgasstrom aus der Brennkammer effizient in einen Hochgeschwindigkeitsabgasstrahl umzuwandeln. Dieser Beschleunigungsprozess erzeugt nicht nur Schub, sondern gewährleistet auch die optimale Nutzung der im Treibstoff gespeicherten Energie.

Die Düse muss extremen thermischen und mechanischen Belastungen standhalten, die durch die heißen, schnell strömenden Abgase entstehen. Aus diesem Grund werden Düsen häufig aus hochtemperaturbeständigen Materialien gefertigt. Kohlenstoffbasierte Werkstoffe wie amorpher Graphit oder verstärkter Kohlenstoff-Kohlenstoff-Verbund (RCC) sind gängige Materialien, da sie die erforderliche thermische Stabilität und Erosionsbeständigkeit bieten und eine zuverlässige Leistung über die gesamte Betriebsdauer des Motors gewährleisten.

In vielen fortschrittlichen Raketensystemen ermöglicht die Düsengestaltung auch die Richtungssteuerung des Abgasstrahls, um die Flugbahn und Stabilität des Fahrzeugs zu kontrollieren. Dies kann auf verschiedene Weise erreicht werden. Beim sogenannten Gimballing (Schwenken der Düse), wie bei den Space Shuttle SRBs, kann die Düse gedreht werden, um den Schubvektor zu verändern und präzise Steuerung in Nick-, Gier- und Rollrichtung zu ermöglichen. Eine andere Methode nutzt Strahlruder (Jet Vanes) – aerodynamische Flächen, die in den Abgasstrom hineinragen, um dessen Richtung zu ändern. Diese Technik wurde berühmt durch die V-2-Rakete.

Eine fortschrittlichere Methode ist das Liquid Injection Thrust Vectoring (LITV). Dabei wird eine Flüssigkeit – oft ein reaktives chemisches Mittel – nach der Drosselstelle in den Abgasstrom eingespritzt. Die Flüssigkeit verdampft beim Kontakt mit den heißen Gasen und reagiert in vielen Fällen chemisch mit dem Abgas, wodurch auf einer Seite der Düse eine Massenzunahme entsteht. Diese Asymmetrie erzeugt ein Drehmoment, das die Rakete steuert. Die Titan-IIIC-Feststoffbooster verwendeten beispielsweise Stickstofftetroxid für LITV, wobei die Tanks dieser Flüssigkeit sichtbar zwischen der Hauptstufe und den Boostern montiert waren.

Ein alternatives Düsenkonzept wurde in einer frühen Version der Minuteman-ICBM-Erststufe eingesetzt, die einen einzelnen Motor mit vier schwenkbaren Düsen verwendete. Dieses Design ermöglichte eine präzise Steuerung von Nick-, Gier- und Rollbewegungen, ohne externe Steuermechanismen zu benötigen, und vereinfachte so das Schubvektorsteuerungssystem.

Insgesamt dient die Raketendüse nicht nur als Antriebskomponente, sondern auch als wesentliches Element im Steuerungs- und Leitsystem des Flugkörpers. Fortschritte in Materialwissenschaft, Strukturdesign und Schubvektorsteuerung haben die Vielseitigkeit und Effizienz moderner Düsen erheblich erweitert, sodass sie den extremen Anforderungen der Raumfahrt zuverlässig gerecht werden.

Flüssige Treibstoffe

Flüssige Raketentreibstoffe bestehen aus getrennt gespeicherten Brennstoffen und Oxidatoren, die in Tanks aufbewahrt und in eine Brennkammer gepumpt werden, wo sie sich mischen und entzünden [198]. Je nach Kombination können sie kryogen, hypergolisch oder lagerfähig sein [198].

Typische flüssige Brennstoffe sind flüssiger Wasserstoff, Kerosin (RP-1) und Hydrazin [198]. Als Oxidatoren werden häufig flüssiger Sauerstoff (LOX) für kryogene Systeme und Stickstofftetroxid

Grundlagen des Raketenbaus und der Konstruktion

(NTO) für hypergolische Systeme eingesetzt [198]. Flüssige Treibstoffe erfordern robuste Tanks und Rohrleitungen, um ihre besonderen physikalischen und chemischen Eigenschaften zu handhaben – beispielsweise die Kryokühlung für LOX und flüssigen Wasserstoff [198].

Flüssige Treibstoffe bieten eine hohe Effizienz, mit spezifischen Impulsen, die deutlich über denen von Feststofftreibstoffen liegen [198]. Sie ermöglichen präzise Steuerung, einschließlich Drosselung, Neuzündung und Abschaltung während des Flugs – entscheidend für komplexe Missionen wie Orbitaleinsätze, interplanetare Transfers oder bemannte Raumflüge [198].

Allerdings sind flüssige Systeme mechanisch komplex und erfordern Pumpen, Ventile und Drucksysteme, um den Fluss von Brennstoff und Oxidator zu regeln. Diese Komplexität erhöht das Risiko mechanischer Ausfälle und erfordert aufwändige Ingenieurarbeit und Tests [198]. Kryogene Brennstoffe benötigen isolierte Tanks und sorgfältige Handhabung, um Verdampfung oder Leckagen zu vermeiden. Zudem sind flüssige Systeme schwieriger zu lagern und zu transportieren, wodurch sie weniger geeignet für schnelle Einsätze oder langfristige Bereitschaft sind [198].

Flüssige Treibstoffe werden in Anwendungen eingesetzt, die hohe Effizienz und präzise Steuerung erfordern – etwa in Oberstufen, bei orbitalen Manövern und Tiefraummissionen [198]. Beispiele sind die zweite und dritte Stufe der Saturn V (mit flüssigem Wasserstoff und LOX) sowie die Falcon 9 von SpaceX (mit RP-1 und LOX) [198].

Das Funktionsprinzip eines Flüssigtriebwerks beruht auf der präzisen Steuerung und Verbrennung der flüssigen Treibstoffe zur Schuberzeugung. Diese Triebwerke bestehen aus mehreren entscheidenden Komponenten – Tanks und Leitungen zur Treibstofflagerung und -förderung, einem Einspritzsystem, Brennkammern und Düsen. Alle Systeme arbeiten zusammen, um einen effizienten und kontrollierten Antrieb zu gewährleisten.

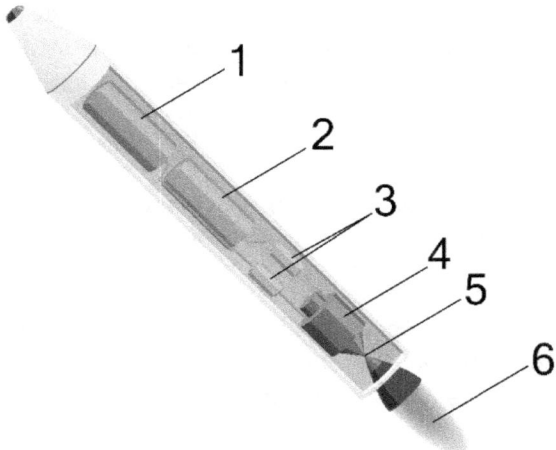

Abbildung 51: Ein vereinfachtes Diagramm einer Flüssigtreibstoffrakete. 1 – Flüssiger Raketentreibstoff; 2 – Oxidator; 3 – Pumpen transportieren den Treibstoff und den Oxidator; 4 – Die Brennkammer mischt und

verbrennt die beiden Flüssigkeiten; 5 – Die Verbrennungsprodukte treten durch eine Engstelle (Düse) in die Düse ein; 6 – Die Abgase verlassen die Rakete. Pbroks13, CC BY-SA 4.0, via Wikimedia Commons.

Abbildung 51 zeigt ein Diagramm einer Flüssigtreibstoffrakete, das die wichtigsten Komponenten eines Raketentriebwerks hervorhebt, das mit flüssigen Treibstoffen arbeitet. Flüssigtreibstoffraketen beruhen auf der kontrollierten Verbrennung von flüssigem Brennstoff und Oxidator, die getrennt gespeichert und in der Brennkammer gemischt werden, um Schub zu erzeugen.

Nase (Spitze): An der Oberseite der Rakete ist die Nasenspitze so gestaltet, dass sie den aerodynamischen Widerstand beim Flug durch die Atmosphäre minimiert. Sie sorgt für eine stromlinienförmige Form und verringert den Luftwiderstand. In einigen Fällen beherbergt die Nasenspitze auch Nutzlasten wie Satelliten, wissenschaftliche Instrumente oder Besatzungskapseln – je nach Ziel der Mission.

Treibstofftank: Der Treibstofftank speichert den flüssigen Brennstoff, der das Raketentriebwerk antreibt. Übliche flüssige Brennstoffe sind RP-1 (raffiniertes Kerosin), flüssiger Wasserstoff oder andere Kohlenwasserstoffe, abhängig vom Triebwerksdesign und den Missionsanforderungen. Der Tank steht unter Druck, um einen gleichmäßigen Zufluss des Brennstoffs in die Brennkammer sicherzustellen.

Oxidatortank: Der Oxidatortank enthält das Oxidationsmittel, das für die Verbrennung erforderlich ist, da im Weltraum kein Sauerstoff vorhanden ist. Am häufigsten wird flüssiger Sauerstoff (LOX) verwendet, daneben auch andere Oxidatoren wie Stickstofftetroxid. Der Oxidator wird getrennt vom Brennstoff gelagert, um eine vorzeitige Verbrennung zu verhindern.

Pumpen und Leitungen: Flüssigkeitsraketen verwenden Hochdruckpumpen, um sowohl den Brennstoff als auch den Oxidator aus ihren jeweiligen Tanks in die Brennkammer zu fördern. Diese Pumpen werden meist durch Turbinen angetrieben, die mit einer kleinen Menge des Treibstoffs betrieben werden. Das Rohrleitungssystem sorgt dafür, dass Brennstoff und Oxidator effizient und im richtigen Mischungsverhältnis in die Brennkammer gelangen.

Brennkammer: In der Brennkammer werden Brennstoff und Oxidator vermischt und verbrannt, um hochtemperierte, hochdruckhaltige Gase zu erzeugen. Die Verbrennung ist ein sehr energieintensiver Prozess, der chemische Energie in kinetische Energie umwandelt und so Schub erzeugt. Das Design der Brennkammer muss extremen Temperaturen und Drücken standhalten.

Düse: Die Raketendüse ist eine entscheidende Komponente, die die Verbrennungsgase auf hohe Geschwindigkeiten beschleunigt, um Schub zu erzeugen. Sie folgt einem konvergenten-divergenten Design: Die Gase werden zunächst verdichtet und dann beim Austritt expandiert. Diese Expansion wandelt die thermische Energie der Gase in kinetische Energie um und erzeugt Schub gemäß dem dritten Newtonschen Gesetz der Bewegung.

Abgasflamme: Die Abgasflamme stellt den Hochgeschwindigkeitsstrom der Gase dar, die aus der Raketendüse ausgestoßen werden. Die Kraft, die durch das Ausstoßen der Abgase mit hoher

Grundlagen des Raketenbaus und der Konstruktion

Geschwindigkeit entsteht, erzeugt den Schub, der die Rakete nach oben treibt. Dies ist das grundlegende Prinzip des Raketenantriebs.

Bei einer Flüssigtreibstoffrakete beginnt der Prozess, wenn Brennstoff und Oxidator aus ihren jeweiligen Tanks in die Brennkammer gepumpt werden. Dort werden sie gemischt und entzündet, wodurch eine intensive Reaktion entsteht, die Hochdruckgase erzeugt. Diese Gase werden durch die Düse gezwungen, wo sie beschleunigt und mit enormer Geschwindigkeit ausgestoßen werden. Dieser Vorgang erzeugt den Schub, der die Rakete in die Atmosphäre oder in den Weltraum befördert.

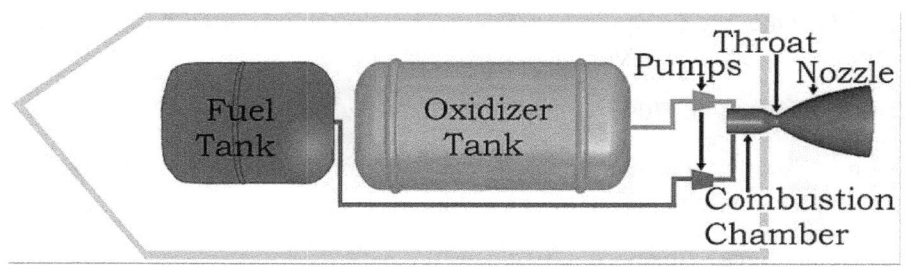

Abbildung 52: Schema einer Flüssigkeitsrakete. Nwbeeson, CC BY-SA 3.0, via Wikimedia Commons.

Flüssige Treibstoffe sind in der Regel dicht und besitzen Dichten ähnlich wie Wasser die etwa zwischen 0,7 und 1,4 g/cm³ liegen. Dadurch können die Tanks relativ leicht gebaut werden, da sie lediglich das Flüssigmedium enthalten müssen und keinen extrem hohen Druck aushalten müssen. Bei Treibstoffen wie flüssigem Wasserstoff ist die Situation jedoch anders: Seine sehr geringe Dichte erfordert deutlich größere Tanks, stärkere Isolierungen und zusätzliche Strukturmaterialien. Zwar genügt ein geringer Druck, um Wasserstoff in flüssiger Form zu halten, doch der Nachteil liegt in der deutlich höheren Tankmasse. Während bei dichten Treibstoffen die Tankmasse nur etwa 1 % der Gesamtmasse des Treibstoffs betragen kann, steigt dieser Anteil bei flüssigem Wasserstoff auf etwa 10 %, hauptsächlich wegen der Isolierung und der größeren Tankgröße, die notwendig ist, um die gleiche Treibstoffmasse zu speichern.

Damit die Treibstoffe in die Brennkammer gelangen, muss der Druck an den Injektoren höher sein als der Brennkammerdruck, in dem die Verbrennung stattfindet. Dieser Druckunterschied gewährleistet einen gleichmäßigen, kontrollierten Zufluss. In den meisten modernen Flüssigkeitsraketen wird dies durch Turbopumpen, insbesondere Zentrifugal-Turbopumpen, erreicht. Diese sind sehr effizient und leicht, was sie ideal für Raumfahrtanwendungen macht. Turbopumpen werden durch Energie aus dem Treibstoffkreislauf angetrieben, typischerweise über ein Gasgenerator- oder Staged-Combustion-Verfahren. Das SpaceX Merlin 1D-Triebwerk erreicht beispielsweise ein herausragendes Schub-Gewichts-Verhältnis von bis zu 155:1, in der vakuumoptimierten Version sogar bis zu 180:1, was die Effizienz pumpengespeister Systeme unterstreicht.

Alternativ kommen in einfacheren Triebwerken druckgespeiste Systeme zum Einsatz. Hierbei drückt ein in einem Hochdrucktank gespeichertes Inertgas (z. B. Helium) die Treibstoffe in die Brennkammer.

Diese Systeme sind mechanisch einfacher und zuverlässiger, aber weniger effizient bei großen Raketen, da der Druckgastank zusätzliches Gewicht verursacht. Für kleinere Raketen oder Satellitentriebwerke, bei denen Zuverlässigkeit und Einfachheit wichtiger sind als maximale Leistung, sind druckgespeiste Systeme ideal. Sie werden häufig in Orbitkorrektur- oder Lageregelungssystemen von Satelliten eingesetzt, wo über lange Zeiträume präzise kleine Impulse erforderlich sind.

Moderne Entwicklungen haben außerdem elektrische Pumpen, die mit Batterien betrieben werden, eingeführt. Diese vereinfachen das Design, da keine komplexen Gasgeneratoren oder Verbrennungszyklen nötig sind, um die Pumpen anzutreiben. Obwohl elektrische Pumpen nicht die gleiche Leistungsdichte wie Turbopumpen bieten, überzeugen sie durch hohe Zuverlässigkeit und finden zunehmend Anwendung in Kleinträgern oder Oberstufen.

Die Hauptkomponenten eines Flüssigkeitsraketentriebwerks umfassen:

- die Brennkammer, in der Brennstoff und Oxidator gezündet und verbrannt werden, um Hochgeschwindigkeitsabgase zu erzeugen,
- einen pyrotechnischen oder elektrischen Zünder, der die kontrollierte Zündung einleitet,
- das Treibstoffförderystem mit Pumpen, Druckgastanks und Ventilen zur Regulierung von Durchfluss und Druck,
- Regelventile, die eine präzise Steuerung der Brennstoffzufuhr ermöglichen,
- Treibstoff- und Oxidatortanks, die die Flüssigkeiten unter den richtigen Bedingungen speichern,
- und die Düse, die die heißen Gase expandiert und beschleunigt, um Schub zu erzeugen.

Insgesamt arbeiten Flüssigkeitsraketen mit zwei Hauptfördersystemen: druckgespeist und pumpengespeist. Pumpengespeiste Systeme dominieren bei Hochleistungstriebwerken, da sie höhere Drücke bewältigen und bei geringer Tankmasse mehr Schub liefern können. Druckgespeiste Systeme hingegen sind einfacher und zuverlässiger, wodurch sie sich besonders für kleinere Antriebe eignen. Beide Technologien bilden die Grundlage des modernen Raketenantriebs – von der Satellitenpositionierung bis hin zur interplanetaren Raumfahrt.

Flüssigkeitstriebwerke bieten zudem den Vorteil, dass sie eine präzise Schubregelung durch Steuerung der Brennstoff- und Oxidatorflussraten ermöglichen. Sie können abgeschaltet und neu gestartet werden, was sie ideal für Missionen mit genauen Manövrieranforderungen macht – etwa beim Satellitenaussetzen, bei Orbitkorrekturen oder bei interplanetaren Flügen. Beispiele für Raketen mit Flüssigtriebwerken sind die Saturn V, die SpaceX Falcon 9 und Blue Origins New Shepard.

Abbildung 53 zeigt drei bipropellante Triebwerke aus den Gemini- und Apollo-Programmen, die zur Steuerung von Raumfahrzeugen im All eingesetzt wurden (von links nach rechts):

- **Gemini SE-6:** Diese Triebwerke dienten der Lage- und Bewegungssteuerung der Gemini-Kapsel. Sie arbeiteten paarweise, um Drehmomente entlang der drei Rotationsachsen zu

Grundlagen des Raketenbaus und der Konstruktion

erzeugen. Das Re-entry Control System (RCS) in der Nasensektion des Gemini-Moduls bestand aus 16 SE-6-Triebwerken. Gefertigt aus Stahl mit einer ablativ beschichteten Düse von Rocketdyne, erzeugte jedes Triebwerk einen Schub von 25 Pfund.

- **Apollo Command Module SE-8:** Das Apollo-Kommandomodul nutzte 12 SE-8-Triebwerke zur Reaktionssteuerung nach der Trennung vom Servicemodul. Sie dienten der Rotationssteuerung, Dämpfung und Lagekontrolle, wobei jedes Triebwerk 93 Pfund Schub lieferte.

- **Apollo Lunar Module R-4D:** Das Mondlandemodul verfügte über vier Cluster mit je vier R-4D-Triebwerken, die an den Ecken des Moduls montiert waren und der Lagekontrolle dienten. Jedes Triebwerk besaß eine molybdänbeschichtete, strahlungsgekühlte Düse und erzeugte 100 Pfund Schub. Hergestellt von der Marquardt Corporation (Teilenummer 228386-501) wurde dieses Triebwerk viermal während der Tests des Lunar Modules gezündet.

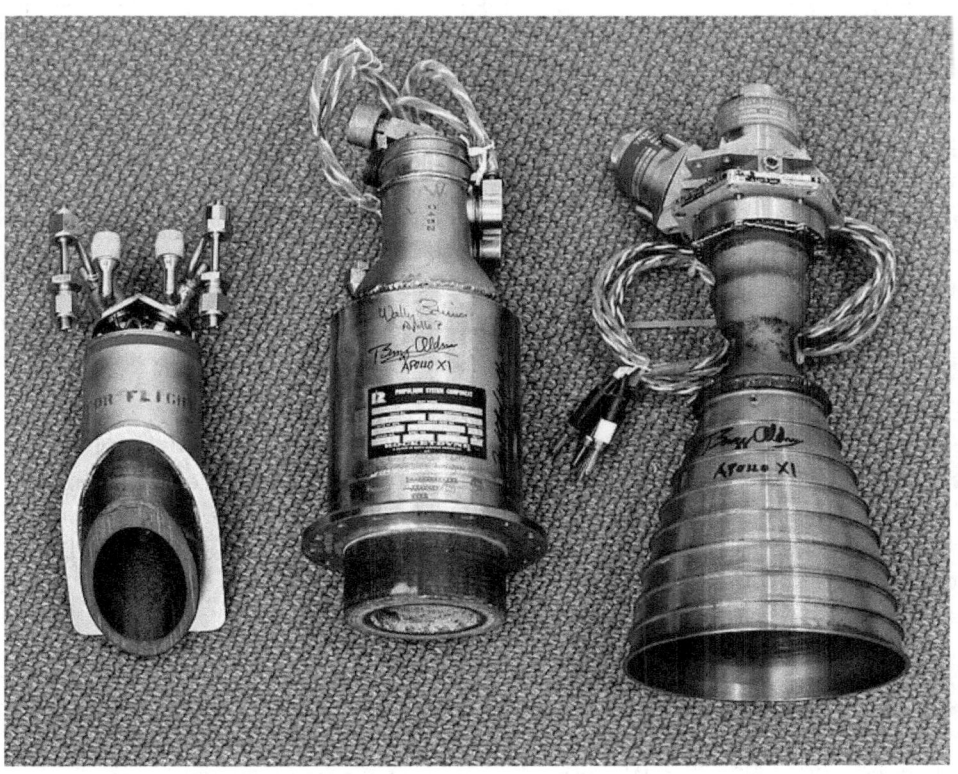

Abbildung 53: Drei bipropellante Triebwerke, das erste aus dem Gemini-Programm und das zweite und dritte aus dem Apollo-Programm. Von links nach rechts: Gemini SE-6, Apollo Command Module SE-8, Apollo Lunar Module R-4D. Steve Jurvetson, CC BY 2.0, via Wikimedia Commons.

Kerosin, insbesondere in seiner raffinierten Form RP-1, hat aufgrund seiner praktischen Vorteile und seiner Kompatibilität mit Raketenbau und -betrieb eine entscheidende Rolle in der Entwicklung flüssig betriebener Raketen gespielt [199, 200]. Die Entwicklung von Kerosin als Raketentreibstoff entstand aus den Problemen früherer Treibstoffe wie Ethylalkohol, der in den V2-Raketen des nationalsozialistischen Deutschlands verwendet wurde [199]. Obwohl Ethylalkohol für kleinere Raketen ausreichend war, fehlte ihm die Energiedichte für größere Trägersysteme, und sein Wasseranteil – vorteilhaft zur Kühlung des Triebwerks – schränkte die Leistung ein [199]. Benzin und Kerosin boten zwar eine höhere Energieausbeute, führten jedoch zu neuen Problemen wie Rußbildung und Verbrennungsrückständen, die Triebwerke und Leitungen verstopfen konnten [199].

In den 1950er Jahren entwickelte die US-amerikanische chemische Industrie RP-1 (Refined Petroleum-1), eine hochreine Form von Kerosin [199, 200]. RP-1 löste die Probleme herkömmlicher Kerosine, da es sauberer verbrannte, weniger Rückstände hinterließ und die Gefahr von Triebwerksverschmutzung verringerte [199, 200]. Dadurch wurde RP-1 der bevorzugte Treibstoff für frühe amerikanische Raketen wie Atlas, Titan I und Thor [199, 200]. Auch die Sowjetunion verwendete RP-1 für ihre R-7-Rakete, die die Grundlage ihres Raumfahrtprogramms bildete, wechselte später jedoch bei vielen Trägersystemen zu hypergolen Treibstoffen für eine längere Lagerfähigkeit [199, 200].

RP-1 wird vor allem in Erststufentriebwerken verwendet, da es eine hohe Energiedichte, gute Lagerfähigkeit und hohe Sicherheit bietet [199, 200]. Im Gegensatz zu kryogenen Treibstoffen wie flüssigem Wasserstoff bleibt Kerosin bei Umgebungstemperatur flüssig, was Lagerung und Handhabung deutlich vereinfacht [199, 200]. Es benötigt keine stark isolierten Tanks, was Gewicht und Komplexität reduziert [199, 200]. Außerdem ist Kerosin für das Bodenpersonal sicherer, da es keine leicht explosiven Dämpfe bildet wie leichtere Kohlenwasserstoffe [199, 200]. Diese Eigenschaften machen Kerosin ideal für Raketenstarts, bei denen während der Anfangsphase hoher Schub erforderlich ist, um die Erdanziehung und den Luftwiderstand zu überwinden [199, 200].

Obwohl flüssiger Wasserstoff (LH_2) den höchsten spezifischen Impuls aller konventionellen Treibstoffe bietet, ist er mit erheblichen Herausforderungen verbunden [199, 200]. Seine extrem niedrige Dichte erfordert große, isolierte Tanks, was die Strukturmasse der Rakete erhöht und die Masseneffizienz des Gesamtsystems verringert [199, 200]. Kerosin hingegen weist eine wesentlich höhere Dichte auf, was kompaktere und effizientere Tanks ermöglicht [199, 200]. Daher ist RP-1 besonders für Erststufen geeignet, bei denen Schub wichtiger als Effizienz ist [199, 200]. Wasserstoff entfaltet seine Vorteile in Oberstufen, wo der höhere spezifische Impuls die geringere Dichte und den größeren Tankaufwand ausgleicht [199, 200].

Wasserstoffbrände, obwohl spektakulär, klingen schnell ab, da Wasserstoff leicht ist und rasch aufsteigt [199, 200]. Kerosinbrände dagegen sind weitaus zerstörerischer [199, 200]. Kerosin verbrennt etwa 20 % heißer als Wasserstoff und verbleibt beim Auslaufen am Boden, was zu langanhaltenden Bränden führt, die die Startrampe und andere Infrastruktur stark beschädigen können [199, 200]. Dieser praktische Nachteil erfordert zusätzliche Sicherheitsmaßnahmen bei Tests und Starts von kerosingetriebenen Raketen [199, 200].

Grundlagen des Raketenbaus und der Konstruktion

Bis 2024 bleibt RP-1 ein dominanter Treibstoff für viele moderne Trägerraketen, insbesondere für die Erststufen orbitaler Trägersysteme [199-201]. Raketen wie die Falcon 9 und Falcon Heavy von SpaceX verwenden RP-1 und flüssigen Sauerstoff (LOX), um hohen Schub und Zuverlässigkeit zu gewährleisten [199-201]. Auch die Electron-Rakete von Rocket Lab, ein Träger für Kleinsatelliten, nutzt RP-1 als Haupttreibstoff [199-201]. Diese Systeme verdeutlichen die anhaltende Relevanz von Kerosin in der modernen Raumfahrt – insbesondere für kosteneffiziente und wiederverwendbare Raketen [199-201].

Trotz Fortschritten bei kryogenen und methanbasierten Treibstoffen bleibt RP-1 aufgrund seiner Lagerfähigkeit, Handhabungsfreundlichkeit und hohen Schuberzeugung eine optimale Wahl für viele Trägersysteme [199-201]. Seine Verwendung im schnell wachsenden privaten Raumfahrtsektor unterstreicht seine Vielseitigkeit und bewährte Bedeutung für die Raketentechnologie [199-201].

Treibstoffe

Flüssigkeitsraketentriebwerke arbeiten mit einer Vielzahl von Treibstoffkombinationen, darunter kryogene, halbkryogene und lagerfähige hypergole Systeme. Jede Kombination bietet spezifische Vorteile und Einschränkungen, die ihre Eignung für verschiedene Missionen bestimmen.

Kryogene Treibstoffe: Kryogene Treibstoffe wie flüssiger Sauerstoff (LOX) und flüssiger Wasserstoff (LH_2) gehören zu den effizientesten Brennstoff-Oxidator-Paaren in der Raumfahrt. Diese Kombination wird in Triebwerken wie dem Space Shuttle Main Engine, der Kernstufe des Space Launch System, den Haupt- und Oberstufen der Ariane 5, dem BE-3-Triebwerk von Blue Origin sowie in Oberstufen wie der Delta IV und der Centaur eingesetzt. LOX und LH_2 verbrennen sauber, wobei Wasserdampf als einziges Nebenprodukt entsteht, und liefern einen sehr hohen spezifischen Impuls.

Allerdings bringt flüssiger Wasserstoff erhebliche Herausforderungen mit sich: Er muss bei extrem niedriger Temperatur von 20 K (−253 °C) gelagert werden und besitzt eine sehr geringe Dichte, was große, stark isolierte Tanks erfordert. Die beim Space Shuttle verwendete Leichtisolierung erwies sich als riskant – beim Columbia-Unglück führte ein abgelöstes Stück Isolierung zum Verlust des Raumfahrzeugs beim Wiedereintritt.

Eine neuere Alternative zu Wasserstoff ist flüssiges Methan (LNG) in Kombination mit LOX, wie es in den Raptor-Triebwerken von SpaceX und den BE-4-Triebwerken von Blue Origin verwendet wird. LNG bietet ein ausgewogenes Verhältnis zwischen Leistung und Praktikabilität. Zwar hat es einen geringeren spezifischen Impuls als Wasserstoff, doch seine höhere Dichte verbessert das Schub-zu-Volumen-Verhältnis und ermöglicht kleinere, leichtere Tanks. Diese Eigenschaft macht es besonders attraktiv für wiederverwendbare Trägersysteme.

LNG verbrennt sauberer als Kerosin (RP-1), erzeugt weniger Ruß und reduziert die Verkoksung im Triebwerk, was die Wiederverwendbarkeit verbessert. Es arbeitet bei niedrigeren Temperaturen als LH_2, was die Materialbelastung verringert und die Triebwerkskonstruktion vereinfacht. Im Gegensatz zu RP-1 muss LNG im Weltraum nicht beheizt werden, um flüssig zu bleiben, was Langzeitmissionen vereinfacht. Zudem ist LNG kostengünstig, weltweit verfügbar und sicherer im Umgang als kryogener Wasserstoff.

Halbkryogene Treibstoffe: Halbkryogene Kombinationen bestehen typischerweise aus flüssigem Sauerstoff (LOX) und einem dichten Kohlenwasserstoffbrennstoff wie RP-1 (Kerosin). Diese Mischung treibt zahlreiche bedeutende Raketen an, darunter die Erststufe der Saturn V, die Falcon 9 von SpaceX, die Sojus-Raketen und die Langer-Marsch-Familie Chinas.

LOX und Kerosin bieten einen praktischen Kompromiss zwischen Leistung, Dichte und Lagerfähigkeit, was sie ideal für hochschubfähige Erststufen macht. Während RP-1 eine höhere Dichte als Wasserstoff aufweist, produziert es jedoch Ruß, was die Wiederverwendbarkeit erschwert. Frühere Raketen verwendeten einfachere Treibstoffe wie Alkohol (Ethanol) oder Benzin in Kombination mit LOX, wie bei der V2-Rakete im Zweiten Weltkrieg und in den frühen Entwürfen von Robert Goddard.

Experimentelle Ansätze kombinieren LOX mit Kohlenmonoxid (CO), was insbesondere für Marsmissionen vorgeschlagen wurde. Diese Kombination erreicht einen spezifischen Impuls von etwa 250 Sekunden und kann durch Zirkonia-Elektrolyse direkt auf dem Mars hergestellt werden – ohne dass Wasserstoff transportiert werden muss, wodurch lokale Wasserressourcen geschont werden.

Lagerfähige und hypergole Treibstoffe: Lagerfähige Treibstoffe sind nicht kryogen und können über lange Zeiträume ohne Kühlung aufbewahrt werden, was sie ideal für Interkontinentalraketen (ICBMs), Raumsonden und planetare Missionen macht. Viele dieser Bipropellant-Kombinationen sind hypergolisch, d. h. sie entzünden sich bei Kontakt selbst. Dadurch entfällt die Notwendigkeit komplexer Zündsysteme, was den Triebwerksaufbau vereinfacht.

Beispiele sind Kombinationen wie Hydrazin (N_2H_4) mit rot rauchender Salpetersäure (RFNA) oder unsymmetrisches Dimethylhydrazin (UDMH) mit Distickstofftetroxid (N_2O_4). Diese Treibstoffe werden in Raketen wie Proton, Rokot und den Langer-Marsch-Trägern eingesetzt.

Die Titan II-Rakete und das Mondlandemodul der Apollo-Mission verwendeten Aerozine-50, eine 1:1-Mischung aus Hydrazin und UDMH mit N_2O_4 als Oxidator. Monomethylhydrazin (MMH) kombiniert mit N_2O_4 trieb Systeme wie das Orbital Maneuvering System (OMS) und das Reaction Control System (RCS) des Space Shuttle an. Auch die SpaceX Dragon nutzt hypergole MMH/N_2O_4-Triebwerke in ihren Draco- und SuperDraco-Systemen.

Obwohl hypergole Treibstoffe zuverlässig und langzeitlagerfähig sind, sind sie hochtoxisch und krebserregend, was erhebliche Sicherheits- und Umweltprobleme verursacht. Daher wächst das Interesse an umweltfreundlicheren Alternativen. Beispielsweise planen Fahrzeuge wie Dream Chaser und SpaceShipTwo, Hybridraketenantriebe mit ungiftigen Brennstoffen und Oxidatoren einzusetzen, um sauberere und leichter handhabbare Antriebssysteme zu schaffen.

Die Wahl des Treibstoffs hängt von den Missionsanforderungen ab – einschließlich Leistung, Lagerfähigkeit, Dichte und Wiederverwendbarkeit.

- Kryogene Kombinationen wie LOX–LH_2 und LOX–LNG bieten höchste Effizienz und Wiederverwendbarkeit.

Grundlagen des Raketenbaus und der Konstruktion

- Halbkryogene Systeme wie LOX–RP1 liefern dichte, hochschubfähige Lösungen für die Erststufen.
- Lagerfähige hypergole Treibstoffe, trotz ihrer Toxizität, bleiben unverzichtbar für Langzeitmissionen ohne Kühlung.

Fortschritte bei Hybridantrieben und sichereren Alternativen treiben die Innovation im Bereich der Raketentechnologie kontinuierlich voran.

Injektoren

Der Injektor ist eine Schlüsselkomponente in flüssigen Raketentriebwerken, da er die Verbrennungseffizienz, die Triebwerksleistung und das thermische Management maßgeblich beeinflusst. Er bestimmt, wie effektiv Treibstoff und Oxidator gemischt und verbrannt werden, was wiederum den Prozentsatz der theoretisch möglichen Düsenleistung bestimmt.

Ineffiziente Injektoren führen dazu, dass unverbrannte Treibstoffe das Triebwerk verlassen, was zu geringerer Effizienz und reduziertem Schub führt. Darüber hinaus spielt der Injektor eine wichtige Rolle beim Wärmemanagement der Düsenwände: Durch eine Anreicherung der Treibstoffkonzentration an den Rändern der Brennkammer senkt er die dortigen Temperaturen, verringert die thermische Belastung und verbessert die Kühlung.

Flüssigkeitsraketen-Injektoren reichen von einfachen Konstruktionen bis zu hochkomplexen Systemen, die für optimale Durchmischung und Verbrennungsstabilität entwickelt wurden. Frühe Designs, wie in der V2-Rakete, verwendeten parallele Brennstoff- und Oxidatorstrahlen, die sich erst beim Eintritt in die Brennkammer entzündeten. Diese Anordnung funktionierte, wies jedoch eine geringe Durchmischungseffizienz und damit eine reduzierte Gesamtleistung auf.

Moderne Injektoren bestehen aus fein gebohrten Öffnungen, die in präzisen Mustern angeordnet sind. Die Treibstoff- und Oxidatorstrahlen treffen gezielt kurz hinter der Injektorplatte aufeinander. Durch diesen Zusammenstoß werden die Flüssigkeiten in feine Tröpfchen zerteilt, was die Oberfläche für die Verbrennung vergrößert und eine effizientere Reaktion ermöglicht.

Es gibt verschiedene gängige Injektorarten, darunter:

- **Duschkopf-Injektoren:** Mehrere Bohrungen sprühen den Treibstoff ähnlich wie ein Duschkopf. Sie sind einfach aufgebaut, atomisieren die Treibstoffe jedoch weniger effizient.
- **Selbst-aufschlagende Doppelinjektoren (Doublet):** Brennstoff- und Oxidatorstrahlen treffen in einem bestimmten Winkel aufeinander, wodurch sie effektiv zerstäubt und vermischt werden.
- **Kreuz-aufschlagende Dreifachinjektoren (Triplet):** Drei Strahlen – meist zwei Oxidator- und ein Brennstoffstrahl oder umgekehrt – kreuzen sich, was eine bessere Tropfenbildung und Durchmischung bewirkt.

- **Zentripetale bzw. Drall-Injektoren:** Die Treibstoffe erhalten beim Austritt eine Rotationsbewegung, die einen konusförmigen Flüssigkeitsfilm bildet, der sich rasch in feine Tröpfchen auflöst. Dieses Design wurde in den 1930er Jahren von Walentin Gluschko entwickelt und ist aufgrund seiner hohen Effizienz in russischen Raketentriebwerken weit verbreitet.

- **Pintle-Injektoren:** Diese Bauweise nutzt einen zentralen Dorn (Pintle), der von Treibstoff- und Oxidatorstrahlen umgeben ist. Sie bietet eine hervorragende Steuerung der Durchmischung über einen breiten Bereich von Durchflussraten. Pintle-Injektoren wurden unter anderem im Landetriebwerk des Apollo-Mondmoduls, im Kestrel-Triebwerk sowie in den Merlin-Triebwerken von SpaceX (Falcon 9, Falcon Heavy) verwendet.

Fortschrittliche Injektoren beinhalten oft spezielle Strukturen, um die Verbrennungsstabilität und Effizienz weiter zu verbessern.

Beispielsweise nutzt das RS-25-Triebwerk (Space Shuttle Main Engine) ein System aus gerillten Stützen (fluted posts): Erhitzter Wasserstoff verdampft den flüssigen Sauerstoff, während dieser durch die Mitte der Stützen strömt. Dadurch wird die Verbrennungsstabilität erhöht und Schwingungen werden unterdrückt – ein Problem, das bei früheren Triebwerken wie den F-1-Triebwerken der Saturn V zu erheblichen Schwierigkeiten geführt hatte.

Abbildung 54: Das Rocketdyne RS-25 ist ein flüssigtreibstoffbetriebenes kryogenes Raketentriebwerk, das flüssigen Sauerstoff (LOX) und Wasserstoff verbrennt. Steve Jurvetson, CC BY 2.0, via Flickr.

Grundlagen des Raketenbaus und der Konstruktion

Verbrennungsstabilität ist ein zentrales Thema bei flüssigen Raketentriebwerken, da Instabilitäten das Triebwerk schwer beschädigen oder vollständig zerstören können.

Eine häufig auftretende Instabilität ist das sogenannte „Chugging", eine Niedrigfrequenz-Oszillation, die durch Druckschwankungen in der Brennkammer und im Treibstoffzufuhrsystem verursacht wird. Um dies zu verhindern, muss das Injektordesign einen ausreichenden Druckabfall über den Injektoren gewährleisten – typischerweise mindestens 20 % des Kammerdrucks. Dieser Druckabfall stellt sicher, dass der Massenstrom stabil bleibt, auch wenn der Kammerdruck schwankt.

Größere Triebwerke leiden jedoch häufig unter Hochfrequenz-Oszillationen, die wesentlich zerstörerischer sind. Diese Schwingungen stören die Gas-Grenzschicht an den Brennkammerwänden, was zu übermäßigem Wärmetransfer führt. Dadurch können die Kühlsysteme überlastet werden, was letztlich zum Triebwerksversagen führen kann. Solche Probleme traten besonders während der Entwicklung der Saturn-V-Triebwerke auf, konnten aber durch umfangreiche Tests und Designanpassungen behoben werden.

Zur Unterdrückung dieser Instabilitäten nutzen einige Triebwerke, wie das RS-25, sogenannte Helmholtz-Resonatoren. Diese Dämpfungsmechanismen unterdrücken bestimmte Resonanzfrequenzen in der Brennkammer und verhindern, dass sich Oszillationen unkontrolliert verstärken.

Ein Helmholtz-Resonator dient zur Dämpfung akustischer Schwingungen oder Vibrationen in Systemen wie Raketentriebwerken. Er wurde nach dem Physiker Hermann von Helmholtz benannt, der im 19. Jahrhundert das Resonanzverhalten von Schallwellen untersuchte. In Flüssigkeitsraketen werden Helmholtz-Resonatoren eingesetzt, um die Verbrennung zu stabilisieren und zerstörerische Hochfrequenzdruckoszillationen zu verhindern.

Ein Helmholtz-Resonator nutzt das natürliche Schwingungsverhalten von Gasen in einer Hohlkammer. Er besteht aus zwei Hauptkomponenten:

1. einer Kammer oder Kavität, die Gas enthält, und
2. einem engen Hals (Öffnung), durch den das Gas hinein- und herausschwingen kann.

Trifft eine Druckwelle auf den Resonator, beginnt das Gas im Hals kolbenartig zu oszillieren. Das Gas in der Kammer wirkt wie eine Feder, die sich in Reaktion auf diese Bewegung komprimiert und ausdehnt. Dieses Zusammenspiel erzeugt eine charakteristische Resonanzfrequenz, bei der der Resonator Energie aus den einfallenden Schwingungen absorbiert und ableitet.

Die Resonanzfrequenz f eines Helmholtz-Resonators wird durch das Volumen der Kammer, den Querschnitt des Halses und dessen effektive Länge bestimmt und lässt sich ausdrücken als:

$$f = \frac{c}{2\pi}\sqrt{\frac{A}{V \cdot L_{eff}}}$$

wobei:

- f = Resonanzfrequenz
- c = Schallgeschwindigkeit im Gas
- A = Querschnittsfläche des Halses
- V = Volumen der Kammer
- L_{eff} = effektive Länge des Halses (einschließlich Korrekturen für oszillierende Gasanteile an den Enden).

Die natürliche Frequenz des Resonators kann gezielt so eingestellt werden, dass sie mit der dominanten Druckoszillation in der Brennkammer übereinstimmt. Dadurch absorbiert der Resonator die Schwingungsenergie, reduziert deren Amplitude und dämpft die Instabilität.

In Raketentriebwerken entstehen Verbrennungsinstabilitäten häufig durch Druckoszillationen, die in der Brennkammer resonieren. Diese stören den Verbrennungsprozess und können zu katastrophalem Versagen führen, wenn sie unkontrolliert bleiben. Helmholtz-Resonatoren werden an oder um die Brennkammer angebracht, um diese Schwingungen zu unterdrücken. Sie wirken, indem sie:

1. Energie absorbieren: Bei Oszillationen in der Resonanzfrequenz bewegt sich das Gas im Resonator, wodurch Energie dissipiert und die Druckwelle abgeschwächt wird.

2. Resonanz brechen: Der Resonator verhindert Rückkopplungsschleifen, die Schwingungen verstärken könnten, und stabilisiert so die Verbrennung.

Damit ein Helmholtz-Resonator im Raketentriebwerk wirksam ist:

- muss seine Frequenz exakt auf die störende Oszillationsfrequenz abgestimmt werden, was eine präzise Anpassung von Kammer- und Halsgeometrie erfordert,
- werden oft mehrere Resonatoren rund um die Brennkammer platziert, um unterschiedliche Schwingungsmoden abzudecken,
- und die Resonatoren müssen den extremen Temperaturen und Drücken der Brennkammerumgebung standhalten.

Das RS-25-Triebwerk nutzt zusätzlich die Vordampfung der Treibstoffe vor der Einspritzung. Dadurch erfolgt die Verbrennung in der Gasphase, was die Stabilität weiter verbessert. Studien zeigten, dass diese Vordampfung ausreiche, um Instabilitäten zu beseitigen, ohne zusätzliche Dämpfungsmaßnahmen zu benötigen.

Zur Sicherstellung der Verbrennungsstabilität werden umfangreiche Tests durchgeführt. Ein häufig angewandtes Verfahren sind Impulserregungstests, bei denen kleine Sprengladungen während des Triebwerksbetriebs in der Brennkammer gezündet werden. Die Druckantwort wird analysiert, um zu bestimmen, wie schnell sich die Störung abbaut. Zeigt die Druckkurve anhaltende Oszillationen, werden Injektor- und Kammerdesigns überarbeitet, bis eine stabile Verbrennung erreicht ist.

Triebwerkszyklen

Grundlagen des Raketenbaus und der Konstruktion

Triebwerkszyklen in flüssigtreibstoffbetriebenen Raketen beschreiben die Verfahren, mit denen Treibstoff und Oxidator unter Druck gesetzt und in die Brennkammer eingespeist werden. Der gewählte Zyklus beeinflusst die Leistung, Komplexität und Effizienz des Triebwerks. Jeder Zyklus stellt einen Kompromiss zwischen spezifischem Impuls, Schub und Systemeinfachheit dar – abhängig von den Anforderungen der jeweiligen Mission.

Druckgespeister Zyklus (Pressure-Fed Cycle): Beim druckgespeisten Zyklus werden die Treibstoffe in druckbeaufschlagten Tanks gelagert. Der Überdruck drückt Treibstoff und Oxidator direkt in die Brennkammer. Dadurch werden Turbopumpen überflüssig, was das System einfacher und leichter macht. Als Druckgas wird meist Helium verwendet, da es inert und leicht ist und keine chemischen Reaktionen eingeht.

Allerdings müssen die Tanks dem hohen Druck standhalten, was sie schwerer macht. Dieser Zyklus eignet sich daher nur für Triebwerke mit niedrigerem Kammerdruck, was den erreichbaren Schub begrenzt.

Der Druckspeisezyklus gilt als sehr zuverlässig und effizient, da der gesamte Treibstoff zur Schuberzeugung genutzt wird und keine Energie für Nebenaggregate verloren geht. Er wird häufig in Oberstufen oder Manövriertriebwerken eingesetzt, wo geringerer Schub akzeptabel ist. Beispiele sind das AJ-10-Triebwerk des Space Shuttle Orbital Maneuvering System (OMS) und das Service Propulsion System (SPS) der Apollo-Raumschiffe.

Elektrisch gepumpter Zyklus (Electric Pump-Fed Cycle): Beim elektrisch gepumpten Zyklus treiben Elektromotoren, gespeist durch Batterien, die Pumpen an, welche den Treibstoff in die Brennkammer fördern. Dieses Design vereinfacht die Triebwerksarchitektur, da keine Turbomaschinen benötigt werden, wodurch die mechanische Komplexität sinkt und die Zuverlässigkeit steigt.

Die Batterien erhöhen jedoch die Trockenmasse des Systems, was die Gesamtleistung reduziert.

Trotzdem ist dieser Zyklus ideal für kleine Trägerraketen, bei denen Einfachheit und Kosteneffizienz entscheidend sind. Ein bekanntes Beispiel ist das Rutherford-Triebwerk von Rocket Lab, das die Electron-Rakete antreibt und die Praxistauglichkeit elektrisch betriebener Pumpen für leichte Anwendungen beweist.

Gasgenerator-Zyklus (Gas-Generator Cycle): Im Gasgenerator-Zyklus wird ein kleiner Teil des Treibstoffs in einer separaten Vorbrennerkammer (Preburner) verbrannt, um die Turbopumpen anzutreiben. Die dabei entstehenden Abgase werden über eine separate Düse oder am unteren Teil der Hauptdüse ausgestoßen und tragen nicht direkt zum Schub bei.

Dieses Verfahren ermöglicht leistungsstarke Turbopumpen und damit hohen Schub, geht jedoch zulasten der Effizienz, da ein Teil des Treibstoffs „verschwendet" wird.

Der Gasgenerator-Zyklus stellt einen guten Kompromiss zwischen Einfachheit und Leistung dar und wird häufig bei Boosterstufen eingesetzt. Beispiele sind das F-1-Triebwerk der Saturn V (erste Stufe der Apollo-Missionen) und das Merlin-Triebwerk von SpaceX in der Falcon 9 und Falcon Heavy.

Tap-Off-Zyklus (Tap-Off Cycle): Beim Tap-Off-Zyklus werden heiße Gase direkt aus der Hauptbrennkammer entnommen, um die Turbopumpen anzutreiben. Anschließend werden diese Gase ausgestoßen, was ihn zu einem offenen Zyklus ähnlich dem Gasgenerator-Zyklus macht.

Da jedoch keine zusätzliche Treibstoffverbrennung erforderlich ist, ist der Tap-Off-Zyklus effizienter. Das Verfahren vereinfacht die Konstruktion, erfordert aber präzise Steuerung der Gasströme, um Instabilitäten oder Leistungsverluste zu vermeiden.

Bekannte Beispiele sind das BE-3-Triebwerk von Blue Origin (verwendet in der New Shepard) und das experimentelle J-2S-Triebwerk.

Expander-Zyklus (Expander Cycle): Der Expander-Zyklus nutzt kryogene Treibstoffe wie flüssigen Wasserstoff oder Methan, um die Brennkammer und Düsenwände zu kühlen. Dabei nimmt der Treibstoff Wärme auf, verdampft und expandiert, wodurch er die Turbopumpen antreibt, bevor er in die Brennkammer eintritt.

Dieses Verfahren ist äußerst effizient, da es Abwärme in nutzbare Energie umwandelt.

Die Leistung des Expander-Zyklus ist jedoch durch die Menge an übertragener Wärme begrenzt, was den möglichen Schub einschränkt. In der sogenannten „Bleed"-Variante wird ein Teil des verdampften Treibstoffs abgelassen, um höhere Pumpenleistung zu ermöglichen – auf Kosten eines geringen Effizienzverlustes. Beispiele sind das RL10-Triebwerk (Atlas V, Delta IV Oberstufen) und das japanische LE-5-Triebwerk, das eine Bleed-Konfiguration verwendet.

Gestufter Verbrennungszyklus (Staged Combustion Cycle): Beim gestuften Verbrennungszyklus wird eine brennstoffreiche oder oxidatorreiche Mischung in einem Vorbrenner verbrannt, um die Turbopumpen anzutreiben. Die dabei entstehenden Hochdruckgase werden anschließend in die Hauptbrennkammer geleitet, wo die restliche Verbrennung abgeschlossen wird.

Da kein Treibstoff verschwendet wird, ermöglicht dieser Zyklus sehr hohe Kammerdrücke und exzellente Effizienz.

Diese Leistung hat jedoch ihren Preis: Das System ist komplexer und schwerer, da es heißes, korrosives Gas verarbeiten muss. Beispiele sind das Space Shuttle Main Engine (SSME / RS-25) und das russische RD-191-Triebwerk.

Vollstrom-Gestufter Verbrennungszyklus (Full-Flow Staged Combustion Cycle): Der Full-Flow Staged Combustion Cycle ist eine Weiterentwicklung des gestuften Zyklus. Hier werden brennstoffreiche und oxidatorreiche Gemische in getrennten Vorbrennern verbrannt, um jeweils ihre eigenen Turbopumpen anzutreiben. Beide Gasströme werden dann in der Hauptbrennkammer vereint und vollständig verbrannt.

Dieses Verfahren ermöglicht höchste Effizienz, sehr hohe Verbrennungsdrücke und reduziert Materialverschleiß, da die Gase bei niedrigeren Temperaturen weniger korrosiv sind.

Grundlagen des Raketenbaus und der Konstruktion

Trotz seiner hohen Komplexität bietet dieser Zyklus die beste Leistung aller Triebwerkszyklen. Ein bekanntes Beispiel ist das Raptor-Triebwerk von SpaceX, das die Starship-Rakete antreibt.

Vergleich und Auswahl

Die Wahl des Triebwerkszyklus hängt von einem Abwägungsprozess zwischen Leistung, Komplexität und Kosten ab:

- Der Gasgenerator-Zyklus bietet hohen Schub bei moderater Komplexität, aber geringerer Effizienz.

- Der Expander-Zyklus ist sehr effizient, jedoch leistungslimitiert.

- Der (Full-Flow) Staged Combustion Cycle erreicht höchste Effizienz und Schub, ist aber technisch anspruchsvoll und teuer.

- Der Druckspeisezyklus und der elektrisch gepumpte Zyklus sind einfach und zuverlässig, eignen sich aber besser für kleine oder Niedrigschub-Anwendungen.

Letztlich richtet sich die Entscheidung nach den Missionsanforderungen – etwa Schubbedarf, Effizienz, Zuverlässigkeit – sowie nach praktischen Faktoren wie Kosten, Gewicht und technischer Machbarkeit.

Triebwerkskühlung (Engine Cooling)

Die Kühlung in flüssigtreibstoffbetriebenen Raketentriebwerken ist ein entscheidender Aspekt des Designs. Sie stellt sicher, dass die bei der Verbrennung entstehenden extremen Temperaturen die Triebwerkskomponenten nicht beschädigen oder zerstören.

Eine der wichtigsten Maßnahmen ist die gezielte Anordnung der Injektoren. Durch die Erzeugung einer brennstoffreichen Schicht entlang der Brennkammerwände wird die Temperatur an diesen Oberflächen deutlich reduziert. Diese brennstoffreiche Grenzschicht wirkt als Isolator und schützt Brennkammer, Engstelle (Throat) und Düse vor der vollen Hitze der Verbrennung, die mehrere tausend Grad Celsius erreichen kann. Dieses Design schützt nicht nur die Werkstoffe, sondern ermöglicht auch höhere Kammerdrücke und damit den Einsatz von Düsen mit hohem Expansionsverhältnis, was den spezifischen Impuls (ISP) und die Gesamtleistung des Triebwerks verbessert.

Eine häufig eingesetzte Kühlmethode ist die regenerative Kühlung. Dabei wird der flüssige Treibstoff – meist der Brennstoff, gelegentlich aber auch der Oxidator – durch Kühlkanäle um die Brennkammer und Düse geleitet. Während des Durchflusses nimmt der Treibstoff Wärme von den Triebwerkswänden auf, wodurch die Strukturkomponenten unterhalb ihrer thermischen Belastungsgrenzen bleiben. Die aufgenommene Wärme erwärmt gleichzeitig den Treibstoff, was dessen Energiegehalt erhöht und die Verbrennungseffizienz in der Kammer verbessert.

Die regenerative Kühlung ist besonders effektiv bei kryogenen Treibstoffen wie flüssigem Wasserstoff, der eine hohe Wärmekapazität besitzt. Durch die Kombination aus brennstoffreicher Grenzschicht und regenerativer Wärmeübertragung können Raketentriebwerke höhere Leistungen bei gleichzeitiger struktureller Sicherheit erzielen. Diese integrierte Kühltechnik ist entscheidend für den Betrieb moderner Hochdruck- und Hochleistungstriebwerke.

Zündung (Ignition)

Die Zündung ist ein kritischer Vorgang beim Betrieb flüssiger Raketentriebwerke, da sie eine konstante und zuverlässige Energiequelle zur Einleitung der Verbrennung erfordert [202]. Die exakte zeitliche Abstimmung ist entscheidend – bereits Verzögerungen im Bereich von Zehntel Millisekunden können dazu führen, dass sich zu viel Treibstoff in der Brennkammer ansammelt, was eine Überdruckzündung („Hard Start") [203] verursachen kann. In extremen Fällen führt dies zu einer Explosion und zur Zerstörung des Triebwerks [203].

Um eine sichere Zündung zu gewährleisten, liefern die Systeme beim Start des Triebwerkszyklus eine Flamme oder Wärmequelle über die gesamte Injektorfläche [204]. Diese Flamme interagiert typischerweise mit etwa 1 % des gesamten Treibstoffmassenstroms und schafft die Bedingungen für eine stabile Verbrennung [204].

Sicherheitsmechanismen wie Interlocks werden eingesetzt, um das Vorhandensein einer Zündquelle zu bestätigen, bevor die Hauptventile geöffnet werden [204]. In bemannte Systeme – wie beim RS-25-Triebwerk des Space Shuttle – sind solche Interlocks so konzipiert, dass sie das Triebwerk automatisch abschalten, falls die Zündung fehlschlägt [204].

Die Zündmethoden variieren und umfassen pyrotechnische, elektrische und chemische Verfahren [205]:

- Pyrotechnische Systeme verwenden kleine Sprengladungen, um die erste Flamme zu erzeugen.

- Elektrische Systeme nutzen Funken oder glühende Drähte zur Zündung des Treibstoffs [205].

- Chemische Systeme setzen hochreaktive Substanzen ein, die die Verbrennung initiieren – beispielsweise hypergole Treibstoffe, die sich beim Kontakt selbst entzünden. Diese minimieren das Risiko von „Hard Starts" und erhöhen die Zuverlässigkeit [206-208].

Eine besonders effektive chemische Zündmethode nutzt pyrophore Stoffe wie Triethylaluminium (TEA) [209]. TEA ist extrem reaktiv und entzündet sich spontan bei Kontakt mit Luft oder flüssigem Sauerstoff (LOX); selbst in Wasser oder anderen Oxidatoren zersetzt es sich heftig [209]. Aufgrund seiner hohen Verbrennungsenthalpie ist TEA eine sehr starke Zündquelle [209]. In Kombination mit Triethylboran (TEB) bildet es TEA-TEB-Gemische, die eine zuverlässige und schnelle Zündung ermöglichen – ideal für Triebwerke, die präzise und wiederholbare Starts unter extremen Bedingungen erfordern [209].

Hybride Antriebssysteme

Hybride Antriebssysteme sind eine Form des Raketentriebwerks, die Elemente sowohl aus Feststoff- als auch Flüssigtreibstoffsystemen kombiniert. Diese Systeme verwenden einen festen Brennstoff und einen flüssigen oder gasförmigen Oxidator. Durch diese Kombination nutzen Hybridraketen die Einfachheit von Feststoffraketen, während sie gleichzeitig Teile der Steuerbarkeit und des höheren spezifischen Impulses von Flüssigraketen übernehmen. Das entscheidende Merkmal hybrider Antriebe ist, dass Brennstoff und Oxidator in unterschiedlichen physikalischen Zuständen vorliegen und bis zur Zündung getrennt bleiben [124].

Hybride Antriebssysteme bieten ein einzigartiges Gleichgewicht aus Sicherheit, Wirtschaftlichkeit und Steuerbarkeit, was sie für eine Vielzahl von Raketenanwendungen attraktiv macht. Ein wesentlicher Vorteil liegt in der Sicherheits- und Lagerfähigkeit. Im Gegensatz zu herkömmlichen Feststoff- oder Flüssigsystemen verringert die Trennung von Brennstoff und Oxidator das Risiko einer versehentlichen Detonation erheblich. Zudem sind diese Systeme nicht-hypergolisch, d. h. sie benötigen eine externe Zündquelle, was bei Handhabung und Lagerung eine zusätzliche Sicherheitsebene schafft.

Ein weiterer Vorteil liegt in der Regel- und Abschaltbarkeit. Durch Steuerung der Oxidatorzufuhr kann der Schub eines Hybridtriebwerks gedrosselt, neu gestartet oder sogar im Flug abgeschaltet werden. Diese Flexibilität ist bei klassischen Feststoffraketen nicht möglich und macht Hybridantriebe ideal für Missionen, die präzise Schubkontrolle erfordern. Die vergleichsweise einfache Konstruktion verstärkt ihre Attraktivität zusätzlich: Im Gegensatz zu Flüssigtriebwerken benötigen Hybride keine komplizierten Turbopumpen oder Rohrleitungssysteme, was die Entwicklung vereinfacht und die Produktionskosten senkt. Kostenvorteile ergeben sich auch durch den Einsatz günstiger Materialien wie HTPB (hydroxyterminiertes Polybutadien) als Brennstoff und Lachgas (N_2O) als Oxidator.

Trotz dieser Vorteile stehen Hybridantriebe vor mehreren Herausforderungen. Verbrennungsinstabilitäten können durch ungleichmäßiges Mischen von Oxidator und Pyrolysegasen des Brennstoffs entstehen, was lokale Hotspots oder Druckoszillationen verursacht. Eine gleichmäßige Verbrennung bleibt eine technische Hürde. Zudem sind die Regressionsraten – also die Geschwindigkeit, mit der der Feststoff abbrennt – begrenzt, was die Schubleistung beschränkt. Zur Verbesserung werden Drallinjektoren (Swirl Injectors) oder optimierte Brennstoffgeometrien eingesetzt. Der Umgang mit Oxidatoren, insbesondere mit kryogenen oder hochdruckbeaufschlagten Medien, stellt eine weitere Herausforderung dar und erfordert sorgfältiges thermisches und drucktechnisches Design. Die Skalierung auf große Schubniveaus ist ebenfalls schwierig, da über große Brennstoffvolumina hinweg gleichmäßige Verbrennungsbedingungen sichergestellt werden müssen.

Aktuelle technologische Fortschritte tragen dazu bei, diese Herausforderungen zu überwinden. Additive Fertigungsverfahren (z. B. 3D-Druck) werden genutzt, um Brennstoffgeometrien zu optimieren und die Regressionsraten zu erhöhen. Drallinjektoren verbessern die Verbrennungseffizienz durch erhöhte Turbulenz und bessere Durchmischung von Oxidator und

Brenngasen. Paraffinbasierte Brennstoffe, die während der Verbrennung eine dünne Flüssigkeitsschicht bilden und dadurch höhere Regressionsraten erzielen, gewinnen zunehmend an Bedeutung. Außerdem können Metallzusätze wie Aluminium oder Magnesium in den Feststoff eingemischt werden, um die Energiedichte und die Verbrennungstemperatur zu erhöhen.

Hybride Antriebssysteme finden in verschiedenen Bereichen Anwendung. Sie sind besonders beliebt in suborbitalen und experimentellen Raketen, da sie sicher, einfach und kostengünstig sind – ideal für Forschungsprojekte und studentische Entwicklungen. In der Weltraumtourismusbranche nutzt beispielsweise Virgin Galactic's SpaceShipTwo ein Hybridsystem, das gummibasierten Feststoffbrennstoff mit Lachgas (N_2O) kombiniert. Auch das Militär untersucht hybride Antriebe für taktische Raketen, bei denen Sicherheit und Steuerbarkeit entscheidend sind. Durch die Drossel- und Neustartfähigkeit eignen sich Hybridsysteme zudem für wiederverwendbare Trägersysteme, die sich aktuell in der Entwicklung befinden.

Die Grundkomponenten eines Hybridantriebssystems umfassen:

- Brennkammer und Festbrennstoffblock (Grain): Die Brennkammer enthält den Festbrennstoff, der meist gegossen oder gepresst und in einer bestimmten Geometrie (z. B. zylindrisch oder sternförmig) ausgeführt ist, um Oberfläche und Verbrennungscharakteristik zu optimieren. Häufig verwendete Brennstoffe sind synthetische Kautschuke wie HTPB, Polyethylen oder Paraffinwachs [122, 210, 211].

- Oxidatorversorgungssystem: Der Oxidator wird in einem separaten Tank gespeichert, typischerweise in flüssiger oder gasförmiger Form. Beispiele sind flüssiger Sauerstoff (LOX), Lachgas (N_2O) oder Wasserstoffperoxid (H_2O_2) [210, 212, 213]. Der Oxidator wird über Injektoren in die Brennkammer eingeleitet, wo er fein verteilt und effizient mit den Brenngasen vermischt wird [124].

- Injektorsystem: Die Injektoren steuern die Zufuhr und Verteilung des Oxidators in der Brennkammer. Ihr Design bestimmt das Mischverhalten zwischen Oxidator und den ausgasenden Brennstoffen [124].

- Zündsystem: Die Zündung leitet die Verbrennungsreaktion ein, meist durch pyrotechnische Vorrichtungen oder hypergole Zünder, die die notwendige Anfangstemperatur bereitstellen [214, 215].

- Düse: Die Verbrennungsgase verlassen die Kammer durch eine konvergente-divergente (C-D) Düse, in der sie beschleunigt werden, um Schub zu erzeugen. Die Düse ist so ausgelegt, dass sie verschiedene Strömungsbedingungen bewältigen kann, die durch die variablen Verbrennungsprozesse hybrider Systeme entstehen [124].

Insgesamt stellen hybride Antriebssysteme eine vielversprechende Zwischenstufe zwischen Feststoff- und Flüssigraketen dar. Sie kombinieren Sicherheit, Einfachheit und Regelbarkeit mit wachsendem technologischem Potenzial – und werden damit zu einem zunehmend wichtigen Bestandteil moderner Weltraum- und Verteidigungsanwendungen.

Grundlagen des Raketenbaus und der Konstruktion

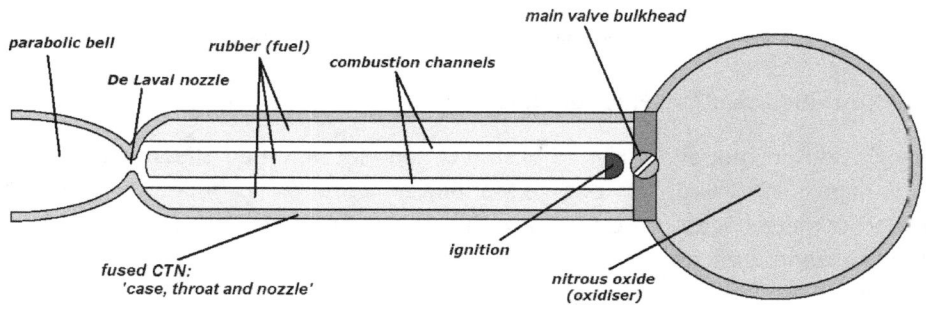

Abbildung 55: Detailansicht eines Hybridraketenmotors von SpaceShipOne. Jack, gemeinfrei, über Wikimedia Commons.

Hybridraketentriebwerke kombinieren festen Brennstoff mit einem flüssigen oder gasförmigen Oxidator und bieten zahlreiche Vorteile gegenüber herkömmlichen Feststoff- oder Flüssigraketentriebwerken, darunter geringere Kosten, einfache Brennstoffhandhabung, hohe Haltbarkeit, regelbaren Schub und umweltfreundlichere Eigenschaften [124]. Forschende haben das Potenzial des Hybridantriebs erkannt und untersuchen verschiedene Aspekte wie Verbrennungsmodellierung [124], neue Treibstoffformulierungen [210], Zündsysteme [214, 215] sowie Anwendungen in Weltraummissionen [211, 216].

Das Funktionsprinzip eines Hybridantriebssystems beginnt mit der Zündung, die die Energie liefert, um die Oberfläche des Festbrennstoffs zu pyrolysieren bzw. thermisch zu zersetzen. Dabei entsteht eine Schicht brennbarer Gase über der Brennstoffoberfläche, die die Grundlage für die fortgesetzte Verbrennung bildet.

Nach der Zündung wird der Oxidator – in flüssiger oder gasförmiger Form – über das Injektorsystem in die Brennkammer eingeleitet. Der Oxidator reagiert mit den beim Pyrolyseprozess freigesetzten Brenngasen, wodurch die Verbrennungsreaktion ausgelöst wird. Diese Reaktion setzt erhebliche Wärmeenergie frei, die wiederum die Pyrolyse des Festbrennstoffs aufrechterhält. So entsteht ein selbsterhaltender Verbrennungsprozess, der fortgeführt wird, solange der Oxidatorstrom bestehen bleibt.

Die Verbrennung findet an der Grenzfläche zwischen der Oberfläche des Festbrennstoffs und dem einströmenden Oxidator statt, wo die Reaktionszone Wärme und Energie freisetzt. Die Abbrandrate des Brennstoffs wird von mehreren Faktoren beeinflusst, darunter die Oxidatordurchflussrate, der Kammerdruck und die Geometrie des Brennstoffblocks. Diese Parameter bestimmen die Effizienz und Leistungsfähigkeit des Hybridtriebwerks.

Während der Verbrennung entstehen heiße Hochdruckgase, die durch eine konvergente-divergente Düse ausgestoßen werden. Beim Austritt aus der Düse werden die Gase stark beschleunigt und erzeugen nach dem 3. Newton'schen Gesetz den Schub, der die Rakete antreibt. Diese Kombination aus kontrollierter Verbrennung und effizienter Gasexpansion macht hybride Antriebssysteme zu einer vielseitigen und wirkungsvollen Lösung in der modernen Raketentechnik.

Transientes Betriebsmodell für Hybridraketen

Das transiente Betriebsmodell für Hybridraketen beschreibt den theoretischen und rechnerischen Rahmen, der verwendet wird, um das zeitabhängige Verhalten hybrider Raketentriebwerke zu verstehen und vorherzusagen. Im Gegensatz zu stationären Modellen, die sich auf den stabilen Dauerbetrieb konzentrieren, analysieren transiente Modelle die dynamischen Prozesse während der Zündung, des Hochlaufs, der Verbrennung, des Abschaltens sowie möglicher Betriebsschwankungen. Diese transienten Phasen sind entscheidend, um die Leistung der Rakete zu verstehen, Systemstabilität sicherzustellen und potenzielle Ausfälle zu verhindern.

Wichtige Phasen des transienten Betriebs

1. Zündphase: Während der Zündung beginnt die Oberfläche des Festbrennstoffs aufgrund einer externen Energiequelle – etwa eines Funkens, einer pyrotechnischen Vorrichtung oder einer hypergolen Reaktion – zu pyrolysieren. Dabei entstehen brennbare Gase, die eine lokale Verbrennungszone bilden. Das transiente Modell muss folgende Aspekte berücksichtigen:

- Die Zündverzögerung, die zur Ansammlung unverbrannten Oxidators und zu Überdruck (Hard Start) führen kann.
- Die thermischen und chemischen Wechselwirkungen zwischen dem Zündsystem, dem Festbrennstoff und dem einströmenden Oxidator.
- Den Aufbau des Kammerdrucks und die Entwicklung einer stabilen Verbrennungsfront.

2. Hochlaufphase: Nach der Zündung erreicht die Brennkammer die Betriebsbedingungen, während Druck, Temperatur und Massenstromraten stabilisiert werden. Das Modell behandelt in dieser Phase:

- Die Druckanstiegsrate, die durch die Oxidatoreinspritzrate und die Pyrolyserate des Brennstoffs bestimmt wird.
- Die Wärmeübertragungsmechanismen, einschließlich der Wärmeleitung in den Festbrennstoff und des Wärmeverlusts an die Brennkammerwände.
- Die zeitabhängigen Änderungen des Oxidator-zu-Brennstoff-Verhältnisses (O/F-Verhältnis), die entscheidend für die Leistungsoptimierung und die Vermeidung von Instabilitäten sind.

3. Stationäre Verbrennung: Während des stationären Betriebs erreicht die Hybridrakete einen stabilen Schubverlauf. Auch in dieser Phase können geringfügige transiente Effekte auftreten, etwa durch:

- Schwankungen des Oxidatorflusses infolge von Druckänderungen in Injektoren oder Tanks.

Grundlagen des Raketenbaus und der Konstruktion

- Änderungen der Regressionsrate des Brennstoffs im Verlauf des Abbrands, wodurch sich die Brennstoffoberfläche und die Verbrennungscharakteristik verändern.
- Erosive Brennphänomene, insbesondere in Bereichen hoher Oxidatorgeschwindigkeit nahe der Brennstoffoberfläche.

4. Abschaltphase: Während der Abschaltphase wird der Oxidatorfluss beendet und die Verbrennung kommt zum Stillstand. Das transiente Modell konzentriert sich hier auf:

- Restverbrennung und Wärmeabfuhr in der Brennkammer.
- Die Auswirkungen thermischer Spannungen auf den Festbrennstoff und die Kammerwände während der Abkühlung.
- Mögliche Nachbrennphänomene, falls unverbrannter Oxidator in der Kammer verbleibt.

Dieses Modell ermöglicht eine präzise Beschreibung der nichtstationären Phänomene in Hybridraketen und ist entscheidend für die Optimierung der Leistung, Lebensdauer und Sicherheit solcher Antriebssysteme.

Mathematischer Rahmen

Transiente Betriebsmodelle werden in der Regel durch ein System gekoppelter partieller Differentialgleichungen (PDEs) beschrieben, die den Erhalt von Masse, Impuls und Energie darstellen:

Massenerhaltung:

$$\frac{\partial \rho}{\partial t} + \nabla \cdot (\rho \vec{v}) = \dot{m}_{\text{Brennstoff}} + \dot{m}_{\text{Oxidator}}$$

Hierbei ist ρ die Gasdichte, $\vec{v}$ das Geschwindigkeitsfeld, und ṁ_Brennstoff bzw. ṁ_Oxidator die Massenströme von Brennstoff und Oxidator.

Impulserhaltung:

$$\rho \frac{D\vec{v}}{Dt} = -\nabla P + \mu \nabla^2 \vec{v} + \vec{F}$$

Diese Gleichung berücksichtigt den Druck (P), viskose Effekte (μ) und äußere Kräfte ($\vec{F}$).

Energieerhaltung:

$$\rho \frac{De}{Dt} = \dot{q}_{\text{Verbrennung}} - \dot{q}_{\text{Leitung}} - \dot{q}_{\text{Strahlung}}$$

Hier steht e für die innere Energie, q̇_Verbrennung für die Wärmefreisetzung durch Verbrennung, und q̇_Leitung sowie q̇_Strahlung für Wärmeverluste durch Wärmeleitung und Strahlung.

Brennstoffregressionsrate:

$$\dot{r} = a\, G_{Ox}^n$$

Hierbei sind a und n Konstanten, die aus experimentellen Daten bestimmt werden, und G_Ox der Oxidatormassenfluss.

Kammerdruckdynamik:

$$\frac{dP_c}{dt} = \frac{\dot{m}_t c^*}{A_t}$$

Dabei ist ṁ_t der Gesamtmassenstrom, C* die charakteristische Geschwindigkeit, und A_t die Düsenhalsfläche.

Der Raketenentwurf beinhaltet dynamische Änderungen physikalischer Größen wie Masse, Impuls, Energie und Verbrennungseigenschaften. Transiente Modelle verwenden partielle Differentialgleichungen, um diese Änderungen zu beschreiben und ein theoretisches Fundament für die Analyse und Optimierung von Hybrid- und Flüssigkeitsraketensystemen zu schaffen. Jede Gleichung dient einem bestimmten Zweck, um einen stabilen und effizienten Betrieb des Triebwerks sicherzustellen.

Die Massenerhaltungsgleichung stellt sicher, dass die Masse im System erhalten bleibt. Sie beschreibt, wie sich die Gasdichte über Raum und Zeit verändert, abhängig von der Zufuhr von Brennstoff und Oxidator. Diese Gleichung ist besonders wichtig während der Zündphase (zum Modellieren der Kammerfüllung), während der Verbrennung (zum Abgleich von Reaktanten- und Abgasströmen) sowie während der Abschaltphase (zum Simulieren der Reaktantenverarmung). Eine genaue Modellierung verhindert falsche O/F-Verhältnisse, Ineffizienzen oder Überdruck, die zu Systemversagen führen könnten.

Die Impulserhaltungsgleichung beschreibt Änderungen des Impulses in der Brennkammer unter Berücksichtigung von Druckgradienten, viskosen Kräften und äußeren Einflüssen wie Gravitation oder Turbulenz. Sie ist entscheidend für die Analyse der Verbrennungsstabilität, die Optimierung des Schubs und das Design der Injektoren, um den Eintritt von Brennstoff- und Oxidatorströmen zu modellieren. Ein gutes Verständnis der Impulsverteilung verhindert Instabilitäten wie „Chugging" oder „Pogo-Oszillationen", die die Leistung mindern oder das Triebwerk beschädigen könnten.

Die Energieerhaltungsgleichung verfolgt den Energiefluss im System, einschließlich innerer Energie, Wärmefreisetzung durch Verbrennung und Energieverluste durch Wärmeleitung und Strahlung. Diese

Grundlagen des Raketenbaus und der Konstruktion

Gleichung ist wesentlich für die Optimierung der Wärmeübertragung im Brennkammerdesign, die Vorhersage von Wärmeströmen im Kühlsystem und die Modellierung der Energieabgabe verschiedener Treibstoffe. Eine effiziente Energienutzung erhöht den spezifischen Impuls und schützt kritische Komponenten vor Überhitzung, was die thermische Stabilität und Lebensdauer des Triebwerks sichert.

Die Regressionsratengleichung beschreibt die Abbrandgeschwindigkeit des Festbrennstoffs, die vom Oxidatormassenfluss und spezifischen Konstanten abhängt. Sie ist entscheidend für die Gestaltung der Korngeometrie, die Vorhersage des Schubverlaufs und die Simulation der Brennstoffoberfläche während des Betriebs. Eine präzise Modellierung gewährleistet ein stabiles O/F-Verhältnis und verhindert Verbrennungsinstabilitäten.

Die Kammerdruckgleichung verbindet den Kammerdruck mit dem Gesamtmassenstrom, der charakteristischen Geschwindigkeit und der Düsenhalsfläche. Sie ist entscheidend für das Düsendesign, die Analyse des Triebwerkszyklus (z. B. Druckspeisung oder Pumpensysteme) und die Modellierung transienter Phasen während Start und Abschaltung. Eine wirksame Drucksteuerung stellt den optimalen Schub sicher und verhindert Überdrücke, die die Brennkammer oder Düse beschädigen könnten.

Insgesamt ermöglichen diese Gleichungen die Simulation und Vorhersage dynamischer Prozesse während Zündung, stabiler Verbrennung und Abschaltung. Durch die Integration von Massen-, Impuls- und Energieerhaltung mit Modellen für Regressionsrate und Kammerdruck können Ingenieure stabile Verbrennung, hohe Effizienz und Systemzuverlässigkeit gewährleisten – entscheidende Voraussetzungen für den leistungsfähigen und sicheren Betrieb von Hybrid- und Flüssigkeitsraketenantrieben.

Gleichung des Kammerdrucks für Hybridraketen

Die Kammerdruckgleichung für Hybridraketen lautet:

$$P_c = \frac{\dot{m}_{\text{ges}} \, C^*}{A_t}$$

wobei:

- Pc der Kammerdruck ist,
- ṁges der Gesamtmassenstrom (Brennstoff + Oxidator),
- C* die charakteristische Geschwindigkeit, und
- At die Düsenhalsfläche ist.

Diese Gleichung beschreibt die Beziehung zwischen den Schlüsselfaktoren, die den Druck in der Brennkammer einer Hybridrakete bestimmen. Das Verständnis dieser Beziehung ist entscheidend für Entwurf, Analyse und Leistungsoptimierung von Hybridraketenantrieben.

Die Kammerdruckgleichung wird in Verbindung mit anderen Triebwerksgleichungen genutzt, um den Druck unter bestimmten Betriebsbedingungen zu berechnen oder zu überprüfen. Der Prozess beginnt mit der Bestimmung des Gesamtmassenstroms, der aus dem Oxidatormassenstrom (abhängig vom Injektordesign und der Versorgung) und der Brennstoffregressionsrate (abgeleitet aus der Regressionsgleichung und der Korngeometrie) berechnet wird. Durch Addition beider Massenströme ergibt sich der Gesamtmassenstrom. Anschließend wird die charakteristische Geschwindigkeit C* bestimmt, die von der Treibstoffkombination und den Verbrennungseigenschaften abhängt und meist aus empirischen Daten oder thermochemischen Simulationen stammt.

Im nächsten Schritt wird die Düsenhalsfläche gewählt, die vom gewünschten Halsdurchmesser abhängt und die Abströmcharakteristik maßgeblich beeinflusst. Durch Einsetzen aller Werte in die Gleichung lässt sich der Kammerdruck bestimmen. Entspricht dieser nicht den Entwurfsvorgaben, werden Parameter wie Düsenfläche, Oxidatorflussrate oder Korngeometrie angepasst und die Berechnungen wiederholt.

Diese Gleichung findet Anwendung in allen Phasen der Triebwerksentwicklung:

- In der Konzeptphase dient sie zur Abschätzung des Kammerdrucks bei bestimmten Treibstoff-/Oxidatorkombinationen und Geometrien, unter Berücksichtigung der Material- und Strukturgrenzen.

- Zur Leistungsoptimierung ermöglicht sie die Bewertung, wie Designänderungen den Kammerdruck und die Gesamtleistung beeinflussen.

- Für die Verbrennungsstabilität stellt sie sicher, dass der Kammerdruck im stabilen Bereich bleibt, um Instabilitäten wie *Chugging* oder *Hard Starts* zu vermeiden.

- In der Transientenanalyse modelliert sie den dynamischen Druckverlauf während Zündung, stationärem Betrieb und Abschaltung.

Die Kammerdruckgleichung erfüllt mehrere zentrale Aufgaben: Sie hilft, Strukturanforderungen zu definieren, den Schub vorherzusagen, die Düsenoptimierung zu unterstützen und das O/F-Verhältnis durch geeignete Injektor- und Korngeometrien sicherzustellen. Zudem trägt sie entscheidend zur Systemsicherheit bei, indem sie gewährleistet, dass der Kammerdruck innerhalb sicherer Grenzen bleibt.

Brennstoffregressionsmodell

Das Brennstoffregressionsmodell ist ein zentrales Instrument im Entwurf und in der Analyse von Hybridraketenantrieben. Es beschreibt mathematisch, wie der Festbrennstoff über die Zeit abbrennt,

Grundlagen des Raketenbaus und der Konstruktion

abhängig von der Wechselwirkung mit dem Oxidatorstrom. Dieses Modell ist unerlässlich für die Vorhersage der Brennstoffmassenstromrate, die Aufrechterhaltung des O/F-Verhältnisses und die Sicherstellung gleichmäßiger Schuberzeugung während des gesamten Betriebs.

In einer Hybridrakete verbrennt der Festbrennstoff nicht gleichmäßig über seine gesamte Oberfläche. Die Regressionsrate (Abbrandgeschwindigkeit) hängt von verschiedenen Faktoren ab, insbesondere vom Oxidatormassenfluss, der Korngeometrie und den Verbrennungsbedingungen.

Die Regressionsrate wird typischerweise ausgedrückt als:

$$\dot{r} = a\, G_{Ox}^{n}$$

wobei:

- $\dot{r}$ die Regressionsrate (m/s) ist, also die Geschwindigkeit, mit der die Brennstoffoberfläche zurückweicht,
- G_Ox der Oxidatormassenfluss (kg/m²·s) ist,
- a eine empirische Konstante, abhängig von Brennstoff, Oxidator und Kammerbedingungen, und
- n der Regressions-Exponentenwert ist (typisch zwischen 0,5 und 0,8 für die meisten Hybridsysteme).

Das Modell beschreibt, wie der einströmende Oxidator mit der Brennstoffoberfläche reagiert, diese pyrolysiert und brennbare Gase freisetzt. Die durch die Verbrennung erzeugte Wärme erhält diesen Prozess aufrecht und bildet eine selbsterhaltende Reaktionszone.

Der Oxidatormassenfluss spielt dabei die dominierende Rolle – ein höherer Fluss führt zu stärkerer Regression und somit zu höherem Schub. Auch die Korngeometrie beeinflusst die der Oxidatorströmung ausgesetzte Fläche und damit direkt den Brennstoffmassenstrom.

Das Regressionsmodell wird in allen Entwicklungsphasen angewendet:

1. **Korngeometrie-Design:** Bestimmung optimaler Geometrien (z. B. Zylinderbohrung, Stern- oder Helixform) zur Maximierung der Abbrandfläche und gleichmäßigen Verbrennung.
2. **Schubvorhersage:** Da die Regressionsrate die Brennstoffmassenstromrate bestimmt, lässt sich damit der Schubverlauf über die Brenndauer vorhersagen und optimieren.
3. **O/F-Verhältnissteuerung:** Gewährleistung effizienter Verbrennung durch Vorhersage, wie sich das Brennverhalten über die Zeit entwickelt.
4. **Transientenanalyse:** Modellierung dynamischer Änderungen der Abbrandrate während Zündung und Abschaltung zur Stabilitätsbewertung.

5. **Skalierung & Leistungsbewertung:** Unterstützung bei der Skalierung größerer Hybridraketen und Bewertung unter verschiedenen Betriebsbedingungen.

Das Regressionsmodell ist besonders wichtig, um die begrenzten Regressionsraten hybrider Systeme gegenüber Flüssig- oder Feststoffraketen zu kompensieren. Moderne Innovationen – wie Swirl-Injektoren, Paraffin-basierte Brennstoffe oder Metalladditive – werden anhand dieses Modells bewertet, um höhere Raten und bessere Effizienz zu erzielen.

Eine präzise Modellierung ermöglicht stabile und effiziente Verbrennung, verhindert lokale Hotspots oder ungleichmäßiges Brennen und erlaubt die Vorhersage, wie Änderungen von Betriebsparametern (z. B. Oxidatorfluss, Kammerdruck) die Leistung beeinflussen. Durch die Integration des Regressionsmodells mit anderen Raketengleichungen erreichen Hybridsysteme höhere Zuverlässigkeit, Skalierbarkeit und Schubkonstanz – ideale Voraussetzungen für Anwendungen in Suborbitalflügen, Weltraumtourismus und Kleinsatellitenstarts.

Geschichte des Enthalpie-Bilanz-Regressionsmodells

Der Enthalpie-Bilanz-Ansatz zur Modellierung der Brennstoffregression in Hybridraketen entstand als Erweiterung klassischer Wärmeübertragungsprinzipien. Er baut auf früheren empirischen Modellen auf, indem er Energieerhaltungsgesetze an der Feststoff–Flüssig–Gas-Grenzfläche einbezieht [217, 218]. Ziel war es, die Genauigkeit der Regressionsvorhersage zu verbessern, indem die detaillierten thermochemischen Wechselwirkungen während der Verbrennung berücksichtigt werden [218].

Frühe Modelle, wie die Marxman-und-Gilbert-Beziehung, stützten sich vor allem auf halb-empirische Korrelationen, die aus experimentellen Beobachtungen abgeleitet wurden [218, 219]. Obwohl sie für einfache Geometrien und begrenzte Bedingungen effektiv waren, konnten sie die Komplexität moderner Hybridraketensysteme – etwa Swirl-Injektion, alternative Brennstoffe oder Hochdruck-Oxidatorströme – nicht adäquat erfassen [220, 221]. Die Entwicklung von Enthalpie-Bilanz-Modellen diente dazu, diese Einschränkungen zu überwinden, indem der Wärmeübergang zwischen der reagierenden Oxidator-Brennstoff-Mischung, dem pyrolysierenden Brennstoffkorn und der umgebenden Gasströmung explizit einbezogen wurde [217, 218].

Dieser Ansatz ermöglicht präzisere Vorhersagen der Brennstoffregressionsraten, insbesondere bei Systemen mit komplexen Korngeometrien oder variierenden Betriebsbedingungen [222, 223]. Heute sind Enthalpie-Bilanz-Modelle ein Standardwerkzeug in der Forschung und Entwicklung von Hybridraketen [224].

Die Marxman-und-Gilbert-Beziehung, entwickelt Anfang der 1960er Jahre, war einer der ersten umfassenden Versuche, die Brennstoffregression in Hybridraketen zu modellieren [218, 219]. Sie basiert auf dem Konzept des konvektiven Wärmeübergangs vom Oxidatorstrom zur Brennstoffoberfläche, der die Pyrolyse und Regression antreibt [218, 219].

Die Regressionsrate $\dot{r}$ wird beschrieben durch:

$$\dot{r} = a\, G_{\text{Ox}}^{n}$$

Grundlagen des Raketenbaus und der Konstruktion

Hierbei ist:

- G_Ox der Oxidatormassenfluss (kg/m²·s), also der Massenstrom des Oxidators pro Flächeneinheit der Brennstoffoberfläche,
- a und n sind empirisch bestimmte Konstanten, die von der jeweiligen Oxidator-Brennstoff-Kombination und den Betriebsbedingungen abhängen.

Das Modell nach Marxman und Gilbert nimmt an, dass:

1. Die Grenzschicht über der Brennstoffoberfläche turbulent ist.
2. Die Brennstoffregression überwiegend durch den Wärmefluss aus der Gasphase auf die Festbrennstoffoberfläche bestimmt wird.
3. Die Regressionsrate proportional zum Oxidatorfluss (G_Ox^n) ist, wobei n typischerweise zwischen 0,5 und 0,8 liegt.

Dieses Modell bietet eine einfache, aber wirkungsvolle Möglichkeit zur Vorhersage von Regressionsraten in grundlegenden Hybridraketendesigns. Allerdings berücksichtigt es weder mehrdimensionale Wärmeübertragung noch komplexe Kornformen oder fortgeschrittene Einspritztechniken.

Enthalpie-Bilanz-Brennstoffregressionsmodell für Hybridraketen

Das Enthalpie-Bilanz-Modell verbessert die Marxman-und-Gilbert-Beziehung, indem es die Energiebilanz an der Brennstoffoberfläche explizit einbezieht. Es berechnet die Regressionsrate, indem es den Wärmefluss aus der Gasphase zur Oberfläche mit der Wärmemenge vergleicht, die erforderlich ist, um den Festbrennstoff zu pyrolysieren.

Die grundlegende Gleichung lautet:

$$\dot{q} = \dot{r}\, \rho_f\, \Delta h$$

wobei:

- $\dot{q}$ der konvektive Wärmefluss vom Oxidatorstrom zur Brennstoffoberfläche ist,
- $\dot{r}$ die Regressionsrate (m/s) ist,
- Δh die Enthalpie der Pyrolyse darstellt, also die Energie, die benötigt wird, um den Festbrennstoff in gasförmige Produkte zu zersetzen.

In diesem Modell gilt:

1. Der Wärmefluss q̇ wird aus der Grenzschichttheorie abgeleitet und hängt von der Geschwindigkeit, Temperatur und Zusammensetzung des Oxidatorstroms ab.
2. Δh umfasst sowohl die latente Wärme der Pyrolyse als auch zusätzliche Wärme, die der Brennstoff während seines Phasenwechsels aufnimmt.
3. Die Regressionsrate ist direkt an die Energiebilanz gekoppelt, wodurch das Modell robust gegenüber variierenden Bedingungen wird.

Dieser Ansatz ist besonders effektiv für moderne Hybridraketen, die komplexe Korngeometrien, Swirl-Injektoren oder Paraffin-basierte Brennstoffe verwenden. Außerdem bietet das Modell einen verbesserten Rahmen zur Analyse transienter Effekte, etwa während der Zündung oder der Abschaltphase.

Durch die Kombination von Wärmeübertragungsmechanik und Energieerhaltung ermöglicht das Enthalpie-Bilanz-Modell eine physikalisch fundierte und präzise Beschreibung der Brennstoffverbrennung – ein entscheidender Fortschritt gegenüber rein empirischen Ansätzen in der Hybridraketentechnologie.

Wandabblas-Korrektur (Wall Blowing Correction)

Die Wandabblas-Korrektur ist eine Anpassung, die den Einfluss der aus der Brennstoffoberfläche austretenden pyrolysierten Brenngase berücksichtigt. Dieses Phänomen verändert die Dynamik der Grenzschicht, da zusätzlich Impuls und thermische Energie in den Strömungsbereich eingebracht werden.

Die Abblasung von der Wand beeinflusst den konvektiven Wärmeübergangskoeffizienten (h), wodurch der Wärmefluss zur Oberfläche reduziert und damit auch die Regressionsrate verändert wird. Der korrigierte Wärmefluss wird beschrieben durch:

$$\dot{q}_{\text{corr}} = \dot{q}_0 \, f(B)$$

Hierbei gilt:

- B ist der Abblasparameter (Blowing Parameter), der die Wirkung der austretenden Brenngase auf die Grenzschicht quantifiziert.

Die Wandabblas-Korrektur ist besonders wichtig bei Brennstoffen mit hoher Pyrolyserate oder Systemen mit hohem Oxidatorfluss, da sie sicherstellt, dass das Regressionsmodell auch unter Bedingungen korrekt bleibt, bei denen der Massenzufluss aus der Brennstoffoberfläche die Grenzschicht erheblich beeinflusst.

Modell des Reibungsbeiwerts (Skin Friction Coefficient Model)

Grundlagen des Raketenbaus und der Konstruktion

Das Modell des Reibungsbeiwerts beschreibt den Zusammenhang zwischen der Schubspannung an der Brennstoffoberfläche und den Strömungseigenschaften des Oxidators. Dies ist entscheidend, da der konvektive Wärmefluss, der die Regressionsrate antreibt, von der turbulenten Grenzschicht abhängt – und diese wiederum stark durch die Oberflächenreibung beeinflusst wird.

Der Reibungsbeiwert (Cf) wird typischerweise definiert als:

$$C_f = \frac{\tau_w}{\frac{1}{2}\rho U^2}$$

Hierbei gilt:

- τ_w ist die Wandschubspannung,
- ρ ist die Gasdichte,
- U ist die freie Strömungsgeschwindigkeit.

In Hybridraketen wird der Reibungsbeiwert beeinflusst durch:

1. Die Geometrie des Brennstoffkorns,
2. Die Reynolds-Zahl der Strömung,
3. Die Abblaseffekte der pyrolysierten Brenngase.

Ein höherer Reibungsbeiwert führt in der Regel zu einem verstärkten Wärmeübergang an die Brennstoffoberfläche, was zu höheren Regressionsraten führt. Eine präzise Modellierung von Cf ist daher unerlässlich, um vorherzusagen, wie sich Änderungen in den Strömungsbedingungen oder im Kornentwurf auf die Verbrennungsleistung auswirken.

Kombinierte Anwendung der Modelle

Zusammen bilden die Modelle für Wandabblas-Korrektur und Oberflächenreibung einen umfassenden Rahmen für das Verständnis und die Optimierung des Verbrennungsprozesses in Hybridraketen. Sie ermöglichen Ingenieuren:

1. Die Vorhersage der Regressionsraten für verschiedene Brennstoff-/Oxidator-Kombinationen und Betriebsbedingungen.
2. Die Gestaltung von Brennstoffgeometrien, die die Oberfläche und Verbrennungseffizienz maximieren.
3. Die Berücksichtigung komplexer Grenzschichtinteraktionen, einschließlich Wandabblasung und turbulenter Wärmeübertragung.

4. Die Sicherung stabiler Verbrennung und die Vermeidung lokaler Überhitzungen oder Hotspots, die zu strukturellem Versagen führen könnten.

Durch die Integration dieser Modelle in numerische Simulationen und experimentelle Tests können Hybridraketensysteme eine höhere Zuverlässigkeit, Skalierbarkeit und Leistung erreichen – und finden daher Anwendung in Bereichen wie Suborbitalforschung, Weltraumtourismus und militärischen Antriebssystemen.

Beispiel zur Demonstration von Transienten Betriebsmodellen im Hybridraketen-Design

Entwerfen wir eine Hybridrakete für eine studentische suborbitale Forschungsmission mit dem Ziel, eine maximale Höhe von 50 km zu erreichen. Die Rakete verwendet Paraffinwachs als Festbrennstoff und flüssiges Distickstoffmonoxid (N_2O) als Oxidator. Das Design erfordert die Integration von transienten Betriebsmodellen für Massen-, Impuls- und Energieerhaltung, Brennstoffregressionsrate und Kammerdruckdynamik.

Schritt 1: Massenerhaltung

Die Massenerhaltungsgleichung wird verwendet, um den Zustrom von Brenngasen und Oxidator in die Brennkammer zu verfolgen.

Angenommen:

- Die Oxidatormassenstromrate ($\dot{m}_{ox}$) wird über ein Ventil geregelt, das 2 kg/s N_2O zuführt.
- Die Brennstoffregressionsrate wird mit der Formel

$$\dot{r} = a\, G_{Ox}^n$$

berechnet, wobei der Massenfluss des Brennstoffs ($\dot{m}\_f$) aus der Korngeometrie (zylindrischer Kern mit 0,1 m Durchmesser und 1,0 m Länge) bestimmt wird. Der Oxidatorfluss G_Ox ergibt sich aus

$$G_{Ox} = \frac{\dot{m}_{Ox}}{A_{surf}}$$

wobei A_surf die freiliegende Oberfläche ist. Die Massenerhaltung gewährleistet, dass

$$\dot{m}_{Ox} + \dot{m}_f = \dot{m}_{Abgas}$$

und damit der Gesamtmassenstrom gleich dem Abgasmassenstrom bleibt.

Grundlagen des Raketenbaus und der Konstruktion

Schritt 2: Impulserhaltung

Zur Sicherstellung stabiler Verbrennung und Schuberzeugung wird die Impulserhaltungsgleichung angewendet:

$$\rho \frac{Dv}{Dt} = -\nabla P + \mu \nabla^2 v + \vec{F}$$

Hierbei sind:

- P der Druckgradient in der Kammer,
- μ die Viskosität der Abgase,
- $\vec{F}$ die Summe der turbulenten Kräfte.

Basierend darauf wird der Injektor so ausgelegt, dass eine gleichmäßige Oxidatorverteilung entsteht. Die Schuberzeugung am Düsenende wird berechnet, und numerische Simulationen bestätigen, dass keine Instabilitäten wie *Chugging* oder *Druckoszillationen* auftreten.

Schritt 3: Energieerhaltung

Die Energieerhaltungsgleichung stellt sicher, dass die Brennkammer innerhalb der thermischen Grenzen arbeitet:

$$\frac{De}{Dt} = \dot{q}_{\text{Verbrennung}} - \dot{q}_{\text{Verlust}}$$

Dabei gilt:

- $\dot{q}\_\text{Verbrennung}$ ist die freigesetzte Wärme durch Verbrennung,
- $\dot{q}\_\text{Verlust}$ repräsentiert Wärmeverluste durch Leitung und Strahlung.

Unter Verwendung der Pyrolyseenthalpie von Paraffinwachs (3×10^5 J/kg) wird der erforderliche Wärmefluss berechnet, sodass die Kammermaterialien thermisch stabil bleiben. Eine regenerative Kühlung mit flüssigem N_2O wird modelliert, um überschüssige Wärme aufzunehmen und die Kammerwände zu schützen.

Schritt 4: Brennstoffregressionsrate

Die Regressionsrate wird modelliert durch:

$$\dot{r} = a\, G_{\text{Ox}}^n$$

Für Paraffinwachs liefern empirische Daten a = 0,002 und n = 0,8.

Bei einem Oxidatorfluss von 25 kg/m²·s ergibt sich:

$$\dot{r} = 0{,}002 \times (25)^{0{,}8} = 0{,}023 \text{ m/s}$$

Mit dieser Regressionsrate wird die Brennfläche über die Zeit berechnet, um ein stabiles Oxidator-zu-Brennstoff-Verhältnis (O/F ≈ 3) aufrechtzuerhalten.

Schritt 5: Kammerdruckdynamik

Der Kammerdruck (P_c) wird modelliert mit:

$$P_c = \frac{\dot{m}_{\text{ges}} C^*}{A_t}$$

Hierbei sind:

- ṁ_ges = 2,2 kg/s,
- C* = 1500 m/s (charakteristische Geschwindigkeit),
- A_t = 0,001 m² (Düsenhalsfläche).

Daraus ergibt sich:

$$P_c = \frac{2{,}2 \times 1500}{0{,}001} = 3{,}3 \times 10^6 \text{ Pa} (\approx 3{,}3 MPa)$$

Dieser Wert liegt innerhalb der Materialgrenzen der Brennkammer und gewährleistet eine effiziente Schuberzeugung.

Ergebnis

Mit diesen Gleichungen wird die Hybridrakete für sicheren Betrieb und konstanten Schub optimiert. Das System erreicht einen spezifischen Impuls von 250 s und bringt die Rakete auf die Zielhöhe von 50 km.

Die transienten Modelle leiten sämtliche Designentscheidungen ab – von der Injektorgeometrie bis zur Kühlungsarchitektur – und stellen sicher, dass die Rakete auch unter dynamischen Betriebsbedingungen zuverlässig und stabil arbeitet.

Neue Technologien: Ionentriebwerke und Plasmatriebwerke

Weltraumantriebssysteme: Triebwerkstypen

Elektrische Antriebssysteme (Electric Propulsion – EP) haben sich in den letzten Jahrzehnten stark weiterentwickelt und bilden heute das Rückgrat moderner Raumfahrtantriebe – insbesondere wegen ihrer hohen Effizienz und Vielseitigkeit. Zahlreiche Varianten wurden entwickelt, die jeweils für bestimmte Missionsszenarien oder Manöver optimiert sind. Grundsätzlich werden elektrische Triebwerke in drei Hauptkategorien unterteilt: elektrothermische, elektrostatische und elektromagnetische Triebwerke. Jede Kategorie repräsentiert eine unterschiedliche Methode, elektrische Energie in kinetische Energie zur Erzeugung von Schub umzuwandeln [225].

Elektrothermische Triebwerke: Elektrothermische Triebwerke erzeugen Schub, indem ein gasförmiges Treibmittel elektrisch erhitzt und durch eine Düse expandiert wird. Zu dieser Kategorie gehören Resistojets und Lichtbogentriebwerke (Arcjets).

- Bei Resistojets wird das Treibmittel mittels eines elektrischen Heizelements erwärmt (ohmsche Erwärmung). Dadurch erhöht sich die Austrittsgeschwindigkeit, die jedoch im Vergleich zu anderen elektrischen Antriebssystemen begrenzt bleibt.

- Arcjets nutzen dagegen eine Lichtbogenentladung, um das Treibmittel auf höhere Temperaturen zu bringen. Kollisionen zwischen den Teilchen des Lichtbogens und dem Treibmittel führen zu höheren Abgastemperaturen und Geschwindigkeiten.

Elektrothermische Triebwerke sind kostengünstig und einfach aufgebaut, erreichen jedoch nur eine geringe spezifische Impulsleistung (Isp). Daher eignen sie sich hauptsächlich für Missionen, die moderaten Schub über kurze Zeiträume erfordern [225].

Elektrostatische Triebwerke: Elektrostatische Triebwerke erzeugen Schub, indem Ionen durch elektrostatische Felder beschleunigt werden. Die Ionisation des Treibmittels und die anschließende Beschleunigung der Ionen erfolgen in zwei getrennten Phasen.

- Bei Gitterionentriebwerken (Gridded Ion Engines, GIEs) wird das Treibmittel in einer Entladekammer ionisiert, bevor die Ionen durch ein System mehrerer Lochgitter extrahiert und beschleunigt werden. Durch das Potential zwischen den Gittern erreichen die Ionen Austrittsgeschwindigkeiten, die einem spezifischen Impuls von bis zu 10.000 s entsprechen.

- Der Hall-Effekt-Antrieb (HET) nutzt gekreuzte elektrische und magnetische Felder, um Plasma zu erzeugen und zu beschleunigen. Ähnliche Systeme, wie der High Efficiency Multistage Plasma Thruster (HEMPT), ionisieren das Treibmittel mithilfe von Elektronen einer Neutralisationskathode. Das Plasma wird im Entladungskanal durch Magnetfelder gehalten und beschleunigt.

HEMPT-Systeme bieten höhere Plasmadichten und geringere Erosionsraten als HETs. Beide Systeme sind wegen ihrer hohen Effizienz und Anpassungsfähigkeit für eine Vielzahl von Missionen geeignet [225].

Zu den elektrostatischen Triebwerken zählen auch Kolloid-Emitter und Feldemissionstriebwerke (Field Emission Electric Propulsion – FEEP). Diese Systeme nutzen elektrostatische Felder, um geladene Tropfen oder Ionen aus einer Flüssigkeit zu extrahieren. Sie ermöglichen präzise Steuerung und hohe Effizienz, insbesondere bei Satelliten-Feinmanövern oder Positionshaltung [225].

Elektromagnetische Triebwerke: Elektromagnetische Triebwerke basieren auf der Lorentzkraft, die durch die Wechselwirkung von elektrischen Strömen und magnetischen Feldern entsteht. Diese Kraft beschleunigt ionisiertes Treibmittel auf hohe Geschwindigkeiten.

- Bei Puls-Plasma-Triebwerken (Pulsed Plasma Thrusters, PPTs) wird das Magnetfeld direkt durch die Lichtbogenentladung erzeugt, sodass Ionisation und Beschleunigung in einem einzigen Prozess erfolgen.

- Magnetoplasmadynamische Triebwerke (MPDTs) sind leistungsstärkere Varianten, bei denen intensive Lichtbögen das Treibmittel ionisieren und beschleunigen. AF-MPDTs (Applied-Field MPDTs) nutzen zusätzliche Magnetfelder zur Leistungssteigerung, während SF-MPDTs (Self-Field MPDTs) ausschließlich auf selbsterzeugte Magnetfelder setzen [225].

Eine weitere Variante ist das elektrodenlose Magnetdüsen-Triebwerk mit Elektron-Zyklotron-Resonanz (ECR). Es verwendet komplexe Plasmawechselwirkungen zur Beschleunigung des Treibmittels und verzichtet auf Elektroden. Der Schub entsteht durch ambipolare Felder, deren physikalische Prozesse Gegenstand aktueller Forschung sind [225].

Vergleich und Anwendungsgebiete

Alle elektrischen Triebwerke beruhen auf der Umwandlung elektrischer Energie in kinetische Energie, unterscheiden sich jedoch stark in Effizienz, Schubleistung und technischer Komplexität:

- Elektrothermische Systeme sind einfach und kostengünstig, bieten aber geringe Isp-Werte.

- Elektrostatische Systeme (v. a. GIEs und HETs) sind sehr effizient und liefern hohe Isp-Werte, eignen sich jedoch eher für langfristige Missionen mit geringem Schub.

- Elektromagnetische Systeme erreichen hohe Schubdichten und sind ideal für leistungsstarke Missionen, benötigen jedoch hohe elektrische Leistung und leiden unter stärkerem Verschleiß.

Die Wahl des Triebwerks hängt von der Missionsanforderung ab:

- Resistojets und Arcjets werden meist für Satellitenmanöver und Bahnkorrekturen verwendet.

- Gitterionen- und Hall-Effekt-Triebwerke kommen in der Tiefenraumerkundung zum Einsatz.

- MPDTs und ECR-Triebwerke werden derzeit für zukünftige Hochleistungsmissionen erforscht [225].

Grundlagen des Raketenbaus und der Konstruktion

Mit fortschreitender Entwicklung elektrischer Antriebstechnologien verändern sich Raumfahrzeugdesigns und Missionsstrategien grundlegend – sie ermöglichen effizientere, nachhaltigere und ambitioniertere Raumfahrtmissionen als je zuvor [225].

Grundlagen des Elektrischen Antriebs

Elektrische Antriebssysteme (Electric Propulsion – EP) gewinnen in der Raumfahrt zunehmend an Bedeutung – vor allem aufgrund ihrer hohen Effizienz und Anpassungsfähigkeit. Die Wahl eines Antriebssystems hängt im Wesentlichen von zwei entscheidenden Kriterien ab: der verfügbaren elektrischen Leistung des Satelliten und dem spezifischen Impuls (Isp).

Die elektrische Leistung steht in direktem Zusammenhang mit dem Schub-Leistungs-Verhältnis, einem Maß dafür, wie effizient ein Antriebssystem elektrische Energie in Schub umwandelt. Ein höheres Schub-Leistungs-Verhältnis ermöglicht eine schnellere Reisegeschwindigkeit, was diesen Parameter insbesondere für zeitkritische Missionen wichtig macht.

Der spezifische Impuls (Isp) beschreibt die Änderung des Impulses (Δp) pro Einheit Treibstoffmasse (Δm) und ist somit ein Maß für die Antriebseffizienz. Mathematisch ausgedrückt gilt

$$I_{sp} = \frac{v_e}{g}$$

wobei v_e die Abgasgeschwindigkeit und g die Erdbeschleunigung ist. Isp wird häufig in Sekunden angegeben, um Einheitendifferenzen zu vermeiden – eine Maßnahme, die beispielsweise den Verlust der *Mars Climate Orbiter*-Mission hätte verhindern können.

Ein hoher Isp bedeutet eine bessere Masseneffizienz, da weniger Treibstoff für denselben Schub benötigt wird. Allerdings erfordert ein hoher Isp meist eine höhere elektrische Leistung, wodurch das Schub-Leistungs-Verhältnis sinkt. Daher ist die Auswahl eines Antriebssystems stets ein Kompromiss zwischen verfügbarer elektrischer Leistung und der mitführbaren Treibstoffmenge.

Die Jet-Leistung (P_{net}) – also die Energie, die mit dem Ionenstrahl verbunden ist – spielt hierbei eine zentrale Rolle. Die Beziehung

$$T = \dot{m} v_e$$

verknüpft den Schub (T) mit der Massenstromrate ($\dot{m}$) und der Abgasgeschwindigkeit (v_e) und bildet so die Grundlage für die Leistungsbewertung von Antriebssystemen.

Beispiel: Ein Satellit mit einer Trockenmasse von 1 Tonne führt 500 kg Treibstoff mit und ist mit einem 20-kW-Ionentriebwerk ausgestattet, das bei einem Isp von 5000 s arbeitet. Dieses System erreicht ein Δv von etwa 20,3 km/s, ausreichend für Missionen zu äußeren Planeten, bei einem Schub von rund 0,8 N.
Eine bloße Erhöhung der Treibstoffmenge bringt jedoch nur begrenzte Leistungssteigerung, da Δv

nach der Tsiolkovsky-Gleichung logarithmisch von der Masse abhängt. Effektiver ist eine Steigerung des Isp, was jedoch wiederum höhere elektrische Leistung erfordert, da die Jet-Leistung mit v_e^2 skaliert. Fortgeschrittene Technologien wie Gitterionentriebwerke (Gridded Ion Engines, GIEs) mit vier Gitterebenen können diese höheren Isp-Werte erreichen.

Effizienzkennzahlen und Charakteristika

Ionentriebwerke verfeinern ihre Effizienz über Parameter wie die Massenausnutzungseffizienz (η_m) und die elektrische Effizienz (η_e).

- Die Massenausnutzungseffizienz beschreibt den Anteil der emittierten Ionen im Verhältnis zum eingesetzten Treibmittel. Für einfach geladene Ionen gilt:

$$\dot{m}_i = \frac{I_b M}{e N_A}$$

wobei I_b der Ionenstrahlstrom, e die Elementarladung und M die atomare Masse ist.

- Die elektrische Effizienz wird definiert als

$$\eta_e = \frac{P_{\text{jet}}}{P_T}$$

wobei P_T die Gesamtleistung und P_d die Leistung für die Ionisation ist.

Für Ionentriebwerke hängt die Abgasgeschwindigkeit von der Beschleunigungsspannung (U) ab:

$$v_e = \sqrt{\frac{2qU}{m}}$$

Sie berücksichtigt den Strahlöffnungswinkel, die Spannung sowie Mehrfachladungen, wodurch sich ein Vergleich verschiedener elektrischer Antriebe ermöglicht.

Missionsspezifische Überlegungen

Die Beziehung zwischen Isp, Schub und Leistung beeinflusst die Wahl des EP-Systems maßgeblich:

- Hohe Isp-Werte eignen sich für Langzeitmissionen mit geringem Treibstoffverbrauch (z. B. interplanetare Missionen).

- Systeme mit hohem Schub-Leistungs-Verhältnis sind für zeitkritische Manöver wie Bahnwechsel besser geeignet.

Grundlagen des Raketenbaus und der Konstruktion

Elektrische Antriebssysteme bieten unvergleichliche Effizienz und Flexibilität und sind daher ein unverzichtbarer Bestandteil moderner Raumfahrtmissionen. Durch das Ausbalancieren von Schub, spezifischem Impuls und Leistung können Ingenieure Antriebssysteme gezielt auf Missionsanforderungen abstimmen – sei es für Erkundung, Satellitenbetrieb oder Tiefenraummissionen. Mit fortlaufenden technologischen Fortschritten wird der elektrische Antrieb die Grenzen der menschlichen und robotischen Raumfahrt weiter verschieben.

Ionentriebwerke

Ionentriebwerke sind hoch effiziente Antriebssysteme für Raumfahrzeuge, die vor allem in Tiefenraummissionen und für Orbitkorrekturen eingesetzt werden. Sie erzeugen Schub, indem sie Ionen (geladene Teilchen) mit elektromagnetischen Kräften auf extrem hohe Geschwindigkeiten beschleunigen.

Im Gegensatz zu chemischen Antrieben, die auf Verbrennung beruhen, nutzen Ionentriebwerke elektrische und magnetische Felder, um das Treibmittel zu ionisieren und zu beschleunigen – ein grundlegend anderes und weitaus effizienteres Prinzip.

Das bevorzugte Treibmittel ist Xenon, ein chemisch inertes Edelgas mit hoher Atommasse und geringer Ionisierungsenergie. Die hohe Masse ermöglicht eine effiziente Impulsübertragung, da mehr Schwung pro Teilchen übertragen wird.

Zur Ionisierung wird Xenon typischerweise durch Elektronenbeschuss ionisiert: Eine Hohlkathode emittiert Elektronen, die mit den Xenonatomen kollidieren und sie zu positiven Xenonionen (Xe^+) aufladen. Alternativ kann die Ionisierung mittels Hochfrequenzfeldern (RF-Ionisation) erfolgen, bei der ein oszillierendes elektromagnetisches Feld Xenon ionisiert – eine Technik, die häufig bei Gitterionentriebwerken verwendet wird. Das resultierende Plasma besteht aus positiven Ionen und freien Elektronen.

Nach der Ionisierung folgt die Beschleunigungsphase.

- In Gitterionentriebwerken werden die positiv geladenen Ionen durch zwei elektrostatische Gitter beschleunigt: Das Schirmgitter (positiv geladen) lässt die Ionen passieren, während das Beschleunigungsgitter (negativ geladen) ein starkes elektrisches Feld erzeugt, das die Ionen auf bis zu 30 km/s beschleunigt.

- Der wirkende Schub ergibt sich aus der Gleichung $F = qE$, wobei q die Ionenladung und E die elektrische Feldstärke ist.

- Hall-Effekt-Triebwerke hingegen verwenden ein radiales Magnetfeld, das Elektronen in einer Hall-Stromschleife einfängt. Dadurch entsteht ein elektrisches Potential, das die Ionen beschleunigt. Sie kommen ohne Gitter aus und nutzen stattdessen das selbsterzeugte elektrische Feld.

Um die elektrische Neutralität zu wahren, emittiert eine Neutralisationskathode Elektronen in den Ionenstrahl, sodass sich die Ionen zu neutralen Xenonatomen rekombinieren. Dies verhindert eine elektrische Aufladung des Raumfahrzeugs.

Gitterionentriebwerke (GIEs) sind hochentwickelte Systeme, die seit den 1960er Jahren erforscht und eingesetzt werden. Sie werden sowohl in kommerziellen Satelliten als auch in wissenschaftlichen Missionen verwendet – aufgrund ihrer präzisen Steuerbarkeit und hohen Effizienz.

Die Ionisierung erfolgt in einer Entladekammer, in der das Treibmittel (meist Xenon) durch energiereiche Elektronen bombardiert wird. Diese schlagen Valenzelektronen aus den Xenonatomen heraus, wodurch positiv geladene Ionen entstehen. Die benötigten Elektronen stammen entweder aus einer heißen Kathodenfilamentquelle, die Elektronen emittiert, oder aus einer Hochfrequenz-Ionisationsmethode (RF), bei der ein wechselndes Magnetfeld eine selbsterhaltende Entladung erzeugt – ohne Kathode.

Diese Technologie kombiniert Langlebigkeit, Effizienz und Präzision und gilt als Schlüsseltechnologie für zukünftige interplanetare Missionen und elektrische Raumfahrzeuge der nächsten Generation.

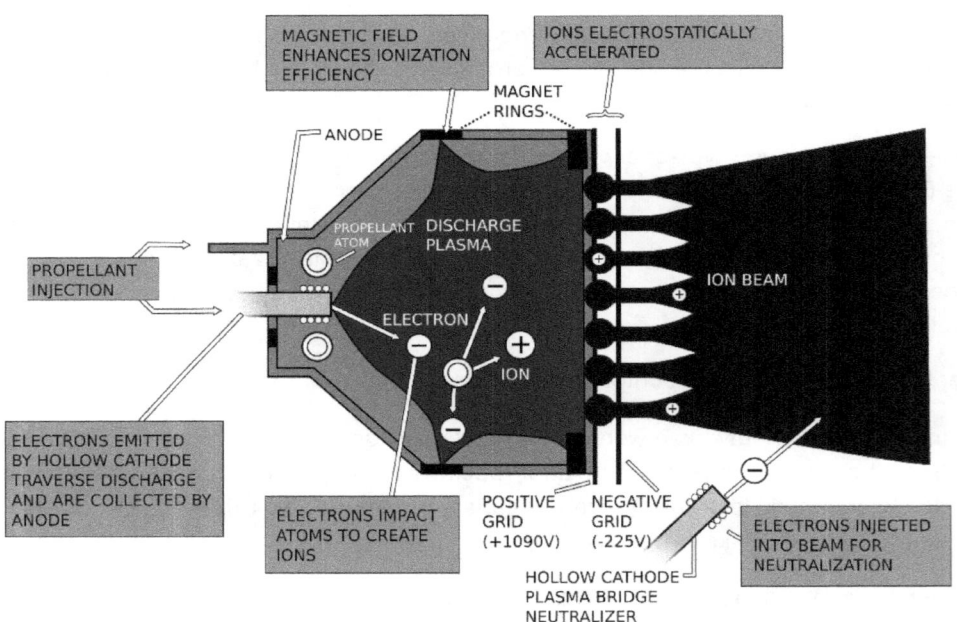

Abbildung 56: Gitterbasierter elektrostatischer Ionentriebwerkstyp (Multipol-Magnetkamm-Design). Vektorisierung: Chabacano, gemeinfrei, über Wikimedia Commons.

Die positiv geladenen Ionen werden aus der Entladekammer durch ein System aus zwei oder drei Mehrlochgittern extrahiert. Die Ionen treten in der Nähe der Plasmaschicht in das Gittersystem ein und werden durch den Potenzialunterschied zwischen dem positiv geladenen Schirmgitter und dem

Grundlagen des Raketenbaus und der Konstruktion

negativ geladenen Beschleunigungsgitter beschleunigt. Diese Beschleunigung verleiht den Ionen eine beträchtliche Energie, typischerweise im Bereich von 1–2 keV, was den erzeugten Schub bewirkt. Die Ionen werden mit hoher Geschwindigkeit aus dem Triebwerk ausgestoßen, wodurch eine Reaktionskraft entsteht, die das Raumfahrzeug vorantreibt. Um zu verhindern, dass sich das Raumfahrzeug aufgrund des Ionenstrahls positiv auflädt, emittiert eine Neutralisationskathode Elektronen in den Ionenstrom. Diese Elektronen rekombinieren mit den ausgestoßenen Ionen zu neutralen Xenonatomen, wodurch das Raumfahrzeug elektrisch neutral bleibt. Dieser Schritt ist entscheidend, um zu verhindern, dass die Ionen wieder vom Raumfahrzeug angezogen werden, was den erzeugten Schub aufheben würde.

Zahlreiche Forschungs- und Entwicklungsprojekte konzentrieren sich auf die Verbesserung der Gitterionentriebwerk-Technologie. Bedeutende Beispiele sind das NASA Solar Technology Application Readiness (NSTAR)-Triebwerk, das in zwei erfolgreichen Missionen eingesetzt wurde, und das NASA Evolutionary Xenon Thruster (NEXT)-Triebwerk, das die Flugqualifikation erreichte und in der DART-Mission verwendet wurde. Weitere Projekte sind das Nuclear Electric Xenon Ion System (NEXIS), das High Power Electric Propulsion (HiPEP)-System mit einer Leistung von bis zu 25 kW sowie das europäische EADS Radio-frequency Ion Thruster (RIT). Darüber hinaus stellt das Dual-Stage 4-Grid (DS4G)-Triebwerk einen innovativen Ansatz dar, der eine höhere Effizienz und Schubkraft ermöglicht.

Hall-Effekt-Triebwerke sind eine weitere Form des elektrischen Antriebs, die ein elektrisches Potenzial und ein radiales Magnetfeld zur Beschleunigung von Ionen nutzen. Diese Triebwerke werden aufgrund ihrer Einfachheit und Zuverlässigkeit häufig für Lageregelung und Bahnkorrekturen eingesetzt. Im Gegensatz zu Gitterionentriebwerken besitzen Hall-Effekt-Triebwerke keine physikalisch getrennten Ionisations- und Beschleunigungsprozesse. In einem Hall-Effekt-Triebwerk wird der größte Teil des Xenon-Treibmittels in der Nähe einer zylindrischen Anode am einen Ende des Triebwerks zugeführt. Das Treibmittel wird auf seinem Weg zur negativ geladenen Plasma-Kathode ionisiert. Die entstehenden positiv geladenen Ionen werden durch das elektrische Potenzial zwischen der Anode und der Plasma-Kathode beschleunigt. Während die Ionen mit hoher Geschwindigkeit ausgestoßen werden, nehmen sie Elektronen aus dem von der Kathode emittierten Elektronenstrahl auf und neutralisieren so den Ionenstrahl, um die elektrische Neutralität des Raumfahrzeugs aufrechtzuerhalten.

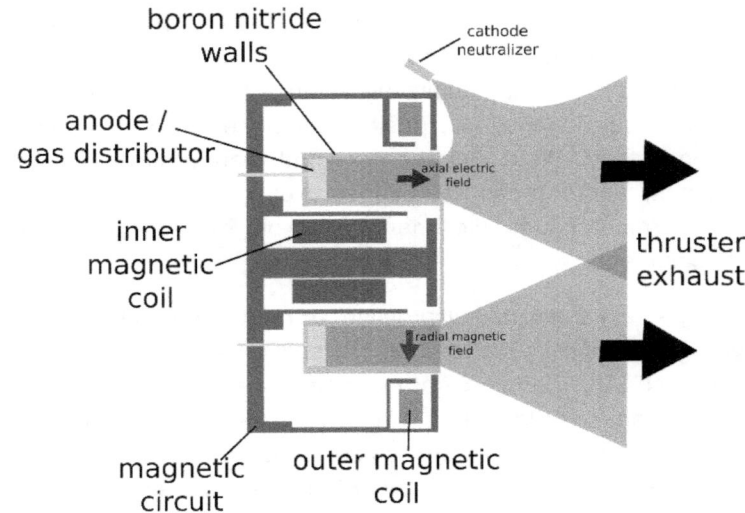

Abbildung 57: Schematische Darstellung eines Hall-Effekt-Triebwerks für elektrischen Antrieb. Dies ist ein Querschnitt eines radial-symmetrischen Geräts. Finlay McWalter, gemeinfrei, über Wikimedia Commons.

Das Design des Triebwerks umfasst ein zylindrisches Rohr mit der Anode an einem Ende und einem zentralen Dorn, der mit Spulen umwickelt ist, um ein radiales Magnetfeld zu erzeugen. Die schweren Ionen werden aufgrund ihrer Masse weitgehend nicht von diesem Magnetfeld beeinflusst, während die leichteren Elektronen eingefangen werden. Diese Elektronen spiralisieren entlang der Magnetfeldlinien in einem Hall-Strom und kreisen um den Dorn. Während sie spiralförmig verlaufen, ionisieren sie neutrale Xenonatome in der Nähe der Anode. Schließlich erreichen die Elektronen die Anode und schließen den Stromkreis.

Hall-Effekt-Triebwerke sind im Vergleich zu Gitterionentriebwerken einfacher aufgebaut und erzeugen bei leicht geringerer Effizienz einen höheren Schub. Ihre einfache Konstruktion und Robustheit machen sie zu einer beliebten Wahl für Langzeitmissionen und kommerzielle Satellitenoperationen. Sowohl Hall-Effekt- als auch Gitterionentriebwerke sind weiterhin entscheidend für den Fortschritt der Raumfahrtantriebstechnologien und bieten komplementäre Fähigkeiten, die auf unterschiedliche Missionsanforderungen zugeschnitten sind.

Ionentriebwerke zeichnen sich durch ihre außergewöhnliche Effizienz und Leistungsparameter aus. Sie erreichen spezifische Impulse zwischen 2.000 und 10.000 Sekunden und übertreffen damit deutlich die Effizienz chemischer Raketen, die typischerweise etwa 450 Sekunden erreichen. Dieser hohe spezifische Impuls ergibt sich aus der hohen Ausströmgeschwindigkeit des Triebwerks, berechnet mit $I_{sp} = v_e/g_0$, wobei v_e die Ausströmgeschwindigkeit und g_0 die Erdbeschleunigung ist. Obwohl der Schub relativ gering ist – meist zwischen 1 und 250 Millinewton –, kompensiert die hohe Ausströmgeschwindigkeit diesen Nachteil über lange Zeiträume, wodurch Ionentriebwerke ideal für

Grundlagen des Raketenbaus und der Konstruktion

Langzeitmissionen sind. Außerdem wandeln sie zwischen 60 % und 90 % der zugeführten elektrischen Energie in Ionenbeschleunigung um, was ihre betriebliche Effizienz verdeutlicht.

Ionentriebwerke benötigen erhebliche elektrische Leistung, die je nach Missionsort und -dauer typischerweise von Solarpaneelen oder Kernreaktoren bereitgestellt wird. Der Energiebedarf reicht von einigen Hundert Watt bis zu mehreren Kilowatt, wodurch ihre Anwendung stark von den Energieerzeugungskapazitäten des Raumfahrzeugs abhängt.

Zu den Vorteilen von Ionentriebwerken zählen ihre hohe Effizienz, die sie besonders geeignet für Langzeitmissionen macht, da sie den Treibstoffverbrauch minimieren. Ihre Fähigkeit zur präzisen Schubsteuerung ermöglicht genaue Bahnkorrekturen, und die kompakte Lagerung des Xenon-Treibstoffs reduziert die Nutzlastmasse im Vergleich zu chemischen Antriebssystemen. Es gibt jedoch auch Einschränkungen: Ihr geringer Schub macht sie ungeeignet für Starts oder schnelle Manöver. Zudem kann der hohe Strombedarf bei Missionen mit begrenzten Energieressourcen eine Herausforderung darstellen, und die präzise Ingenieurtechnik erhöht die Komplexität und die Kosten.

Ionentriebwerke werden in zahlreichen Raumfahrtanwendungen eingesetzt. Häufig dienen sie der Lageregelung und der Positionsstabilisierung geostationärer Satelliten. In der Tiefraumerkundung setzte beispielsweise die NASA-Sonde *Dawn* Ionentriebwerke ein, um Himmelskörper wie Vesta und Ceres zu erforschen. Sie werden auch für Orbittransfers verwendet, um Satelliten effizient von einer Umlaufbahn in eine andere zu bewegen.

Als fortschrittliche Antriebstechnologie haben Ionentriebwerke die Raumfahrzeugkonstruktion revolutioniert. Ihre Fähigkeit, über lange Zeiträume hinweg effizienten Schub aufrechtzuerhalten, hat neue Möglichkeiten in der Weltraumforschung und im Satellitenbetrieb eröffnet und Missionen ermöglicht, die mit herkömmlichen chemischen Antrieben undenkbar wären.

Der Betrieb eines Ionentriebwerks basiert auf den Prinzipien der Plasmagenerierung und Ionenbeschleunigung zur Erzeugung von Schub [226]. Der Prozess beginnt mit der Einspeisung eines Treibmittels – typischerweise Xenon – in eine Entladekammer, wo es ionisiert wird und ein Plasma bildet [227]. Plasma besteht aus positiv geladenen Ionen und freien Elektronen, die gezielt manipuliert werden, um Schub zu erzeugen [228].

Es gibt verschiedene Methoden zur Erzeugung der erforderlichen elektrostatischen Ionen in der Entladekammer. Eine häufig genutzte Methode, wie sie in Kaufman-Triebwerken eingesetzt wird, nutzt Elektronenbeschuss [229]. Dabei erzeugt ein Potenzialunterschied zwischen einer Hohlkathode und einer Anode einen Elektronenstrom, der neutrale Xenonatome bombardiert, Elektronen entfernt und positiv geladene Xenonionen (Xe^+) erzeugt [230]. Beispiele für Triebwerke, die dieses Verfahren verwenden, sind die NSTAR-, NEXT-, T5- und T6-Triebwerke [231].

Alternativ kann eine Hochfrequenzoszillation (RF) ein elektrisches Feld in der Entladekammer induzieren, das durch einen wechselnden Elektromagneten erzeugt wird [232]. Dieses RF-induzierte Feld erhält eine selbsterhaltende Entladung aufrecht und ionisiert die Xenonatome ohne eine Kathode [233]. Triebwerke wie das RIT 10, RIT 22 und μN-RIT nutzen diese Technik [234]. Eine dritte Methode verwendet Mikrowellenheizung, bei der Mikrowellen das Xenongas durch dielektrische

Erwärmung ionisieren [235]. Diese Methode wird in Triebwerken wie dem µ10 und µ20 eingesetzt [232].

Die Wahl der Ionisationsmethode beeinflusst die Anforderungen an die Stromversorgung und das Triebwerksdesign [236]. Elektronenbeschuss-Systeme benötigen Stromversorgungen für Kathode, Anode und Kammer, während RF- und Mikrowellensysteme zusätzliche Energiequellen für ihre jeweiligen Generatoren benötigen, aber keine Anoden- oder Kathodenanschlüsse erfordern [237].

Sobald Ionen erzeugt sind, diffundieren sie zum Extraktionssystem der Kammer, das aus zwei oder drei Mehrlochgittern besteht [238]. Die Ionen treten in die Plasmaschicht an den Gitteröffnungen ein, wo sie einem starken elektrischen Feld ausgesetzt sind, das durch den Potenzialunterschied zwischen dem positiv geladenen Schirmgitter und dem negativ geladenen Beschleunigungsgitter entsteht [239]. Dieses elektrische Feld beschleunigt die Ionen durch die Öffnungen und verleiht ihnen hohe Geschwindigkeit [240]. Die Energie der Ionen wird hauptsächlich durch das Plasmapotenzial bestimmt, das im Allgemeinen etwas höher ist als die Spannung des Schirmgitters [241].

Das negativ geladene Beschleunigungsgitter spielt eine entscheidende Rolle, indem es verhindert, dass rücklaufende Elektronen aus dem Strahlplasma außerhalb des Triebwerks wieder in das Entladungsplasma eindringen [242]. Wenn das negative Potenzial des Beschleunigungsgitters jedoch unzureichend ist, kann dieses Rückströmen auftreten, was das Ende der Betriebsdauer des Triebwerks einleitet [243].

Die ausgestoßenen Ionen erzeugen Schub, indem sie das Raumfahrzeug in die entgegengesetzte Richtung bewegen, wie es das dritte Newtonsche Gesetz beschreibt [244]. Um die elektrische Neutralität sicherzustellen, emittiert eine separate Kathode – der Neutralisator – niederenergetische Elektronen in den Ionenstrahl [234]. Diese Elektronen neutralisieren die positiv geladenen Ionen und bilden neutrale Xenonatome [245]. Die Neutralisierung ist entscheidend, um zu verhindern, dass das Raumfahrzeug eine negative Gesamtladung aufbaut, die Ionen anziehen und den Schub verringern oder aufheben würde [246].

Insgesamt stellt der Betrieb eines Ionentriebwerks ein hochpräzises Gleichgewicht zwischen Plasmagenerierung, Ionenbeschleunigung und Ladungsneutralisierung dar [51]. Durch die sorgfältige Steuerung dieser Prozesse erreichen Ionentriebwerke die hohe Effizienz und präzise Schubkontrolle, die für Langzeitmissionen und Bahnmanöver erforderlich sind [51].

Plasmaantriebe

Plasmaantriebe sind eine fortschrittliche Form des elektrischen Antriebs, die Schub erzeugen, indem sie ein quasi-neutrales Plasma beschleunigen [57, 247, 248]. Im Gegensatz zu Ionentriebwerken, die auf externe Hochspannungsgitter oder Anoden/Kathoden zur Ionenbeschleunigung angewiesen sind, erzeugen Plasmaantriebe die für die Beschleunigung erforderlichen Ströme und Potenziale intern [57, 247, 248]. Dieser interne Mechanismus führt häufig zu einer geringeren Ausströmgeschwindigkeit im Vergleich zu Ionentriebwerken, bietet jedoch mehrere betriebliche und konstruktive Vorteile [57, 247, 248].

Grundlagen des Raketenbaus und der Konstruktion

Einer der Hauptvorteile von Plasmaantrieben besteht im Wegfall von Hochspannungsgittern oder Anoden, die mit der Zeit durch Ionenerosion beschädigt werden können und somit die Lebensdauer des Triebwerks begrenzen [57, 247, 248]. Darüber hinaus sorgt die quasi-neutrale Natur des Plasmaabgasstrahls dafür, dass die ausgestoßenen Ionen und Elektronen sich im Abgasstrahl gegenseitig neutralisieren. Dadurch entfällt die Notwendigkeit einer externen Neutralisationsquelle, wie z. B. einer Elektronenkanone oder Hohlkathode [57, 247, 248]. Dies vereinfacht das Gesamtdesign des Systems und verbessert die Zuverlässigkeit [57, 247, 248].

Plasmaantriebe bieten zudem eine hohe Vielseitigkeit bei der Wahl des Treibmittels, da sie eine Vielzahl von Substanzen verwenden können – darunter kostengünstige oder leicht verfügbare Gase wie Argon, Kohlendioxid oder sogar unkonventionelle Quellen wie Astronautenurin [57, 247, 248]. Diese Fähigkeit, mit unterschiedlichen Treibstoffen zu arbeiten, macht Plasmaantriebe besonders attraktiv für interplanetare Missionen, bei denen Betankungsmöglichkeiten begrenzt sind oder eine Nutzung lokaler Ressourcen (ISRU – *In-Situ Resource Utilization*) erforderlich ist [57, 247, 248].

Plasmaantriebe erzeugen Plasma typischerweise mithilfe von Hochfrequenz- (RF) oder Mikrowellenenergie [249-251]. Externe Antennen erzeugen elektromagnetische Felder, die das Treibmittel ionisieren und so Plasma erzeugen, ohne dass Hochspannungsentladungen erforderlich sind [249–251]. Diese Methode der Plasmagenerierung ist effizient und reduziert den Verschleiß kritischer Komponenten, wodurch die Betriebsdauer des Systems verlängert wird [249-251].

Aufgrund ihres hohen spezifischen Impulses eignen sich Plasmaantriebe hervorragend für interplanetare Missionen [252-254]. Der spezifische Impuls ist ein Maß für die Antriebseffizienz, und die von Plasmaantrieben erreichten hohen Werte ermöglichen Langzeitmissionen mit minimalem Treibstoffverbrauch [252-254]. Diese Effizienz macht sie ideal für Tiefraumerkundung, Satelliten-Positionsregelung und potenziell auch für bemannte interplanetare Reisen [252-254].

Zahlreiche Raumfahrtagenturen und Forschungseinrichtungen haben zur Entwicklung und Weiterentwicklung von Plasmaantriebssystemen beigetragen, darunter die Europäische Weltraumorganisation (ESA), die Iranische Raumfahrtagentur und die Australian National University (ANU) [255-258]. So entwickelte beispielsweise die ANU gemeinsam ein sogenanntes *Double-Layer Thruster*-System, eine bemerkenswerte Variante des Plasmaantriebs, die verbesserte Leistungsmerkmale bietet [255-258].

Helicon-Plasmaantriebe nutzen niederfrequente elektromagnetische Wellen, sogenannte Helicon-Wellen, um ein neutrales Gas in Gegenwart eines statischen Magnetfelds zu ionisieren und ein Plasma zu erzeugen. Eine RF-Antenne, die die Gaskammer umgibt, sendet elektromagnetische Wellen aus, die das neutrale Gas anregen und in Plasma umwandeln. Sobald das Plasma erzeugt ist, wird es mit hoher Geschwindigkeit ausgestoßen, um Schub zu erzeugen. Die Beschleunigung des Plasmas erfolgt durch sorgfältig konfigurierte elektrische und magnetische Felder, die zusammen eine optimale Topologie für eine effiziente Schuberzeugung bilden. Diese Triebwerke gehören zur Kategorie der *elektrodenlosen Antriebssysteme*, das heißt, sie benötigen keine Elektroden oder Gitter zur Ionenbeschleunigung und vermeiden damit Probleme wie Erosion und Komponentenverschleiß.

Ein wesentlicher Vorteil von Helicon-Plasmaantrieben ist ihre Fähigkeit, mit verschiedenen Treibstoffen zu arbeiten, darunter Gase wie Argon, Krypton und Wasserstoff. Diese Flexibilität macht sie besonders geeignet für Langzeitmissionen oder interplanetare Reisen, bei denen eine Nachfüllung eines bestimmten Treibstoffs nicht möglich ist. Darüber hinaus ermöglicht die einfache Konstruktion die Herstellung aus leicht verfügbaren Materialien wie Glas, was sie zu einer kosteneffizienten Lösung für experimentelle oder kleine Anwendungen macht.

Magnetoplasmadynamische Triebwerke (MPD-Triebwerke) basieren auf dem Prinzip der Lorentzkraft, die entsteht, wenn ein elektrischer Strom durch ein Plasma in Anwesenheit eines Magnetfelds fließt. Die Wechselwirkung zwischen Magnetfeld und elektrischem Strom erzeugt eine Kraft, die das Plasma beschleunigt und Schub erzeugt. Dieser Mechanismus macht MPD-Triebwerke besonders effektiv bei hohen Leistungsniveaus, bei denen die erzeugten elektromagnetischen Felder das Treibmittel effizient ionisieren und beschleunigen können.

Grundlagen des Raketenbaus und der Konstruktion

Abbildung 58: NASA Gepulster Magnetoplasmadynamischer Antrieb. Defense Visual Information Distribution Service, gemeinfrei, über GetArchive.

MPD-Triebwerke eignen sich hervorragend für Missionen, die ein hohes Schub-zu-Leistungs-Verhältnis erfordern, und sind daher ideal für Tiefraumantriebe und große Raumfahrzeuge. Ihre Effizienz hängt jedoch stark von der Stärke der elektrischen und magnetischen Felder ab, was eine erhebliche Energiezufuhr erfordert, um eine optimale Leistung zu erzielen. Aufgrund ihrer Abhängigkeit von der Lorentzkraft teilen sie zudem grundlegende Betriebsprinzipien mit anderen plasmabasierten Antriebssystemen, wie beispielsweise gepulsten Plasmaantrieben.

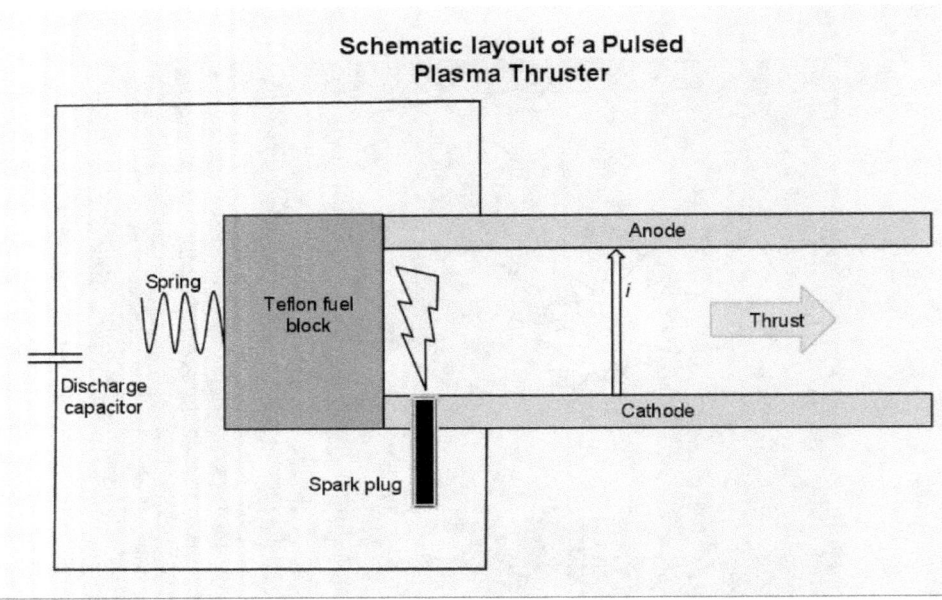

Abbildung 59: Schematischer Aufbau eines Gepulsten Plasmaantriebs. Ulrich Walach, CC BY-SA 3.0, über Wikimedia Commons.

Gepulste induktive Triebwerke (PITs) nutzen ebenfalls die Lorentzkraft zur Erzeugung von Schub, wenden jedoch eine einzigartige Methode an, die den direkten Kontakt mit Elektroden vermeidet. Anstatt physische Elektroden zu verwenden, induzieren PITs die Ionisation und elektrische Ströme innerhalb des Plasmas durch die Anwendung eines schnell oszillierenden Magnetfelds. Dieses Design beseitigt die Erosionsprobleme, die bei elektrodengestützten Systemen häufig auftreten, und verlängert somit die Betriebsdauer des Triebwerks.

PITs sind besonders wertvoll für Anwendungen, die geringe Wartung und hohe Langlebigkeit erfordern, da sie keinem Verschleiß durch direkten Plasmakontakt ausgesetzt sind. Dadurch stellen sie eine attraktive Option für Langzeitmissionen oder Raumfahrzeuge dar, bei denen Wartung oder Reparaturen nur begrenzt möglich sind.

Elektrodenlose Plasmaantriebe nutzen die ponderomotorische Kraft, ein einzigartiges Phänomen, das auftritt, wenn Plasma oder geladene Teilchen einem starken Gradienten der elektromagnetischen Energiedichte ausgesetzt sind. Diese Kraft beschleunigt Plasmaelektronen und -ionen in dieselbe Richtung, wodurch kein Neutralisator erforderlich ist. Durch den Betrieb ohne Elektroden oder Kathoden überwinden elektrodenlose Plasmaantriebe viele der mechanischen und materialtechnischen Herausforderungen herkömmlicher elektrischer Antriebssysteme.

Die Einfachheit und Vielseitigkeit elektrodenloser Plasmaantriebe machen sie zu einem vielversprechenden Kandidaten für unterschiedliche Missionsprofile, insbesondere in Szenarien, die

Grundlagen des Raketenbaus und der Konstruktion

robuste und wartungsarme Systeme erfordern. Ihre Fähigkeit, ohne Neutralisator zu arbeiten, vereinfacht die Systemarchitektur und reduziert das Risiko mechanischer Ausfälle.

VASIMR (Variable Specific Impulse Magnetoplasma Rocket) stellt ein hochmodernes Plasmaantriebssystem dar, das Radiowellen verwendet, um ein Treibmittel in Plasma zu ionisieren. Ein starkes Magnetfeld beschleunigt anschließend das Plasma aus dem Triebwerk heraus und erzeugt so Schub. Das einzigartige Design von VASIMR ermöglicht die Anpassung des spezifischen Impulses, sodass zwischen Modi mit hohem Schub und geringer Effizienz oder niedrigem Schub und hoher Effizienz gewechselt werden kann – je nach Missionsanforderungen.

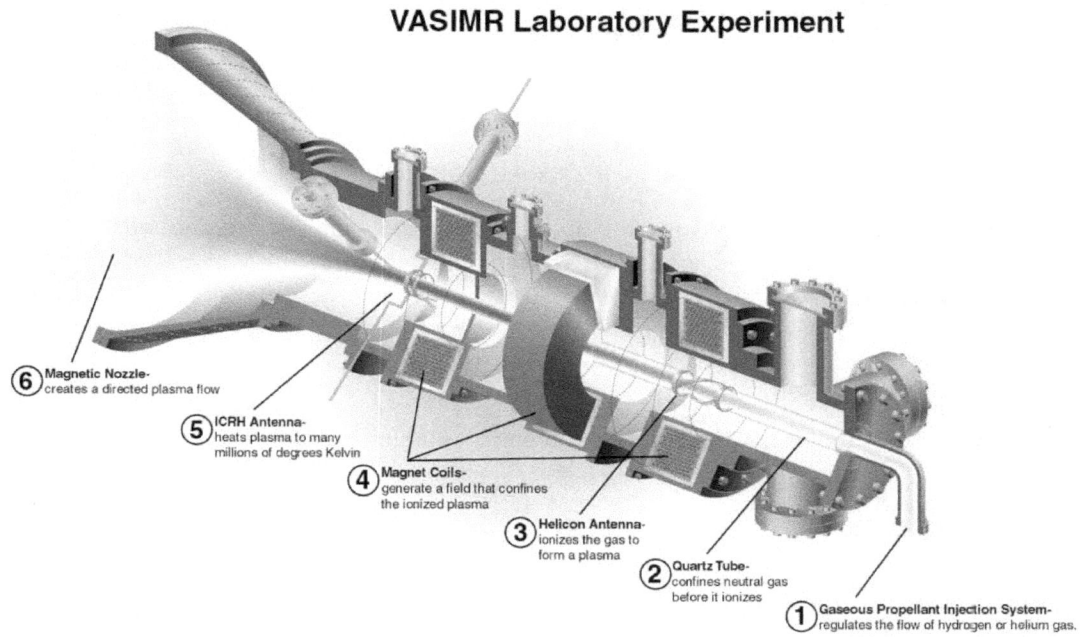

Abbildung 60: Die Variable Specific Impulse Magnetoplasma Rocket (VASIMR) ist ein elektromagnetisches Triebwerk zur Raumfahrzeugantriebs. Sie nutzt Radiowellen, um ein Treibmittel zu ionisieren, und Magnetfelder, um das entstehende Plasma zu beschleunigen und so Schub zu erzeugen. NASA, gemeinfrei, über Wikimedia Commons.

Eine der bemerkenswertesten potenziellen Anwendungen von VASIMR besteht darin, die Reisezeiten für interplanetare Missionen drastisch zu verkürzen. So könnte beispielsweise ein 200-Megawatt-VASIMR-Triebwerk die Reisezeit von der Erde zum Mars von sechs Monaten auf nur 39 Tage reduzieren und Flüge zu Jupiter oder Saturn von sechs Jahren auf etwa 14 Monate verkürzen. Diese Fähigkeit macht VASIMR zu einer attraktiven Option für zukünftige bemannte Missionen zu fernen Planeten, bei denen die Verkürzung der Reisezeit entscheidend für die Sicherheit und das Wohlbefinden der Astronauten ist.

Berechnungen im Plasmaantriebsdesign

Das Design eines Plasmaantriebs erfordert eine Kombination aus theoretischer Physik, empirischen Modellen und ingenieurtechnischen Prinzipien. Ziel ist es, durch die Optimierung von Parametern wie Schub, spezifischem Impuls, Energieverbrauch und Systemlebensdauer eine effiziente Antriebsleistung zu erreichen. Im Folgenden wird eine detaillierte Erklärung der wichtigsten Berechnungen im Plasmaantriebsdesign gegeben.

1. Schubberechnung

Der Schub (T) eines Plasmaantriebs ergibt sich aus dem Produkt der Massenstromrate ($\dot{m}$) des Treibmittels und der Ausströmgeschwindigkeit (v_{ex}):

$$T = \dot{m} \cdot v_{ex}$$

Komponenten:

- $\dot{m}$: Die Massenstromrate wird durch die Menge des ionisierten und ausgestoßenen Treibmittels bestimmt. Sie kann unter Verwendung der Dichte des Treibmittels (ρ) und der Strömungsfläche (A) berechnet werden:

$$\dot{m} = \rho \cdot A \cdot v$$

- v_{ex}: Die Ausströmgeschwindigkeit wird berechnet durch:

$$v_{ex} = \sqrt{\frac{2qU}{M}}$$

- **Dabei gilt:**
    - q: Ladung des Ions (in Coulomb)
    - U: Beschleunigungsspannung (in Volt)
    - M: Masse des Ions (in kg)

Diese Gleichung basiert auf idealer elektrostatischer Beschleunigung und ist zentral für die Bestimmung der Schubeffizienz.

2. Spezifischer Impuls (Isp)

Der spezifische Impuls (Isp) misst die Effizienz des Antriebs und wird als Schub pro Massefluss des Treibmittels definiert:

Grundlagen des Raketenbaus und der Konstruktion

$$I_{sp} = \frac{T}{\dot{m} \cdot g_0}$$

Dabei:

- g_0: Erdbeschleunigung (9,807 m/s²).

    Der spezifische Impuls wird üblicherweise in Sekunden angegeben und zeigt, wie effizient der Antrieb sein Treibmittel nutzt.

3. Energiebedarf

Die insgesamt benötigte elektrische Leistung des Triebwerks (P_t) umfasst:

- Die Leistung zur Ionisation des Treibmittels
- Die Leistung zur Beschleunigung der Ionen

Die Leistung zur Ionenbeschleunigung (Jet-Leistung, P_j) lautet:

$$P_{jet} = \frac{1}{2}\dot{m}v_{ex}^2$$

Die Gesamtleistung ergibt sich aus der Summe von P_j, der Ionisationsenergie (E_i) und den Verlusten (η):

$$P_T = P_{jet} + E_i + P_{loss}$$

Die Ionisationsenergie wird berechnet durch:

$$E_i = n_e \cdot V \cdot \varepsilon_i$$

wobei ε_i die Ionisationsenergie des Treibmittels ist.

4. Plasmadichte und Ionisation

Die Plasmadichte (n_e) und die Ionisationsrate sind entscheidend für einen effizienten Betrieb. Sie stehen in Beziehung zur Eingangsleistung (*Pinput*) und zum Volumen der Entladekammer (*Vchamber*):

$$n_e = \frac{P_{input}}{\langle E \rangle \cdot V_{chamber}}$$

Die Ionisationsrate (*Rion*) ergibt sich aus dem Ionisationswirkungsquerschnitt (σ_i), der Elektronendichte (n_e) und der neutralen Treibmittelkonzentration (n_0):

$$R_{ion} = n_e \cdot n_0 \cdot \sigma_i \cdot v_e$$

5. Magnetfeldberechnungen

Bei Triebwerken wie Hall-Effekt- oder magnetoplasmadynamischen Antrieben ist die Magnetfeldstärke (*B*) entscheidend. Die Lorentzkraft (*F_L*) wird durch folgende Gleichung beschrieben:

$$F_L = q \cdot (\mathbf{v} \times \mathbf{B})$$

Das Magnetfeld muss so optimiert werden, dass Elektronen eingeschlossen bleiben und eine effiziente Ionenbeschleunigung möglich ist. Die Feldstärke wird meist über Elektromagnete erzeugt und nach dem Ampèreschen Gesetz sowie der Spulengeometrie berechnet.

6. Strahldivergenz und Effizienz

Die Strahldivergenz verringert die Schubeffizienz und sollte minimiert werden. Die Schubeffizienz (η_t) wird definiert als das Verhältnis von Jet-Leistung zur Gesamtleistung:

$$\eta_t = \frac{P_{jet}}{P_T}$$

Der Divergenzwinkel (θ) beeinflusst den effektiven Schub:

$$T_{eff} = T \cdot \cos(\theta)$$

7. Thermisches und Strukturelles Design

Thermische Berechnungen beinhalten die Bestimmung des Wärmeflusses (q) vom Plasma zu den Triebwerkswänden:

$$q = \sigma T^4$$

Dabei:

- σ: Stefan-Boltzmann-Konstante
- *T*: Plasmatemperatur

Die strukturelle Integrität muss den Kräften durch Magnetfelder, Plasmadruck und thermische Spannungen standhalten.

8. Lebensdauer und Erosion

Grundlagen des Raketenbaus und der Konstruktion

Die Lebensdauer eines Triebwerks wird durch Erosion von Gittern, Kathoden oder anderen Komponenten begrenzt. Die Erosionsrate wird oft über den Sputterertrag (Y) und die Ionenaufprallenergie (E_{ion}) abgeschätzt:

$$R_{erosion} = Y \cdot n_i \cdot E_{ion} \cdot A$$

wobei A die Oberfläche der betroffenen Komponente ist.

Fazit:
Das Design eines Plasmaantriebs ist ein komplexes Gleichgewicht aus Schub, Effizienz, Energiebedarf und strukturellen Anforderungen. Alle Berechnungen sind miteinander verknüpft und erfordern iterative Optimierungen, um die Missionsziele zu erreichen. Durch die präzise Abstimmung dieser Parameter eignen sich Plasmaantriebe hervorragend für Anwendungen, die über lange Zeiträume hinweg effizienten Schub erfordern – wie Satelliten-Stationierung und Tiefraummissionen.

Praktisches Beispiel für die Auslegung eines Plasmaantriebs unter Verwendung von Berechnungen

Szenario: Entwurf eines Plasmaantriebs für eine Tiefraummission

Ziel: Entwicklung eines Plasmaantriebs zur Beschleunigung eines 500 kg schweren Raumfahrzeugs auf einer Tiefraummission. Das System soll einen Schub von 0,5 N und einen spezifischen Impuls (Isp) von 3000 s erreichen, wobei Xenon als Treibmittel verwendet wird. Die verfügbare elektrische Leistung beträgt 10 kW. Ziel ist es, die Ausströmgeschwindigkeit, Massenstromrate, Leistungsanforderungen zu berechnen und zu bewerten, ob das Design die Missionsanforderungen erfüllt.

Schritt 1: Berechnung der Ausströmgeschwindigkeit

Der spezifische Impuls (Isp) steht in Beziehung zur Ausströmgeschwindigkeit (v_{ex}):

$$v_{ex} = I_{sp} \cdot g_0$$

Gegeben:

- $g_0 = 9{,}807$ m/s² (Erdbeschleunigung)
- $I_{sp} = 3000$ s

Eingesetzt:

$$v_{ex} = 3000 \times 9{,}807 = 29{,}421 \text{ m/s}$$

Die Ausströmgeschwindigkeit beträgt 29 421 m/s.

Schritt 2: Berechnung der Massenstromrate

Der Schub (T) steht mit der Ausströmgeschwindigkeit (v_{ex}) und der Massenstromrate ($\dot{m}$) in Beziehung:

$$T = \dot{m} \cdot v_{ex}$$

Umgestellt nach $\dot{m}$:

$$\dot{m} = \frac{T}{v_{ex}}$$

Gegeben:

- $T = 0{,}5$ N
- $v_{ex} = 29{,}421$ m/s

Eingesetzt:

$$\dot{m} = \frac{0{,}5}{29{,}421} = 1{,}7 \times 10^{-5} \text{ kg/s}$$

Die Massenstromrate beträgt etwa $1{,}7 \times 10^{-5}$ kg/s.

Schritt 3: Berechnung der Jet-Leistung

Die Jet-Leistung ($P_{(j)}$) entspricht der kinetischen Energie des Ausströmstrahls pro Zeiteinheit:

$$P_{jet} = \frac{1}{2} \dot{m} v_{ex}^2$$

Eingesetzt:

$$P_{jet} = 0{,}5 \times (1{,}7 \times 10^{-5}) \times (29{,}421)^2 = 7{,}3 \text{ kW}$$

Die Jet-Leistung beträgt 7,3 kW.

Schritt 4: Bewertung der Gesamtleistungsanforderung

Die Gesamtleistung (P_{total}) berücksichtigt Systemverluste und Ionisationsaufwand.

Bei einer angenommenen Effizienz von $\eta = 70\%$:

Grundlagen des Raketenbaus und der Konstruktion

$$P_{total} = \frac{P_{jet}}{\eta} = \frac{7,3}{0,7} = 10,4 \text{ kW}$$

Ergebnis: Die Gesamtleistungsanforderung beträgt 10,4 kW, was die verfügbare Leistung von 10 kW leicht übersteigt. Eine Verbesserung der Effizienz oder eine geringfügige Reduzierung des Schubs wäre erforderlich.

Schritt 5: Berechnung der Ionenbeschleunigungsspannung

Die Ausströmgeschwindigkeit steht im Zusammenhang mit der Beschleunigungsspannung (U):

$$v_{ex} = \sqrt{\frac{2qU}{M}}$$

Umgestellt nach U:

$$U = \frac{M v_{ex}^2}{2q}$$

Für Xenon ($M = 2{,}18 \times 10^{-25}$ kg, $q = 1{,}6 \times 10^{-19}$ C):

$$U = \frac{2{,}18 \times 10^{-25} \times (29{,}421)^2}{2 \times 1{,}6 \times 10^{-19}} = 592 \text{ V}$$

Die erforderliche Beschleunigungsspannung beträgt 592 V.

Schritt 6: Überprüfung der Strahldivergenzeffizienz

Bei einem angenommenen Divergenzwinkel von $\theta = 15°$:

$$T_{eff} = T \cdot \cos(\theta)$$
$$T_{eff} = 0{,}5 \times \cos(15°) = 0{,}48 \text{ N}$$

Der effektive Schub beträgt 0,48 N, also nahezu das Designziel.

Schritt 7: Bewertung der Konstruktionsmachbarkeit

- Der berechnete Schub erfüllt die Missionsanforderung; eine leichte Effizienzsteigerung würde die Gesamtleistung unter 10 kW senken.
- Der spezifische Impuls von 3000 s gewährleistet eine sehr effiziente Treibstoffnutzung.
- Die Strahldivergenz ist gering und hält den effektiven Schub nahezu auf Zielniveau.

Fazit:
Dieses Beispiel zeigt, wie Berechnungen im Plasmaantriebsdesign zur Parameterbestimmung und iterativen Optimierung verwendet werden, um Missionsanforderungen zu erfüllen. Durch die Balance zwischen Schub, Leistung und Effizienz kann ein Plasmaantrieb präzise auf die Anforderungen von Tiefraummissionen abgestimmt werden.

Grundlagen des Raketenbaus und der Konstruktion

Kapitel 7
Avionik- und Leitsystem

Navigationssysteme für die Raumfahrt

Raketennavigationssysteme sind grundlegend für die Raumfahrt, da sie sicherstellen, dass Raumfahrzeuge ihre Ziele erreichen, wissenschaftliche Missionen durchführen und sicher zur Erde zurückkehren können. Diese Systeme kombinieren fortschrittliche Hardware, komplexe Software und mathematische Modelle, um Position, Geschwindigkeit und Orientierung zu bestimmen und eine kontinuierliche Bahnkorrektur für präzise Navigation zu ermöglichen.

Leit-, Navigations- und Kontrollsysteme (GNC – Guidance, Navigation and Control) bilden ein spezialisiertes Ingenieurgebiet, das sich mit der Entwicklung und Implementierung von Systemen befasst, die zur Steuerung und Regelung der Bewegung von Fahrzeugen dienen [259, 260]. Dazu gehören Automobile, Schiffe, Flugzeuge, Raumfahrzeuge und autonome Systeme wie Drohnen [259]. GNC-Systeme sind entscheidend, um sicherzustellen, dass ein Fahrzeug einer gewünschten Bahn folgt, Stabilität bewahrt und sein Ziel effizient erreicht [259].

Leitung (Guidance) bezeichnet den Prozess der Bestimmung der gewünschten Flugbahn oder Route eines Fahrzeugs [259, 260]. Dabei werden die notwendigen Änderungen in Geschwindigkeit, Beschleunigung und Rotationsbewegung berechnet, um die gewünschte Bahn beizubehalten [259]. Algorithmen wie die proportionale Navigation und prädiktive Modelle spielen in modernen Leitsystemen eine Schlüsselrolle [259, 261, 262].

Navigation konzentriert sich auf die Bestimmung des Zustandsvektors des Fahrzeugs, einschließlich Position, Geschwindigkeit und Orientierung (Lage) [259]. Diese Informationen sind für das Leitsystem entscheidend, um die geeignete Flugbahn zu planen [259]. Navigationssysteme integrieren Daten aus verschiedenen Sensoren wie GPS, Trägheitsmesseinheiten (IMU) und Sternsensoren, um Echtzeit-Rückmeldungen zu liefern [259, 263, 264].

Kontrolle (Control) bezieht sich auf die Steuerung der Kräfte, die auf das Fahrzeug wirken, um sicherzustellen, dass es den Leitsignalen folgt und gleichzeitig stabil bleibt [259, 265]. Kontrollsysteme justieren Steuerflächen, Triebwerke, Reaktionsräder oder andere Aktuatoren, um die gewünschte Bewegung zu erzeugen [259]. Geschlossene Regelkreise, die auf Echtzeitdaten von Sensoren basieren, sind dabei Standard [259, 265].

Die Integration von GNC-Systemen ist besonders für Weltraummissionen entscheidend, da sie zusammenarbeiten, um präzises Bahnhalten, Kurskorrekturen und Lageausrichtung zu ermöglichen [259, 265]. Fortschritte in Sensorik, künstlicher Intelligenz und Rechenleistung verbessern die Fähigkeiten dieser Systeme stetig und ermöglichen höhere Autonomie, größere Genauigkeit und geringere Betriebskosten [259, 263].

Navigationssysteme in der Raumfahrt erfüllen mehrere zentrale Aufgaben: Sie bestimmen die Position des Raumfahrzeugs relativ zu Himmelskörpern oder Referenzrahmen, berechnen optimale Flugbahnen zur Minimierung von Zeit und Treibstoffverbrauch, steuern die Ausrichtung der Instrumente oder Antriebe und korrigieren den Kurs mit Hilfe von Triebwerken, Reaktionsrädern oder kardanischen Antrieben.

Trägheitsnavigationssysteme (INS) bilden das Rückgrat vieler Raumfahrtnavigationssysteme. Sie verwenden Beschleunigungsmesser zur Messung der linearen Beschleunigung entlang der drei Achsen und Gyroskope zur Erfassung von Drehbewegungen. Durch Integration dieser Messungen liefert das INS Echtzeitdaten zu Position, Geschwindigkeit und Orientierung. Da INS-Systeme jedoch mit der Zeit Driftfehler aufweisen, sind regelmäßige Korrekturen durch externe Quellen nötig. In erdnahen Umlaufbahnen (LEO) wird dazu häufig das globale Navigationssatellitensystem (GNSS) – etwa GPS – eingesetzt. GNSS bietet hochpräzise Positions- und Geschwindigkeitsdaten, ist jedoch jenseits der Erdumlaufbahn nicht verfügbar, was alternative Methoden für Tiefraum-Navigation erforderlich macht.

Sternsensoren sind für Tiefraummissionen unverzichtbar, wo GNSS-Signale fehlen. Diese optischen Geräte erfassen Sternbilder und vergleichen sie mit Bordkatalogen, um die Orientierung des Raumfahrzeugs äußerst genau zu bestimmen. Sonnensensoren messen die Position relativ zur Sonne und werden oft ergänzend zur Feinausrichtung genutzt. Bodengestützte Systeme wie das Deep Space Network (DSN) der NASA unterstützen durch Dopplermessungen, Zweiweg-Entfernungsbestimmung und interferometrische Verfahren (VLBI) die Verfolgung von Raumsonden.

Optische Navigation verwendet Kameras zur Erfassung von Himmelskörpern oder Landmarken, um relative Positionen zu bestimmen. Autonome Navigationssysteme (AutoNav) erweitern diese Fähigkeiten, indem sie Raumfahrzeugen erlauben, ihre Bahn selbstständig mit Hilfe von Bordalgorithmen zu berechnen und anzupassen – ein entscheidender Fortschritt bei Missionen wie NASA Deep Space 1.

Die Navigationsstrategien variieren je nach Missionsphase:

- Beim Start und Aufstieg liegt der Fokus auf Stabilität und präziser Bahneinschleusung (INS, GNSS, Radar).

- In LEO werden Bahnkorrekturen, Rendezvous-Manöver und Trümmervermeidung durch GNSS und Bodenstationen unterstützt.

- In der Tiefraum-Navigation stehen interplanetare Transfers, Swing-by-Manöver und präzise Bahnkorrekturen mithilfe von Sternsensoren, DSN, AutoNav und optischer Navigation im Vordergrund.

- Bei Landungen und Abstiegen sorgen Radarhöhenmesser und Lidar-Systeme für sichere Aufsetzmanöver.

Grundlagen des Raketenbaus und der Konstruktion

Trotz ihrer Raffinesse stehen Navigationssysteme vor Herausforderungen: GNSS ist im Tiefraum unbrauchbar, elektromagnetische Störungen durch kosmische Strahlung können Messungen beeinträchtigen, und Signallaufzeiten erschweren Echtzeitsteuerung. INS-Systeme driften über längere Zeiträume, und komplexe Gravitationsfelder machen Trajektorienberechnungen schwierig.

Neue Technologien wie Quantenbeschleunigungssensoren bieten driftfreie Trägheitsnavigation, KI-basierte AutoNav-Systeme verbessern autonome Entscheidungsprozesse, Laserentfernungssysteme erhöhen die Messpräzision, und Röntgennavigation (XNAV) nutzt Signale von Pulsaren als Orientierungspunkte im Tiefraum.

Die Einsatzmöglichkeiten sind breit gefächert: Satelliten im Erdorbit nutzen GNSS und INS für präzise Positionsbestimmung; interplanetare Missionen wie Mars Perseverance verwenden AutoNav und Sternsensoren zur Ansteuerung ferner Planeten und Asteroiden; ESA-Missionen wie Rosetta nutzen optische Navigation für Kometenannäherungen. Auch bemannte Programme wie NASA Artemis verlassen sich auf fortschrittliche Navigationssysteme, um sichere Flugbahnen zu gewährleisten.

Raumfahrzeuge bestimmen ihre Position und Geschwindigkeit mithilfe von Bordsensoren, Sternsensoren und Trägheitsmesseinheiten (IMU) [266-268]. Diese Systeme verwenden Daten von Kameras, Beschleunigungsmessern und Gyroskopen, um den Zustand des Raumfahrzeugs ohne externe Hilfe zu schätzen [266-268].

Optische Messgeräte, die gegen elektromagnetische Störungen unempfindlich sind, können für die Himmelsnavigation eingesetzt werden und bieten dabei eine hohe Navigationsgenauigkeit [269, 270]. Sternsensoren bestimmen die Lage (Attitüde) eines Raumfahrzeugs, indem sie seine Orientierung im Raum anhand der Positionen von Sternen im Sichtfeld berechnen [270].

Globale Navigationssatellitensysteme (GNSS) wie GPS, Galileo, GLONASS und Beidou ermöglichen eine autonome Geopositionierung, indem sie Signale eines Netzwerks von Satelliten nutzen [271].

Optische Navigationssysteme verwenden Kameras, um die Position eines Körpers im Kamerareferenzrahmen zu berechnen und daraus die Zielposition im Raum abzuleiten [272]. Diese Systeme können kombiniert eingesetzt werden: Optische Navigation und Himmelsnavigation ergänzen Trägheitsnavigationssysteme (INS), um die Genauigkeit zu verbessern – insbesondere in kritischen Missionsphasen wie dem Anflug auf Planeten und der Landung [272].

In Zukunft werden Raketennavigationssysteme sich weiterentwickeln, um die Herausforderungen autonomer interstellarer Reisen und Langzeitmissionen zu bewältigen. Technologien wie Quantenavigation, XNAV und fortschrittliche KI-Systeme werden voraussichtlich grundlegend werden, da sie Raumfahrzeugen ermöglichen, mit beispielloser Präzision und Zuverlässigkeit in den Weiten des Alls zu navigieren. Diese Fortschritte versprechen eine Revolution in der Raumfahrt und erweitern die Grenzen menschlicher Erkenntnis und technologischer Leistungsfähigkeit.

Das Leit-, Navigations- und Kontrollsystem (GNC) spielt eine zentrale Rolle in der Raumfahrt, da es präzise Positionsbestimmung und Lageregelung für den erfolgreichen Missionsverlauf gewährleistet. Das GNC-System integriert Komponenten zur Bestimmung der Position und Orientierung des

Raumfahrzeugs und ermöglicht gleichzeitig Steuerungsfunktionen für Bahnkorrekturen und Stabilität [273].

Für Raumfahrzeuge im Erdorbit erfolgt die Positionsbestimmung in der Regel durch den Einsatz eines GPS-Empfängers, der eine hochpräzise Echtzeitnavigation erlaubt. Bodenbasierte Radarsysteme dienen als Alternative zur Positionsbestimmung. Wenn Borddaten erforderlich sind, GPS jedoch nicht verfügbar ist, können Radarbeobachtungen mit geeigneten Orbitpropagatoren kombiniert werden. Die U.S. Air Force (USAF) stellt dazu sogenannte Two-Line Element (TLE)-Datensätze bereit, die häufig mit dem SGP4-Propagator zur Bahnvorausberechnung verarbeitet werden. Für Tiefraummissionen wird die Positionsbestimmung durch das Deep Space Network (DSN) in Kombination mit einem Bordfunksender durchgeführt. Darüber hinaus kommen neue Technologien zum Einsatz, die die optische Erfassung von Himmelskörpern oder Röntgenpulsare zur autonomen Positionsbestimmung im Tiefraum nutzen [273].

Die Navigation von SmallSats im cislunaren Raum und darüber hinaus stellt besondere Herausforderungen im Vergleich zu niedrigen Erdorbits dar. So kann etwa das Erdmagnetfeld für die Lageregelung und -bestimmung in interplanetaren Missionen nicht verwendet werden, was alternative ADCS-Designs (Attitude Determination and Control Systems) erforderlich macht. Demonstrationen wie NASA's Mars Cube One (MarCO) während der Insight-Mission 2018 zeigten die Fähigkeit von CubeSats zu interplanetaren Missionen, einschließlich präziser Kommunikationsausrichtung im Tiefraum [273].

Das Attitude Determination and Control System (ADCS) innerhalb des GNC-Subsystems umfasst Sensoren und Aktuatoren, die die Orientierung des Raumfahrzeugs und Kurskorrekturen steuern. Sensoren wie Sternsensoren, Sonnensensoren, Horizontdetektoren, Magnetometer und Gyroskope messen Lage und Rotationsgeschwindigkeit des Raumfahrzeugs. Während Bahnkorrekturmanövern spielen Beschleunigungsmesser eine zentrale Rolle, indem sie Triebwerkszündungen beenden, sobald die gewünschte Geschwindigkeitsänderung erreicht ist. Aktuatoren wie Magnettorquer, Reaktionsräder und Triebwerke werden eingesetzt, um die Raumfahrzeuglage zu steuern und Geschwindigkeitsänderungen zu erzeugen. Diese Komponenten arbeiten zusammen, um sicherzustellen, dass das Raumfahrzeug seinen Missionszielen entsprechend ausgerichtet bleibt – sei es zum Ausrichten von Antennen für Kommunikation oder von Instrumenten für wissenschaftliche Beobachtungen [273].

Die Miniaturisierung von GNC-Technologien ist ein bedeutender Trend, insbesondere bei Mikro- und Nanosatelliten. Während dreiachsig stabilisierte Raumfahrzeuge mit GPS und einem Gewicht von rund 100 kg seit Jahrzehnten im Einsatz sind, hat die Miniaturisierung diese Fähigkeiten inzwischen auch für deutlich kleinere Raumfahrzeuge zugänglich gemacht. Fortschrittliche Sensoren wie Gyroskope und Beschleunigungsmesser bieten zudem verbesserte Stabilität und Präzision – entscheidend für die Lagestabilisierung in dynamischen Umgebungen [273].

Tiefraumnavigationssysteme verfügen über erweiterte Kommunikations- und Ortungsfähigkeiten in Frequenzbändern wie X, Ka, S und UHF, die Langstreckenkommunikation und Tracking ermöglichen. Höhenmesser mit zentimetergenauer Messpräzision unterstützen präzise Landungen und

Grundlagen des Raketenbaus und der Konstruktion

Annäherungsoperationen. Atomuhren mit hohen Frequenzbereichen sind zunehmend entscheidend für die Verbesserung der Bordzeitgenauigkeit und die Ermöglichung autonomer Navigation [273].

Die Leistungsfähigkeit und der Technologiereifegrad (TRL – Technology Readiness Level) dieser GNC-Komponenten variieren je nach Missionsanforderungen, Nutzlastbeschränkungen und Umgebungsbedingungen.

Der Technologiereifegrad (TRL) ist ein von NASA entwickeltes strukturiertes Bewertungsmodell zur Beurteilung und Kommunikation des Entwicklungsstandes einer Technologie. Es dient als gemeinsame Sprache, um den Fortschritt einer Technologie von der Konzeptphase bis zur operationellen Einsatzreife zu bewerten. Diese Skala wird branchenübergreifend eingesetzt – insbesondere in Luft- und Raumfahrt, Verteidigung und Energie – und hilft, Risiken zu steuern und fundierte Entwicklungsentscheidungen zu treffen.

Die TRL-Skala umfasst neun Stufen – von TRL 1, der Beobachtung grundlegender wissenschaftlicher Prinzipien, bis zu TRL 9, bei dem eine Technologie vollständig erprobt und im operativen Einsatz ist. Jede Stufe entspricht einem spezifischen Entwicklungsstadium und erfordert zunehmend rigorose Tests und Validierungen.

- **TRL 1:** Grundlagenforschung – Beobachtung und Beschreibung wissenschaftlicher Prinzipien.
- **TRL 2:** Formulierung der Anwendung – erste Konzeptentwicklung.
- **TRL 3:** Experimenteller Nachweis der Machbarkeit im Labor.
- **TRL 4:** Prototypenentwicklung und -prüfung in kontrollierter Laborumgebung (z. B. Vakuumkammer).
- **TRL 5:** Tests unter simulierten Betriebsbedingungen zur Überprüfung der Funktionsfähigkeit.
- **TRL 6:** Demonstration des Systems in einer anwendungsähnlichen Umgebung (z. B. suborbitaler Testflug).
- **TRL 7:** Integration und Test des Systems in der realen Umgebung (z. B. Satellitensubsystem im Orbit).
- **TRL 8:** Validierung im operationellen Einsatz (z. B. Kommunikationstechnologie auf mehreren Satelliten).
- **TRL 9:** Vollständig bewährte und betriebsfähige Technologie im realen Einsatz.

Der Fortschritt durch die TRL-Stufen erfordert iterative Verfeinerung, umfassende Dokumentation und strenge Tests unter zunehmend realistischen Bedingungen. Höhere TRL-Stufen beinhalten größere Systemintegration – vom Einzelbauteil bis hin zum vollständigen System. Testumgebungen entwickeln sich dabei von Laborbedingungen hin zu realen Einsatzszenarien.

TRL wird in der Praxis für verschiedene Zwecke genutzt: Es dient der Risikobewertung, unterstützt Investitionsentscheidungen, strukturiert Projektplanung und verbessert die Kommunikation mit Stakeholdern durch eine einheitliche Darstellung des Entwicklungsstands.

Ein Beispiel: Ein Kleinsatellitenprojekt beginnt mit einem neuen Antriebskonzept auf TRL 1 (Grundlagenforschung). Über TRL 2–4 wird das System im Labor validiert, bei TRL 5–6 in simulierten Weltraumbedingungen getestet und erreicht schließlich bei TRL 7–9 die Einsatzreife nach erfolgreichen Flugtests.

Das TRL-Framework bietet zahlreiche Vorteile: Es standardisiert Bewertungen, schafft Transparenz über Entwicklungsfortschritte, hilft bei der Risikosteuerung und erhöht die Erfolgschancen im realen Einsatz.

Während die meisten modernen Technologien TRL-Stufen von 7–9 erreicht haben – was hohe Reife und Flugbereitschaft signalisiert –, bleibt fortlaufende Forschung essenziell, insbesondere zur Erweiterung der Fähigkeiten kleiner Raumfahrzeuge. NASA und andere Raumfahrtagenturen fördern aktiv die Erforschung neuer Technologien und die Zusammenarbeit mit Industriepartnern, um die Leistungsfähigkeit und Zuverlässigkeit von GNC-Subsystemen weiter zu verbessern [273].

Integrierte Einheiten

Integrierte Einheiten sind kompakte Systeme, die mehrere Komponenten vereinen, die für die Leit-, Navigations- und Kontrollsysteme (GNC) eines Raumfahrzeugs erforderlich sind. Diese Systeme vereinfachen das Raumfahrzeugdesign, indem sie eine All-in-One-Lösung bieten, die speziell auf die Anforderungen der Lagebestimmung und -regelung zugeschnitten ist. Typischerweise umfassen integrierte Einheiten wesentliche Komponenten wie Reaktionsräder, Magnetometer, Magnettorquer und Sternsensoren sowie Bordprozessoren und Software, die in der Lage sind, komplexe Lageregelungsalgorithmen auszuführen [273].

Ein bedeutender Vorteil integrierter Einheiten ist ihre Fähigkeit, präzise Ausrichtungs- und Stabilisationsfunktionen in einem leichten, kompakten Paket bereitzustellen. So haben beispielsweise die XACT-Einheiten von *Blue Canyon Technologies* in Missionen wie NASA's MarCO und ASTERIA, die auf 6U-Plattformen basierten, sowie in kleineren 3U-Missionen wie MinXSS, hervorragende Leistungen gezeigt. Diese Systeme wurden in verschiedenen Weltraumumgebungen erfolgreich eingesetzt und haben ihre Zuverlässigkeit und Vielseitigkeit sowohl für Nanosatelliten als auch für Mikrosatelliten bewiesen [273].

Integrierte Einheiten verfügen über eine Vielzahl von Leistungskennwerten, die auf die Größe und Anforderungen des Raumfahrzeugs abgestimmt sind. Die XACT-Serie von Blue Canyon Technologies bietet beispielsweise außergewöhnliche Zielgenauigkeit – Modelle wie XACT-15, XACT-50 und XACT-100 erreichen Präzisionen zwischen 0,003° und 0,007°. Typischerweise beinhalten diese Systeme drei Reaktionsräder zur Lageregelung, drei Magnettorquer zur magnetischen Stabilisierung und Sternsensoren zur präzisen Bestimmung der Orientierung. Viele Systeme, wie die XACT-Serie,

Grundlagen des Raketenbaus und der Konstruktion

verfügen zudem über dreiachsige Magnetometer, die eine umfassende Lageerfassung ermöglichen [273].

Andere Hersteller, wie AAC Clyde Space und Berlin Space Technologies, bieten vergleichbare integrierte Systeme an, die jedoch auf unterschiedliche Missionsprofile ausgelegt sind. So beinhalten die Systeme iADCS-200 und iADCS-400 von AAC Clyde Space Trägheitsmesseinheiten (IMUs), hochpräzise Magnetometer und Sonnensensoren, die eine Zielgenauigkeit von besser als 1° erreichen. Das System IADCS-100 von Berlin Space Technologies stellt eine leichte Option (0,4 kg) mit ähnlicher Funktionalität dar und ist besonders für massenkritische Missionen geeignet [273].

Auch CubeSpace Satellite Systems bietet unter der Serie CubeADCS verschiedene integrierte Lösungen für Kleinsatelliten an, die unterschiedliche Anforderungen an Nutzlast und Leistung erfüllen. So enthält beispielsweise das CubeADCS 3-Axis Small Reaktionsräder, Magnettorquer, Sonnensensoren und Magnetometer und erreicht eine Zielgenauigkeit von unter 1°. Erweiterte Konfigurationen mit Sternsensoren verbessern die Präzision auf besser als 0,1°. Diese Systeme sind so konzipiert, dass sie Masse- und Energieeinschränkungen ausgleichen und gleichzeitig zuverlässige Leistung in unterschiedlichen Missionsszenarien bieten [273].

Integrierte Einheiten kommen in verschiedenen Missionstypen zum Einsatz – von Erdorbits (LEO) bis hin zu interplanetaren Missionen. Die Fähigkeit, Sensoren, Aktuatoren und Rechenfunktionen in einem einzigen Modul zu vereinen, vereinfacht die Integration und reduziert die Komplexität der GNC-Systeme eines Raumfahrzeugs. Diese Einheiten sind besonders vorteilhaft für kleine Raumfahrzeuge, bei denen Masse, Volumen und Energieverbrauch stark begrenzt sind.

Für interplanetare Missionen ist eine hohe Zielgenauigkeit entscheidend, um Kommunikation aufrechtzuerhalten und präzise Kurskorrekturen durchzuführen. Der erfolgreiche Einsatz der XACT-Einheiten von Blue Canyon Technologies in der MarCO-Mission, die Echtzeit-Relaisunterstützung für NASA's Insight-Mars-Lander bot, zeigt die Anpassungsfähigkeit und Leistungsfähigkeit integrierter Einheiten in anspruchsvollen Tiefraumumgebungen.

Die Leistung integrierter Einheiten hängt von der Größe und den Missionszielen des Raumfahrzeugs ab. Die Systeme unterscheiden sich in Masse, Aktuator- und Sensorkonfigurationen sowie in der Zielgenauigkeit. So ist beispielsweise das CubeADCS Y-Momentum-System eine minimalistische Lösung für weniger anspruchsvolle Missionen – es verwendet ein einzelnes Schwungrad und grobe Sonnensensoren, um eine Zielgenauigkeit von unter 5° zu erreichen. Das Flexcore-System von Blue Canyon Technologies hingegen bietet eine außergewöhnliche Präzision von 0,002° und eignet sich für Missionen, die höchste Genauigkeit erfordern [273].

Fortschritte in der Miniaturisierung und Fertigungstechnologie haben die Fähigkeiten integrierter Einheiten erheblich verbessert. Diese Systeme sind nicht mehr nur größeren Raumfahrzeugen vorbehalten, sondern auch für Nano- und Mikrosatelliten verfügbar und erweitern damit das Einsatzspektrum über eine Vielzahl von Missionen hinweg. Mit Technologiereifegraden (TRL) zwischen 7 und 9 gelten diese integrierten Einheiten als hochentwickelt und wurden durch zahlreiche Flugerprobungen umfassend validiert [273].

Reaktionsräder

Reaktionsräder sind entscheidende Komponenten in Lageregelungssystemen von Raumfahrzeugen und ermöglichen eine präzise dreiachsige Ausrichtung für Satelliten und andere Raumfahrzeuge. Ihre Funktionsweise basiert auf dem Erhaltungssatz des Drehimpulses: Wird ein Rad in eine Richtung beschleunigt, dreht sich das Raumfahrzeug um seinen Schwerpunkt in die entgegengesetzte Richtung. Auf diese Weise lassen sich kontrollierte Lageänderungen durchführen – etwa zur Ausrichtung von Antennen, Kameras oder wissenschaftlichen Instrumenten auf ein bestimmtes Ziel [273].

Die Konstruktion und Auswahl von Reaktionsrädern hängt von mehreren Faktoren ab, darunter die Masse des Raumfahrzeugs, die erforderlichen Rotationsraten sowie missionsspezifische Einschränkungen. Das Drehmoment und die Speicherkapazität für Drehimpuls bestimmen, wie gut das System die Drehbewegung des Raumfahrzeugs steuern kann. Üblicherweise werden drei Räder orthogonal zueinander montiert, um eine vollständige dreiachsige Steuerung zu ermöglichen. In vielen Fällen wird jedoch eine Vier-Rad-Konfiguration verwendet, um Redundanz zu gewährleisten – das vierte Rad dient dabei als Backup, falls eines der anderen Räder ausfällt.

Zur Verbesserung der Zuverlässigkeit und Flexibilität werden mehrere Reaktionsräder häufig in einer geneigten (skewed) Anordnung installiert. Diese Konfiguration erlaubt eine Kreuzkopplung der Drehmomente zwischen den Rädern, sodass selbst bei einem Ausfall eines Rades weiterhin eingeschränkte, aber funktionsfähige Steuerkräfte entlang mehrerer Achsen erzeugt werden können. Zwar wird die Leistung entlang einzelner Achsen dadurch etwas verringert, die Gesamtrobustheit des Systems steigt jedoch erheblich – ein entscheidender Vorteil für Langzeitmissionen oder risikoreiche Einsätze.

Reaktionsräder müssen regelmäßig entsättigt (desaturated) werden, um die Ansammlung von Drehimpuls durch äußere Kräfte wie Gravitationsgradienten oder Sonnenstrahlungsdruck auszugleichen. Dabei werden externe Aktuatoren – etwa Triebwerke oder Magnettorquer – eingesetzt, um überschüssigen Drehimpuls abzubauen und den Betriebsbereich der Räder wiederherzustellen. Dieser Prozess ist essenziell, um die kontinuierliche Funktion der Lageregelung zu gewährleisten [273].

Mit der Entwicklung miniaturisierter Reaktionsräder ist es heute möglich, auch Kleinsatelliten (CubeSats, Nanosatelliten) mit hochpräzisen Ausrichtungsfunktionen auszustatten. Diese kompakten Systeme sind auf die besonderen Herausforderungen kleiner Raumfahrzeuge ausgelegt – etwa begrenzte Energieversorgung, geringes Volumen und reduzierte Nutzlastkapazität. Moderne Reaktionsräder zeichnen sich durch geringes Gewicht, niedrigen Energieverbrauch und hohe Strahlungsresistenz aus, um den harten Bedingungen des Weltraums standzuhalten.

Auf dem Markt sind heute zahlreiche erprobte Miniatur-Reaktionsräder erhältlich, die sich in Masse, Leistungsaufnahme, Drehmoment und Impulsspeicherfähigkeit unterscheiden. So bietet beispielsweise das Modell RWA05 von *Berlin Space Technologies* ein Spitzendrehmoment von 0,016 Nm und eine Drehimpulskapazität von 0,5 Nms, was es für kleine bis mittelgroße Satelliten geeignet macht. Die XACT-Serie von *Blue Canyon Technologies* hingegen liefert Spitzenleistungen mit einer

Grundlagen des Raketenbaus und der Konstruktion

Zielgenauigkeit von bis zu 0,003° in bestimmten Modellen und hohen Impulskapazitäten für anspruchsvolle Missionen [273].

Reaktionsräder sind unverzichtbar für Raumfahrzeuge mit präzisem Lageregelungsbedarf, etwa Erdbeobachtungssatelliten, astronomische Observatorien oder interplanetare Sonden. Ihre Leistungsparameter – insbesondere Drehmoment und Impulsspeicherfähigkeit – werden sorgfältig auf die Missionsanforderungen abgestimmt. Auch Strahlungsbedingungen müssen berücksichtigt werden, da sie die Langzeitzuverlässigkeit beeinflussen können.

Neben ihrer funktionalen Bedeutung tragen Reaktionsräder wesentlich zur Miniaturisierung der Raumfahrttechnologie bei. Durch die Kombination von niedriger Masse, kompaktem Design und hoher Leistungsfähigkeit ermöglichen sie den Einsatz hochentwickelter Kleinsatelliten für vielfältige Anwendungen – von wissenschaftlicher Forschung bis zu kommerziellen Operationen. Mit dem technologischen Fortschritt bleiben Reaktionsräder eine Schlüsseltechnologie zur Erweiterung der Möglichkeiten und Zugänglichkeit der Raumfahrt [273].

Magnettorquer

Magnettorquer, auch Magnetstäbe oder Magnetspulen genannt, sind essenzielle Komponenten zur Lageregelung und Drehimpulsverwaltung in Raumfahrzeugen. Sie erzeugen Steuerdrehmomente durch Wechselwirkungen mit dem lokalen externen Magnetfeld und bieten eine einfache und effektive Möglichkeit, die Orientierung eines Raumfahrzeugs anzupassen. Das erzeugte Drehmoment steht stets senkrecht zum Magnetfeld, was Magnettorquer zu einem wertvollen Werkzeug für bestimmte Anwendungen macht, ihre Fähigkeit zur vollständigen dreiachsigen Stabilisierung jedoch einschränkt.

Magnettorquer werden häufig zur Entsättigung von Reaktionsrädern eingesetzt. Mit der Zeit akkumulieren Reaktionsräder Drehimpuls durch äußere Kräfte wie Sonnenstrahlung oder Gravitationskräfte. Magnettorquer helfen, diesen überschüssigen Impuls durch Erzeugung eines gegenwirkenden Drehmoments abzubauen, sodass die Räder in ihren Betriebsbereich zurückkehren und präzise Lageregelung beibehalten können. Diese Synergie zwischen Magnettorquern und Reaktionsrädern ist besonders wichtig für Langzeitmissionen [273].

Magnettorquer arbeiten, indem sie ein magnetisches Dipolmoment erzeugen, das mit dem Erdmagnetfeld interagiert und so ein Drehmoment produziert. Die Stärke dieses Drehmoments hängt von der Dipolstärke des Torquers und der lokalen Magnetfeldintensität ab. Ihre Abhängigkeit vom Umgebungsfeld begrenzt jedoch ihre Einsatzmöglichkeiten auf Bereiche mit starkem Magnetfeld. In der niedrigen Erdumlaufbahn (LEO), wo das Magnetfeld der Erde stark ist, sind Magnettorquer äußerst effektiv. In interplanetaren Missionen oder Regionen mit schwachem Magnetfeld nimmt ihre Wirksamkeit jedoch stark ab, sodass alternative Regelmethoden erforderlich sind.

Da Magnettorquer nur Drehmomente in der Ebene senkrecht zum Magnetfeld erzeugen können, ist eine vollständige dreiachsige Stabilisierung allein mit ihnen nicht möglich. Daher werden sie typischerweise in Kombination mit Reaktionsrädern oder Triebwerken eingesetzt, um eine umfassende Lageregelung zu gewährleisten.

Magnettorquer gibt es in verschiedenen Bauformen – etwa stabförmig, spulenbasiert oder planar – je nach Missionsanforderung. So bietet CubeSpace Satellite Systems mehrere Modelle der CubeTorquer-Serie mit unterschiedlichen Dipolstärken für Kleinsatelliten. ZARM Technik stellt ein breites Spektrum an Torquern mit verschiedenen Dipolmomenten her, die für Nano- bis Großsatelliten geeignet sind [273].

Diese Geräte können einachsig oder mehrachsig in Raumfahrzeugen integriert werden. Einachsige Systeme werden häufig zur Entsättigung einzelner Reaktionsräder verwendet, während mehrachsige Anordnungen flexiblere Steuerung ermöglichen. Fortgeschrittene Designs verwenden geneigte (skewed) Konfigurationen, um Redundanz zu schaffen und Funktionsfähigkeit auch bei Teilausfällen zu gewährleisten.

Die erfolgreiche Anwendung von Magnettorquern erfordert eine genaue Berücksichtigung der Missionsumgebung. Für interplanetare Missionen oder Bereiche mit schwachen oder nicht vorhandenen Magnetfeldern – etwa im Tiefraum oder um nicht-magnetische Himmelskörper – müssen alternative Steuerungsmethoden eingesetzt werden. Zudem variiert die Wirksamkeit stark mit Höhe und geografischer Lage, da die Magnetfeldstärke der Erde nicht konstant ist. Daher sind präzise Modellierungen und Kalibrierungen während der Missionsplanung erforderlich.

Magnettorquer sind zwar energieeffizient, aber höhere Dipolmomente können einen erhöhten Energiebedarf verursachen – eine Herausforderung für Kleinsatelliten mit begrenzten Energieressourcen. Ebenso spielt die Strahlungsresistenz eine wichtige Rolle, insbesondere in strahlungsintensiven Umgebungen, wo Elektronik und Materialien langzeitstabil bleiben müssen [273].

Neueste Entwicklungen konzentrieren sich auf Miniaturisierung und Effizienzsteigerung, sodass Magnettorquer nun auch in Nanosatelliten und CubeSats eingesetzt werden können. Diese Fortschritte haben ihr Einsatzspektrum erheblich erweitert – von Erdbeobachtung bis hin zu Tiefraummissionen. Aufgrund ihrer Einfachheit, Zuverlässigkeit und geringen Kosten sind Magnettorquer eine beliebte Wahl für Lageregelungssysteme kleiner Satelliten.

Magnettorquer sind besonders wertvoll für Missionen, die langfristige Stabilität und Präzision erfordern – etwa wissenschaftliche Beobachtungsplattformen, Kommunikationssatelliten oder Satellitenkonstellationen. Ihre Fähigkeit, in Kombination mit Reaktionsrädern und anderen Aktuatoren zu arbeiten, gewährleistet eine robuste und flexible Lageregelung. Mit fortschreitender Technologie bleiben Magnettorquer ein zentrales Element moderner Raumfahrzeugsysteme und bieten eine effiziente und verlässliche Lösung für Drehimpuls- und Lagesteuerung [273].

Sternsensoren (Star Trackers)

Sternsensoren sind zentrale Komponenten moderner Raumfahrzeug-Navigationssysteme und ermöglichen eine präzise dreiachsige Lageregelung. Diese Geräte verwenden Bordkameras und

Grundlagen des Raketenbaus und der Konstruktion

fortschrittliche Algorithmen, um Bilder des Sternenhimmels aufzunehmen und zu analysieren. Durch den Vergleich dieser Aufnahmen mit einem an Bord gespeicherten Sternkatalog können Sternsensoren die absolute Orientierung des Raumfahrzeugs in Echtzeit berechnen. Dadurch wird eine exakte Ausrichtung von Kommunikationsantennen, wissenschaftlichen Instrumenten und Antriebssystemen gewährleistet.

Sternsensoren bieten den großen Vorteil, dass sie autonome und hochpräzise Lageregelung ermöglichen – ohne ständige Eingriffe von der Bodenstation. Dies macht sie besonders wertvoll für Missionen, die exakte Zielausrichtung erfordern, etwa Erdbeobachtungssatelliten, interplanetare Sonden oder Weltraumteleskope.

Ein Sternsensor besteht aus einem optischen System, Bildsensoren und einer Recheneinheit. Das optische System erfasst ein Bild des vom Raumfahrzeug sichtbaren Sternenfelds. Der Bildsensor wandelt diese optischen Daten in elektronische Signale um, die anschließend verarbeitet werden, um einzelne Sterne zu identifizieren. Der Sternsensor vergleicht die erkannten Sterne mit den Einträgen des Sternkatalogs und berechnet daraus die Ausrichtung (Roll-, Nick- und Gierwinkel) des Raumfahrzeugs.

Sternsensoren aktualisieren ihre Lageregelungsdaten typischerweise mehrmals pro Sekunde und ermöglichen so eine dynamische Steuerung, die auf Lageänderungen des Raumfahrzeugs reagiert. Viele Systeme können gleichzeitig mehrere Sterne verfolgen, was die Genauigkeit und Robustheit der Bestimmung weiter erhöht.

Sternsensoren werden in einer Vielzahl von Missionen eingesetzt – sowohl in der Tiefraumforschung als auch im niedrigen Erdorbit (LEO), wo präzise Lageregelung erforderlich ist. Ein Beispiel ist der Arcsec Sagitta Star Tracker, der 2020 an Bord des SIMBA CubeSat erfolgreich eingesetzt wurde und die Einsatzfähigkeit von Sternsensoren auf Kleinsatelliten demonstrierte.

Es gibt eine breite Palette an Modellen für unterschiedliche Missionsanforderungen. Der CubeSpace CubeStar bietet etwa eine leichte, energieeffiziente Lösung mit großem Sichtfeld, ideal für Nanosatelliten. Hochpräzise Modelle wie der Blue Canyon Technologies Extended NST liefern dagegen außergewöhnliche Genauigkeit für anspruchsvollere Missionen [273].

Sternsensoren werden häufig in das Leit-, Navigations- und Kontrollsystem (GNC) integriert und arbeiten gemeinsam mit Sonnensensoren, Gyroskopen und Reaktionsrädern, um eine umfassende Lageregelung zu ermöglichen. Für optimale Leistung müssen Sternsensoren so positioniert werden, dass ihr Blickfeld möglichst unverstellt bleibt und sie keiner thermischen oder elektromagnetischen Störung ausgesetzt sind.

Die Leistung eines Sternsensors hängt von mehreren Faktoren ab – darunter Sichtfeldgröße, Empfindlichkeit der Sensoren und Verarbeitungsgeschwindigkeit der Bordsoftware. Systeme mit großem Sichtfeld können mehr Sterne gleichzeitig erkennen, was Redundanz und Stabilität bei geringer Sterndichte erhöht. Ebenso ist Strahlungsresistenz entscheidend für den Einsatz in geostationären Orbits oder Tiefraummissionen.

Zu den Herausforderungen zählen Streulicht von Sonne, Mond oder Erde, das die Sternerkennung beeinträchtigen kann. Um dies zu vermeiden, werden optische Blenden und Filter eingesetzt. Zudem kann in hochstrahlungsintensiven Umgebungen eine Sättigung der Sensoren auftreten, die die Leistungsfähigkeit verringert – daher sind einige Modelle speziell strahlungsgehärtet [273].

Sternsensoren erfordern zudem hohe Rechenleistung, um die Bilder zu analysieren und mit dem Sternkatalog abzugleichen. Daher werden sie häufig mit leistungsfähigen, energieeffizienten Prozessoren kombiniert, um schnelle Verarbeitung bei minimalem Stromverbrauch zu gewährleisten.

Fortschritte in Sensortechnologie, Algorithmen und Miniaturisierung erweitern kontinuierlich die Einsatzmöglichkeiten von Sternsensoren. Strahlungsgehärtete Komponenten und KI-gestützte Bildverarbeitung sollen künftig Zuverlässigkeit und Genauigkeit weiter verbessern. Dadurch wird der Einsatz auf kleineren Plattformen (CubeSats) und in extremen Umgebungen wie interstellaren Missionen zunehmend realistisch.

Zusammenfassend sind Sternsensoren unverzichtbar für moderne Raumfahrzeuge. Sie bieten höchste Genauigkeit und Autonomie in der Lageregelung. Durch ihre Integration in GNC-Systeme ermöglichen sie präzise Navigation und Steuerung – eine Voraussetzung für den Erfolg vielfältiger Raumfahrtmissionen [273].

Magnetometer

Magnetometer sind wesentliche Instrumente in Lageregelungssystemen von Raumfahrzeugen, da sie das lokale Magnetfeld messen. Diese Messungen ermöglichen die Bestimmung der Zweiachsenausrichtung, indem die beobachteten Magnetfeldvektoren mit den vorhergesagten Werten aus Modellen wie dem International Geomagnetic Reference Field (IGRF) verglichen werden. Magnetometer sind leicht, energieeffizient und bilden einen integralen Bestandteil vieler Kleinsatelliten, insbesondere solcher im niedrigen Erdorbit (LEO), wo das Erdmagnetfeld stark und stabil ist [273].

Magnetometer erfassen die Stärke und Richtung des Magnetfelds mithilfe empfindlicher magnetischer Sensoren. Gängige Typen sind Fluxgate-Magnetometer, anisotrop magnetoresistive (AMR) und optisch gepumpte Magnetometer. Sie erfassen Veränderungen im Magnetfeld und wandeln diese in elektrische Signale um, die anschließend verarbeitet werden, um Feldstärke und Richtung zu bestimmen. In Raumfahrzeugen kommen dreiachsige Magnetometer zum Einsatz, die das Magnetfeld entlang drei senkrechter Achsen messen und so eine vollständige Vektorbeschreibung ermöglichen.

Zur Lagebestimmung vergleichen Magnetometer die gemessenen Werte mit den berechneten Feldstärken an der angenommenen Position des Raumfahrzeugs. Aus den Differenzen lässt sich die Ausrichtung relativ zum Erdmagnetfeld bestimmen – eine Methode, die sich besonders für Nick- und Rollachsen eignet. Für eine vollständige dreiachsige Bestimmung werden zusätzliche Sensoren wie Sonnensensoren oder Sternsensoren benötigt.

Grundlagen des Raketenbaus und der Konstruktion

Magnetometer werden häufig in Kombination mit Magnettorquern eingesetzt, um sowohl Lage als auch Drehimpuls zu steuern. Durch das Erzeugen eines magnetischen Moments, das mit dem Erdmagnetfeld interagiert, entsteht ein Drehmoment, das zur Orientierungskontrolle genutzt wird. Magnetometer liefern dabei das Feedback in Echtzeit, um eine präzise Regelung zu ermöglichen.

Für Kleinsatelliten bieten Magnetometer eine kostengünstige, zuverlässige Lösung zur Lageregelung. Ihr geringes Gewicht und niedriger Energieverbrauch machen sie ideal für CubeSats und Nanosatelliten, bei denen Masse und Energie stark begrenzt sind. Modelle wie das AAC Clyde Space MM200 oder das NewSpace Systems NMRM-Bn25o485 wiegen wenig, verbrauchen weniger als 1 Watt Leistung und bieten hohe Auflösung – ideal für kleine Raumfahrzeuge in anspruchsvollen Umgebungen.

Für Anwendungen mit höchster Präzision bietet das ZARM Technik Fluxgate Magnetometer FGM-A-75 außergewöhnliche Empfindlichkeit und Zuverlässigkeit, mit einer Strahlungstoleranz von 50 krad und einer Auflösung von ±75.000 nT – geeignet für Langzeitmissionen in hochstrahlungsintensiven Regionen.

Magnetometer sind oft gemeinsam mit Gyroskopen, Sternsensoren und Sonnensensoren in Raumfahrzeugen integriert. Während sie hervorragende Echtzeitmessungen des Magnetfelds liefern, hängt ihre Genauigkeit stark von der Stärke und Vorhersagbarkeit des lokalen Feldes ab. Daher sind sie für Tiefraum- oder interplanetare Missionen, wo das Erdmagnetfeld schwach oder nicht vorhanden ist, nur eingeschränkt nutzbar – alternative Methoden müssen hier eingesetzt werden.

Zudem kann magnetisches Rauschen von Bordelektronik oder Aktuatoren die Messungen stören. Zur Minimierung dieser Einflüsse werden Magnetometer auf ausfahrbaren Auslegern (Booms) montiert und abschirmend positioniert.

Aktuelle Entwicklungen konzentrieren sich auf höhere Empfindlichkeit, geringeren Energieverbrauch und verbesserte Strahlungsfestigkeit. Digitale Magnetometer, wie das ZARM Technik AMR-D-100-EFRS485, integrieren fortschrittliche Signalverarbeitung, um Rauschen zu minimieren und höhere Auflösung zu erreichen – ideal für anspruchsvolle Missionen [273].

Sonnensensoren (Sun Sensors)

Sonnensensoren sind zentrale Komponenten in Lageregelungssystemen von Raumfahrzeugen. Sie messen die Position der Sonne relativ zum Körperkoordinatensystem des Raumfahrzeugs. Durch die Bestimmung der Sonnenrichtung liefern sie wertvolle Daten für die Orientierung des Raumfahrzeugs, benötigen jedoch häufig zusätzliche Lageinformationen (z. B. von einem Sternsensor oder einem Erdvektor), um eine vollständige dreiachsige Lageregelung zu erreichen. Aufgrund der hohen Helligkeit und eindeutigen Identifizierbarkeit der Sonne sind Sonnensensoren besonders zuverlässig für Fehlererkennung und Wiederherstellung der Orientierung, insbesondere wenn die Ausrichtung nach einem Ausfall schnell wiederhergestellt werden muss. Allerdings können ihre Messungen durch reflektiertes Licht von Erde (Albedo) oder Mond gestört werden, was eine sorgfältige Kalibrierung und Platzierung erforderlich macht.

Sonnensensoren existieren in verschiedenen Bauformen, die sich in Funktionsprinzip und Leistungsfähigkeit unterscheiden.

Kosinussensoren sind einfache, kostengünstige Fotodioden, die einen elektrischen Strom erzeugen, der proportional zum Kosinus des Winkels zwischen der Sensorachse und der Sonnenrichtung ist. Diese Sensoren werden typischerweise in mehreren Ausrichtungen montiert, um eine Rundumerfassung zu gewährleisten. Trotz ihrer Einfachheit ist ihre Genauigkeit begrenzt – sie liefern Positionsschätzungen meist innerhalb weniger Grad. Da sie analoge Signale erzeugen, benötigen sie Analog-Digital-Wandler zur Verarbeitung. Sie sind robust und preiswert, jedoch weniger präzise als modernere Alternativen. Abbildung 5.5 zeigt ein typisches Kosinussensor-Design.

Quadrantensensoren bestehen aus einem 2 × 2-Array von Fotodioden, das durch ein quadratisches Fenster beleuchtet wird. Die Lichtintensität, die jede Fotodiode empfängt, hängt von der Sonnenrichtung relativ zur Sensorachse ab. Aus den Stromsignalen der vier Dioden lässt sich die Sonnenrichtung rechnerisch ableiten. Quadrantensensoren bieten eine höhere Genauigkeit als Kosinussensoren und werden daher häufig in Lageregelungssystemen von Raumfahrzeugen eingesetzt [273].

Digitale Sonnensensoren projizieren Sonnenlicht durch einen engen Schlitz auf eine kodierte Maskenstruktur. Unterhalb der Maske befindet sich ein Array von Fotodioden, das Stromsignale erzeugt, die abhängig vom Beleuchtungsmuster variieren. Diese Signale werden digitalisiert und zur Berechnung des Sonnenwinkels anhand der bekannten Geometrie verwendet. Digitale Sonnensensoren sind hochpräzise, kompakt und ideal für moderne Raumfahrzeuge mit hohen Genauigkeitsanforderungen.

Sonnenkameras stellen die fortschrittlichste Variante dar. Sie nutzen eine Miniaturkamera, um ein Bild der Sonne aufzunehmen. Das optische System enthält Filter, um die Lichtintensität zu verringern und eine Überbelichtung zu vermeiden. Die Bordelektronik verarbeitet das Bild, identifiziert die Sonnenposition und berechnet den Schwerpunkt (Centroid) zur präzisen Richtungsbestimmung. Manche Modelle verwenden mehrere Blendenöffnungen, um die Genauigkeit weiter zu steigern. Diese Systeme sind komplex, bieten jedoch unerreichte Präzision und eignen sich für Missionen mit sehr hohen Lageanforderungen.

Sonnensensoren werden in einer Vielzahl von Raumfahrtanwendungen eingesetzt – von Fehlererkennungssystemen bis hin zu präzisen Lageregelungen. Sie sind besonders entscheidend in Fehlerwiederherstellungsszenarien, wenn die Orientierung zur Sonne schnell wiederhergestellt werden muss, um Solarmodule optimal auszurichten und Energieversorgung sicherzustellen. In solchen Fällen dienen Sonnensensoren als verlässliche Referenz, auch wenn andere Systeme nicht verfügbar sind [273].

Für Missionen mit hohen Genauigkeitsanforderungen, wie wissenschaftliche Beobachtungen oder interplanetare Navigation, werden digitale Sonnensensoren und Sonnenkameras bevorzugt. Für kleinere Satelliten oder kostensensitive Missionen bieten Kosinussensoren und Quadrantensensoren eine kostengünstige, robuste Alternative.

Grundlagen des Raketenbaus und der Konstruktion

Trotz ihrer Zuverlässigkeit müssen Sonnensensoren sorgfältig betrieben werden. Reflexionen von Erde oder Mond (Albedo) können Messungen verfälschen. Eine optimale Platzierung und Abschirmung der Sensoren sowie regelmäßige Kalibrierungen sind notwendig, um Genauigkeit und Funktionsfähigkeit über die Missionsdauer zu gewährleisten – insbesondere in rauen Weltraumumgebungen [273].

Horizontsensorsysteme (Horizon Sensors)

Horizontsensorsysteme sind wichtige Instrumente der Lageregelung von Raumfahrzeugen, da sie Informationen über die Ausrichtung relativ zum planetaren Horizont liefern. Sie nutzen den Temperaturkontrast zwischen einem Planeten und dem umgebenden Weltraum, um die Horizontlinie zu identifizieren, und ermöglichen dadurch eine zuverlässige Stabilisierung des Raumfahrzeugs. Diese Sensoren existieren in unterschiedlichen Varianten – von einfachen Infrarot-Horizontdetektoren (HCIs) bis zu hochpräzisen Thermopile-Sensoren, die feine Temperaturunterschiede erkennen können. Obwohl sie hauptsächlich für erdnahe Anwendungen konzipiert sind, lassen sie sich für andere planetare Missionen anpassen [273].

Infrarot-Horizontdetektoren (Horizon Crossing Indicators, HCIs) gehören zu den einfachsten und am häufigsten verwendeten Systemen. Sie messen die Infrarotstrahlung, die von der Erde oder einem anderen Planeten ausgesendet wird, und vergleichen diese mit der kalten Hintergrundstrahlung des Weltraums. Wenn die Bewegung des Raumfahrzeugs die Horizontlinie durch das Sichtfeld des Sensors wandern lässt, registriert der Detektor eine plötzliche Änderung der Strahlungsintensität, was die Position des Horizonts markiert. HCIs sind kompakt, leicht und energieeffizient – ideal für Kleinsatelliten und kostensensitive Missionen [273].

Thermopile-Horizontsensorsysteme stellen eine weiterentwickelte Variante dar. Sie bestehen aus mehreren Thermoelementen, die über ein weites Sichtfeld verteilt sind und Temperaturgradienten messen. Dadurch können sie Unterschiede zwischen warmen Äquatorregionen und kälteren Polarzonen erfassen und die Orientierung des Raumfahrzeugs präziser bestimmen. Diese Technologie ist besonders nützlich für wissenschaftliche Beobachtungen oder Fernerkundungsmissionen, die exakte Ausrichtungsdaten erfordern [273].

In erdnahen Anwendungen werden Horizontsensorsysteme oft als Erdensensoren bezeichnet, da sie die korrekte Ausrichtung von Instrumenten, Antennen und Solarpanels sicherstellen. Sie sind für Erdorbit-Satelliten unverzichtbar, können aber auch für andere Himmelskörper angepasst werden – etwa für Mars- oder Venusmissionen, bei denen sie helfen, die Position relativ zum planetaren Horizont zu bestimmen und damit Orbit- oder Landephasen zu unterstützen.

Horizontsensorsysteme bieten mehrere Vorteile: Zuverlässigkeit, einfaches Design und autonomen Betrieb ohne externe Signale. Sie sind besonders in der niedrigen Erdumlaufbahn (LEO) effektiv, wo die Infrarotsignatur der Erde stark und stabil ist. Ihre Unabhängigkeit von GPS oder externen Navigationshilfen macht sie auch für Tiefraummissionen wertvoll.

Herausforderungen ergeben sich durch die Abhängigkeit vom thermischen Kontrast zwischen Planet und Weltraum, der bei bestimmten Bedingungen (z. B. starker Sonnenstrahlung oder dichter Atmosphäre) abnehmen kann. Auch Bewegungen des Raumfahrzeugs, thermisches Rauschen und planetenspezifische Eigenschaften beeinflussen die Genauigkeit. Fortgeschrittene Designs – insbesondere Thermopile-Sensoren – bieten jedoch höhere Empfindlichkeit und kompensieren viele dieser Einschränkungen [273].

Trägheitssensorik (Inertial Sensing)

Die Trägheitssensorik ist ein grundlegendes Element moderner Raumfahrzeugnavigation. Sie stützt sich auf Gyroskope und Beschleunigungsmesser, die Dreh- bzw. Geschwindigkeitsänderungen messen. Diese Sensoren sind entscheidend für die Zustandsfortschreibung eines Raumfahrzeugs, insbesondere in Phasen, in denen keine oder nur seltene Aktualisierungen durch nicht-träge Sensoren – etwa Sternsensoren – vorliegen. Das Trägheitssensorsystem überbrückt diese Intervalle und liefert kontinuierliche, genaue Zustandsdaten, die für die Stabilität und Steuerung während einer Mission unerlässlich sind.

Trägheitssensoren sind in verschiedenen Konfigurationen erhältlich – von Einachsensensoren bis hin zu kompletten Mehrachsen-Systemen. Ein Einachsengyroskop oder -beschleunigungsmesser misst Veränderungen entlang einer Achse, während fortgeschrittene Systeme mehrere Sensoren integrieren, um eine dreidimensionale Erfassung zu ermöglichen.

Eine Inertial Reference Unit (IRU) enthält typischerweise drei orthogonal angeordnete Gyroskope zur Erfassung von Drehbewegungen in allen Raumrichtungen. Eine Inertial Measurement Unit (IMU) kombiniert zusätzlich drei orthogonale Beschleunigungsmesser und misst somit sowohl Winkel- als auch lineare Änderungen in einem integrierten System.

IMUs spielen eine zentrale Rolle in der Raumfahrzeugnavigation, da sie den Systemzustand zwischen den Aktualisierungen externer Sensoren fortschreiben. Beispielsweise liefern Sternsensoren, die die Lage anhand von Sternpositionen bestimmen, oft nur mehrmals pro Sekunde Daten. In den Zeitintervallen zwischen diesen Updates liefert die IMU kontinuierliche Schätzungen der Raumfahrzeuglage, um dem Steuerungssystem die für Stabilität und Führung erforderlichen Echtzeitinformationen bereitzustellen [273].

Gyroskope bilden das Herzstück der Trägheitssensorik. In der Raumfahrt kommen insbesondere faseroptische Gyroskope (FOG) und mikroelektromechanische Systeme (MEMS-Gyros) zum Einsatz. FOGs nutzen den Sagnac-Effekt, bei dem ein Lichtstrahl, der eine Glasfaser umkreist, eine phasenabhängige Verschiebung erfährt, die proportional zur Winkelgeschwindigkeit ist. Diese Technologie bietet hohe Präzision und Stabilität, was sie ideal für Missionen mit höchsten Genauigkeitsanforderungen macht – allerdings auf Kosten von höherem Gewicht, Energieverbrauch und Preis. MEMS-Gyroskope hingegen verwenden vibrierende Mikrostrukturen, um Drehbewegungen zu detektieren. Sie sind kompakt, leicht und kostengünstig, wodurch sie sich hervorragend für Kleinsatelliten und CubeSats eignen. Obwohl sie geringere Präzision als FOGs bieten, machen ihre SWaP-Vorteile (Size, Weight and Power) sie zu einer attraktiven Option für viele Anwendungen.

Grundlagen des Raketenbaus und der Konstruktion

Andere Gyroskoptechnologien wie Resonator-Gyroskope oder Ringlaser-Gyroskope werden aufgrund ihrer Größe, ihres Energiebedarfs und der höheren Kosten seltener in Kleinsatelliten verwendet, kommen jedoch bei größeren Raumfahrzeugen mit spezialisierten Anforderungen zum Einsatz [273].

Die Leistungsbewertung von Gyroskopen umfasst zahlreiche Parameter. Zu den wichtigsten gehören:

- Bias-Stabilität (Stabilität der Nullausgabe ohne Bewegung)
- Angular Random Walk (Rauschen im Ausgangssignal über die Zeit)
- Scale-Factor-Fehler (Abweichung der Ausgabe von der tatsächlichen Winkelgeschwindigkeit)

Zusätzlich spielen Temperaturabhängigkeit, Strahlungstoleranz und Alterungseffekte eine entscheidende Rolle bei der Auswahl geeigneter Gyroskope für eine Mission.

Trägheitssensoren sind unverzichtbar für präzise Lageregelung, autonome Navigation und Stabilisierung in dynamischen Umgebungen. Bei Tiefraummissionen, wo GPS-Signale fehlen, sind sie die einzige Möglichkeit, genaue Zustandsdaten zu erhalten. In LEO-Missionen werden IMUs gemeinsam mit Sternsensoren, Magnetometern und Sonnensensoren eingesetzt, um redundante und robuste Navigationslösungen zu gewährleisten.

GPS-Empfänger in der Raumfahrzeugnavigation

Für Raumfahrzeuge in der niedrigen Erdumlaufbahn (LEO) haben sich GPS-Empfänger als Standardtechnologie für die Orbitbestimmung etabliert und ersetzen zunehmend bodengestützte Verfahren. Durch Echtzeit-Ortungsdaten zu Position und Geschwindigkeit ermöglichen sie autonome Navigation und haben sich dank Commercial-Off-The-Shelf (COTS)-Lösungen als ausgereifte, kosteneffiziente Technologie durchgesetzt [273].

Moderne GPS-Empfänger sind hochgradig miniaturisiert und energieeffizient, wodurch sie sich in die strengen SWaP-Beschränkungen von CubeSats und Kleinsatelliten integrieren lassen. Neuere Modelle wie der NovaTel OEM 719 ersetzen ältere Versionen (z. B. OEMV1) und bieten höhere Leistung bei kleinerem Formfaktor – ein wesentlicher Fortschritt für kompakte Raumfahrzeuge [273].

Die Genauigkeit von GPS-Daten wird durch mehrere Faktoren beeinflusst:

- Signalverzerrungen durch Ionosphäre und Exosphäre, die Phasenverschiebungen verursachen können.
- Zivile GPS-Nutzung basiert auf dem C/A-Code (Coarse Acquisition), der weniger präzise ist als militärische Signale.
- Exportkontrollen (EAR/COCOM) begrenzen die Nutzung von GPS in hohen Geschwindigkeiten oder großen Höhen. Eine Aufhebung dieser Limits erfordert spezielle Lizenzen.

Obwohl GPS primär für LEO-Anwendungen entwickelt wurde, zeigen neue Experimente, dass schwache GPS-Signale auch in geostationären Orbits (GSO) und cislunaren Regionen nutzbar sind. Forschungen zur Verbesserung der Signalverarbeitung und Empfindlichkeit könnten die Einsatzmöglichkeiten künftig weit über den Erdorbit hinaus erweitern.

Die breite Einführung von GPS in LEO-Missionen hat die Orbitbestimmung vereinfacht und die Abhängigkeit von Bodenstationen reduziert. Die Integration in kleine Raumfahrzeuge ermöglicht autonome Steuerung und flexible Missionsplanung. Mit der fortschreitenden Entwicklung hin zu höheren Umlaufbahnen und Tiefraumanwendungen wird GPS zu einem immer vielseitigeren Werkzeug der Weltraumnavigation [273].

Insgesamt haben GPS-Empfänger die Raumfahrt-Navigation revolutioniert. Durch kontinuierliche Verbesserungen in Signalverarbeitung, Miniaturisierung und Strahlungstoleranz wird GPS auch künftig eine zentrale Rolle in der autonomen, präzisen Navigation zukünftiger Weltraummissionen spielen.

Navigation im Tiefraum (Deep Space Navigation)

Die Navigation von Raumfahrzeugen im Tiefraum stellt besondere Herausforderungen dar, die spezialisierte Systeme und Infrastrukturen erfordern. Im Gegensatz zu Missionen im niedrigen Erdorbit (LEO), wo GPS- und bodengestützte Systeme dominieren, stützt sich die Tiefraum-Navigation auf fortschrittliche Funktransponder, die in enger Zusammenarbeit mit dem Deep Space Network (DSN) arbeiten. Diese Systeme ermöglichen eine präzise Bahnverfolgung und gestatten es Raumfahrzeugen, ihre Position und Flugbahn zu bestimmen, während sie entfernte Regionen des Sonnensystems erkunden.

Das DSN ist ein globales Netzwerk großer Antennen, das entwickelt wurde, um die Kommunikation mit Raumfahrzeugen jenseits des Erdorbits aufrechtzuerhalten. Durch die Messung der Laufzeitverzögerung und der Doppler-Verschiebung von Signalen zwischen Raumfahrzeug und DSN können Navigations-Teams die Entfernung, Geschwindigkeit und Flugbahn des Raumfahrzeugs berechnen. Diese Daten sind entscheidend für Bahnkorrekturen, wissenschaftliche Beobachtungen und Missionsplanung [273].

Im Zentrum der Tiefraum-Navigationssysteme stehen Funktransponder, die die Kommunikation mit dem DSN steuern. Seit 2020 ist der Small Deep Space Transponder (SDST) der einzige flugerprobte Transponder, der sich für kleine Raumfahrzeuge eignet. Er wurde vom Jet Propulsion Laboratory (JPL) der NASA entwickelt und von General Dynamics hergestellt. Der SDST ist äußerst zuverlässig im Tiefraum-Einsatz und in der Lage, die präzise Zeit- und Signalverarbeitung zu übernehmen, die für DSN-basierte Navigation erforderlich ist [273].

Um der wachsenden Zahl von CubeSats in Tiefraum-Missionen gerecht zu werden, entwickelte das JPL den IRIS V2-Transponder – eine kompakte und effiziente Alternative zum SDST. Er basiert auf dem Low Mass Radio Science Transponder (LMRST) und wurde speziell für die Größen-, Gewichts- und Leistungsanforderungen (Size, Weight, and Power – SWaP) von CubeSats entwickelt. Der IRIS V2 stellt einen bedeutenden Fortschritt dar, da er die Tiefraum-Navigation auch kleinen Raumfahrzeugen zugänglich macht.

Der IRIS V2-Transponder wurde bereits in mehreren renommierten Missionen erfolgreich eingesetzt und hat seine Zuverlässigkeit und Leistungsfähigkeit bewiesen. Er flog erstmals an Bord der MarCO-CubeSats während der Mars InSight-Mission 2018, wo er entscheidende Navigationsunterstützung für den Lander bot. Später kam er in der LICIACube-Mission (Asteroidenvorbeiflug im September 2022) und auf dem 12U-CAPSTONE-Raumfahrzeug zum Einsatz, das im November 2022 eine einzigartige Mondumlaufbahn erreichte. Außerdem war der IRIS V2 in sechs CubeSat-Nutzlasten der NASA Artemis I-Mission integriert, darunter Lunar Flashlight, LunaH-Map, ArgoMoon, CubeSat for Solar Particles, BioSentinel und NEA Scout [273].

Der IRIS V2 soll auch bei kommenden Missionen wie INSPIRE eingesetzt werden und festigt damit seine Rolle als Schlüsseltechnologie für die Tiefraum-Navigation kleiner Raumfahrzeuge. Sein kompaktes Design und seine bewährte Leistung machen ihn zu einer zentralen Technologie für die kosteneffiziente Erforschung des Weltraums – von Mondumlaufbahnen über Asteroidenvorbeiflüge bis hin zu interplanetaren Missionen [273].

Atomuhren (Atomic Clocks)

Atomuhren, die seit Langem ein zentraler Bestandteil präziser Zeitmessung für große Raumfahrzeuge im niedrigen Erdorbit (LEO) sind, werden zunehmend auch in kleine Raumfahrzeugsysteme integriert. Diese hochpräzisen Zeitmessgeräte ermöglichen exakte Navigation, erhöhen die Autonomie von Raumfahrzeugen und reduzieren die Abhängigkeit von bodengestützten Infrastrukturen. Obwohl ihre Integration in kleinere Raumfahrzeuge eine relativ neue Entwicklung ist, gewinnen Atomuhren und Oszillatoren als Schlüsseltechnologien für fortgeschrittene Weltraummissionen an Bedeutung – insbesondere für solche, die präzise Zeit- und Navigationssteuerung im Tiefraum erfordern.

Traditionell beruhte die Navigation von Raumfahrzeugen auf zweiwegigen Ortungssystemen, bei denen bodengestützte Antennen mit Atomuhren ausgestattet sind. Die Bodenstation sendet ein Signal an das Raumfahrzeug, das es zurücksendet; die Bodenstation misst die Laufzeitdifferenz, um die Position, Geschwindigkeit und Flugbahn zu bestimmen. Dieses Verfahren ist jedoch begrenzt, da das Raumfahrzeug auf Befehle vom Boden warten muss, was Echtzeitentscheidungen einschränkt. Zudem können Bodenstationen immer nur ein Raumfahrzeug gleichzeitig verfolgen. In Tiefraum-Missionen, wo Distanzen extrem groß sind, müssen Zeitsignale mit einer Genauigkeit von wenigen Nanosekunden gemessen werden, um Präzision zu gewährleisten.

Die Integration von Atomuhren an Bord von Raumfahrzeugen stellt daher einen revolutionären Schritt dar. Mit hochpräzisen und stabilen Atomuhren können Raumfahrzeuge eigenständig Signalzeiten messen und ihre Position und Geschwindigkeit in Echtzeit berechnen. Dadurch entfällt die Notwendigkeit ständiger Bodenkommunikation, und Raumfahrzeuge können autonom navigieren, während Bodenstationen entlastet werden. Diese Fähigkeit ist besonders im Tiefraum von Vorteil, wo Kommunikationsverzögerungen zwischen Raumfahrzeug und Erde mehrere Minuten bis Stunden betragen können [273].

Obwohl Atomuhren seit Jahren in größeren Raumfahrzeugen verwendet werden, erfordert ihre Anpassung an kleine Satelliten neue Ansätze. CubeSats und Kleinsatelliten unterliegen strengen Beschränkungen in Bezug auf Energieverbrauch, Volumen und Masse. Ingenieure entwickeln daher kompakte, energieeffiziente Atomuhren und Oszillatoren, die speziell für diese Anforderungen ausgelegt sind. Diese Systeme sind zudem auf mehrere Funkgeräte abgestimmt, um eine Synchronisierung zwischen Kommunikations- und Navigationssystemen sicherzustellen.

Die Integration von Atomuhren in kleine Raumfahrzeuge hat weitreichende Auswirkungen auf Missionsdesign und -durchführung. Durch autonome Navigation können Raumfahrzeuge unabhängiger operieren und die Belastung der Bodeninfrastruktur erheblich reduzieren. Dies ist besonders wichtig bei Missionen mit mehreren Raumfahrzeugen, bei denen eine gleichzeitige Kommunikation mit allen Teilnehmern sonst nicht praktikabel wäre. Darüber hinaus erhöht die Präzision von Atomuhren die wissenschaftliche Leistungsfähigkeit – etwa bei synchronisierten Messungen während Planeten-Vorbeiflügen oder Asteroiden-Rendezvous.

Atomuhren markieren somit einen entscheidenden Fortschritt in der Entwicklung autonomer, präziser und effizienter Navigationssysteme für künftige Raumfahrtmissionen – insbesondere für Tiefraum- und Mehrraumfahrzeugoperationen, die eine exakte Zeitmessung und Synchronisierung erfordern [273].

Lichterkennungs- und Entfernungsmessung (LiDAR)

LiDAR (Light Detection and Ranging) ist eine fortschrittliche Sensortechnologie, die zunehmend in der Raumfahrtnavigation Anwendung findet. Ursprünglich für terrestrische Zwecke entwickelt und in der Automobilindustrie weit verbreitet, hat LiDAR in den letzten zehn Jahren eine erhebliche technologische Reifung erfahren. Diese Entwicklung hat den Weg für seine Integration in Raumfahrzeuge geebnet, insbesondere in solchen, die Annäherungsmanöver durchführen oder präzise räumliche Messungen benötigen [273].

LiDAR arbeitet, indem es Laserimpulse aussendet und die Zeit misst, die diese Impulse benötigen, um nach der Reflexion an einer Oberfläche zurückzukehren. Aus diesen Daten werden präzise 3D-Karten der Umgebung erstellt oder Entfernungen hochgenau berechnet. Im Kontext von Raumfahrtmissionen sind LiDAR-Sensoren besonders nützlich für Aufgaben, die detailliertes Situationsbewusstsein erfordern, etwa bei Annäherungsoperationen, Landungen oder der relativen Navigation zwischen Raumfahrzeugen.

LiDAR-Technologie wird bereits auf größeren Raumfahrzeugen wie NASAs Orion eingesetzt, wo sie kritische Annäherungsmanöver unterstützt. Für kleine Raumfahrzeuge bietet LiDAR vielfältige Einsatzmöglichkeiten, z. B. in der Höhenmessung (Altimetrie), relativen Navigation und Formation Fliegens. Besonders nützlich ist LiDAR in folgenden Szenarien:

- Mars-Helikopter-Operationen: LiDAR kann präzise Höhendaten und Geländekarten liefern, um Navigation und Hindernisvermeidung für fliegende Fahrzeuge in außerirdischen Umgebungen zu unterstützen.

Grundlagen des Raketenbaus und der Konstruktion

- Rendezvous und Andocken: LiDAR ermöglicht es kleinen Raumfahrzeugen, sich größeren Plattformen oder anderen Satelliten zu nähern und anzudocken, indem es hochgenaue Abstands- und Orientierungsdaten liefert.

- Formation Fliegen: Bei Missionen, die mehrere Raumfahrzeuge in enger Formation umfassen, kann LiDAR Echtzeitdaten zu relativer Position und Orientierung liefern, um koordiniertes Manövrieren zu ermöglichen.

LiDAR-Sensoren sind kompakt, leicht und in der Lage, unter verschiedenen Umweltbedingungen zu arbeiten. Damit eignen sie sich ideal für kleine Raumfahrzeuge mit begrenzten Anforderungen an Größe, Gewicht und Energieverbrauch (SWaP). Die Präzision, die LiDAR-Systeme bieten, ist vielen anderen Sensortypen überlegen, insbesondere in Situationen, die dreidimensionale Echtzeitkartierung oder hochgenaue Distanzmessungen erfordern [273].

Einbau von Navigationssystemen in Raketen

Der erfolgreiche Betrieb von Raketennavigationssystemen hängt wesentlich von ihrer präzisen Platzierung und Integration im Fahrzeug ab. Diese Systeme gewährleisten exakte Positionsbestimmung, Ausrichtung und Bahnkorrekturen in allen Missionsphasen – vom Start bis zu Tiefraumoperationen. Der Einbau erfolgt nach einem sorgfältig abgestimmten Layout, bei dem jedes Subsystem entsprechend seiner Funktion, seiner Umweltanforderungen und seines Datenflusses innerhalb des Guidance-, Navigation- und Control-Systems (GNC) positioniert wird.

Inertiale Navigationssysteme (INS), einschließlich Gyroskope und Beschleunigungsmesser werden typischerweise im zentralen Avioniksegment oder in der Inertial Measurement Unit (IMU) untergebracht. Diese Position minimiert Vibrationen und ermöglicht präzise Messungen von Winkel- und Geschwindigkeitsänderungen während des Flugs. INS-Komponenten werden möglichst nahe am Schwerpunkt des Raumfahrzeugs installiert, um mechanisches Rauschen und Rotationsstörungen zu reduzieren. Die IMU integriert mehrere Sensoren zur Erfassung von Position, Geschwindigkeit und Orientierung und ist über geschützte Leitungen mit den Bordcomputern verbunden, die die Daten in Echtzeit verarbeiten.

Sternsensoren (Star Tracker), die präzise dreiachsige Lageregelung ermöglichen, sind außen am Raumfahrzeug angebracht, dort, wo sie eine freie Sicht auf das Sternenfeld haben. Sie werden auf Paneelen montiert, die fern von Wärmequellen wie Triebwerken liegen, um thermische Bildverzerrungen zu vermeiden. Bei kleinen Raumfahrzeugen oder CubeSats können Sternsensoren auch an ausfahrbaren Auslegern montiert werden, um ein größeres Sichtfeld zu erreichen. Sonnensensoren sind strategisch über die gesamte Struktur verteilt, um die Position der Sonne kontinuierlich zu bestimmen und eine Ausrichtung der Solarpaneele zu gewährleisten – insbesondere während kritischer Missionsphasen.

Magnetometer werden an Auslegern oder verlängerten Strukturen angebracht, um Störungen durch bordeigene Elektronik zu minimieren. Sie messen das lokale Magnetfeld und unterstützen die Bestimmung der Orientierung relativ zum Erdmagnetfeld. Magnettorquer, die über Magnetfelder

Drehmomente erzeugen, sind in den äußeren Strukturbereichen eingebaut, um Drehimpulse senkrecht zum Magnetfeld zu erzeugen und so Reaktionsräder zu entlasten – insbesondere bei Missionen im niedrigen Erdorbit (LEO).

Reaktionsräder, die durch Drehimpulsaustausch präzise Lageregelung ermöglichen, sind im Inneren des Raumfahrzeugs in einer orthogonalen oder schrägen Konfiguration montiert. Diese Anordnung bietet vollständige Dreiachssteuerung mit Redundanz, falls ein Rad ausfällt. Die Räder werden nahe dem Schwerpunkt positioniert, um kontrollierte Gegenrotationen zu ermöglichen. Entsättigungssysteme, wie Magnettorquer oder kleine Triebwerke, sind integriert, um angesammelten Drehimpuls abzubauen.

GPS-Empfänger, die hauptsächlich für LEO-Orbitbestimmung verwendet werden, sind im Avionikbereich installiert. Ihre Antennen befinden sich außen an der Struktur, mit freier Sichtlinie zu GPS-Satelliten. Die Platzierung wird sorgfältig gewählt, um Abschattungen durch Nutzlasten oder Strukturelemente zu vermeiden. In CubeSats sind GPS-Empfänger oft mit anderen Navigationssystemen kombiniert, um Raum und Energie effizient zu nutzen.

Optische Navigationssysteme, einschließlich Kameras und LiDAR-Sensoren, sind außen montiert, um eine direkte Sichtlinie zu Himmelskörpern, planetaren Oberflächen oder anderen Raumfahrzeugen zu gewährleisten. Kameras befinden sich auf starren, thermisch stabilen Trägern, um Bildverzerrungen zu vermeiden. LiDAR-Sensoren werden je nach Einsatzzweck unterschiedlich positioniert:

- Bei planetaren Landungen sind sie nach unten gerichtet, um die Höhe über der Oberfläche zu messen.

- Bei Rendezvous- oder Docking-Manövern werden sie vorn am Raumfahrzeug montiert, um Abstände und Relativgeschwindigkeiten zu erfassen.

Für Tiefraum-Missionen sind Funktransponder wie der SDST oder IRIS V2 entscheidend. Sie werden im Avionikbereich installiert, geschützt und mit Bordprozessoren verbunden. Hochgewinnantennen (High Gain Antennas, HGA) befinden sich außen, meist auf kardanischen Plattformen, um eine stetige Ausrichtung zur Erde sicherzustellen. Die Positionierung erfolgt so, dass Funkstörungen minimiert werden.

Atomuhren, die für präzise Zeitmessung und Tiefraum-Navigation notwendig sind, werden im Avionikbereich untergebracht und durch Abschirmungen gegen Temperatur- und Strahlungseinflüsse geschützt. Sie sind mit Funktranspondern gekoppelt, um Signalzeiten zu synchronisieren und genaue Positionsbestimmungen zu ermöglichen.

Der Einbau aller Navigationssysteme erfordert sorgfältiges Thermomanagement: Wärmeisolierung, Strahlungsschutz und aktive Kühlung sichern stabile Betriebsbedingungen. Außerdem wird Redundanz eingeplant – mehrere Sensoren (z. B. Sternsensoren, Sonnensensoren, Gyroskope) gewährleisten Ausfallsicherheit.

Die Platzierung der Navigationssysteme folgt somit einer klaren Logik:

- Interne Systeme (Gyroskope, Beschleunigungsmesser, Atomuhren) → im Avionikbereich für Schutz und Stabilität.

- Externe Systeme (Sternsensoren, Sonnensensoren, GPS-Antennen, optische Kameras, LiDAR) → außen für freie Sichtlinien und präzise Messungen.

Durch die strategische Integration dieser Komponenten arbeiten die Navigationssysteme koordiniert zusammen und gewährleisten Missionserfolg – vom Start über den Orbit bis hin zu Tiefraumreisen und planetaren Landungen.

Bordcomputer und Telemetrie

Die Bordcomputer- und Telemetriesysteme von Raketen sind entscheidende Komponenten für den Betrieb, die Steuerung und die Überwachung von Raketen und Raumfahrzeugen. Diese Systeme ermöglichen die Echtzeitdatenverarbeitung, die Ausführung von Befehlen, die Kommunikation mit Bodenstationen sowie die Überwachung lebenswichtiger Parameter, um den Erfolg einer Mission sicherzustellen. Zusammen spielen Bordcomputer und Telemetrie eine zentrale Rolle bei der Steuerung der Fahrzeugsysteme, der Umsetzung von Flugplänen und der Übertragung von Leistungsdaten zur Erde.

Bordcomputer

Bordcomputer dienen als zentrale Recheneinheiten (CPU) einer Rakete oder eines Raumfahrzeugs und führen missionskritische Aufgaben aus, wie z. B. Fahrzeugsteuerung, Bahn- und Flugtrajektorieberechnungen, Sensorverwaltung und Fehlererkennung [274-276]. Sie müssen strengen Anforderungen an Leistung, Zuverlässigkeit und Umweltbeständigkeit genügen, da sie in extremen Bedingungen wie Strahlung, Vibrationen und extremen Temperaturen arbeiten [277-279].

Der Bordcomputer verarbeitet Eingaben aus verschiedenen Subsystemen, darunter dem Guidance-, Navigation- und Control-System (GNC), den Antriebssystemen und den Umweltsensoren [279-281]. Auf Basis dieser Eingaben trifft er in Echtzeit Entscheidungen und führt Steuerbefehle aus. Beispielsweise berechnet der Bordcomputer während der Startphase kontinuierlich die Position, Orientierung und Geschwindigkeit der Rakete und passt die Schubvektorsteuerung an, um Stabilität und Kurskorrekturen sicherzustellen [282-284].

Moderne Bordcomputer verwenden häufig redundante Architekturen, um die Zuverlässigkeit zu erhöhen [105, 285, 286]. Redundanz stellt sicher, dass bei einem Systemausfall ein Backup-System nahtlos übernehmen kann, um einen Missionsabbruch zu verhindern. Ein verbreitetes Konzept ist die Triple Modular Redundancy (TMR), bei der drei identische Prozessoren ihre Ergebnisse vergleichen, um Fehler zu erkennen, die durch Strahlung oder Hardwaredefekte verursacht werden könnten [287-289]. Zudem werden strahlungsgehärtete Prozessoren wie jene auf RAD750- oder LEON-Architekturen eingesetzt, um den rauen Weltraumbedingungen standzuhalten [290-292].

Bordcomputer übernehmen auch autonome Steuerungsaufgaben, wenn eine Echtzeitkommunikation mit der Bodenstation nicht möglich oder verzögert ist [293-295]. Bei Tiefraum-Missionen beispielsweise muss der Bordcomputer Navigation, Bahnkorrekturen und Systemanpassungen selbständig ausführen, da Kommunikationsverzögerungen zur Erde mehrere Minuten bis Stunden betragen können. Diese Autonomie ist entscheidend für kritische Missionsphasen wie Eintritt, Abstieg und Landung (EDL) auf planetaren Oberflächen oder interplanetare Flugmanöver [296].

In Kleinsatelliten und CubeSats werden kompakte, energieeffiziente Bordcomputer eingesetzt, die den SWaP-Anforderungen (Size, Weight, Power) entsprechen. Diese integrieren leistungsfähige Prozessoren, Speicher und Schnittstellen in Miniaturbauweise und ermöglichen trotz geringer Größe hohe Rechenleistung [293, 295].

Dreifache Modulare Redundanz (TMR – Triple Modular Redundancy)

Die Triple Modular Redundancy (TMR) ist eine fehlertolerante Systemarchitektur, die in Raketen, Raumfahrzeugen und anderen kritischen Luft- und Raumfahrtanwendungen eingesetzt wird, um Zuverlässigkeit, Robustheit und Betriebskontinuität auch bei Hardwarefehlern oder extremen Umweltbedingungen zu gewährleisten. TMR ist speziell darauf ausgelegt, das Risiko von Einzelpunktfehlern zu minimieren, die durch Strahlung, mechanische Belastungen oder Anomalien im Weltraum verursacht werden können.

Das Grundprinzip der TMR besteht darin, kritische Komponenten – etwa Prozessoren, Sensoren oder Subsysteme – dreifach auszuführen und deren Ausgaben miteinander zu vergleichen, um Fehler zu erkennen und zu isolieren. Durch den Einsatz einer Mehrheitslogik (Majority Voting) kann das System weiterhin korrekt funktionieren, selbst wenn eine Komponente ausfällt. Dieses Verfahren erhöht die Missionszuverlässigkeit erheblich und reduziert das Risiko katastrophaler Ausfälle.

In einem TMR-System führen drei identische Module (sogenannte *Replicas*) dieselbe Berechnung oder Aufgabe unabhängig voneinander aus. Diese Module bestehen typischerweise aus Prozessoren, Speicherbausteinen oder anderen wichtigen elektronischen Komponenten. Die Ergebnisse werden anschließend durch eine Abstimmungseinheit (Voting Logic) verglichen:

- Wenn alle drei Ergebnisse übereinstimmen, wird das Ergebnis übernommen.
- Wenn eine Abweichung vorliegt, wird das Mehrheitsergebnis (2 von 3 Stimmen) als korrekt akzeptiert.
- Das fehlerhafte Modul wird identifiziert und isoliert, sodass es den Betrieb nicht weiter beeinflusst.

Ein Beispiel: Bei einem TMR-Prozessor führen drei identische CPUs dieselben Berechnungen parallel aus. Die Voting-Logik überwacht die Ergebnisse und wählt das Mehrheitsresultat als gültig aus, wodurch das System trotz eines Einzelfehlers korrekte Ergebnisse liefert und betriebsfähig bleibt.

Grundlagen des Raketenbaus und der Konstruktion

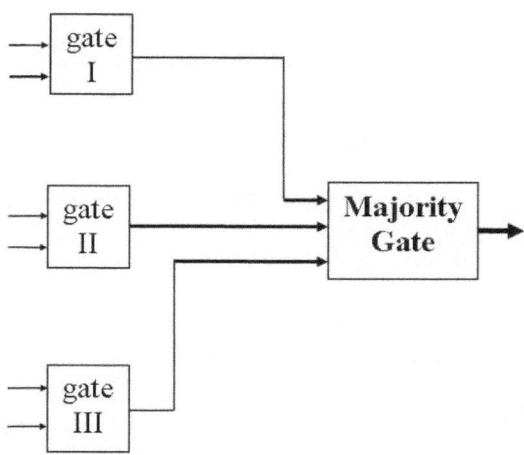

Abbildung 61: Blockdiagramm der dreifachen modularen Redundanz. IjonTichy/IjonTichy, CC0, via Wikimedia Commons.

Dreifache Modulare Redundanz (TMR) bietet Raketen erhebliche Vorteile, da sie eine robuste Fehlertoleranz gegenüber Hardwareausfällen gewährleistet. In Systemen, in denen Reparaturen unmöglich sind – wie bei Weltraummissionen – stellt TMR sicher, dass selbst bei einem Ausfall eines Subsystems die beiden verbleibenden Module weiterhin korrekte Ergebnisse liefern. Diese Fehlertoleranz ermöglicht einen unterbrechungsfreien Missionsverlauf, was entscheidend ist, um katastrophale Ausfälle zu verhindern. Ein weiterer wichtiger Vorteil von TMR ist die Fähigkeit, die Auswirkungen von Strahlungseinflüssen zu mindern. Im Weltraum kann Strahlung durch kosmische Partikel oder Sonnenaktivität sogenannte Single-Event Upsets (SEUs) oder transiente Fehler in elektronischen Komponenten verursachen. TMR begegnet diesen Herausforderungen, indem es fehlerhafte Ausgaben erkennt und sich auf die korrekten Mehrheitsausgaben verlässt, um den Betrieb aufrechtzuerhalten.

Die hohe Zuverlässigkeit und Redundanz von TMR verbessert zusätzlich die Leistung kritischer Raketensysteme. Durch die Gewährleistung, dass Einzelfehler den Betrieb nicht beeinträchtigen, wird TMR insbesondere in Flugsteuerungssystemen, der Navigation und Führung (GNC) sowie in Bordcomputern eingesetzt, wo Stabilität und Genauigkeit von größter Bedeutung sind. Die Echtzeit-Fehlererkennung und -isolierung von TMR ermöglicht die ständige Überwachung und den Vergleich der Ausgaben der drei Subsysteme. Fehlerhafte Komponenten werden ohne nennenswerte Verzögerung identifiziert, wodurch der Betrieb reibungslos fortgesetzt werden kann. Zudem erhöht TMR die Missionssicherheit, indem es sicherstellt, dass kritische Systeme – wie Schubvektorsteuerung, Bahnkorrektur und Kommunikationssubsysteme – auch unter schwierigen Bedingungen funktionsfähig bleiben. Diese Zuverlässigkeit ist besonders während risikoreicher Phasen eines Raketenstarts oder Tiefraumflugs entscheidend.

Die Anwendungen von TMR in Raketen umfassen zahlreiche missionskritische Systeme. Bordflugcomputer nutzen TMR, um Echtzeitdaten für Aufgaben wie Lageregelung, Schubsteuerung und Stufentrennung zu verarbeiten. Fällt ein Prozessor aus, bleibt das System dank TMR ohne Funktionsverlust betriebsfähig. Auch Guidance-, Navigation- und Control-Systeme (GNC), die die Flugbahn bestimmen, setzen auf TMR. Sensoren wie Gyroskope, Beschleunigungsmesser und Sternsensoren integrieren TMR, um fehlerhafte Messwerte zu erkennen und zu korrigieren. Kommunikationssysteme an Bord verwenden TMR, um die Verbindung zur Bodenstation zuverlässig aufrechtzuerhalten – etwa durch strahlungstolerante Transponder und Prozessoren, die Datenübertragungsfehler verhindern.

Auch Aktorensysteme, die den Schubvektor durch die Ausrichtung der Triebwerksdüse steuern, nutzen TMR, um Stabilität zu gewährleisten. Eine korrekte Funktionsweise der Aktoren ist entscheidend, um die geplante Flugbahn einzuhalten. Darüber hinaus wird TMR in Energieverteilungs- und Managementsystemen eingesetzt, um eine unterbrechungsfreie Stromversorgung sicherzustellen, selbst bei Ausfall einzelner Komponenten.

Trotz der vielen Vorteile bringt TMR auch Herausforderungen mit sich. Ein Hauptnachteil ist die erhöhte Hardwarekomplexität – die Dreifachauslegung wichtiger Komponenten erhöht Masse, Energieverbrauch und Platzbedarf, was bei Raketen, deren Gewicht streng limitiert ist, kritisch sein kann. Hinzu kommen höhere Kosten, da TMR zusätzliche Hardware, Fertigungsschritte und aufwendige Tests erfordert. Die Abstimmungsschaltung (Voter Circuit), welche die Ergebnisse vergleicht, kann zudem selbst zum Single Point of Failure werden. Um dieses Risiko zu mindern, werden manchmal dreifach redundante Abstimmkreise oder Fehlerkorrekturverfahren eingesetzt. In stark strahlenbelasteten Umgebungen kann TMR zudem Schwierigkeiten haben, wenn mehrere Module gleichzeitig fehlerhaft werden. Während TMR bei Einzelfehlern äußerst effektiv ist, kann es gleichzeitige Mehrfachfehler, z. B. durch starke Strahlungsstöße, nicht korrigieren. In solchen Fällen werden zusätzliche Fehlerschutztechnologien wie Error-Correcting Codes (ECC) oder Memory Scrubbing parallel zu TMR eingesetzt.

Historisch gesehen wurde TMR in einigen der bedeutendsten Raketenprogramme eingesetzt. Die Saturn V-Rakete der NASA, die die Apollo-Missionen zum Mond brachte, nutzte dreifache Redundanz in ihren Führungs- und Steuerungssystemen, um präzise Navigation zu gewährleisten. Auch die Space Shuttle-Bordcomputer (General Purpose Computers, GPCs) arbeiteten mit TMR, um kritische Aufgaben wie Flugsteuerung und Systemmanagement zu sichern. Moderne Trägerraketen wie die Falcon 9 von SpaceX und die Atlas V von ULA verwenden ebenfalls TMR oder gleichwertige Redundanzsysteme, um Zuverlässigkeit während der Start-, Aufstiegs- und Orbit-Phasen zu gewährleisten. Diese Beispiele verdeutlichen die dauerhafte Bedeutung der TMR für die Sicherheit und den Erfolg von Weltraummissionen.

Strahlungsgehärtete Einplatinencomputer (Single-Board Computers, SBCs)

Strahlungsgehärtete Einplatinencomputer (SBCs) sind wesentliche Komponenten in Raumfahrzeugen, Satelliten und Tiefraum-Missionen, da sie den extremen Bedingungen des Weltraums standhalten müssen – einschließlich kosmischer Strahlung, extremer Temperaturen und physikalischer Belastungen. Diese spezialisierten Rechner sind so konzipiert, dass sie hohe Zuverlässigkeit, Fehlertoleranz und robuste Rechenleistung bieten, selbst in Umgebungen, in denen herkömmliche Elektronik versagen würde.

Strahlungsgehärtete SBCs kombinieren fortschrittliche Designtechniken und Materialien, um eine hohe Widerstandsfähigkeit gegenüber Weltraumstrahlung zu erreichen. Wichtige Technologien und Designprinzipien sind:

1. Radiation Hardening by Design (RHBD): Entwicklung fehlertoleranter Schaltungen, die Single-Event-Effekte (SEE) – etwa Single-Event Upsets (SEU), Single-Event Transients (SET) oder Latchups (SEL) – überstehen. Techniken wie Triple Modular Redundancy (TMR) und Error-Correcting Code (ECC)-Speicher sichern die Systemintegrität.

2. Strahlungsgehärtete Fertigung: Verwendung von Silicon-on-Insulator (SOI)- oder Bulk-CMOS-Prozessen mit spezieller Dotierung, um die Ansammlung von Ladungen in Transistoren zu verhindern.

3. Thermische und Umweltbeständigkeit: Funktionsfähigkeit in extremen Temperaturbereichen (typisch −55 °C bis +125 °C) zur Gewährleistung der Stabilität bei Tiefraum- oder Planetmissionen.

4. Fehlertoleranz und Fehlererkennung: Nutzung von ECC-Speichern, Paritätsprüfungen und Watchdog-Timern, um Fehler zu erkennen und Systemausfälle zu verhindern.

5. Niedriger Energieverbrauch: Optimiert für geringe Leistungsaufnahme (5–15 W), um den begrenzten Energiehaushalt von Raumfahrzeugen zu berücksichtigen.

Beispiel: Der RAD750 von BAE Systems

Der RAD750 ist einer der am weitesten verbreiteten strahlungsgehärteten Einplatinencomputer in der Raumfahrt.

- **CPU-Architektur:** PowerPC 750-basiert
- **Leistung:** Taktfrequenz 110–200 MHz, bis zu 266 MIPS
- **Strahlungstoleranz:** 2.000–10.000 Gray (200.000–1.000.000 Rad) Gesamtstrahlungsdosis (TID)
- **Leistungsaufnahme:** 5–10 W
- **Anwendungen:**
    - **Mars Reconnaissance Orbiter** – Navigation und Datenverarbeitung
    - **NASA-Rover Curiosity** und **Perseverance** – Steuerung und Sensordatenverarbeitung

o **James Webb Space Telescope (JWST)** – Bordberechnungen und Systemmanagement

Der RAD750, entwickelt von BAE Systems Electronics, Intelligence & Support, wurde 2001 als Nachfolger des RAD6000 eingeführt. Mit 10,4 Millionen Transistoren (im Vergleich zu 1,1 Millionen beim RAD6000) bietet er eine deutlich höhere Rechenleistung und Effizienz. Er wird im 250 nm- oder 150 nm-Fertigungsprozess hergestellt, besitzt eine Chipfläche von 130 mm² und erreicht eine Leistung von über 266 MIPS. Durch optionale L2-Caches kann die Speicherzugriffszeit weiter reduziert und die Gesamtleistung verbessert werden [297-299].

Diese Kombination aus Strahlungstoleranz, Zuverlässigkeit und Rechenleistung macht den RAD750 zu einem zentralen Bestandteil moderner Weltraummissionen und zu einem Maßstab für zukünftige Generationen strahlungsgehärteter Raumfahrtcomputer.

Abbildung 62: Eine strahlungsgehärtete Version des PowerPC-750-Prozessors. Hergestellt von BAE Systems für den Einsatz im Weltraum. Henriok, CC BY-SA 2.0, via Flickr.

Eines der herausragenden Merkmale des RAD750 ist seine außergewöhnliche Strahlungsresistenz. Die CPU kann einer absorbierten Strahlungsdosis von 2.000 bis 10.000 Gray (200.000 bis 1.000.000 Rad) standhalten – ein Wert, der weit über dem liegt, was herkömmliche elektronische Systeme auf der Erde tolerieren können [297]. Dadurch eignet sich der RAD750 ideal für Langzeitmissionen in den rauen Umgebungen des Weltraums, wo kosmische Strahlung und Sonnenaktivität allgegenwärtig sind [297, 299, 300]. Die CPU weist zudem einen breiten Betriebstemperaturbereich von −55 °C bis +125 °C auf, was eine zuverlässige Leistung unter extremen thermischen Bedingungen ermöglicht [297, 298]. Trotz dieser Robustheit verbraucht die CPU selbst nur 5 Watt Leistung, ein entscheidender Faktor für energiebegrenzte Weltraummissionen [297].

Grundlagen des Raketenbaus und der Konstruktion

Das RAD750-Einplatinencomputersystem, das die CPU und die Hauptplatine umfasst, besitzt ebenfalls eine hohe Widerstandsfähigkeit. Es kann 1.000 Gray (100.000 Rad) Strahlung ausgesetzt werden und arbeitet zuverlässig im Temperaturbereich von −55 °C bis +70 °C [297]. Das komplette System benötigt 10 Watt Leistung und ist damit energieeffizient im Verhältnis zu seinen fortschrittlichen Fähigkeiten [297]. Diese Spezifikationen machen den RAD750 besonders geeignet für anspruchsvolle Weltraumanwendungen wie Tiefraumsonden, Satelliten und planetare Rover [297, 299].

Obwohl der RAD750 technologisch führend ist, hat diese Leistungsfähigkeit ihren Preis. Der Preis des RAD750 liegt in einer ähnlichen Größenordnung wie der seines Vorgängers RAD6000, der im Jahr 2002 mit 200.000 US-Dollar gelistet war (entspricht etwa 338.797 US-Dollar im Jahr 2023, inflationsbereinigt) [297]. Der endgültige Preis des RAD750 hängt jedoch stark von den kundenspezifischen Anforderungen und den bestellten Stückzahlen ab [297]. Diese Kosten spiegeln die spezialisierte Entwicklung, die intensiven Tests und die Zuverlässigkeitsanforderungen wider, die notwendig sind, um eine fehlerfreie Funktion in den extremen Bedingungen des Weltraums sicherzustellen [297, 298].

Technologisch basiert der RAD750 auf der PowerPC-750-Architektur, die zur PowerPC-7xx-Familie gehört. Seine Logikfunktionen und Gehäuse sind vollständig kompatibel mit dieser Prozessorfamilie, was eine nahtlose Integration in bestehende Systeme und Software ermöglicht [297, 298]. Diese Kompatibilität erlaubt es dem RAD750, von früheren Fortschritten der PowerPC-Technologie zu profitieren, während er gleichzeitig eine verbesserte Leistung und Strahlungstoleranz bietet – entscheidende Eigenschaften für den Einsatz im Weltraum [297, 298].

Die Kombination aus Langlebigkeit, Energieeffizienz und Rechenleistung hat den RAD750 zu einem Standardprozessor für eine Vielzahl bedeutender Raumfahrtmissionen gemacht. Er bildet das Rechenrückgrat von Raumfahrzeugen und stellt sicher, dass Navigation, Datenverarbeitung und Kommunikationssysteme auch in den härtesten Umgebungen funktionsfähig bleiben [297]. Der RAD750 ist ein eindrucksvolles Beispiel für die Bedeutung strahlungsgehärteter Technologien in der modernen Raumfahrt, in der bereits geringfügige Systemausfälle ganze Missionen gefährden können. Er bleibt eine Schlüsseltechnologie für den Erfolg von Missionen in der Erdumlaufbahn, im Tiefraum und bei planetaren Erkundungen [297, 300].

Versal AI Core Radiation-Tolerant (Xilinx/AMD)

Diese auf FPGA-basierte, strahlungstolerante Plattform kombiniert KI-Beschleunigung mit adaptiver Rechenleistung.

- **Merkmale:** Strahlungsgehärtete programmierbare Logik, integrierte KI-Engines und anpassbare, softwaredefinierte Hardware.
- **Leistung:** Unterstützt Hochgeschwindigkeits-Parallelverarbeitung und niedrig-latenzfähige Datenverarbeitung.

- **Anwendungen:** Nächste Generation von Satellitenkonstellationen, die KI-basierte Bildverarbeitung an Bord oder Echtzeitentscheidungen erfordern.

LEON3FT (Cobham Gaisler)

Der LEON3FT ist ein fehlertoleranter Prozessorkern, der auf der SPARC-V8-Architektur basiert und weit verbreitet in weltraumtauglichen Systemen eingesetzt wird:

- **CPU-Architektur:** SPARC-basiertes, fehlertolerantes Design
- **Strahlungstoleranz:** Widerstandsfähig gegen Single-Event Effects (SEE), optimiert für Single-Event Upsets (SEU) durch Fehlererkennung und -korrektur
- **Leistung:** Taktfrequenzen bis zu 100 MHz mit integrierter Fehlertoleranz
- **Anwendungen:**
    - ESA Sentinel-2 Erdbeobachtungssatellit für missionskritische Steuerungen
    - CubeSats und Mikrosatelliten für kosteneffiziente Erdbeobachtung und Datenverarbeitung

Die LEON-Prozessorfamilie besteht aus strahlungstoleranten 32-Bit-CPUs, die auf der SPARC-V8-RISC-Architektur von Sun Microsystems basieren. Das Projekt wurde 1997 von der Europäischen Weltraumorganisation (ESA) initiiert, um einen offenen, portablen und fehlertoleranten Prozessor für Weltraummissionen zu entwickeln.

Seitdem wurden mehrere Generationen entwickelt – LEON2, LEON3, LEON3FT und LEON4 – von Gaisler Research (heute Teil von Frontgrade, ehemals Aeroflex/Cobham). Die Prozessoren sind in VHDL (VHSIC Hardware Description Language) beschrieben und somit hochgradig anpassbar für System-on-Chip (SoC)-Designs.

LEON-Prozessoren sind darauf ausgelegt, in strahlungsintensiven Weltraumumgebungen zu arbeiten, in denen SEUs und transiente Fehler häufig auftreten. Um diese Herausforderungen zu bewältigen, kommen Fehlertoleranzmechanismen wie Triple Modular Redundancy (TMR) und Error Detection and Correction (EDAC) zum Einsatz. Mithilfe von VHDL-Generics können Entwickler Leistung, Fehlertoleranz und Peripherie exakt auf die Missionsanforderungen abstimmen.

Alle LEON-Prozessoren implementieren die SPARC-V8-Architektur, die durch Pipelining und reduzierte Befehlssätze (RISC) eine hohe Rechenleistung ermöglicht.

- LEON2 nutzte eine Fünf-Stufen-Pipeline,
- während LEON3 und LEON4 über eine Sieben-Stufen-Pipeline für gesteigerte Leistung verfügen.

Grundlagen des Raketenbaus und der Konstruktion

Das Projekt begann mit LEON1, einem Proof-of-Concept-Prozessor, der auf dem LEONExpress-Chip in 0,25-μm-Technologie getestet wurde. ESA setzte die Entwicklung mit LEON2 fort, das in Geräten wie dem Atmel AT697 verwendet wurde – weit verbreitet in Satelliten.

Die folgenden Generationen, LEON3 und der fehlertolerante LEON3FT, wurden von Gaisler Research entwickelt und brachten wesentliche Verbesserungen:

- Unterstützung für Symmetric Multi-Processing (SMP)
- Integration in die GRLIB-IP-Bibliothek (mit Peripherie wie Ethernet, PCI und DDR-Controllern).
  Der neueste Prozessor, LEON4, wurde 2010 eingeführt und bietet:
- Statische Sprungvorhersage für optimierte Befehlsausführung,
- Optionale Level-2-Caches für schnelleren Speicherzugriff,
- 64- oder 128-Bit-AMBA-AHB-Schnittstelle für hohen Datendurchsatz,
- 1,7 DMIPS/MHz gegenüber 1,4 DMIPS/MHz beim LEON3.

LEON4 eignet sich besonders für datenintensive Anwendungen, z. B. wissenschaftliche Instrumente, Nutzlastverarbeitung und interplanetare Exploration.

Strahlungstolerante LEON-Prozessoren kombinieren TMR, EDAC und SEU-Mitigationsmechanismen, um Fehler autonom zu erkennen und zu korrigieren. Dadurch erreichen sie eine hohe Gesamtstrahlungstoleranz (TID) und stabile Leistung in Satelliten, Planetensonden und Tiefraummissionen.

Die ESA, NASA und andere Raumfahrtagenturen setzen LEON-Prozessoren aufgrund ihrer Zuverlässigkeit und Fehlertoleranz breit ein – etwa in Marsrovern (Navigation, Datenverarbeitung), Erdbeobachtungssatelliten (Datenanalyse, sichere Kommunikation) und interplanetaren Missionen wie BepiColombo (Merkur) oder Solar Orbiter (Sonnennähe).

Durch ihre Open-Source-Verfügbarkeit und duale Lizenzierung sind LEON-Prozessoren sowohl für Forschung als auch für kommerzielle Anwendungen attraktiv. Forschende können die Designs frei anpassen, während Unternehmen proprietäre Lizenzen für hochentwickelte Produkte erwerben. Diese Flexibilität fördert Innovation und Kosteneffizienz und macht die LEON-Familie zu einer Schlüsseltechnologie für verlässliche Raumfahrt und wissenschaftlichen Fortschritt.

RAD5545 (BAE Systems): Der RAD5545 ist eine Weiterentwicklung des RAD750 und bietet eine deutlich höhere Leistung sowie verbesserte Strahlungsresistenz.

- **CPU-Architektur:** Quad-Core-Prozessor auf PowerPC-Basis
- **Leistung:** Liefert bis zu 5,6 GFLOPS für rechenintensive Anwendungen
- **Strahlungstoleranz:** Widerstandsfähig bis zu 1 Mrad TID mit SEE-Schutz

- **Leistungsaufnahme:** ca. 12 Watt
- **Anwendungen:** Tiefraumsonden und Hochdurchsatzsatelliten, die umfangreiche Bordrechenleistung benötigen, etwa für autonome Navigation oder KI-basierte Nutzlastverarbeitung

Cobham GR740 (Next-Generation LEON-Prozessor): Der GR740 ist ein strahlungsgehärteter Quad-Core-Prozessor, der auf dem LEON4FT-Kern basiert und für Weltraummissionen mit hohen Leistungsanforderungen entwickelt wurde.

- **CPU-Architektur:** Quad-Core SPARC V8 mit Fehlertoleranz
- **Leistung:** Betrieb bei 250 MHz, mit bis zu 1.500 MIPS Gesamtleistung
- **Strahlungstoleranz:** Fehlertolerantes Design für SEE-Resistenz
- **Anwendungen:** Hochdatenraten-Instrumente, fortschrittliche Nutzlasten und robotische Planetenforschungsmissionen

Der Cobham GR740 ist ein leistungsstarkes, strahlungsgehärtetes System-on-Chip (SoC), das speziell für Raumfahrtanwendungen entwickelt wurde [301]. Entworfen und hergestellt von Cobham Gaisler (heute Teil von Frontgrade), kombiniert der GR740 hohe Rechenleistung mit Strahlungsresistenz, um auch in extremen Weltraumumgebungen zuverlässig zu arbeiten [301]. Er basiert auf der SPARC-V8-Architektur, einem bewährten Standard in der Raumfahrttechnik, und ist für den Einsatz in Satelliten, planetaren Erkundungsmissionen und wissenschaftlichen Instrumenten konzipiert [301].

Im Kern des GR740 arbeitet ein Quad-Core-LEON4FT-Prozessor [301]. Das Fault-Tolerant-Design (FT) des LEON4FT bietet erhöhte Leistung und Ausfallsicherheit, sodass der Betrieb auch in Umgebungen mit häufigen Single-Event Upsets (SEUs) gewährleistet bleibt [301]. Jeder der vier Kerne läuft mit bis zu 250 MHz und liefert eine Rechenleistung von etwa 1,5 DMIPS/MHz pro Kern, was den GR740 zu einem der leistungsstärksten strahlungsgehärteten Prozessoren für den Weltraumeinsatz macht [301].

Der GR740 nutzt eine Network-on-Chip (NoC)-Architektur, die eine effiziente und skalierbare Kommunikation zwischen den Kernen und Peripheriegeräten ermöglicht [301]. Dadurch werden hoher Datendurchsatz und geringe Latenzzeiten erzielt, was ihn ideal für Systeme mit umfangreicher Echtzeitdatenverarbeitung macht – etwa für Bordsteuerung und Datenmanagement von Raumfahrzeugen [301].

Zur Leistungssteigerung verfügt der GR740 über einen gemeinsam genutzten Level-2-Cache von bis zu 2 MB [301]. Dieser Cache verringert Speicherzugriffszeiten erheblich und erhöht die Rechenleistung, was insbesondere bei rechenintensiven Anwendungen wie Bildverarbeitung oder wissenschaftlichen Simulationen entscheidend ist [301].

Grundlagen des Raketenbaus und der Konstruktion

Der Prozessor ist mit einer Vielzahl von Schnittstellen und Peripheriegeräten ausgestattet, um den unterschiedlichen Anforderungen moderner Raumfahrtsysteme gerecht zu werden [301]. Dazu gehören SpaceWire, CAN FD, MIL-STD-1553, Gigabit Ethernet sowie DDR2/DDR3-Speichercontroller [301]. Diese ermöglichen schnelle, strahlungssichere Kommunikation, robuste Subsystemintegration und hohe Datenintegrität selbst unter Strahlungseinfluss [301].

Zur Bewältigung der extremen Strahlungsbedingungen im Weltraum verfügt der GR740 über mehrere fehlertolerante Mechanismen [301]. Dazu gehören Triple Modular Redundancy (TMR), Error Detection and Correction (EDAC) sowie eine Strahlungstoleranz von bis zu 100 krad (Si) [301]. Diese Eigenschaften gewährleisten zuverlässigen Betrieb in LEO, GEO und Tiefraummissionen, ohne Einbußen bei der Systemzuverlässigkeit [301].

Der GR740 ist somit ideal für leistungsintensive Weltraumanwendungen geeignet, die robuste Rechenleistung, Fehlertoleranz und effiziente Kommunikation erfordern [301]. Typische Einsatzgebiete sind Kommando- und Datenverarbeitungssysteme (C&DH), Borddatenverarbeitung für Erdbeobachtungssatelliten, Nutzlaststeuerung bei interplanetaren Missionen und wissenschaftlichen Instrumenten sowie Avioniksysteme für Rover und Landemissionen [301].

Telemetriesysteme

Telemetriesysteme werden eingesetzt, um Daten von einer Rakete oder einem Raumfahrzeug zu sammeln, zu überwachen und an Bodenstationen zu übertragen. Sie sind ein zentraler Bestandteil der Missionsüberwachung, da sie es Ingenieuren und Missionsleitern auf der Erde ermöglichen, die Leistung, den Zustand und den Status des Fahrzeugs in allen Phasen der Mission – vom Start über den Aufstieg und Orbitbetrieb bis hin zum Wiedereintritt – zu verfolgen. Durch Telemetrie erhalten Bodenteams kritische Informationen, um das Verhalten der Rakete zu bewerten und bei Bedarf Anpassungen vorzunehmen.

Die Telemetrie funktioniert, indem Daten von Bordsensoren, Systemen und Instrumenten codiert und anschließend über Funkfrequenzen an Bodenstationen übertragen werden. Dort werden die empfangenen Signale dekodiert und analysiert, wodurch eine Echtzeitrückmeldung über den Betrieb des Fahrzeugs bereitgestellt wird. Typische Telemetriedaten umfassen:

- **Flugdynamik:** Position, Geschwindigkeit, Höhe, Beschleunigung und Lage (Attitüde)

- **Systemüberwachung:** Temperatur, Druck, Treibstoffstand, Batteriezustand und strukturelle Belastungen

- **Umgebungsparameter:** Äußere Bedingungen wie Strahlungsniveau, Atmosphärendichte und Wärmestrom

- **Nutzlastdaten:** Informationen wissenschaftlicher Instrumente oder Missionsnutzlasten an Bord

Telemetriesysteme arbeiten auf bestimmten Funkfrequenzbändern, wie dem S-Band, X-Band oder Ka-Band, je nach Missionsanforderungen. Diese Frequenzen werden aufgrund ihrer Zuverlässigkeit und geringen Störanfälligkeit über große Distanzen gewählt. Bei Tiefraummissionen werden die Signale von großen Antennen empfangen, etwa denen des Deep Space Network (DSN) der NASA, die in der Lage sind, sehr schwache Telemetriesignale von Raumsonden über Millionen Kilometer Entfernung zu detektieren.

Frequenzbänder und ihre Anwendungen

S-Band (2–4 GHz): Das S-Band ist eines der am häufigsten genutzten Frequenzbänder für Telemetrie in Raumfahrtmissionen, insbesondere für erdnahe und niedrige Umlaufbahnen (LEO). Es bietet ein gutes Gleichgewicht zwischen Reichweite, Zuverlässigkeit und Datenrate. Das S-Band ist weniger anfällig für atmosphärische Dämpfung (Signalverluste durch die Erdatmosphäre) und ermöglicht stabile Kommunikation während des Raketenstarts und der frühen Orbitalphase. Aufgrund seines geringen Energiebedarfs und einfacher Bauweise eignet es sich besonders für Kleinsatelliten und CubeSats.

X-Band (8–12 GHz): Das X-Band wird für höhere Datenraten verwendet und bietet eine größere Bandbreite. Es wird häufig in Tiefraum- und interplanetaren Missionen eingesetzt, da höhere Frequenzen eine größere Datenübertragung bei kleineren Antennen ermöglichen. X-Band-Signale sind jedoch anfälliger für atmosphärische Dämpfung als S-Band, weshalb es hauptsächlich außerhalb der Erdatmosphäre genutzt wird. So senden beispielsweise die Mars-Rover und Orbiter der NASA wissenschaftliche Daten und Bilder über das X-Band an die Erde – über das Deep Space Network (DSN).

Ka-Band (26–40 GHz): Das Ka-Band wird zunehmend für moderne Raumfahrtmissionen verwendet, die sehr hohe Datenraten erfordern. Es bietet eine deutlich größere Bandbreite als S- und X-Band und ermöglicht damit eine schnellere und effizientere Übertragung von Hochauflösungsbildern, Videodaten und großen Datenmengen wissenschaftlicher Instrumente. Es wird daher bevorzugt in Erdbeobachtungssatelliten, interplanetaren Raumfahrzeugen und Missionen mit hochauflösender Bildgebung eingesetzt. Allerdings ist das Ka-Band empfindlicher gegenüber atmosphärischen Einflüssen, insbesondere durch Regen und Wasserdampf, was seine Nutzung in bestimmten Wetterbedingungen einschränkt.

Die Auswahl des geeigneten RF-Bands hängt von den Missionsanforderungen, dem zu übertragenden Datenvolumen, der Entfernung zur Bodenstation und den Umgebungsbedingungen ab.

- Erdnahe Missionen setzen oft auf das S-Band wegen seiner Zuverlässigkeit und Kosteneffizienz.
- Tiefraummissionen bevorzugen X-Band oder Ka-Band, um große Entfernungen zu überbrücken und hohe Datenmengen zu übertragen.

Durch die strategische Auswahl des passenden Frequenzbands stellen Telemetriesysteme eine zuverlässige, qualitativ hochwertige Datenübertragung sicher, die es Bodenstationen ermöglicht,

Grundlagen des Raketenbaus und der Konstruktion

Leistung und Zustand des Raumfahrzeugs präzise zu überwachen. Fortschritte in der Hochfrequenztechnologie verbessern kontinuierlich die Effizienz und Vielseitigkeit dieser Systeme und unterstützen so immer komplexere Raumfahrt- und Forschungsmissionen.

Während des Raketenstarts und Aufstiegs ist Telemetrie unverzichtbar, um kritische Flugphasen wie Zündung, Stufentrennung und Triebwerksleistung zu überwachen. Bei Anomalien können Bodenkontrolleure dank der Telemetriedaten sofort reagieren und Gegenmaßnahmen einleiten. Im Falle eines Fehlstarts oder Systemversagens liefern die Telemetriesysteme wertvolle Post-Flight-Daten zur Ursachenanalyse, die entscheidend für zukünftige Verbesserungen und die Flugsicherheit sind.

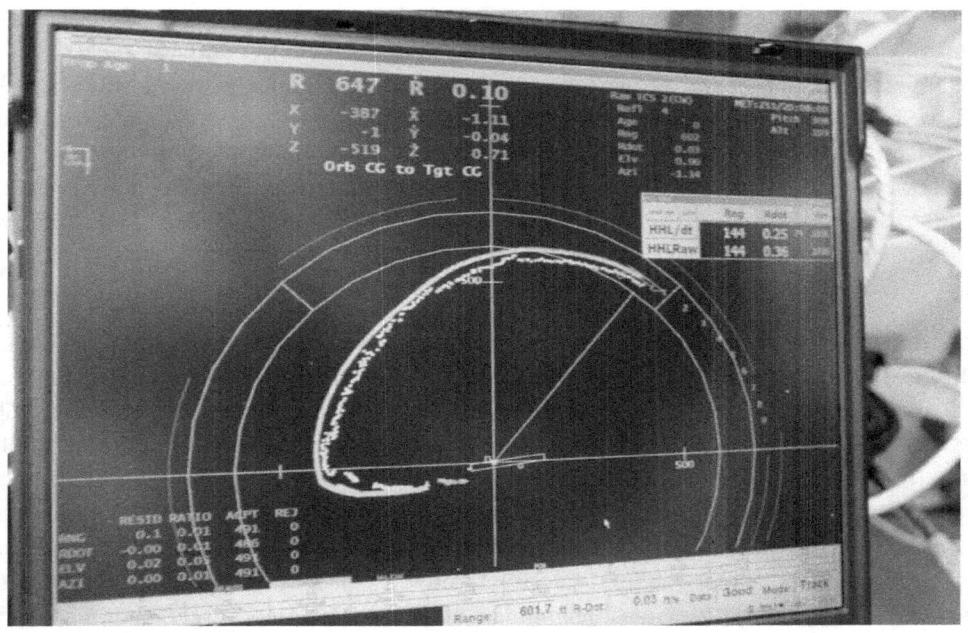

Abbildung 63: Ansicht eines Laptops, der Telemetriedaten während der Abtrennung von der ISS auf der Mission STS-128 anzeigt. RPOP. Die US National Archives, gemeinfrei, über Picryl.

Fortgeschrittene Telemetriesysteme verfügen auch über bidirektionale Kommunikationsfunktionen, die es der Bodenstation ermöglichen, Befehle zurück an das Raumfahrzeug zu senden. Diese Zwei-Wege-Kommunikation erlaubt Echtzeitanpassungen, wie Bahnkorrekturen, Systemneustarts oder das Ausfahren von Nutzlasten und Instrumenten.

Telemetrieausrüstung in Raketen ist entscheidend, um die Leistung, den Status und die Systemgesundheit des Fahrzeugs während des gesamten Fluges zu überwachen. Diese Systeme gewährleisten die Echtzeitübertragung wichtiger Daten von der Rakete zur Bodenstation, sodass Ingenieure die Leistung bewerten, Anomalien erkennen und missionskritische Entscheidungen treffen können. Die Telemetriedaten umfassen Parameter wie Druck, Temperatur, Geschwindigkeit, Orientierung, strukturelle Belastungen und die Leistung des Antriebssystems. Um eine zuverlässige Datenkommunikation sicherzustellen, integrieren Telemetriesysteme Sensoren, Datenerfassungssysteme, Sender, Antennen und bodengestützte Empfänger, die alle zusammenarbeiten.

Sensoren sind die grundlegenden Elemente von Telemetriesystemen, da sie physikalische Messwerte aus den Untersystemen der Rakete erfassen. Temperatursensoren, darunter Thermoelemente und Widerstandsthermometer (RTDs), überwachen Temperaturveränderungen in wichtigen Bereichen wie Brennkammern, Treibstoffleitungen und Avionik. Drucksensoren, oft Dehnungsmessstreifen-basierte Transducer, erfassen Tankdrücke, Brennkammerbedingungen und hydraulische Systeme, um die Antriebsleistung zu optimieren. Beschleunigungsmesser und Gyroskope, die Teil der Inertial Measurement Units (IMUs) sind, messen lineare Beschleunigung und Winkelgeschwindigkeit, um Daten über Orientierung, Flugbahn und Stabilität zu liefern. Dehnungsmessstreifen messen strukturelle Spannungen und Verformungen während intensiver Phasen wie Start und Aufstieg, um die Integrität der Rakete zu gewährleisten. Vibrationssensoren, wie piezoelektrische Beschleunigungsmesser, erfassen potenziell schädliche Vibrationen während des Aufstiegs und der Stufentrennung. Durchflussmesser überwachen die Strömungsraten von Treibstoff und Oxidator, um eine konstante Motorleistung sicherzustellen. Diese Sensoren wandeln physikalische Messungen in elektrische Signale um, die digitalisiert und zur Übertragung vorbereitet werden.

Das Datenerfassungssystem (Data Acquisition System, DAS) spielt eine zentrale Rolle in der Telemetrie, indem es die von den Sensoren empfangenen Signale sammelt, verarbeitet und paketiert. Analog-Digital-Wandler (ADCs) wandeln analoge Signale in digitale Daten um, während Multiplexer Eingaben mehrerer Sensoren zu einem einzigen Datenstrom kombinieren. Mikrocontroller oder Prozessoren verarbeiten diese Daten und formatieren sie zu Telemetriepaketen. Moderne DAS-Systeme verwenden fehlertolerante Mikroprozessoren wie die RAD750- und LEON-Prozessoren, um einen zuverlässigen Betrieb in stark strahlungsbelasteten Umgebungen sicherzustellen. Zusätzlich zur Echtzeitübertragung speichern Borddatensysteme wie Solid-State-Recorder (SSRs) und Flash-Speicher Telemetriedaten für die Nachflug-Analyse. Die Datenorganisation folgt häufig standardisierten Protokollen wie denen des Consultative Committee for Space Data Systems (CCSDS), um die Kompatibilität mit Bodenverarbeitungssystemen zu gewährleisten.

Sender sind für die Übertragung der Telemetriedaten an die Bodenstationen über Hochfrequenzsignale (RF) verantwortlich. Diese Geräte sind leicht, zuverlässig und in der Lage, unter extremen Startbedingungen zu arbeiten. Hochfrequenz- (HF) und Ultrahochfrequenzsender (UHF) werden typischerweise für Kurzstreckenübertragungen während Start und Aufstieg eingesetzt. Für Langstreckenkommunikation bieten S-Band- und X-Band-Sender hohe Datenraten und werden häufig in modernen Raketen verwendet. Leistungsverstärker stellen sicher, dass das Funksignal stark genug ist, um atmosphärische Dämpfung zu überwinden und die Bodenstationen zu erreichen, während digitale Modulationstechniken wie Phasenumtastung (PSK) und Frequenzumtastung (FSK) die Telemetriedaten auf Trägersignale aufmodulieren. Um die Zuverlässigkeit zu erhöhen, verwenden

Grundlagen des Raketenbaus und der Konstruktion

Raketen häufig mehrere Sender, die auf unterschiedlichen Frequenzen arbeiten, um Redundanz bei Signalverlust zu gewährleisten.

Antennen sind entscheidende Komponenten von Telemetriesystemen, da sie die Signalübertragung und den Empfang ermöglichen. Die Bordantennen sind speziell dafür ausgelegt, extremen Startbedingungen wie Vibrationen, Stößen und aerodynamischer Erwärmung standzuhalten, während sie eine zuverlässige Kommunikation sicherstellen. Patchantennen sind leicht und flach, ideal für die Übertragung von Hochfrequenzsignalen kleinerer Raketen und Satelliten. Rundstrahlantennen bieten kontinuierliche Signalübertragung in alle Richtungen und gewährleisten eine stabile Verbindung unabhängig von der Ausrichtung der Rakete. Für Missionen, die gerichtete Kommunikation erfordern, wie Oberstufenoperationen oder Tiefraummissionen, konzentrieren Richtantennen die Signalstärke in bestimmte Richtungen. Antennen werden strategisch an mehreren Stellen der Rakete, wie der Nase, dem Rumpf und den Flossen, platziert, um Signalabschattungen zu minimieren und eine konsistente Kommunikation während der Flugmanöver zu gewährleisten.

Bodengestützte Telemetriesysteme spielen eine entscheidende Rolle beim Empfang und der Verarbeitung der von der Rakete übertragenen Daten. Diese Systeme umfassen große Parabolantennen oder Phased-Array-Antennen, die Telemetriesignale über große Entfernungen empfangen. Das Deep Space Network (DSN) der NASA beispielsweise verwendet bodengestützte Antennen, um Raumfahrzeuge und Raketen während interplanetarer Missionen zu verfolgen. HF-Empfänger dekodieren die Telemetriesignale und extrahieren die Datenpakete zur Verarbeitung. Signalverarbeitungssysteme filtern Rauschen heraus, wenden Fehlererkennungs- und -korrekturtechniken wie Forward Error Correction (FEC) an und analysieren die Rohdaten. Die verarbeiteten Informationen werden auf Echtzeit-Dashboards angezeigt und bieten Einblicke in Parameter wie Triebwerksleistung, Treibstoffdruck, Höhe und Geschwindigkeit. Ingenieure überwachen diese Anzeigen während der gesamten Mission, um zeitnahe Entscheidungen zu treffen und den Erfolg der Mission sicherzustellen.

Telemetriesysteme dienen einer Vielzahl von Echtzeitanwendungen während des Raketenbetriebs. Sie ermöglichen die Zustandsüberwachung kritischer Untersysteme wie Triebwerke, Treibstoffsysteme und Avionik, um Anomalien frühzeitig zu erkennen und zu beheben. Die Flugbahnverfolgung liefert Daten über Höhe, Geschwindigkeit und Position der Rakete, um sicherzustellen, dass sie dem geplanten Kurs folgt. Die Telemetrie unterstützt auch die Flugsicherheit, indem sie der Bodensteuerung ermöglicht, kritische Fehler zu erkennen und Befehle wie den Missionsabbruch oder die Aktivierung von Selbstzerstörungssystemen auszugeben, um Unfälle zu verhindern. Darüber hinaus werden während des Fluges gespeicherte Telemetriedaten für Nachfluganalysen verwendet, um die Systemleistung zu bewerten, Anomalien zu untersuchen und Entwürfe für zukünftige Missionen zu verbessern.

Moderne Raketen wie SpaceX' Falcon 9, NASAs Space Launch System (SLS) und Blue Origins New Shepard verwenden fortschrittliche Telemetriesysteme. SpaceX zeigt während der Starts Echtzeit-Telemetrie, die Live-Daten zu Geschwindigkeit, Höhe und Triebwerksstatus sowohl für Ingenieure als auch für die Öffentlichkeit anzeigt. Bei Tiefraummissionen, wie dem Artemis-Programm der NASA, sind Telemetriesysteme entscheidend für die Übertragung von Gesundheits- und Navigationsdaten des Raumfahrzeugs über große Entfernungen zur Erde, um einen zuverlässigen Betrieb fern der Bodensteuerung zu gewährleisten.

Telemetriesysteme sind für den Erfolg von Raketenmissionen unerlässlich, da sie kontinuierliche Echtzeitdaten über Leistung, Flugbahn und Systemzustand liefern. Durch die Integration von Sensoren, Datenerfassungssystemen, Sendern, Antennen und bodengestützten Empfängern ermöglichen sie Ingenieuren die Überwachung und Steuerung der Raketen während der gesamten Mission. Fortschritte in der Telemetrie, wie Hochfrequenzsender, verbesserte Fehlerkorrekturen und kompakte Bordsysteme, haben die Genauigkeit, Zuverlässigkeit und Reichweite der Telemetriekommunikation erheblich verbessert und unterstützen zunehmend komplexe und ambitionierte Raumfahrtmissionen.

Integration von Bordcomputern und Telemetrie

Bordcomputer und Telemetriesysteme arbeiten gemeinsam als Teil der Avionik eines Raumfahrzeugs. Der Bordcomputer steuert die Vorgänge des Fahrzeugs, führt Befehle aus und verarbeitet Sensordaten, während das Telemetriesystem diese Daten paketiert und zur Erde überträgt. Der Computer empfängt außerdem Befehle von der Bodenstation über das Telemetriesystem und übersetzt diese Eingaben in auszuführende Operationen.

Während des Starts überwacht der Bordcomputer beispielsweise die Flugdynamik der Rakete, indem er Schub und Steuerflächen basierend auf Rückmeldungen der Sensoren anpasst. Gleichzeitig überträgt das Telemetriesystem kritische Flugdaten, wie Schubniveaus und Temperaturen der Triebwerke, sodass Missionsleiter die Leistung des Fahrzeugs überwachen können. Wird eine Abweichung festgestellt, kann die Bodenstation über die Telemetrieleitung Korrekturbefehle an den Computer senden.

In autonomen Tiefraummissionen arbeiten Bordcomputer und Telemetriesysteme zusammen, um präzise Navigation und Kommunikation zu gewährleisten. Der Computer übernimmt die Entscheidungsfindung an Bord sowie autonome Bahnkorrekturen, während das Telemetriesystem Fortschrittsberichte, wissenschaftliche Daten und Statusinformationen zur Erde übermittelt.

Sowohl Bordcomputer als auch Telemetriesysteme stehen vor erheblichen Herausforderungen, insbesondere in Tiefraumumgebungen. Strahlung kann elektronische Komponenten stören und Daten beschädigen, weshalb strahlungsgehärtete Hardware erforderlich ist. Die begrenzte Energieverfügbarkeit erfordert einen besonders effizienten Betrieb, insbesondere bei kleineren Raumfahrzeugen. Zudem führen große Übertragungsdistanzen bei interplanetaren Missionen zu erheblichen Signalverzögerungen und Dämpfungen.

Neuere Entwicklungen begegnen diesen Herausforderungen durch den Einsatz effizienterer, miniaturisierter Computer mit höherer Rechenleistung, fortschrittlichen Fehlerkorrekturalgorithmen und verbesserter Redundanz. Moderne Telemetriesysteme nutzen höhere Frequenzbänder (z. B. das Ka-Band) für gesteigerte Datenraten und setzen Laserkommunikationssysteme ein, um eine schnellere und zuverlässigere Datenübertragung im Weltraum zu ermöglichen.

Grundlagen des Raketenbaus und der Konstruktion

Zusammen bilden Bordcomputer und Telemetriesysteme das Rückgrat der betrieblichen Leistungsfähigkeit einer Rakete. Bordcomputer übernehmen die autonome Steuerung, führen missionskritische Aufgaben aus und gewährleisten die Stabilität des Fahrzeugs, während Telemetriesysteme die Echtzeitüberwachung und Kommunikation mit der Bodenstation sicherstellen. Gemeinsam ermöglichen diese Systeme präzise Navigation, erhöhen die Zuverlässigkeit und sichern den Erfolg von Missionen im niedrigen Erdorbit, bei interplanetaren Reisen und darüber hinaus.

Redundanz und Ausfallsicherheit im Avionikdesign

Redundanz und Ausfallsicherungen im Avionikdesign

Redundanz und Ausfallsicherungen im Avionikdesign sind entscheidende Prinzipien, die darauf abzielen, die Sicherheit, Zuverlässigkeit und Robustheit von Luft- und Raumfahrtsystemen sicherzustellen – insbesondere bei Flugzeugen, Raketen und Raumfahrzeugen. Diese Systeme arbeiten in Hochrisiko-Umgebungen, in denen selbst kleine Ausfälle katastrophale Folgen haben können. Durch die Integration von Redundanz und Ausfallsicherungen werden Avioniksysteme so konstruiert, dass sie ihre Funktionalität aufrechterhalten, Fehler tolerieren und sich während kritischer Betriebsphasen von Ausfällen erholen können.

Redundanz im Avionikdesign

Redundanz ist ein zentrales Konstruktionsprinzip in Avioniksystemen, um Missionssicherheit und Zuverlässigkeit zu gewährleisten. In der Avionik werden mehrere Arten von Redundanz umgesetzt:

Hardware-Redundanz: Die Hardware-Redundanz beinhaltet die Duplizierung oder Verdreifachung kritischer Komponenten wie Prozessoren, Sensoren oder Stromversorgungen. In einem doppelt redundanten System arbeiten zwei identische Komponenten gleichzeitig, wobei eine als Backup dient, falls die andere ausfällt. In einem dreifach redundanten System (häufig unter Verwendung von Triple Modular Redundancy, TMR) führen drei identische Komponenten dieselbe Funktion aus, und ein Mehrheitsabstimmungsmechanismus wählt das konsistente Ausgangssignal aus. Dies stellt sicher, dass das System Einzelfehler tolerieren kann, wie es etwa in Raketenführungs- und Navigationssystemen mit redundanten Inertialmesssystemen (IMUs) gezeigt wird [302, 303].

Funktionale Redundanz: Funktionale Redundanz bedeutet, dass unterschiedliche Komponenten oder Untersysteme so entworfen werden, dass sie bei einem Ausfall ähnliche Funktionen übernehmen können. Wenn beispielsweise ein primäres Navigationssystem ausfällt, kann ein alternatives System wie GPS, Sternsensoren oder Radarhöhenmesser einspringen. Diese Vielfalt in der Systemarchitektur stellt sicher, dass alternative Lösungen verfügbar sind, um die Mission fortzusetzen, selbst wenn eine spezifische Technologie versagt [304, 305].

In modernen Raketen bedeutet funktionale Redundanz, dass verschiedene Komponenten oder Untersysteme in der Lage sind, ähnliche Aufgaben zu erfüllen, um den Erfolg der Mission auch bei einem Teilausfall sicherzustellen. Durch die Nutzung alternativer Technologien oder sich überschneidender Fähigkeiten kann die Rakete weiterarbeiten und so das Risiko von Einzelfehlern mindern. Dies ist besonders wichtig bei Weltraummissionen, bei denen Zuverlässigkeit oberste Priorität hat und Reparaturen im Flug oder im Weltraum unmöglich sind.

Funktionale Redundanz funktioniert durch die Integration unabhängiger Systeme oder Komponenten, die dasselbe Ziel mit unterschiedlichen Technologien oder Methoden erreichen. Im Gegensatz zur Hardware-Redundanz, bei der identische Komponenten sich gegenseitig absichern (z. B. drei identische Prozessoren in einem TMR-System), nutzt die funktionale Redundanz vielfältige Systeme, um den Betrieb auch bei Teilausfällen sicherzustellen. Diese technologische Diversität erhöht die Systemrobustheit, da unterschiedliche Technologien weniger wahrscheinlich gleichzeitig durch dieselben Ursachen wie Strahlung oder Umwelteinflüsse versagen.

Wenn beispielsweise ein primäres Navigationssystem, das auf GPS basiert, aufgrund von Signalverlust oder externer Störung ausfällt, kann ein sekundäres System mit Sternsensoren, Inertialnavigationssystemen (IMUs) oder Radarhöhenmessern die notwendigen Positions- und Orientierungsdaten liefern. Jedes Subsystem arbeitet unabhängig und bietet ähnliche Funktionen, wodurch kein kritischer Fähigkeitsverlust entsteht.

Beispiele funktionaler Redundanz in modernen Raketen:

1. **SpaceX Falcon 9:** Die Falcon 9 integriert mehrere Navigations- und Steuerungssysteme, die funktionale Redundanz bieten. Das primäre Navigationssystem nutzt GPS-Empfänger zur Bestimmung von Position, Geschwindigkeit und Höhe. Wenn GPS-Signale ausfallen oder gestört werden, kann die Rakete auf Inertialmesssysteme (IMUs) und Bordcomputer zur Trägheitsnavigation umschalten. Diese IMUs kombinieren Daten von Beschleunigungsmessern und Gyroskopen, um Bewegung und Ausrichtung ohne externe Signale zu berechnen. In der zweiten Stufe nutzt Falcon 9 außerdem Sternsensoren und Horizontdetektoren, um eine präzise Orientierung im Orbit sicherzustellen.

2. **NASA Space Launch System (SLS):** Das SLS, NASAs Schwerlastrakete für Tiefraummissionen, integriert funktionale Redundanz in seinen Avionik-, Navigations- und Steuerungssystemen. Das Hauptsystem verwendet hochpräzise GPS-Empfänger und IMUs zur Bahnverfolgung. Fällt eines dieser Systeme aus, übernehmen Sternsensoren und Horizontdetektoren die Steuerung. Zusätzlich verfügt die SLS-Avionik über redundante Kommunikationsverbindungen für Telemetrie und Steuerung, um Datenzugang auch bei einem Ausfall der Primärverbindung sicherzustellen.

3. **ESA Ariane 6:** Die Ariane 6 nutzt mehrere redundante Führungs- und Navigationssysteme. Während Start und Aufstieg verlässt sie sich auf ein Inertialnavigationssystem (INS), das Beschleunigung und Drehgeschwindigkeit misst. Bei Anomalien im INS kann das System auf GPS-Navigation zurückgreifen, um externe Positionsreferenzen für Korrekturen zu erhalten. In der Umlaufbahn sorgen Sternsensoren für eine präzise Ausrichtung, unabhängig von GPS- oder IMU-Systemen.

4. **Blue Origin New Shepard:** Die New Shepard verfügt über mehrere redundante Systeme zur Flugsteuerung. Das Hauptnavigationssystem verwendet IMUs und GPS-Empfänger für den

Grundlagen des Raketenbaus und der Konstruktion

Auf- und Abstieg. Sollte GPS beim Wiedereintritt unzuverlässig werden, schaltet das System auf Radar- und Höhenmesser um, um Höhe und Geschwindigkeit präzise zu bestmmen. Darüber hinaus nutzt New Shepard Schubvektorsteuerung (TVC) und Reaktionssteuerungssysteme (RCS) zur Stabilisierung. Wenn das TVC-System ausfällt, übernehmen RCS-Triebwerke die Ausrichtungskontrolle.

5. **SpaceX Starship:** Das Starship verfügt über funktionale Redundanz in mehreren Flugsystemen. Die Navigation basiert auf einer Kombination aus IMUs, GPS-Empfängern und Sternsensoren. Bei einem Ausfall kann jedes System den Betrieb übernehmen. Während Wiedereintritt und Landung nutzt Starship sowohl Höhenmesser als auch LiDAR-Systeme, um Höhe und Geländeprofile für eine präzise Landung zu bestimmen.

Analytische Redundanz: Analytische Redundanz verwendet mathematische Modelle und Softwarealgorithmen, um Fehler in einem System zu erkennen und zu korrigieren. Durch den Vergleich von Echtzeit-Sensordaten mit den erwarteten Werten, die aus einem Modell abgeleitet werden, können Abweichungen auf Fehler hinweisen. In der Avionik wird analytische Redundanz beispielsweise in Flugsteuerungssystemen eingesetzt, um Sensordaten mit dynamischen Fluggleichungen abzugleichen und so Anomalien zu erkennen [306, 307].

Analytische Redundanz ist eine hochentwickelte Methode zur Fehlererkennung und -korrektur, die auf mathematischen Modellen und Softwarealgorithmen basiert. Anstatt sich ausschließlich auf Hardware-Backups zu verlassen, nutzt sie softwarebasierte Verfahren, um Fehler mit Echtzeitdaten zu erkennen, zu isolieren und zu beheben. Dies erhöht die Zuverlässigkeit, ohne erhebliches Gewicht oder Kosten hinzuzufügen – ein entscheidender Vorteil bei modernen Raketen und Raumfahrzeugen.

Das System vergleicht Echtzeit-Sensordaten mit Werten, die durch mathematische Modelle des erwarteten Systemverhaltens vorhergesagt werden. Diese Modelle basieren auf den dynamischen Gleichungen des Systems, die beschreiben, wie sich das Raumfahrzeug unter bestimmten Bedingungen (z. B. Schub, Orientierung, Höhe, Geschwindigkeit) verhalten sollte. Wenn die Sensordaten erheblich von den Modellwerten abweichen, wird die Diskrepanz als potenzieller Fehler erkannt.

Beispielsweise erkennt ein Flugsteuerungssystem eine Abweichung, wenn ein Höhenmesser eine Höhe von 10 km angibt, das Modell jedoch auf Basis von Schub, Beschleunigung und vorheriger Höhe 8 km vorhersagt. Der Algorithmus isoliert dann den Fehler, überprüft ihn mit anderen Sensoren oder redundanten Quellen und ergreift Korrekturmaßnahmen – etwa durch die Nutzung nicht betroffener Sensoren oder eine Neukalibrierung des fehlerhaften Messgeräts.

Schritte der analytischen Redundanz

1. **Mathematische Modellierung:** Ein detailliertes Modell des Systemverhaltens wird unter Verwendung von Gleichungen entwickelt, die auf den physikalischen Eigenschaften, der Dynamik und den Umwelteinflüssen der Rakete basieren. Diese Modelle umfassen beispielsweise die newtonsche Mechanik zur Bewegungsprognose,

Energieerhaltungsgleichungen für Energiesysteme sowie Wärmeübertragungsmodelle für das thermische Verhalten.

2. **Vergleich von Echtzeitdaten:** Während des Betriebs werden die Echtzeitausgaben der Sensoren kontinuierlich mit den vom mathematischen Modell vorhergesagten Werten verglichen. Diese Echtzeitanalyse wird von Bordprozessoren durchgeführt, die komplexe Berechnungen bewältigen können.

3. **Fehlererkennung:** Wenn die Differenz (oder der „Residuum") zwischen den beobachteten und modellierten Daten einen vordefinierten Schwellenwert überschreitet, erkennt das System einen Fehler. Beispielsweise kann eine Abweichung in den Beschleunigungsdaten einer IMU auf eine Drift oder einen Sensorausfall hinweisen.

4. **Fehlerisolierung und -korrektur:** Sobald ein Fehler erkannt wird, bestimmt das System die fehlerhafte Komponente, indem es mehrere Datenquellen miteinander vergleicht. Alternative Messungen oder mathematische Schätzungen können die fehlerhaften Daten ersetzen, um den Systembetrieb aufrechtzuerhalten.

5. **Rekalibrierung oder Systemanpassung:** Systeme mit analytischer Redundanz können betroffene Sensoren neu kalibrieren oder Steuerausgaben auf Basis modellierter Schätzungen anpassen, um die Auswirkungen des Fehlers zu minimieren.

Beispiele für analytische Redundanz in modernen Raketen:

1. **SpaceX Falcon 9:** Die Falcon 9 nutzt analytische Redundanz im Flugsteuerungssystem, um die Sensorleistung zu überwachen und Fehler zu erkennen. Während des Starts stützt sich die Rakete auf Inertialmesssysteme (IMUs) zur Bereitstellung von Beschleunigungs- und Winkelgeschwindigkeitsdaten sowie auf GPS-Empfänger für Positionsupdates. Wenn ein IMU-Sensor abnormale Werte liefert, die nicht mit der erwarteten Flugdynamik übereinstimmen, vergleichen analytische Redundanzalgorithmen dessen Ausgaben mit Daten anderer IMUs, GPS oder dem Verhalten der Schubvektorsteuerung. Dadurch kann das Flugsteuerungssystem die fehlerhafte IMU isolieren und weiterhin genaue Daten verwenden, um die Flugbahn zu korrigieren. Wenn beispielsweise ein Beschleunigungsmesser in einer IMU zu driften beginnt, erkennen die Algorithmen die Abweichung zwischen vorhergesagter und beobachteter Bewegung, markieren den Fehler und nutzen Daten aus intakten IMUs oder Modellschätzungen zur Aufrechterhaltung der Steuerung.

2. **NASA Space Launch System (SLS):** Das SLS nutzt analytische Redundanz zur Erhöhung der Zuverlässigkeit seiner Führungs-, Navigations- und Steuerungssysteme (GNC). Die Rakete integriert Daten aus mehreren Navigationssensoren, darunter IMUs, GPS und Sternsensoren. Analytische Redundanzalgorithmen vergleichen die Messungen dieser Sensoren und gleichen sie mit Flugdynamikmodellen ab, um Anomalien zu identifizieren. Wenn beispielsweise ein Sternsensor durch Streulicht oder thermische Drift an Genauigkeit verliert, verwenden die Algorithmen Echtzeitdaten von IMU und GPS, um die Ausgabe des Sternsensors zu überprüfen und zu korrigieren. Dadurch bleibt die Navigation auch bei Teilausfällen präzise und kontinuierlich.

Grundlagen des Raketenbaus und der Konstruktion

3. **ESA Ariane 5 und Ariane 6:** Die Ariane-Raketen verwenden analytische Redundanz in ihren Avioniksystemen zur Überwachung kritischer Komponenten während des Fluges. Das Flugsteuerungssystem (FCS) nutzt eine Kombination aus Gyroskopen, Beschleunigungsmessern und Steuerungsalgorithmen, um Stabilität und Flugbahn zu steuern. Wenn ein Gyroskop fehlerhafte Winkelgeschwindigkeitsdaten liefert, vergleicht das Bordsystem seine Ausgaben mit Beschleunigungsdaten und dynamischen Modellen, um den Fehler zu erkennen. Das System verlässt sich anschließend auf intakte Datenquellen, um eine präzise Bahnsteuerung aufrechtzuerhalten.

4. **Boeing CST-100 Starliner:** Das Starliner-Raumschiff nutzt analytische Redundanz zur Überwachung kritischer Navigationssensoren, wie Radarhöhenmesser und IMUs, während des Abstiegs und der Landung. Wenn die Radarhöhenmesserdaten vom erwarteten Sinkprofil abweichen, verwenden die Bordalgorithmen von der IMU abgeleitete Höhenwerte und modellierte Flugdynamiken, um die fehlerhaften Messungen zu validieren oder zu ersetzen, was eine sichere Landung gewährleistet.

5. **SpaceX Starship:** Das Starship-System verwendet analytische Redundanz in seinen Navigations- und Steuerungssystemen. Die Rakete nutzt mehrere Navigationssensoren, darunter GPS, IMUs und Sternsensoren, um Aufstieg und Abstieg zu steuern. Analytische Algorithmen vergleichen diese Datenströme mit den vorhergesagten Fahrzeugdynamiken, die aus Schubprofilen und aerodynamischen Modellen abgeleitet werden. Wenn Diskrepanzen festgestellt werden, identifizieren die Algorithmen den fehlerhaften Sensor, isolieren ihn und nutzen die verbleibenden Daten oder Modellschätzungen, um Stabilität und Genauigkeit während der Mission sicherzustellen.

Cross-Strapping: Cross-Strapping stellt sicher, dass jede redundante Komponente in einem Avioniksystem auf mehrere Backup-Ressourcen zugreifen kann. Beispielsweise können mehrere Flugsteuerungscomputer mit mehreren redundanten Datenbussen und Aktuatoren kommunizieren, um den kontinuierlichen Betrieb auch dann zu gewährleisten, wenn ein Untersystem oder eine Verbindung ausfällt [308].

Cross-Strapping ist eine entscheidende Entwurfstechnik in Avioniksystemen – insbesondere für moderne Raketen und Raumfahrzeuge – zur Gewährleistung von Fehlertoleranz und kontinuierlichem Betrieb. Dabei werden mehrere redundante Komponenten wie Computer, Sensoren, Datenbusse und Aktuatoren so miteinander vernetzt, dass jedes redundante Element auf mehrere Backup-Ressourcen zugreifen kann. Dieses Design stellt sicher, dass ein einzelner Ausfall – sei es einer Komponente, einer Verbindung oder eines Untersystems – den Gesamtbetrieb des Fahrzeugs nicht gefährdet. Cross-Strapping bietet Flexibilität, Widerstandsfähigkeit und erhöhte Systemzuverlässigkeit, was für missionskritische Systeme in Raketen unerlässlich ist.

In einem cross-gestrappten Avioniksystem wird Redundanz nicht nur auf Komponentenebene, sondern auch in den Verbindungen zwischen den Systemen implementiert. Mehrere Komponenten wie Flugsteuerungscomputer (Flight Control Computers, FCCs), Datenbusse und Aktuatoren sind so miteinander verbunden, dass bei einem Ausfall einer Komponente oder eines Datenpfads ein alternativer Pfad oder eine redundante Ressource nahtlos übernehmen kann.

Beispielsweise in einem typischen cross-gestrappten Flugsteuerungssystem:

1. Mehrere Flugsteuerungscomputer (z. B. FCC A, FCC B, FCC C) werden zur Redundanz eingesetzt.
2. Diese Computer sind über mehrere redundante Datenbusse miteinander verbunden, die Befehle und Daten zwischen den Subsystemen übertragen.
3. Aktuatoren (zur Steuerung von Raketendüsen, Flossen oder anderen beweglichen Teilen) sind an alle Datenbusse angeschlossen und können Eingaben von jedem der Flugcomputer empfangen.
4. Wenn ein FCC ausfällt oder ein Datenbus unbrauchbar wird, leitet das System die Daten automatisch über die verbleibenden funktionalen Busse und Computer um, um die Steuerung aufrechtzuerhalten.

Dies stellt sicher, dass jedes kritische Untersystem Zugang zu mehreren Steuerpfaden hat, wodurch Einzelpunktfehler eliminiert werden. Das Design wird häufig durch Fehlererkennungstechniken überprüft, um sicherzustellen, dass nur verlässliche Daten verarbeitet werden.

Beispiele für Cross-Strapping in modernen Raketen:

1. SpaceX Falcon 9: Die Falcon-9-Rakete von SpaceX verwendet Cross-Strapping, um Fehlertoleranz in ihren Flugsteuerungs- und Avioniksystemen zu gewährleisten. Mehrere Flugsteuerungscomputer (Flight Control Computers, FCCs) arbeiten parallel, wobei jeder mit redundanten Sensoren, Datenbussen und Aktuatoren kommunizieren kann.

- Die Flugsteuerungscomputer der Falcon 9 sind mit mehreren Schubvektorsteuerungs-Aktuatoren (Thrust Vector Control, TVC) vernetzt, die für die Ausrichtung der Triebwerksdüse verantwortlich sind.
- Fällt ein Computer oder ein Datenpfad aus, ermöglicht die cross-gestrappte Architektur einem alternativen FCC und Datenbus, die Kontrolle zu übernehmen, wodurch eine kontinuierliche Schubvektorsteuerung und Flugbahnanpassung gewährleistet bleibt.

Dieses Maß an Fehlertoleranz war entscheidend für die hohe Zuverlässigkeit der Rakete bei zahlreichen erfolgreichen Starts, einschließlich bemannter Missionen zur Internationalen Raumstation (ISS).

2. NASA Space Launch System (SLS): Das für Tiefraummissionen entwickelte Space Launch System (SLS) der NASA integriert Cross-Strapping in seine Avionik- und Leitsysteme. Das SLS verfügt über redundante Flugcomputer und Datenbusse, die miteinander vernetzt sind, um den kontinuierlichen Betrieb bei Hardwareausfällen sicherzustellen.

- Jeder Flugsteuerungscomputer des SLS ist mit mehreren redundanten Kommunikationsbussen verbunden, die mit Schlüsselkomponenten wie Triebwerkssteuerungen, Inertialmesssystemen (IMUs) und Hydraulikaktoren interagieren.

Grundlagen des Raketenbaus und der Konstruktion

- Fällt ein einzelner Computer oder eine Kommunikationsverbindung aus, kann das System Steuersignale über die verbleibenden funktionalen Pfade umleiten, um eine präzise Kontrolle der Rakete während kritischer Phasen wie Start und Aufstieg aufrechtzuerhalten.

Diese Architektur ermöglicht es dem Fahrzeug, Fehler autonom zu erkennen, zu isolieren und zu beheben – ohne menschliches Eingreifen.

3. Space Shuttle Avionik: Das inzwischen außer Dienst gestellte Space Shuttle verwendete eine äußerst robuste Cross-Strapping-Architektur in seinen General Purpose Computers (GPCs) und Datenbussen.

- Das Shuttle verfügte über fünf redundante Flugcomputer, die alle mit mehreren redundanten Datenbussen verbunden waren.
- Die GPCs konnten Befehle an mehrere Aktuatoren senden, etwa jene zur Steuerung der aerodynamischen Flächen und Triebwerke.
- Fiel ein GPC aus, ermöglichte das cross-gestrappte System den verbleibenden Computern, weiterhin mit den Aktuatoren zu kommunizieren und den Betrieb nahtlos fortzusetzen.

Dieses Konzept trug wesentlich zur hohen Zuverlässigkeit des Space Shuttle über seine gesamte Einsatzzeit bei, selbst bei Teilausfällen von Subsystemen.

4. ULA Atlas V und Delta IV: Die von der United Launch Alliance (ULA) betriebenen Raketen Atlas V und Delta IV nutzen Cross-Strapping in ihren Flugsteuerungssystemen, um Fehlertoleranz zu erreichen.

- Redundante Inertialnavigationssysteme (INS) und Flugsteuerungscomputer sind über mehrere Datenbusse miteinander verbunden, um eine ständige Kommunikation sicherzustellen.
- Jeder FCC kann mit Backup-Bussen interagieren und Steuerbefehle an die Aktuatoren der Rakete senden, etwa an die Schubvektorsteuerung oder Stufentrennungssysteme.
- Tritt ein Fehler in einem Pfad oder System auf, sorgt das Cross-Strapping dafür, dass die redundanten Pfade und Komponenten übernehmen, sodass die Mission ohne Unterbrechung fortgesetzt werden kann.

5. Blue Origin New Shepard: Die suborbitale Rakete New Shepard von Blue Origin verfügt über eine cross-gestrappte Architektur, um die Sicherheit und Zuverlässigkeit ihres autonomen Flugsteuerungssystems zu gewährleisten.

- Redundante Computer und Sensoren sind mit Aktuatoren und Steuersystemen vernetzt, sodass die Rakete selbst bei einem Ausfall autonom ihre Flugbahn beibehalten und kritische Manöver wie die Landung des Boosters durchführen kann.
- Dieses Design war maßgeblich für den wiederholten Erfolg von New Shepard beim sicheren Landen wiederverwendbarer Booster nach suborbitalen Missionen verantwortlich.

Die Umsetzung solcher Redundanztechniken im Avionikdesign ist entscheidend, um die hohen Anforderungen an Fehlertoleranz und Zuverlässigkeit in missionskritischen Anwendungen zu erfüllen [309-311]. Strategien zum Redundanzmanagement und die Integration von Redundanz in die

Gesamtarchitektur des Systems sind aktive Forschungs- und Entwicklungsfelder in der modernen Avionik [312, 313].

Ausfallsicherungen im Avionikdesign

Ausfallsicherungen (Fail-Safes) sind grundlegende Konstruktionsprinzipien in Avioniksystemen, die Sicherheit und Zuverlässigkeit unter Fehlerbedingungen gewährleisten sollen. Die wichtigsten Prinzipien der Ausfallsicherung im Avionikdesign umfassen:

Betrieb im Sicherheitsmodus (Safe Mode Operations): Avioniksysteme, insbesondere Raumfahrzeuge, sind häufig so programmiert, dass sie bei erkannten Fehlern in einen Sicherheitsmodus (Safe Mode) übergehen [314]. In diesem Modus werden alle nicht lebenswichtigen Systeme abgeschaltet, während nur Kernfunktionen wie Kommunikation und Energieversorgung aktiv bleiben. Dies verhindert den Verlust der Mission und stellt sicher, dass das System in einem stabilen Zustand verbleibt, bis Wiederherstellungskommandos vom Boden empfangen werden können.

Der Sicherheitsmodus ist ein wesentliches Fail-Safe-Mechanismus in Avionik- und Raumfahrzeugsystemen, der entwickelt wurde, um das Fahrzeug und seine Nutzlast im Falle erkannter Fehler, Anomalien oder unerwarteter Zustände zu schützen. Sobald eine Fehlfunktion erkannt wird, schaltet das Raumfahrzeug automatisch in den Sicherheitsmodus, in dem alle nicht kritischen Systeme heruntergefahren werden und nur die Kernsubsysteme – wie Energieerzeugung, thermische Regelung und Kommunikation – aktiv bleiben. Dieser Modus priorisiert das Überleben, die Kommunikationsfähigkeit mit der Bodenstation und die Systemstabilität und stellt sicher, dass das Fahrzeug wiederhergestellt werden kann.

Der Übergang in den Sicherheitsmodus wird vom Fault Detection, Isolation and Recovery (FDIR)-System gesteuert, das kontinuierlich den Zustand und die Integrität der Raumfahrzeugsubsysteme überwacht. Sensoren, Diagnosesysteme und Softwarealgorithmen erkennen Anomalien in Parametern wie Stromversorgung, Temperatur, Kommunikation, Antrieb oder Lagekontrolle.

- **Fehlererkennung:** Das Avioniksystem verwendet redundante Sensoren und analytische Redundanz (z. B. Vergleich von Echtzeitdaten mit dem erwarteten Systemverhalten), um Abweichungen wie Spannungseinbrüche, Überhitzung oder Kommunikationsausfälle zu erkennen. Wenn beispielsweise ein Sternsensor keine gültigen Orientierungsdaten liefert, identifiziert das System einen Fehler im Führungssubsystem.
- **Fehlerisolierung:** Nach der Erkennung wird das fehlerhafte Subsystem oder die betroffene Komponente isoliert. Falls verfügbar, werden redundante Komponenten oder alternative Pfade aktiviert – z. B. wird ein defektes Reaktionsrad deaktiviert und ein Ersatzrad oder ein alternatives Kontrollsystem wie Magnettorquer aktiviert.
- **Übergang in den Sicherheitsmodus:** Das Raumfahrzeug schaltet automatisch alle nicht essenziellen Funktionen ab, etwa wissenschaftliche Instrumente, Nutzlasten oder sekundäre Kommunikationskanäle. Der Fokus liegt dann auf:
    - **Energieerzeugung:** Sicherstellen, dass Solarpaneele oder Energiesysteme weiterhin funktionieren.

Grundlagen des Raketenbaus und der Konstruktion

- - **Lagekontrolle:** Aufrechterhaltung der Orientierung des Raumfahrzeugs, um eine korrekte Ausrichtung der Solarpaneele oder Antennen zu gewährleisten.
  - **Kommunikation:** Aufbau einer stabilen Verbindung zur Bodenstation, um Diagnosedaten zu übermitteln und Wiederherstellungsbefehle zu empfangen.
  - **Thermisches Management:** Aufrechterhaltung der Betriebstemperaturen kritischer Komponenten.
- **Wiederherstellung durch Bodenkommandos:** Nach dem Eintritt in den Sicherheitsmodus sendet das Raumfahrzeug Diagnosedaten an die Missionskontrolle. Dort analysieren Ingenieure die Fehlerursache und erarbeiten Korrekturmaßnahmen, die anschließend als Kommandos zur Wiederherstellung der vollen Funktion gesendet werden.

Beispiele für Safe-Mode-Betrieb in modernen Raketen und Raumfahrzeugen:

1. NASA Mars Reconnaissance Orbiter (MRO): Die 2005 gestartete Sonde trat mehrfach in den Sicherheitsmodus ein. 2009 erkannte das System beispielsweise eine Anomalie im Bordcomputer und wechselte automatisch in den Safe Mode.

- In diesem Zustand schaltete MRO wissenschaftliche Instrumente ab, richtete die Solarpaneele zur Sonne aus und konzentrierte sich auf die Kommunikation mit der Erde.
- Nach einer Software-Neulandung durch Ingenieure am Boden konnte die Mission fortgesetzt werden.

2. SpaceX Crew Dragon: Das Crew-Dragon-Raumschiff von SpaceX verfügt über einen fortschrittlichen Sicherheitsmodus zum Schutz der Besatzung und kritischer Systeme.

- Wird ein Fehler in Lebenserhaltung, Antrieb oder Navigation erkannt, tritt das Raumfahrzeug in den Sicherheitsmodus über, um Energieversorgung, Lagekontrolle und Kommunikation aufrechtzuerhalten.
- Beim *In-Flight Abort Test* demonstrierte Crew Dragon seine Fähigkeit, sich nach einem Hochbelastungsereignis selbst zu stabilisieren und mit der Bodenstation zu kommunizieren – ein Beweis für die Robustheit seines Sicherheitsmodus.

3. ESA Solar Orbiter: Der 2020 gestartete Solar Orbiter der ESA ist so konzipiert, dass er bei Anomalien – etwa extremen Temperaturschwankungen oder Kommunikationsproblemen – in den Sicherheitsmodus übergeht.

- Im Safe Mode bleiben thermische Kontrollsysteme aktiv, die Solarpaneele werden korrekt ausgerichtet, und die Hochgewinnantenne richtet sich zur Erde.
- So kann das Raumfahrzeug Diagnosedaten übermitteln und die Missionskontrolle Wiederherstellungsmaßnahmen einleiten.

4. Hubble-Weltraumteleskop: Das Hubble-Teleskop trat mehrfach im Verlauf seiner jahrzehntelangen Mission in den Sicherheitsmodus ein, meist infolge von Problemen mit Gyroskopen, Stromversorgung oder Software.

- Im Safe Mode werden wissenschaftliche Instrumente abgeschaltet, Solarpaneele zur Energiegewinnung ausgerichtet und Antennen auf die Erde gerichtet.

- 2021 führte ein Problem in der Stromsteuerungseinheit zum Eintritt in den Sicherheitsmodus, konnte aber durch ein Bodenteam analysiert und behoben werden [315].

5. NASA New Horizons Sonde: Die *New Horizons*-Sonde, die 2015 Pluto passierte, schaltete nur Tage vor der dichtesten Annäherung in den Sicherheitsmodus.

- Nach Erkennung einer Anomalie im Bordcomputer deaktivierte die Sonde wissenschaftliche Instrumente, behielt aber Energieversorgung und Kommunikation mit der Erde [316, 317].
- Die Ingenieure lösten das Problem schnell, wodurch die Mission fortgesetzt und wertvolle Daten gesammelt werden konnten.

Der Sicherheitsmodus ist entscheidend für den Erfolg von Langzeit- oder Tiefraummissionen, bei denen menschliches Eingreifen verzögert oder unmöglich ist. Die Vorteile umfassen:

- **Fehlerbegrenzung:** Verhindert, dass ein Fehler in einem Subsystem auf andere übergreift.
- **Missionssicherung:** Bewahrt Stabilität und Integrität des Raumfahrzeugs, bis Wiederherstellungskommandos eintreffen.
- **Datenintegrität:** Hält Kommunikationssysteme aktiv, um Diagnosedaten zu übermitteln.
- **Systemschutz:** Sichert kritische Komponenten wie Energieversorgung und thermische Steuerung, die für die Lebensdauer des Raumfahrzeugs essenziell sind.

Gestufter Funktionsabbau (Graceful Degradation): Avioniksysteme sind für einen „gestuften Funktionsabbau" ausgelegt, bei dem die Funktionalität bei einem Ausfall schrittweise reduziert wird, während kritische Operationen erhalten bleiben [318]. Wenn beispielsweise während eines Raketenstarts ein Triebwerk ausfällt, kann das Avioniksystem den Schub der verbleibenden Triebwerke anpassen, um die Flugbahn mit reduzierter Leistung fortzusetzen.

„Graceful Degradation" beschreibt das Prinzip, dass bei einem Fehler nicht das gesamte System abgeschaltet wird, sondern nicht-essenzielle Funktionen schrittweise deaktiviert oder gedrosselt werden, während Kernfunktionen erhalten bleiben. Das System passt sich durch Umverteilung von Ressourcen oder Aufgaben an, um den Betrieb aufrechtzuerhalten. Dieses Prinzip ist besonders wichtig bei Raketen und Raumfahrzeugen, wo Redundanz und Anpassungsfähigkeit für die Bewältigung unvorhergesehener Fehler während des Fluges entscheidend sind.

Gestufter Funktionsabbau umfasst:

1. **Fehlererkennung und -isolierung:** Das Avioniksystem, ausgestattet mit FDIR-Mechanismen, überwacht kontinuierlich alle kritischen Subsysteme. Sensoren, Softwarealgorithmen und analytische Modelle erkennen Anomalien in Triebwerken, Sensoren oder Kommunikationssystemen.

2. **Ressourcenverteilung:** Nach der Fehlererkennung priorisiert das System kritische Operationen durch Umverteilung der verfügbaren Ressourcen. Beispiel: Bei einem Triebwerksausfall wird der Schub der verbleibenden Triebwerke angepasst, um den Leistungsverlust auszugleichen.

Grundlagen des Raketenbaus und der Konstruktion

3. **Schrittweise Reduktion der Funktionalität:** Nicht essentielle Systeme wie sekundäre Nutzlasten, wissenschaftliche Instrumente oder Hilfsfunktionen werden deaktiviert, um Energie und Rechenleistung für Hauptfunktionen zu sparen.

4. **Fortführung der Mission mit eingeschränkter Leistung:** Trotz reduzierter Kapazität bleibt das System betriebsfähig. Für Raketen bedeutet das etwa das Erreichen einer leicht veränderten Flugbahn statt eines Missionsabbruchs, während Raumfahrzeuge weiterhin grundlegende Operationen wie Energieversorgung, Kommunikation und Stabilisierung aufrechterhalten.

Beispiele für gestuften Funktionsabbau (Graceful Degradation) in aktuellen und modernen Raketen:

1. SpaceX Falcon 9 – Triebwerksausfallfähigkeit (Engine-Out Capability): Die Falcon-9-Rakete von SpaceX ist mit einer sogenannten *Engine-Out Capability* ausgestattet – ein herausragendes Beispiel für gestuften Funktionsabbau. Die Erststufe der Rakete verfügt über neun Merlin-Triebwerke. Fällt eines davon während des Aufstiegs aus, erkennt das Avioniksystem den Fehler und verteilt den Schub auf die verbleibenden funktionsfähigen Triebwerke, um den Leistungsverlust auszugleichen.

- Während eines Falcon-9-Flugs im Jahr 2012 schaltete eines der neun Triebwerke aufgrund einer Anomalie während des Fluges ab. Das Bordavioniksystem passte den Schub der übrigen Triebwerke automatisch an, um die vorgesehene Flugbahn beizubehalten. Obwohl die Sekundärnutzlast beeinträchtigt wurde, konnte die Hauptmission – das Ausliefern des Dragon-Raumschiffs zur Internationalen Raumstation (ISS) – erfolgreich abgeschlossen werden.
- Diese Redundanz und adaptive Reaktionsfähigkeit gewährleisten die Fortführung der Mission selbst unter Teilfunktionsausfällen.

2. NASA Space Shuttle – Anpassung von Triebwerken und Steuerdüsen: Das außer Dienst gestellte Space Shuttle verfügte über Systeme, die auf gestuften Funktionsabbau bei Triebwerks- oder Düsenfehlern ausgelegt waren. Wenn eines der drei RS-25-Haupttriebwerke während des Starts eine verringerte Leistung aufwies oder ausfiel, erkannte das Avioniksystem den Fehler und passte die Schubstufen der verbleibenden Triebwerke an, um Stabilität und Flugbahn zu erhalten.

- Zusätzlich konnte das System während Bahnmanövern bei Ausfall eines *Orbital Maneuvering System* (OMS)-Triebwerks die Schubarbeit auf die verbleibenden Triebwerke umverteilen, um die Missionsziele mit leicht verringerter Präzision zu erreichen.

3. ULA Atlas V – Redundante Triebwerkssteuerung: Die von der *United Launch Alliance (ULA)* entwickelte Atlas-V-Rakete enthält Mechanismen, um Teilausfälle von Triebwerken oder Subsystemen zu kompensieren. Tritt während des Aufstiegs eine Anomalie im RD-180-Haupttriebwerk auf, reagiert das Avioniksystem durch Anpassung der Drosselstellung und der Brenndauer, um die verminderte Leistung auszugleichen.

- Dieses Konzept stellt sicher, dass die Rakete ihre Nutzlast trotzdem in die vorgesehene Umlaufbahn bringen kann – gegebenenfalls mit leicht geänderten Parametern – ohne dass die Mission abgebrochen werden muss.

4. Ariane 5 – Energiemanagement für Satellitennutzlasten: Die hauptsächlich für den Transport von Satelliten in den geostationären Transferorbit eingesetzte Ariane-5-Rakete demonstriert gestuften Funktionsabbau in ihrem Energiesystem. Wenn eine Störung in der Energieverteilungseinheit auftritt, priorisiert das Avioniksystem lebenswichtige Komponenten wie Triebwerkssteuerung, Telemetrie und Lagekontrolle, während die Energieversorgung sekundärer Systeme reduziert wird.

- Diese Vorgehensweise verhindert einen vollständigen Energieausfall und stellt sicher, dass die Nutzlast geschützt bleibt, bis die Umlaufbahn erreicht ist.

5. Orion-Raumschiff – Redundanz in der Lagekontrolle: Das für Tiefraummissionen entwickelte Orion-Raumschiff der NASA integriert gestuften Funktionsabbau in sein *Attitude Control System (ACS)*. Wenn eine oder mehrere Steuerdüsen ausfallen, verteilt das Avioniksystem die Arbeitslast auf die verbleibenden Düsen, um Stabilität und Ausrichtung beizubehalten.

- So kann Orion beispielsweise beim Wiedereintritt oder bei Kurskorrekturen auch mit reduzierter Schubleistung stabil fliegen und die Flugbahn beibehalten.

Fail-Operational- und Fail-Passive-Systeme: *Fail-Operational-* und *Fail-Passive*-Systeme sind zentrale Konzepte des Avionikdesigns, die Sicherheit, Zuverlässigkeit und Missionsfortschritt bei möglichen Ausfällen gewährleisten. Beide Ansätze basieren auf Redundanz und intelligenten Reaktionsmechanismen, unterscheiden sich jedoch im Grad der Funktionalität nach einem Fehler.

Fail-Operational-Systeme sind so ausgelegt, dass sie nach einem einzelnen Ausfall weiterhin voll funktionsfähig bleiben. Sie enthalten eingebaute Redundanzen, bei denen Ersatzkomponenten oder Subsysteme nahtlos übernehmen, falls ein primäres System ausfällt. Diese Systeme sind besonders entscheidend in Phasen, in denen selbst kurze Unterbrechungen katastrophale Folgen haben könnten, etwa während des Starts, Aufstiegs oder der Orbitinsertion.

In modernen Raketen ermöglichen redundante Steuercomputer und parallele Subsysteme ein *fail-operational*-Verhalten. Fehler werden durch *Fault Detection, Isolation and Recovery (FDIR)*-Mechanismen erkannt, das betroffene Element wird isoliert, und die Reservekomponente übernimmt ohne Unterbrechung.

Fail-Passive-Systeme hingegen sind so konzipiert, dass sie ihre Funktionalität im Fehlerfall sicher herabstufen, ohne den Betrieb abrupt zu beenden. Ein typisches Beispiel ist ein Autopilot, der sich im Fehlerfall deaktiviert und die Steuerung dem Piloten übergibt. Dadurch bleibt die Sicherheit gewährleistet, auch wenn die Automatisierung beendet wird.

Watchdog-Timer und Überwachungssysteme: Avioniksysteme enthalten häufig *Watchdog-Timer* und Überwachungsschaltungen, die nicht reagierende Komponenten oder Software erkennen [319]. Wenn ein Fehler entdeckt wird, löst das System einen Reset aus oder wechselt auf ein redundantes Backup, um die Wiederherstellung zu beschleunigen und Ausfallzeiten zu minimieren.

Grundlagen des Raketenbaus und der Konstruktion

Watchdog-Timer und Überwachungssysteme sind essenzielle Bestandteile moderner Aviorik, die Zuverlässigkeit und Fehlertoleranz gewährleisten. Sie dienen als automatische Fehlererkennungs- und Wiederherstellungsmechanismen, indem sie den Systemzustand überwachen, unresponsive Komponenten identifizieren und Korrekturmaßnahmen wie Neustarts oder Umschaltungen einleiten.

Ein *Watchdog-Timer (WDT)* ist eine hardware- oder softwarebasierte Zeitschaltung, die kontinuierlich läuft und in regelmäßigen Abständen ein Signal („Heartbeat") von den überwachten Komponenten oder Programmen erwartet.

Bleibt dieses Signal innerhalb einer definierten Zeitspanne aus, geht der WDT davon aus, dass das System ausgefallen oder blockiert ist, und löst eine der folgenden Korrekturmaßnahmen aus:

1. **System-Reset:** Das betroffene Bauteil oder Softwaremodul wird neu gestartet, um die Funktion wiederherzustellen.

2. **Umschaltung auf Redundanz:** Der Watchdog schaltet den Betrieb auf ein Backup-System um, um die Missionskontinuität sicherzustellen.

3. **Fehlerisolierung:** Die nicht reagierende Komponente wird isoliert, um Störungen des Gesamtsystems zu vermeiden.

In modernen Raketen sind *Watchdog-Timer* eng in Avionik-, Flugsteuerungs- und Leitsysteme integriert, um sicherzustellen, dass vorübergehende Fehler oder Systemblockaden nicht zum Missionsausfall führen. Überwachungsschaltungen arbeiten oft in Kombination mit WDTs, um Systemausgaben, Sensordaten und Kommunikationsverbindungen auf Anomalien zu prüfen und so die kontinuierliche Betriebssicherheit zu gewährleisten.

Fehlererkennungs-, Isolierungs- und Wiederherstellungssysteme (FDIR-Systeme)

Fehlererkennungs-, Isolierungs- und Wiederherstellungssysteme (FDIR – *Fault Detection, Isolation, and Recovery*) sind entscheidend für die Sicherheit, Zuverlässigkeit und Autonomie von Raketen und Raumfahrzeugen. Diese Systeme sind darauf ausgelegt, während einer Mission Fehler zu erkennen, die fehlerhafte Komponente zu identifizieren oder zu isolieren und Wiederherstellungsmaßnahmen einzuleiten, um den Betrieb fortzusetzen. Durch die Integration von FDIR in verschiedene Subsysteme einer Rakete kann das Fahrzeug unerwartete Ausfälle selbstständig bewältigen, Störungen minimieren und Missionsziele aufrechterhalten – ohne unmittelbares Eingreifen der Bodenstation.

FDIR arbeitet in drei Hauptphasen: Fehlererkennung, Fehlerisolation und Fehlerwiederherstellung. Diese Prozesse sind eng in die Avionikarchitektur der Rakete eingebettet, die Flugcomputer, Sensoren, Aktuatoren und Kommunikationssysteme umfasst.

1. Fehlererkennung (Fault Detection)

Die Fehlererkennung besteht in der kontinuierlichen Überwachung kritischer Subsysteme auf Anomalien oder Abweichungen vom erwarteten Verhalten. Dies geschieht durch:

- **Sensordaten:** Eingaben von Temperatur-, Druck-, Vibrations- und Gyroskopsensoren werden überwacht, um anormale Messwerte zu erkennen.

- **Redundanzprüfungen:** Daten mehrerer redundanter Komponenten (z. B. Flugsteuerungscomputer oder Navigationssysteme) werden verglichen, um Konsistenz sicherzustellen.

- **Analytische Modelle:** Echtzeitdaten werden mit Vorhersagen aus Softwaremodellen verglichen; Abweichungen deuten auf potenzielle Fehler hin.

- **Watchdog-Timer:** Diese erkennen nicht reagierende Systeme oder Verzögerungen in der Softwareausführung und lösen Fehlermeldungen aus.

Beispiel: Wenn ein Drucksensor im Antriebssystem Werte außerhalb des zulässigen Bereichs meldet, markiert das FDIR-System dies als Fehler.

2. Fehlerisolation (Fault Isolation)

Sobald ein Fehler erkannt wird, identifiziert das System die fehlerhafte Komponente oder das Subsystem, um eine Beeinflussung anderer Systeme zu verhindern. Die Fehlerisolation erfolgt durch:

- **Quervergleich:** Ausgaben redundanter Komponenten werden verglichen, um festzustellen, welche ausgefallen ist.

- **Logische Analyse:** Isolierungsalgorithmen nutzen Entscheidungsbäume oder Mehrheitslogik (z. B. *Triple Modular Redundancy*), um die fehlerhafte Einheit zu identifizieren.

- **Datenfilterung:** Anomale Daten werden isoliert, um ihre Ausbreitung zu verhindern und die Missionsleistung zu sichern.

Beispiel: In einem Navigationssystem mit drei Sternsensoren wird ein fehlerhafter Sensor isoliert, wenn seine Daten nicht mit den beiden anderen übereinstimmen; die verbleibenden Sensoren übernehmen die Navigation.

3. Fehlerwiederherstellung (Fault Recovery)

Die Wiederherstellung stellt die Funktionalität durch vordefinierte Korrekturmaßnahmen wieder her. Zu den Mechanismen gehören:

- **System-Reset:** Neustart eines Softwaremoduls oder einer Komponente zur Beseitigung temporärer Fehler.

- **Redundanzumschaltung:** Umschalten des Betriebs auf Backup-Komponenten oder redundante Systeme.

- **Gestufter Funktionsabbau:** Aufrechterhaltung kritischer Funktionen bei reduzierter Leistungsfähigkeit.

Grundlagen des Raketenbaus und der Konstruktion

- **Sicherheitsmodus:** Abschalten nicht wesentlicher Systeme und Aktivierung minimaler Betriebsfunktionen, um Schäden zu vermeiden.

Beispiel: Fällt während eines Starts der primäre Flugsteuerungscomputer aus, schaltet das FDIR-System automatisch auf einen redundanten Computer um, um den kontinuierlichen Betrieb sicherzustellen.

FDIR-Systeme sind tief in die Kernarchitektur moderner Raketen und Raumfahrzeuge integriert, um die Missionszuverlässigkeit zu gewährleisten. Sie überwachen, diagnostizieren und beheben kontinuierlich Anomalien in kritischen Subsystemen und sichern so die Betriebsstabilität in allen Flugphasen.

Das Avioniksystem bildet das Zentrum der FDIR-Funktionalität und besteht aus Flugcomputern und Kommunikationsnetzwerken, die Datenverarbeitung und Fehlererkennung steuern. Die eingebettete Software überwacht fortlaufend die Eingaben von Sensoren und Subsystemen, einschließlich Antrieb, Navigation und Energieversorgung. Beispielsweise verwendet SpaceX's Falcon 9 integrierte Avionikcomputer, die Fehler in Antriebssystemen, Schubvektorsteuerung und Telemetrienetzwerken erkennen und beheben – selbst während hochdynamischer Flugphasen wie Start und Aufstieg.

Redundante Architekturen sind ein Grundpfeiler von FDIR, da sie sicherstellen, dass kritische Funktionen bei Komponentenausfällen unbeeinträchtigt bleiben. Dazu gehören *Triple Modular Redundancy (TMR)* für Flugsteuerungs- und Navigationscomputer, bei der drei parallele Systeme ihre Ausgaben vergleichen, um Fehler zu isolieren und zu korrigieren. Zudem ermöglichen cross-gestrappte Systeme, dass mehrere redundante Komponenten – wie Sensoren, Aktuatoren und Datenbusse – gemeinsam Ressourcen nutzen, sodass Backups nahtlos übernehmen, wenn primäre Systeme ausfallen. Das NASA Space Launch System (SLS) ist ein Beispiel hierfür: Es nutzt redundante Flugcomputer und Kommunikationsbusse, um während Start- und Orbitphasen Fehler zu erkennen, zu isolieren und Wiederherstellung einzuleiten.

Umfassende Sensornetzwerke spielen eine entscheidende Rolle bei der FDIR-Integration. Sie überwachen in Echtzeit kritische Parameter wie Triebwerksleistung, Temperatur, Druck, Schub und Fahrzeuglage. Beschleunigungsmesser, Gyroskope, GPS und Sternsensoren liefern kontinuierliche Daten an das Avioniksystem, das die Eingaben mit Sollwerten vergleicht. Jede Abweichung vom normalen Verhalten löst automatisch FDIR-Protokolle aus, die das betroffene Subsystem isolieren und Wiederherstellungsmaßnahmen einleiten.

Gesundheitsmanagement-Software, eingebettet in die Avioniksysteme, erweitert die FDIR-Fähigkeiten, indem sie Sensordaten analysiert, Anomalien erkennt und Korrekturmaßnahmen implementiert. Häufig kommen maschinelles Lernen oder regelbasierte Logik zum Einsatz, um Fehler vorherzusagen und präventive Maßnahmen einzuleiten. Durch die frühzeitige Diagnose und Umsetzung von Korrekturen bleibt die Rakete auch unter widrigen Bedingungen voll funktionsfähig.

Kommunikationsverbindungen zwischen Rakete und Bodenstation bilden eine weitere Ebene der FDIR-Funktionalität. Onboard-Systeme übertragen Echtzeit-Telemetriedaten an Bodenstationen, wo Ingenieure den Zustand der Subsysteme überwachen. Wenn Fehler nicht autonom behoben werden können, aktivieren Notfallkommunikationsprotokolle manuelle Eingriffe vom Boden, sodass Systeme neu konfiguriert oder Wiederherstellungsstrategien angepasst werden können.

In der Entwurfs- und Testphase der Raketenentwicklung werden systemweite Fehlerbäume (*Fault Trees*) erstellt, um potenzielle Ausfallszenarien zu antizipieren. Diese Diagramme kartieren mögliche Fehler, deren Kettenreaktionen und entsprechende Wiederherstellungsmaßnahmen. Die vordefinierten Prozeduren werden in die FDIR-Software integriert und ermöglichen eine automatisierte Erkennung, Isolierung und Behebung von Fehlern während des Fluges. Durch die Vorbereitung auf Worst-Case-Szenarien stellen Ingenieure sicher, dass das FDIR-System eine Vielzahl von Anomalien mit minimaler Beeinträchtigung bewältigen kann.

Grundlagen des Raketenbaus und der Konstruktion

TEIL 3

Konstruktion und Prüfung

Kapitel 8
Raketenbau: Vom Entwurf bis zur Montage

Umsetzung von Entwürfen in die Produktion

Die Umsetzung von Raketenentwürfen in die Produktion ist ein komplexer Prozess, der ingenieurwissenschaftliche Konzepte mit greifbarer, funktionsfähiger Hardware verbindet. Er erfordert sorgfältige Planung, enge Zusammenarbeit und fortschrittliche Fertigungskapazitäten, um sicherzustellen, dass die endgültige Rakete den Anforderungen an Leistung, Sicherheit und Zuverlässigkeit entspricht. Der Prozess lässt sich in mehrere Hauptphasen unterteilen: Designfinalisierung, Prototypenbau, Prüfung, Fertigung, Qualitätssicherung und Integration. Diese Phasen gewährleisten gemeinsam, dass sich ein Entwurf von einem Konzept zu einer voll funktionsfähigen Rakete entwickelt.

Designfinalisierung

Der Prozess der Umsetzung von Raketenentwürfen in die Produktion beginnt mit der Designfinalisierung, bei der das konzeptionelle Design zu detaillierten, umsetzbaren Plänen verfeinert wird. Ingenieure schließen die Detailkonstruktionsphase ab, indem sie technische Zeichnungen, präzise 3D-Modelle und umfassende Spezifikationen für jedes Teilsystem der Rakete entwickeln, etwa für Antrieb, Avionik, Struktur- und Thermalkontrollsysteme.

Grundlagen des Raketenbaus und der Konstruktion

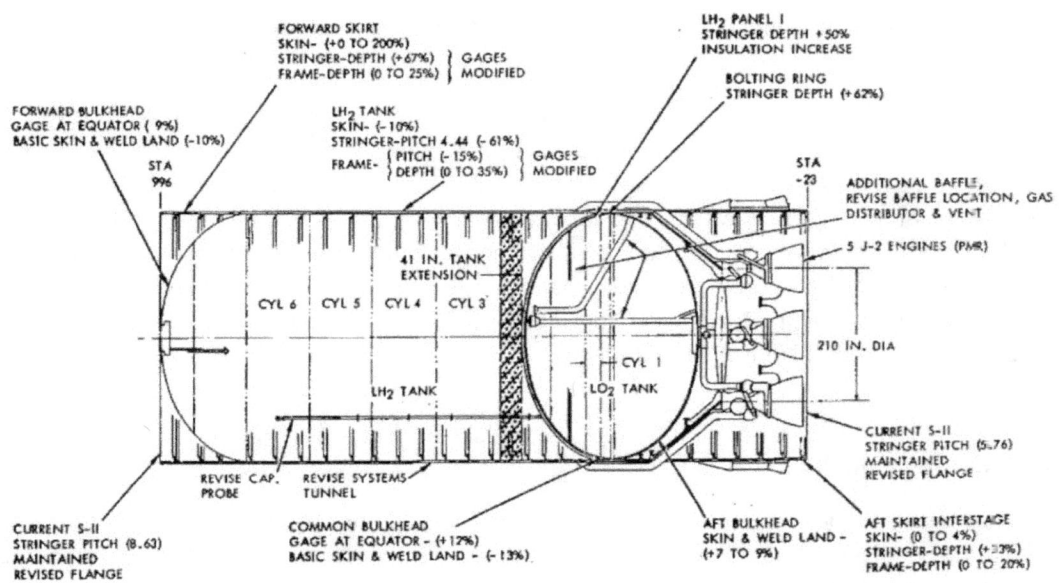

Abbildung 64: Eine Zeichnung der MS-II-Raketenstufe aus einer NASA-Studie. Die MS-II-Raketenstufe war für den Einsatz in einigen Varianten der Saturn-MLV-Rakete vorgesehen. Die Saturn MLV ist eine als Weiterentwicklung der Saturn V konzipierte Rakete. NASA, Gemeinfrei, über Picryl.

In dieser Phase spielt die detaillierte CAD-Modellierung eine entscheidende Rolle. Fortschrittliche Softwaretools wie CATIA, Siemens NX und SolidWorks werden verwendet, um hochpräzise 3D-Modelle der Rakete und ihrer Komponenten zu erstellen. Diese Modelle dienen als Grundlage sowohl für die Produktion als auch für die Qualitätsprüfung. Jedes Teilsystem wird modelliert, um eine nahtlose Integration, Genauigkeit und Übereinstimmung mit den Leistungsanforderungen sicherzustellen.

Um das Design zu validieren und zu optimieren, führen Ingenieure Simulationen und Analysen mit rechnergestützten Werkzeugen durch. Finite-Elemente-Analysen (FEA) werden verwendet, um strukturelle Spannungen und mechanische Belastungen zu simulieren und sicherzustellen, dass die Rakete den Kräften während des Starts, des Aufstiegs und des Wiedereintritts standhalten kann. Gleichzeitig hilft Computational Fluid Dynamics (CFD), die aerodynamische Leistung zu analysieren, indem untersucht wird, wie die Rakete mit atmosphärischen Kräften interagiert, während thermische Analysen die Temperatureinflüsse auf kritische Komponenten bewerten. Diese Simulationen sind entscheidend, um potenzielle Konstruktionsschwächen zu identifizieren und die Leistung zu optimieren, bevor die physische Produktion beginnt.

Der Design-for-Manufacturing (DFM)-Prozess folgt, um sicherzustellen, dass das endgültige Design effizient hergestellt werden kann. Ingenieure bewerten Materialien, Montagetechniken und Produktionsmethoden, um Wege zu finden, die Fertigung zu vereinfachen, Materialverschwendung zu minimieren und Produktionskosten zu senken. Dieser Schritt beinhaltet oft iterative Anpassungen des Designs, um ein Gleichgewicht zwischen Leistung, Qualität und Produktionsfähigkeit zu erreichen.

Während dieser Phase ist die Zusammenarbeit zwischen Konstruktionsingenieuren und Fertigungsteams von entscheidender Bedeutung. Eine enge Abstimmung stellt sicher, dass die technischen Spezifikationen mit den realen Produktionsmöglichkeiten übereinstimmen. Fertigungsbeschränkungen wie Werkzeugverfügbarkeit, Bearbeitungsgenauigkeit und Materialbeschaffung werden parallel zum finalisierten Design überprüft, um Probleme während der Produktion zu vermeiden. Durch die Zusammenarbeit dieser Teams wird sichergestellt, dass das Raketendesign nicht nur in Bezug auf die Leistung optimiert, sondern auch praktisch für eine skalierbare und kosteneffiziente Produktion ist.

Prototyping und Modellbau

Sobald das Design finalisiert ist, besteht der nächste Schritt in der Herstellung von Prototypen und Modellen, um die Herstellbarkeit und Funktionalität des Entwurfs zu überprüfen. Prototypen oder maßstabsgetreue Modelle spielen eine entscheidende Rolle bei der Erprobung verschiedener Aspekte des Raketendesigns, bevor zur Serienproduktion übergegangen wird.

Subskalige Modelle werden häufig als verkleinerte Prototypen gebaut, um aerodynamische Tests in Windkanälen durchzuführen. Diese Modelle ermöglichen es Ingenieuren, den Luftstrom, die Druckverteilung und die Luftwiderstandskräfte unter kontrollierten Bedingungen zu analysieren und so das Verhalten der Rakete während des Flugs zu simulieren. Subskalige Modelle können auch für statische Triebwerkstests verwendet werden, um die Verbrennungsleistung und Schuberzeugung zu bewerten, ohne vollformatige Hardware zu benötigen.

Grundlagen des Raketenbaus und der Konstruktion

Abbildung 65: Prototyp einer Fusionsrakete, entwickelt von MSNW (2000 bis 2012) mit NASA-Fördermitteln. Alan Boyle, GeekWire und MSNW Inc (heute aufgelöst), CC BY-SA 4.0, über Wikimedia Commons.

Die Komponenten-Prototypenentwicklung konzentriert sich auf die Herstellung spezifischer Teile der Rakete, um deren individuelle Leistung und Kompatibilität zu testen. Fortschrittliche Verfahren wie die Additive Fertigung (3D-Druck) werden häufig eingesetzt, um komplexe Bauteile wie Triebwerksdüsen, Treibstofftanks und Avionikgehäuse herzustellen. Der 3D-Druck beschleunigt den Prototyping-Prozess, indem er Durchlaufzeiten verkürzt und es Ingenieuren ermöglicht, komplizierte Bauteile effizient und kostengünstig zu optimieren.

Neben maßstabsgetreuen und komponentenbasierten Prototypen werden Testartikel als Modelle oder Attrappen im Originalmaßstab gebaut, um strukturelle Tests und Systemintegrationsprüfungen durchzuführen. Diese Testartikel werden strengen Belastungs-, Vibrations- und Temperaturtests unterzogen, um ihre strukturelle Integrität unter Startbedingungen zu validieren. Solche großformatigen Prototypen ermöglichen es Ingenieuren außerdem, das Zusammenspiel verschiedener Teilsysteme – wie Antrieb, Avionik und thermische Kontrolle – zu analysieren, wenn sie in das Gesamtdesign des Fahrzeugs integriert werden.

Das Prototyping bietet eine entscheidende Gelegenheit, Konstruktionsfehler frühzeitig zu erkennen. Durch das Testen kritischer Komponenten und die Validierung von Fertigungstechniken können Ingenieure Probleme beheben, bevor sie in die Serienproduktion übergehen. Dieser iterative Ansatz stellt sicher, dass das endgültige Raketendesign die Leistungsanforderungen erfüllt und gleichzeitig produktionstechnisch umsetzbar bleibt – eine wesentliche Grundlage für erfolgreiche Fertigung und den späteren Betrieb.

Fertigungsprozess

Nachdem die Prototypen getestet und validiert wurden, geht der Prozess in die Serienproduktion über. In dieser Phase werden einzelne Raketenteile hergestellt, Teilsysteme montiert und sichergestellt, dass alle Komponenten den strengen Konstruktionsvorgaben entsprechen. Die moderne Raketenfertigung nutzt fortschrittliche Technologien und hochspezialisierte Verfahren, um Präzision, Zuverlässigkeit und Effizienz zu gewährleisten.

Der Prozess beginnt mit der Materialbeschaffung, bei der spezialisierte Werkstoffe ausgewählt werden, die den extremen Bedingungen eines Raketenstarts standhalten. Hochfeste Legierungen wie Titan und Inconel werden häufig für kritische Bauteile wie Triebwerkskomponenten verwendet, während fortschrittliche Verbundwerkstoffe und Keramiken leichte, aber stabile Strukturen für die Außenhülle und den thermischen Schutz bieten.

Die Komponentenfertigung umfasst eine Vielzahl von Herstellungsverfahren, die auf die spezifischen Anforderungen der jeweiligen Raketenteile zugeschnitten sind. Präzisionsbearbeitung wird für Komponenten wie Turbopumpen, Triebwerksteile und Ventile eingesetzt. Diese Teile werden mit CNC-Maschinen (Computerized Numerical Control) gefertigt, die höchste Genauigkeit und exakte Toleranzen gewährleisten.

Die Additive Fertigung (3D-Druck) wird zunehmend verwendet, um komplexe, leichte Strukturen wie Brennkammern, Düsen und Kühlkanäle herzustellen. Diese Methode verkürzt nicht nur die Produktionszeit, sondern reduziert auch den Materialverbrauch erheblich.

Für Strukturkomponenten wie Raketenkörper, Treibstofftanks und Nutzlastverkleidungen kommen Verbundwerkstoff-Techniken zum Einsatz, bei denen kohlenstofffaserverstärkte Kunststoffe (CFK) verwendet werden, um hohe Festigkeit bei geringem Gewicht zu erzielen. Schweiß- und Fügeverfahren, einschließlich präziser Methoden wie dem Rührreibschweißen (Friction Stir Welding), werden verwendet, um kritische Sektionen – etwa Treibstofftanks und Triebwerkskomponenten – dauerhaft zu verbinden. Ein Beispiel hierfür ist das Space Launch System (SLS) der NASA, das Rührreibschweißen einsetzt, um die strukturelle Integrität seiner massiven kryogenen Treibstofftanks zu gewährleisten.

Grundlagen des Raketenbaus und der Konstruktion

Abbildung 66: Raketenkomponentenmontage. SpaceX, CC0, über Pexels.

Während der Subsystemmontage werden einzelne Komponenten zu größeren, funktionsfähigen Systemen integriert. Das Antriebssystem umfasst die Montage von Triebwerken, Turbopumpen, Ventilen und Treibstoffleitungen, die anschließend strengen Tests unterzogen werden, um Leistung und Zuverlässigkeit unter Betriebsbedingungen sicherzustellen. Die Avioniksysteme, einschließlich Flugcomputer, Navigationssysteme und Telemetrieausrüstung, werden sorgfältig zusammengebaut und kalibriert, um während des Flugs eine präzise Steuerung, Kommunikation und Datenerfassung zu gewährleisten. Die Strukturmontage beinhaltet den Aufbau des Raketenkörpers, der Zwischenstufen und der Nutzlastverkleidungen. Dabei wird sichergestellt, dass diese Elemente den mechanischen Belastungen beim Start und während des Flugs standhalten und gleichzeitig kritische Teilsysteme und Nutzlasten schützen.

Abbildung 67: Montage des Raketenrumpfs in einer Luft- und Raumfahrtfabrik. SpaceX, CC0, über Pexels.

Der Herstellungsprozess ist durch strenge Qualitätskontrollen und Prüfprotokolle gekennzeichnet, um sicherzustellen, dass jede Komponente die hohen Sicherheits- und Leistungsstandards erfüllt. Diese Präzision und Liebe zum Detail sind entscheidend, um Raketen zu liefern, die extremen Kräften, hohen Temperaturen und den anspruchsvollen Bedingungen des Weltraums standhalten können. Durch die Integration modernster Technologien wie Additive Fertigung und fortschrittliche Verbundwerkstoffe erreichen moderne Raketen eine höhere Effizienz, ein geringeres Gewicht und eine verbesserte Zuverlässigkeit – was komplexe Missionen ermöglicht, wie sie von SpaceX, Blue Origin und der NASA durchgeführt werden.

Tests und Validierung

Bevor die Serienproduktion abgeschlossen wird, werden strenge Test- und Validierungsprozesse durchgeführt, um sicherzustellen, dass jede Komponente, jedes Teilsystem und die Rakete als Ganzes die hohen Anforderungen an Leistung, Zuverlässigkeit und Sicherheit erfüllen. Diese Phase ist entscheidend, um sicherzustellen, dass die Rakete den extremen Bedingungen von Start, Flug und Weltraumeinsatz standhalten kann.

Grundlagen des Raketenbaus und der Konstruktion

Die Komponententests sind der erste Schritt, bei dem einzelne Teilsysteme isoliert geprüft werden, um ihre Funktionalität und Leistung zu verifizieren. Beispielsweise werden Raketentriebwerke statischen Feuertests unterzogen, um Schubkraft, Verbrennungsstabilität und Treibstoffeffizienz zu überprüfen. Avioniksysteme werden einzeln getestet, um sicherzustellen, dass sie Navigation, Flugsteuerung und Telemetriefunktionen präzise verwalten können. Jeder Sensor, jedes Ventil und jedes Strukturteil wird geprüft, um sicherzustellen, dass es unter den erwarteten Bedingungen wie vorgesehen funktioniert.

In der Strukturprüfung werden kritische Komponenten wie Treibstofftanks, Nutzlastverkleidungen und Rumpfsektionen mechanischen Belastungen und Lastsimulationen ausgesetzt, um ihre strukturelle Integrität zu verifizieren. Diese Tests simulieren die extremen Kräfte, Vibrationen und aerodynamischen Drücke, die während des Starts und Aufstiegs auftreten. Die Bauteile werden bis an ihre konstruktiven Grenzen belastet, um sicherzustellen, dass sie sowohl erwartete als auch unerwartete Bedingungen überstehen können und so das Risiko eines Versagens im Flug minimiert wird.

Die Tests integrierter Systeme bringen mehrere Teilsysteme zusammen, um zu prüfen, wie sie als vollständige Einheit interagieren und funktionieren. Dazu gehören Vibrationstests, die die intensiven Erschütterungen beim Zünden der Triebwerke und während des Aufstiegs simulieren, sowie Thermovakuumtests, die die extremen Temperaturen und das Vakuum des Weltraums nachbilden. Elektrische Tests stellen sicher, dass alle Avionik- und Steuerungssysteme reibungslos zusammenarbeiten und elektromagnetischen Störungen standhalten können. Diese integrierten Tests sind entscheidend, um potenzielle Probleme zu identifizieren, die während isolierter Komponententests möglicherweise nicht auftreten.

Flugsimulationen spielen eine zentrale Rolle bei der Modellierung des Raketenverhaltens über alle Missionsphasen hinweg. Mit fortschrittlichen Softwaretools werden Bedingungen vom Start über atmosphärische Dynamiken bis hin zu Stufentrennung und Nutzlastfreisetzung simuliert. Diese Simulationen ermöglichen es Ingenieuren, das Design zu verfeinern, Steuerungsalgorithmen zu testen und die Leistung der Rakete unter verschiedenen Szenarien zu bewerten. Virtuelle Modelle helfen, vorherzusagen, wie die Rakete auf reale Herausforderungen wie Seitenwinde oder Abweichungen in der Triebwerksleistung reagieren wird.

Beispielsweise führt SpaceX umfangreiche statische Feuertests seiner Merlin-Triebwerke durch, bevor sie in die Falcon-9-Rakete integriert werden, um ihre Leistung und Zuverlässigkeit zu validieren. Jeder Falcon-9-Booster wird außerdem einem vollständigen statischen Feuertest auf der Startrampe unterzogen, bevor eine tatsächliche Mission stattfindet. Ebenso unterzieht sich die Kernstufe des NASA Space Launch System (SLS) umfassenden Green-Run-Tests, bei denen das gesamte Antriebssystem gezündet und über die gesamte Dauer eines simulierten Fluges bewertet wird, um sicherzustellen, dass es unter realistischen Bedingungen ordnungsgemäß funktioniert.

Abbildung 68: SpaceX's Crew Dragon befindet sich in der NASA-Anlage Plum Brook Station in Ohio und ist bereit für Tests in der Reverberant Acoustic Test Facility. SpaceX, CC0, über Wikimedia Commons.

Der Abschluss von Tests und Validierung stellt sicher, dass Raketen startbereit sind, zuverlässig unter enormen Belastungen funktionieren und Missionsziele erfolgreich erreichen können. Dieser sorgfältige Prozess, bei dem jede Ebene – von einzelnen Komponenten bis hin zu integrierten Systemen – getestet wird, hilft dabei, potenzielle Probleme frühzeitig zu erkennen und zu beheben. Dadurch werden Risiken minimiert und das Vertrauen in die Betriebsleistung der Rakete erhöht.

Qualitätssicherung und Inspektion

Während des gesamten Produktionsprozesses werden strenge Qualitätskontrollen durchgeführt, um sicherzustellen, dass jede Komponente die höchsten Standards in Bezug auf Sicherheit, Leistung und

Grundlagen des Raketenbaus und der Konstruktion

Zuverlässigkeit erfüllt. Diese Maßnahmen sind entscheidend, um Fehler frühzeitig zu erkennen und sicherzustellen, dass die Rakete unter extremen Bedingungen wie vorgesehen funktioniert.

Die zerstörungsfreie Prüfung (NDT) spielt eine zentrale Rolle in der Qualitätssicherung. Verfahren wie Röntgenaufnahmen, Ultraschallprüfungen und Laserscans werden eingesetzt, um innere Defekte oder Unregelmäßigkeiten in Komponenten zu erkennen, ohne diese zu beschädigen. Diese Methoden ermöglichen Ingenieuren, kritische Bauteile – wie Triebwerksdüsen, Treibstofftanks und Strukturelemente – auf Risse, Hohlräume oder Unregelmäßigkeiten zu überprüfen, die die Leistung beeinträchtigen könnten.

Maßkontrollen werden durchgeführt, um sicherzustellen, dass Komponenten präzise den Konstruktionsvorgaben entsprechen. Hochentwickelte Werkzeuge wie Koordinatenmessmaschinen (CMMs), Lasertracker und optische Scanner werden eingesetzt, um die exakten Abmessungen der gefertigten Teile zu überprüfen. Selbst geringfügige Abweichungen von den spezifizierten Maßen können die Gesamtausführung und Funktionsfähigkeit der Rakete beeinträchtigen, weshalb Präzision in jeder Phase entscheidend ist.

Ein weiterer wesentlicher Aspekt der Qualitätskontrolle ist die Rückverfolgbarkeit. Detaillierte Aufzeichnungen werden sorgfältig geführt, um die Herkunft der Materialien, Fertigungsprozesse und Prüfergebnisse jeder Komponente zu dokumentieren. Dadurch wird sichergestellt, dass jede Produktionsstufe den strengen Sicherheits- und Qualitätsvorschriften entspricht. Sollte ein Problem auftreten, ermöglicht die Rückverfolgbarkeit den Ingenieuren, die Ursache schnell zu identifizieren, ihre Auswirkungen zu bewerten und Korrekturmaßnahmen einzuleiten.

So unterzieht Blue Origin seine New Shepard-Rakete bei jeder Fertigungsstufe rigorosen Inspektionen, um die strengen Anforderungen an die Flugbereitschaft zu erfüllen. Komponenten werden mehrfachen Qualitätstests unterzogen – von der Materialprüfung bis zur Endmontagevalidierung – um sicherzustellen, dass jedes System fehlerfrei arbeitet, bevor die Rakete zum Start freigegeben wird.

Diese umfassenden Qualitätskontrollprozesse sind entscheidend, um sicherzustellen, dass jede Komponente zuverlässig unter den extremen Belastungen von Start, Flug und Wiedereintritt funktioniert. Durch die Kombination moderner Prüfverfahren mit gründlicher Dokumentation gewährleisten Hersteller die Sicherheit, Konsistenz und Leistungsfähigkeit moderner Raketen, verringern das Ausfallrisiko und erhöhen den Erfolg von Missionen.

Endmontage und Integration

In der Phase der Endmontage und Integration werden die vollständig getesteten Teilsysteme zusammengeführt, um die komplette Rakete zu bilden. Diese Phase findet in sauberen, klimatisierten Umgebungen statt, um Kontamination zu vermeiden und optimale Arbeitsbedingungen zu gewährleisten. Jedes Hauptbauteil – einschließlich erster und zweiter Stufe, Triebwerke, Nutzlastverkleidung und anderer kritischer Systeme – wird sorgfältig montiert, um eine präzise Ausrichtung und Kompatibilität sicherzustellen.

Während dieses Prozesses werden alle elektrischen, hydraulischen und mechanischen Schnittstellen verbunden und gründlich überprüft, um eine nahtlose Integration zu gewährleisten. Ingenieure führen umfassende Tests durch, um zu bestätigen, dass jede Verbindung, jeder Sensor und jedes System im Zusammenspiel wie vorgesehen funktioniert.

Funktionstests an der vollständig montierten Rakete simulieren reale Betriebsbedingungen. Dazu gehören Betankungssimulationen, um die Funktion der Treibstoffladesysteme zu prüfen, sowie Systemaktivierungen, um die Funktionsfähigkeit der Avionik, Triebwerke und Steuerungssysteme zu verifizieren. Diese End-to-End-Tests stellen sicher, dass die Rakete als einheitliches, vollständig integriertes System zuverlässig funktioniert.

Abbildung 69: Montage und Konstruktion eines Moduls. SpaceX, CC0, über Pexels.

Moderne Raketen, wie die Falcon 9 von SpaceX, werden horizontal montiert, eine Methode, die eine effizientere Handhabung und Inspektion während der Integrationsphase ermöglicht. Nach der Montage wird die Rakete mit speziellen Transportfahrzeugen zum Startgelände gebracht. Dort wird sie vorsichtig in eine vertikale Position gebracht, um die abschließenden Startvorbereitungen durchzuführen. Diese letzten Prüfungen umfassen umfassende Systemverifikationen, Umwelttests und Probeläufe, um sicherzustellen, dass die Rakete vollständig bereit für einen erfolgreichen Start

Grundlagen des Raketenbaus und der Konstruktion

ist. Durch die sorgfältige Integration und Prüfung jedes Teilsystems stellen Ingenieure sicher, dass die Rakete alle Leistungs- und Sicherheitsanforderungen erfüllt, bevor sie ihre Mission antritt.

Vorbereitung des Startgeländes und Endkontrollen

Sobald die Rakete vollständig montiert ist, wird sie zum Startgelände transportiert, um die letzten Vorbereitungen zu treffen – die entscheidende Abschlussphase vor dem Start. Die Rakete wird mithilfe spezieller Transportvorrichtungen bewegt, um ihre Sicherheit und Stabilität während des Transports zu gewährleisten. Am Startplatz beginnen die Teams mit einer Reihe strenger Prüfungen und Verfahren, um das Fahrzeug startbereit zu machen.

Einer der ersten Schritte ist der Betankungs- und Druckvorgang, bei dem die Treibstoffsysteme mit Flüssigtreibstoff oder kryogenen Oxidationsmitteln befüllt und unter Druck gesetzt werden, um flugbereite Bedingungen zu erreichen. Dieser Schritt stellt sicher, dass das Antriebssystem voll funktionsfähig ist und den erforderlichen Schub beim Start liefern kann. Ingenieure überwachen dabei sorgfältig Tankdrücke, Temperaturen und Durchflussraten, um Anomalien während des Betankungsvorgangs zu verhindern.

Anschließend werden abschließende Systemprüfungen durchgeführt, um die Funktionsfähigkeit aller kritischen Teilsysteme zu bestätigen. Flugcomputer, Telemetrieausrüstung, Antriebssysteme und Avionik werden umfassend getestet, um sicherzustellen, dass sie wie vorgesehen arbeiten. Diese Prüfungen sind entscheidend, um sicherzustellen, dass alle Bordsysteme synchronisiert sind und Befehle während der Mission zuverlässig ausführen können.

Zur weiteren Überprüfung der Startbereitschaft werden Countdown-Simulationen oder Trockenübungen (Dry Runs) durchgeführt. Diese Probeläufe simulieren die vollständige Startsequenz und ermöglichen es Ingenieuren und Bodenteams, Zeitabläufe und Systemfunktionen unter realen Bedingungen zu überprüfen. Dazu gehören die Aktivierung von Systemen, Kommunikationsprüfungen und die Sicherstellung, dass alle Komponenten während des Countdowns reibungslos zusammenarbeiten. Etwaige Probleme, die während der Simulation erkannt werden, werden umgehend behoben, um Risiken zu minimieren.

Ein Beispiel für diesen Prozess ist die „Wet Dress Rehearsal" der NASA Space Launch System (SLS)-Rakete. Während dieses Verfahrens wird die gesamte Countdown-Sequenz unter realistischen Bedingungen simuliert, während die Rakete mit echtem Treibstoff betankt ist. Diese Generalprobe ermöglicht es den Teams, die Betankungsabläufe, die Countdown-Prozesse und die Systemreaktionen zu validieren, um sicherzustellen, dass die Rakete vollständig für den Start vorbereitet ist.

Durch diese sorgfältigen Vorbereitungen und Endprüfungen stellen Ingenieure sicher, dass die Rakete in der Lage ist, den extremen Bedingungen des Starts standzuhalten und ihre Mission erfolgreich zu erfüllen. Die Kombination aus präziser Betankung, Systemverifikation und Simulation garantiert, dass kein Detail übersehen wird, bevor das Fahrzeug vom Starttisch abhebt.

Abbildung 70: Falcon 9 und Dragon starten von der Startrampe 39A für CRS-10. SpaceX, CC0, über Wikimedia Commons.

Montageprozesse für Raketen und Raumfahrzeuge

Montage von Teilsystemen

Der Montageprozess der Teilsysteme beginnt mit dem Bau, der Prüfung und der Integration einzelner Komponenten in ihre jeweiligen Baugruppen. Jedes Teilsystem spielt eine entscheidende Rolle, um sicherzustellen, dass die Rakete oder das Raumfahrzeug während der gesamten Mission zuverlässig funktioniert. Teilsysteme werden mit höchster Präzision entwickelt, um strenge Leistungs- und Sicherheitsanforderungen zu erfüllen.

Die Antriebssysteme bilden das Herzstück der Leistung einer Rakete. Kritische Komponenten wie Triebwerke, Turbopumpen, Treibstofftanks, Ventile und Leitungen werden montiert und strengen Tests unterzogen. Beispielsweise werden die Merlin-Triebwerke von SpaceX, die in der Falcon 9-Rakete verwendet werden, einzeln getestet, um Schubleistung, Verbrennungsstabilität und Effizienz zu validieren, bevor sie in die erste Stufe der Rakete integriert werden. Diese Tests stellen sicher, dass das Antriebssystem unter extremen Bedingungen einwandfrei arbeitet.

Die Avioniksysteme, zu denen Bordcomputer, Sensoren, Navigationssysteme und Kommunikationsausrüstung gehören, werden aufgebaut und kalibriert, um eine präzise Steuerung der Raketenoperationen zu gewährleisten. Diese Systeme sind verantwortlich für die Flugsteuerung,

Grundlagen des Raketenbaus und der Konstruktion

die Verarbeitung großer Datenmengen und die Übertragung der Telemetrie an Bodenstationen. Jede Komponente, wie Inertialmesseinheiten (IMUs), GPS-Empfänger und Sternsensoren, wird auf Genauigkeit geprüft und kalibriert, um nahtlos mit der Flugsoftware zusammenzuarbeiten.

Die Strukturkomponenten werden gefertigt, um das Gerüst der Rakete zu bilden und kritische Systeme aufzunehmen. Rumpfabschnitte, Treibstofftanks, Zwischenstufen und Nutzlastverkleidungen werden mit modernen Fertigungstechniken hergestellt. So verwendet beispielsweise das Space Launch System (SLS) der NASA das Rührreibschweißen (Friction Stir Welding), um große Treibstofftanksegmente mit außergewöhnlicher Präzision und Festigkeit zu verbinden. Verbundwerkstofffertigung und additive Fertigung werden ebenfalls eingesetzt, um leichte, aber robuste Strukturen zu schaffen, die hohen mechanischen Belastungen standhalten.

Die Thermalkontrollsysteme werden integriert, um die Rakete und das Raumfahrzeug vor extremen Temperaturunterschieden während des Fluges zu schützen. Komponenten wie Hitzeschilde, Thermalisolationsdecken und Radiatoren werden hinzugefügt, um vor der intensiven Hitze beim Start, beim Wiedereintritt oder bei Weltraumoperationen zu schützen. Bei Missionen wie dem Orion-Raumschiff der NASA sind Thermalschutzsysteme entscheidend für die Sicherheit der Besatzung und der Nutzlast.

Abbildung 71: Montage von Teilsystemen. SpaceX, CC0, über Pexels.

Jedes Teilsystem wird strengen Tests unterzogen, um seine Funktionalität, Haltbarkeit und Kompatibilität mit anderen Komponenten zu validieren. Dieser Prozess umfasst sowohl eigenständige Tests einzelner Komponenten als auch Integrationstests, um eine nahtlose Leistung innerhalb des Gesamtsystems sicherzustellen. Durch die gründliche Überprüfung jedes Teilsystems stellen Ingenieure sicher, dass die Rakete oder das Raumfahrzeug den anspruchsvollen Bedingungen des Raumflugs standhält und die Missionsanforderungen erfüllt.

Integration der Hauptsektionen

Der Prozess der Integration der Hauptsektionen umfasst die Montage der Rakete oder des Raumfahrzeugs in seine primären Bauabschnitte in sauberen, klimatisierten Umgebungen, um Verunreinigungen zu vermeiden und Präzision zu gewährleisten. Diese Phase ist entscheidend, um zuvor montierte Teilsysteme zu größeren Einheiten zusammenzuführen und das Fahrzeug auf die abschließende Integration und Prüfung vorzubereiten.

Bei mehrstufigen Raketen wird jede Stufe als eigenständige Einheit montiert, einschließlich Triebwerken, Treibstofftanks und Avioniksystemen. Im Fall der Falcon 9 von SpaceX wird die wiederverwendbare erste Stufe mit ihrem Cluster aus neun Merlin-Triebwerken integriert, die den notwendigen Schub für den Start und Aufstieg liefern. Die zweite Stufe – oder Oberstufe – wird separat montiert und vorbereitet, um die Nutzlast in die vorgesehene Umlaufbahn zu bringen. Jede Stufe wird zusätzlich überprüft, um die korrekte Ausrichtung, die Integrität des Treibstoffsystems und die Einsatzbereitschaft der Avionik sicherzustellen.

Die Integration der Nutzlast ist ein weiterer entscheidender Schritt, bei dem die Missionsnutzlast – etwa Satelliten, Crewkapseln oder wissenschaftliche Instrumente – separat vorbereitet und anschließend sorgfältig in die Nutzlastverkleidung der Rakete integriert wird. Die Nutzlastverkleidung, oft als „Nasenverkleidung" bezeichnet, schützt die Nutzlast während des Starts vor aerodynamischen Kräften und Umwelteinflüssen. So wird beispielsweise bei den Artemis-Missionen der NASA das Orion-Raumschiff in die Oberstufe der Space Launch System (SLS)-Rakete integriert, um eine sichere Verbindung und korrekte Ausrichtung für den Orbiteintritt zu gewährleisten.

Zwischenstufen verbinden die verschiedenen Raketenstufen und spielen während des Flugs eine entscheidende Rolle. Diese Abschnitte enthalten Mechanismen für die Stufentrennung sowie elektrische und hydraulische Verbindungen, die Kommunikation und Treibstofftransfer zwischen den Stufen ermöglichen. Präzise Ausrichtung ist unerlässlich, um eine reibungslose und zuverlässige Trennung der Stufen während des Aufstiegs sicherzustellen. Fehler im Design oder in der Ausrichtung der Zwischenstufe können zu einem Missionsausfall führen, weshalb dieser Teil des Integrationsprozesses besonders streng geprüft wird.

Während der Integration der Hauptsektionen führen Ingenieure umfangreiche Überprüfungen durch, um die strukturelle Integrität, Ausrichtung und Kompatibilität aller Komponenten zu bestätigen. Durch die Montage der Rakete in diese zentralen Baugruppen – Stufen, Nutzlast und Zwischenstufen – entsteht ein kohärentes und funktionales Trägersystem, das den Kräften und Herausforderungen

Grundlagen des Raketenbaus und der Konstruktion

des Raumflugs standhalten kann. Diese Phase bringt die Rakete der abschließenden Integration näher, bei der alle Sektionen zu einem vollständig flugbereiten Fahrzeug zusammengeführt werden.

Elektrische und mechanische Schnittstellen

Während des Integrationsprozesses werden alle mechanischen, elektrischen und hydraulischen Schnittstellen zwischen den Teilsystemen sorgfältig verbunden und überprüft, um einen reibungslosen Betrieb zu gewährleisten. Die mechanische Ausrichtung ist ein kritischer Schritt, bei dem Strukturteile verbunden und präzise verschraubt werden. Ingenieure arbeiten mit Genauigkeiten im Millimeterbereich, um aerodynamische Stabilität und strukturelle Integrität sicherzustellen – beides entscheidend, um den extremen Kräften während Start, Aufstieg und Flug standzuhalten.

Elektrische Verbindungen werden hergestellt, um die Avioniksysteme, Sensoren und Aktuatoren im gesamten Fahrzeug zu integrieren. Kabelbäume, Stromleitungen und Datenbusse werden verbunden, um eine nahtlose Kommunikation zwischen den verschiedenen Teilsystemen zu gewährleisten. Diese Verbindungen stellen sicher, dass Systeme wie Bordcomputer, Navigationssensoren und Telemetrieausrüstung im Einklang arbeiten. So verwenden beispielsweise die SpaceX-Raketen über Kreuz verbundene Systeme (Cross-Strapping), die redundante Signalpfade ermöglichen und dadurch die Zuverlässigkeit im Falle eines einzelnen Ausfalls erhöhen.

Abbildung 72: Verbindung von Teilsystemen. SpaceX, CC0, über Pexels.

Die Integration der Flüssigkeits- und Treibstoffsysteme ist eine weitere entscheidende Phase. Kraftstoff- und Oxidatorleitungen, Ventile und Druckbehälter werden sorgfältig miteinander verbunden, um die ordnungsgemäße Zufuhr der Treibstoffe zu den Triebwerken zu gewährleisten. Dichtigkeitsprüfungen werden streng durchgeführt, um die Integrität des Systems zu verifizieren und sicherzustellen, dass keine Lecks im Drucksystem der Treib- und Oxidationsmittel vorhanden sind. Dieser Schritt ist besonders wichtig für die Leistung und Sicherheit des Antriebssystems, da selbst geringfügige Leckagen den Triebwerksbetrieb beeinträchtigen können.

Durch sorgfältige Überprüfung und Tests bestätigen Ingenieure, dass alle Schnittstellen – mechanisch, elektrisch und flüssigkeitsbasiert – vollständig funktionsfähig sind und den Konstruktionsspezifikationen entsprechen. Dieser gründliche Prozess stellt sicher, dass jedes System miteinander verbunden, stabil und bereit ist, während der Mission der Rakete einwandfrei zu funktionieren.

Systemintegration und Validierung

Sobald die Hauptsektionen und Schnittstellen zusammengebaut sind, durchläuft die Rakete oder das Raumfahrzeug eine strenge Integrationsprüfung, um sicherzustellen, dass alle Teilsysteme und Komponenten wie vorgesehen zusammenarbeiten. Diese Phase ist entscheidend, um Abweichungen oder Fehlfunktionen vor dem Start zu erkennen und zu beheben. Ingenieure führen eine Reihe umfassender Tests durch, um die Leistung, Sicherheit und Zuverlässigkeit des Fahrzeugs unter realen Bedingungen zu validieren.

Der Funktionstest ist der erste Schritt, bei dem Schlüsselsysteme wie Antrieb, Avionik, Kommunikation und Navigation aktiviert und auf ihre Gesamtsystemfunktionalität geprüft werden. Jedes Teilsystem wird überwacht, um sicherzustellen, dass es korrekt arbeitet und sich reibungslos in andere Komponenten integriert. Antriebssysteme werden in kontrollierten Umgebungen gezündet, um Schub und Stabilität zu überprüfen, während Avioniksysteme getestet werden, um die Kommunikation zwischen Sensoren, Flugcomputern und Steuermechanismen zu validieren.

Die strukturelle Integrität des Fahrzeugs wird durch Belastungstests validiert, bei denen die integrierten Strukturen mechanischen Kräften ausgesetzt werden, die jenen beim Start und während des Flugs ähneln. Ingenieure beurteilen, wie gut die Rakete oder das Raumfahrzeug den intensiven Kräften und Drücken während der Mission standhalten kann, und stellen sicher, dass keine Schwachstellen im Design bestehen.

Um die extremen Bedingungen beim Start zu simulieren, werden Vibrations- und Akustiktests am vollständig montierten Fahrzeug durchgeführt. Die Rakete wird intensiven Erschütterungen und Geräuschpegeln ausgesetzt, die die Start- und Aufstiegsbedingungen nachbilden. Dieser Test stellt sicher, dass empfindliche Komponenten wie Avioniksysteme und Nutzlasten unter diesen harten Bedingungen funktionsfähig und unbeschädigt bleiben.

Grundlagen des Raketenbaus und der Konstruktion

Das Raumfahrzeug oder die Nutzlast wird außerdem in einer thermovakuumgestützten Testkammer geprüft, um die Bedingungen des Weltraums – einschließlich des Vakuums und extremer Temperaturschwankungen – zu simulieren. Dieser Test überprüft, ob die thermischen Kontrollsysteme korrekt funktionieren, um das Fahrzeug und seine Komponenten während des Raumflugs zu schützen, und stellt sicher, dass eine gleichbleibende Leistung sowohl bei hohen Temperaturen als auch unter kryogenen Bedingungen gewährleistet ist.

Ein Beispiel dafür ist der Green-Run-Test der NASA Space Launch System (SLS)-Kernstufe. Dieser Prozess beinhaltet den Betrieb der Stufensysteme in einer integrierten Umgebung, einschließlich der Triebwerkszündung und der Bewertung aller kritischen Systeme, um sicherzustellen, dass sie flugbereit sind. Solche umfassenden Validierungsprozesse sind entscheidend für den Missionserfolg, da sie Ingenieuren ermöglichen, potenzielle Probleme zu identifizieren und zu beheben, bevor das Fahrzeug zum Start freigegeben wird.

Endgültige Integration und Rollout

In der letzten Phase der Raketenmontage durchläuft das vollständig integrierte Fahrzeug eine Reihe von Schritten, um sicherzustellen, dass es startbereit ist. Diese Phase beginnt mit einer End-to-End-Verifizierung, bei der alle Systeme – einschließlich Avionik, Antrieb und Kommunikation – abschließend funktional getestet werden. Ingenieure aktivieren kritische Systeme, simulieren den Betrieb und führen Betankungsproben durch, um die Einsatzbereitschaft der Rakete zu bestätigen. Diese umfassenden Prüfungen gewährleisten, dass alle Komponenten nahtlos zusammenarbeiten und keine Anomalien bestehen, bevor das Fahrzeug zum Startgelände transportiert wird.

Nach der Verifizierung wird die Rakete oder das Raumfahrzeug mithilfe spezieller Transportsysteme zur Startrampe gebracht. Die Transportmethode hängt vom Design des Fahrzeugs und dem Standort der Startanlage ab. Raketen wie die Falcon 9 von SpaceX werden in der Integrationshalle horizontal montiert und anschließend zur Startrampe transportiert. Dort wird die Rakete vorsichtig in eine vertikale Position gebracht, um die letzten Vorbereitungen zu treffen. Der vertikale Transport, wie er bei der NASA Space Launch System (SLS)-Rakete erfolgt, nutzt massive Crawler-Transporter, die das enorme Gewicht und die Größe der Rakete tragen können.

Abbildung 73: Transport einer montierten Rakete. SpaceX, CC0, über Pexels.

An der Startrampe durchläuft die Rakete eine letzte Phase der Startvorbereitung. Die Betankungs- und Drucksysteme werden getestet, um den ordnungsgemäßen Fluss der Treibstoffe sicherzustellen, und Countdown-Proben – wie sogenannte *Wet Dress Rehearsals* – werden durchgeführt, um die vollständige Startsequenz zu simulieren. Ingenieure überprüfen, ob die Rakete, die Bodensysteme und die Infrastruktur vollständig synchronisiert und betriebsbereit sind. Sobald alle Systeme als startbereit bestätigt sind, wird das Fahrzeug auf der Rampe gesichert, wo es auf den Countdown bis zur Zündung wartet.

Grundlagen des Raketenbaus und der Konstruktion

Abbildung 74: Startbereit auf der Startrampe. SpaceX, CC0, über Pexels.

Diese abschließende Phase der Integration und des Rollouts stellt den Höhepunkt umfangreicher Tests, Validierungen und präziser Ingenieursarbeit dar und stellt sicher, dass die Rakete bereit ist, ihre Mission sicher und erfolgreich auszuführen. Der Montageprozess von Raketen und Raumfahrzeugen vereint modernste Ingenieurtechnik, strenge Tests und präzise Fertigung. Jedes Teilsystem wird sorgfältig integriert, getestet und validiert, um die Zuverlässigkeit des Fahrzeugs während kritischer Missionsphasen zu gewährleisten. Durch fortschrittliche Montagetechniken wie modulare Integration, additive Fertigung und Echtzeittests demonstrieren moderne Raketen wie SpaceX' *Falcon 9* und die NASA-*SLS* den Erfolg sorgfältig geplanter Montageprozesse, die sichere und effiziente Raumfahrtmissionen ermöglichen.

Fertigung und Transportprozess der Saturn V

Der Fertigungs- und Transportprozess der Saturn V war eine enorme logistische und ingenieurtechnische Leistung, die die Komplexität und den Umfang des Apollo-Programms widerspiegelte. Die dreistufige Saturn V-Trägerrakete wurde in akribischer Detailarbeit von zahlreichen Auftragnehmern in den gesamten Vereinigten Staaten entworfen, gebaut, transportiert und montiert. Jede Stufe der Rakete – ebenso wie das Kommando- und Servicemodul, das Mondlandemodul und die Instrumentensektion – spielte eine wesentliche Rolle beim Aufstieg, den Mondoperationen und der sicheren Rückkehr der Besatzung [320].

Die erste Stufe, S-IC, war die größte und schwerste Sektion der Rakete. Sie war 42 Meter hoch, hatte einen Durchmesser von 10 Metern und wurde von fünf leistungsstarken F-1-Rocketdyne-Triebwerken angetrieben. Diese Stufe brachte die Rakete bis auf etwa 67 Kilometer Höhe, bevor sie abgetrennt wurde. Aufgrund ihrer enormen Größe fertigte Boeing die erste Stufe im *Michoud Assembly Facility* in New Orleans, Louisiana. Der Transport stellte eine große Herausforderung dar, da die Stufe zu groß für Straßen- oder Eisenbahntransporte war. Die Lösung bestand darin, sie per Binnenschiff zu befördern. Über den Mississippi gelangte die S-IC in den Golf von Mexiko und anschließend über den *Intra-Coastal Waterway* zum Kennedy Space Center in Florida [320].

Die zweite Stufe, S-II, war 24,87 Meter hoch und hatte denselben Durchmesser von 10 Metern. Sie verwendete fünf J-2-Rocketdyne-Triebwerke, die mit flüssigem Wasserstoff (LH_2) und flüssigem Sauerstoff (LOX) betrieben wurden. Der Einsatz von Wasserstoff als Treibstoff erforderte erhebliche Designinnovationen aufgrund seiner extrem niedrigen Betriebstemperatur von −252,8 °C. North American Aviation, der Hersteller der zweiten Stufe, produzierte sie in Seal Beach, Kalifornien. Auch hier war der Transport eine Herausforderung – die Stufe wurde per Schiff von Kalifornien zum *Stennis Space Center* in Mississippi zum Testen gebracht und danach weiter zum Kennedy Space Center transportiert [320].

Die dritte Stufe, S-IVB, war kleiner und maß 17,86 Meter in der Höhe bei 6,6 Metern Durchmesser. Sie wurde von einem einzelnen J-2-Triebwerk angetrieben, das zweimal gezündet wurde: einmal, um die Rakete in die Erdumlaufbahn zu bringen, und ein zweites Mal, um den Einschuss zum Mond einzuleiten. Die Douglas Aircraft Company fertigte die S-IVB in Huntington Beach, Kalifornien. Aufgrund ihrer geringeren Größe konnte sie mit der speziell entwickelten Transportmaschine NASA Super Guppy per Luftfracht transportiert werden. Diese Innovation beschleunigte die Lieferzeiten und ermöglichte eine effiziente Zustellung an das Kennedy Space Center [320].

Das Kommando- und Servicemodul (CSM) war ein zentraler Bestandteil des Apollo-Programms. Es beherbergte die Astronauten und ermöglichte die Operationen im Mondorbit. Das kombinierte CSM war 11 Meter lang und 3,9 Meter im Durchmesser. Das Kommandokapselmodul war 3,48 Meter lang und enthielt die Besatzungskabine, während das Servicemodul mit einer Länge von 7,49 Metern die Antriebs- und Unterstützungssysteme enthielt. North American Aviation (später North American Rockwell) stellte das CSM in Downey, Kalifornien, her. Dank des Super Guppy konnte das CSM per Flug direkt zum Kennedy Space Center transportiert werden, wo es die Endintegration mit der Rakete durchlief [320].

Das Mondlandemodul (LM) war das zweistufige Raumfahrzeug, das die Astronauten vom Mondorbit auf die Oberfläche und zurück zum Kommandomodul brachte. Es war 7,04 Meter hoch und 4,22 Meter im Durchmesser. Die Abstiegsstufe diente als Landebasis, während die Aufstiegsstufe die Astronauten zurück zum CSM brachte. Gebaut wurde das LM von der Grumman Aircraft Company in Bethpage, New York. Wie das CSM wurde auch das LM per Super Guppy zum Kennedy Space Center geflogen und beim Start zwischen der dritten Stufe und dem Servicemodul im *Spacecraft-to-LM Adapter* untergebracht [320].

Die Instrumentensektion bildete das Leit- und Kontrollzentrum der Saturn V. Ohne sie hätte sich die Rakete nicht ausrichten oder einer präzisen Flugbahn folgen können. Diese ringförmige Einheit war 1

Grundlagen des Raketenbaus und der Konstruktion

Meter hoch und 6,7 Meter im Durchmesser und enthielt die Navigations-, Steuerungs- und Telemetriesysteme. Hergestellt wurde sie von der Firma IBM im *Space Systems Center* in Huntsville, Alabama. Auch diese Sektion wurde mit der Super Guppy per Lufttransport zum Kennedy Space Center gebracht [320].

Nach der Ankunft aller Stufen und Komponenten im Kennedy Space Center erfolgten Endinspektionen und die Vorbereitung auf die vertikale Montage. Das eigens für das Apollo-Programm errichtete Vehicle Assembly Building (VAB) spielte dabei eine zentrale Rolle. Die riesige Struktur verfügte über vier Montagehallen, in denen bis zu vier Saturn V-Raketen gleichzeitig aufgebaut werden konnten. Jede Stufe wurde vertikal auf dem *Mobile Launcher* gestapelt – beginnend mit der ersten Stufe am Boden, gefolgt von der zweiten und dritten Stufe, der Instrumentensektion und den Raumfahrtsmodulen. Alle mechanischen, elektrischen und fluidischen Systeme wurden verbunden und getestet, um eine nahtlose Integration sicherzustellen [320].

Nach der vollständigen Montage wurde die Saturn V mit dem gigantischen Crawler Transporter – einem kettengetriebenen Transportfahrzeug – zur Startrampe transportiert. Der Crawler bewegte sich mit langsamer, präziser Geschwindigkeit, um die Stabilität während des Transports zur *Launch Complex 39* zu gewährleisten [320].

Der Fertigungs- und Transportprozess der Saturn V war eine monumentale Leistung, die eine enge Zusammenarbeit zahlreicher Auftragnehmer in den gesamten Vereinigten Staaten erforderte. Jede Stufe und jedes Modul wurde sorgfältig entworfen, produziert, getestet und mit innovativen Methoden wie Binnenschifftransport, Lufttransport durch den Super Guppy und der eigens errichteten Vehicle Assembly Building-Infrastruktur bewegt. Dieser komplexe, aber effiziente Prozess legte das Fundament für die moderne Raketenfertigung und Montage und demonstrierte die ingenieurtechnische Meisterleistung, die für die historischen Apollo-Missionen notwendig war [320].

SpaceX-Fertigungs- und Montageprozess

Der Fertigungs- und Montageprozess von SpaceX spiegelt eine Kombination aus modernster Ingenieurtechnik, optimierten Produktionsmethoden und betrieblicher Effizienz wider. Gegenwärtig konzentriert sich das Unternehmen auf zwei Haupt-Trägerraketen: die *Falcon 9*, ein bewährtes Arbeitspferd für Orbitalmissionen, und die *Starship Super Heavy*, eine Trägerrakete der nächsten Generation, die für Tiefraumexploration und vollständige Wiederverwendbarkeit entwickelt wurde. Durch die Betrachtung der Produktions- und Montageverfahren beider Raketen wird deutlich, wie SpaceX moderne Fertigungstechniken übernommen hat und gleichzeitig den während der Saturn-V-Ära etablierten Trends folgt [320].

Die *Falcon 9*-Rakete ist eine der erfolgreichsten und am weitesten verbreiteten Trägerraketen der modernen Raumfahrt. Sie wurde entwickelt, um Nutzlasten von bis zu 22.800 Kilogramm (50.300 Pfund) in einen niedrigen Erdorbit (LEO) oder 8.300 Kilogramm (18.300 Pfund) in einen geostationären Transferorbit (GTO) zu transportieren, und ist für ihre teilweise Wiederverwendbarkeit bekannt. Die erste Stufe der *Falcon 9* kann autonom zur Erde zurückkehren und landen, was die Wiederaufbereitung und Wiederverwendung ermöglicht und die Startkosten erheblich senkt [320].

Die Hauptfertigung der *Falcon 9* findet in SpaceX' Hauptwerk in Hawthorne, Kalifornien, statt. Diese weitläufige Anlage dient als Produktionszentrum, in dem die wichtigsten Komponenten der Rakete gefertigt werden, darunter die *Merlin*-Triebwerke, der Rumpf, Zwischenstufen und die Avionik. Fortschrittliche Fertigungsverfahren wie Präzisionsbearbeitung, Schweißen und additive Fertigung (3D-Druck) werden eingesetzt, um Bauteile mit engen Toleranzen herzustellen. Die Integration der Triebwerke, Treibstofftanks und Flugsteuerungssysteme sorgt dafür, dass die Stufen nahezu vollständig montiert sind, bevor sie transportiert werden [320].

Im Gegensatz zur *Saturn V*, die vertikal montiert wurde, nutzt die *Falcon 9* ein horizontales Integrationsverfahren. Nach der Fertigung werden die Komponenten per Straße mit speziell angepassten Transportfahrzeugen zu den Integrationsanlagen an den Startplätzen gebracht – etwa zum *Kennedy Space Center*, zur *Cape Canaveral Space Force Station* oder zur *Vandenberg Space Force Base*. Dort werden die erste und zweite Stufe der *Falcon 9* verbunden und für die Nutzlastintegration vorbereitet. Nach Abschluss der Endkontrollen wird die horizontal montierte Rakete auf der Startrampe in eine vertikale Position gebracht und für den Flug vorbereitet [320].

Dieses horizontale Integrationsverfahren ermöglicht eine schnelle Montage und senkt die Infrastrukturkosten, die bei vertikaler Fertigung entstehen würden. Das modulare Design der *Falcon 9* vereinfacht zudem den Transport und macht sie hochgradig anpassungsfähig für häufige Starts und Wiederverwendung. Durch die Zentralisierung der Fertigung in Hawthorne und die Endmontage an den Startstandorten optimiert SpaceX die Produktionszeitpläne und minimiert logistische Herausforderungen [320].

Die *Starship Super Heavy* steht kurz davor, die größte und leistungsstärkste orbitalfähige Trägerrakete aller Zeiten zu werden. Sie besteht aus zwei Hauptsektionen: dem *Super Heavy Booster* als Unterstufe und dem *Starship*-Raumschiff als Oberstufe, das Besatzung und Fracht transportieren kann. Zusammen erreicht das Fahrzeug eine Höhe von 120 Metern (393 Fuß). Beide Stufen sind vollständig wiederverwendbar konzipiert und entsprechen damit SpaceX' Ziel, die Kosten für die Raumfahrt drastisch zu senken [320].

Der Großteil der *Starship*-Fertigung und -Montage erfolgt in *Starbase*, der dedizierten Produktions- und Testanlage von SpaceX in Boca Chica, Texas. *Starbase* fungiert gleichzeitig als Fabrik und Testgelände, wodurch SpaceX Prototypen effizient herstellen, integrieren und starten kann. Der Edelstahlrumpf der Rakete wird vor Ort unter Einsatz fortschrittlicher Schweiß- und Fertigungstechniken gefertigt, um Haltbarkeit und Wiederverwendbarkeit unter extremen Bedingungen sicherzustellen. Im Gegensatz zu herkömmlichen Aluminiumraketen bietet Edelstahl höhere Festigkeit und Hitzebeständigkeit bei Wiedereintrittsbedingungen [320].

Obwohl die meisten Komponenten des *Starship* in *Starbase* gefertigt werden, werden die *Raptor*-Triebwerke – das Herzstück des Antriebssystems – separat produziert. Diese Triebwerke entstehen in der Triebwerksfabrik von SpaceX in Hawthorne und werden vor der Integration am McGregor-Testgelände in Texas umfassend geprüft. Die mit flüssigem Methan (CH_4) und flüssigem Sauerstoff (LOX) betriebenen *Raptor*-Triebwerke markieren eine Abkehr von traditionellen Treibstoffen und sind auf Wiederverwendbarkeit, Effizienz und Tiefraumtauglichkeit ausgelegt [320].

Grundlagen des Raketenbaus und der Konstruktion

Die *Starship Super Heavy* wird vertikal auf gewaltigen Startplattformen in *Starbase* montiert. Im Gegensatz zur horizontal integrierten *Falcon 9* erfordert die Größe des *Starship* eine vertikale Konstruktion. Komponenten wie der *Super Heavy Booster* und das *Starship*-Raumschiff werden mithilfe von Kränen gestapelt, und die Integration umfasst das Anschließen von Treibstoffleitungen, Avioniksystemen und Triebwerksbefestigungen. Prototypen unterziehen sich häufig statischen Zündtests, um Triebwerksleistung und Systembereitschaft zu validieren [320].

Derzeit wird *Starship* von der orbitalen Testplattform in *Starbase* gestartet, wo SpaceX Entwicklungsflüge durchführt, um das Design zu verfeinern. Parallel dazu baut SpaceX zusätzliche Startinfrastruktur auf. Dazu gehört der im Bau befindliche dedizierte *Starship*-Startkomplex auf der historischen *Launch Complex 39A* des Kennedy Space Center, die bereits für Apollo-Missionen und *Falcon Heavy*-Starts genutzt wurde. Eine weitere mögliche Startrampe (*Launch Complex 49*) in Florida wird ebenfalls erwogen, um die geplante hohe Startfrequenz des *Starship* zu unterstützen [320].

Die Fertigungs- und Montageprozesse von *Falcon 9* und *Starship* spiegeln Trends wider, die bereits beim Bau der *Saturn V* etabliert wurden. Beide Programme umfassen geografisch verteilte Produktionsstätten mit Spezialisierungen auf Triebwerke, Stufen und Avioniksysteme. SpaceX hat den Prozess jedoch revolutioniert, indem es Wiederverwendbarkeit, modulare Designs und moderne Fertigungstechnologien wie 3D-Druck und vertikale Montage für das *Starship* eingeführt hat [320].

Während die *Saturn V* stark auf Binnenschiff- und Lufttransporte für ihre riesigen Komponenten angewiesen war, nutzt SpaceX Straßentransporte für die *Falcon 9* und lokale Produktion in *Starbase* für das *Starship*. Darüber hinaus haben die Integration digitaler Werkzeuge, automatisierte Tests und Echtzeit-Feedback die Entwicklungszyklen erheblich beschleunigt, was SpaceX ermöglicht, Prototypen schneller zu entwickeln und zu verbessern [320].

Die Fertigungs- und Montageprozesse von SpaceX verkörpern eine nahtlose Verbindung von Innovation und Effizienz. Der Erfolg der *Falcon 9* zeigt die Vorteile von Wiederverwendbarkeit und optimierter Integration, während das *Starship Super Heavy*-Projekt die Grenzen des modernen Ingenieurwesens neu definiert. Durch die Zentralisierung der Produktion, wo immer möglich, und den Einsatz fortschrittlicher Technologien prägt SpaceX weiterhin die Zukunft des Raketenbaus, der Tests und des Raumfahrtstarts [320].

Integration von Teilsystemen und Nutzlasten

Die Integration der Teilsysteme beginnt mit dem Zusammenbau der Hauptsysteme der Rakete, einschließlich Antrieb, Avionik, Strukturkomponenten und thermischer Kontrollsysteme. Jedes Teilsystem wird einzeln konstruiert, getestet und verifiziert, bevor es in die Gesamtmontage integriert wird.

Das Antriebssystem ist eine der komplexesten Integrationsaufgaben und umfasst Triebwerke, Turbopumpen, Treibstofftanks, Ventile und Rohrleitungssysteme. Diese Komponenten müssen präzise ausgerichtet und miteinander verbunden werden, um den korrekten Fluss von Treibstoff und

Oxidator zu gewährleisten. Dichtheits- und Drucktests werden durchgeführt, um die Integrität der Fluidsysteme sicherzustellen. So integriert SpaceX beispielsweise seine *Merlin*-Triebwerke mit höchster Präzision in die erste Stufe der *Falcon 9*-Rakete. Jedes Triebwerk wird vor dem Einbau auf Schubleistung und Verbrennungsstabilität getestet.

Das Avioniksystem, das Flugcomputer, Sensoren, Navigations- und Kommunikationsausrüstung umfasst, ist ein weiteres zentrales Teilsystem. Während der Integration werden Kabelbäume und Datenbusse verbunden, um eine nahtlose Kommunikation zwischen den Komponenten zu ermöglichen. Häufig werden Cross-Strapping-Techniken eingesetzt, um Redundanz zu schaffen und sicherzustellen, dass ein Ausfall in einem Signalpfad nicht das gesamte System beeinträchtigt. Die Avionikintegration wird durch Funktionssimulationen und Hardware-in-the-Loop-Tests überprüft, um die Fähigkeit des Systems zur Steuerung der Flugoperationen und Telemetrie zu validieren.

Die Strukturkomponenten der Rakete – etwa Rumpfabschnitte, Zwischenstufen und Nutzlastverkleidungen – werden zu einem zusammenhängenden Raketenkörper integriert. Diese Sektionen werden mithilfe fortschrittlicher Schweißtechniken, wie etwa Rührreibschweißen (*Friction Stir Welding*), verbunden, insbesondere bei Tanks und anderen tragenden Strukturen. Moderne Raketen verwenden häufig Verbundwerkstoffe, die gefertigt und ausgerichtet werden, um hohe Festigkeit bei geringem Gewicht zu gewährleisten. So nutzt beispielsweise das *Space Launch System (SLS)* der NASA präzises Schweißen zur Integration seiner Zentralstufe.

Die Nutzlastintegration erfolgt, nachdem die primären Teilsysteme montiert wurden. Die Nutzlast besteht häufig aus einem Satelliten, einer Raumkapsel oder einem wissenschaftlichen Instrument und wird in der Nutzlastverkleidung der Rakete untergebracht. Dieser Prozess beginnt mit der Vorbereitung der Nutzlast, die abschließende Tests und die Einkapselung umfasst, um sie vor Umwelteinflüssen wie Verunreinigung und mechanischen Vibrationen zu schützen.

Grundlagen des Raketenbaus und der Konstruktion

Abbildung 75: Im mobilen Serviceturm auf der Startrampe 17-B der Cape Canaveral Air Force Station bewegt sich die zweite Hälfte der Nutzlastverkleidung (rechts) auf das wartende THEMIS-Raumschiff zu. Die erste Hälfte wurde bereits angebracht. NASA, gemeinfrei, über Picryl.

Die Nutzlast einer Rakete ist der Teil, der die Missionsziele ins All trägt [321]. Zu den Nutzlasten können Astronauten, Raumfahrzeuge, Versorgungsgüter, wissenschaftliche Instrumente und Kommunikationsausrüstung gehören [321]. Die Art der Nutzlast, die eine Rakete befördert, hängt von der jeweiligen Mission ab – diese kann der Wetterbeobachtung, der Planetenforschung oder anderen Zwecken dienen [321].

Der Begriff „Nutzlast" stammt ursprünglich aus der Seefahrt und bezeichnete die Fracht eines Schiffes, die Einnahmen erwirtschaftete [321]. Nutzlasten sind ein wesentlicher Bestandteil der

Weltraumforschung, da sie es ermöglichen, andere Planeten, Galaxien und die Bedingungen des Weltraums zu erforschen [321].

Das Nutzlastverhältnis kann erheblich gesteigert werden, wenn sogenannte Luftstarts durchgeführt werden, bei denen die Rakete von einem Flugzeug oder Ballon aus gestartet wird [161]. Flugzeugbasierte Luftstarts wurden in der Geschichte der Raketenstarts mehrfach verwendet [161].

Nutzlasten können Instrumente für verschiedene wissenschaftliche Ziele umfassen, wie etwa die Beobachtung der Sonne [322, 323], die Untersuchung des Monduntergrunds [324], die Überwachung atmosphärischer Bedingungen [325] oder die Erforschung des Mars [326]. Das Design und die Entwicklung der Nutzlast müssen dabei die Missionsziele und Anforderungen berücksichtigen [170, 326, 327].

Zu den Nutzlastsystemen gehören auch Technologien wie Inertialmesseinheiten [328], Robotik [329] und Computersysteme [330-332], die den Missionsbetrieb und die Datenerfassung unterstützen.

Sobald die Nutzlast vorbereitet ist, wird sie mit der Oberstufe der Rakete verbunden. Dies umfasst die mechanische Befestigung sowie den Anschluss elektrischer und datenverarbeitender Schnittstellen. Ingenieure führen präzise Ausrichtungsprüfungen durch, um sicherzustellen, dass die Nutzlast korrekt positioniert und sicher befestigt ist. Die Schnittstellen der Nutzlast werden getestet, um eine einwandfreie Kommunikation mit den Systemen der Rakete zu gewährleisten und sicherzustellen, dass Befehle, Telemetrie und Stromversorgung ordnungsgemäß funktionieren.

Nach der Integration der Teilsysteme und der Nutzlast wird die gesamte Baugruppe strengen Tests unterzogen. Funktionstests stellen sicher, dass alle Systeme nahtlos zusammenarbeiten – einschließlich der Aktivierung von Antrieb, Avionik und Telemetrie. Strukturtests überprüfen die Fähigkeit der Rakete, den mechanischen Belastungen während des Starts und des Flugs standzuhalten. Schwingungs- und Akustiktests simulieren die intensiven Kräfte beim Start, um sicherzustellen, dass sowohl die Rakete als auch die Nutzlast stabil bleiben und keinen Schaden erleiden.

Nach Abschluss der Integration von Teilsystemen und Nutzlast wird die Rakete für den Transport zur Startrampe vorbereitet. Auf der Rampe werden abschließende Prüfungen durchgeführt, um zu bestätigen, dass alle Systeme betriebsbereit sind. Funktionstests werden wiederholt, um sicherzustellen, dass die Rakete startklar ist, und die Nutzlastverkleidung wird geschlossen, um die Nutzlast für den Flug zu kapseln.

Kapitel 9
Tests und Validierung

Statische Zündtests und Triebwerksversuche

Systemtests von Trägerraketen sind entscheidende Prüfungen, die durchgeführt werden, um sicherzustellen, dass Raketen und ihre bodengestützte Unterstützungsausrüstung (Ground Support Equipment, GSE) für einen sicheren und erfolgreichen Flug in den Orbit bereit sind. Diese Tests, die in der Regel vor dem Start stattfinden, simulieren verschiedene Aspekte der Mission, darunter die Betankung, die Triebwerksleistung und die Kommunikation zwischen den Bodensystemen und dem Fahrzeug. Sie helfen, potenzielle Probleme zu erkennen und zu beheben, wodurch das Risiko eines Fehlstarts erheblich verringert wird. Zwei zentrale Testarten – das Wet Dress Rehearsal (WDR) und der statische Zündtest – spielen dabei eine besonders wichtige Rolle.

Wet Dress Rehearsal (WDR)

Das Wet Dress Rehearsal ist ein umfassender Test, bei dem flüssige Treibstoffe wie flüssiger Sauerstoff und flüssiger Wasserstoff in die Treibstofftanks der Rakete geladen werden. Der Begriff „wet" („nass") bezieht sich auf die Verwendung dieser kryogenen Treibstoffe, die die tatsächlichen Startbedingungen nachbilden. Während eines WDR überprüfen Ingenieure die Betankungsprozesse der Rakete, einschließlich des Treibstoffflusses, der Tankdruckbeaufschlagung sowie der Funktionalität von Ventilen, Pumpen und Bodenverbindungen. Die Triebwerke werden während dieses Tests jedoch nicht gezündet.

WDRs werden häufig sowohl an Entwicklungsprototypen als auch an einsatzbereiten Raketen durchgeführt, die sich in der Startvorbereitung befinden. Sie ermöglichen es den Ingenieuren, die Einsatzbereitschaft des Betankungssystems, die Integration von Boden- und Flugsystemen sowie die Handhabung der Rakete unter kryogenen Bedingungen zu überprüfen. SpaceX führt beispielsweise regelmäßig WDRs an seinen Falcon-9- und Falcon-Heavy-Raketen durch, um sicherzustellen, dass alle Komponenten reibungslos zusammenarbeiten. Während dieser Proben wird oft auch die Start-Countdown-Sequenz simuliert, um die Koordination zwischen der Bodensteuerung und den Bordsystemen zu bewerten.

Abbildung 76: Falcon 9 mit CRS-3 Dragon beim Wet-Dress-Rehearsal. SpaceX, CC0, via Wikimedia Commons.

Schritt-für-Schritt-Prozess für das Wet Dress Rehearsal (WDR):

1. Vorbereitung und Einrichtung

- Sicherstellen, dass die Rakete vollständig montiert, integriert und zur Startrampe transportiert wurde.
- Vorläufige Überprüfungen der Rakete und der bodengestützten Unterstützungsausrüstung (Ground Support Equipment, GSE) durchführen, einschließlich elektrischer, mechanischer und Kommunikationssysteme.
- Bestätigen, dass die Treibstofflagertanks, Betankungsleitungen und Drucksysteme an der Startrampe betriebsbereit sind.
- Überprüfen, dass die Countdown-Uhr, Telemetriesysteme und Kommunikationsverbindungen mit der Missionskontrolle ordnungsgemäß funktionieren.

2. Positionierung und Sicherung der Rakete

- Die Rakete auf der Startrampe sichern, um Bewegungen während des Tests zu verhindern.
- Bodenverbindungen (Umbilicals) an die Rakete anschließen, um Betankung, Druckbeaufschlagung und Kommunikation zu ermöglichen.

Grundlagen des Raketenbaus und der Konstruktion

3. Initialisierung der Countdown-Simulation

- Die simulierte Countdown-Sequenz starten, um das tatsächliche Startverfahren nachzubilden.
- Die Avionik- und Bordsysteme der Rakete aktivieren, um ihre Kommunikation mit der Bodensteuerung zu testen.

4. Betankung

- Mit dem Befüllen der Treibstofftanks der Rakete mit kryogenem Treibstoff (z. B. flüssiger Sauerstoff und flüssiger Wasserstoff) und Oxidatoren beginnen.
- Strömungsraten, Drücke und Temperaturen überwachen, um sicherzustellen, dass der Betankungsprozess den Betriebsanforderungen entspricht.
- Ventile, Pumpen und Sensoren testen, um ihre korrekte Funktion während der Betankung zu verifizieren.

5. Druckbeaufschlagung der Tanks

- Die Treibstofftanks auf flugbereite Bedingungen bringen.
- Die Leistung der Drucksysteme überprüfen und sicherstellen, dass stabile Druckverhältnisse aufrechterhalten werden können.

6. Simulierter Start-Countdown

- Die Countdown-Sequenz bis zu dem Punkt fortsetzen, der der Triebwerkszündung unmittelbar vorausgeht.
- Kritische Systeme wie Telemetrie, Navigation und Antriebssteuerung aktivieren.
- Die Synchronisation zwischen Startkontrolle und Bordsystemen verifizieren.

7. Abbruch- oder Haltebefehle

- Den Countdown an einem festgelegten Punkt kurz vor der Zündung unterbrechen.
- Überprüfen, ob die Rakete auf einen Halte- oder Abbruchbefehl der Missionskontrolle reagieren kann.

8. Entleerung und Sicherung der Tanks

- Nach Abschluss des Tests mit der Entleerung der Treibstofftanks beginnen.
- Die Tanks sicher entlüften und die Betankungsleitungen trennen.
- Die Boden- und Raketensysteme auf Anomalien oder Beschädigungen während der Betankung und Druckbeaufschlagung untersuchen.

9. Nachtest-Inspektionen

- Eine gründliche Inspektion der Rakete und der Bodenunterstützungssysteme durchführen.
- Telemetriedaten auswerten und Sensormessungen analysieren, um Unstimmigkeiten oder potenzielle Probleme zu identifizieren.

- Ergebnisse dokumentieren und eventuelle Mängel beheben, bevor weitere Tests oder der tatsächliche Start erfolgen.

10. Systemrücksetzung

- Alle Raketen- und Bodensysteme in ihren ursprünglichen Zustand zurücksetzen, um die Bereitschaft für weitere Tests oder Startvorbereitungen sicherzustellen.
- Überprüfen, dass die Rakete nach dem Test stabil und sicher ist.

Beispielhafte Anwendungen

SpaceX verwendet den WDR-Prozess regelmäßig für seine Falcon-9- und Falcon-Heavy-Raketen. Während dieser Proben testet das Unternehmen Betankung, Tankdruckbeaufschlagung und Countdown-Sequenzen, um die Einsatzbereitschaft für bevorstehende Starts sicherzustellen. Ähnlich führt die NASA beim Space Launch System (SLS) WDRs durch, um vollständige Startbedingungen zu simulieren, einschließlich der Betankung mit flüssigem Wasserstoff und Sauerstoff.

Statische Zündtests (Static Fire Tests)

Statische Zündtests bauen auf den Wet Dress Rehearsals auf, indem sie die Zündung der Triebwerke beinhalten, während die Rakete fest auf der Startrampe verankert bleibt. Dabei werden die Triebwerke für kurze Zeit mit voller Schubkraft gezündet – typischerweise für 3 bis 7 Sekunden, wobei auch längere Tests durchgeführt wurden. Beispielsweise absolvierte die Falcon Heavy vor ihrem Erstflug im Februar 2018 einen 12-Sekunden-Test. Diese Tests liefern entscheidende Daten zur Triebwerksleistung, einschließlich Schubkraft, Treibstoffflussraten, Druck und Temperaturverläufen.

Statische Zündtests dienen mehreren Zwecken: Sie validieren die Startsequenz der Triebwerke, stellen sicher, dass das Antriebssystem ordnungsgemäß funktioniert, und liefern Erkenntnisse über die Kriterien, die bestimmen, ob der tatsächliche Start durchgeführt werden kann. Je nach Missionsanforderungen und Sicherheitsvorgaben können Raketen mit oder ohne Nutzlast statische Zündtests absolvieren.

Grundlagen des Raketenbaus und der Konstruktion

Abbildung 77: Großer Hybrid-Triebwerkstest von Gilmour Space. GilmourSpace, CC BY-SA 4.0, via Wikimedia Commons.

Schritt-für-Schritt-Prozess für statische Zündtests:

1. Vorbereitung und Einrichtung

- **Raketenintegration:** Sicherstellen, dass die Rakete vollständig montiert ist, einschließlich aller relevanten Stufen, Triebwerke und Subsysteme.
- **Startrampen-Einrichtung:** Die Rakete sicher am Teststand oder Starttisch befestigen. Bodengestützte Unterstützungssysteme (Ground Support Equipment, GSE) wie Betankungsleitungen, Drucksysteme und Versorgungsleitungen anschließen.
- **Vorabinspektionen:** Überprüfungen der strukturellen, mechanischen, elektrischen und telemetrischen Systeme durchführen, um die Testbereitschaft zu bestätigen.
- **Sicherheitsmaßnahmen:** Sicherheitszonen um den Testbereich einrichten und sicherstellen, dass sich alle Personen und Geräte in sicherer Entfernung befinden.

2. Betankung

- **Treibstoffbefüllung:** Flüssige Treibstoffe (z. B. flüssiger Sauerstoff, Kerosin, flüssiger Wasserstoff) in die Tanks der Rakete laden. Präzise Protokolle befolgen, um Durchflussraten, Druck und Temperaturen zu überwachen.
- **Druckbeaufschlagung der Tanks:** Die Treibstofftanks auf Betriebsdruck bringen. Bestätigen, dass das Drucksystem ordnungsgemäß funktioniert und stabile Bedingungen aufrechterhalten kann.
- **Kryogener Test:** Wenn kryogene Treibstoffe verwendet werden, sicherstellen, dass die thermische Isolierung und Entlüftungssysteme der Rakete effektiv arbeiten.

3. Überprüfung des Zündsystems

- Überprüfungen der Zündsysteme der Rakete durchführen, einschließlich pyrotechnischer oder elektrischer Zünder, um sicherzustellen, dass sie betriebsbereit sind.

4. Simulierte Countdown-Sequenz

- Eine Countdown-Sequenz einleiten, um Startbedingungen zu simulieren.
- Avionik-, Telemetrie- und Flugsteuerungssysteme aktivieren, um Echtzeitbetriebsszenarien zu simulieren.
- Bodensteuerungssysteme mit den Bordsystemen der Rakete synchronisieren.

5. Triebwerksstart und Zündung

- Die Triebwerke der Rakete zünden, während die Rakete sicher am Teststand oder Starttisch befestigt bleibt.
- Die Triebwerke für eine vorgegebene Dauer mit voller Schubkraft laufen lassen – typischerweise 3–12 Sekunden (oder länger bei speziellen Tests).
- Triebwerksparameter wie Schubkraft, Verbrennungsstabilität, Druck, Temperatur und Treibstoffflussraten überwachen.

6. Echtzeit-Datenerfassung

- Onboard- und bodengestützte Sensoren einsetzen, um Daten zu Triebwerksleistung, Strukturbelastung und thermischem Verhalten zu erfassen.
- Bestätigen, dass alle kritischen Systeme wie erwartet und innerhalb definierter Parameter funktionieren.

7. Abschaltsequenz

- Die Triebwerke abschalten und mit dem Abkühlprozess des Antriebssystems beginnen.
- Die Treibstofftanks sicher entlüften und Betankungs- sowie Drucksysteme trennen.

8. Nachtest-Inspektionen

- Eine gründliche Inspektion der Rakete, der Triebwerke und der bodengestützten Unterstützungsausrüstung durchführen.
- Telemetrie- und Sensordaten analysieren, um eventuelle Anomalien oder Leistungsprobleme zu identifizieren.
- Testergebnisse dokumentieren und feststellen, ob die Rakete bereit für die nächste Phase (z. B. weitere Tests oder Startvorbereitung) ist.

9. Systemrücksetzung

- Alle Systeme in ihren ursprünglichen Zustand zurücksetzen, um sicherzustellen, dass Rakete und Bodenausrüstung für nachfolgende Tests oder den tatsächlichen Start bereit sind.
- Gegebenenfalls verbrauchten Treibstoff oder andere Verbrauchsmaterialien wieder auffüllen.

Grundlagen des Raketenbaus und der Konstruktion

Beispielhafte Anwendungen

- **SpaceX:** SpaceX führt vor jedem Start statische Zündtests für jeden Falcon-9-Booster durch. Diese Tests bestätigen die Triebwerksleistung und die Einsatzbereitschaft für Missionen, einschließlich Nutzlaststarts und bemannter Flüge.
- **NASA SLS:** Die Hauptstufe des Space Launch System (SLS) absolvierte während des Green-Run-Tests eine vollständige Zündung aller vier RS-25-Triebwerke über mehr als acht Minuten, um die Startbedingungen zu simulieren.
- **Blue Origin:** Für die New Shepard- und New Glenn-Raketen führt Blue Origin statische Zündtests durch, um die Triebwerksleistung und Sicherheitsprotokolle zu validieren, bevor sie in die Flugphase übergehen.

Verwendung von WDR- und statischen Zündtests

Nicht alle Startanbieter führen regelmäßig Wet Dress Rehearsals (WDR) oder statische Zündtests für ihre Trägerraketen durch. Unternehmen wie SpaceX haben diese Tests jedoch zu einem festen Bestandteil ihrer Startvorbereitung gemacht. SpaceX führt für jeden neuen Booster und auch für jeden wiederverwendeten Booster einen statischen Zündtest durch, um die Zuverlässigkeit sicherzustellen. Diese Tests werden häufig mit WDRs kombiniert und bilden so eine umfassende Vorstartbewertung. So führte SpaceX im Januar 2018 mehrere WDRs und einen statischen Zündtest für die Falcon Heavy durch – ein entscheidender Schritt auf dem Weg zu ihrem erfolgreichen Jungfernflug.

Solch strenge Testprotokolle sind entscheidend, um Risiken zu erkennen und zu minimieren. Die aus diesen Tests gewonnenen Daten helfen, die „Go/No-Go"-Kriterien während des Countdowns zu verfeinern und das Vertrauen in die Einsatzbereitschaft der Rakete zu erhöhen.

Mögliche Anomalien und Risiken

Fehler während von WDRs und statischen Zündtests können schwerwiegende Folgen haben [103]. Beispielsweise kam es am 1. September 2016 bei einem Falcon-9-Test zu einem katastrophalen Versagen durch eine Undichtigkeit im kryogenen Heliumsystem, was zur Explosion der Rakete und ihrer Nutzlast – dem AMOS-6-Satelliten – sowie zu erheblichen Schäden an der Startrampe führte [103]. Ebenso ereignete sich 2024 beim statischen Zündtest der Erststufe der Tianlong-3-Rakete von Space Pioneer ein strukturelles Versagen zwischen Rakete und Teststand, das zu einem unbeabsichtigten Start und einem anschließenden Absturz der Rakete in nahegelegene Berge führte [103].

Unbeabsichtigte Starts während statischer Tests wurden auch in der Vergangenheit beobachtet – etwa bei der Viking-8-Rakete im Jahr 1952, die versehentlich abhob und 55 Sekunden lang flog, bevor sie zerstört wurde [103]. Solche Fehlstarts können auf unterschiedliche Ursachen zurückgeführt werden, darunter strukturelle Schwächen, Fehlfunktionen des Antriebssystems oder Ausfälle der Steuerung [276, 333].

Die Risiken von WDRs und statischen Zündtests beschränken sich nicht nur auf Startfehler. Fassadentests haben gezeigt, dass brennbare Außenwandsysteme – wie Wärmedämmverbundsysteme, Sandwichpaneele oder Photovoltaikplatten – die Ausbreitung von Bränden entlang der Gebäudefassade fördern und eine erhebliche Gefahr für umliegende Strukturen darstellen können [334]. Zudem kann Feuer die mechanischen Eigenschaften von Materialien in Raketenteilen, wie GFK-Verstärkungen (glasfaserverstärkter Kunststoff) oder Betonelementen, beeinträchtigen und ihre Tragfähigkeit sowie strukturelle Integrität reduzieren [335-339].

Zur Risikominderung wurden verschiedene Ansätze entwickelt, darunter numerische Simulationen zur Bewertung der Explosionsbeständigkeit von Stahlbetonplatten unter Brandbedingungen [340] sowie die Entwicklung und Implementierung von Schubvektorsteuerungs-(TVC)-Testsystemen zur Verbesserung der Zuverlässigkeit von Raketenantrieben [341]. Zusätzlich tragen Algorithmen zur Früherkennung von Bränden – etwa der GOES Early Fire Detection (GOES-EFD)-Algorithmus – dazu bei, potenzielle Brandgefahren frühzeitig zu erkennen und entsprechende Gegenmaßnahmen einzuleiten [342].

Prototyping und Entwicklungstests

Statische Zündtests und Betankungsübungen werden auch an Prototyp-Stufen statt an vollständig montierten Trägerraketen durchgeführt. So testet SpaceX regelmäßig einzelne Starship- und Super-Heavy-Booster-Stufen, um deren Leistung zu validieren, bevor sie in eine vollständige Raketenkonfiguration integriert werden. Diese Tests liefern wertvolle Erkenntnisse über Triebwerks- und Strukturverhalten und ermöglichen schrittweise Verbesserungen im Raketenentwurf.

Testeinrichtungen und Standardisierung in der Ionenantriebsentwicklung

Die Entwicklung und Qualifizierung von Ionenantrieben hängt stark von spezialisierten Vakuumtestanlagen ab, die die Betriebsbedingungen des Weltraums nachbilden. Diese Einrichtungen sollen Bedingungen schaffen, die denjenigen im Orbit möglichst genau entsprechen, um eine präzise Bewertung der Triebwerksleistung zu ermöglichen. Für kleinere Ionenantriebe können handelsübliche Vakuumkammern oft ausreichen, während Triebwerke im Kilowatt-Leistungsbereich maßgeschneiderte Anlagen erfordern. Der Bau und Betrieb solcher Einrichtungen ist jedoch mit erheblichen Kosten verbunden, was insbesondere für kleine und mittlere Unternehmen (KMU) eine finanzielle Herausforderung darstellt. Nutzungsgebühren können mehrere Tausend Dollar pro Testtag betragen [225].

Die Größe und Leistungsfähigkeit der Testanlagen skalieren mit der Leistung der Antriebe. Mittelgroße Einrichtungen wie die JUMBO-Anlage der JLU eignen sich für Triebwerke bis etwa 5 kW. Diese Anlage mit einem Durchmesser von 2,6 Metern und einer Länge von 5,5 Metern erreicht eine Saugleistung von 150.000 Litern pro Sekunde für Xenon-Treibstoff. Der hohe Treibstoffverbrauch bestimmter

Grundlagen des Raketenbaus und der Konstruktion

Triebwerkstypen, etwa von Hall-Effekt-Triebwerken (HETs), kann jedoch die Kapazität solcher Anlagen an ihre Grenzen bringen. Größere Triebwerke erfordern deutlich robustere Einrichtungen, die aufgrund ihrer hohen Anschaffungs- und Betriebskosten seltener sind [225].

Drei entscheidende Aspekte beim Design solcher Testanlagen sind Saugleistung, Energiedissipation und Vakuumqualität. Für Triebwerke im 5-kW-Bereich ist die Aufrechterhaltung eines Hochvakuums mit Drücken unter 1×10^{-5} mbar erforderlich. Dazu werden meist kryogene Pumpen eingesetzt, die Ölverunreinigung vermeiden und bei Temperaturen unter 50 K Xenon effektiv kondensieren. Die Gestaltung der kryogenen Oberflächen muss den Wärmeeintrag des Triebwerks und der Kammerwände berücksichtigen, der durch Vorkühlung oder reflektierende Abschirmungen reduziert werden kann. Auch die geometrische Anordnung der Pumpen ist kritisch, da sie den Druckverlauf in der Kammer beeinflusst und die Triebwerksleistung durch Rückströmungen neutraler Gase oder Streuung geladener Teilchen beeinträchtigen kann [225].

Hochleistungs-Ionenantriebe geben ihre Energie als gerichteten Strahl schneller geladener Teilchen ab. Um diese Energie sicher abzuleiten, werden Strahlfänger (Beam Dumps) eingesetzt, die die kinetische Energie in Wärme umwandeln. Diese bestehen meist aus wassergekühlten Graphitplatten, die dank des geringen Sputter-Ertrags von Graphit Materialabtrag minimieren. Chevron-förmige Anordnungen der Platten leiten abgetragenes Material gezielt zu den Pumpen, wodurch die Kammerdruckbedingungen stabil bleiben [225].

Zu den Diagnoseinstrumenten solcher Testanlagen gehören Faraday-Sonden zur Messung des Strahlstroms, Retarding-Potential-Analysatoren zur Bestimmung der Ionenbeschleunigung sowie Wärmebildsysteme zur Temperaturüberwachung. Fortschrittliche Plattformen wie das von der Europäischen Weltraumorganisation (ESA) entwickelte Advanced Electric Propulsion Diagnostics (AEPD)-System kombinieren diese Werkzeuge, um verschiedene Triebwerkstechnologien präzise zu bewerten und zu vergleichen [225].

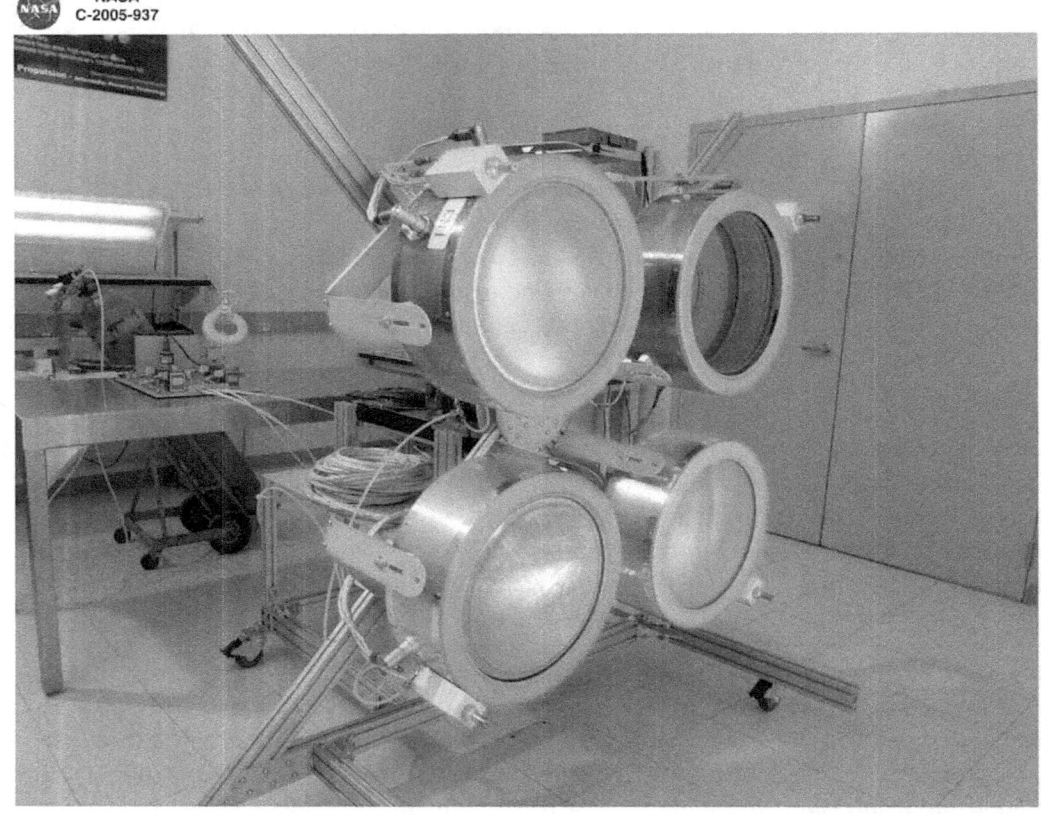

National Aeronautics and Space Administration
John H. Glenn Research Center at Lewis Field

Abbildung 78: NEXT (NASA Evolutionary Xenon Thruster) Ionenantriebs-Array wird für Tests montiert. Defense Visual Information Distribution Service, Public Domain, via Picryl.

Standardisierung der Testbedingungen bleibt innerhalb der Gemeinschaft der elektrischen Antriebe ein entscheidendes, jedoch herausforderndes Thema. Unterschiede in der Größe der Testanlagen, den Pumpkonfigurationen und den Diagnosesystemen erschweren den Vergleich von Testergebnissen. Während bestimmte Verfahren – wie Protokolle zur Schub- und Druckmessung – gut dokumentiert sind, widersetzen sich andere Aspekte, etwa die Wechselwirkung zwischen Triebwerksplume und Kammerwänden, einer Standardisierung. Numerische Simulationen mit Direct Simulation Monte Carlo (DSMC) oder Particle-in-Cell (PIC) spielen eine zentrale Rolle dabei, diese Lücke zu schließen, indem sie validierte Modelle bereitstellen, mit denen sich Testdaten auf tatsächliche Raumfahrtbedingungen übertragen lassen [225].

Numerische Simulationen mit DSMC- und PIC-Methoden sind hochentwickelte rechnergestützte Verfahren, die für die Modellierung von Teilchen- und Plasmaverhalten in Umgebungen eingesetzt werden, in denen herkömmliche analytische Methoden nicht ausreichen. Diese Ansätze

Grundlagen des Raketenbaus und der Konstruktion

überbrücken die Diskrepanz zwischen Testbedingungen in Vakuumkammern und den realen Bedingungen im Weltraum und ermöglichen es Forschern, die Leistung von Antriebssystemen – wie Ionen- und Hall-Effekt-Triebwerken – im nahezu perfekten Vakuum des Alls vorherzusagen und zu validieren, wo Teilchen- und elektromagnetische Wechselwirkungen dominieren.

Die DSMC-Methode ist ein statistisches Verfahren zur Simulation von Gasströmungen bei sehr niedrigen Dichten, insbesondere dort, wo klassische Fluiddynamikgleichungen wie Navier-Stokes versagen. Dabei wird das Gas als Ansammlung diskreter Teilchen betrachtet, deren Kollisionen probabilistisch modelliert werden. DSMC eignet sich besonders gut für stark verdünnte Gasströmungen, wie sie etwa in Triebwerksplumes oder in den Abgasen von Ionentriebwerken auftreten.

Die PIC-Methode hingegen ist eine rechnergestützte Technik zur Simulation von Plasmaphänomenen und konzentriert sich auf die Wechselwirkungen zwischen geladenen Teilchen – wie Ionen und Elektronen – und elektromagnetischen Feldern. Sie kombiniert die Bewegung einzelner Teilchen mit gitterbasierten Feldgleichungen und ermöglicht damit detaillierte Analysen komplexer Plasmaeffekte, einschließlich Ionisation, Ionenerzeugung, Plume-Ausbreitung und Ladungsaustausch-Kollisionen. PIC eignet sich besonders für Regionen, in denen elektromagnetische Felder die Teilchendynamik stark beeinflussen, und ist daher ein zentrales Werkzeug zur Analyse des Verhaltens elektrischer Triebwerke.

Beide Methoden werden angewendet, um Vakuumbedingungen zu simulieren, die den geringen Teilchendichten und großen mittleren freien Weglängen im Weltraum entsprechen. DSMC behandelt hauptsächlich neutrale Gasströmungen und deren Kollisionen, während PIC die Dynamik geladener Teilchen im Plasmaabgas analysiert. In der Plume-Dynamik modelliert DSMC, wie sich neutrale Treibstoffmoleküle ausbreiten und mit Kammerwänden oder dem Hintergrundgas interagieren, während PIC-Simulationen Ionendynamik, elektrische Felder und magnetische Effekte innerhalb des Plumes beschreiben.

Eine zentrale Anwendung dieser Methoden ist die Reduktion sogenannter „Facility Effects". Da Vakuumkammern die Weltraumbedingungen nicht perfekt nachbilden können, quantifizieren DSMC- und PIC-Simulationen Effekte wie Rückströmung neutraler Teilchen oder Wechselwirkungen mit den Kammerwänden. Diese Erkenntnisse ermöglichen es Forschern, Testergebnisse anzupassen und die tatsächliche Leistung im Weltraum vorherzusagen. Beide Methoden sind auch essenziell für die Vorhersage von Schub und Effizienz, da sie Ionenausstoß, Ladungsaustausch-Kollisionen und Energieverteilungen präzise modellieren – entscheidende Daten für die Validierung experimenteller Ergebnisse und die Optimierung von Triebwerksdesigns.

Ein weiterer Schwerpunkt liegt auf Validierung und Extrapolation. In Testanlagen erhobene Daten werden mit Simulationsergebnissen verglichen, um die Genauigkeit sicherzustellen. Sobald die Modelle validiert sind, können sie verwendet werden, um die Leistung unter realen Weltraumbedingungen vorherzusagen, wo experimentelle Tests unmöglich sind.

Die Vorteile von DSMC und PIC sind zahlreich: Sie liefern hochpräzise Einblicke, indem sie Teilcheninteraktionen erfassen, die in klassischen Fluiddynamikmodellen vernachlässigt werden. Ihre Flexibilität erlaubt Simulationen über große Bereiche – von dichten Plasmaregionen nahe am

Triebwerk bis zu stark verdünnten Gasströmungen im Fernfeld. Durch die isolierte Analyse spezifischer physikalischer Prozesse können Ineffizienzen oder potenzielle Versagensmechanismen identifiziert werden, was zu optimierten Antriebssystemen führt.

Beispiele umfassen PIC-Simulationen zur Analyse von Gittererosion in Ionentriebwerken durch Ladungsaustauschionen oder DSMC-Modelle zur Vorhersage neutraler Xenonverteilungen im Abgasplume und deren Auswirkungen auf Raumfahrzeugoberflächen. PIC wird auch zur Untersuchung elektrischer und magnetischer Feldinteraktionen in Hall-Effekt-Triebwerken genutzt, während DSMC Rückstreuung und neutrale Gasströmungen analysiert. Beide Methoden tragen entscheidend dazu bei zu verstehen, wie Raumfahrzeugoberflächen durch Ionendeposition und neutrale Ablagerungen beeinflusst werden, und unterstützen die Entwicklung besserer Schutzbeschichtungen und Satellitenarchitekturen.

Trotz ihrer Vorteile stehen DSMC- und PIC-Simulationen vor Herausforderungen: Sie sind rechenintensiv und erfordern leistungsfähige Computerressourcen. Die Validierung bleibt kritisch, da Unterschiede zwischen Testanlagen und tatsächlichen Weltraumbedingungen Vergleiche erschweren können. Zudem besteht weiterhin Bedarf an standardisierten Simulationsprotokollen und Benchmarking-Werkzeugen, um Konsistenz zwischen Forschungseinrichtungen sicherzustellen.

Durch die Integration von DSMC- und PIC-Simulationen in Entwicklungs- und Testprozesse können Forscher Entwicklungszeiten verkürzen, Antriebssysteme verbessern und die Zuverlässigkeit von Weltraummissionen erhöhen. Diese Methoden sind unverzichtbar für den Fortschritt moderner Raumfahrtantriebstechnologien.

Bemühungen zur Vereinheitlichung von Testverfahren und zur Etablierung standardisierter Praktiken sind im Gange, wobei Organisationen wie NIST, PTB und NPL eine wichtige Rolle spielen. Veröffentlichungen zu Schubmessung, Pumpgeschwindigkeitsberechnung und Strömungsdiagnostik bieten bereits wertvolle Richtlinien für mehr Konsistenz. Mit der weiteren Verfeinerung dieser Methoden durch Raumfahrtbehörden und Metrologieinstitute wird erwartet, dass sich Entwicklungszyklen verkürzen und die Zeit von der Konzeption bis zur Einsatzbereitschaft neuer Ionentriebwerke deutlich reduziert. Dies ist entscheidend für die Entwicklung effizienterer, zuverlässigerer Antriebssysteme für zukünftige Raumfahrtmissionen [225].

Windkanaltests für die Aerodynamik

Windkanaltests sind eine entscheidende Phase bei der Entwicklung von Raketen. Sie liefern wertvolle Erkenntnisse über deren aerodynamisches Verhalten unter simulierten atmosphärischen Bedingungen. Diese Tests helfen Ingenieurinnen und Ingenieuren, das Raketendesign zu optimieren, um Stabilität sicherzustellen, den Luftwiderstand zu reduzieren, die Flugbahn zu verbessern und mögliche aerodynamische Instabilitäten während des Aufstiegs zu verhindern. Dabei werden maßstabsgetreue Modelle oder realgroße Komponenten in kontrollierten Luftströmungen getestet, um Daten zu aerodynamischen Kräften und Momenten zu gewinnen.

Grundlagen des Raketenbaus und der Konstruktion

Der Zweck von Windkanaltests in der Raketenentwicklung besteht darin, die aerodynamische Leistungsfähigkeit des Fahrzeugs zu verstehen und zu optimieren. Ein Hauptziel ist die Messung aerodynamischer Kräfte wie Auftrieb, Widerstand und Seitenkräfte, die auf die Rakete während ihres Fluges durch die Atmosphäre wirken. Ingenieure analysieren Druckverteilungen und identifizieren Bereiche hoher Belastung oder Instabilität, die für die strukturelle Integrität der Rakete von entscheidender Bedeutung sind.

Stabilität und Steuerung sind weitere zentrale Aspekte der Windkanaltests. Die Tests prüfen die Fähigkeit der Rakete, unter verschiedenen Geschwindigkeiten, Anstellwinkeln und Flugphasen stabil zu bleiben. Steuerflächen wie Finnen und Klappen werden bewertet, um sicherzustellen, dass sie effektiv funktionieren und die Rakete ihre Flugbahn bei Bedarf korrigieren kann.

Windkanaltests sind außerdem entscheidend, um aerodynamische Erwärmung bei hohen Geschwindigkeiten zu simulieren und Bereiche zu identifizieren, die extremen Temperaturen ausgesetzt sind. Dies ist besonders wichtig für Überschall- und Hyperschallflugregime, bei denen Stoßwellen erhebliche aerodynamische Herausforderungen verursachen können. Durch das Studium dieser Effekte können Ingenieure Lösungen entwickeln, um negative Auswirkungen auf Leistung und Struktur zu minimieren.

Ein weiteres Ziel ist die Optimierung des Raketendesigns. Windkanaltests helfen, die Form des Fahrzeugs—einschließlich Nasenkonus, Nutzlastverkleidung und Zwischenstufen—so anzupassen, dass der Luftwiderstand minimiert und die Effizienz maximiert wird. Die experimentellen Daten dienen zudem der Validierung numerischer Modelle wie der numerischen Strömungsmechanik (CFD) und tragen zur Verbesserung weiterer Designprozesse bei.

Windkanaltests umfassen verschiedene Arten von Untersuchungen, die auf spezifische Flugphasen und aerodynamische Herausforderungen zugeschnitten sind. Diese Tests sind entscheidend, um sicherzustellen, dass die Rakete unter vielfältigen Bedingungen während des Aufstiegs und darüber hinaus optimal funktioniert.

Subsonische Tests simulieren niedrigere Fluggeschwindigkeiten, typischerweise die Anfangsphase des Raketenaufstiegs [343, 344]. Hierbei wird das aerodynamische Verhalten von Komponenten wie Finnen, Verkleidungen und Nutzlastadaptern untersucht, die für Stabilität und Widerstandsreduktion wichtig sind [42, 343, 344].

Transsonische Tests befassen sich mit dem komplexen Verhalten der Rakete beim Erreichen und Durchfliegen der Schallgeschwindigkeit [345, 346]. Dieser Bereich ist anspruchsvoll, da sich Druck- und Strömungsverhältnisse schnell ändern und erhöhte Widerstände sowie potenzielle Instabilitäten auftreten [345, 346]. Diese Tests sind entscheidend, um einen sicheren Übergang durch diesen kritischen Geschwindigkeitsbereich sicherzustellen [345, 346].

Überschall- und Hyperschalltests untersuchen das Verhalten der Rakete bei Geschwindigkeiten über Mach 1 bzw. Mach 5 [347, 348]. In diesen Bereichen stellen Stoßwelleninteraktionen und aerodynamische Erwärmung große Herausforderungen dar [347, 348]. Diese Tests bewerten Stabilität, aerodynamische Effizienz und thermische Belastung an Komponenten wie dem Nasenkonus und Vorderkanten [347, 348].

Druck- und Kraftverteilungstests nutzen moderne Methoden wie drucksensitive Lacke oder eingebaute Sensoren, um Oberflächendruckverteilungen zu erfassen [345, 349]]. Dadurch können aerodynamische Lasten auf kritischen Komponenten identifiziert und strukturelle Designs optimiert werden [345, 349].

Jeder Windkanaltest spielt eine zentrale Rolle bei der Validierung und Verbesserung des aerodynamischen Verhaltens der Rakete und überbrückt die Lücke zwischen numerischen Modellen und realen Bedingungen [343-345, 350, 351]. Diese Tests stellen sicher, dass die Rakete ihre Missionsziele präzise und zuverlässig erreichen kann [343-345, 350, 351].

Der Prozess der Windkanaltests ist eine sorgfältig geplante und durchgeführte Reihe von Schritten, die darauf ausgelegt ist, die aerodynamische Leistungsfähigkeit von Raketen zu bewerten und zu verbessern. Er gewährleistet, dass das Fahrzeug den Herausforderungen seiner Mission gewachsen ist und den dynamischen Kräften des Fluges standhält.

Der erste Schritt ist die Modellvorbereitung. Maßstabsgetreue Modelle werden mit höchster Präzision gefertigt, oft inklusive feinster Details wie Steuerflächen, Verkleidungen, Zwischenstufen und Nutzlastadapter. Die Materialien müssen so gewählt werden, dass sie aerodynamische Eigenschaften wie Oberflächenrauheit und Steifigkeit realistisch darstellen.

Sobald das Modell bereit ist, wird es im Windkanalversuchsaufbau integriert. Dies umfasst die Montage auf einem Halterungssystem, das sowohl strukturelle Unterstützung bietet als auch aerodynamische Kräfte und Momente misst. Sensoren und Druckmessstellen werden strategisch auf der Modelloberfläche platziert, um Daten über Druckverteilungen und Strömungsinteraktionen zu erfassen. Das Halterungssystem gewährleistet sicheren Halt und erlaubt präzise Einstellungen für unterschiedliche Flugbedingungen.

Die nächste Phase ist die Strömungssimulation, bei der Luftströmungen in verschiedenen Geschwindigkeiten erzeugt werden, um reale Flugbedingungen nachzubilden. Parameter wie Geschwindigkeit, Anstellwinkel und Gierwinkel werden systematisch variiert, um alle Flugphasen abzudecken—vom subsonischen Start bis zu Überschall- und Hyperschallgeschwindigkeiten im Aufstieg.

Während der Tests steht die Datenerfassung im Mittelpunkt. Sensoren messen Auftrieb, Widerstand, Seitenkräfte und Momente. Visualisierungsmethoden wie Rauchfäden, Farbstoffe oder Schlierenfotografie zeigen Strömungspfade, Turbulenzen und Stoßwellenstrukturen. Diese visuellen Einblicke sind wertvoll zur Identifikation von Problemzonen wie hohen Widerstandsbereichen oder potenziellen Instabilitäten.

Der letzte Schritt ist die Analyse und Iteration. Ingenieurinnen und Ingenieure werten die Daten aus, um die aerodynamische Effizienz, Stabilität und Gesamtleistung der Rakete zu beurteilen. Numerische Werkzeuge werden zur Validierung der Ergebnisse genutzt, eventuelle Abweichungen werden identifiziert. Auf dieser Grundlage werden Designänderungen vorgeschlagen, und weitere Tests durchgeführt, um Verbesserungen zu validieren.

Grundlagen des Raketenbaus und der Konstruktion

Der Windkanaltestprozess bildet ein zentrales Fundament der Raketenentwicklung. Durch präzise Modellierung, moderne Messtechniken und gründliche Analyse stellt er sicher, dass Raketen optimale Leistung und Zuverlässigkeit während ihrer Missionen erreichen.

Abbildung 79: Ein HiMAT-Lufteinlassmodell (Highly Maneuverable Aircraft Technology) installiert im Testabschnitt des 8-x-6-Fuß-Überschallwindkanals des NASA-Lewis-Forschungszentrums. NASA, CC0 via GetArchive.

Moderne Raketenprogramme nutzen Windkanaltests umfassend, um ihre Designs zu verfeinern und zu validieren, sodass optimale Leistung und Sicherheit in allen Flugphasen gewährleistet werden.

SpaceX führt beispielsweise umfangreiche Windkanaltests für die Falcon-9- und Starship-Fahrzeuge durch. Diese Tests konzentrieren sich darauf, die aerodynamische Effizienz während des Aufstiegs und beim Wiedereintritt zu verbessern. Beim Starship liegt besonderes Augenmerk auf den Hitzeschildkacheln und den Steuerklappen. Hyperschalltests dieser Komponenten stellen sicher, dass das Fahrzeug bei extrem hohen Wiedereintrittsgeschwindigkeiten stabil und thermisch widerstandsfähig bleibt – ein entscheidender Faktor für SpaceX' Ziel der vollständigen Wiederverwendbarkeit.

Das Space Launch System (SLS) der NASA wurde strengen Windkanaltests im transsonischen und überschallnahen Bereich unterzogen. Diese Tests sind unerlässlich, um die aerodynamischen Effekte der großen Feststoffbooster zu bewerten und die Integration des Orion-Raumschiffs zu analysieren. Die gewonnenen Daten helfen, das Design des Fahrzeugs zu optimieren und einen reibungslosen Übergang durch kritische Flugphasen sicherzustellen, in denen die aerodynamischen Kräfte am höchsten sind.

Auch Blue Origin setzt Windkanaltests bei der Entwicklung seiner Raketen New Shepard und New Glenn ein. Diese Tests optimieren die Form der Raketen, um den Luftwiderstand zu minimieren und die aerodynamische Leistung während Aufstieg und Rückkehr zu verbessern. Für New Shepard sind die Tests zudem entscheidend, um sanfte und kontrollierte Landungen von Booster und Crewkapsel zu ermöglichen.

Ähnlich nutzt die Europäische Weltraumorganisation (ESA) Windkanaltests, um das Design der Ariane-6-Rakete zu perfektionieren. Im Fokus stehen dabei die Nase und die Nutzlastverkleidung, die entscheidend für den Schutz der Nutzlast und die Reduzierung aerodynamischer Lasten während des Aufstiegs sind. Diese Optimierungen tragen wesentlich zur Zuverlässigkeit der Ariane 6 als kommerzieller Träger bei.

Windkanaltests bieten mehrere wesentliche Vorteile in der Raketenentwicklung. Sie liefern verlässliche experimentelle Daten, die Computersimulationen ergänzen und deren Ergebnisse validieren. Durch das frühzeitige Erkennen potenzieller Designfehler reduzieren sie kostspielige Änderungen in späteren Entwicklungsphasen. Zudem ermöglichen Windkanaltests die Reproduktion spezifischer Bedingungen, die mit rein rechnerischen Methoden schwer zu modellieren sind – etwa komplexe Turbulenzen oder Schockwelleninteraktionen. Letztlich erhöhen diese Tests die Sicherheit und Zuverlässigkeit, indem sie die aerodynamische Leistung in allen Flugbereichen validieren und sicherstellen, dass Raketen den hohen Anforderungen der Raumfahrt gerecht werden.

Startsimulationen und Fehleranalyse

Startsimulationen und Fehleranalyse sind wesentliche Bestandteile der Raketenentwicklung und Missionsvorbereitung. Diese Verfahren gewährleisten die Zuverlässigkeit, Sicherheit und den Erfolg eines Starts, indem sie Ingenieur*innen ermöglichen, das Verhalten von Systemen vorherzusagen, potenzielle Probleme frühzeitig zu erkennen und Korrekturmaßnahmen umzusetzen, noch bevor eine Rakete den Boden verlässt. Gemeinsam reduzieren diese Techniken Risiken und verbessern die Gesamtleistung von Trägerraketen.

Startsimulationen sind virtuelle oder physische Nachbildungen der Bedingungen, denen eine Rakete während ihrer Mission ausgesetzt sein wird [352]. Sie modellieren verschiedene Flugphasen, darunter Zündung, Aufstieg, Stufentrennung und Nutzlastfreigabe, und bewerten die Leistung der Systeme unter realistischen Betriebsbedingungen [353]. Fortschrittliche Rechenwerkzeuge und hochpräzise Modelle simulieren Kräfte wie Schwerkraft, Aerodynamik und Schub sowie Umwelteinflüsse wie Windscherung und atmosphärische Dichte [353]. Ingenieur*innen nutzen Startsimulationen zur Validierung von Designs, zur Verfeinerung von Steuerungsalgorithmen und zur Überprüfung der Integration von Teilsystemen [352]. Diese Simulationen helfen, die Flugbahn der Rakete, ihre Stabilität und die Wirksamkeit von Schubvektorsteuerungen vorherzusagen [353]. Hardware-in-the-Loop-(HIL)-Simulationen integrieren zudem reale Komponenten wie Flugcomputer

Grundlagen des Raketenbaus und der Konstruktion

oder Aktuatoren, um sicherzustellen, dass Hard- und Software unter simulierten Flugbedingungen nahtlos zusammenarbeiten [352].

Fehleranalyse befasst sich mit der Untersuchung potenzieller oder tatsächlicher Fehlfunktionen, um deren Ursachen zu identifizieren und Gegenmaßnahmen zu entwickeln [354]. Dieser Prozess beginnt mit der Ermittlung möglicher Fehlermodi mittels Methoden wie Fehlerbaumanalyse (FTA) sowie Fehlermöglichkeits- und Einflussanalyse (FMEA) [354-356]. Ingenieur*innen bewerten, wie Ausfälle einzelner Komponenten sich ausbreiten und das Gesamtsystem beeinflussen könnten [354-356]. Anschließend wird Redundanz in kritischen Systemen – etwa in Flugsteuerungscomputern oder Antriebskomponenten – implementiert, um den Betrieb auch bei einem Teilausfall aufrechtzuerhalten [357]. Analytische Werkzeuge wie die Finite-Elemente-Analyse (FEA) werden eingesetzt, um Strukturbelastungen zu simulieren und Schwachstellen im Design aufzudecken [353]. Tritt während Tests oder Missionen ein Fehler auf, konzentriert sich die Fehleranalyse darauf, die Grundursache zu diagnostizieren [358].

Startsimulationen und Fehleranalyse sind eng miteinander verknüpft, da Simulationen häufig Fehlerszenarien beinhalten, um die Reaktionsfähigkeit einer Rakete auf Anomalien zu testen [352]. Ingenieur*innen können Ereignisse wie Triebwerksausfälle oder Störungen im Kontrollsystem simulieren, um Redundanz, Fehlertoleranz und Notfallprozeduren zu überprüfen [352]. Die Ergebnisse dieser Tests fließen direkt in Designverbesserungen und betriebliche Abläufe ein [352]. Beide Prozesse profitieren zudem von einem iterativen Ansatz: Daten aus Simulationen und realen Tests werden zur Aktualisierung von Modellen verwendet, wodurch Vorhersagen und Konstruktionen stetig präziser werden [352].

Moderne Trägerraketen – darunter SpaceX' Starship, Blue Origins New Glenn und die NASA-Programme im Rahmen von Artemis – stützen sich in hohem Maße auf Startsimulationen und Fehleranalyse, um Designs zu optimieren und Risiken zu minimieren [352, 359]. Diese Verfahren stellen sicher, dass Raketen unter extremen Bedingungen zuverlässig funktionieren und Nutzlasten sowie Besatzungen sicher ins All transportieren können [352, 359]. Der Einsatz von künstlicher Intelligenz (KI) und maschinellem Lernen verstärkt diese Prozesse zusätzlich, indem große Datenmengen aus Simulationen und vergangenen Fehlfunktionen analysiert werden, um Muster zu erkennen und potenzielle Probleme mit bisher unerreichter Genauigkeit vorherzusagen [358, 359].

Richard Skiba

TEIL 4

Anwendungen von Raketen

Kapitel 10
Weltraumforschung

Raketen für die planetare Erforschung (Rover, Orbiter, Lander)

Raketen, die für die planetare Erforschung entwickelt wurden, spielen eine entscheidende Rolle bei der Erweiterung unseres Verständnisses des Sonnensystems. Diese Trägerraketen werden konzipiert, um spezialisierte Instrumente wie Rover, Orbiter und Lander zu fernen Himmelskörpern zu transportieren und dort abzusetzen. Jeder dieser Nutzlasttypen erfüllt einen einzigartigen Zweck und ermöglicht es der Menschheit, Planetenoberflächen, Atmosphären und andere Phänomene im All mit bisher unerreichter Genauigkeit zu untersuchen. Solche Missionen erfordern robuste Ingenieurskunst, modernste Technologien und eine sorgfältige Planung, um die Herausforderungen des Starts, der Navigation und des Betriebs in unterschiedlichen planetaren Umgebungen zu bewältigen.

Orbiter sind Raumfahrzeuge, die dafür entwickelt wurden, in eine stabile Umlaufbahn um einen Planeten oder Mond einzutreten und so eine umfassende und kontinuierliche Beobachtung des Zielkörpers zu ermöglichen. Sie sind mit hochentwickelten Bildgebungssystemen, Spektrometern und Kommunikationsinstrumenten ausgestattet, um Oberflächen zu kartieren, atmosphärische Zusammensetzungen zu untersuchen und Daten zur Erde zu übertragen.

Abbildung 80: Eine Ansicht des Solar Orbiter STM. Dies ist Teil einer Fotoserie, die das Structural Thermal Model (STM) des Solar Orbiter zeigt – ein maßstabsgetreues Modell des Raumfahrzeugs, das für Testzwecke verwendet wird. Die Aufnahmen wurden im März 2015 in der Airbus Defence & Space-Anlage in Stevenage gemacht. UCL Mathematical and Physical Sciences aus London, UK, CC BY 2.0, via Wikimedia Commons.

Beispiele hierfür sind der Mars Reconnaissance Orbiter der NASA, der hochauflösende Bilder der Marsoberfläche aufnimmt, sowie die ESA-Mission Juno, die die Magnetfelder und atmosphärischen Dynamiken des Jupiter untersucht. Der Einsatz von Orbiter-Missionen erfordert präzise Raketenstarts und eine komplexe Trajektorienplanung, einschließlich Gravitationsmanöver, um eine erfolgreiche Einschleusung in die Zielumlaufbahn sicherzustellen.

Grundlagen des Raketenbaus und der Konstruktion

Abbildung 81: In der Astrotech-Anlage in Titusville, Florida, bewegt ein Kran den Lunar Reconnaissance Orbiter (LRO) der NASA auf einen Stand im Vordergrund zu. NASA, CC0, via Picryl.

Rover sind mobile Erkundungsplattformen, die sich über planetare Oberflächen bewegen und detaillierte Analysen der Geologie, Mineralogie und möglicher Biosignaturen durchführen. Diese Fahrzeuge sind mit Robotarmen, Kameras, Spektrometern und Bohrern ausgestattet, um Proben zu sammeln und zu analysieren. Bedeutende Beispiele sind der Perseverance-Rover der NASA, der die Marsoberfläche nach Hinweisen auf früheres Leben untersucht, und Chinas Yutu-2-Rover, der auf der Rückseite des Mondes operiert. Raketen, die Rover transportieren, müssen eine weiche und präzise Landung auf der jeweiligen Planetenoberfläche gewährleisten. Dazu werden häufig Abstiegsstufen, Fallschirme oder retropropulsive Systeme eingesetzt, um die Aufprallkräfte zu minimieren.

Abbildung 82: Die NASA-Marsrover Perseverance machte diese zwei Selfie-Versionen über einem Felsen mit dem Spitznamen „Rochette" am 10. September 2021, dem 198. Marstag (Sol) der Mission. Zwei Bohrlöcher sind sichtbar, an denen der Rover mit seinem Roboterarm Gesteinskerne entnommen hat. NASA/JPL-Caltech, Gemeinfrei, via Wikimedia Commons.

Grundlagen des Raketenbaus und der Konstruktion

Abbildung 83: Yutu-2-Rover auf der Mondoberfläche. CSNA/Siyu Zhang/Kevin M. Gill, CC BY 2.0, via Wikimedia Commons.

Lander sind stationäre Raumfahrzeuge, die darauf ausgelegt sind, auf einem Planeten oder Mond zu landen und lokale Untersuchungen durchzuführen. Sie sind häufig mit Instrumenten ausgestattet, um die Bodenbeschaffenheit, seismische Aktivität oder atmosphärische Eigenschaften zu analysieren. Beispiele hierfür sind der NASA-Lander *InSight*, der das Marsinnere untersucht, und die ESA-Sonde *Huygens*, die auf dem Saturnmond Titan landete, um dessen Atmosphäre und Oberfläche zu erforschen. Lander sind auf präzise Eintritts-, Abstiegs- und Landungssysteme (EDL) angewiesen, damit sie unbeschädigt und in der richtigen Ausrichtung für den Betrieb an ihrem Ziel ankommen.

Abbildung 84: Dies ist das erste vollständige Selfie der NASA-Sonde InSight auf dem Mars. Es zeigt die Solarpaneele und das Deck des Landers. Auf dem Deck befinden sich die wissenschaftlichen Instrumente, die Wettersensor-Ausleger und die UHF-Antenne. NASA/JPL-Caltech, Gemeinfrei, via Wikimedia Commons.

Raketensysteme für die planetare Erkundung sind darauf ausgelegt, erhebliche Herausforderungen zu überwinden. Dazu gehören das Erreichen der Fluchtgeschwindigkeit, um der Erdgravitation zu entkommen, das Navigieren über große interplanetare Entfernungen und das Überstehen der extremen Bedingungen des Weltraums. Antriebssysteme werden für hohe Effizienz optimiert und verwenden oft Flüssigtreibstoffe oder Hybridantriebe, die lange Brennzeiten für Kurskorrekturen ermöglichen. Navigations- und Leitsysteme setzen autonome Technologien ein, um Flugbahnkorrekturen selbstständig durchzuführen, da Kommunikationsverzögerungen eine Steuerung in Echtzeit unmöglich machen.

Für Missionen zu Himmelskörpern mit Atmosphäre müssen Raketen auch aerodynamische Kräfte beim Eintritt berücksichtigen. Hitzeschilde und ablativer Schutz bewahren Nutzlasten vor der enormen Wärmeentwicklung beim atmosphärischen Eintritt, während Fallschirme oder Retroraketen die Sinkgeschwindigkeit kontrollieren. Bei Himmelskörpern ohne Atmosphäre wird eine präzise Landung durch fortschrittliche Radar- und optische Navigationssysteme ermöglicht.

Planetenerkundungsmissionen beruhen oft auf internationaler Zusammenarbeit und jahrzehntelangen wissenschaftlichen und technischen Fortschritten. Raumfahrtagenturen wie NASA, ESA, Roskosmos und CNSA spielen zentrale Rollen bei der Entwicklung von Raketen und Raumfahrzeugen für diese Missionen. Ein Beispiel ist die Mars Sample Return-Mission von NASA und ESA, die vorsieht, von Perseverance gesammelte Proben mithilfe von Orbitern, Landern und Aufstiegsfahrzeugen zur Erde zurückzubringen.

Raketen für die planetare Erkundung verkörpern den menschlichen Drang, das Unbekannte zu erforschen. Sie erweitern nicht nur unser wissenschaftliches Verständnis, sondern fördern auch Innovationen in Technologie, Ingenieurwesen und internationaler Kooperation. Durch sie erschließen wir die Geheimnisse unseres Sonnensystems und bereiten zukünftige Unternehmungen vor – einschließlich bemannter Missionen zu anderen Planeten.

Raketensysteme, die genutzt werden, um Rover, Orbiter und Lander zu transportieren und auszusetzen, sind äußerst sorgfältig konstruiert, damit diese Nutzlasten ihre Missionsziele unter den extremen und vielfältigen Bedingungen des Weltraums erreichen können. Diese Systeme umfassen Trägerraketen, Antriebssysteme, Navigations- und Leittechnik sowie spezielle Systeme für Eintritt, Abstieg und Landung, abhängig vom jeweiligen Nutzlasttyp.

Die Trägerrakete ist das erste entscheidende Element jeder planetaren Mission. Typische Raketen wie die Atlas V der NASA, SpaceX' Falcon Heavy oder die Ariane 5 der ESA bringen Raumfahrzeuge auf interplanetare Flugbahnen. Sie verfügen über leistungsstarke Erst- und Zweitstufen, die die benötigte Fluchtgeschwindigkeit erreichen. Die Wahl der Rakete hängt von Nutzlastmasse, Zielentfernung und gewünschter Flugbahn ab.

So startete die Atlas V NASA-Rover wie Perseverance und Curiosity, während die Ariane 5 den ESA-Orbiter Rosetta auf seine Reise zum Kometen 67P brachte. Diese Raketen besitzen oft kryogene Oberstufen wie die Centaur-Stufe, die präzise Brennmanöver für interplanetare Transfers ermöglichen.

Im Weltraum übernehmen die Antriebssysteme des Raumfahrzeugs den Weiterflug. Chemische Systeme wie Bipropellant-Triebwerke führen größere Kurskorrekturen durch, während elektrische Antriebe wie Ionentriebwerke über lange Zeiträume feine Anpassungen vornehmen.

Ein Beispiel ist die Raumsonde *Dawn*, die mit Ionentriebwerken zwischen Vesta und Ceres manövrierte. Diese Systeme sind besonders effizient, benötigen wenig Treibstoff und können Orbitern helfen, stabile Umlaufbahnen zu erreichen, oder Landern präzise Landungen ermöglichen.

Leit- und Navigationssysteme stellen sicher, dass Rakete und Raumfahrzeug ihre geplanten Flugbahnen einhalten. Während des Starts überwachen Bordcomputer Geschwindigkeit, Höhe und

Grundlagen des Raketenbaus und der Konstruktion

Position und führen Echtzeitanpassungen durch. Für interplanetare Flüge kommen fortschrittliche inertiale Messeinheiten (IMUs), Sternsensoren und Messungen des Deep Space Network (DSN) zum Einsatz.

Für Rover- und Lander-Missionen sind diese Systeme entscheidend für den präzisen Eintritt, Abstieg und die Landung (EDL). So nutzte Perseverance die Terrain-Relative Navigation (TRN), um den Landeort autonom zu wählen und Hindernisse zu vermeiden.

Rover und Lander müssen den Übergang aus dem Weltraum auf die Oberfläche eines Planeten oder Mondes überstehen. EDL-Systeme sind je nach Umgebung unterschiedlich aufgebaut. Bei Himmelskörpern mit Atmosphäre – wie Mars – umfassen sie Hitzeschilde, Fallschirme und Retroraketen. Manche Missionen, wie Curiosity und Perseverance, nutzten zusätzlich ein Skycrane-System für eine besonders sanfte Landung.

Auf atmosphärelosen Körpern wie dem Mond erfolgt die Landung ausschließlich mittels Retropropulsion und präziser Navigation. Beispielsweise nutzte die Apollo-Landefähre regelbare Triebwerke für die sichere Landung, während Chinas Chang'e-Lander Radarsysteme und optische Sensoren für autonome Landungen einsetzten.

Retropropulsion ist eine zentrale Technik in der Raumfahrt und wird eingesetzt, um den Abstieg oder die Bewegung eines Fahrzeugs zu kontrollieren. Dabei feuern Triebwerke entgegen der Flugrichtung, um das Fahrzeug abzubremsen [360]. Die Stärke der Verzögerung hängt von Schub, Masse und Geschwindigkeit des Fahrzeugs ab [360]. Retropropulsion wird häufig dort genutzt, wo aerodynamische Kräfte nicht ausreichen, etwa auf dem Mond oder in der letzten Phase eines Abstiegs durch eine Atmosphäre [360].

NASA-Marsmissionen wie Perseverance nutzten Retropropulsion, nachdem Fallschirme die Geschwindigkeit reduziert hatten, um eine kontrollierte Landung mit dem Skycrane zu ermöglichen [361]. Bei luftlosen Welten wie dem Mond ist Retropropulsion die einzige Möglichkeit zur Landung, wie beim Apollo Lunar Module gezeigt [361].

Moderne Raumfahrt nutzt Retropropulsion auch zur Wiederverwendung von Raketenstufen, z. B. bei SpaceX' Falcon 9 und Falcon Heavy, die mittels Retropropulsion präzise zur Erde zurückkehren und landen [293, 360].

Retropropulsion dient außerdem für Bahnänderungen und das kontrollierte Deorbitieren von Raumfahrzeugen [360].

Die Technik bringt Herausforderungen mit sich, darunter hoher Treibstoffverbrauch, Wärmelast durch Triebwerksbetrieb, und die Notwendigkeit extrem präziser Steuerung [360].

Jede Nutzlast benötigt besondere Systeme, um missionsfähig zu sein. Orbiter haben Triebwerke für den Orbitaleintritt und die Lageregelung. Lander verfügen über Landebeine oder Plattformen zur Dämpfung der Aufsetzkräfte, während Rover über Systeme verfügen, mit denen sie sicher vom Lander ausfahren können.

Beispiele: Mars Pathfinder nutzte Airbags für die Landung des Sojourner-Rovers, während ESA's Philae-Lander Harpunen und Eisschrauben zur Verankerung auf einem Kometen einsetzte.

Planetare Missionen haben wenig Raum für Fehler – deshalb besitzen Raketensysteme umfangreiche Redundanzen. Dies umfasst doppelte Antriebe, redundante Rechner und Notstromversorgung. Die Viking-Lander der NASA hatten beispielsweise redundante Tanks und Triebwerke für eine sichere Landung.

Neue Entwicklungen umfassen wiederverwendbare Booster und modulare Raumfahrzeuge. SpaceX' Falcon 9 hat gezeigt, dass Wiederverwendung Startkosten erheblich senken kann. Modulare Designs wie ESA's Solar Orbiter erlauben es, Komponenten unabhängig zu testen und zu integrieren – was Missionen flexibler macht.

Bemannte Raumfahrt: ISS-, Mond- und Marsmissionen

Die bemannte Raumfahrt erfordert hochentwickelte und äußerst zuverlässige Raketensysteme, um Astronautinnen und Astronauten sowie ihre Nutzlasten sicher zur Internationalen Raumstation (ISS), zum Mond oder zum Mars zu transportieren. Diese Systeme umfassen Trägerraketen, Raumfahrzeuge, Antriebssysteme, Lebenserhaltungssysteme sowie Technologien für Eintritt, Abstieg und Landung (EDL), die jeweils an die spezifischen Herausforderungen der jeweiligen Mission angepasst sind.

Die bemannte Raumfahrt zur Internationalen Raumstation (ISS) stützt sich auf eine Reihe fortschrittlicher Trägersysteme, die entwickelt wurden, um Astronauten und Versorgungsgüter sicher in den Erdorbit zu bringen. Die russische Sojus-Rakete ist seit Jahrzehnten ein zentrales Element der ISS-Missionen und zeichnet sich durch ihre Zuverlässigkeit und ihr dreistufiges Design aus, das mit Kerosin und flüssigem Sauerstoff betrieben wird. Das Sojus-Raumschiff selbst besteht aus einem Orbitalmodul, einem Lande-/Rückkehrmodul und einem Servicemodul. Es gewährleistet einen sicheren Transport zur ISS und dient während des gesamten Aufenthalts als Rettungskapsel.

Ein weiterer bedeutender Akteur ist die Falcon 9 von SpaceX, die im Rahmen des NASA Commercial Crew Program betrieben wird. Die teilweise wiederverwendbare Falcon 9 ist mit fortschrittlichen Merlin-Triebwerken ausgestattet und hat sich zu einer kosteneffizienten und zuverlässigen Lösung für den Transport von Fracht und Besatzung zur ISS entwickelt. Ebenso unterstützt die Atlas V von United Launch Alliance (ULA) ISS-Missionen, indem sie das CST-100 Starliner-Raumschiff von Boeing startet. Die Starliner-Kapsel ist darauf ausgelegt, Astronauten und Fracht sicher zu befördern und verfügt über hochentwickelte Avionik- und Sicherheitssysteme.

Grundlagen des Raketenbaus und der Konstruktion

Abbildung 85: Die Internationale Raumstation, aufgenommen von der abfliegenden Raumfähre Discovery während der Mission STS-119. National Aeronautics and Space Administration (Q23548), Gemeinfrei, via Wikimedia Commons.

Für Mondmissionen sind leistungsstärkere Raketen zwingend erforderlich, um die Erdgravitation zu überwinden und den Mond zu erreichen. Das Space Launch System (SLS) der NASA ist das zentrale Schwerlastraketensystem für die Artemis-Missionen und kann Astronauten an Bord des Orion-Raumschiffs transportieren. Diese Rakete erzeugt enormen Schub durch Feststoffbooster und RS-25-Triebwerke, die mit flüssigem Wasserstoff und flüssigem Sauerstoff betrieben werden. SpaceX' Starship, das sich derzeit in der Entwicklung befindet, stellt einen weiteren revolutionären Ansatz für Mondmissionen dar. Als vollständig wiederverwendbare Raumfähre mit bisher unerreichter Nutzlastkapazität und der Fähigkeit zum Auftanken im Orbit ist Starship ein entscheidender Bestandteil des Human Landing System (HLS)-Programms der NASA für die Erforschung des Mondes.

Missionen zum Mars stellen noch größere Herausforderungen dar und erfordern fortschrittliche Systeme für monatelange Flüge und hohe Nutzlastkapazitäten. SpaceX' Starship spielt auch hier eine zentrale Rolle, ausgestattet mit Habitaten, Laderäumen und Technologien zur In-situ-Ressourcennutzung (ISRU), die eine Treibstoffproduktion auf dem Mars ermöglichen sollen. Zudem prüfen Raumfahrtagenturen modulare Schwerlastraketen und neue Technologien wie nuklearthermischen Antrieb (Nuclear Thermal Propulsion, NTP), um die Effizienz zu steigern und die Reisezeiten zum Roten Planeten zu verkürzen.

Der nuklearthermische Antrieb (NTP) ist eine Technologie mit großem Potenzial für die Weiterentwicklung der Raumfahrt [58, 362, 363]. Grundlage eines NTP-Systems ist ein Kernreaktor, der durch kontrollierte Kernspaltung Wärme erzeugt [362-364]. Diese Wärme dehnt ein Arbeitsmedium – meist flüssigen Wasserstoff – extrem schnell aus, der anschließend durch eine Düse ausgestoßen wird und Schub erzeugt [362-364].

Zu den wichtigsten Vorteilen des NTP gehört seine außergewöhnliche Effizienz: Der spezifische Impuls liegt zwei- bis dreimal höher als bei chemischen Raketen [58, 362]. Dadurch sinkt der Treibstoffbedarf erheblich, was längere Missionen und kürzere Reisezeiten ermöglicht [362]. So könnte eine Marsmission mit NTP die Reisezeit von typischen neun Monaten auf etwa vier bis sechs Monate reduzieren [58, 363].

NTP-Systeme bieten zudem Flexibilität: Ihr hohes Schub-zu-Gewicht-Verhältnis erlaubt schnelle Beschleunigungs- und Abbremsmanöver, z. B. für das Einschwenken in einen Orbit, Kurskorrekturen oder Landeunterstützung [58, 362-364]. Diese Vielseitigkeit macht NTP besonders geeignet für Missionen in den äußeren Sonnensystembereich oder sogar für die Erforschung interstellarer Ziele [58, 363].

Trotz des Potenzials bestehen erhebliche Herausforderungen [362]. Dazu gehören die Entwicklung widerstandsfähiger Reaktorkonzepte für den Einsatz im Weltraum, Materialbeständigkeit bei extremen Temperaturen und hoher Strahlenbelastung sowie sicherheits- und regulatorische Anforderungen [362, 363, 365-367].

Historisch wurde NTP bereits in den 1960er- und 1970er-Jahren im Rahmen des NERVA-Programms von NASA und der U.S. Atomic Energy Commission intensiv erforscht [59, 365, 368]. Obwohl das Programm eingestellt wurde, erlebt die Technologie heute aufgrund der ambitiösen Pläne für Marsmissionen eine Renaissance. NASA, Industriepartner und weitere Nationen arbeiten aktiv an neuen NTP-Konzepten [58, 67, 362, 363].

Der nuklearthermische Antrieb gilt damit als potenziell bahnbrechende Technologie für zukünftige Tiefraummissionen [58, 362, 363]. Trotz technischer und regulatorischer Hürden bereitet die laufende Forschung den Weg für den zukünftigen Einsatz dieser Systeme [58, 67, 362, 363].

Die Systeme von Raumfahrzeugen werden jeweils an die Missionsziele und -umgebungen angepasst – sei es für Erdorbit-, Mond- oder Tiefraumoperationen. Für ISS-Missionen ist das russische Sojus-Raumschiff seit Jahrzehnten ein zuverlässiges Transportmittel mit Modulen für Aufenthalt, Transport und Versorgung. SpaceX' Dragon-Raumschiff bietet als vollständig autonomes System mit Platz für sieben Astronauten hochentwickelte Lebenserhaltungssysteme und Wiederverwendbarkeit. Boeings Starliner erfüllt ähnliche Aufgaben und ist ebenfalls als sicheres und effizientes Transportfahrzeug zur ISS ausgelegt.

Mondmissionen erfordern tiefraumtaugliche Raumfahrzeuge wie das Orion-Raumschiff der NASA. Orion vereint ein robustes Crew-Modul mit dem europäischen Servicemodul (ESM), das Antrieb, Energie und Lebenserhaltung für die Artemis-Missionen bereitstellt. Das HLS-Starship von SpaceX dient der Beförderung von Astronauten zwischen Mondorbit und Mondoberfläche und ermöglicht längere Arbeitsphasen auf dem Mond.

Grundlagen des Raketenbaus und der Konstruktion

Für Marsmissionen müssen Raumfahrzeuge Astronauten monatelang sicher versorgen. SpaceX' Starship ist erneut ein zentraler Bestandteil dieser Planungen, ausgestattet mit fortschrittlichen Lebenserhaltungssystemen und Habitaten. Darüber hinaus werden modulare Transit-Habitate mit Strahlenschutz und Konzepten für künstliche Schwerkraft entwickelt, um die Sicherheit der Crew zu gewährleisten.

Antriebssysteme sind für die bemannte Raumfahrt essenziell, da sie den notwendigen Schub für den Start und die Raumfahrt liefern. Chemische Antriebe bleiben die Haupttechnologie für den Start, betrieben mit Flüssig- oder Festtreibstoffen, wie die RS-25-Triebwerke des SLS oder die Raptor-Triebwerke von Starship. Für interplanetare Missionen gewinnen elektrische Antriebe wie Ionentriebwerke an Bedeutung, da sie hohe Effizienz und lange Betriebszeiten bieten, vor allem für den Frachttransport. Der nuklearthermische Antrieb (NTP) wird ebenfalls für Marsmissionen erwogen, da er höhere Effizienz und kürzere Reisezeiten ermöglicht.

Bemannte Raumfahrt erfordert robuste Lebenserhaltungssysteme, um Gesundheit und Sicherheit der Astronauten zu gewährleisten. Atmosphärenkontrollsysteme regulieren Sauerstoff, entfernen CO_2 und steuern die Luftfeuchtigkeit. Wasserrückgewinnungssysteme recyceln Kondenswasser und Abwasser, um eine nachhaltige Versorgung sicherzustellen. Nahrungssysteme basieren auf gefriergetrockneten und verpackten Lebensmitteln, geeignet für lange Missionen ohne Nachschub. Diese Systeme sind entscheidend für ISS-, Mond- und Marsmissionen.

Das Atmosphärenkontrollsystem ist eines der wichtigsten Elemente der Lebenserhaltung. Es schafft und erhält eine atembare Umgebung, die der Erdatmosphäre ähnelt. Sauerstoff wird auf etwa 21 % gehalten, während Stickstoff als Puffer dient. CO_2 wird durch chemische Scrubber wie Lithiumhydroxid oder regenerative Verfahren wie den Sabatier-Prozess entfernt, der CO_2 in Wasser und Methan umwandelt und so kontinuierlich saubere Atemluft gewährleistet.

Die Konstruktion von Atmosphärenkontrollsystemen nutzt ein modulares Design, um Flexibilität und Funktionalität zu erhöhen. Sie umfassen Speichertanks für Sauerstoff und Stickstoff, CO_2-Filter sowie Einheiten zur Feuchtigkeitsregelung. Moderne Raumfahrzeuge wie NASA's Orion und SpaceX' Dragon verwenden hocheffiziente Sensoren, die kontinuierlich die Gaskonzentrationen überwachen und Echtzeitrückmeldungen für notwendige Anpassungen liefern. Für Langzeitmissionen ist die Sauerstofferzeugung durch Wasserelektrolyse – bei der Wasser in Sauerstoff und Wasserstoff aufgespalten wird – eine entscheidende Funktion für die Nachhaltigkeit.

Um die Leistung und Zuverlässigkeit der Atmosphärenkontrollsysteme zu validieren, werden umfangreiche Tests durchgeführt. Simulationen in Vakuumkammern reproduzieren Mikrogravitation und die Kabinenbedingungen des Raumfahrzeugs, sodass Ingenieure die Fähigkeit des Systems prüfen können, eine stabile Atmosphäre aufrechtzuerhalten. Fehlertoleranz und Redundanz werden ebenfalls rigoros bewertet, um sicherzustellen, dass das System auch im Notfall kontinuierlich arbeitet und so die Gesundheit der Astronauten sowie den Erfolg der Mission gewährleistet.

Wasser ist eine essenzielle Ressource im Weltraum, und Rückgewinnungssysteme sind sorgfältig darauf ausgelegt, jede verfügbare Quelle – einschließlich Kondenswasser, Urin und Schweiß – zu recyceln. Dieses Recycling gewährleistet eine nachhaltige Versorgung, die insbesondere für

Langzeitmissionen entscheidend ist, bei denen Nachschubmöglichkeiten begrenzt oder nicht vorhanden sind.

Wasserrückgewinnungssysteme nutzen fortschrittliche mehrstufige Reinigungsprozesse. Dazu gehören Filtration zur Entfernung von Partikeln, Destillation zur Trennung von Verunreinigungen durch Hitze sowie mikrobiologische Behandlung zur Eliminierung schädlicher Mikroorganismen. Das Water Recovery System (WRS) der NASA an Bord der Internationalen Raumstation ist ein Beispiel für diese Technologie und erreicht bemerkenswerte Effizienz, indem es über 90 % des verwendeten Wassers zurückgewinnt.

Die Konstruktion dieser Systeme verwendet leichte, korrosionsbeständige Materialien wie Titan und spezielle Polymere. Sie eignen sich ideal für den Umgang mit hochreinem Wasser und verhindern Kontamination. Die Systeme umfassen verschiedene Komponenten, darunter Pumpen für die Wasserzirkulation, Filter zur Entfernung von Verunreinigungen, Destillationsgeräte zur Reinigung und UV-Sterilisationseinheiten zur Sicherstellung der Wasserhygiene. Fortgeschrittene Systeme können zudem Verfahren wie Vorwärtsosmose oder elektrochemische Prozesse nutzen, um Effizienz und Rückgewinnungsraten weiter zu verbessern.

Nach der Aufbereitung wird das rückgewonnene Wasser in speziellen Tanks gespeichert, in denen Echtzeitsensoren kontinuierlich die Reinheit überwachen. Dieses Wasser wird dann im gesamten Raumfahrzeug verteilt – für Trinkwasser, die Rehydrierung von Lebensmitteln oder sogar die Sauerstofferzeugung durch Elektrolyse. Durch die nahtlose Integration dieser Systeme in den Betrieb des Raumfahrzeugs kann eine zuverlässige und nachhaltige Wasserversorgung aufrechterhalten werden, die sowohl die Crew als auch kritische Systeme während langer Missionen unterstützt.

Lebensmittelsysteme für Weltraummissionen sind darauf ausgelegt, die einzigartigen Anforderungen an Ernährung, Lagerung und Zubereitung in Mikro- oder reduzierter Gravitation zu erfüllen. Sie müssen kompakt und leicht sein, gleichzeitig aber Geschmack, Nährwert und Vielfalt über lange Zeiträume erhalten.

Astronautennahrung umfasst eine sorgfältig zusammengestellte Mischung aus gefriergetrockneten, vakuumversiegelten und thermostabilisierten Lebensmitteln. Diese Optionen sind leicht und platzsparend, behalten jedoch essentielle Nährstoffe und Aromen. Für zukünftige Missionen – insbesondere zum Mond oder Mars – wird der Anbau frischer Lebensmittel durch Hydroponik- oder Aeroponiksysteme untersucht, um die Vorräte mit frischem Gemüse und Kräutern zu ergänzen, was zusätzliche ernährungsphysiologische und psychologische Vorteile bietet.

Die Konstruktion von Lebensmittellagersystemen nutzt fortschrittliche Wärmeisolierung und Vakuumversiegelung, um den Inhalt über die gesamte Missionsdauer zu schützen. Verpackungsmaterialien werden so entwickelt, dass sie Gewicht und Abfall minimieren und gleichzeitig in der Mikrogravitation einfach zu handhaben sind. Rehydrierbare Mahlzeiten verfügen beispielsweise über spezielle Anschlüsse, mit denen Astronauten Wasser direkt in die Verpackung injizieren können – eine sichere und effiziente Lösung für die Zubereitung.

Um sicherzustellen, dass Lebensmittelsysteme den Anforderungen des Raumflugs entsprechen, werden sie umfangreichen Tests unterzogen. Dazu zählen Nährwertanalysen, Geschmackstests,

Grundlagen des Raketenbaus und der Konstruktion

Haltbarkeitsstudien sowie Vibrations- und Vakuumtests zur Prüfung der Belastbarkeit während des Starts und im Weltraum. Verpackungen werden zudem auf Strahlenresistenz und Temperaturbeständigkeit getestet, um Lebensmittelsicherheit über die gesamte Missionsdauer zu gewährleisten.

Für Missionen zur ISS, zum Mond oder Mars werden Lebenserhaltungssysteme so konzipiert, dass sie autonom und mit minimalem Wartungsaufwand arbeiten. Diese Systeme sind integraler Bestandteil der Raumfahrzeug- oder Habitatarchitektur und gewährleisten einen nahtlosen Betrieb unter extremen Bedingungen. Fortschrittliche Computermodelle simulieren Missionsszenarien, um Layout, Redundanz und Interaktionen der Teilsysteme zu optimieren. Beispielsweise kann rückgewonnenes Wasser aus der Feuchtigkeitskontrolle zur Sauerstofferzeugung genutzt werden – ein geschlossener Ressourcenkreislauf.

Mit der Ausweitung von Missionen über den niedrigen Erdorbit hinaus entwickeln sich Lebenserhaltungssysteme weiter, um In-situ-Ressourcennutzung (ISRU) einzubeziehen. Marsmissionen könnten z. B. lokale Wassereisvorkommen für die Produktion von Wasser und Sauerstoff nutzen. Bioregenerative Systeme – darunter Algen- oder Mikrobensysteme – werden erforscht, um selbsttragende Ökosysteme zu schaffen, die Sauerstoff produzieren, Wasser recyceln und Nahrung erzeugen.

Der Eintritts-, Abstiegs- und Landungsabschnitt ist einer der anspruchsvollsten Teile jeder Weltraummission, insbesondere für Mond- und Marsflüge. Fallschirmsysteme verzögern Raumfahrzeuge beim Eintritt in die Erdatmosphäre oder die Marsatmosphäre, während Triebwerke für Retropropulsion weiche Landungen ermöglichen, wie bei SpaceX' Falcon 9 oder bei Marslandern. Hitzeschilde schützen Raumfahrzeuge vor der extremen Reibungswärme beim Eintritt, indem sie Energie ableiten und die strukturelle Integrität sichern. Für Präzisionslandungen setzt die NASA Systeme wie den Skycrane ein, der bei den Rovern Curiosity und Perseverance erfolgreich genutzt wurde, um Nutzlasten sanft auf der Marsoberfläche abzusetzen.

Die bemannte Raumfahrt stützt sich auf die Integration hochentwickelter Raketensysteme, Raumfahrzeugtechnologien und unterstützender Infrastruktur, um Missionsziele zu erreichen. Ob Versorgung der ISS, Landung auf dem Mond oder Reisen zum Mars – jedes System ist sorgfältig entwickelt, um Sicherheit, Zuverlässigkeit und Effizienz in einigen der extremsten Umgebungen des Universums sicherzustellen.

Tiefraum-Missionen: Interstellare Sonden und Teleskope

Raketensysteme für Missionen in den Tiefen des Weltraums, wie interstellare Sonden und Weltraumteleskope, sind speziell dafür ausgelegt, die einzigartigen Herausforderungen beim Transport von Nutzlasten über die Erdumlaufbahn hinaus in interstellare oder tiefere Weltraumumgebungen zu bewältigen. Diese Systeme integrieren fortschrittliche Antriebstechnologien, präzise Navigationsfähigkeiten und robuste Trägerraketen, um den Erfolg von Missionen in den weiten und abgelegenen Regionen des Weltraums sicherzustellen.

Tiefraum-Missionen sind auf leistungsfähige Trägerraketen angewiesen, um die Erdanziehungskraft zu überwinden und Nutzlasten präzise auf ihre vorgesehenen Flugbahnen zu bringen. Diese Missionen erfordern typischerweise Schwerlastraketen, die den erheblichen Schub liefern können, der notwendig ist, um große Nutzlasten wie interstellare Sonden und Weltraumteleskope in hochenergetische Fluchtbahnen zu befördern. Raketen wie das Space Launch System (SLS) der NASA, die Falcon Heavy von SpaceX sowie die Ariane 5 und 6 werden häufig für diese anspruchsvollen Aufgaben eingesetzt. Jedes dieser Systeme ist dafür konstruiert, die komplexen Anforderungen beim Start und beim Transport hochentwickelter Nutzlasten für die Tiefraumforschung zu bewältigen. Ein Beispiel ist das James-Webb-Weltraumteleskop (JWST), das mit einer Ariane-5-Rakete gestartet wurde – eine Mission, die präzise Bahnkorrekturen erforderte, um das Teleskop in eine Umlaufbahn um den zweiten Lagrange-Punkt (L2) in etwa 1,5 Millionen Kilometern Entfernung von der Erde zu bringen. Ähnlich verließen die Missionen Voyager und Pioneer der NASA mit Hilfe leistungsstarker Trägersysteme das Sonnensystem und erreichten die notwendigen Fluchtgeschwindigkeiten für die interstellare Erkundung. Dies ermöglichte es ihnen, über das Sonnensystem hinauszufliegen und bahnbrechende Daten aus fernen Regionen des Weltraums zu übermitteln.

Sobald sich die Raumfahrzeuge im All befinden, übernehmen spezielle Antriebssysteme die Navigation und den Vortrieb in Richtung ihres Ziels im Tiefraum. Unter diesen Systemen spielt chemischer Antrieb eine entscheidende Rolle bei Hochschubmanövern, die für präzise Bahnkorrekturen und planetare Vorbeiflüge erforderlich sind. Diese Systeme nutzen chemische Reaktionen zur Erzeugung schnellen und starken Schubs und eignen sich ideal für Situationen, die rasche und präzise Anpassungen erfordern. Beispielsweise nutzten die Voyager-Sonden kleine chemische Triebwerke für Kurskorrekturen und zur Lageregelung während ihrer historischen Reisen durch die äußeren Planeten. Diese Triebwerke ermöglichten es den Raumfahrzeugen, ihre Flugbahnen anzupassen und die richtige Ausrichtung für wissenschaftliche Beobachtungen sowie die Kommunikation mit der Erde aufrechtzuerhalten – ein wesentlicher Faktor für den Erfolg ihrer jahrzehntelangen Missionen.

Elektrische Antriebssysteme, einschließlich Ionen- und Hall-Effekt-Triebwerken, sind grundlegende Technologien in der Tiefraumforschung, da sie eine hohe Effizienz und anhaltenden Schub über lange Zeiträume bieten. Diese Systeme ionisieren ein Treibmittel wie Xenon und beschleunigen die Ionen mithilfe elektrischer oder magnetischer Felder, um Schub zu erzeugen. Diese Technologie ermöglicht kontinuierliche, niedrige Schubmanöver und ist ideal für Missionen, die umfangreiche Bahnänderungen oder Reisen über große Entfernungen erfordern. Ein prominentes Beispiel ist die Dawn-Mission der NASA, die Ionenantrieb nutzte, um den Asteroidengürtel zu erforschen und sowohl den Protoplaneten Vesta als auch den Zwergplaneten Ceres zu besuchen. Ebenso nutzt die BepiColombo-Mission elektrischen Antrieb für komplexe Bahnmanöver auf ihrem Weg zum Merkur.

Gravitationsunterstützungen (Swing-by-Manöver) sind eine weitere entscheidende Technik in Tiefraum-Missionen. Durch die Nutzung der Schwerkraft von Planeten können Raumfahrzeuge zusätzliche Geschwindigkeit gewinnen und ihre Flugbahnen anpassen, ohne signifikanten Treibstoff zu verbrauchen. Diese Methode wurde in zahlreichen Missionen erfolgreich eingesetzt. Die Voyager-Sonden nutzten die Gravitationsfelder von Jupiter und Saturn, um ihre Geschwindigkeit auf dem Weg

Grundlagen des Raketenbaus und der Konstruktion

in den interstellaren Raum zu erhöhen, während die New-Horizons-Mission zum Pluto Jupiters Schwerkraft nutzte, um ihre Geschwindigkeit erheblich zu steigern und rechtzeitig ihr fernes Ziel zu erreichen.

Für Missionen mit sehr langen Reisezeiten oder extremen Entfernungen werden nukleare Antriebssysteme wie der nukleare thermische Antrieb (NTP) oder der nukleare elektrische Antrieb (NEP) entwickelt. Diese Systeme bieten eine hohe Effizienz und könnten schnellere Reisezeiten zu interstellaren Zielen ermöglichen. Zusätzlich zu Antriebssystemen sind viele Tiefraum-Missionen auf nuklearbasierte Energiequellen angewiesen. Radioisotopengeneratoren (RTGs) werden häufig eingesetzt, um auch in Regionen mit sehr geringer Sonneneinstrahlung eine zuverlässige Energieversorgung sicherzustellen.

Die Nutzlastsysteme für Tiefraum-Missionen sind dafür ausgelegt, hochentwickelte wissenschaftliche Instrumente oder Beobachtungseinrichtungen zu transportieren, die an spezifische Missionsziele angepasst sind. Dazu gehören Weltraumteleskope und interstellare Sonden, die jeweils spezielle technische Lösungen benötigen, um ihre Aufgaben zu erfüllen und den Herausforderungen des Tiefraums standzuhalten. Weltraumteleskope wie das JWST verfügen über hochpräzise Ausrichtungssysteme, moderne optische Komponenten und thermische Kontrollsysteme, damit sie im kalten, strahlungsintensiven Vakuum des Weltraums effizient arbeiten können. Raketen, die solche Nutzlasten starten, müssen sie in stabile Umlaufbahnen wie Lagrange-Punkte bringen, wo die Gravitationskräfte ein Gleichgewicht bilden und der Energiebedarf für Lagekorrekturen minimiert wird.

Interstellare Sonden wie Voyager 1 und 2 sind für Missionen konzipiert, die weit über das Sonnensystem hinausführen. Diese Sonden benötigen hochzuverlässige Kommunikationssysteme, um Daten über enorme Entfernungen zu übertragen, und müssen mit langlebigen Instrumenten ausgestattet sein, die jahrzehntelang autonom arbeiten können. Trägerraketen solcher Missionen müssen Fluchtgeschwindigkeiten erreichen, die es ermöglichen, das Gravitationsfeld der Sonne dauerhaft zu verlassen.

Präzise Navigations- und Kommunikationssysteme sind unerlässlich, damit Raumfahrzeuge ihre Ziele erreichen und eine stabile Verbindung zur Erde aufrechterhalten können. Navigationstechnologien wie Sternsensoren und Gyroskope dienen der genauen Lagebestimmung. Sternsensoren erfassen Bilder von Sternen und vergleichen sie mit gespeicherten Sternkarten, um die Orientierung des Raumfahrzeugs zu bestimmen, während Gyroskope Drehgeschwindigkeiten messen, um Stabilität und Steuerung zu unterstützen. Diese Systeme arbeiten zusammen, um die Navigation selbst ohne direkte Steuerbefehle von der Erde sicherzustellen.

Die Kommunikation mit Tiefraummissionen erfolgt über das Deep Space Network (DSN), ein globales System aus bodenbasierten Antennen, das Fernkommunikation über Milliarden Kilometer ermöglicht. Hochgewinnantennen auf den Raumfahrzeugen sind so konstruiert, dass sie extrem schwache Signale über große Entfernungen zur Erde senden können. Die präzise Signalverarbeitung des DSN macht es unverzichtbar für die Erkundung des Tiefraums.

Autonome Navigationssysteme werden zunehmend wichtig, da die Kommunikationsverzögerungen bei großen Entfernungen Echtzeitsteuerung erschweren. Diese Systeme nutzen Himmelskörper wie

Planeten, Monde und Sterne als Referenzpunkte zur autonomen Kursbestimmung. Die erfolgreiche Navigation der New-Horizons-Mission zu Pluto und darüber hinaus zeigt die Leistungsfähigkeit solcher Systeme.

Tiefraum-Missionen operieren in extremen Umgebungen mit hohen Strahlungswerten und extremen Temperaturen. Raketensysteme sind so ausgelegt, dass sie Nutzlasten wie Sonden und Teleskope während des Starts und der Reise schützen. Thermische Abschirmungen und strahlungsgehärtete Elektronik gewährleisten, dass Instrumente auch auf interplanetaren und interstellaren Missionsrouten funktionsfähig bleiben.

Grundlagen des Raketenbaus und der Konstruktion

Kapitel 11
Satellitenaussetzung

Arten von Satelliten (Kommunikation, GPS, Wetter, Erdbeobachtung)

Satelliten sind künstliche Objekte, die in eine Umlaufbahn gebracht werden, um verschiedene Funktionen zu erfüllen, die das moderne Leben und die wissenschaftliche Erforschung unterstützen. Sie können nach ihrem spezifischen Zweck und der Art der Daten oder Dienste kategorisiert werden, die sie bereitstellen. Zu den wichtigsten Typen gehören Kommunikationssatelliten, GPS-Satelliten, Wettersatelliten und Erdbeobachtungssatelliten, die jeweils eine zentrale Rolle in den Bereichen Technologie, Navigation, Meteorologie und Umweltüberwachung spielen.

Ein künstlicher Satellit ist ein von Menschen geschaffenes Objekt, üblicherweise ein Raumfahrzeug, das in eine Umlaufbahn um einen Himmelskörper gebracht wird. Satelliten erfüllen vielfältige Aufgaben, darunter die Weiterleitung von Kommunikation, die Wettervorhersage, die Bereitstellung von Navigation über GPS, Rundfunkübertragung, wissenschaftliche Forschung und die Erdbeobachtung. Militärische Anwendungen umfassen Aufklärung, Frühwarnsysteme, Fernmeldeaufklärung sowie potenziell Waffenbereitstellung. Andere Satelliten umfassen Raketenstufen, die Nutzlasten in die Umlaufbahn bringen, sowie funktionsuntüchtige Satelliten, die zu Weltraumschrott geworden sind.

Die meisten Satelliten – mit Ausnahme passiver Modelle – verfügen über bordeigene Stromversorgungssysteme wie Solarzellen oder Radioisotopengeneratoren (RTGs), um ihre Geräte zu betreiben. Die Kommunikation mit Bodenstationen erfolgt typischerweise über Transponder. Viele Satelliten verwenden standardisierte Designs oder sogenannte „Bussen", um Kosten zu reduzieren und die Produktion zu vereinfachen; CubeSats sind dabei ein beliebtes Kleinformat. Gruppen ähnlicher Satelliten arbeiten oft in koordinierten Konstellationen. Aufgrund der hohen Kosten für den Start werden Satelliten so konstruiert, dass sie leicht, aber dennoch robust sind. Kommunikationssatelliten fungieren insbesondere als Funkrelaisstationen und sind mit mehreren Transpondern ausgestattet, von denen jeder erhebliche Bandbreite bereitstellt.

Satelliten werden von Raketen in die Umlaufbahn gebracht und so positioniert, dass sie dem atmosphärischen Widerstand und dem orbitalen Zerfall entgehen. Einmal im Orbit, können sie ihre Flugbahn mithilfe von Antriebssystemen wie chemischen oder Ionentriebwerken anpassen oder halten. Ab 2018 befanden sich etwa 90 % der Erdsatelliten entweder im niedrigen Erdorbit (LEO) oder im geostationären Orbit (GEO). Geostationäre Satelliten bleiben relativ zu einem festen Punkt am Boden stationär, während sonnensynchrone Orbits von Bildgebungssatelliten bevorzugt werden, da sie bei globalen Scans konstante Lichtverhältnisse ermöglichen. Mit der zunehmenden Anzahl von

Satelliten und Weltraumschrott steigt jedoch das Kollisionsrisiko. Während die meisten Satelliten die Erde umkreisen, werden andere um Himmelskörper wie den Mond oder den Mars positioniert oder folgen komplexen Bahnen wie Halo- oder Lissajous-Orbits.

Erdbeobachtungssatelliten sammeln Daten für Aufklärung, Kartierung und die Überwachung natürlicher Phänomene wie Wetter, Ozeane und Wälder. Weltraumteleskope nutzen das Vakuum des Weltraums, um Himmelsobjekte über das gesamte elektromagnetische Spektrum zu beobachten. Kommunikationssatelliten ermöglichen die Datenübertragung in entlegene Gebiete; ihre vorhersehbaren Umlaufbahnen und Signallaufzeiten sind für Navigationssysteme wie GPS von entscheidender Bedeutung. Raumsonden sind spezialisierte Satelliten zur robotischen Erforschung jenseits der Erde, während Raumstationen als bemannte Satelliten für langfristige Missionen dienen.

Der Start von Sputnik 1 durch die Sowjetunion am 4. Oktober 1957 markierte den Beginn der künstlichen Satellitentechnologie [369]. Am 31. Dezember 2022 umkreisen 6.718 funktionsfähige Satelliten die Erde, darunter 4.529 im Besitz der Vereinigten Staaten (davon 3.996 kommerziell), 590 von China, 174 von Russland und 1.425 von anderen Ländern [370].

Der Start von Sputnik 1 leitete die Ära der satellitengestützten Fernerkundung ein [369]. Seither wurden Hunderte von Erdbeobachtungssatelliten gestartet, die sowohl ikonische Bilder als auch beispiellose wissenschaftliche Erkenntnisse lieferten [369]. Nachfolgesatelliten wie Explorer 7 und die TIROS-Serie führten die satellitengestützte Erforschung des Strahlungshaushalts und des Klimas der Erde ein [371].

Die Entwicklung der Satellitentechnologie hat erhebliche Auswirkungen auf zahlreiche Bereiche gehabt, darunter Such- und Rettungsdienste [372], Weltraumwetterüberwachung [373] und bodengebundene astronomische Beobachtungen [374]. Satellitenkonstellationen wie Starlink werden zunehmend in großen Stückzahlen vorgeschlagen, um Kommunikation, globale Überwachung und Weltraumbeobachtung zu ermöglichen [375]. Diese Konstellationen stellen jedoch auch Herausforderungen dar, etwa die Koordinierung bei technischen Grenzen der Raumfahrzeugsteuerung und des Weltraumverkehrsmanagements [375].

Zudem wächst die Sorge über die Auswirkungen der zunehmenden Satellitenzahl auf bodengebundene astronomische Untersuchungen. Maßnahmen zur Abschwächung der Auswirkungen von Satellitenhelligkeit und -spuren auf astronomische Durchmusterungen – wie beim Rubin Observatory's Legacy Survey of Space and Time – werden aktiv entwickelt [376].

Umlaufbahn- und Höhenkontrolle bei Satelliten

Systeme zur Orbit- und Höhenkontrolle sind entscheidend, um die Position und Orientierung eines Satelliten im Weltraum zu halten. Ohne solche Systeme würden Satelliten aufgrund von Gravitationsstörungen, atmosphärischem Widerstand (bei LEO-Satelliten) und Strahlungsdruck abdriften und damit ihre Kommunikations-, Beobachtungs- oder Forschungsfunktionen verlieren. Satelliten nutzen Antriebssysteme zur Bahnkorrektur und Reaktionsmechanismen zur Lageregelung, um eine präzise Ausrichtung sicherzustellen.

Grundlagen des Raketenbaus und der Konstruktion

Satelliten im niedrigen Erdorbit (LEO) sind besonders stark von Gravitationsanomalien, dem Magnetfeld der Erde und Sonnenstrahlungsdruck betroffen. Zur Ausgleichung dieser Einflüsse verwenden sie chemische oder Ionentriebwerke. Satelliten in höheren Umlaufbahnen wie dem geostationären Orbit (GEO) unterliegen stärker den Gravitationskräften anderer Himmelskörper wie Mond und Sonne. Hochreflektierende Beschichtungen schützen empfindliche Instrumente vor ultravioletter (UV) Strahlung und erhöhen die Lebensdauer.

Chemische Triebwerke, die häufig für Bahnmanöver verwendet werden, nutzen Mono- oder Bipropellantsysteme. Monopropellants wie Hydrazin zersetzen sich in Gegenwart eines Katalysators, während Bipropellants wie Monomethylhydrazin (MMH) und Distickstofftetroxid (N_2O_4) durch ihre hypergolen Eigenschaften beim Kontakt spontan entzünden. Diese Systeme liefern hohen Schub für schnelle Bahnänderungen, sind jedoch weniger treibstoffeffizient.

Ionentriebwerke, darunter Hall-Effekt-Triebwerke, bieten eine alternative, treibstoffsparende Lösung. Sie ionisieren ein Treibmittel – häufig Xenon – und beschleunigen Ionen in elektrischen Feldern, um Schub zu erzeugen. Trotz ihres geringen Schubs (ca. 0,5 Newton) ermöglichen sie langfristige, präzise Bahnmanöver und eignen sich besonders für Tiefraummissionen.

Energieversorgung in Satelliten

Satelliten benötigen zuverlässige Energiequellen für Antrieb, Kommunikation und wissenschaftliche Instrumente. Die Mehrheit erzeugt Strom mittels Solarzellen, die Sonnenlicht in elektrische Energie umwandeln. Satelliten für Tiefraummissionen nutzen oft Radioisotopengeneratoren (RTGs), da Sonnenlicht dort zu schwach ist.

Solarpaneele sind meist über Schleifringe montiert, damit sie sich drehen und senkrecht zur Sonne ausrichten können, um maximale Energie zu erzeugen. Da in Phasen ohne Sonneneinstrahlung – etwa während des Starts oder beim Durchqueren des Erdschattens – keine Solarenergie verfügbar ist, sind Batterien essenziell. Moderne Satelliten verwenden überwiegend Lithium-Ionen-Batterien aufgrund ihrer hohen Energiedichte, ihres geringen Gewichts und ihrer langen Lebensdauer. Ältere Modelle nutzten oft Nickel-Wasserstoff-Akkus, die jedoch zunehmend durch effizientere Systeme ersetzt wurden.

Diese Energiesysteme sind so integriert, dass eine kontinuierliche Energieversorgung gewährleistet ist – unabhängig von der Position des Satelliten zur Sonne. Dadurch können Satelliten Kommunikation, Antrieb und Stabilität jederzeit zuverlässig aufrechterhalten.

Arten von Satelliten nach Umlaufbahn

Satelliten werden in bestimmte Umlaufbahnen gebracht, abhängig von ihrer vorgesehenen Funktion, ihren Abdeckungsanforderungen und den Missionszielen. Diese Umlaufbahnen bestimmen, wie der Satellit mit der Erde, anderen Himmelskörpern und seiner Betriebsumgebung interagiert. Satelliten können die Erde umkreisen oder interplanetare Flugbahnen zu Zielen im Sonnensystem verfolgen.

Die gängigsten Klassifizierungen von Satellitenumlaufbahnen basieren auf ihrer Höhe und den Eigenschaften ihrer Bewegung relativ zur Erde. Zu den wichtigsten Orbittypen gehören der niedrige Erdorbit (LEO), der mittlere Erdorbit (MEO), der geostationäre Orbit (GEO), der sonnensynchrone Orbit (SSO) und der geostationäre Transferorbit (GTO).

Low Earth Orbit (LEO) – Satelliten in niedrigem Erdorbit: Satelliten im niedrigen Erdorbit operieren in Höhen zwischen etwa 160 und 1.500 Kilometern über der Erdoberfläche. Sie absolvieren eine vollständige Erdumrundung in etwa 90 bis 120 Minuten und können die Erde bis zu 16-mal pro Tag umrunden. LEO eignet sich besonders für Anwendungen wie Fernerkundung, hochauflösende Erdbeobachtung, wissenschaftliche Forschung und schnelle Datenübertragung.

LEO bietet Flexibilität bei Satellitenbahnen und ermöglicht eine häufige Abdeckung bestimmter Regionen. Aufgrund der geringen Flughöhe ist die Abdeckungsfläche jedes einzelnen Satelliten jedoch begrenzt. Daher werden Satellitenkonstellationen wie SpaceX' Starlink oder EOS SAT in LEO eingesetzt, um durch kooperative Abdeckung globale Dienste bereitzustellen. Solche Netzwerke sind entscheidend für Bereiche wie Präzisionslandwirtschaft, Umweltüberwachung und globale Internetkonnektivität.

Medium Earth Orbit (MEO) – Satelliten im mittleren Erdorbit: Der mittlere Erdorbit liegt zwischen LEO und GEO, typischerweise in Höhen von 5.000 bis 20.000 Kilometern. MEO wird häufig für Navigations- und Positionierungsdienste wie GPS, Galileo und GLONASS genutzt. Diese Satelliten haben Umlaufzeiten zwischen zwei und zwölf Stunden und bieten einen Mittelweg zwischen den schnellen LEO-Orbits und der großen Abdeckung von GEO.

Für globale Abdeckung sind weniger MEO-Satelliten erforderlich als bei LEO. Allerdings kommt es zu längeren Signallaufzeiten und leicht reduzierten Datenübertragungsraten. Neue Hochdurchsatz-MEO-Konstellationen ermöglichen inzwischen schnellere und zuverlässigere Kommunikation für kommerzielle und staatliche Nutzer.

Geostationary Orbit (GEO) – geostationäre Satelliten: Geostationäre Satelliten befinden sich 35.786 Kilometer über dem Äquator und erscheinen im Verhältnis zur Erdoberfläche stationär. Dieses Merkmal ergibt sich aus ihrer Umlaufzeit, die genau der Erdrotation entspricht (23 Stunden, 56 Minuten und 4 Sekunden).

GEO-Satelliten sind ideal für kontinuierliche Kommunikationsdienste wie Fernsehen, Telefonie und Meteorologie. Beispielsweise überwachen geostationäre Wettersatelliten Wolkenbewegungen und regionale Wetterphänomene in Echtzeit. Ein Nachteil von GEO-Satelliten ist die Signalverzögerung aufgrund der großen Entfernung, was Echtzeitanwendungen beeinträchtigen kann.

Sun-Synchronous Orbit (SSO) – sonnensynchrone Satelliten: Sonnensynchrone Satelliten bewegen sich von Pol zu Pol in Höhen zwischen 600 und 800 Kilometern. Sie überfliegen jeden Punkt der Erdoberfläche jeden Tag zur gleichen lokalen Sonnenzeit. Diese konstanten Lichtverhältnisse machen SSO-Satelliten für Erdbeobachtung, Umweltüberwachung und Katastrophenmanagement unverzichtbar.

Grundlagen des Raketenbaus und der Konstruktion

Sie werden zur Analyse von Wettersystemen, zur Zyklonvorhersage, zur Überwachung von Waldbränden und zur Beurteilung von Entwaldung eingesetzt. Da die Abdeckungsfläche kleiner ist, müssen mehrere SSO-Satelliten eingesetzt werden, um kontinuierliche Beobachtungen zu gewährleisten.

Geostationary Transfer Orbit (GTO) – geostationärer Transferorbit: Der geostationäre Transferorbit dient als Übergangsbahn für Satelliten, die in den geostationären Orbit gelangen sollen. Nach dem Start platzieren Raketen die Nutzlast häufig in GTO, von wo aus die Satelliten ihr eigenes Antriebssystem nutzen, um GEO zu erreichen. Dies spart Treibstoff und Ressourcen. Raketen wie SpaceX' Falcon 9 verwenden diesen Ansatz regelmäßig für kosteneffiziente Satellitentransporte.

Andere Orbittypen: Weitere Umlaufbahnen – darunter hoch elliptische Orbits (HEO), Polarorbits und Lagrange-Punkte (L-Punkte) – werden je nach Missionsziel ausgewählt. HEOs werden für Kommunikation in hohen Breitengraden verwendet, Polarorbits eignen sich ideal für globale Kartierung, und Lagrange-Punkte sind stabile Orte für Weltraumteleskope und wissenschaftliche Instrumente.

In allen Fällen bestimmt die Mission des Satelliten, welche Umlaufbahn gewählt wird, um optimale Leistung und Kosteneffizienz sicherzustellen.

Kommunikationssatelliten

Kommunikationssatelliten ermöglichen weltweite Kommunikation, indem sie Signale über große Entfernungen übertragen, abgelegene Gebiete verbinden und Dienste wie Fernsehen, Internet und Telefonie unterstützen [377-379]. Positioniert im geostationären Orbit oder im mittleren Erdorbit bleiben diese Satelliten stationär oder bewegen sich in vorhersehbaren Mustern, was sie ideal für konsistente Signalabdeckung macht [379, 380]. Sie verwenden Transponder, um Signale in bestimmten Frequenzbändern zu empfangen, zu verstärken und weiterzusenden [381, 382].

Beispiele für Kommunikationssatelliten sind Intelsat sowie die Starlink-Satelliten von SpaceX, die globale Breitbandabdeckung bereitstellen sollen [377, 378, 383]. Intelsat-Satelliten werden in vielen Ländern eingesetzt, auch in Entwicklungsländern [384]. Starlink, eine Konstellation aus Tausenden LEO-Satelliten, bietet Nutzern weltweit – insbesondere in abgelegenen Regionen – schnellen, latenzarmen Internetzugang [378, 383].

Die Nutzung von Satellitenkommunikation ist besonders wichtig für das „Internet of Remote Things" (IoRT), bei dem Sensoren und Aktoren oft in entlegenen Gebieten ohne terrestrische Netzwerke verteilt sind [379]. Satelliten bieten die notwendige Konnektivität für Datenerfassung und Steuerung [379].

Herausforderungen in der Satellitenkommunikation umfassen z. B. regenbedingte Signaldämpfung, die Übertragungen stören kann [382, 385]. Standort, Satellitenmerkmale und Frequenzwahl (z. B. Ku- oder Ka-Band) müssen sorgfältig berücksichtigt werden, um zuverlässige Dienste sicherzustellen [382, 385].

Durch Fortschritte wie MIMO-Technologien können Kanalkapazitäten erhöht und steigende Datenanforderungen erfüllt werden [381, 386]. Die Entwicklung von Inter-Satelliten-Verbindungen (ISLs) verbessert Navigationssysteme und ermöglicht autonome Kommunikation zwischen Satelliten [387].

Auch regulatorische Entwicklungen – wie die Liberalisierung internationaler Kommunikationsdienstleister – beeinflussen die Satellitenkommunikation. Organisationen wie die Internationale Fernmeldeunion (ITU) und Intelsat mussten sich an neue Marktbedingungen anpassen [388, 389].

GPS-Satelliten

GPS-Satelliten bilden das Rückgrat globaler Navigationssysteme [390, 391]. Diese Satelliten befinden sich typischerweise im mittleren Erdorbit (MEO) und liefern Positions-, Geschwindigkeits- und Zeitinformationen an Geräte zu Land, zu Wasser und in der Luft [390, 391]. GPS-Satelliten verwenden Atomuhren zur Aussendung präziser Zeitsignale, die von Empfängern genutzt werden, um ihre Position zu bestimmen [390, 392].

Zum globalen Navigationssatellitensystem (GNSS) zählen die US-GPS-Konstellation, Europas Galileo und Russlands GLONASS. Diese Systeme sind für Transport, Militär, Katastrophenschutz und viele Alltagsanwendungen unverzichtbar [390, 391, 393]. Die vier großen GNSS-Systeme – GPS, Galileo, GLONASS und BeiDou – verfügen heute über mehr als 100 aktive Satelliten, was die Abdeckung, Genauigkeit und Zuverlässigkeit weltweit verbessert hat [393-395].

GNSS-Signale können durch ionosphärische Störungen, Interferenzen oder Funkschwankungen beeinflusst werden, was die Genauigkeit verringert [396, 397]. Zur Abhilfe wurden Multi-GNSS-Positionierung, Augmentationssysteme (z. B. EGNOS) und fortschrittliche Signalverarbeitung entwickelt [398-400].

GNSS ist heute in Bereichen wie Transport, Vermessung, Landwirtschaft, Bergbau, Luftfahrt und Katastrophenmanagement weit verbreitet [394, 401, 402]. Präzise Punktpositionierung (PPP) ermöglicht hochgenaue geodätische und technische Anwendungen [403, 404].

Wettersatelliten

Wettersatelliten spielen eine entscheidende Rolle bei der Überwachung der atmosphärischen Bedingungen der Erde und liefern wichtige Daten für Wettervorhersagen und Klimastudien [405, 406]. Diese Satelliten operieren hauptsächlich in zwei Umlaufbahnen: dem geostationären Orbit und dem Polarorbit [405, 407].

Geostationäre Satelliten, wie die GOES-Satelliten der NOAA, bieten eine kontinuierliche Abdeckung bestimmter Regionen und ermöglichen die Echtzeitüberwachung von Wetterentwicklungen und extremen Wetterereignissen [405, 407]. Diese Satelliten verwenden fortschrittliche Sensoren wie den

Grundlagen des Raketenbaus und der Konstruktion

Advanced Baseline Imager (ABI), um hochauflösende Bilder aufzunehmen und atmosphärische Parameter wie Temperatur, Luftfeuchte und Windmuster zu messen [407, 408].

Polarumlaufende Satelliten hingegen liefern globale Datenerfassung, indem sie die Erde in Nord-Süd-Richtung umrunden [406, 409]. Beispiele hierfür sind NASAs Aqua und Terra, die Instrumente wie das Visible Infrared Imaging Radiometer Suite (VIIRS) tragen, um unterschiedliche Umweltparameter zu überwachen [406].

Die von diesen Wettersatelliten gesammelten Daten sind unerlässlich, um Wettervorhersagen zu verbessern und langfristige Klimatrends zu verstehen [406]. Die Verfügbarkeit stabiler, globaler und langfristiger Datensätze ermöglicht es Klimaforschern, das Ökosystem der Erde und die Dynamik des Kohlenstoffkreislaufs über Zeiträume hinweg zu untersuchen, in denen Klimasignale erkennbar werden [406].

Zusätzlich zur Wetterüberwachung spielen Wettersatelliten auch eine wichtige Rolle bei der Beobachtung des Weltraumwetters. Sie liefern Daten über Sonnenaktivität und deren Auswirkungen auf die Erdatmosphäre und die Ionosphäre [410, 411]. Diese Informationen sind entscheidend, um die Auswirkungen des Weltraumwetters auf Satellitensysteme und andere technologische Infrastrukturen zu verstehen und zu mindern [410, 411].

Erdbeobachtungssatelliten

Erdbeobachtungssatelliten sammeln detaillierte Informationen über die Erdoberfläche, einschließlich Landnutzung, Vegetation, Gewässer und städtische Entwicklung. Diese Satelliten werden typischerweise in einen niedrigen Erdorbit (LEO) gebracht, um hochauflösende Bildgebung zu ermöglichen [412]. Sie nutzen optische, Radar- und multispektrale Sensoren zur Datenerfassung, die in der Landwirtschaft, im Katastrophenmanagement, in der Stadtplanung und im Umweltschutz eingesetzt werden [413].

Beispiele für solche Erdbeobachtungssatelliten sind die Sentinel-Satelliten der Europäischen Weltraumorganisation (ESA) im Rahmen des Copernicus-Programms sowie die Landsat-Reihe der NASA, die seit Jahrzehnten entscheidend zur Überwachung der Veränderungen der Erdlandschaften beitragen [414]. Diese Satelliten bieten eine globale Perspektive und kontinuierliche Messungen, die in ihrer Fähigkeit, die Dynamik und Variabilität der Erdprozesse zu erfassen, unübertroffen sind [415].

Die Zusammenarbeit mehrerer Erdbeobachtungssatelliten hat die Beobachtungsfähigkeit der Erde erweitert, die Abdeckung vergrößert und die Anzahl der Beobachtungsziele gesteigert – weit über das hinaus, was ein einzelner Satellit leisten könnte [416]. Das geplante Wachstum von Erdbeobachtungsmissionen und der zunehmende Einsatz komplexer Instrumente mit hoher räumlicher Auflösung und häufigen Wiederholungszyklen erhöhen den Druck, die rechtlichen Grundlagen für das Angebot von Erdbeobachtungsdaten zu klären [417].

Erdbeobachtungssatelliten haben erheblich zum Verständnis des Erdsystems beigetragen und zahlreiche wissenschaftliche Disziplinen wie Hydrologie, Klimatologie, Meteorologie, Ozeanografie und Biologie vorangebracht [418]. Die Kombination von Daten aus Landsat-8 und Sentinel-2 ermöglicht dichte Zeitreihen multispektraler Bilder, die für die Überwachung von Landnutzungs- und Landbedeckungsänderungen mit hoher zeitlicher Auflösung unerlässlich sind [419, 420].

In den letzten Jahren wurde die Erfassung der Erdoberfläche zusätzlich durch Konstellationen von Nanosatelliten verbessert, die hochauflösende Daten zu geringeren Kosten und mit größerer Flexibilität liefern [421]. Die Entwicklung neuer Datenübertragungstechnologien, wie die Ka-Band-Übertragung mit 5 Gbit/s, ermöglicht es Erdbeobachtungssatelliten zudem, große Datenmengen effizienter zur Erde zu übertragen [422].

Jede Art von Satellit erfüllt einen spezialisierten Zweck und trägt zu Fortschritten in Wissenschaft, Technologie und Alltag bei. Gemeinsam bilden sie ein globales Netzwerk, das Kommunikation, Navigation, Wettervorhersage und ein tieferes Verständnis unseres Planeten unterstützt.

Raketensysteme für Satellitenstarts (LEO-, MEO- und GEO-Orbits)

Die Konstruktion und der Betrieb von Raketensystemen für Satellitenstarts sind auf die spezifischen orbitalen Anforderungen der Nutzlast zugeschnitten, die sich zwischen dem Low Earth Orbit (LEO), dem Medium Earth Orbit (MEO) und dem Geostationary Orbit (GEO) erheblich unterscheiden. Diese Unterschiede beeinflussen den Raketenantrieb, die Flugbahnauslegung und die Stufenkonfigurationen, um eine erfolgreiche Aussetzung der Nutzlast sicherzustellen.

Ein Start in den niedrigen Erdorbit (LEO) umfasst das Platzieren von Satelliten in Höhen zwischen 160 und 1.500 Kilometern über der Erdoberfläche. Dafür muss eine Geschwindigkeit von etwa 7,8 km/s erreicht werden, damit der Satellit eine stabile Umlaufbahn halten kann. Raketen für LEO-Missionen sind so konstruiert, dass sie während der anfänglichen Aufstiegsphase hohen Schub liefern, um die Erdanziehungskraft zu überwinden und die erforderliche Geschwindigkeit zu erreichen.

LEO-Missionen verwenden typischerweise zwei- oder dreistufige Raketen. Die erste Stufe liefert den Großteil des Schubs beim atmosphärischen Aufstieg, während die zweite oder dritte Stufe die orbitale Einfügung abschließt und die Feinabstimmung der Nutzlast vornimmt. Die Antriebssysteme dieser Raketen umfassen häufig flüssigkeitsbetriebene Triebwerke wie die Merlin-Triebwerke der Falcon 9 von SpaceX, die Präzision und Neustartfähigkeit für Orbitanpassungen bieten. Auch Feststoffbooster werden oft eingesetzt und liefern während des Starts zuverlässigen, starken Schub, wie etwa bei der Ariane 5 oder der indischen PSLV.

Die Nutzlastverkleidung spielt bei LEO-Starts eine entscheidende Rolle, da sie Satelliten während des Aufstiegs vor aerodynamischen Kräften und atmosphärischer Erwärmung schützt. Sobald die Rakete die obere Atmosphäre erreicht, wird die Verkleidung abgetrennt, um Gewicht zu reduzieren und die Nutzlast freizusetzen.

Mehrere Raketen werden regelmäßig für LEO-Missionen eingesetzt. Die Falcon 9 von SpaceX ist ein führendes Beispiel und startet Konstellationen wie Starlink. Die Electron von Rocket Lab ist für den Einsatz von Kleinsatelliten ausgelegt, während die PSLV Indiens für ihre Zuverlässigkeit in Erdbeobachtungsmissionen bekannt ist.

Grundlagen des Raketenbaus und der Konstruktion

Die Flugbahn für LEO-Starts beginnt mit einem nahezu vertikalen Aufstieg, um die dichte untere Atmosphäre zu durchqueren. Mit zunehmender Höhe flacht die Flugbahn ab, sodass die Rakete horizontale Geschwindigkeit aufbauen und Orbitalgeschwindigkeit erreichen kann. Für bestimmte Orbits, wie polare oder sonnensynchrone Bahnen, werden häufig Startplätze in Äquatornähe oder polaren Regionen genutzt, um Effizienz und Abdeckung zu maximieren.

Ein Start in den mittleren Erdorbit (MEO) umfasst das Platzieren von Satelliten in Höhen zwischen 5.000 und 20.000 Kilometern über der Erdoberfläche. Dafür sind Geschwindigkeiten zwischen 3,9 und 5,5 km/s erforderlich, abhängig von der genauen Zielhöhe. Raketen für MEO-Missionen verwenden typischerweise drei Stufen, um die höheren Höhen und Geschwindigkeiten effizient zu erreichen. Die dritte Stufe oder eine spezielle Kickstufe ist entscheidend, da sie die präzise Energie liefert, um die Nutzlast in ihre vorgesehene Umlaufbahn einzusetzen.

Antriebssysteme für MEO-Missionen verwenden häufig flüssige Treibstoffe, die Flexibilität für Kursanpassungen und präzise Kontrolle während der Orbitaleinfügung bieten. In vielen Fällen werden diese Systeme mit Feststoffboostern kombiniert, um in den frühen Phasen den hohen Schub für schwere Nutzlasten bereitzustellen. Solche hybriden Antriebskonzepte ermöglichen das Gleichgewicht zwischen Kraft und Präzision, das für MEO-Starts erforderlich ist.

Nutzlastsysteme für MEO-Missionen sind darauf ausgelegt, große und oft gruppierte Satelliten auszusetzen, wie sie in Navigationskonstellationen wie GPS, Galileo und GLONASS genutzt werden. Raketen verfügen über ausfahrbare Trennmechanismen, um eine reibungslose und präzise Platzierung der Satelliten in den vorgesehenen Bahnschlitzen sicherzustellen.

Zu den bedeutenden Raketen für MEO-Missionen gehören die Atlas V der United Launch Alliance, die häufig für GPS-Starts verwendet wird. Die Ariane 5 und ihre Nachfolgerin Ariane 6 sind für Starts globaler Navigationssysteme bekannt, während die Sojus-ST-B häufig für GLONASS-Satelliten eingesetzt wird.

Die Flugbahn für MEO-Starts umfasst eine längere Phase des angetriebenen Fluges als LEO-Missionen, was den höheren Energiebedarf widerspiegelt. Diese Flugbahn erfordert ein präzises Gleichgewicht zwischen vertikalem Schub zur Überwindung der Gravitation und horizontalem Schub zur Erreichung der notwendigen Orbitalgeschwindigkeit.

Der Start in den geostationären Orbit (GEO) umfasst das Platzieren von Nutzlasten in einer Höhe von 35.786 Kilometern, wo sie relativ zu einem festen Punkt auf der Erdoberfläche stationär bleiben. Dieser Orbit erfordert eine Geschwindigkeit von etwa 3,07 km/s sowie eine präzise Ausrichtung auf die Äquatorialebene. Dazu werden typischerweise mehrstufige Raketen – oft drei- oder vierstufig – eingesetzt, um die Nutzlast effizient in einen geostationären Transferorbit (GTO) zu bringen. Die bordeigenen Antriebssysteme des Satelliten übernehmen anschließend die Kreisbahnmanöver und Inklinationsanpassungen, um die endgültige GEO-Position zu erreichen.

Die unteren Raketenstufen sind mit Hochleistungstriebwerken ausgestattet, um die Erdanziehung zu überwinden und die erforderliche Anfangsenergie für den Aufstieg bereitzustellen. Oberstufen – häufig kryogen oder hypergolisch – spielen eine entscheidende Rolle bei der präzisen Platzierung im

GTO. Im GTO angekommen nutzen Satelliten ihre bordeigenen Antriebssysteme, wie chemische oder elektrische Triebwerke, für die finalen Kreisbahn- und Inklinationsmanöver.

Nutzlastverkleidungen für GEO-Missionen sind so ausgelegt, dass sie größere und schwerere Nutzlasten schützen, wie Kommunikationssatelliten, Weltraumobservatorien oder wissenschaftliche Instrumente. Sie schützen die Nutzlast während des Aufstiegs vor aerodynamischen Kräften und werden abgeworfen, sobald die Rakete die dichte Atmosphäre verlässt.

Typische GEO-Trägerraketen sind die Ariane 5 und ihre Nachfolgerin Ariane 6, die für Doppelstarts optimiert sind. SpaceX' Falcon Heavy wird für schwere Nutzlastmissionen in den GEO und darüber hinaus eingesetzt, während die russische Proton-M eine lange Historie im Start schwerer GEO-Satelliten hat.

Die Flugbahn für GEO-Missionen umfasst die Einsetzung in den GTO, wonach die bordeigenen Antriebssysteme des Satelliten die Kreisbahnmanöver und Inklinationsanpassungen durchführen. Die Anpassung der Bahnneigung erfordert große Energiemengen, weshalb GEO-Missionen besonders anspruchsvoll sind. Diese Eigenschaften gewährleisten die erfolgreiche Aussetzung von Satelliten in diesem kritischen Orbit und ermöglichen Anwendungen wie Kommunikation, Wetterüberwachung und globale Rundfunkdienste.

Zentrale Konstruktionsaspekte für Raketen in Satellitenmissionen umfassen die Balance zwischen Effizienz, struktureller Integrität, Startplatzwahl und Präzision, um die spezifischen Anforderungen jeder Mission und jedes Orbits zu erfüllen. Effizienz und Anpassungsfähigkeit sind entscheidend, um den Treibstoffverbrauch und Schub zu optimieren, Kosten zu senken und die Nutzlastkapazität zu maximieren [423]. Raketenstufen werden präzise konstruiert, um eine schnelle Trennung zu ermöglichen, wodurch Gewicht reduziert und die Effizienz maximiert wird [423].

Die strukturelle Integrität ist ein weiterer entscheidender Faktor, da Raketen während des Starts und des Aufstiegs enormen mechanischen Belastungen ausgesetzt sind. Um diesen Kräften standzuhalten, verwenden Hersteller fortschrittliche Materialien wie Aluminiumlegierungen und Verbundwerkstoffe, die die erforderliche Festigkeit bieten, ohne übermäßiges Gewicht hinzuzufügen [424].

Die Wahl des Startplatzes spielt eine entscheidende Rolle für den Missionserfolg. Äquatornahe Standorte wie der Weltraumbahnhof Kourou in Französisch-Guayana bieten für GEO-Missionen große Vorteile, da sie die Erdrotation nutzen, um den Energiebedarf für die Orbitaleinfügung zu reduzieren [425]. Polare Standorte wie die Vandenberg Space Force Base in Kalifornien eignen sich hingegen besser für sonnensynchrone und polare Orbits, da sie Starts ermöglichen, die über die Pole der Erde führen [425].

Präzision in Führung und Navigation ist für alle Satellitenstarts von entscheidender Bedeutung, um eine genaue orbitale Einfügung sicherzustellen. Diese Präzision ist besonders wichtig für Satellitenkonstellationen, bei denen enge Toleranzen erforderlich sind, um die Bahnpositionen einzuhalten, sowie für hochwertige Satelliten, bei denen jede Abweichung von der vorgesehenen Flugbahn die Missionsziele gefährden könnte [426].

Satellitenkonstellationen: Starlink, OneWeb und ihre Auswirkungen

Satellitenkonstellationen haben sich als eine transformative Technologie in der globalen Kommunikation und beim Zugang zum Internet etabliert. Zwei prominente Beispiele sind Starlink, entwickelt von SpaceX, und OneWeb, ein in Großbritannien ansässiges Unternehmen [427, 428]. Diese Konstellationen zielen darauf ab, weltweit Hochgeschwindigkeits- und Niedriglatenz-Internetdienste bereitzustellen, insbesondere in unterversorgten und abgelegenen Regionen [427, 428].

Starlink betreibt seine Satelliten im niedrigen Erdorbit (LEO) in Höhen zwischen etwa 340 km und 1.200 km, wobei sich die meisten aktiven Satelliten auf etwa 540 km bis 570 km befinden [427]. Diese Nähe zur Erde ermöglicht eine geringere Latenz im Vergleich zu traditionellen geostationären Satelliten [427]. Jeder Starlink-Satellit ist mit Phased-Array-Antennen und Laser-Verbindungen ausgestattet, die eine Hochgeschwindigkeitskommunikation zwischen Satelliten und Bodenstationen ermöglichen [427]. Starlink hat bereits Tausende von Satelliten gestartet und plant, das Netzwerk in den kommenden Jahren auf über 42.000 zu erweitern [427]. Der Dienst bietet Geschwindigkeiten zwischen 50 Mbit/s und 150 Mbit/s bei einer Latenz von bis zu 20 Millisekunden [427].

Im Gegensatz dazu operieren die Satelliten von OneWeb in Höhen von etwa 1.200 km [428]. Diese Konfiguration reduziert die Gesamtzahl der für die Abdeckung benötigten Satelliten, führt jedoch zu einer leicht höheren Latenz im Vergleich zu Starlink [428]. Die OneWeb-Konstellation wird bei voller Kapazität aus etwa 648 Satelliten bestehen, die Ku-Band-Frequenzen für die Kommunikation nutzen und eine nahtlose Abdeckung durch überlappende Satellitenstrahlen bieten sollen [428].

Diese Satellitenkonstellationen haben weitreichende Auswirkungen:

1. **Globale Konnektivität:** Sie versprechen, die digitale Kluft zu überbrücken, indem sie Internetzugang in Regionen bereitstellen, in denen traditionelle Infrastruktur nicht realisierbar ist. Dies könnte weltweit Bildung, Gesundheitsversorgung und wirtschaftliche Chancen verbessern [427, 428].

2. **Wirtschaftliche Chancen:** Diese Konstellationen stellen eine bedeutende wirtschaftliche Chance dar – sowohl durch direkte Einnahmen aus Internetdiensten als auch durch die Entwicklung von Satellitenproduktion, Startdiensten und Bodeninfrastruktur [427, 428].

3. **Militärische und strategische Anwendungen:** Die geringe Latenz und globale Abdeckung machen sie attraktiv für militärische und sicherheitsrelevante Anwendungen, einschließlich sicherer Kommunikation, Überwachung und Echtzeit-Datenaustausch [427, 428].

4. **Astronomische Bedenken:** Die wissenschaftliche Gemeinschaft äußert Bedenken hinsichtlich der Auswirkungen von Satellitenkonstellationen auf die Astronomie, da die

Helligkeit der Satelliten bodengebundene Teleskope stören und Beobachtungen sowie Forschung beeinträchtigen kann [427, 428].

5. **Weltraummüll:** Die schnelle Ausbringung Tausender Satelliten erhöht das Kollisionsrisiko und trägt zum wachsenden Problem des Weltraummülls bei, wodurch effektive Strategien zur Müllvermeidung erforderlich werden [427, 428].

6. **Regulatorische und spektrale Herausforderungen:** Die Zuweisung von Funkfrequenzen und Orbitalpositionen ist komplex und erfordert eine enge Abstimmung mit internationalen Organisationen wie der International Telecommunication Union (ITU) [427, 428].

Während Starlink, OneWeb und andere aufkommende Konstellationen wie Amazons Project Kuiper und Chinas Guowang-Netzwerk weiterhin die Zukunft der globalen Kommunikation gestalten, erfordert die Bewältigung der damit verbundenen Herausforderungen Innovation, Zusammenarbeit und sorgfältige Regulierung, um sicherzustellen, dass diese Satellitenkonstellationen positiv zur Gesellschaft und Umwelt beitragen [427, 428].

Grundlagen des Raketenbaus und der Konstruktion

Kapitel 12
Militärische und kommerzielle Anwendungen

Verteidigungsanwendungen: Ballistische Raketen und Weltraumverteidigungssysteme

Ballistische Raketen sind raketengetriebene Waffen, die einer parabolischen Flugbahn folgen und Nutzlasten wie Sprengköpfe über große Entfernungen zu ihren Zielen transportieren. Sie werden nach Reichweite kategorisiert, darunter Kurzstreckenraketen (SRBM), Mittelstreckenraketen (MRBM), Mittelstreckenraketen im erweiterten Bereich (IRBM) und Interkontinentalraketen (ICBM). Diese Raketen bestehen aus mehreren kritischen Komponenten. Das Startfahrzeug liefert den anfänglichen Schub zum Verlassen der Atmosphäre, während das Wiedereintrittsfahrzeug den Sprengkopf beherbergt und so konstruiert ist, dass es der extremen Hitze beim Wiedereintritt in die Atmosphäre standhält. Fortschrittliche Leitsysteme, die inertiale Navigation, GPS und Sternsensoren kombinieren, gewährleisten eine präzise Zielansteuerung. Die Antriebsarten variieren: Feststoffantriebe bieten hohe Zuverlässigkeit und geringen Wartungsaufwand, während Flüssigantriebe höheren Schub und größere Steuerbarkeit ermöglichen.

Ballistische Raketen werden in verschiedenen Konfigurationen eingesetzt. Landgestützte Systeme nutzen Silos, mobile Starter oder schienengestützte Plattformen für strategische Flexibilität. Seegestützte Systeme wie U-Boot-gestützte ballistische Raketen (SLBMs) bieten Tarnung und hohe Mobilität. Luftgestützte Systeme werden von strategischen Bombern aus gestartet und ermöglichen schnelle Reaktionsfähigkeit. Moderne ballistische Raketentechnologie umfasst Funktionen wie Multiple Independently Targetable Re-entry Vehicles (MIRVs), die es einer einzelnen Rakete ermöglichen, mehrere Ziele unabhängig voneinander anzugreifen, sowie Hypersonic Glide Vehicles (HGVs), die mit extrem hoher Geschwindigkeit manövrieren können, um Verteidigungssystemen auszuweichen.

Weltraumverteidigungssysteme ergänzen Raketentechnologien, indem sie Bedrohungen für Satelliten und andere weltraumgestützte Anlagen adressieren. Anti-Satelliten-Waffen (ASAT) sind dafür ausgelegt, gegnerische Satelliten durch kinetische Einschläge, gerichtete Energie oder Cyberangriffe zu deaktivieren oder zu zerstören. Diese Systeme werden typischerweise von Boden- oder Luftplattformen aus gestartet. Raketenabwehrsysteme spielen eine entscheidende Rolle bei der Abfangung und Neutralisierung ankommender ballistischer Raketen während ihrer Start-, Mittel- oder Endphase. Zu den wichtigsten Systemen gehören der Ground-Based Interceptor (GBI) für das Abfangen in der Mittelphase, das Terminal High Altitude Area Defense (THAAD) für die Zerstörung in der Endphase sowie das Aegis Ballistic Missile Defense (BMD)-System, eine seegestützte Plattform, die SM-3-Abfangraketen verwendet.

Abbildung 86: Terminal High Altitude Area Defense (THAAD). U.S. Army Ralph Scott/Missile Defense Agency/U.S. Department of Defense, CC BY 2.0, via Wikimedia Commons.

Weltraumgestützte Verteidigungssysteme erweitern die Fähigkeiten, indem sie Satelliten einsetzen, die mit Sensoren und Waffen ausgestattet sind, um Bedrohungen im Orbit zu erkennen und abzufangen. Zu den aufkommenden Technologien in diesem Bereich gehören gerichtete Energiewaffen wie Laser sowie kinetische Kill Vehicles. Frühwarnsysteme, einschließlich boden- und weltraumgestützter Sensoren, erkennen Raketenstarts und verfolgen deren Flugbahnen. Systeme wie das US-amerikanische Space-Based Infrared System (SBIRS) und das russische Oko liefern Echtzeitdaten für die Koordination von Verteidigungsmaßnahmen. Elektronische Kriegsführung und Cybersicherheitsmaßnahmen konzentrieren sich darauf, die Kommunikation und

Grundlagen des Raketenbaus und der Konstruktion

Navigationssysteme gegnerischer Satelliten zu stören oder zu täuschen sowie Cyberangriffe auf Bodenstationen durchzuführen, um Verteidigungsanlagen zu beeinträchtigen oder auszuschalten.

Raketen spielen eine zentrale Rolle in weltraumgestützten Verteidigungssystemen, da sie das primäre Mittel zur Ausbringung, Wartung und Unterstützung sicherheitsrelevanter Raumfahrtressourcen darstellen [429]. Diese Systeme umfassen eine Vielzahl von Technologien und Fähigkeiten, die darauf ausgelegt sind, Bedrohungen aus dem Weltraum oder durch die Nutzung weltraumgestützter Infrastrukturen abzuwehren [430].

Raketen sind unerlässlich, um wichtige verteidigungsbezogene Satelliten und Ausrüstung in den Orbit zu bringen [430]. Dazu gehören Frühwarnsatelliten, die Echtzeitdaten über Raketenstarts liefern [430], Anti-Satelliten-Waffen (ASAT), die gegnerische Satelliten neutralisieren können [431], sowie Aufklärungssatelliten zur Überwachung potenzieller Gegner [430]. Trägerraketen ermöglichen die präzise Platzierung dieser Raumfahrtressourcen in spezifischen Umlaufbahnen, wie geostationären oder sonnensynchronen Orbits, abhängig von den jeweiligen Missionsanforderungen [430].

Raketen sind ein integraler Bestandteil weltraumgestützter Abfangsysteme, die entwickelt wurden, um Bedrohungen im Weltraum oder während ihres Anflugs auf die Erde zu neutralisieren [430]. Dazu gehören Raketenabwehrsysteme, die Abfangladungen einsetzen, um ankommende ballistische Raketen zu zerstören [430], sowie ASAT-Abfangfähigkeiten zur Störung gegnerischer Satelliten [431].

Raketen erleichtern die Wartung und Nachversorgung weltraumgestützter Verteidigungssysteme, indem sie Ersatzsatelliten starten und Nachschub, Ausrüstung oder Besatzungen zu Raumstationen transportieren [430].

Mit dem technologischen Fortschritt erweitern Raketen ihre Rolle in der Weltraumverteidigung auf den Einsatz weltraumgestützter Waffen, den Aufbau von Satellitenkonstellationen für eine verbesserte globale Abdeckung sowie auf Missionen zur Wartung oder Aufrüstung von Satelliten im Orbit [430].

Raketen sind entscheidend für die Demonstration der weltraumgestützten Verteidigungsfähigkeiten eines Staates und dienen als sichtbare Abschreckung gegenüber potenziellen Gegnern [429]. Die Fähigkeit, Verteidigungsressourcen schnell zu starten und einzusetzen, signalisiert Bereitschaft und technologische Überlegenheit und stärkt die strategische Position eines Landes [429].

Die Rolle von Raketen in weltraumgestützten Verteidigungssystemen bringt jedoch auch Herausforderungen mit sich, darunter die hohen Kosten für Starts und die Instandhaltung der weltraumgestützten Infrastruktur, die Bewältigung von Weltraummüll, der durch defensive Maßnahmen entstehen kann, sowie die geopolitischen Folgen einer möglichen Militarisierung des Weltraums [430].

Raketen, die in Weltraumverteidigungssystemen eingesetzt werden, sind äußerst präzise konstruiert, um unterschiedlichste und anspruchsvolle Missionsanforderungen zu erfüllen – von der Ausbringung von Überwachungssatelliten bis hin zur Bereitstellung von Abfangraketen und Anti-Satelliten-Waffen. Die Nutzlastkapazitäten variieren je nach Missionsziel und benötigter Umlaufbahn. Die Falcon 9 von SpaceX kann beispielsweise bis zu 22.800 kg in einen niedrigen Erdorbit (LEO) transportieren und eignet sich daher ideal für den Start von Aufklärungssatelliten oder verteidigungsbezogenen Konstellationen. Die Atlas V kann etwa 20.000 kg in den LEO oder 8.900 kg in den geostationären Transferorbit (GTO) befördern, was sie für den Start schwererer Nutzlasten wie Raketenabwehrsysteme geeignet macht.

Fortschrittliche Antriebssysteme bilden das Herzstück dieser Raketen. Flüssigkeitstriebwerke wie die Merlin-Triebwerke der Falcon 9 oder das RD-180 der Atlas V bieten hohen Schub und präzise Steuerung für vielfältige Missionen. Feststoffbooster (SRBs) werden häufig integriert, um während des Starts starken Anfangsschub zu liefern, wie bei der ULA Delta IV Heavy. Für präzise Flugbahnsteuerung kombinieren Leit- und Navigationssysteme Trägheitsnavigation mit GPS-basierter Unterstützung und fortschrittlichen Echtzeit-Algorithmen.

Bodengestützte Trägerraketen spielen eine bedeutende Rolle beim Aussetzen von Satelliten, Abfangkörpern und Waffen in spezifische Umlaufbahnen. Die Atlas V der United Launch Alliance (ULA) wird häufig zum Start von Aufklärungssatelliten und Raketenwarnsystemen wie SBIRS verwendet. Ihr modulares Design unterstützt verschiedene Nutzlastkonfigurationen, während das RD-180-Triebwerk und die Centaur-Oberstufe leistungsstarke und präzise Orbitaleinfügungen ermöglichen. SpaceX' Falcon 9, bekannt für ihre wiederverwendbare Erststufe, wird häufig für den Start von Verteidigungssatelliten wie GPS III und klassifizierten Nutzlasten verwendet. Ihre effizienten Merlin-1D-Triebwerke und vielseitigen Nutzlastverkleidungen erhöhen ihre Anpassungsfähigkeit. Die europäischen Ariane-5- und Ariane-6-Raketen sind ebenfalls hervorzuheben, da sie über robuste Feststoffbooster und Dual-Payload-Fähigkeiten verfügen und häufig für geostationäre Verteidigungssatelliten eingesetzt werden.

Seegestützte Startplattformen wie die U-Boot-gestützte ballistische Rakete Trident II (D5) bieten Tarnung und hohe Mobilität. Die Trident II nutzt ein dreistufiges Feststoffantriebssystem mit Trägheitsnavigation und Sternsensoren und ist ein zentrales Element nuklearer Abschreckungsstrategien.

Abfangsysteme für die Raketenabwehr wie der Ground-Based Interceptor (GBI), Terminal High Altitude Area Defense (THAAD) und Aegis Ballistic Missile Defense (BMD) zeigen die Vielseitigkeit von Verteidigungsraketen. Der GBI verwendet ein dreistufiges Raketensystem zum Abfangen in der Mittelphase, während THAAD eine einstufige Feststoffrakete für den schnellen Abfang in der Endphase nutzt. Aegis BMD, ein seegestütztes System, greift auf SM-3-Abfangraketen mit mehrstufigem Antrieb für Hochgeschwindigkeitsabfangmanöver in der Mittelphase zurück.

Anti-Satelliten-Raketen (ASAT) sind speziell dafür ausgelegt, gegnerische Satelliten durch kinetische Einschläge oder gerichtete Energie zu neutralisieren. Indiens Mission Shakti demonstrierte erfolgreich die Zerstörung eines Satelliten im LEO durch eine bodengestützte Rakete, während das US-amerikanische ASM-135-ASAT-System luftgestützte Fähigkeiten zur Bekämpfung von Satelliten im niedrigen Orbit zeigte.

Aufkommende Technologien verändern Verteidigungsraketen grundlegend. Hypersonic Glide Vehicles (HGVs), die über Raketenstufen ausgeliefert werden, erreichen Geschwindigkeiten über Mach 5; Beispiele sind das russische Avangard-System und Chinas DF-ZF [432]. Wiederverwendbare Raketensysteme wie SpaceX' Starship und Falcon Heavy werden für militärische

Grundlagen des Raketenbaus und der Konstruktion

Schnellreaktionseinsätze untersucht. Hybride Antriebssysteme, die Feststoff- und Flüssigtreibstoffe kombinieren, erhöhen Flexibilität und Effizienz in Verteidigungsoperationen.

Zentrale Herausforderungen bei Verteidigungsraketen umfassen die schnelle Einsatzbereitschaft, die Präzision der Flugbahnberechnung und die Widerstandsfähigkeit gegenüber Gegenmaßnahmen wie Störangriffen oder Cyberattacken. Wiederverwendbarkeit und modulare Designs sind entscheidend für kosteneffiziente Operationen. Da der Weltraum zunehmend umkämpft wird, entwickeln sich diese Raketensysteme stetig weiter und verbinden fortschrittliche Antriebe, präzise Steuerung und komplexe Nutzlastintegration, um den wachsenden Sicherheitsanforderungen gerecht zu werden und nationale Interessen zu schützen.

Kommerzielle Startdienste: Private Unternehmen und Kostenoptimierung

Kommerzielle Startdienste haben die Raumfahrtindustrie revolutioniert, indem sie Regierungen, privaten Unternehmen und akademischen Einrichtungen einen deutlich größeren Zugang zum Orbit ermöglichen. Diese Dienste werden von privaten Unternehmen bereitgestellt, die Raketen entwickeln, herstellen und betreiben, um Satelliten, Nutzlasten und sogar bemannte Missionen in den Weltraum zu bringen. Zu den wichtigsten Akteuren der Branche gehören SpaceX, Blue Origin, Rocket Lab, United Launch Alliance (ULA) und weitere Unternehmen, die durch Innovation und wettbewerbsfähige Preise zu einem schnell wachsenden Markt beitragen.

Ein Launch Service Provider (LSP) ist ein Unternehmenstyp, der Trägerraketen und zugehörige Dienstleistungen bereitstellt, darunter die Bereitstellung von Raketen, Startunterstützung, Ausrüstung und Einrichtungen, um Satelliten in den Orbit oder in den interplanetaren Raum zu bringen [432]. Weltweit gibt es über 100 Startunternehmen [433], und diese Unternehmen sowie deren Trägerraketen befinden sich in unterschiedlichen Entwicklungsstadien – einige (wie SpaceX, Rocket Lab und ULA) befinden sich bereits in regelmäßiger Operation, während andere sich noch in der Entwicklungsphase befinden [434].

Im Jahr 2018 erwirtschaftete der Sektor der Startdienste 5,5 Milliarden US-Dollar von insgesamt 344,5 Milliarden US-Dollar der „globalen Weltraumwirtschaft" [433]. Ein LSP ist verantwortlich für die Bestellung, Umrüstung oder den Bau der Trägerrakete, Montage und Integration, Nutzlastintegration sowie letztlich die Durchführung des Starts selbst [432]. Einige dieser Aufgaben können an andere Unternehmen delegiert oder ausgelagert werden [435].

Private Unternehmen, die kommerzielle Startdienste anbieten, haben im Vergleich zu traditionellen, staatlich geführten Programmen erhebliche Kostensenkungen ermöglicht. SpaceX hat insbesondere durch die bahnbrechende Entwicklung wiederverwendbarer Raketenstufen zur Kostensenkung beigetragen. Die Falcon-9- und Falcon-Heavy-Raketen verfügen über wiederverwendbare Erststufen, die nach jeder Mission zur Erde zurückkehren, überholt und erneut eingesetzt werden. Diese Innovation hat die Kosten pro Kilogramm Nutzlast drastisch reduziert und den Zugang zum Weltraum deutlich erleichtert. Darüber hinaus ermöglichen optimierte Fertigungsprozesse und vertikale

Integration Unternehmen wie SpaceX, kritische Raketenteile intern zu produzieren und damit Kosten zu kontrollieren.

Der Sektor der Startdienste hat in den letzten Jahren erhebliches Wachstum erlebt, angetrieben durch Faktoren wie reduzierte Startkosten, zunehmende Abhängigkeit von Satellitentechnologien und das Aufkommen privater Raumfahrtunternehmen [433]. Dies hat zu einem starken Anstieg der Zahl der gestarteten Kleinsatelliten geführt – im Jahr 2017 überstieg die Anzahl der gestarteten kleinen Satelliten erstmals die der konventionellen Satelliten [434].

Blue Origin, ein weiterer wichtiger Akteur, konzentriert sich auf Wiederverwendbarkeit und Innovation, um Kosten zu optimieren. Das suborbitale Fahrzeug New Shepard und die geplante orbitalfähige Rakete New Glenn setzen auf wiederverwendbare Stufen, um Abfall zu minimieren und Startkosten zu senken. Die Unternehmensvision, die Kostenbarriere für den Zugang zum Weltraum zu reduzieren, steht im Einklang mit dem allgemeinen Branchentrend hin zu Erschwinglichkeit und Nachhaltigkeit.

Rocket Lab hat sich mit seiner Electron-Rakete auf Kleinsatellitenstarts spezialisiert. Durch die Entwicklung eines dedizierten Kleinsatellitenstarters mit effizienten Produktionsmethoden und einer wiederverwendbaren Erststufe (Neutron-Rakete in Entwicklung) bietet Rocket Lab eine kosteneffiziente Lösung für die wachsende Nachfrage im Kleinsatellitensektor. Der Einsatz von 3D-gedruckten Komponenten und optimierten Lieferketten trägt zusätzlich zur Kostenoptimierung bei.

Kostenoptimierung bei kommerziellen Startdiensten umfasst auch innovative Geschäftsmodelle. Rideshare-Programme ermöglichen mehreren Nutzlasten, sich eine Rakete zu teilen, wodurch die Kosten unter den Kunden aufgeteilt werden. Dieser Ansatz wird häufig beim Aussetzen von Satellitenkonstellationen genutzt, wie bei SpaceX' Starlink-Starts und Rideshare-Missionen, die CubeSats und andere Kleinsatelliten umfassen. Darüber hinaus aggregieren spezialisierte Rideshare-Anbieter wie Spaceflight Inc. Nutzlasten, um die Effizienz jedes Starts zu maximieren.

Fortschritte in Materialien, Fertigungstechniken und Antriebssystemen tragen ebenfalls zur Kostenoptimierung bei. Leichtbaumaterialien wie Kohlefaserverbundwerkstoffe reduzieren die Masse von Raketen bei gleichzeitiger Aufrechterhaltung der strukturellen Integrität und ermöglichen effizientere Starts. Antriebsinnovationen, einschließlich der Entwicklung von Methalox-Triebwerken (Methan und flüssiger Sauerstoff) wie dem Raptor von SpaceX, versprechen niedrigere Kosten und höhere Leistung für zukünftige Missionen.

Private Unternehmen fördern auch wettbewerbsfähige Preise, indem sie Regierungsaufträge und Partnerschaften nutzen. SpaceX und ULA gewinnen regelmäßig Verträge der NASA und des US-Verteidigungsministeriums, die stabile Einnahmen bieten und weitere Investitionen in kostensparende Technologien ermöglichen. Internationale Kooperationen, darunter Partnerschaften mit dem europäischen Unternehmen Arianespace, erweitern die Marktpräsenz kommerzieller Startdienste und senken die Kosten durch Skaleneffekte.

Mit der wachsenden Nachfrage nach Satellitenkonstellationen, Erdbeobachtungssystemen und Weltraumforschungsmissionen werden kommerzielle Startdienste eine zunehmend wichtige Rolle spielen. Unternehmen konzentrieren sich nicht nur auf Kostenoptimierung, sondern auch auf die

Erweiterung ihrer Dienstleistungen, etwa durch schnelle Startmöglichkeiten und vollständige Missionsintegration. Durch kontinuierliche Innovation und Wettbewerb demokratisieren private Unternehmen den Zugang zum Weltraum und schaffen neue wissenschaftliche, wirtschaftliche und explorative Möglichkeiten.

Ein zentrales Dokument für die erfolgreiche Bereitstellung von Startdiensten ist das Interface Control Document (ICD), ein Vertrag, der die Integrations- und Missionsanforderungen sowie die Verantwortlichkeiten zwischen Dienstleister und Auftraggeber festlegt [436]. In einigen Fällen ist ein LSP nicht erforderlich, da staatliche Organisationen wie Militär und Verteidigungsbehörden den Start selbst durchführen können [432].

Die Nutzung von Konsumententechnologien und schnellen Entwicklungszyklen durch kleine, agile Teams ist ein Merkmal der modernen Kleinsatellitenindustrie [437, 438]. Dies hat die Entwicklung kostengünstiger und innovativer Satellitenlösungen ermöglicht, was wiederum das Wachstum des Startdienstsektors vorangetrieben hat [439].

Der Startprozess stellt jedoch eine herausfordernde Umgebung für Satelliten dar: Rund 45 % der Satellitenfehler entstehen durch Vibrationsschäden während des Starts [440]. Um diesem Problem zu begegnen, hat die Raumfahrtindustrie das Konzept der Whole-Spacecraft-Isolation entwickelt, das darauf abzielt, die Umgebungsbelastungen während des Starts zu reduzieren und die dynamischen Leistungsanforderungen an Satelliten und deren Ausrüstung zu verbessern [440].

Weltraumtourismus und neue Horizonte der kommerziellen Raumfahrt

Der Weltraumtourismus und das Entstehen kommerzieller Raumfahrt markieren ein transformatives Kapitel in der Beziehung der Menschheit zum Weltraum. Was einst ausschließlich staatlichen Behörden und Astronauten vorbehalten war, öffnet sich nun für Privatpersonen und Unternehmen – angetrieben durch technologische Fortschritte, innovative Geschäftsmodelle und den wachsenden Wunsch nach Erlebnissen, die traditionelle Grenzen überschreiten.

Die Geschichte des Weltraumtourismus ist eng mit der Faszination der Menschheit für die Weltraumforschung verbunden, die bis zu den frühen Errungenschaften des Raumfahrtzeitalters zurückreicht. Die Reise begann 1961, als Juri Gagarin als erster Mensch ins All aufbrach und eine weltweite Begeisterung für die Möglichkeiten der Raumfahrt auslöste. Während die ersten Weltraummissionen hauptsächlich durch staatlich finanzierte Programme für wissenschaftliche Forschung und militärische Zwecke vorangetrieben wurden, begann sich die Vorstellung zu entwickeln, dass auch gewöhnliche Menschen eines Tages ins All reisen könnten, sobald die Raketentechnologie gereift war [441].

In den 1990er-Jahren kam es zu einem entscheidenden Wendepunkt, als das private Interesse am Weltraumtourismus zunahm. Die russische Raumfahrtbehörde machte 1998 einen historischen Schritt, indem sie Dennis Tito, einem amerikanischen Unternehmer, die Reise als erster zahlender Weltraumtourist ermöglichte. Tito flog mit einer Sojus-Rakete zur Internationalen Raumstation und markierte damit einen bahnbrechenden Moment in der Geschichte des Weltraumtourismus. Dieser Erfolg bewies, dass kommerzielle Raumfahrt möglich war, auch wenn sie zunächst nur für Personen mit beträchtlichen finanziellen Mitteln zugänglich blieb [441].

In den frühen 2000er-Jahren machte die Weltraumtourismusbranche schrittweise, jedoch bedeutende Fortschritte. Unternehmen wie Space Adventures etablierten sich als Schlüsselakteure und organisierten Reisen in den niedrigen Erdorbit für Privatpersonen. Trotz ihrer Exklusivität aufgrund hoher Kosten zeigten diese Missionen ein wachsendes Interesse und eine steigende Nachfrage nach persönlichen Weltraumerlebnissen. Gleichzeitig begannen private Raumfahrtunternehmen mit der Entwicklung neuer Technologien, um den Weltraumtourismus sicherer und erschwinglicher zu machen – angetrieben von der Vision, den Zugang zum Weltraum zu demokratisieren [441].

Die Einführung des Ansari X Prize im Jahr 1996 beschleunigte die Entwicklung des kommerziellen Weltraumtourismus zusätzlich. Dieser Wettbewerb der X Prize Foundation forderte Teams heraus, ein privat finanziertes Raumfahrzeug zu bauen, das Passagiere an den Rand des Weltraums transportieren und sicher zurückbringen konnte. Der Erfolg von SpaceShipOne im Jahr 2004, das den Preis gewann, zeigte das Potenzial privater Raumfahrt und löste Innovationen in der gesamten Branche aus [441].

Diese frühen Bemühungen legten den Grundstein für den modernen Weltraumtourismus. Der Aufstieg wiederverwendbarer Raketentechnologie, angeführt von Unternehmen wie SpaceX und Blue Origin, hat die Startkosten drastisch reduziert und die Realisierbarkeit häufiger Weltraumreisen erheblich erhöht. Diese Fortschritte haben den Weltraumtourismus zu einer zunehmend realistischen Branche gemacht und neue Möglichkeiten für zugängliche Weltraumerkundung eröffnet [441].

Mit der Weiterentwicklung der Branche erweitert sich auch die anfängliche Vision des Weltraumtourismus. Die frühen Meilensteine, die von Pionieren erreicht wurden, haben den Weltraumtourismus von einem Traum zu einer entstehenden Industrie gemacht, die kurz davor steht, breite Akzeptanz zu finden. Heute, mit ambitionierten Projekten und technologischen Innovationen am Horizont, wird der Weltraumtourismus für immer mehr Menschen zu einer realistischen Option und läutet eine neue Ära der Erkundung und menschlichen Leistung ein [441].

Der Weltraumtourismus steht im Zentrum dieser Transformation. Unternehmen wie SpaceX, Blue Origin und Virgin Galactic führen die Bemühungen an, suborbitale und orbitale Flüge für Zivilisten zugänglich zu machen. Suborbitale Flüge – wie jene von Blue Origins New Shepard und Virgin Galactics SpaceShipTwo – ermöglichen Passagieren ein Kurzzeiterlebnis von Mikrogravitation und einen atemberaubenden Blick auf die Erde vom Rand des Weltraums. Diese Erlebnisse beinhalten typischerweise einen Hochgeschwindigkeitsaufstieg, einige Minuten der Schwerelosigkeit und eine sichere Rückkehr zur Erde – ein Vorgeschmack auf den Weltraum ohne das umfangreiche Training und die Risiken orbitaler Missionen.

Die Branche des Weltraumtourismus erlebt bemerkenswerte Entwicklungen, angeführt von Unternehmen, die den Zugang zum Weltraum und das Erlebnis für Zivilisten neu definieren. Schlüsselakteure wie Virgin Galactic, Blue Origin und SpaceX tragen jeweils mit ihren eigenen Strategien und Technologien dazu bei, die Reichweite der Menschheit ins All zu erweitern [441].

Grundlagen des Raketenbaus und der Konstruktion

Virgin Galactic hat sich als führend in der suborbitalen Raumfahrt mit seinem SpaceShipTwo etabliert. Dieses Fahrzeug bietet Passagieren ein kurzes, aber intensives Erlebnis der Schwerelosigkeit und einen eindrucksvollen Blick auf die Erde. Die Operationen des Unternehmens sind am Spaceport America in New Mexico konzentriert, einer hochmodernen Einrichtung, die ein immersives Erlebnis vor dem Flug bietet. Virgin Galactic zielt darauf ab, Weltraumreisen für ein breiteres Publikum zugänglich zu machen – für Menschen, die ein außergewöhnliches Abenteuer suchen, und nicht nur für wissenschaftliche oder explorative Zwecke [441].

Blue Origin, gegründet von Jeff Bezos, hat ebenfalls bedeutende Fortschritte bei der Demokratisierung des Zugangs zum Weltraum erzielt. Das New Shepard-Raketensystem des Unternehmens wurde speziell für suborbitale Flüge entwickelt und bietet Passagieren mehrere Minuten Schwerelosigkeit und einen beeindruckenden Blick auf die Erde. Blue Origin legt großen Wert auf Sicherheit und Zuverlässigkeit, was sich in zahlreichen erfolgreichen Testflügen widerspiegelt. Die langfristige Vision des Unternehmens umfasst die Besiedlung des Weltraums und eine dauerhafte menschliche Präsenz abseits der Erde [441].

SpaceX dagegen hat den Weltraumtourismus auf eine neue Ebene gehoben, indem das Unternehmen den Schwerpunkt auf Orbitalflüge legt. Das Crew-Dragon-Raumschiff, ursprünglich für NASA-Missionen entwickelt, wurde für kommerzielle Einsätze adaptiert – darunter die bahnbrechende Inspiration4-Mission, die eine vollständig zivile Besatzung in den Orbit brachte. SpaceX plant mit seinem Starship-Programm noch ambitioniertere Projekte, darunter Mondumrundungen und langfristig sogar Missionen zum Mars. Durch wiederverwendbare Raketen und eine Vielzahl erfolgreicher Missionen erweitert SpaceX die Möglichkeiten des Weltraumtourismus über suborbitale Erfahrungen hinaus [441].

Auch neue Marktteilnehmer tragen zum Wachstum dieser Branche bei. Axiom Space entwickelt eine kommerzielle Raumstation, die als Plattform für Forschung und Tourismus im niedrigen Erdorbit dienen soll. Space Perspective verfolgt einen völlig anderen Ansatz, indem das Unternehmen Passagiere mithilfe von Hochaltitudesballons langsam an den Rand des Weltraums hebt – eine ruhige und zugängliche Alternative für Reisende [441].

Gemeinsam schaffen diese Unternehmen nicht nur neue technische Möglichkeiten, sondern auch ein wachsendes Ökosystem zur Unterstützung des Weltraumtourismus. Sie legen den Grundstein für eine Zukunft, in der der Weltraum nicht mehr ausschließlich Astronauten und Forschern vorbehalten ist, sondern ein zugängliches Reiseziel für Menschen weltweit wird. Mit der Reifung dieser Technologien wird der Traum vom Weltraumerlebnis zunehmend real – und verändert die Art und Weise, wie Menschen über Reisen und Erkundung denken [441].

Die nächste Stufe des Weltraumtourismus ist der Orbitaltourismus, der längere Aufenthalte im All ermöglicht. SpaceX hat bereits private Orbitalmissionen durchgeführt, darunter die Inspiration4-Mission, die Zivilisten in eine erdnahe Umlaufbahn brachte. Pläne für Missionen zur Internationalen Raumstation (ISS) und sogar für private Raumstationen sind in Arbeit – mit Visionen von luxuriösen Unterkünften und Forschungseinrichtungen im niedrigen Erdorbit.

Jenseits des Nervenkitzels des Weltraumtourismus erweitert sich die kommerzielle Raumfahrt in neue Bereiche, die ganze Industrien neu definieren könnten. Private Unternehmen erforschen den

Mondtourismus, mit Missionen, die darauf ausgelegt sind, den Mond zu umkreisen oder auf ihm zu landen. SpaceX' Starship-Programm zielt beispielsweise darauf ab, private Passagiere auf Mondumrundungen und schließlich zum Mars zu befördern. Diese ambitionierten Projekte versprechen, die Tiefenraumexploration für nicht-professionelle Astronauten realisierbar zu machen.

Technologische Fortschritte revolutionieren die Raumfahrt und leiten eine Ära ein, in der kommerzieller Weltraumtourismus zu einer greifbaren Realität wird. Diese Innovationen umfassen zentrale Bereiche wie Antriebssysteme, Raumfahrzeugdesign, Lebenserhaltungssysteme, Werkzeuge zur Flugvorbereitung sowie Start- und Landetechnologien – alles wesentliche Elemente, die den Weltraumtourismus machbar, sicher und attraktiv machen [441].

Die Raketentriebwerkstechnologie hat bedeutende Fortschritte erlebt, wobei wiederverwendbare Raketensysteme an der Spitze stehen. SpaceX' wiederverwendbare Falcon-9- und Starship-Raketen sind herausragende Beispiele, die die Kosten für Starts drastisch senken – sowohl für Nutzlasten als auch für Passagiere. Wiederverwendbarkeit ermöglicht häufigere Flüge, reduziert Produktionskosten und senkt Ticketpreise, wodurch Weltraumreisen zugänglicher werden. Verbesserte Antriebsfähigkeiten eröffnen zudem den Zugang zu einer größeren Vielfalt von Orbits und Zielen, was Touristen vielfältige Erlebnisse bietet – von suborbitalen Flügen bis zu orbitalen und sogar lunaren Abenteuern [441].

Moderne Raumfahrzeugdesigns legen nicht nur Wert auf Funktionalität, sondern auch auf Passagierkomfort und Sicherheit. Unternehmen wie Blue Origin und Virgin Galactic haben Raumfahrzeuge entwickelt, die benutzerfreundliche Oberflächen, Annehmlichkeiten an Bord und große Fenster für spektakuläre Ausblicke auf Erde und Weltraum bieten. Diese Designs erfüllen die Bedürfnisse von Weltraumtouristen, indem sie modernste Sicherheitsfunktionen mit luxuriösen Innenräumen kombinieren – ein unvergessliches Reiseerlebnis in der Schwerelosigkeit [441].

Auch Lebenserhaltungssysteme haben transformative Verbesserungen erfahren. Geschlossene Kreislaufsysteme ermöglichen heute die effiziente Wiederaufbereitung von Luft und Wasser – entscheidend für längere Missionen und nachhaltige Raumfahrt. Diese Systeme integrieren fortschrittliche Überwachungstechnologien, die Vitalparameter der Passagiere in Echtzeit erfassen und so deren Gesundheit während der gesamten Reise gewährleisten. Solche Innovationen sind entscheidend für ein sicheres und komfortables Umfeld für Touristen, die die Erde verlassen [441].

Virtuelle Realität (VR) und Augmented Reality (AR) spielen eine zunehmend wichtige Rolle in der Vorbereitung auf Weltraumflüge. Diese Technologien simulieren einzigartige Aspekte der Raumfahrt, wie Schwerelosigkeit und die eindrucksvolle Aussicht auf die Erde aus dem All. Durch realitätsnahe Trainingsszenarien helfen VR und AR Reisenden, sich an die körperlichen und psychologischen Anforderungen eines Raumflugs zu gewöhnen. Diese Werkzeuge steigern nicht nur die Vorfreude, sondern reduzieren auch Angst und sorgen dafür, dass Passagiere gut vorbereitet in ihre Reise starten [441].

Start- und Landetechnologien haben sich weiterentwickelt, um sicherere und effizientere Abläufe zu ermöglichen. Präzisionslandesysteme und vertikale Landefähigkeiten erlauben es Raumfahrzeugen, mit bemerkenswerter Genauigkeit zur Erde zurückzukehren – was die Sicherheit erhöht und die Umweltbelastung minimiert. Diese Fortschritte unterstützen den Aufbau neuer Raumfahrtzentren an

Grundlagen des Raketenbaus und der Konstruktion

verschiedenen Standorten und erleichtern den wachsenden Bedarf nach Reisen und Exploration [441].

Gemeinsam verändern diese technologischen Fortschritte die Landschaft der Raumfahrt grundlegend. Sie machen Reisen an den Rand des Weltraums und darüber hinaus sicherer, erschwinglicher und zugänglicher als je zuvor. Durch die Integration dieser Innovationen steht die Weltraumtourismusbranche kurz davor, den Traum der Raumfahrt für immer mehr Menschen zu verwirklichen und neue Horizonte für Abenteuer und Erkundung zu eröffnen [441].

Die Kommerzialisierung der Raumfahrt schafft zudem neue Möglichkeiten für mikrogravitationsbasierte Forschung, Herstellungsprozesse im Orbit und den Satellitenstart. Mikrogravitation bietet einzigartige Bedingungen für wissenschaftliche Experimente, wodurch Durchbrüche in Bereichen wie Pharmazie, Materialwissenschaft und Biotechnologie möglich werden. Gleichzeitig entwickeln private Unternehmen Plattformen für den Start kleiner Satelliten, die kommerzielle Raketen nutzen und so die Kosten senken und den Zugang zum Weltraum für Unternehmen und Forschungseinrichtungen erweitern.

Die wirtschaftlichen Auswirkungen dieser Fortschritte sind tiefgreifend. Durch die Senkung der Startkosten – insbesondere durch wiederverwendbare Raketen – demokratisieren Unternehmen nicht nur den Zugang zum Weltraum, sondern fördern auch eine wachsende Weltraumökonomie. Dazu gehören der Aufbau von Raumfahrthäfen, Trainingszentren und unterstützender Infrastruktur, um die steigende Nachfrage nach kommerzieller Raumfahrt zu bedienen.

Das Aufkommen des Weltraumtourismus markiert den Beginn einer Branche mit weitreichenden wirtschaftlichen Auswirkungen und enormem Marktpotenzial. Dieser aufstrebende Sektor wird voraussichtlich erhebliche Einnahmeströme erzeugen, Arbeitsplätze schaffen und technologische Innovationen vorantreiben – und damit die globale Wirtschaftslandschaft neu gestalten [441].

Prognosen deuten darauf hin, dass der globale Weltraumtourismusmarkt innerhalb des nächsten Jahrzehnts ein milliardenschweres Industriefeld werden könnte. Die Zielkundschaft ist vielfältig, wobei wohlhabende Personen und abenteuerlustige Reisende die Anfangsnachfrage dominieren. Dieses breite Interessensspektrum unterstreicht das Potenzial für nachhaltiges Wachstum – von suborbitalen Flügen bis hin zu vollumfänglichen Orbitalerlebnissen. Mit wachsender Nachfrage können Unternehmen mit stabilen Einnahmen rechnen, wodurch sich der Sektor als attraktive Investitionsmöglichkeit präsentiert [441].

Die Entwicklung des Weltraumtourismus erfordert erhebliche Infrastrukturinvestitionen und stimuliert dadurch wirtschaftliche Aktivität in vielen Bereichen. Startanlagen, Raumfahrzeugproduktion und Astronautentrainingszentren erfordern umfangreiche Finanzierung und Ressourcen. Dies führt zu Arbeitsplätzen in Ingenieurwesen, Design, Fertigung, Gastgewerbe und Kundenservice. Mit dem Wachstum der Branche werden auch Bildungseinrichtungen und berufliche Trainingsprogramme expandieren, um qualifizierte Fachkräfte auszubilden [441].

Technologische Fortschritte, die durch den Weltraumtourismus angestoßen werden, wirken weit über die Raumfahrt hinaus. Durchbrüche in Antriebssystemen, Lebenserhaltungstechnologien und Materialwissenschaften – essenziell für die kommerzielle Raumfahrt – könnten Branchen wie

Luftfahrt, Telekommunikation und Gesundheitswesen revolutionieren. Diese Synergien zwischen verschiedenen Industrien steigern die globale Wettbewerbsfähigkeit und verdeutlichen die weitreichenden Vorteile von Investitionen in Raumfahrttechnologien [441].

Auch begleitende Märkte werden erhebliche Zuwächse verzeichnen. Die Faszination für Weltraumreisen dürfte die Nachfrage nach ergänzenden Dienstleistungen steigern – darunter Reiseangebote, themenbezogene Waren, Filme und Medieninhalte. Branchen wie Versicherungen und Rechtsberatung werden neue Chancen finden, da sie Rahmenwerke für die einzigartigen Risiken der Weltraumtourismusbranche entwickeln. Öffentliches Interesse wird zudem Bildungsprogramme, Dokumentationen und Unterhaltungsangebote rund um die Weltraumerkundung fördern [441].

Die Regulierung spielt eine entscheidende Rolle bei der Entwicklung des Marktes. Regierungen und internationale Organisationen arbeiten an der Festlegung von Sicherheitsstandards, Haftungsregelungen und betrieblichen Richtlinien für kommerzielle Raumfahrt. Diese regulatorischen Entwicklungen beeinflussen Markteintritt, Wettbewerb und das Vertrauen der Verbraucher. Für Akteure des Sektors ist es entscheidend, über politische Veränderungen informiert zu bleiben, um wirtschaftliche Chancen optimal zu nutzen [441].

Die Beteiligung am Weltraumtourismus bietet die Chance, Teil einer transformativen technologischen und wirtschaftlichen Bewegung zu sein. Über seine direkten ökonomischen Beiträge hinaus symbolisiert diese Branche das wachsende Zusammenspiel von menschlicher Neugier, Innovation und Unternehmertum – und eröffnet neue Horizonte für Erkundung und Wohlstand [441].

Trotz des enormen Potenzials bleiben erhebliche Herausforderungen bestehen. Sicherheit hat höchste Priorität, da der Weltraumtourismus eine verlässliche Erfolgsbilanz aufweisen muss, um das Vertrauen der Öffentlichkeit zu gewinnen. Regulatorische Rahmenwerke entwickeln sich weiter, um Haftung, Umweltauswirkungen und internationale Kooperation in einem zunehmend überfüllten Orbit zu regeln. Ebenso entscheidend wird sein, trotz hoher Kosten einen gerechten Zugang zum Weltraum zu ermöglichen.

Die Navigation durch das wachsende Feld des Weltraumtourismus erfordert die Bewältigung komplexer regulatorischer und sicherheitsrelevanter Herausforderungen, die entscheidend für die langfristige Tragfähigkeit und das Vertrauen der Öffentlichkeit sind. Eine der wichtigsten Herausforderungen ist die Etablierung eines kohärenten und einheitlichen Regulierungsrahmens. Derzeit wird die Raumfahrt von einer Vielzahl internationaler Verträge, nationaler Gesetze und Aufsichtsbehörden geregelt, die jeweils unterschiedliche Aspekte der Raumfahrt abdecken. In den USA überwacht beispielsweise die Federal Aviation Administration (FAA) kommerzielle Weltraumstarts, während andere Stellen wie die NASA oder das Verteidigungsministerium operative Richtlinien beeinflussen. Diese fragmentierte Aufsicht kann rechtliche Unklarheiten schaffen und es Weltraumtourismusunternehmen erschweren, Compliance-Anforderungen in verschiedenen Rechtssystemen zu erfüllen [441].

Sicherheitsstandards, die sich noch im Aufbau befinden, stellen eine weitere große Herausforderung dar. Aufgrund der frühen Phase des Weltraumtourismus gibt es nur wenige Präzedenzfälle oder Maßstäbe zur Entwicklung von Sicherheitsprotokollen. Die Sicherheit von Passagieren und Crew

Grundlagen des Raketenbaus und der Konstruktion

erfordert umfangreiche Tests an Raumfahrzeugen, Antriebssystemen und Abläufen unter Bedingungen, die reale Szenarien simulieren. Unternehmen müssen eine Vielzahl von Risiken berücksichtigen – von technischen Defekten über Gesundheitsrisiken bei Schwerelosigkeit bis hin zu möglichen Katastrophen beim Start oder bei der Rückkehr. Die Etablierung und Einhaltung strenger Sicherheitsstandards ist nicht nur eine gesetzliche Voraussetzung, sondern auch entscheidend für das Vertrauen der Öffentlichkeit [441].

Die Erlangung von Lizenzen für kommerzielle Weltraumflüge ist eine weitere regulatorische Herausforderung. Verschiedene Länder haben unterschiedliche Anforderungen für Genehmigungen und Zulassungen, die oft auf ihre spezifischen rechtlichen, ökologischen und sicherheitsrelevanten Überlegungen zugeschnitten sind. Unternehmen im Weltraumtourismus müssen sich durch diese komplexen Lizenzierungsrahmen navigieren, um die Einhaltung sicherzustellen und gleichzeitig operative Zeitpläne einzuhalten [441].

Haftungsfragen erschweren das Umfeld zusätzlich. Da der Weltraumtourismus inhärente Risiken birgt, sind klare Haftungsrahmen notwendig, um Verantwortlichkeiten im Falle von Unfällen oder Fehlfunktionen zu definieren. Unternehmen müssen überlegen, wie sie sich vor möglichen Klagen schützen können und gleichzeitig ihren Passagieren angemessene Absicherung bieten. Die Entwicklung robuster Versicherungsmodelle bleibt eine Herausforderung, da die Versicherungsbranche Schwierigkeiten hat, Risiken in diesem unerforschten Bereich angemessen zu quantifizieren [441].

Auch die öffentliche Wahrnehmung spielt eine entscheidende Rolle bei regulatorischen Entwicklungen. Mit der zunehmenden Aufmerksamkeit für den Weltraumtourismus treten auch Bedenken hinsichtlich seiner Umweltauswirkungen deutlicher zutage, etwa hinsichtlich Luftverschmutzung oder zusätzlicher Weltraumtrümmer. Ein Dialog mit der Öffentlichkeit, Umweltschützern und politischen Entscheidungsträgern ist entscheidend, um diese Sorgen anzugehen und die Branche als verantwortungsvoll und nachhaltig zu positionieren. Transparenz und proaktive Maßnahmen zur Reduzierung der Umweltbelastung werden wesentlich sein [441].

Schließlich werfen die ethischen Implikationen des Weltraumtourismus weitere Fragen auf. Themen wie die gerechte Nutzung von Weltraumressourcen, die Gefahr zusätzlicher Weltraumtrümmer und die langfristige Nachhaltigkeit menschlicher Aktivitäten im All verlangen sorgfältige Überlegungen. Unternehmen müssen mit internationalen Organisationen zusammenarbeiten und sich an neue Richtlinien halten, um sicherzustellen, dass ihre Aktivitäten zur verantwortungsvollen Entwicklung der Weltraumforschung beitragen [441].

Die Bewältigung dieser regulatorischen und sicherheitsrelevanten Herausforderungen erfordert einen ganzheitlichen Ansatz, der Compliance, Sicherheit und Nachhaltigkeit priorisiert. Durch proaktive Strategien, Investitionen in juristische und technische Expertise sowie transparenten Dialog mit Interessengruppen können Unternehmen im Weltraumtourismus eine robuste und vertrauenswürdige Industrie aufbauen [441].

Der Weltraumtourismus und die kommerzielle Raumfahrt verändern das Verständnis der Menschheit von Exploration grundlegend – sie bieten nicht nur eine Reise in den Kosmos, sondern auch einen Blick in die Zukunft von Innovation, Zusammenarbeit und Ehrgeiz. Mit dem Eintritt weiterer

Unternehmen in diesen Sektor und dem fortschreitenden technologischen Fortschritt versprechen diese neuen Horizonte, den Weltraum näher an die Erde zu bringen und ihn zu einem greifbaren Ziel für Abenteuer, Handel und Entdeckung zu machen.

Grundlagen des Raketenbaus und der Konstruktion

TEIL 5

Zukunft des Raketendesigns und der Weltraumforschung

Richard Skiba

Kapitel 13
Wiederverwendbare Raketen und Nachhaltigkeit

Innovationen in der Wiederverwendbarkeit

Die Wiederverwendbarkeit von Raketen hat sich zweifellos als eine transformative Innovation in der Luft- und Raumfahrtindustrie erwiesen. Sie reduziert die Kosten für den Zugang zum Weltraum erheblich und erhöht die Startfrequenz. Die Entwicklung wiederverwendbarer Trägersysteme (Reusable Launch Systems, RLS) gilt weithin als ein bedeutender Durchbruch, der die Herstellungskosten aufgrund geringerer Wiederaufbereitungskosten um etwa 30 % senken kann [442]. Dieser Paradigmenwechsel wird durch die Pionierleistungen von Unternehmen wie SpaceX und Blue Origin verkörpert, die mit ihren innovativen Wiederverwendungskonzepten die Wirtschaftlichkeit und die Möglichkeiten der Raumfahrt neu definiert haben.

Nach ihrer Bergung durchlaufen Raketenkomponenten strenge Inspektionen und Wiederaufbereitungsprozesse, um ihre Einsatzbereitschaft für weitere Missionen sicherzustellen. Dieser iterative Prozess steigert nicht nur die Kosteneffizienz, sondern ermöglicht auch die kontinuierliche Verbesserung der Raketensysteme. Durch die Analyse von Flugdaten und die Bewertung der Hardwareleistung nach jeder Mission können Ingenieurinnen und Ingenieure schrittweise Verbesserungen vornehmen, die langfristig Zuverlässigkeit und Sicherheit erhöhen.

SpaceX' Beiträge zur Technologie wiederverwendbarer Raketen werden insbesondere durch die Trägersysteme Falcon 9 und Falcon Heavy demonstriert. Die erste Stufe der Falcon 9, angetrieben von neun Merlin-Triebwerken, ist für vertikale Landungen ausgelegt und ermöglicht somit mehrere Einsatzzyklen. Nach Abschluss der Hauptmission kehrt die erste Stufe autonom zur Erde zurück und landet entweder auf einem unbemannten Drohnenschiff auf See oder auf einer Landeplattform an Land [443]. Diese Fähigkeit wurde bereits bei zahlreichen Missionen erfolgreich demonstriert, wobei viele Booster mehrere Flüge absolviert haben und somit das Wiederverwendungskonzept eindrucksvoll bestätigen [444]. Innovationen von SpaceX – etwa fortschrittliche Gitterflossen für präzise aerodynamische Kontrolle während des Abstiegs oder robuste Hitzeschutzsysteme – haben die Startkosten erheblich gesenkt und Missionen ermöglicht, die mit Einwegraketen finanziell kaum realisierbar gewesen wären [445].

Die Falcon Heavy erweitert die Wiederverwendungsfähigkeit von SpaceX auf schwerere Nutzlasten. Sie verfügt über drei wiederverwendbare Booster, die häufig nahezu gleichzeitig zurückkehren und landen – ein herausragendes Beispiel für präzise Ingenieurskunst [443]. Darüber hinaus verfolgt SpaceX mit dem ambitionierten Starship-Programm das Ziel, vollständig wiederverwendbare

Grundlagen des Raketenbaus und der Konstruktion

zweistufige Raketensysteme zu entwickeln, die große Nutzlasten zu unterschiedlichen Dest nationen transportieren können – einschließlich Erdorbit, Mond und Mars. Prototypen des Starship haben bereits Hochflüge absolviert und kontrollierte Abstiege sowie Landungen demonstriert, wenngleich für einen zuverlässigen orbitalen Einsatz weitere Entwicklungsarbeit erforderlich ist [445].

Abbildung 87: Der erste Start der SpaceX-Falcon-Heavy-Rakete am 6. Januar 2018 vom Kennedy Space Center. Daniel Oberhaus, CC BY 4.0, via Wikimedia Commons.

Die Entwicklung und Verfeinerung der Technologien, die für den erfolgreichen Start und die Bergung der Erststufen von Falcon 9 und Falcon Heavy sowie beider Stufen von Starship erforderlich sind, bildet einen zentralen Bestandteil von SpaceX' Innovationsweg. Seit 2017 sind die Bergung und Wiederverwendung von Falcon-Raketenboostern zur Routine geworden und markieren einen bedeutenden Meilenstein in der Technologie wiederverwendbarer Raketen.

Eine der wichtigsten Weiterentwicklungen ist das wiederzündbare Zündsystem für den Erststufenbooster. Dieses System ermöglicht mehrere Neustarts der Triebwerke in versch edenen Phasen des Wiedereintritts. Der erste Neustart erfolgt bei Überschallgeschwindigkeit in der oberen Atmosphäre, um die Flugbahn des Boosters umzukehren und ihn zurück in Richtung Startplatz zu steuern. Ein weiterer Neustart findet bei hohen transsonischen Geschwindigkeiten in der unteren Atmosphäre statt, um den Endabstieg für eine weiche Landung abzubremsen. Für Booster, die kurz nach der Stufentrennung zur Landezone zurückkehren, ist zudem ein zusätzlicher Brennvorgang erforderlich, um die Flugrichtung umzukehren – insgesamt also vier Brennphasen für das zentrale Triebwerk bei solchen Missionen.

SpaceX entwickelte außerdem eine fortschrittliche Lageregelungstechnologie, um den Abstieg des Boosters unter verschiedenen atmosphärischen Bedingungen zu steuern. Dieses System ermöglicht eine präzise Rollkontrolle, verhindert übermäßige Drehbewegungen und gewährleistet Stabilität. Frühe Tests zeigten Herausforderungen, etwa das Verschieben von Treibstoff infolge starker Rollbewegungen, was zu Triebwerksabschaltungen führte. Die verfeinerte Technologie bewältigt nun den Übergang vom luftleeren Raum bei hyperschallschnellen Geschwindigkeiten durch die dichte Atmosphäre im transsonischen Bereich, ermöglicht einen kontrollierten Wiedereintritt und stellt das erneute Zünden der Triebwerke für eine stabile Landung sicher.

Abbildung 88: Falcon 9 v1.1 mit montierten, eingeklappten Landebeinen, während die Rakete in ihrem Hangar für den Start vorbereitet wird. SpaceX, CC0, via Wikimedia Commons.

Die Ergänzung von hyperschnellen Gitterflossen hat die Fähigkeit zu präzisen Landungen weiter verbessert. Diese Flossen, die in einer „X"-Konfiguration angeordnet sind, steuern den Auftriebsvektor der herabfallenden Rakete und ermöglichen es ihr, bestimmte Landeplätze mit größerer Genauigkeit anzusteuern. Die Gitterflossen wurden erstmals 2014 eingeführt und seither erheblich weiterentwickelt. Größere, geschmiedete Titanflossen wurden 2017 eingeführt und sind

Grundlagen des Raketenbaus und der Konstruktion

nun Standard bei allen wiederverwendbaren Block-5-Erststufen der Falcon 9. Sie bieten eine höhere Haltbarkeit und bessere Leistung.

Eine weitere entscheidende Innovation ist die Fähigkeit, das Raketentriebwerk so zu drosseln, dass die Rakete genau im Moment der Landung eine Geschwindigkeit von null erreicht. Da der minimale Schub eines einzelnen Merlin-1D-Triebwerks größer ist als das Gewicht der nahezu leeren Falcon-9-Erststufe, kann die Rakete nicht schweben. Stattdessen sind präzises Timing und exakte Steuerung erforderlich, um eine punktgenaue Landung ohne Überschießen oder Absturz zu gewährleisten.

Die Fortschritte von SpaceX erstrecken sich auch auf die Endanflug- und Landesysteme, einschließlich hochentwickelter Regelungsalgorithmen, geschlossener Schubvektorsteuerung und präziser Drosselungsmechanismen, um das Schub-zu-Gewicht-Verhältnis der Rakete zu kontrollieren. Präzisionsnavigationssensoren verbessern die Genauigkeit dieser Landungen zusätzlich.

Um Missionen zu unterstützen, bei denen die Erststufe nicht genügend Treibstoff für eine Rückkehr zum Startplatz hat, entwickelte SpaceX große, schwimmende Landeplattformen, sogenannte Autonomous Spaceport Drone Ships (ASDS). Seit 2022 betreibt SpaceX drei dieser Drohnenschiffe – eines an der Westküste und zwei an der Ostküste der Vereinigten Staaten – und ermöglicht damit erfolgreiche Bergungen auch bei Offshore-Starts.

Abbildung 89: Falcon Heavy — Nahaufnahme des oberen Abschnitts. Steve Jurvetson aus Menlo Park, USA, CC BY 2.0, via Wikimedia Commons.

Blue Origin, gegründet von Jeff Bezos, hat ebenfalls bedeutende Fortschritte in der Raketenwiederverwendbarkeit erzielt. Seine für suborbitale Missionen entwickelte New-Shepard-Rakete verwendet einen ähnlichen vertikalen Landeansatz wie SpaceX' Falcon 9. Die Erststufe von New Shepard, angetrieben von einem BE-3-Triebwerk, hat bereits mehrfach erfolgreiche Flüge mit Fracht und Besatzung absolviert und unterstreicht Blue Origins Engagement, Raumflüge zugänglich und routinemäßig durchführbar zu machen [446]. Darüber hinaus soll die sich in Entwicklung befindliche New-Glenn-Rakete die Wiederverwendbarkeit für Orbitalmissionen erweitern, indem ihre Erststufe auf einer seegestützten Plattform landet, was eine größere logistische Flexibilität ermöglicht [446].

Grundlagen des Raketenbaus und der Konstruktion

Die Innovationen in der Wiederverwendbarkeit sowohl von SpaceX als auch von Blue Origin erhöhen nicht nur die wirtschaftliche Tragfähigkeit der Raumfahrt, sondern erschließen auch neue Chancen für Branchen, die auf einen kostengünstigen Zugang zum Orbit angewiesen sind. Durch die Minimierung von Abfall und die Ermöglichung häufiger Starts ebnen diese Fortschritte den Weg für ambitionierte Projekte wie Satellitenkonstellationen, Mondbasen und interplanetare Missionen [442]. Der rasche Anstieg von Raketenstarts – 2022 wurden rekordverdächtige 180 erfolgreiche Starts verzeichnet – unterstreicht die wachsende Bedeutung der Wiederverwendbarkeit im Luft- und Raumfahrtsektor [447]. Zusammen gestalten diese Unternehmen die Zukunft der Raumfahrt neu und zeigen, wie Innovation die Menschheit den Sternen näherbringt.

Die wirtschaftlichen Auswirkungen wiederverwendbarer Raketen sind tiefgreifend. SpaceX hat die Kosten für den Transport von Nutzlasten in den niedrigen Erdorbit (LEO) bereits auf etwa 2.700–3.000 USD pro Kilogramm gesenkt – im Vergleich zu rund 10.000 USD pro Kilogramm bei Einwegraketen [448]. Vollständig wiederverwendbare Systeme versprechen, diese Kosten weiter zu senken, möglicherweise auf unter 100 USD pro Kilogramm, was eine neue Welle wissenschaftlicher, kommerzieller und explorativer Missionen ermöglichen würde [448]. Niedrigere Startkosten demokratisieren den Zugang zum Weltraum, fördern Innovation und Wettbewerb und erschließen neue Märkte wie Weltraumtourismus, Fertigung im Orbit und Asteroidenbergbau [448].

Wiederverwendbare Raketen bieten auch ökologische Vorteile, da sie den Ressourcenverbrauch reduzieren und weniger Raketenhardware in den Ozeanen und im Weltraum entsorgt wird. Allerdings hat die gestiegene Startfrequenz zur Zunahme von Weltraumschrott beigetragen – ein wachsendes Problem für die Nachhaltigkeit orbitaler Aktivitäten. Effektive Strategien zur Schrottvermeidung sowie internationale Zusammenarbeit werden entscheidend sein, um diese Herausforderung zu bewältigen [448].

Hinsichtlich Zuverlässigkeit und Sicherheit bietet die Wiederverwendbarkeit Möglichkeiten für kontinuierliche Verbesserungen durch iterative Tests und Analysen. Die Wartung und Überholung von Komponenten, die extremen Bedingungen ausgesetzt sind – wie Triebwerke und Turbopumpen –, bleibt jedoch eine Herausforderung. Fortschritte in der Materialwissenschaft und in Inspektionstechniken tragen dazu bei, diese Risiken zu mindern und hohe Sicherheitsstandards zu gewährleisten [448].

Über die Raumfahrtindustrie hinaus hat wiederverwendbare Raketentechnologie weitreichende Auswirkungen. Innovationen in Antriebssystemen, autonomer Navigation und Materialwissenschaft fördern Fortschritte in Bereichen wie Luftfahrt, Automobiltechnik und erneuerbaren Energien. Darüber hinaus erleichtert die Erschwinglichkeit wiederverwendbarer Systeme die internationale Zusammenarbeit, sodass mehr Nationen und Organisationen an ehrgeizigen Raumfahrtmissionen teilnehmen können [448].

Wiederverwendbare Raketen sind nicht nur eine Innovation der Raumfahrt – sie repräsentieren einen Paradigmenwechsel, der den Zugang zum Weltraum demokratisiert, globale Zusammenarbeit fördert und technologische sowie wirtschaftliche Fortschritte in zahlreichen Sektoren vorantreibt. Während sich diese Technologie weiterentwickelt, verspricht sie beispiellose Möglichkeiten für Exploration, Nachhaltigkeit und Fortschritt [448].

Die durch die Wiederverwendbarkeit angestoßenen technischen Fortschritte haben nicht nur die Raumfahrt revolutioniert, sondern auch zahlreiche erdgebundene Industrien maßgeblich beeinflusst. Diese Innovationen beruhen auf Materialwissenschaft, autonomer Navigation und Antriebstechnologien und haben weitreichende Auswirkungen auf technologische Entwicklungen und globale Kooperation.

In der Materialwissenschaft hat der Bedarf an wiederverwendbaren Raketen die Entwicklung leistungsstarker, leichter und langlebiger Materialien vorangetrieben. Komponenten müssen extremen Bedingungen standhalten – intensiver Hitze beim Wiedereintritt, Hochgeschwindigkeitsbelastungen und mechanischem Stress über mehrere Starts und Landungen hinweg. Dies hat zu Innovationen bei hitzebeständigen Legierungen, fortschrittlichen Verbundwerkstoffen und thermischen Schutzsystemen geführt. Beispielsweise sind SpaceX' geschmiedete Titan-Gitterflossen und Hitzeschilde so ausgelegt, dass sie mehrfache Einsätze ohne nennenswerte Abnutzung überstehen. Solche Fortschritte finden Anwendung in der Luftfahrt, wo leichtere und robustere Materialien die Effizienz verbessern, sowie in der Automobilindustrie, wo sie Sicherheit und Performance steigern.

Autonome Navigationssysteme haben ebenfalls bedeutende Fortschritte gemacht. Präzisionslandesysteme – etwa die autonome Landung von SpaceX-Boostern auf Drohnenschiffen – basieren auf fortschrittlichen Sensoren, Echtzeit-Datenverarbeitung und maschinellem Lernen. Die daraus gewonnene Expertise beeinflusst die Entwicklung autonomer Autos, Drohnen und anderer Fahrerassistenzsysteme und verbessert deren Sicherheit, Zuverlässigkeit und Effizienz.

Im Bereich der Antriebssysteme hat die Wiederverwendbarkeit Innovationen hervorgebracht, die Leistung und Effizienz steigern. Triebwerke wie Merlin 1D oder BE-3 sind für zahlreiche Neustarts ausgelegt. Sie haben das Verständnis von Treibstoffeffizienz, Schubregelung und Schubvektorsteuerung verbessert – Konzepte, die zunehmend in erneuerbaren Energien Anwendung finden, z. B. bei modernen Turbinen. Die Optimierung von Energieausstoß und Systemlebensdauer zeigt direkte Parallelen zu diesen Sektoren.

Durch die wirtschaftlichen Vorteile der Wiederverwendbarkeit steigt zudem die internationale Kooperation. Da der Zugang zum Weltraum günstiger wird, können mehr Länder und Organisationen an einst unerschwinglichen Missionen teilnehmen. Dies fördert gemeinsame Forschungsinitiativen, globalen Technologietransfer und die Entwicklung internationaler Standards. Multinationale Satellitenkonstellationen und gemeinsame Mondmissionen werden dadurch zunehmend realisierbar.

Die technischen Fortschritte durch wiederverwendbare Raketen prägen zahlreiche Branchen neu und fördern die internationale Zusammenarbeit. Innovationen in Materialwissenschaft, autonomer Navigation und Antriebstechnologien verbessern Effizienz und Nachhaltigkeit weit über die Raumfahrt hinaus. Gleichzeitig ermöglichen geringere Kosten und eine höhere Zugänglichkeit ein breiteres globales Engagement in der Weltraumforschung. Während sich diese Entwicklungen fortsetzen, eröffnen sie neue Möglichkeiten für technologischen Fortschritt und internationale Kooperation.

Kostensenkung und Verringerung der Umweltbelastung

Die Luft- und Raumfahrtindustrie befindet sich in einem bedeutenden Wandel, der durch die Notwendigkeit angetrieben wird, sowohl die Kosten als auch die Umweltbelastungen von Raketenstarts zu reduzieren. Dieser doppelte Fokus verändert die wirtschaftlichen Rahmenbedingungen der Weltraumforschung und adressiert gleichzeitig Nachhaltigkeitsprobleme, die lange Zeit mit traditionellen Raketensystemen verbunden waren.

Eine der wirkungsvollsten Entwicklungen zur Senkung der Startkosten ist die Einführung wiederverwendbarer Raketen. Historisch gesehen waren Raketen als Einweg-Systeme konzipiert, was aufgrund der Notwendigkeit neuer Komponenten für jeden Start zu hohen Kosten führte. Unternehmen wie SpaceX und Blue Origin haben die Technologie der wiederverwendbaren Raketen vorangetrieben, wie anhand der Falcon 9 bzw. New Shepard deutlich wird. Diese Systeme können zur Erde zurückkehren, überholt und erneut gestartet werden, was bei einigen Missionen zu Kosteneinsparungen von bis zu 30 % führt [449]. Die wirtschaftlichen Auswirkungen dieser Technologie sind tiefgreifend, da sie häufigere Starts zu einem Bruchteil der bisherigen Kosten ermöglicht.

Darüber hinaus entwickeln sich modulare Raketendesigns zu einer effektiven Strategie zur Kostenreduktion. Durch die Möglichkeit, unterschiedliche Konfigurationen für verschiedene Nutzlasten zu verwenden, wird der Bedarf an maßgeschneiderten Designs reduziert, wodurch die Produktion rationalisiert und die Herstellungskosten gesenkt werden. Diese Standardisierung ist entscheidend für eine effizientere Raketenproduktion und kostengünstigere Startpläne.

Fortschritte in der Fertigung, insbesondere der Einsatz von 3D-Drucktechnologien, haben ebenfalls erheblich zu Kostensenkungen beigetragen. Diese Technologie ermöglicht die schnelle Herstellung komplexer Komponenten bei minimaler Materialverschwendung und kürzeren Produktionszeiten [450]. Die Integration solcher innovativen Fertigungstechniken ist für die Senkung der Kosten im Luft- und Raumfahrtsektor unerlässlich.

Der ökologische Fußabdruck von Raketenstarts ist ein dringendes Thema, insbesondere angesichts der Nutzung traditioneller Treibstoffe, die erhebliche Schadstoffe freisetzen. Konventionelle Treibstoffe wie Kerosin und hypergole Treibmittel tragen zu Treibhausgasemissionen bei und können die Ozonschicht schädigen. Als Reaktion darauf erforscht die Industrie sauberere Alternativen, wie flüssigen Wasserstoff und flüssigen Sauerstoff, die als Nebenprodukt ausschließlich Wasserdampf erzeugen. Ebenso gewinnen Biotreibstoffe und synthetische Treibstoffe an Bedeutung, um die ökologische Belastung von Raketenantrieben zu reduzieren.

Die Umweltvorteile wiederverwendbarer Raketen gehen über Kostenersparnisse hinaus; sie reduzieren auch den Bedarf an Rohstoffen und die energieintensiven Prozesse, die mit der Herstellung neuer Komponenten verbunden sind. Durch die Wiederverwendung von Raketenstufen wird der Ressourcenverbrauch pro Start deutlich verringert, was zu einem nachhaltigeren Ansatz in der Weltraumforschung beiträgt.

Ein weiterer kritischer Aspekt der ökologischen Nachhaltigkeit in der Raketentechnik ist das Management von Weltraumschrott. Die steigende Häufigkeit von Raketenstarts erhöht das Risiko der

Ansammlung von Trümmern im Orbit, was Gefahren für operative Satelliten und zukünftige Missionen darstellt. Innovationen wie Servicemodule für Satelliten oder Technologien zum kontrollierten Wiedereintritt werden entwickelt, um dieses Problem anzugehen. Wiederverwendbare Raketen, die zur Erde zurückkehren, anstatt Weltraumschrott zu erzeugen, stellen eine proaktive Lösung zur Eindämmung dieser wachsenden Problematik dar.

Mehrere innovative Technologien versprechen, die Umweltbelastung durch Raketenstarts weiter zu reduzieren. Hybride Antriebssysteme, die feste und flüssige Treibstoffe kombinieren, bieten einen Kompromiss zwischen Leistung und Umweltverträglichkeit. Fortschritte in der Materialwissenschaft, insbesondere die Entwicklung leichter und recycelbarer Verbundwerkstoffe, verringern den Energiebedarf der Produktion und gewährleisten gleichzeitig die strukturelle Integrität der Raketenkomponenten. Diese Materialien verbessern nicht nur die Produktionseffizienz, sondern unterstützen auch übergeordnete Nachhaltigkeitsziele.

Die Zukunft der Luft- und Raumfahrtindustrie wird wahrscheinlich weiterhin von der Integration von Kostensenkungsstrategien und ökologischer Nachhaltigkeit geprägt sein. Da die Nachfrage nach Weltraummissionen wächst, wird die Zusammenarbeit zwischen Regierungen, privaten Unternehmen und internationalen Organisationen entscheidend sein, um nachhaltige Praktiken und Technologien zu fördern. Innovation bleibt unerlässlich, um die ambitionierten Ziele der Weltraumforschung mit der Notwendigkeit in Einklang zu bringen, unseren Planeten zu schützen.

Umweltbedenken und Nachhaltigkeit im Zusammenhang mit Weltraumtourismus

Die Ausweitung des Weltraumtourismus bringt erhebliche Umweltprobleme mit sich, die gelöst werden müssen, um langfristige Nachhaltigkeit sicherzustellen. Raketenstarts, das Herzstück dieser Branche, erzeugen Emissionen, die zur atmosphärischen Verschmutzung beitragen können. Substanzen wie Rußpartikel (Black Carbon) und Alumina gelangen in die obere Atmosphäre und können Klimaeffekte verstärken oder die Ozonschicht beeinträchtigen. Obwohl das Ausmaß dieser Emissionen derzeit im Vergleich zur kommerziellen Luftfahrt gering ist, könnte der erwartete Anstieg der Startfrequenz ihre Umweltauswirkungen erheblich verstärken [441].

Zusätzlich stellt die ressourcenintensive Natur der Raketenproduktion und des Treibstoffverbrauchs eine Nachhaltigkeitsherausforderung dar. Die für Raketen verwendeten Materialien und die großen Mengen benötigten Treibstoffs können terrestrische Ökosysteme und Energieressourcen belasten. Zur Abmilderung dieser Effekte erforscht der Sektor zunehmend sauberere Antriebstechnologien, nachhaltige Treibstoffe und recycelbare Materialien, die den ökologischen Fußabdruck des Weltraumtourismus verringern können [441].

Weltraumschrott ist ein weiteres zentrales Problem der Kommerzialisierung des Weltraums. Mit der zunehmenden Anzahl von Satelliten, Raumfahrzeugen und Trümmern steigt das Risiko von Kollisionen, was einen Kaskadeneffekt – das Kessler-Syndrom – auslösen könnte. Dies gefährdet nicht nur zukünftige Missionen, sondern auch operative Satelliten, die für Kommunikation und Navigation entscheidend sind. Daher sind Strategien zur Eindämmung von Weltraumschrott, einschließlich Satelliten mit Selbstentsorgungsmechanismen oder Recyclingtechnologien, unerlässlich, um die Orbitalumgebung zu schützen [441].

Auch jenseits der Erde gewinnt der ethische Aspekt des Schutzes außerirdischer Umgebungen an Bedeutung. Mit Missionen zu Mond, Mars und anderen Himmelskörpern wächst der Bedarf an Richtlinien zur Vermeidung planetarer Kontamination. Die wissenschaftliche Integrität dieser Umgebungen muss erhalten bleiben, da sie Hinweise auf die Entstehung des Sonnensystems oder auf außerirdisches Leben liefern könnten. Die Einhaltung von Prinzipien des planetaren Schutzes wird entscheidend sein, um diese Umgebungen für zukünftige Forschung zu bewahren [441].

Die Balance zwischen der Faszination des Weltraumtourismus und verantwortungsbewusstem Umweltmanagement erfordert eine enge Zusammenarbeit zwischen Regierungen, Unternehmen und internationalen Organisationen. Durch nachhaltige Technologien, verantwortungsvolle Betriebspraktiken und wirksame Regulierung kann die Branche ihren ökologischen Fußabdruck minimieren und gleichzeitig den Weg für eine verantwortungsvolle und erfolgreiche Zukunft im Weltraumtourismus ebnen [441].

Fortschritte in der Treibstofftechnologie und grüner Antrieb

Die Raketentreibstofftechnologie erlebt derzeit bedeutende Fortschritte, insbesondere im Bereich des „grünen Antriebs", der darauf abzielt, die Umweltauswirkungen von Raketenstarts zu reduzieren und gleichzeitig Effizienz und Zuverlässigkeit zu gewährleisten. Die Raumfahrtindustrie konzentriert sich zunehmend auf die Entwicklung alternativer Treibstoffe, die die mit herkömmlichen Treibstoffen verbundenen Emissionen minimieren.

Historisch gesehen nutzten Raketenmotoren hauptsächlich zwei Arten von Treibstoffen: flüssige und feste Treibstoffe. Flüssige Treibstoffe wie Kerosin (RP-1) in Kombination mit flüssigem Sauerstoff (LOX) werden aufgrund ihrer hohen Energieeffizienz und Kontrollierbarkeit bevorzugt, da sie Drosselung und Neustarts ermöglichen. Festtreibstoffe hingegen sind für ihre Einfachheit und Zuverlässigkeit geschätzt, bieten jedoch nicht dieselbe Steuerungsfähigkeit [451]. Beide herkömmlichen Treibstoffarten bringen jedoch Umweltprobleme mit sich: Kerosinbasierte Treibstoffe verursachen erhebliche Mengen an Kohlendioxid und anderen Schadstoffen, während Festtreibstoffe oft giftige Verbindungen wie Ammoniumperchlorat enthalten, die Luft und Wasser belasten [451, 452].

Der Übergang zu grünen Antriebstechnologien wird durch die Notwendigkeit motiviert, sicherere und sauberere Alternativen zu konventionellen Treibstoffen zu entwickeln. Eine der vielversprechendsten Entwicklungen ist der Einsatz von flüssigem Wasserstoff und Sauerstoff (LH_2/LOX), der bei der Verbrennung ausschließlich Wasserdampf erzeugt. Diese Technologie wurde bereits in der Space Shuttle-Ära sowie im NASA Space Launch System (SLS) eingesetzt und bietet hohe Effizienz bei minimalen Umweltauswirkungen [451, 452]. Herausforderungen bestehen jedoch in der kryogenen Lagerung und der geringen Dichte von Wasserstoff, die größere Treibstofftanks und komplexere Logistik erfordern [451].

Methanbasierte Treibstoffe (Methalox) stellen eine weitere bedeutende Innovation dar. In Kombination mit LOX erzeugt Methan weniger schädliche Nebenprodukte als Kerosin und gilt daher als umweltfreundlichere Alternative. SpaceX' Starship und Blue Origins BE-4-Triebwerke verwenden Methalox und demonstrieren dessen Potenzial für Langzeitmissionen und die In-Situ-Ressourcennutzung (ISRU) auf dem Mars, wo Methan vor Ort synthetisiert werden kann [451, 452].

Auch Biotreibstoffe und synthetische Treibstoffe aus erneuerbaren Quellen werden erforscht. Diese können sowohl während der Produktion als auch bei der Verbrennung die Kohlenstoffemissionen deutlich reduzieren. Synthetische Treibstoffe, die mithilfe von CO_2-Abscheidung und erneuerbarer Energie hergestellt werden, bieten einen Weg zu nahezu CO_2-neutralen Antriebssystemen [451, 452].

Ionische Flüssigkeiten und „grüne" Monotreibstoffe rücken als sichere Alternativen zu toxischen Monotreibstoffen wie Hydrazin in den Fokus. Diese nichtflüchtigen, ungiftigen Treibstoffe – etwa NASAs Advanced Spacecraft Energetic Non-Toxic (ASCENT) Monopropellant – verringern die Risiken beim Handling und bei der Lagerung [451, 452]. Elektrische Antriebe wie Ionen- und Hall-Effekt-Triebwerke benötigen zudem nur sehr geringe Treibstoffmengen, sind extrem effizient und reduzieren den ökologischen Fußabdruck lang andauernder Missionen erheblich [451, 452].

Neuere Innovationen im grünen Antrieb umfassen katalytische und additive Technologien, die die Verbrennung grüner Treibstoffe optimieren, um Effizienzsteigerungen und gleichzeitig geringere Emissionen zu ermöglichen [451, 452]. Parallel dazu werden ISRU-Technologien entwickelt, um Treibstoffe direkt auf anderen Himmelskörpern – etwa dem Mars oder dem Mond – herzustellen, was den Bedarf an Treibstofftransporten von der Erde drastisch verringern könnte [451, 452]. Fortschritte bei der Herstellung von Treibstoffen aus abgeschiedenem CO_2 verknüpfen die Raketentechnologie mit globalen Klimaschutzzielen und könnten langfristig eine nahezu CO_2-neutrale Raumfahrt ermöglichen [451, 452].

Trotz der Vorteile stehen grüne Antriebstechnologien weiterhin vor Herausforderungen hinsichtlich Skalierbarkeit, Kosten und Leistungsfähigkeit. Kryotechnische Systeme erfordern hochentwickelte Isolation und Handhabungstechnologien, während ISRU-Verfahren und CO_2-neutrale Treibstoffe sich noch in der Entwicklungsphase befinden und weitere Investitionen benötigen [451, 452]. Eine enge Zusammenarbeit zwischen Regierungen, privaten Unternehmen und der Wissenschaft wird entscheidend sein, um die Einführung dieser Technologien zu beschleunigen und sicherzustellen, dass regulatorische Rahmenbedingungen mit globalen Nachhaltigkeitszielen in Einklang stehen [451, 452].

Kapitel 14
Antriebssysteme der nächsten Generation

Nuklearantrieb für die Tiefenraumfahrt

Nukleare Thermalantriebe (NTP) stellen einen bedeutenden Fortschritt in der Raumfahrtantriebstechnologie dar, da sie Kernspaltung nutzen, um ein Treibmittel – typischerweise Wasserstoff – zu erhitzen, das anschließend ausgestoßen wird, um Schub zu erzeugen. Das grundlegende Funktionsprinzip eines NTP-Systems umfasst einen Kernreaktor, der durch Spaltungsreaktionen Wärme erzeugt. Diese Wärme wird auf kryogen gespeicherten flüssigen Wasserstoff übertragen. Sobald der Wasserstoff die Wärme aufnimmt, dehnt er sich aus und verlässt die Düse, wodurch Schub entsteht. Dieser Prozess ähnelt dem eines herkömmlichen chemischen Raketenantriebs, basiert jedoch auf nuklearer Wärme statt auf chemischer Verbrennung [453].

Einer der größten Vorteile von NTP-Systemen ist ihr hoher spezifischer Impuls (Isp), der etwa doppelt so hoch ist wie der herkömmlicher chemischer Raketen. Diese gesteigerte Effizienz erlaubt höhere Geschwindigkeiten oder einen geringeren Treibstoffverbrauch bei gleichen Missionsanforderungen, was NTP besonders gut für Langzeitmissionen, etwa zum Mars, geeignet macht. Kürzere Flugzeiten reduzieren zudem die Strahlenbelastung und die Anforderungen an die Lebenserhaltungssysteme für Besatzungen, was die Sicherheit und Durchführbarkeit solcher Missionen verbessert [453]. Darüber hinaus können NTP-Triebwerke für verschiedene Missionen skaliert werden – von bemannten Marsmissionen bis hin zu schweren Frachttransporten – was ihre Vielseitigkeit in der Raumfahrt unterstreicht [453].

Trotz der Vorteile stehen NTP-Systeme vor mehreren Herausforderungen. Die Sicherheit der Reaktoren hat oberste Priorität, da sichere Start- und Betriebsbedingungen im Weltraum strenge ingenieurtechnische Standards und umfangreiche Testverfahren erfordern. Auch die Handhabung des kryogenen Treibstoffs – insbesondere die langfristige Lagerung von flüssigem Wasserstoff – stellt erhebliche thermische Herausforderungen dar, die für den Erfolg solcher Missionen gelöst werden müssen [453].

Nukleare elektrische Antriebe (NEP) stellen ebenfalls einen bedeutenden Fortschritt dar, indem sie nukleare Energie in Elektrizität umwandeln, die wiederum elektrische Triebwerke wie Ionen- oder Hall-Effekt-Triebwerke antreibt. Diese Form des Antriebs ist besonders vorteilhaft für Langzeitmissionen, da sie kontinuierlichen Niedrigschub bereitstellt – ideal für Tiefenraummissionen.

Das Grundprinzip von NEP umfasst einen Kernreaktor, der Wärme erzeugt, welche anschließend über thermoelektrische oder thermodynamische Verfahren in elektrische Energie umgewandelt wird. Diese Elektrizität wird dann genutzt, um elektrische Triebwerke zu betreiben, die das Treibmittel – meist Xenon – ionisieren und beschleunigen, um Schub zu erzeugen. Projekte wie Prometheus erforschen fortschrittliche nuklear-elektrische Antriebssysteme für anspruchsvolle Missionen mit großen Geschwindigkeitsänderungen (ΔV) [62]. Studien belegen auch, dass NEP-Systeme durch Planetenschwungmanöver effizient Ziele im äußeren Sonnensystem erreichen können [454].

Zu den größten Vorteilen von NEP gehört die hohe Effizienz. Im Vergleich zu chemischen Antrieben bietet NEP einen deutlich effizienteren Treibstoffverbrauch, wodurch Missionen deutlich verlängert werden können, ohne dass häufig Treibstoff nachgeführt werden muss [455]. Die erzeugte elektrische Energie kann außerdem wissenschaftliche Instrumente, Kommunikationssysteme und Lebenserhaltungssysteme unterstützen, was NEP zu einer vielseitigen Lösung macht [456, 457].

NEP-Systeme haben jedoch auch Nachteile. Der niedrige, aber kontinuierliche Schub erschwert rasche Manöver, die in kritischen Missionsphasen notwendig sein können [456]. Darüber hinaus ist ein effizientes Wärmemanagement essenziell, da überschüssige Reaktorwärme zuverlässig abgeführt werden muss [458]. Auch die Integration von Reaktor, Energieumwandlung und Triebwerken stellt eine komplexe ingenieurtechnische Herausforderung dar [458].

Aktuelle Fortschritte in Materialwissenschaft, Reaktorminiaturisierung und Energieumwandlungstechnologien machen nuklearen Antrieb zunehmend realistisch. Initiativen wie die NASA-Projekte für nukleare Thermaltriebwerke oder die ESA-Programme zeigen ein wachsendes internationales Engagement. Herausragende Beispiele sind das NASA-Programm Nuclear Thermal Propulsion Reactor Element sowie das DARPA-Projekt DRACO (Demonstration Rocket for Agile Cislunar Operations).

Das NASA-Projekt konzentriert sich auf die Entwicklung nuklearer Thermalantriebe, die erheblich höhere Effizienz als chemische Triebwerke bieten. Die Technologie soll zukünftige bemannte Marsmissionen ermöglichen, indem sie kürzere Reisezeiten und höhere Nutzlastkapazitäten bereitstellt. Dazu werden Reaktorkomponenten umfassenden Tests unterzogen, um deren Sicherheit und Zuverlässigkeit zu gewährleisten.

Das DARPA-Programm DRACO untersucht den Einsatz nuklearer Thermalantriebe für schnelle und flexible Operationen im cislunaren Raum – also der Region zwischen Erde und Mond. Ziel ist es, die Fähigkeit nuklear angetriebener Raumfahrzeuge für nationale Sicherheitsmissionen und zivile Weltraumforschung zu demonstrieren.

Beide Programme unterstreichen die wachsende Bedeutung nuklearer Antriebe als Schlüsseltechnologie. Mit ihrer Kombination aus hoher Effizienz und großem Schubpotenzial haben sie das Potenzial, die Grenzen der Raumfahrt grundlegend zu erweitern – von bemannten interplanetaren Missionen bis hin zu einer neuen Ära strategischer Fähigkeiten im Weltraum.

Sonnensegel und Laserantrieb

Sonnensegel und Laserantrieb sind innovative, nicht-chemische Antriebssysteme, die den Impuls von Photonen nutzen, um Schub zu erzeugen. Sie bieten eine nachhaltige und potenziell unbegrenzte Energiequelle für die Erforschung des Weltraums – insbesondere für Missionen, die weit über das Sonnensystem hinausreichen. Beide Technologien zielen darauf ab, die Grenzen traditioneller Antriebsmethoden zu überwinden, die auf begrenzte Treibstoffvorräte angewiesen sind und über große Distanzen an Effizienz verlieren.

Sonnensegel stellen eine neuartige Form des Raumfahrtsantriebs dar, bei der der Impuls von Sonnenphotonen genutzt wird, um ein Raumfahrzeug anzutreiben. Das grundlegende Prinzip beruht darauf, dass Photonen beim Auftreffen auf die reflektierende Oberfläche des Segels ihren Impuls übertragen. Obwohl Photonen keine Masse haben, tragen sie Impuls, der zur Erzeugung von Schub genutzt werden kann. Diese Methode ist besonders vorteilhaft für Langzeitmissionen, da kein Treibstoff an Bord benötigt wird und eine kontinuierliche Beschleunigung über lange Zeiträume möglich ist – ideal für die Tiefenraumforschung [459, 460].

Die Struktur und das Design von Sonnensegeln sind entscheidend für ihre Funktionalität. Typischerweise bestehen sie aus extrem dünnen, leichten und hochreflektierenden Materialien wie aluminiertem Mylar oder Kapton. Diese Materialien werden aufgrund ihres geringen Gewichts und ihrer hohen Reflexionsfähigkeit gewählt, wodurch der Impulsübertrag durch Sonnenlicht maximiert wird [461, 462]. Sonnensegel können stark variieren und häufig Flächen von mehreren Dutzend bis mehreren Hundert Quadratmetern erreichen. Für den Start werden sie kompakt gefaltet und erst im Weltraum entfaltet [463, 464]. Die dafür verwendeten Mechanismen umfassen innovative Technologien wie Formgedächtnislegierungen, die eine automatische Entfaltung ermöglichen und die Einsatzfähigkeit von Sonnensegelmissionen verbessern [465, 466].

Der Betriebsmechanismus von Sonnensegeln beruht auf dem Strahldruck des Sonnenlichts, der eine kleine, aber konstante Kraft auf das Segel ausübt. Obwohl die Anfangsbeschleunigung aufgrund der geringen Intensität des Sonnenlichts gering ist, ermöglicht der kontinuierliche Schub das Erreichen hoher Geschwindigkeiten über längere Zeiträume hinweg. Diese Eigenschaft ist besonders vorteilhaft für Missionen, die einen dauerhaften Antrieb ohne Treibstoffverbrauch erfordern [467, 468]. Darüber hinaus können Sonnensegel stabile Bahnen halten und Manöver durchführen, darunter das „Station Keeping" an Lagrange-Punkten – ein weiterer Beweis für ihre Vielseitigkeit in verschiedenen Raumfahrtanwendungen [469, 470].

Abbildung 90: LightSail 1 nahm dieses Bild seiner entfalteten Sonnensegel am 8. Juni 2015 im Erdorbit auf. The Planetary Society, CC BY-SA 3.0, via Wikimedia Commons.

Sonnensegel haben zahlreiche Anwendungen, insbesondere bei interplanetaren Missionen, bei denen Sonnenlicht reichlich vorhanden ist. So soll die NASA-Mission *NEA Scout* Sonnensegel einsetzen, um erdnahe Asteroiden zu untersuchen und damit ihr Potenzial für wissenschaftliche Exploration demonstrieren [459, 460]. Darüber hinaus werden Sonnensegel für interstellare Erkundungsprojekte in Betracht gezogen, wie das *Breakthrough Starshot*-Programm, das kleine Sonden mithilfe von Lichtantrieb zu nahen Sternen schicken möchte [470, 471]. Zu den Vorteilen von Sonnensegeln gehören geringere Missionskosten aufgrund des fehlenden Treibstoffbedarfs, die Fähigkeit zur kontinuierlichen Beschleunigung sowie ihre Skalierbarkeit für unterschiedliche Missionsprofile [468, 469].

Dennoch bestehen weiterhin Herausforderungen bei der Entfaltung und Wartung von Sonnensegeln in der harschen Umgebung des Weltraums. Die Intensität der Sonnenstrahlung nimmt mit der Entfernung von der Sonne ab, wodurch die Wirksamkeit des Schubs sinkt. Zudem erfordern die technischen Herausforderungen der Entfaltung großer, dünner Segel fortschrittliche Materialien und Konstruktionsansätze, um strukturelle Integrität und Funktionsfähigkeit während der Mission zu gewährleisten [472, 473].

Grundlagen des Raketenbaus und der Konstruktion

Laserantrieb stellt eine hochmoderne Technologie dar, die leistungsstarke Laser nutzt, um Raumfahrzeuge mit reflektierenden Segeln anzutreiben. Diese Methode nutzt die Impulsübertragung von Laserphotonen auf das Segel und erzeugt so Schub ähnlich wie bei Sonnensegeln, jedoch mit deutlich höherer Energiedichte und präziser Steuerbarkeit. Die grundlegende Funktionsweise des Laserantriebs besteht darin, fokussierte Energiestrahlen auf ein Raumfahrzeug zu richten, dessen Segel die Photonen reflektiert. Die Effektivität des Systems hängt entscheidend davon ab, ob das Segel der intensiven Laserenergie standhält, was hochentwickelte Materialien und entsprechende Konstruktionsstrategien erfordert [474, 475].

Die Struktur und das Design lasergetriebener Raumfahrzeuge sind entscheidend für ihren Erfolg. Das reflektierende Segel muss so konstruiert sein, dass es Energieintensitäten von 1 GW/m^2 oder mehr standhalten kann, wie neuere Studien zeigen [475]. Das Lasersystem selbst besteht aus Arrays leistungsstarker Laser, die über große Distanzen präzise ausgerichtet bleiben müssen – eine Voraussetzung für effektiven Vortrieb und genaue Bahnkontrolle [476, 477]. Dieses Konzept ermöglicht ein hohes Schub-zu-Gewicht-Verhältnis und macht Laserantrieb besonders attraktiv für Missionen in den tiefen Weltraum, wo traditionelle Antriebe aufgrund begrenzter Treibstoffvorräte an ihre Grenzen stoßen [474, 475].

Die Funktionsweise des Laserantriebs beruht vollständig auf dem Strahlungsdruck der Photonen. Trifft der Laserstrahl auf das Segel, überträgt er Impuls und erzeugt so Schub. Dies ermöglicht kontrollierten, hochintensiven Antrieb – ein wesentlicher Vorteil gegenüber Sonnensegeln, die ausschließlich auf Sonnenlicht angewiesen sind [478]. Zudem erlaubt die Modulation der Laserleistung flexible Trajektorien, was für Missionen mit hoher Navigationspräzision entscheidend ist [477].

Die Einsatzmöglichkeiten des Laserantriebs sind vielfältig und vielversprechend. Eines der bekanntesten Projekte ist *Breakthrough Starshot*, das Mikrosonden mit bis zu 20 % der Lichtgeschwindigkeit zum Alpha-Centauri-System schicken möchte [479]. Dieses Projekt verdeutlicht das Potenzial des Laserantriebs für interstellare Missionen, bei denen herkömmliche Antriebe keine realistische Option wären. Darüber hinaus kann Laserantrieb den Transport von Fracht über interplanetare Distanzen erleichtern, da der Treibstoffbedarf an Bord drastisch reduziert wird und Missionen effizienter verlaufen [474, 479].

Trotz aller Vorteile bestehen erhebliche Herausforderungen. Der Aufbau einer umfangreichen Boden- oder orbitalen Laserinfrastruktur stellt einen großen Kosten- und Technikaufwand dar. Auch atmosphärische Störungen können die Effizienz erdgestützter Laser verringern [475, 476]. Zudem müssen die Materialien der Segel extrem widerstandsfähig sein, um der langanhaltenden Laserbestrahlung standzuhalten – ein Bereich, der weiterhin intensiv erforscht wird [475].

Antimaterie- und Fusionsbasierte Antriebskonzepte

Antimaterie- und fusionsbasierte Antriebskonzepte stellen hochmoderne theoretische Ansätze dar, die revolutionäre Fortschritte in der Raumfahrt ermöglichen könnten. Sie bieten im Vergleich zu herkömmlichen Antriebssystemen eine bislang unerreichte Effizienz und Schubleistung.

Antimaterie-Antriebskonzepte

Antimaterieantriebe nutzen die *Annihilationsreaktion*, die entsteht, wenn Antimaterie und Materie kollidieren. Diese Reaktion setzt eine enorme Energiemenge frei – ungefähr 100 % der Masse-Energie-Äquivalenz nach Einsteins Gleichung $E = mc^2$. Damit übertrifft Antimaterie die Energiedichte chemischer oder nuklearer Antriebe deutlich und gilt theoretisch als eine der energiereichsten Antriebsquellen für die Raumfahrt.

In einem Antimaterie-Antriebssystem würde Antimaterie (z. B. Positronen oder Antiprotonen) in magnetischen oder elektrischen Fallen gespeichert, um den Kontakt mit normaler Materie zu verhindern. Bei kontrollierter Freisetzung würde die Antimaterie mit Materie – meist Wasserstoff – wechselwirken und hochenergetische Gammastrahlung sowie Partikel erzeugen. Diese könnten über magnetische Düsen oder andere fortschrittliche Systeme in Schub umgewandelt werden.

Antimaterie ist das Gegenstück zu normaler Materie und besteht aus Antiteilchen mit gleicher Masse, aber entgegengesetzter Ladung und anderen quantenphysikalischen Eigenschaften. Das Antiteilchen des Elektrons, das Positron, besitzt eine positive Ladung; das Antiproton, das Gegenstück zum Proton, trägt eine negative Ladung. Antineutronen spiegeln Neutronen mit entgegengesetzten Quanteneigenschaften wider. Treffen Materie und Antimaterie aufeinander, vernichten sie sich vollständig – ein Prozess, der ihre gesamte Masse in Energie umwandelt und somit äußerst effizient ist.

Antimaterie kommt auf der Erde nicht natürlich vor, da sie bei Kontakt mit Materie sofort annihiliert. Sie kann jedoch in geringen Mengen durch hochenergetische Prozesse erzeugt werden. Natürlich entsteht Antimaterie durch kosmische Strahlung, die in der Erdatmosphäre Positronen und andere Antiteilchen erzeugt, allerdings nur in winzigen Mengen. Einige radioaktive Isotope, wie Kalium-40, emittieren ebenfalls Positronen, aber nicht in für technische Anwendungen relevanten Mengen.

Künstlich wird Antimaterie in Teilchenbeschleunigern wie denen am CERN erzeugt. Hochenergetische Kollisionen in solchen Anlagen produzieren Antiprotonen und andere Antiteilchen, die durch elektromagnetische Felder eingefangen und verlangsamt werden. Positronen werden zudem in nuklearen Reaktoren oder medizinischen Geräten (z. B. für PET-Scans) erzeugt. Trotz dieser Fortschritte bleibt die erzeugbare Menge extrem gering.

Die Speicherung von Antimaterie ist besonders schwierig, da sie nicht mit normaler Materie in Berührung kommen darf. Penning-Fallen und andere elektromagnetische Systeme halten Antiteilchen isoliert in einem Ultrahochvakuum. Anlagen wie der CERN-Antiprotonen-Verzögerer erlauben die Speicherung von Antiprotonen für über 1.000 Sekunden. Dennoch bleibt Langzeitlagerung technisch äußerst anspruchsvoll.

Die größten Herausforderungen bei Erzeugung und Speicherung sind die extrem geringen Produktionsraten (Nanogramm pro Jahr), die enormen Produktionskosten (bis zu 100 Milliarden USD pro Milligramm) und die begrenzte Stabilität aktueller Speichersysteme. Fortschritte in der Teilchenphysik, Materialwissenschaft und Energietechnik könnten diese Hürden langfristig

Grundlagen des Raketenbaus und der Konstruktion

reduzieren, ebenso wie die Erforschung möglicher kosmischer Quellen, etwa in der Magnetosphäre der Erde.

Der größte Vorteil eines Antimaterieantriebs ist die extrem hohe Energiedichte, die theoretisch Reisegeschwindigkeiten nahe der Lichtgeschwindigkeit ermöglichen könnte – ideal für interstellare Missionen. Praktische Umsetzung bleibt jedoch aufgrund der technischen Hürden vorerst außer Reichweite.

Antimaterie-katalysierte nukleare Pulsantriebe

Antimaterie-katalysierte nukleare Pulsantriebe (ACNPP) nutzen kleine Mengen von Antimaterie, um Fissions- oder Fusionsreaktionen auszulösen. Im Gegensatz zu klassischen nuklearen Pulsantrieben, die große Atombomben einsetzen würden, benötigt ACNPP nur winzige Mengen Antiprotonen, um subkritische Massen von Uran oder Plutonium zur Reaktion zu bringen.

Das Grundprinzip besteht darin, Antiprotonen in nukleares Material zu injizieren. Dort annihilieren sie mit positiv geladenen Kernen und erzeugen hochenergetische Gammastrahlen und kinetische Energie, die Fissionsreaktionen auslösen und – unter bestimmten Bedingungen – auch Fusionsreaktionen ermöglichen. Dadurch entstehen sehr effiziente Mikrofissions- oder Fissions-Fusions-Pulse [480, 481].

Theoretische Modelle schlagen vor, dass *ein Mikrogramm* Antihydrogen ausreichend sein könnte, um den Zündprozess in thermonuklearen Reaktionen zu ersetzen. Die Antimaterie würde in magnetischen Fallen gehalten und erst durch Kompression mittels Sprengstofflinsen mit dem Brennstoff in Kontakt gebracht [481]. Je nach Auslegung könnte ACNPP schnellen, hoch-thrust Mikropulsantrieb oder langfristigen, effizienten Fusion-Schub erzeugen [481, 482].

Die größten Herausforderungen liegen in der Antimaterieproduktion und -speicherung. Weltweit werden nur Nanogramm pro Jahr erzeugt, und die Kosten für ein Milligramm liegen bei etwa 100 Milliarden USD [483]. Auch die sichere Lagerung ist hochkomplex. Fortschritte wie die Speicherung von Antiprotonen über 1.000 Sekunden bei CERN sind vielversprechend, zeigen aber den frühen Entwicklungsstand [483].

Die Forschung begann in den frühen 1990ern an der Pennsylvania State University. Institutionen wie das Lawrence Livermore National Laboratory untersuchen antiprotoninitiierte Fusion für Trägheitsfusion und andere Anwendungen, was das Potenzial von Antimaterie als Energiequelle bestätigt [481]. Doch praktische Anwendungen erfordern große Fortschritte bei Produktion, Eindämmung und kontrollierter Anwendung der Antimaterie [482].

Die möglichen Auswirkungen für die Raumfahrt wären revolutionär: extrem schnelle Reisen zu äußeren Planeten oder sogar zu Sternen, deutlich kürzere Missionszeiten und kompaktere Antriebssysteme mit höherer Nutzlastkapazität [481]. Diese Vision bleibt jedoch abhängig von technologischen Durchbrüchen und der wirtschaftlichen Machbarkeit der Antimaterieproduktion [482, 483].

Fusionsbasierte Antriebskonzepte

Fusionsbasierte Antriebssysteme nutzen die Energie, die bei Kernfusionsreaktionen freigesetzt wird – demselben Prozess, der Sterne antreibt. Bei einer Fusionsreaktion verschmelzen leichte Atomkerne, wie die Wasserstoffisotope Deuterium und Tritium, unter extremen Druck- und Temperaturbedingungen und setzen Energie in Form von hochenergetischen Partikeln frei. Diese Energie kann effektiv in Schub umgewandelt werden, was Fusion zu einer vielversprechenden Technologie für zukünftige Weltraummissionen macht [64, 484, 485].

Mehrere Konzepte für Fusionsantriebe wurden vorgeschlagen, die jeweils unterschiedliche Mechanismen nutzen, um die Bedingungen für Fusion zu erreichen. Eine prominente Methode ist die Trägheitsfusion (Inertial Confinement Fusion, ICF), bei der Laser oder Ionenstrahlen eine kleine Pellet aus Fusionsbrennstoff komprimieren, um die erforderlichen Bedingungen für Fusion zu erzeugen. Die freigesetzte Energie kann dann durch eine Düse geleitet werden, um Schub zu erzeugen [64, 485].

Ein anderer Ansatz ist die magnetische Einschlussfusion (Magnetic Confinement Fusion, MCF), die Magnetfelder nutzt, um heißes Plasma einzuschließen und zu kontrollieren. Systeme wie Tokamaks oder Stellaratoren könnten theoretisch für den Antrieb angepasst werden, indem die bei der Fusion entstehende Energie in einen gerichteten Abgasstrahl umgewandelt wird [484, 486].

Das Direct Fusion Drive (DFD)-Konzept kombiniert magnetischen Plasmaeinschluss mit der direkten Umwandlung von Fusionsenergie in Schub und verspricht hohe Effizienz sowie einen hohen spezifischen Impuls [487].

Fusionsantriebe bieten zahlreiche Vorteile gegenüber herkömmlichen chemischen Antriebssystemen. Die Energiedichte ist deutlich höher als bei chemischen oder sogar nuklearen Spaltungsantrieben, was kürzere Reisezeiten zu entfernten Zielen im Sonnensystem und darüber hinaus ermöglicht [484, 488, 489]. Zudem erzeugen Fusionsreaktionen weniger schädliche Nebenprodukte, was sie zu einer umweltfreundlicheren Option macht [64, 485]. Auch entfallen enge Startfenster, wodurch Missionen flexibler geplant werden können – ein entscheidender Vorteil für interplanetare Reisen [489].

Trotz dieser Vorteile stehen fusionbasierte Antriebe vor erheblichen Herausforderungen. Die Erzeugung und Aufrechterhaltung von Fusionsreaktionen in einem kompakten, raumfahrttauglichen System bleibt eine große ingenieurtechnische Hürde [481, 486]. Fragen der Brennstofflagerung, des Wärmemanagements und der Energieumwandlung müssen gelöst werden, um diese Systeme praktisch einsetzbar zu machen [484, 489]. Dennoch wird intensiv geforscht, um die Machbarkeit verschiedener Fusionsantriebskonzepte zu prüfen, die langfristig die Raumfahrt revolutionieren könnten [64, 481, 487].

Der Einsatz fortschrittlicher Brennstoffe wie Helium-3 macht fusionsbasierte Ansätze noch attraktiver. Helium-3, ein Isotop, das auf dem Mond in größeren Mengen vermutet wird, kann mit Deuterium verschmolzen werden und erzeugt dabei Energie ohne erhebliche radioaktive Nebenprodukte. Die gängige Deuterium-Tritium-Fusion setzt hingegen einen Großteil ihrer Energie in Form von Neutronen

Grundlagen des Raketenbaus und der Konstruktion

frei, was für den direkten Schubantrieb ineffizient ist und schwere Abschirmungen erfordert. Helium-3 bietet daher entscheidende Vorteile und könnte aufgrund seiner potenziellen Verfügbarkeit auf dem Mond ein Schlüsselbrennstoff für zukünftige Raumfahrtantriebe werden.

Auch wenn selbsttragende Fusion möglicherweise nicht erreichbar ist, könnten Hybridsysteme Fusionsenergie nutzen, um bestehende Antriebstechnologien wie den VASIMR (Variable Specific Impulse Magnetoplasma Rocket) erheblich zu verbessern. Dadurch ließen sich die Vorteile der hohen Fusionsleistung mit der Effizienz aktueller elektrischer Antriebe kombinieren.

Unterschiedliche Fusions-Einschlussmethoden prägen die Entwicklung künftiger Antriebssysteme. Beim magnetischen Einschluss halten starke Magnetfelder Plasma für die Fusion eingeschlossen. Obwohl Tokamaks derzeit zu groß und schwer für die Raumfahrt sind, könnten kleinere Varianten – wie NASA's vorgeschlagener sphärischer Torus-Reaktor für das „Discovery II"-Raumschiff – dieses Feld revolutionieren. Solche Konzepte könnten große Nutzlasten zu Zielen wie Jupiter oder Saturn transportieren und dabei hohe Ausströmgeschwindigkeiten ermöglichen.

Die trägheitsgebundene Fusion (ICF), bekannt durch Projekte wie Daedalus, nutzt Hochenergie-Laser oder Ionenstrahlen, um Brennstoffpellets zu zünden. Dadurch ließen sich Helium-3 oder aneutronische Fusionsreaktionen nutzen, die größtenteils geladene Partikel erzeugen und die Strahlungsbelastung minimieren. Konzepte wie das VISTA-Raumschiff zeigen das Potenzial solcher Systeme, große Nutzlasten zu transportieren – allerdings mit dem Bedarf an enormen Mengen Fusionsbrennstoff.

Die magnetisierte Ziel-Fusion (Magnetized Target Fusion, MTF) kombiniert magnetischen und trägheitsgebundenen Einschluss. Plasma wird magnetisch gehalten und dann durch mechanische oder plasmaerzeugte Kompression gezündet. NASA's HOPE-Design untersucht diese Methode, die kompakte und effiziente Reaktoren ermöglicht.

Ein weiterer Ansatz ist die inertiale elektrostatische Fusion (Inertial Electrostatic Confinement, IEC), bei der elektrische Felder genutzt werden, um Fusionsbrennstoff einzuschließen. Konzepte wie das „Fusion Ship II" setzen D-He3-Fusionsreaktoren ein, die Ionentriebwerke antreiben und effiziente Langzeitmissionen zu äußeren Planeten ermöglichen.

Antimaterie-katalysierte Fusion steht noch auf spekulativer Basis, könnte jedoch transformative Auswirkungen haben. Dabei würde Antimaterie verwendet, um Fusionsreaktionen einzuleiten, was kleinere und effizientere Systeme ermöglichen könnte. Projekte wie AIMStar haben diese Konzepte untersucht, doch antimateriespezifische Herausforderungen verhindern eine baldige Umsetzbarkeit.

Diese vielfältigen Technologien zeigen das enorme Potenzial fusionsbasierter Antriebe. Jede Methode adressiert spezielle technische Hürden und bietet zugleich außergewöhnliche Leistungsfähigkeit für zukünftige interplanetare und interstellare Missionen.

Implikationen für die Weltraumforschung

Sowohl Antimaterie- als auch Fusionsantriebskonzepte könnten die Menschheit weit über die Grenzen heutiger Antriebstechnologien hinausführen. Sie könnten die Reisezeiten zu entfernten Planeten drastisch verkürzen und sogar interstellare Missionen ermöglichen. Ein fusionsgetriebenes Raumschiff könnte etwa den Mars in Wochen statt Monaten erreichen, während ein antimateriegetriebenes Fahrzeug die nächstgelegenen Sterne innerhalb von Jahrzehnten erreichen könnte.

Mit fortschreitender Forschung und Technologieentwicklung besitzen diese Konzepte das Potenzial, die Raumfahrt grundlegend zu verändern – hin zu schnelleren, effizienteren und nachhaltigeren Missionen. Allerdings sind erhebliche wissenschaftliche und technische Durchbrüche notwendig, bevor diese Systeme von theoretischen Modellen zu praktischen Anwendungen werden können.

Kapitel 15
Die Rolle von KI und Robotik in der Raketentechnik

Autonome Raumfahrzeugsysteme

Autonome Raumfahrzeugsysteme stellen einen transformativen Fortschritt in der Weltraumforschung dar und ermöglichen es Raumfahrzeugen, unabhängig von Bodenkontrollstationen zu operieren. Diese Fähigkeit ist für zukünftige Missionen von entscheidender Bedeutung, insbesondere für solche, die kollaborative Operationen mehrerer Raumfahrzeuge oder Erkundungen entlegener Regionen des Weltraums umfassen, in denen eine Echtzeitkommunikation nicht möglich ist. Die Integration von Autonomie in Weltraummissionen verbessert die betriebliche Effizienz und Zuverlässigkeit, da Raumfahrzeuge Entscheidungen auf Grundlage von Echtzeitdaten treffen können, ohne auf Anweisungen von der Erde warten zu müssen [490].

Ein herausragendes Beispiel für solche autonomen Systeme ist das Projekt Distributed Spacecraft Autonomy (DSA) der NASA. Diese Initiative soll mehreren Raumfahrzeugen ermöglichen, als kohärente Einheit zu funktionieren, indem sie fortschrittliche Fähigkeiten wie skalierbare Kommunikationsnetzwerke, verteilte Koordination und Mensch-Schwarm-Interaktion integriert. Diese Funktionen befähigen Raumfahrzeuge dazu, Informationen auszutauschen, Handlungen zu koordinieren und sich autonom an wechselnde Missionsanforderungen anzupassen. Das DSA-Projekt ist besonders bedeutend für Missionen, die große Konstellationen oder Schwärme von Satelliten erfordern – essenziell für Erdbeobachtung, Planetenforschung und interstellare Studien [490].

Das Projekt Distributed Spacecraft Autonomy (DSA), initiiert von der NASA, ist eine bahnbrechende Initiative zur Entwicklung fortschrittlicher Autonomiefunktionen für Raumfahrzeuge, die in verteilten Architekturen operieren. Ziel des Projekts ist es, mehreren Raumfahrzeugen eine kollaborative Funktion als einheitliches System zu ermöglichen, wodurch die Abhängigkeit von der Bodensteuerung reduziert und die Effizienz sowie Zuverlässigkeit komplexer Missionen erhöht wird. Es adressiert Herausforderungen bei Missionen mit mehreren Raumfahrzeugen, wie Schwarmformationen, Konstellationsmanagement und kooperative Sensordatenerfassung.

Zu den Hauptzielen des DSA zählen die Entwicklung skalierbarer Kommunikationssysteme, die einen nahtlosen Informationsaustausch und eine effiziente Aufgabenkoordination ermöglichen. Zudem soll verteilte Koordination es Raumfahrzeugen erlauben, autonom und in Echtzeit zusammenzuarbeiten, um Missionsziele zu erreichen. Ein weiterer wichtiger Aspekt ist die

Entwicklung intuitiver Schnittstellen für Operatoren, um eine effektive Interaktion mit einem Netzwerk von Raumfahrzeugen zu gewährleisten.

Die technischen Merkmale des DSA basieren auf modernsten Fortschritten in Autonomie und künstlicher Intelligenz. Das Projekt nutzt KI-Algorithmen, die Raumfahrzeugen erlauben, Entscheidungen zu treffen und sich an sich verändernde Missionsumgebungen oder unerwartete Bedingungen anzupassen. Durch Aufgabenverteilung weist die KI einzelnen Raumfahrzeugen autonom Prioritäten und Verantwortlichkeiten zu. Maschinelles Lernen verbessert die Anpassungsfähigkeit weiter, indem Raumfahrzeuge auf Anomalien oder Systemausfälle dynamisch reagieren. Kollaboratives Lernen ermöglicht einen kontinuierlichen Wissensaustausch innerhalb der Konstellation.

Verteilte Sensordatenerfassung und Koordination bilden das Rückgrat der DSA-Fähigkeiten. Raumfahrzeuge können Daten aus verschiedenen Quellen mittels erweiterter Datenfusionstechniken integrieren und so ein umfassendes Umweltbild erzeugen. Algorithmen zur relativen Positionsbestimmung sichern eine präzise Koordination für Aufgaben wie Bildgebung oder wissenschaftliche Experimente. Außerdem ermöglicht das System eine dynamische Rekonfiguration der Konstellation, um Abdeckung zu optimieren oder Gefahren zu vermeiden.

Die Kommunikationsarchitektur des DSA ist skalierbar und widerstandsfähig. Inter-Satellite Links ermöglichen den direkten Hochgeschwindigkeitsaustausch zwischen Raumfahrzeugen und reduzieren die Abhängigkeit von Bodenstationen. Das Netzwerk ist skalierbar und unterstützt die einfache Integration weiterer Raumfahrzeuge. Fehlertoleranz ist ein zentrales Merkmal: Bei Kommunikationsausfällen kann das Netzwerk Daten automatisch über alternative Pfade umleiten.

Resilienz und Fehlermanagement sind ebenfalls integrale Bestandteile des DSA. Onboard-Systeme können Anomalien autonom erkennen und beheben, wodurch die Funktionsfähigkeit des gesamten Systems erhalten bleibt. Durch die verteilte Architektur entsteht zudem eine natürliche Redundanz, sodass das Netzwerk selbst beim Ausfall einzelner Komponenten weiterarbeitet. Autonomes Energiemanagement optimiert den Stromverbrauch der Konstellation und verlängert Missionsdauern.

Der Anwendungsbereich des DSA ist breit gefächert. In der Erdbeobachtung können mehrere Satelliten gleichzeitig unterschiedliche Regionen oder Phänomene analysieren. Bei der Asteroiden- und Planetenforschung können Schwärme kleiner Raumfahrzeuge koordinierte Manöver und verteilte Messungen durchführen. Die Weltraumwetterbeobachtung profitiert von Echtzeitdaten mehrerer Raumfahrzeuge. Auch das Weltraumverkehrsmanagement kann durch DSA verbessert werden, indem Objekte im Orbit kooperativ verfolgt und Kollisionsrisiken reduziert werden.

Trotz der vielversprechenden Möglichkeiten stehen noch Herausforderungen aus. Hochleistungsfähige Onboard-Computer sind für KI-Algorithmen erforderlich, doch Energie- und Wärmeabfuhrgrenzen von Raumfahrzeugen stellen technische Hürden dar. Kommunikationslatenz bleibt insbesondere bei Tiefraummissionen problematisch. Die Integration in bestehende Systeme erfordert erhebliche Anpassungen, und robuste Cybersicherheitsmaßnahmen sind notwendig, um das Netzwerk vor Bedrohungen zu schützen.

Grundlagen des Raketenbaus und der Konstruktion

Für die Zukunft plant die NASA, DSA-Fähigkeiten durch den Einsatz von Quantenkommunikation, Schwarmintelligenz und selbstheilenden Systemen weiter auszubauen. Diese Fortschritte sollen die Resilienz und Komplexität autonomer Raumfahrzeugsysteme deutlich erhöhen.

Das DSA-Projekt markiert einen transformativen Ansatz in der Verwaltung und Steuerung von Raumfahrzeugkonstellationen. Durch autonome Operationen, kollaborative Entscheidungsfindung und effiziente Kommunikation wird DSA die Erdbeobachtung, Planetenforschung und das Weltraumverkehrsmanagement revolutionieren. Die Fähigkeiten des Projekts positionieren die NASA an der Spitze der Technologie vernetzter Raumfahrzeugsysteme und ebnen den Weg für eine neue Ära der Weltraumforschung.

Ein weiteres bemerkenswertes Projekt ist SCARLET, das sich auf KI-basierte Autonomiesysteme der nächsten Generation konzentriert. SCARLET zielt darauf ab, Kommunikationsverzögerungen und Betriebskosten zu minimieren, indem Raumfahrzeuge mit fortgeschrittenen Entscheidungsalgorithmen ausgestattet werden. Diese Initiative ist entscheidend für Missionen, die sofortige Reaktionen auf Umweltveränderungen oder Anomalien erfordern, und verbessert die Effizienz sowie Reaktionsfähigkeit von Raumfahrzeugen. Durch die Integration künstlicher Intelligenz in Missionsplanung und -durchführung adressiert SCARLET Herausforderungen wie Datenlatenz und begrenzten Zugang zu Bodenstationen.

Das Projekt SCARLET (Spacecraft Autonomy, Resilience, and Learning Enhanced Technology) ist eine wegweisende Initiative zur Weiterentwicklung KI-gestützter Autonomie für zukünftige Raumfahrzeugsysteme. Es zielt darauf ab, die operative Unabhängigkeit, Zuverlässigkeit und Effizienz von Raumfahrzeugen zu erhöhen – besonders in Situationen, in denen Echtzeitkommunikation mit der Bodenstation eingeschränkt oder unmöglich ist. Durch den Einsatz von maschinellem Lernen, Onboard-Entscheidungsalgorithmen und adaptiven Systemen adressiert SCARLET zentrale technologische Anforderungen moderner Weltraummissionen.

SCARLET verfolgt das Ziel, die Abhängigkeit von der Bodensteuerung zu reduzieren, indem Raumfahrzeuge befähigt werden, Entscheidungen in Echtzeit zu treffen und sich veränderten Missionsparametern oder unerwarteten Situationen anzupassen. Das Projekt legt besonderen Wert auf Resilienz, indem es Systeme zuverlässiger und fehlertoleranter gestaltet. Weitere Ziele sind die Reduzierung von Kommunikationslatenzen sowie die Automatisierung zahlreicher Prozesse, was Missionskosten senkt und menschliche Eingriffe minimiert.

Im Kern nutzt SCARLET fortschrittliche KI-Techniken, um Raumfahrzeuge in die Lage zu versetzen, komplexe Aufgaben selbstständig auszuführen. Dazu gehören der Einsatz von Machine-Learning-Modellen, die darauf trainiert sind, Muster zu erkennen, Systemverhalten vorherzusagen und sich an neue Bedingungen anzupassen. Verstärkungslernen ermöglicht es Raumfahrzeugen, optimale Strategien durch Versuch und Irrtum zu identifizieren, während neuronale Netze für Aufgaben wie Bilderkennung, Anomalieerkennung und Navigation eingesetzt werden.

Das Projekt integriert leistungsstarke Onboard-Datenverarbeitungssysteme, um große Datenmengen in Echtzeit zu verarbeiten. Hochleistungsprozessoren sind speziell dafür ausgelegt, KI-Arbeitslasten mit geringem Stromverbrauch zu bewältigen, während Edge-Computing Daten lokal verarbeitet, wodurch Latenzen reduziert und die Abhängigkeit von bodengebundenen Ressourcen minimiert werden. Datenkompression und Priorisierung stellen sicher, dass nur kritische Informationen zur Erde übertragen werden, was Bandbreite und Energie spart.

Resilienz ist ein zentrales Element des SCARLET-Designs: Fortschrittliche Anomalieerkennungssysteme identifizieren Abweichungen vom erwarteten Verhalten und lösen automatisierte Wiederherstellungsprotokolle aus. Selbstheilende Systeme ermöglichen es Raumfahrzeugen, Fehler autonom zu isolieren und zu beheben, wodurch die Betriebskontinuität gewährleistet wird. Redundante Architekturen bieten Backup-Systeme, um die Funktionalität bei Hardware- oder Softwareausfällen sicherzustellen.

SCARLET erleichtert außerdem eine nahtlose Zusammenarbeit in Missionen mit mehreren Raumfahrzeugen. Schwarmintelligenz ermöglicht es Satelliten, zu kommunizieren und ihre Handlungen zu koordinieren, um gemeinsame Ziele effizient zu erreichen. Distributed-Ledger-Technologie stellt einen sicheren und zuverlässigen Datenaustausch sicher, während skalierbare Kommunikationsprotokolle sich an die Komplexität der Aufgaben und die Anzahl der Satelliten im Netzwerk anpassen.

SCARLET hat ein breites Spektrum an Anwendungen, darunter Tiefraum-Missionen, bei denen Kommunikationsverzögerungen eine Echtzeitkontrolle unmöglich machen. Seine Autonomie ist entscheidend für die Navigation durch Asteroidengürtel, für wissenschaftliche Experimente auf fernen Planeten oder Monden und für die Anpassung an unvorhergesehene Herausforderungen wie Staubstürme oder Geräteausfälle. SCARLET verbessert außerdem die Funktionsfähigkeit verteilter Satellitennetzwerke, indem es autonome Rekonfiguration zur Aufrechterhaltung der Abdeckung und zur Vermeidung von Kollisionen ermöglicht sowie koordinierte Datenerfassung für Erdbeobachtung und Weltraumlageerfassung. In zeitkritischen Missionen erlaubt SCARLET Raumfahrzeugen Echtzeitreaktionen, etwa zur Überwachung und Reaktion auf kurzlebige Phänomene wie Sonnenstürme, und unterstützt Verteidigungsanwendungen wie Aufklärung und Raketenerkennung.

Trotz seines Potenzials steht SCARLET vor technischen Herausforderungen, darunter das Gleichgewicht zwischen KI-Leistung und den Beschränkungen der Bordhardware wie Energie- und Wärmehaushalt. Die Gewährleistung der Zuverlässigkeit von KI-Systemen in allen Szenarien, einschließlich unvorhergesehener Extremfälle, bleibt eine Priorität. Zudem erschwert die Integration von SCARLET in bestehende Systeme und unterschiedliche Missionsarchitekturen das Design erheblich.

Zukünftige Weiterentwicklungen von SCARLET könnten die Integration von Quantencomputing zur Verbesserung der KI-Fähigkeiten umfassen, die Ausweitung auf vollständig autonome Missionsplanung und -durchführung sowie den Einsatz in neuen Raumfahrtanwendungen wie Weltraumtourismus und Asteroidenbergbau. SCARLET stellt einen bedeutenden technologischen Sprung in der Raumfahrtautonomie dar, indem es modernste KI, robuste Resilienzmechanismen und effizientes Datenmanagement kombiniert. Durch die Verringerung der Abhängigkeit von der Bodensteuerung und die Verbesserung der betrieblichen Effizienz ist SCARLET bereit, die Raumfahrtlandschaft zu transformieren und Missionen leistungsfähiger, kosteneffizienter und anpassungsfähiger zu machen.

Grundlagen des Raketenbaus und der Konstruktion

Das DARPA-Blackjack-Programm ist ein Beispiel für die Anwendung autonomer Systeme in Verteidigungs- und Sicherheitsmissionen. Dieses experimentelle Satellitenkonstellationsprogramm zielt darauf ab, ein Netzwerk kleiner Satelliten mit autonomen Fähigkeiten für Operationen im Orbit zu schaffen. Das Pit-Boss-Subsystem innerhalb von Blackjack legt den Schwerpunkt auf Autonomie, Systemintegration und Cybersicherheit, um sicherzustellen, dass die Konstellation komplexe Aufgaben ausführen kann und gleichzeitig widerstandsfähig gegenüber Cyberbedrohungen bleibt [491]. Dieses Programm stellt einen bedeutenden Fortschritt auf dem Weg zu robusten, dezentralisierten Satellitennetzwerken dar, die Aufklärung, Kommunikation und Navigation ohne starke Abhängigkeit von Bodenstationen durchführen können.

Das DARPA-Blackjack-Programm ist eine innovative Initiative, die darauf abzielt, die militärische Satellitenarchitektur zu revolutionieren, indem eine Konstellation kleiner, kostengünstiger Satelliten im niedrigen Erdorbit (LEO) eingesetzt wird. Das Projekt nutzt kommerzielle Raumfahrttechnologien, um ein widerstandsfähiges und verteiltes Satellitennetzwerk für nationale Sicherheitsmissionen zu schaffen. Zu den Hauptzielen des Programms gehören die Verbesserung der Missionsresilienz durch den Ersatz traditioneller, monolithischer Satelliten durch verteilte Konstellationen, die schwerer auszuschalten sind. Ein weiterer Schwerpunkt ist die Kosteneffizienz, durch die Nutzung kommerziell verfügbarer Satellitenbusse und Nutzlasten, wodurch Entwicklungs- und Startkosten erheblich reduziert werden. Zudem soll Blackjack fortgeschrittene autonome Fähigkeiten entwickeln, um die Abhängigkeit von Bodensteuerung zu verringern und schnelle, unabhängige Entscheidungen im Orbit zu ermöglichen. Ein weiteres Ziel ist die Integration militärischer und kommerzieller Datenströme zur Verbesserung der Lageerfassung.

Die Architektur der Blackjack-Konstellation ist darauf ausgelegt, Effizienz und Resilienz zu maximieren. Das Programm sieht die Stationierung von 20 bis 200 Kleinsatelliten im LEO in Höhen zwischen 500 und 1.200 Kilometern vor, wodurch niedrige Latenzzeiten und hohe Wiederholraten über Zielgebieten erreicht werden. Die Satelliten nutzen standardisierte kommerzielle Busse, wodurch Produktionskosten gesenkt und vorhandene Fertigungskapazitäten genutzt werden. Dieses verteilte Netzwerk stellt sicher, dass der Ausfall einzelner Satelliten das Gesamtsystem nicht gefährdet, da sie über Inter-Satellite-Links kommunizieren und ein selbstheilendes Mesh-Netzwerk bilden.

Ein zentrales Element des Programms ist das Pit-Boss-Subsystem, ein fortschrittlicher Autonomieprozessor, der es Satelliten ermöglicht, unabhängig oder koordiniert mit minimalem Bodeneingriff zu operieren. Pit Boss verarbeitet und priorisiert Daten an Bord, koordiniert verteilte Operationen und implementiert robuste Cybersicherheitsprotokolle. Das System integriert moderne Technologien wie KI für Echtzeitentscheidungen und Distributed-Ledger-Technologie für sicheren Datenaustausch und Befehlsverifikation.

Zu den Nutzlasten des Programms zählen militärische und kommerzielle Systeme, darunter Aufklärungs- und Überwachungssensoren (ISR) für Echtzeitabbildung, Kommunikationsnutzlasten für sichere Datenübertragung und Raketenerkennungssensoren für Frühwarnsysteme. Diese Nutzlasten sind modular und können flexibel an Missionsanforderungen angepasst werden. Der Start und die Stationierung erfolgen über kommerzielle Träger wie die Falcon 9 von SpaceX oder die Electron von Rocket Lab, wodurch schnelle und kostengünstige Einsätze möglich werden. Satelliten können in Chargen gestartet werden, um die Konstellation zu erweitern oder beschädigte Einheiten zu ersetzen.

Das Blackjack-Programm legt großen Wert auf Kosteneffizienz; DARPA strebt einen Stückpreis von 6 Millionen US-Dollar pro Satellit an – weit unter den Kosten traditioneller militärischer Satelliten, die oft Hunderte Millionen kosten. Dies wird durch die Verwendung kommerzieller Standardkomponenten, geringe Entwicklungszeiten und modularen Aufbau erreicht.

Die Integration kommerzieller und militärischer Technologien, die hohen Zuverlässigkeits- und Sicherheitsanforderungen gerecht werden müssen, stellt jedoch eine Herausforderung dar. Auch der Aufbau hoher Autonomiegrade bei gleichzeitiger Gewährleistung von Vertrauen und Transparenz ist komplex. Cybersicherheit bleibt ein kritischer Faktor, insbesondere aufgrund der starken Vernetzung der Systeme.

Die Vorteile autonomer Raumfahrzeugsysteme sind vielfältig. Sie erhöhen die Missionszuverlässigkeit, indem Raumfahrzeuge schnell auf unerwartete Bedingungen reagieren können – etwa, um Kollisionen mit Weltraumschrott zu vermeiden oder auf Geräteausfälle zu reagieren. Darüber hinaus steigert Autonomie die Produktivität, da Raumfahrzeuge Aufgaben unabhängig ausführen können, was besonders bei zeitkritischen Einsätzen vorteilhaft ist. Die reduzierte Kommunikationsabhängigkeit senkt zudem Risiken und Kosten und erlaubt nachhaltigere, skalierbarere Missionen.

Die Entwicklung autonomer Raumfahrzeugsysteme ist jedoch mit Herausforderungen verbunden. Eine wesentliche Hürde ist die Integration verschiedener Systeme – die Koordination von Software, Hardware und Missionszielen erfordert anspruchsvolle Ingenieursarbeit. Zudem benötigen autonome Systeme erhebliche Rechenleistung, die auf Raumfahrzeugen durch Gewicht, Energieverbrauch und begrenzten Platz eingeschränkt ist. Für die Bewältigung dieser Herausforderungen sind Fortschritte in der Computertechnik, der Systemarchitektur und den KI-Algorithmen erforderlich.

Mit steigenden Ambitionen der Weltraumforschung werden autonome Raumfahrzeugsysteme eine zentrale Rolle bei der Erweiterung der Missionsfähigkeiten spielen und die Ausdehnung menschlicher Präsenz im All vorantreiben. Durch ihre Fähigkeit, unabhängig zu operieren, ermöglichen diese Systeme komplexere, effizientere und kostengünstigere Missionen – und leiten damit eine neue Ära der Weltraumerkundung ein.

KI-gesteuerte Konstruktion und Optimierung

Künstliche Intelligenz (KI) und maschinelles Lernen (ML) werden heute eingesetzt, um jeden Aspekt der Raketenentwicklung zu verbessern – vom konzeptionellen Design über Tests und Fertigung bis hin zur Betriebsoptimierung.

KI-Algorithmen spielen bereits in den frühen Entwicklungsphasen eine zentrale Rolle, da sie Konstruktionsräume wesentlich effizienter erkunden können als herkömmliche Methoden. ML-

Grundlagen des Raketenbaus und der Konstruktion

Modelle analysieren große Datensätze, um optimale Designkonfigurationen basierend auf Missionsanforderungen zu identifizieren. KI-gestützte Werkzeuge ermöglichen Ingenieur*innen die Simulation von Aerodynamik, Antrieb und struktureller Integrität, wodurch der Bedarf an zeitaufwendigen und kostspieligen physischen Prototypen sinkt.

Generatives Design – ein spezielles KI-Verfahren – erlaubt die Entwicklung innovativer und unkonventioneller Raketenteile, indem tausende mögliche Geometrien untersucht werden. Diese Algorithmen balancieren konkurrierende Faktoren wie Gewicht, Festigkeit und thermische Eigenschaften aus und erzeugen hochoptimierte Designs für spezifische Missionen.

KI-Systeme werden zudem eingesetzt, um hochentwickelte Materialien für den Raketenbau zu identifizieren und zu entwickeln. Durch die Analyse von Materialeigenschaften und Testdaten kann KI leichte, robuste und hitzebeständige Materialien empfehlen. Außerdem simulieren KI-Werkzeuge das Verhalten dieser Materialien unter extremen Bedingungen wie hohen Temperaturen und Drücken, um ihre Zuverlässigkeit im Flug sicherzustellen.

In der additiven Fertigung (3D-Druck) verbessert KI den Prozess, indem sie den Materialeinsatz optimiert und mögliche Fehler bereits vor der Produktion erkennt. Dies reduziert Abfall und beschleunigt die Entwicklung komplexer Raketenkomponenten.

Im Bereich der Antriebssysteme optimiert KI Motorkonfigurationen und verbessert die Treibstoffeffizienz. ML-Modelle analysieren historische Leistungsdaten, um vorherzusagen, wie sich Designänderungen auf Schub, Treibstoffverbrauch und Wärmeentwicklung auswirken. Diese Erkenntnisse unterstützen die Feinabstimmung von Antrieben für unterschiedliche Missionsprofile, etwa LEO-Starts oder interplanetare Flüge.

KI erleichtert zudem die Entwicklung fortschrittlicher Antriebe wie elektrischer oder nuklearer Systeme, indem sie komplexe physikalische und chemische Prozesse modelliert. Dadurch werden Innovationen beschleunigt und technische Herausforderungen schneller identifiziert und gelöst.

Auch in der Testphase spielt KI eine große Rolle: KI-gestützte Systeme überwachen Testdaten in Echtzeit, identifizieren Anomalien und liefern verwertbare Hinweise. Prädiktive Analysen helfen, potenzielle Fehler vorherzusehen und zu beheben, bevor sie auftreten – ein entscheidender Faktor für die Vermeidung kostspieliger Testausfälle.

In der Fertigung verbessert KI die Qualitätssicherung, etwa durch Computervision und Sensordaten zur Erkennung von Defekten in Raketenteilen. So können mikroskopische Risse, Unregelmäßigkeiten oder Fehlstellungen entdeckt werden, die sonst möglicherweise unbemerkt geblieben wären.

KI-gestützte Optimierung beeinflusst auch autonome Flugsysteme, die Navigation, Kurskorrekturen und Landungen steuern. Bei wiederverwendbaren Raketen analysieren KI-Algorithmen Sensordaten, um präzise Landungen auf Drohnenschiffen oder Landeplätzen zu ermöglichen. Diese Systeme basieren auf Deep-Learning-Modellen, die mit riesigen Datensätzen aus Simulationen und realen Flügen trainiert wurden.

Autonome Systeme ermöglichen es Raketen außerdem, sich an unerwartete Flugbedingungen – etwa Wetteränderungen oder Teilausfälle – anzupassen und so Missionsziele sicher zu erreichen.

Ein wesentlicher Vorteil KI-gestützter Konstruktion ist die drastische Verkürzung von Entwicklungszeiten und -kosten. KI beschleunigt iterative Designprozesse, indem sie optimale Lösungen schneller findet als herkömmliche Methoden. Durch die Automatisierung routinemäßiger Aufgaben können Ingenieur*innen sich auf Innovation und Problemlösung konzentrieren.

Durch die Fähigkeit, Daten in Echtzeit zu verarbeiten und auszuwerten, können Raketen ihre Leistung im Flug optimieren. KI kann etwa Treibstofffluss, Schub und Flugbahn anpassen, um unvorhergesehene Variablen wie Wind oder Schwerpunktverlagerungen auszugleichen.

Die Zukunft der KI-gestützten Raketenentwicklung wird vermutlich durch technologische Durchbrüche wie Quantencomputing, digitale Zwillinge und kollaborative KI-Systeme geprägt. Diese Fortschritte versprechen erhebliche Verbesserungen bei Effizienz, Genauigkeit und Innovationsgeschwindigkeit in der Raumfahrtindustrie.

Quantencomputing hat das Potenzial, die Raketenentwicklung zu revolutionieren, indem Simulationen und Optimierungen exponentiell beschleunigt werden. Herkömmliche Computer kämpfen mit der enormen Komplexität von Raketensystemen, die eine Vielzahl von physikalischen, materialtechnischen und ingenieurwissenschaftlichen Abhängigkeiten beinhalten. Quantencomputer könnten diese hochkomplexen Systeme wesentlich schneller analysieren und völlig neue Konstruktionsmöglichkeiten für Antriebe, Strukturen oder thermale Systeme erschließen – und damit Optimierungen ermöglichen, die heute noch unerreichbar sind.

Digitale Zwillinge stellen einen weiteren transformativen Trend dar, da sie KI nutzen, um virtuelle Repliken von Raketen zu erstellen, die ihr reales Verhalten simulieren und vorhersagen. Diese KI-gestützten Modelle integrieren Daten aus allen Phasen des Raketenlebenszyklus – von der Konstruktion und Erprobung bis hin zu Start und Missionsbetrieb. Durch die Analyse dieser Daten liefern digitale Zwillinge wertvolle Einblicke in potenzielle Probleme, ermöglichen präventive Fehlerbehebung und iterative Verbesserungen. Dieser Ansatz erhöht die Zuverlässigkeit, verlängert die Lebensdauer von Raketensystemen und reduziert die Kosten für physische Tests und Wartung. Digitale Zwillinge ermöglichen außerdem kontinuierliche Anpassungen und Optimierungen während des Fluges, sodass Raketen unter dynamischen Bedingungen optimal arbeiten.

*Kollaborative KI-Systeme werden die Interaktion zwischen menschlichen Ingenieurinnen und intelligenten Technologien neu definieren. Anders als konventionelle KI-Werkzeuge, die weitgehend autonom agieren, sind kollaborative Systeme darauf ausgelegt, gemeinsam mit menschlichen Konstrukteur*innen zu arbeiten: Sie machen Vorschläge, führen Analysen durch und entwickeln sogar gemeinsam innovative Lösungen. Diese Systeme ermöglichen einen intuitiveren und effizienteren Entwicklungsprozess, bei dem KI menschliche Kreativität und Expertise durch datenbasierte Erkenntnisse und prädiktive Fähigkeiten ergänzt. Durch diese enge Zusammenarbeit können Entwicklungszyklen verkürzt, die Präzision erhöht und Innovationen im Raketenbau gefördert werden.

Zusammen markieren diese zukünftigen Trends einen Wandel hin zu intelligenteren, stärker integrierten und effizienteren Methoden in der Raketentechnik. Durch die Kombination der Rechenleistung von Quantencomputern, der prädiktiven Genauigkeit digitaler Zwillinge und der intuitiven Interaktion kollaborativer KI-Systeme steht die Raumfahrtindustrie an der Schwelle zu einer neuen Ära der Erforschung und technologischen Entwicklung. Diese Innovationen versprechen nicht

Grundlagen des Raketenbaus und der Konstruktion

nur leistungsfähigere Raketen, sondern machen die Raumfahrt auch zugänglicher, nachhaltiger und bedeutungsvoller für die Menschheit.

Mehrere KI-Werkzeuge revolutionieren derzeit die Raketenentwicklung, indem sie Prozesse optimieren, Effizienz steigern und die Gesamtleistung verbessern. Diese Werkzeuge decken alle Bereiche ab – von der frühen Konzeptphase bis zur Analyse nach dem Start – und integrieren maschinelles Lernen, Datenanalyse und simulationsgestützte Konstruktion, um den gesamten Entwicklungszyklus zu modernisieren.

Generatives Design nutzt KI-Algorithmen, um zahlreiche Konstruktionsvarianten basierend auf Parametern wie Gewicht, Festigkeit und Materialeigenschaften zu erzeugen. Software wie Autodesk Fusion 360 mit generativem Design erlaubt Ingenieur*innen, innovative Strukturen für Raketenkomponenten – etwa Treibstofftanks oder Rumpfsegmente – zu entwickeln, die leichter sind und gleichzeitig eine hohe strukturelle Integrität aufweisen.

AI-gestützte Strömungssimulation (CFD) kommt in Tools wie ANSYS Fluent oder Siemens Simcenter zum Einsatz. Durch maschinelles Lernen werden Simulationen beschleunigt, indem Modelle aerodynamische Ergebnisse anhand historischer Daten vorhersagen. Dies ermöglicht eine schnelle Optimierung von Aerodynamik und thermischem Management.

Strukturanalysewerkzeuge wie Altair OptiStruct und Abaqus nutzen KI, um Belastungen, Verformungen und strukturelle Schwachstellen unter verschiedenen Bedingungen zu analysieren. So entstehen leichte, robuste Raketenstrukturen, die auf Zuverlässigkeit und Effizienz optimiert sind.

KI-gestützte Missionsplanung erfolgt mittels Tools wie AGI's Systems Tool Kit (STK), die Flugbahnen, Startfenster und Nutzlastmanöver automatisch optimieren. Dadurch werden Planungszeiten deutlich verkürzt und Missionsrisiken reduziert.

Antriebssysteme profitieren ebenfalls von KI, etwa durch MBSE-Plattformen wie MATLAB und Simulink. Hier simuliert KI Triebwerksleistung, Treibstoffeffizienz und Schubvektoren, um optimale Konstruktionen zu identifizieren, bevor physische Prototypen gebaut werden.

Materialforschungstools wie Materials Studio und Quantum Espresso setzen maschinelles Lernen ein, um neue hitzebeständige Legierungen und ultraleichte Verbundstoffe zu entwickeln – entscheidend für robustere und effizientere Raketen.

Digitale Zwillinge von Anbietern wie Siemens oder GE Digital erstellen virtuelle Raketenmodelle, die Leistungsdaten in Echtzeit bereitstellen, Wartungsbedarf prognostizieren und die Zuverlässigkeit kritischer Systeme erhöhen.

Additive Fertigung (3D-Druck) wird durch KI-Tools wie Autodesk Netfabb oder Siemens NX optimiert, die Materialverbrauch reduzieren, Druckfehler minimieren und die Herstellung komplexer Komponenten wie Injektoren oder Kühlkanäle verbessern.

Autonome Navigation und Steuerung nutzt Plattformen wie TensorFlow oder PyTorch, um intelligente Flugsteuerungsalgorithmen zu entwickeln. Diese ermöglichen präzise orbitale Insertionen und sichere Landungen – essenziell für wiederverwendbare Raketen.

Telemetrie- und Launchdatenanalyse erfolgt mittels AWS SageMaker oder IBM Watson, die umfangreiche Datensätze in Echtzeit auswerten, Anomalien identifizieren und die Zuverlässigkeit zukünftiger Missionen erhöhen.

Diese KI-Werkzeuge verändern die Luft- und Raumfahrtindustrie grundlegend, indem sie Innovation beschleunigen, Kosten senken und die Sicherheit und Effizienz der Raumfahrt erhöhen. Mit zunehmendem Fortschritt werden KI-basierte Methoden eine immer zentralere Rolle im Raketenbau spielen und die Grenzen des technisch Machbaren weiter verschieben.

Roboter in Konstruktion, Wartung und Weltraumforschung

Roboter spielen eine transformative Rolle beim Raketenbau, bei der Wartung und in der Weltraumforschung, da sie Effizienz, Präzision und die Fähigkeit bieten, Aufgaben in Umgebungen auszuführen, die für Menschen gefährlich oder unzugänglich sind. Von der Automatisierung von Produktionsprozessen bis zur Unterstützung bei Tiefenraummissionen sind Robotersysteme in der Luft- und Raumfahrtindustrie unverzichtbar geworden.

Roboter werden im Raketenbau umfassend eingesetzt, um Präzision zu verbessern, Sicherheit zu erhöhen und Kosten zu senken.

Automatisierte Montage: Roboterarme und automatisierte Systeme sind entscheidend für die Montage von Raketenteilen. Aufgaben wie Schweißen, Verschrauben und Materialhandhabung erfordern ein hohes Maß an Genauigkeit, das Roboter konstant gewährleisten können. So werden robotergestützte Systeme beispielsweise zur Montage von Treibstofftanks, zur Anbringung von Hitzeschutzsystemen und zur Integration von Nutzlasten eingesetzt.

Fertigung von Verbundwerkstoffen: Raketen nutzen häufig leichte und dennoch extrem feste Verbundmaterialien. Roboter werden beim Faserwickeln und bei der automatisierten Faserplatzierung eingesetzt, um diese Komponenten präzise herzustellen und eine gleichmäßige Struktur sowie hohe Festigkeit sicherzustellen.

3D-Druck: Die additive Fertigung, die von Robotersystemen unterstützt wird, revolutioniert die Herstellung von Raketenteilen. Roboter drucken komplexe Komponenten wie Triebwerksdüsen und Treibstoffeinspritzsysteme mit weniger Materialabfall und kürzeren Produktionszeiten. Unternehmen wie SpaceX und Rocket Lab setzen 3D-Druck in großem Umfang ein.

Inspektion und Qualitätskontrolle: Roboter mit fortschrittlichen Sensoren, Kameras und KI-Algorithmen führen zerstörungsfreie Prüfungen (NDT) durch, um Fehler in Raketenkomponenten frühzeitig zu erkennen. Sie stellen sicher, dass alle Teile strengen Sicherheits- und Leistungsanforderungen entsprechen und das Risiko von Ausfällen während des Starts oder Betriebs minimiert wird.

Roboter ermöglichen zudem eine effiziente und präzise Wartung von Raketen, sowohl am Boden als auch im Weltraum.

Grundlagen des Raketenbaus und der Konstruktion

Wartung der Startrampen: Roboter werden zur Inspektion und Instandhaltung von Startrampen eingesetzt, die beim Start extremen Bedingungen ausgesetzt sind. Autonome Systeme können Abnutzung erkennen, Oberflächen reinigen und Reparaturen durchführen, wodurch die Zeit zwischen den Starts reduziert wird.

Inspektion wiederverwendbarer Raketen: Bei wiederverwendbaren Systemen wie SpaceX' Falcon 9 prüfen Roboter nach der Bergung Triebwerke, Landebeine und Hitzeschutzsysteme. Dies gewährleistet die Sicherheit und Funktionsfähigkeit der Bauteile für Folgemissionen und beschleunigt den Aufarbeitungsprozess.

Überwachung kryogener Systeme: Roboter überwachen und warten kryogene Treibstoffsysteme, bei denen extrem niedrige Temperaturen und hochreaktive Substanzen gehandhabt werden. Sie stellen sicher, dass Dichtungen funktionieren, Lecks erkannt werden und der Druck korrekt reguliert wird.

Roboter sind auch für Weltraummissionen unverzichtbar, da sie Aufgaben ausführen, die menschliche Fähigkeiten in abgelegenen und extrem feindlichen Umgebungen übersteigen.

Planetare Rover: Robotische Rover wie NASAs Perseverance und Curiosity erkunden Planetenoberflächen, führen Experimente durch und sammeln Daten. Diese Systeme sind mit hochentwickelten Instrumenten, Kameras und Geländemobilität ausgestattet, um schwieriges Terrain und extreme Umweltbedingungen zu meistern.

Robotische Arme und Manipulatoren: Roboterarme – wie der Canadarm2 auf der Internationalen Raumstation – werden eingesetzt, um Satelliten einzufangen, Reparaturen durchzuführen und Strukturen im Weltraum zu montieren. Sie ermöglichen Astronauten präzise Manipulationen in der Schwerelosigkeit.

Abbildung 91: Im Gegensatz zum Canadarm des Space Shuttles ist Canadarm2 nicht dauerhaft an einem Ende verankert. Dieses Design verleiht Canadarm2 die Fähigkeit, auf eigene Weise über die Internationale Raumstation zu „laufen". Canadarm2 kann sich von einem Ende zum anderen zu Befestigungspunkten bewegen, die um die Außenstruktur der Station herum angebracht sind. Jeder dieser Befestigungspunkte stellt dem Arm Strom sowie eine Computer- und Videoverbindung zu den Astronauten im Inneren zur Verfügung. Defense Visual Information Distribution Service, Public Domain, über National Archives and Defense Visual Information Distribution Service.

Autonome Raumfahrzeuge: Autonome robotische Raumfahrzeuge wie die europäische *Rosetta*-Sonde oder NASAs *OSIRIS-REx* führen komplexe Missionen durch, darunter die Entnahme von Proben auf Asteroiden und die Erforschung von Kometen. Diese Roboter arbeiten selbstständig und treffen Entscheidungen auf Grundlage vorprogrammierter Algorithmen und Echtzeitdaten.

In-situ-Ressourcennutzung (ISRU): Künftige Missionen planen den Einsatz von Robotern zur Nutzung lokaler Ressourcen, etwa zur Gewinnung von Sauerstoff oder Wasser aus Mondregolith oder zum Bau von Habitaten auf dem Mars. Robotische Systeme werden eine entscheidende Rolle dabei spielen, eine langfristige menschliche Präsenz im Weltraum nachhaltig zu ermöglichen.

Satellitenwartung: Roboter werden zunehmend für die Wartung von Satelliten im Orbit eingesetzt, einschließlich Betankung, Reparaturen und Upgrades. NASAs *Robotic Refuelling Mission* und Northrop Grummans *Mission Extension Vehicle* zeigen das Potenzial robotischer Systeme, die Lebensdauer von Satelliten zu verlängern und Weltraumschrott zu reduzieren.

Grundlagen des Raketenbaus und der Konstruktion

Roboter bieten in verschiedenen Phasen der Luft- und Raumfahrtentwicklung erhebliche Vorteile – insbesondere in Bezug auf Sicherheit, Präzision, Effizienz und Autonomie. Ihre Fähigkeit, in extremen Umgebungen zu arbeiten, reduziert Risiken für menschliche Arbeitskräfte erheblich und macht sie unverzichtbar für Aufgaben unter gefährlichen Bedingungen, wie etwa bei Tiefraumforschungsmissionen oder beim Umgang mit hochreaktiven Materialien während der Raketenherstellung und -wartung.

Robotersysteme zeichnen sich durch ihre außergewöhnliche Genauigkeit aus, die in der Luft- und Raumfahrt von entscheidender Bedeutung ist, da selbst kleinste Fehler katastrophale Folgen haben können. Von der Montage komplexer Bauteile bis zur Durchführung präziser Reparaturen im Weltraum liefern Roboter die erforderliche Präzision, um höchste Qualitäts- und Leistungsstandards einzuhalten.

Effizienz ist ein weiterer entscheidender Vorteil robotischer Systeme. Durch die Optimierung von Prozessen in Fertigung, Wartung und Exploration sparen Roboter Zeit und Kosten, ermöglichen kürzere Durchlaufzeiten und steigern die Produktivität. Ihre Fähigkeit, sich wiederholende und arbeitsintensive Aufgaben zu übernehmen, entlastet menschliche Fachkräfte, die sich dadurch auf höherwertige Problemlösung und Innovation konzentrieren können.

Die Autonomie von Robotern ist besonders für Tiefraum-Missionen revolutionär, bei denen Echtzeit-Kontrolle durch Menschen aufgrund von Kommunikationsverzögerungen oft unmöglich ist. Autonome Roboter können eigenständig Entscheidungen treffen, sich an unerwartete Bedingungen anpassen und komplexe Aufgaben erfüllen – und so den Erfolg von Missionen selbst in herausfordernden und unvorhersehbaren Umgebungen sicherstellen.

Mit dem fortschreitenden technologischen Fortschritt wird die Rolle der Robotik in der Luft- und Raumfahrt weiter wachsen. Roboter verändern jede Phase der Raketenentwicklung, des Betriebs und der Erforschung und eröffnen neue Möglichkeiten für die Zusammenarbeit zwischen Mensch und Maschine – und damit das Potenzial für bahnbrechende Fortschritte in der Weltraumforschung und darüber hinaus.

Richard Skiba

TEIL 6

Herausforderungen und Chancen

Kapitel 16
Regulierung und Ethik in der Weltraumforschung

Internationale Weltraumgesetze und -verträge

Internationale Weltraumgesetze und -verträge sind wesentliche Rahmenwerke, die die friedliche, verantwortungsvolle und gerechte Nutzung des Weltraums fördern. Diese rechtlichen Vereinbarungen regeln zentrale Themen wie die Bewaffnung des Weltraums, die Erforschung, den Satellitenbetrieb, die Haftung bei Schäden, den Umweltschutz und die gerechte Aufteilung von Weltraumnutzen. Sie bieten einen strukturierten Ansatz zur Bewältigung der komplexen Herausforderungen der Weltraumerkundung und -operationen, insbesondere im Zusammenhang mit dem Einsatz von Raketen.

Der Weltraumvertrag (Outer Space Treaty, OST), der 1967 von den Vereinten Nationen verabschiedet wurde, bildet den Grundpfeiler des internationalen Weltraumrechts. Dieses Abkommen legt grundlegende Prinzipien für die Weltraumerkundung und die Nutzung von Raketen fest. Es schreibt vor, dass der Weltraum, einschließlich des Mondes und anderer Himmelskörper, ausschließlich zu friedlichen Zwecken genutzt werden darf und verbietet die Stationierung von Massenvernichtungswaffen. Der Vertrag stellt zudem klar, dass kein Staat Souveränitätsansprüche über den Weltraum oder Himmelskörper erheben darf, wodurch territoriale Konflikte verhindert werden. Weiterhin verpflichtet er Staaten, Verantwortung für ihre Weltraumaktivitäten zu übernehmen, einschließlich jener privater Akteure, und betont die Pflicht, schädliche Kontamination des Weltraums und der Himmelskörper zu verhindern.

Aufbauend auf dem OST legt das Rettungsabkommen (1968) Protokolle für die Hilfeleistung gegenüber Astronauten in Not sowie für die Bergung von Raumfahrzeugen oder Raketen fest, die in die Erdatmosphäre zurückkehren. Dieses Abkommen verpflichtet Staaten zur Unterstützung und fördert die internationale Zusammenarbeit, um geborgene Weltraumobjekte an den Startstaat zurückzugeben.

Das Haftungsübereinkommen (1972) definiert die Haftungsregeln für Schäden, die durch Weltraumobjekte wie Raketen verursacht werden. Danach haften Startstaaten uneingeschränkt für Schäden auf der Erde oder in der Atmosphäre. Im Weltraum gilt eine Verschuldenshaftung, wodurch Verantwortlichkeit und Entschädigung bei Zwischenfällen geregelt werden.

Das Registrierungsübereinkommen (1976) verpflichtet Staaten, ihre Weltraumobjekte – einschließlich Raketenstufen – bei den Vereinten Nationen zu registrieren. Dieses zentrale Register dokumentiert wichtige Informationen wie Umlaufbahnparameter und den Zweck des Weltraumobjekts. Die Registrierung fördert Transparenz und erleichtert das Nachverfolgen von Objekten, insbesondere solcher, die potenziell Weltraumschrott darstellen.

Das Mondabkommen (1984) erweitert die Prinzipien zur Nutzung des Mondes und anderer Himmelskörper. Es verbietet die Militarisierung des Mondes und betont die gerechte Verteilung von Ressourcen, die aus der Erforschung gewonnen werden. Obwohl weniger weit verbreitet als der OST, enthält das Abkommen wichtige Regelungen für zukünftige Raketenmissionen im Kontext der Ressourcenextraktion.

Die Leitlinien für die langfristige Nachhaltigkeit der Weltraumaktivitäten des UN-Ausschusses für die friedliche Nutzung des Weltraums (COPUOS) fördern nachhaltige Praktiken im Weltraumbetrieb, einschließlich Raketenstarts. Diese Richtlinien konzentrieren sich auf die Minimierung von Weltraumschrott, die Entwicklung von Technologien zur Schrottvermeidung und die internationale Koordination zur Vermeidung von Kollisionen und für sichere Raketenoperationen.

Das Raketentechnologie-Kontrollregime (Missile Technology Control Regime, MTCR), eine informelle politische Vereinbarung, hat das Ziel, die Verbreitung von Raketentechnologien zu verhindern, die als Trägersysteme für Massenvernichtungswaffen dienen könnten. Obwohl auf Waffen fokussiert, sind seine Prinzipien auch für Raketen mit zivilen und militärischen Doppelanwendungen relevant.

Mit der fortschreitenden Entwicklung der Raketentechnik und der zunehmenden Weltraumerkundung stehen diese internationalen Gesetze vor neuen Herausforderungen. Die wachsende Beteiligung privater Unternehmen an Raketenstarts und Satellitenoperationen wirft Fragen der Aufsicht und Haftung auf. Das Management von Weltraumschrott bleibt ein kritisches Problem, da Raketen einen erheblichen Anteil an der Entstehung von Trümmern haben und verbindliche globale Vereinbarungen fehlen. Auch die drohende Bewaffnung des Weltraums ist eine Sorge, da der OST nur Massenvernichtungswaffen verbietet, nicht jedoch andere militärische Aktivitäten. Darüber hinaus bleibt der gerechte Zugang zu Weltraumressourcen und Technologien für Entwicklungsländer ein wichtiges Thema.

Internationale Weltraumgesetze und -verträge bilden die Grundlage für eine kooperative und friedliche Weltraumforschung – insbesondere im Zusammenhang mit Raketen. Mit dem technologischen Fortschritt und der Zunahme von Weltraumaktivitäten müssen diese Rahmenwerke weiterentwickelt werden, um neuen Herausforderungen zu begegnen. Dadurch bleibt gewährleistet, dass Weltraumforschung und -nutzung der gesamten Menschheit zugutekommen.

Weltraumrecht ist ein sich entwickelndes Gefüge aus internationalen und nationalen Rechtsrahmen, die Aktivitäten im Weltraum regeln. Dieses Rechtsgebiet umfasst eine breite Palette von Themen, darunter die Weltraumerkundung, Haftung bei Schäden, Waffenregulierung, Rettungsoperationen, Umweltschutz, die Regulierung neuer Technologien und ethische Fragen. Die Einbindung von Bereichen wie Verwaltungsrecht, Patentrecht, Rüstungskontrollrecht, Versicherungsrecht und Umweltrecht verdeutlicht die Komplexität weltraumbezogener Aktivitäten [492-495].

Die Ursprünge des Weltraumrechts lassen sich bis ins frühe 20. Jahrhundert zurückverfolgen, insbesondere mit der Anerkennung der nationalen Souveränität über den Luftraum, die 1919

Grundlagen des Raketenbaus und der Konstruktion

eingeführt und durch das Chicagoer Abkommen von 1944 bekräftigt wurde. Die Ära des Kalten Krieges beschleunigte die Entwicklung umfassender Weltraumgesetze erheblich – vor allem nach dem Start von Sputnik 1 im Jahr 1957, der die USA zur Gründung der NASA durch den Space Act veranlasste. In dieser Zeit entwickelte sich das Weltraumrecht zu einem eigenständigen Rechtsgebiet, das sich klar vom traditionellen Luft- und Raumfahrtrecht unterschied und die besonderen Herausforderungen der internationalen Grenzenlosigkeit der Weltraumaktivitäten adressieren sollte [496, 497].

Das Herzstück des Weltraumrechts ist der Weltraumvertrag von 1967 (Outer Space Treaty, OST), der grundlegende Prinzipien für die Erforschung und Nutzung des Weltraums festlegt. Er schreibt vor, dass der Weltraum ausschließlich zu friedlichen Zwecken genutzt werden darf und verbietet die Stationierung von Massenvernichtungswaffen im Weltraum. Der Vertrag verankert zudem das Nichtaneignungsprinzip, nach dem kein Staat Souveränität über Himmelskörper beanspruchen darf. Weiterhin macht der OST Staaten für alle ihre Weltraumaktivitäten verantwortlich – unabhängig davon, ob diese staatlich oder privat durchgeführt werden – und betont die Bedeutung der Vermeidung schädlicher Kontamination des Weltraums [493, 494, 496].

Ergänzend zum OST wurden weitere wichtige Abkommen verabschiedet, die verschiedene Aspekte der Weltraumnutzung regeln.

- Das Rettungsabkommen (1968) fördert internationale Zusammenarbeit bei der Rettung von Astronauten und der Bergung von Weltraumobjekten.
- Das Haftungsübereinkommen (1972) legt detaillierte Haftungsregeln für Schäden fest, die durch Weltraumobjekte entstehen – sowohl auf der Erde als auch im Weltraum.
- Das Registrierungsübereinkommen (1976) verpflichtet Staaten, ihre Weltraumobjekte bei den Vereinten Nationen zu registrieren, um Transparenz und Verantwortlichkeit zu fördern.
- Der Mondvertrag (1979) regelt die Nutzung des Mondes und anderer Himmelskörper, unterstreicht deren ausschließlich friedliche Nutzung und die gerechte Verteilung der gewonnenen Ressourcen – wurde jedoch nur von wenigen Staaten ratifiziert [492, 494, 496].

Die Governance von Weltraumaktivitäten wird zusätzlich durch internationale Prinzipien und Erklärungen der Vereinten Nationen geprägt, die unter anderem die Nutzung künstlicher Erdsatelliten, die Fernerkundung, den Einsatz nuklearer Energie im Weltraum sowie die internationale Kooperation betreffen. Der im OST verankerte Grundsatz, dass der Weltraum die *„Provinz der gesamten Menschheit"* ist, leitet bis heute die internationale Weltraumpolitik und betont, dass die Nutzung des Weltraums allen Menschen zugutekommen soll [492].

Beispielhafte internationale Kooperation zeigt das ISS-Abkommen von 1998, das die Zuständigkeiten und Rechtsrahmen für die Internationale Raumstation festlegt. Es regelt unter anderem die Jurisdiktion über Module, Fragen des geistigen Eigentums und dient als potenzielles Modell für zukünftige internationale Regelwerke zu Mond- oder Marsbasen [492-494].

Das Weltraumrecht steht jedoch vor großen Herausforderungen. Die Festlegung der Grenze zwischen Luft- und Weltraum, die gerechte Zuteilung geostationärer Orbitalpositionen und das Management von Weltraumschrott gehören zu den drängendsten Problemen. Die wachsende Rolle privater

Raumfahrtunternehmen wirft zusätzliche Fragen bezüglich Regulierung, Eigentumsrechten an Ressourcen und ethischer Verantwortung auf [492, 494, 495].

Auch Umweltaspekte gewinnen stark an Bedeutung. Dazu gehören die Vermeidung von Weltraumschrott, der Schutz extraterrestrischer Umgebungen und die Regulierung des Einsatzes nuklearer Energie im Weltraum. Bioengineering-Maßnahmen zur Vermeidung von Kontamination und ethische Leitlinien zur Achtung extraterrestrischer Ökosysteme werden zunehmend wichtiger [492].

Forschung und Bildung spielen eine zentrale Rolle bei der Weiterentwicklung des Weltraumrechts. Universitäten wie McGill und Mississippi sind führend in der Ausbildung und Forschung, während internationale Projekte wie das McGill-MILAMOS-Manual versuchen, die Rechtslage für militärische Weltraumnutzungen zu klären. Organisationen wie die Open Lunar Foundation erforschen neue Governance-Modelle, einschließlich des Schutzes von Weltraumkulturerbe und der verantwortungsvollen Nutzung lunaren Ressourcen [492-494].

Mit der zunehmenden Präsenz der Menschheit im Weltraum wächst die Notwendigkeit robuster und moderner Rechtsrahmen. Internationale Kooperation, ethische Verantwortung und nachhaltige Praktiken werden entscheidend sein, um sicherzustellen, dass Weltraumerkundung und -nutzung weiterhin ein gemeinsames Projekt zum Wohle der gesamten Menschheit bleiben. Das Weltraumrecht entwickelt sich stetig weiter – im Einklang mit den Herausforderungen und Chancen, die dieses dynamische neue Zeitalter der Weltraumaktivitäten mit sich bringt [492-494].

Ausgleich zwischen Exploration und ökologischer Verantwortung

Die Balance zwischen Weltraumforschung und ökologischer Verantwortung ist eine zunehmend entscheidende Herausforderung, da die Menschheit ihren Einflussbereich über die Erde hinaus ausweitet. Die zwei zentralen Ziele – die Förderung wissenschaftlicher Erkenntnisse und der Schutz sowohl der irdischen als auch der außerirdischen Umwelt – erfordern sorgfältige Planung, Regulierung und Innovation. Weltraumforschung bietet bedeutende Chancen für wissenschaftliche Entdeckungen und technologische Fortschritte; zugleich wirft sie dringende Fragen zu Verschmutzung, Ressourcennutzung und Kontamination auf, die adressiert werden müssen, um nachhaltige Praktiken sicherzustellen [26, 498, 499].

Eines der größten Umweltprobleme im Zusammenhang mit der Weltraumforschung ist die Entstehung von Weltraumschrott. Jeder Raketenstart trägt zur Ansammlung ausgedienter Raketenstufen, funktionsunfähiger Satelliten und Trümmerteile aus Kollisionen bei und schafft so eine gefährliche Umgebung im niedrigen Erdorbit. Diese Trümmer stellen Risiken für aktive Satelliten, Raumstationen und zukünftige Missionen dar, weshalb Strategien zur Schrottreduzierung notwendig sind. Dazu gehören die Konstruktion von Raketen und Satelliten für den kontrollierten Wiedereintritt, der Einsatz aktiver Entsorgungstechnologien und internationale Vereinbarungen, die eine gemeinsame Verantwortung für das Management des Orbits festlegen [26, 499]. Die UN-Leitlinien zur langfristigen Nachhaltigkeit des Weltraums betonen die Notwendigkeit gemeinschaftlicher Maßnahmen zur Reduzierung der Orbitalverschmutzung [101].

Grundlagen des Raketenbaus und der Konstruktion

Raketenstarts tragen zudem zur atmosphärischen Verschmutzung und zum Klimawandel bei. Die Verbrennung von Raketentreibstoffen setzt Treibhausgase, Partikel und weitere Schadstoffe frei, die das Klimasystem beeinflussen können. Obwohl der derzeitige Umfang dieser Emissionen im Vergleich zu anderen Industrien gering ist, könnte das erwartete Wachstum von Raketenstarts durch kommerzielle Programme und Weltraumtourismus ihre Auswirkungen deutlich verstärken [26, 499, 500]. Die Entwicklung sauberer Antriebstechnologien – etwa methanbasierte Triebwerke oder elektrische und hybride Systeme – ist entscheidend, um den ökologischen Fußabdruck der Weltraumforschung zu reduzieren [498, 501, 502]. Forschungsergebnisse zeigen, dass die atmosphärischen Folgen von Raketenemissionen, einschließlich Störungen der Ozonchemie und des Strahlungsantriebs, erheblich sind und weitere Untersuchungen erfordern [26, 500].

Ein weiterer zentraler Aspekt ökologischer Verantwortung ist der Schutz Himmelskörper vor Kontamination. Planetary-Protection-Protokolle, die von Organisationen wie NASA und dem COSPAR entwickelt wurden, sollen verhindern, dass irdische Mikroorganismen andere Planeten oder Monde verunreinigen. Diese Maßnahmen sind entscheidend, um den natürlichen Zustand dieser Himmelskörper zu bewahren und die Integrität zukünftiger wissenschaftlicher Untersuchungen – insbesondere bei der Suche nach außerirdischem Leben – sicherzustellen [101, 498]. Ebenso wichtig ist die Prävention eines möglichen Einschleppens außerirdischer Mikroorganismen zur Erde, um die Biosphäre vor biologischen Risiken zu schützen [498].

Die extraterrestrische Rohstoffgewinnung bietet Chancen und Herausforderungen zugleich. Der Abbau wertvoller Materialien auf Asteroiden, dem Mond oder anderen Himmelskörpern könnte den Bedarf an ressourcenintensiven Starts von der Erde verringern und den Aufbau weltraumgestützter Infrastruktur unterstützen. Dennoch müssen solche Aktivitäten auf Grundlage ethischer und ökologischer Prinzipien erfolgen, um Übernutzung, Umweltstörungen oder geopolitische Konflikte über Rohstoffansprüche zu vermeiden. Transparente internationale Vereinbarungen, orientiert an den Prinzipien des Weltraumvertrags, sind notwendig, um eine verantwortungsvolle und gerechte Nutzung sicherzustellen [26, 498, 499].

Auch auf der Erde hinterlässt die Weltraumforschung ökologische Spuren. Der Bau und Betrieb von Startanlagen, Bodenstationen und Testeinrichtungen kann lokale Ökosysteme stören und Lebensräume beeinträchtigen. Um diese Auswirkungen zu minimieren, müssen Raumfahrtagenturen und private Unternehmen nachhaltige Praktiken einführen – z. B. sparsame Landnutzung, Schutz der Biodiversität und Nutzung erneuerbarer Energiequellen [26, 498, 499]. Innovationen wie grüne Antriebstechnologien, recycelbare Satellitenkomponenten und autonome Deorbit-Systeme zeigen, wie technologische Fortschritte mit ökologischer Verantwortung vereinbar sind [498].

Öffentliches Bewusstsein und politische Rahmenbedingungen spielen ebenfalls eine entscheidende Rolle. Die Aufklärung der Beteiligten über die ökologischen Auswirkungen der Weltraumforschung und die Integration von Nachhaltigkeit in nationale und internationale Raumfahrtpolitiken können bedeutende Fortschritte fördern. Transparenz und die Einhaltung globaler Umweltstandards stärken das Vertrauen und die Kooperation zwischen raumfahrenden Nationen und Organisationen [26, 498, 499].

Finanzielle und logistische Hürden

Die Gestaltung und Konstruktion von Raketen gehören zu den komplexesten ingenieurtechnischen Leistungen und erfordern erhebliche finanzielle Investitionen sowie eine anspruchsvolle logistische Planung. Diese Herausforderungen ergeben sich aus der komplexen Natur von Raketensystemen, der erforderlichen Präzision und dem Umfang der Entwicklungs- und Einsatzprozesse.

Die Raketenentwicklung ist durch außergewöhnlich hohe Forschungs- und Entwicklungskosten (F&E) gekennzeichnet, die häufig Milliardenbeträge erreichen. Diese finanzielle Belastung resultiert aus dem Bedarf an fortschrittlichen Materialien, modernsten Antriebstechnologien und umfangreichen Testprotokollen, die auf Sicherheit und optimale Leistung ausgelegt sind. Die iterative Natur des Entwicklungsprozesses verstärkt diese Kosten weiter, da jeder Prototypenfehler Neuentwürfe erforderlich macht, die sowohl ressourcenintensiv als auch zeitaufwendig sind.

Auch der Herstellungsprozess für Raketen erhöht den finanziellen Druck. Er umfasst die Produktion spezialisierter Komponenten wie Antriebssysteme, Steuermechanismen und thermischer Schutzsysteme. Diese Komponenten müssen häufig individuell gefertigt werden und verwenden teure Materialien wie leichte Verbundwerkstoffe und hitzebeständige Legierungen. Zudem erhöhen Präzisionsbearbeitung, Montage in Reinräumen und strenge Qualitätskontrollen die Produktionskosten erheblich.

Die Einhaltung gesetzlicher Vorgaben stellt eine weitere finanzielle Komplexität dar. Die Erfüllung internationaler und nationaler Vorschriften – einschließlich Umweltstandards und Sicherheitszertifizierungen – erfordert erhebliche Ressourcen. Kosten im Zusammenhang mit dem Erhalt von Startgenehmigungen, der Durchführung von Umweltverträglichkeitsprüfungen und der Einhaltung von Exportkontrollen für sensible Technologien erhöhen den finanziellen Aufwand weiter.

Auch Versicherungskosten belasten das Budget stark. Angesichts des hohen Risikos von Raketenstarts ist umfassender Versicherungsschutz unverzichtbar. Dazu gehören Absicherungen gegen Startfehlschläge, Nutzlastausfälle oder Schäden an Eigentum Dritter, die Schadenssummen in dreistelliger Millionenhöhe verursachen können. Daher fallen die Versicherungsprämien für Raketenprojekte besonders hoch aus.

Schließlich sind die finanziellen Erträge aus Investitionen in die Raketenentwicklung häufig langfristig und unsicher. Unternehmen müssen in der Regel längere Wartezeiten in Kauf nehmen, bevor sie ihre Ausgaben wieder einspielen können. Diese verzögerte Kapitalrendite macht die Branche für risikoaverse Investoren weniger attraktiv, sodass viele Raketenprogramme auf staatliche Aufträge oder Subventionen angewiesen sind, um ihre Aktivitäten fortzuführen.

Die Kosten für die Herstellung einer Rakete vom Entwurf bis zum Start hängen von verschiedenen Faktoren ab, darunter der Raketentyp, die Nutzlastkapazität, die Missionsziele und die verwendete Technologie. Diese Variabilität zeigt sich in verschiedenen Kategorien von Trägerraketen, die in die Klassen klein, mittel, schwer und superschwer eingeteilt werden können.

Kleine Trägerraketen wie Rocket Labs Electron und Firefly Aerospace's Alpha sind für den Transport leichter Nutzlasten ausgelegt und kosten typischerweise zwischen 2 und 15 Millionen US-Dollar für

Grundlagen des Raketenbaus und der Konstruktion

Produktion und Start. Die anfänglichen Forschungs- und Entwicklungskosten (F&E) liegen zwischen 10 und 50 Millionen US-Dollar, während die Produktionskosten pro Einheit etwa 1 bis 5 Millionen US-Dollar betragen. Startkosten, einschließlich Logistik und Bodensysteme, können weitere 1 bis 10 Millionen US-Dollar ausmachen. Die Nachfrage nach kostengünstigem Zugang zum Weltraum wird vor allem durch kommerzielle Anwendungen getrieben und beeinflusst die Preisstrategien kleiner Trägerraketen [503].

Mittelgroße Trägerraketen wie SpaceX' Falcon 9 können Nutzlasten zwischen 5 und 20 Tonnen in einen niedrigen Erdorbit (LEO) transportieren. Die Kosten für diese Raketen liegen pro Start zwischen 60 und 100 Millionen US-Dollar. Die Entwicklungsphase kann Ausgaben zwischen 500 Millionen und 1 Milliarde US-Dollar erfordern, während die Produktionskosten pro Einheit auf 30 bis 40 Millionen US-Dollar geschätzt werden. Die Startkosten für Missionen dieser Klasse liegen typischerweise zwischen 30 und 60 Millionen US-Dollar. Die Fortschritte in der Wiederverwendbarkeit, insbesondere bei der Falcon 9, haben die Startkosten erheblich reduziert und einen branchenweiten Trend zu kosteneffizienteren Lösungen ausgelöst [504].

Schwerlastträgerraketen wie die Falcon Heavy oder die Delta IV Heavy von United Launch Alliance können mehr als 20 Tonnen in den LEO transportieren, wobei Startkosten zwischen 100 und 300 Millionen US-Dollar anfallen. Die F&E-Kosten für diese Raketen können zwischen 1 und 2 Milliarden US-Dollar erreichen, während die Produktionskosten pro Einheit auf 90 bis 150 Millionen US-Dollar geschätzt werden. Die Startkosten für Schwerlastmissionen sind aufgrund der Komplexität und des Umfangs dieser Operationen erheblich [170]. Die finanziellen Auswirkungen solcher Kapazitäten sind entscheidend für Missionen, die große Nutzlasten benötigen, etwa für interplanetare Explorationen.

Die fortschrittlichste Kategorie umfasst superschwere Trägerraketen wie NASA's Space Launch System (SLS) und SpaceX' Starship, die für interplanetare Missionen ausgelegt sind. Die Kosten für Starts mit diesen Systemen reichen von 500 Millionen bis über 4 Milliarden US-Dollar. Die F&E-Ausgaben variieren stark, von 2 Milliarden bis zu über 20 Milliarden US-Dollar, je nach Umfang und Komplexität des Projekts. Die Produktionskosten für das SLS werden auf 300 bis 500 Millionen US-Dollar pro Einheit geschätzt, während SpaceX anstrebt, die Startkosten durch vollständige Wiederverwendbarkeit auf 10 bis 50 Millionen US-Dollar zu senken. Dieser Wandel hin zu vollständig wiederverwendbaren Systemen dürfte in Zukunft die Gesamtkosten von Raketenstarts erheblich reduzieren [101].

Mehrere Faktoren beeinflussen die Gesamtkosten der Raketenproduktion und des Starts. Innovationen in der Wiederverwendbarkeit, wie sie bei SpaceX' Falcon 9 und Starship zu beobachten sind, haben die Startkosten pro Mission um 30 bis 40 % gesenkt. Zudem kann die spezielle Nutzlastintegration für maßgeschneiderte Missionen die Kosten erheblich erhöhen, ebenso wie der Bau und die Wartung der Startinfrastruktur einschließlich Startanlagen und Kontrollzentren. Auch die regulatorische Compliance trägt zur finanziellen Belastung bei, da die Erfüllung von Umwelt- und Sicherheitsstandards zusätzliche Kosten in Millionenhöhe verursachen kann [505].

Die Landschaft der Raketenproduktion und Startkosten entwickelt sich weiter, angetrieben durch technologische Fortschritte und einen zunehmenden Wettbewerb zwischen privaten Luft- und Raumfahrtunternehmen. Da Unternehmen wie SpaceX kontinuierlich Innovationen vorantreiben, wird erwartet, dass die Startkosten in den kommenden Jahrzehnten erheblich sinken. So verfolgt SpaceX beispielsweise das Ziel, mit dem Starship Startkosten von unter 10 Millionen US-Dollar pro Mission zu erreichen – eine dramatische Reduktion im Vergleich zu den aktuellen Kosten für Schwerlastträgerraketen [506].

Die logistischen Herausforderungen bei der Konstruktion und Entwicklung von Raketen sind immens und beginnen mit der Komplexität der Lieferketten. Die Raketenherstellung hängt von einem globalen Netzwerk an Zulieferern ab, die hochpräzise Teile und seltene Materialien liefern, oft aus spezialisierten Industriezweigen. Die Verwaltung dieser komplexen Lieferkette erfordert eine pünktliche Lieferung und gleichbleibende Qualität über mehrere Ebenen hinweg. Jede Verzögerung oder jeder Fehler in einer einzigen Komponente kann sich durch den gesamten Produktionszeitplan ziehen und erhebliche Störungen verursachen.

Auch die infrastrukturellen Anforderungen stellen erhebliche logistische Hürden dar. Der Bau von Raketen erfordert spezialisierte Einrichtungen wie Teststände, Reinräume und Startanlagen, die jeweils auf die spezifischen Anforderungen hochpräziser Ingenieurtechnik und groß angelegter Tests ausgelegt sind. Diese Einrichtungen sind nicht nur kostspielig in der Errichtung, sondern auch in der Instandhaltung. Zudem erfordert der Transport von Raketen von den Produktionsstätten zu oft abgelegenen Startplätzen Schwerlasttransporter und akribische Handhabungsverfahren, um Schäden während des Transports zu vermeiden.

Tests und iterative Entwicklungsprozesse sind ein weiterer entscheidender Aspekt der Raketenentwicklung. Umfangreiche Tests – von Triebwerkszündungen über Strukturanalysen bis hin zu vollständigen Startversuchen – sind unerlässlich, um Design und Leistung zu validieren. Die Koordination dieser Tests erfordert präzise Planung sowie den Einsatz großer Teams, spezialisierter Ausrüstung und sorgfältig kontrollierter Umgebungen. Testfehlschläge können zu Verzögerungen im Zeitplan und zusätzlichen Kosten führen, was die Notwendigkeit eines strengen logistischen Managements unterstreicht.

Das Personalmanagement trägt ebenfalls zu den logistischen Herausforderungen bei. Die Luft- und Raumfahrtindustrie benötigt hochqualifizierte Ingenieure, Wissenschaftler und Techniker mit Expertise in verschiedenen Fachrichtungen. Die Rekrutierung, Schulung und Bindung solcher Fachkräfte ist schwierig, insbesondere in einem wettbewerbsintensiven Markt, in dem qualifizierte Experten sehr gefragt sind. Eine effektive Personalplanung ist entscheidend, um einen reibungslosen Ablauf von Raketenentwicklungsprojekten zu gewährleisten.

Umweltaspekte verkomplizieren die logistische Planung zusätzlich. Raketenstarts und -betrieb müssen strenge Umweltauflagen erfüllen, wodurch Hersteller ihre Emissionen minimieren und das Problem von Weltraumschrott adressieren müssen. Die Entwicklung nachhaltiger Praktiken und Technologien zur Erfüllung dieser Anforderungen führt zu zusätzlichen Design- und Betriebsanforderungen, die effektiv gemanagt werden müssen.

Die Integration von Raketen mit ihren Nutzlasten stellt eine weitere logistische Herausforderung dar. Raketen müssen so konstruiert werden, dass sie eine Vielzahl von Nutzlasten aufnehmen können – von Kommunikationssatelliten über wissenschaftliche Instrumente bis hin zu bemannten Modulen. Dies erfordert eine enge Zusammenarbeit mit Nutzlastherstellern und flexible Designmerkmale, um

Grundlagen des Raketenbaus und der Konstruktion

unterschiedlichen und sich wandelnden Anforderungen gerecht zu werden. Die Sicherstellung der Kompatibilität und einer reibungslosen Integration erhöht die Komplexität des Entwicklungsprozesses erheblich und verdeutlicht die vielschichtigen logistischen Herausforderungen im Raketenbau.

Die logistischen Herausforderungen bei der Gestaltung und Herstellung von Raketen sind vielschichtig und erfordern eine umfangreiche und spezialisierte Infrastruktur, die erhebliche Kosten und betriebliche Anforderungen mit sich bringt. Die Komplexität der Raketenherstellung zeigt sich in der Abhängigkeit von einer globalen Lieferkette, die hochpräzise Komponenten und seltene Materialien wie hitzebeständige Legierungen und moderne Verbundwerkstoffe liefert. Ein effektives Management dieser komplexen Lieferkette erfordert robuste Tracking-Systeme und Qualitätssicherungsprotokolle, die je nach Umfang der Operationen jährlich mehrere zehn bis mehrere hundert Millionen Dollar kosten können [142, 507, 508]. Verzögerungen oder Fehler in einer Komponente können erhebliche Kettenreaktionen im Produktionszeitplan auslösen, was zu erhöhten Kosten für Lagerung, Nachbestellung oder Überarbeitung von Komponenten führt [134, 509].

Die für die Raketenherstellung erforderliche Infrastruktur umfasst spezialisierte Einrichtungen wie Reinräume, Teststände und Montagehallen. Reinräume sind für die Montage empfindlicher Komponenten wie Leitsysteme und Avionik unerlässlich; ihre Baukosten liegen zwischen 1.000 und 5.000 US-Dollar pro Quadratfuß, zuzüglich laufender Betriebskosten für Luftfiltration und Kontaminationskontrolle [160, 508]. Teststände, die für statische Triebwerkstests und Strukturauswertungen unverzichtbar sind, können jeweils 20 bis 50 Millionen US-Dollar kosten, während hochmoderne Montagehallen Kosten von 50 bis 100 Millionen US-Dollar erreichen können [508, 510]. Die Investitionen in diese Einrichtungen spiegeln die enormen Anforderungen wider, die mit der Sicherstellung der Zuverlässigkeit und Leistungsfähigkeit von Raketensystemen verbunden sind.

Die Startinfrastruktur stellt eine weitere bedeutende finanzielle Belastung dar. Die Entwicklung von Startanlagen und zugehörigen Einrichtungen kostet zwischen 500 Millionen und 1 Milliarde US-Dollar pro Standort [508]. Dazu gehören die erforderlichen Betankungssysteme, Telemetriestationen und Missionskontrollzentren, die alle einer kontinuierlichen Wartung und Modernisierung bedürfen. Die Logistik des Transports von Raketen von den Produktionsstätten zu abgelegenen Startorten verkompliziert die Operationen zusätzlich und erfordert Investitionen in Schwerlasttransporter und spezielle Transportbehälter, die ebenfalls mehrere Millionen US-Dollar kosten können [508, 509].

Test- und Iterationskosten sind integraler Bestandteil des Raketenentwicklungsprozesses. Umfangreiche Tests, einschließlich Triebwerkszündungen und vollständigen Startversuchen, sind unerlässlich, um die Integration aller Raketensysteme zu validieren. Der Betrieb einer Testanlage kann mehrere Millionen Dollar pro Test kosten, während vollständige Starttests in die Zehnmillionenbereiche gehen können [508, 510]. Fehlschläge während der Tests können zusätzliche Kosten für Neuentwicklungen, Reparaturen und weitere Tests verursachen, was die Notwendigkeit sorgfältiger Planung und Durchführung im gesamten Entwicklungszyklus unterstreicht.

Das für den Raketenbau benötigte Personal ist hoch spezialisiert, mit jährlichen Gehältern für Luft- und Raumfahrtingenieure und andere Fachkräfte oft über 100.000 US-Dollar. Die Rekrutierung und

Bindung solcher Talente erfordert erhebliche Investitionen in Schulungsprogramme und Zusatzleistungen; die Arbeitskosten für Großprojekte können jährlich bis zu 200 Millionen US-Dollar betragen [160, 508].

Darüber hinaus fügt die Einhaltung von Umweltvorschriften eine weitere Ebene der Komplexität und Kosten hinzu. Die Luft- und Raumfahrtindustrie muss in Systeme investieren, die Emissionen minimieren und Weltraumschrott reduzieren; Innovationen wie Deorbit-Systeme können zusätzlich 10 bis 50 Millionen US-Dollar pro Mission kosten [508, 510]. Die kumulierten Kosten für den Aufbau und die Aufrechterhaltung der Infrastruktur zur Entwicklung, Herstellung und zum Start von Raketen können bei mittelgroßen Programmen zwischen 2 und 5 Milliarden US-Dollar liegen, während Großprogramme Kosten von über 10 Milliarden US-Dollar erreichen können [508, 509].

Wettbewerb und Zusammenarbeit zwischen Nationen und privaten Akteuren

Der wachsende Bedarf an Weltraumforschung, Satellitenstarts und kommerziellen Raumfahrtprojekten hat ein dynamisches Zusammenspiel von Wettbewerb und Zusammenarbeit zwischen Nationen und privaten Akteuren in der Raketenentwicklung hervorgebracht. Während sich die Raumfahrttechnologie weiterentwickelt, gestalten sowohl staatlich geführte Programme als auch private Unternehmen die Zukunft der Luft- und Raumfahrtindustrie. Diese doppelte Dynamik aus Rivalität und Partnerschaft fördert Innovationen und bringt zugleich einzigartige Herausforderungen mit sich.

Der Wettbewerb zwischen Nationen ist seit dem Kalten Krieg ein Grundpfeiler der Weltraumforschung, geprägt durch das historische „Space Race" zwischen den USA und der Sowjetunion. Heute konkurrieren nationale Raumfahrtprogramme wie NASA, ESA, CNSA, ISRO und Roskosmos weiterhin um wissenschaftliche Errungenschaften, wirtschaftliche Vorteile und geopolitischen Einfluss. Technologische Führungsansprüche stehen im Mittelpunkt: Fortschritte in wiederverwendbaren Raketen, Schwerlastraketen und Antriebssystemen treiben Länder dazu an, unabhängigen Zugang zum Weltraum zu sichern und bei Missionen zum Mond und Mars führend zu sein. Geopolitische Rivalitäten verstärken diesen Wettbewerb, da Staaten um strategische Vorteile durch weltraumgestützte Technologien für Verteidigung, Kommunikation und Forschung ringen. Zudem investieren Länder massiv in Infrastruktur und staatliche Förderung, um den kommerziellen Markt für Satellitenstarts zu dominieren.

Auch private Unternehmen stehen in intensivem Wettbewerb und treiben rasante Fortschritte im Raumfahrtsektor voran. SpaceX, Blue Origin, Rocket Lab oder Relativity Space führen ein kommerzielles Wettrennen um Satellitenstarts, bemannte Missionen und Weltraumtourismus an. Innovationen zur Kostenreduzierung, Wiederverwendbarkeit und schnellen Prototypenentwicklung verschaffen ihnen entscheidende Wettbewerbsvorteile. Der Markt ist zudem stark segmentiert – von Kleinsatellitenstarts über interplanetare Missionen bis zur bemannten Raumfahrt – wobei Start-ups traditionelle Branchenstrukturen durch günstigere Lösungen aufbrechen. Ein weiterer

Grundlagen des Raketenbaus und der Konstruktion

Wettbewerbspunkt betrifft geistiges Eigentum: Unternehmen schützen ihre proprietären Technologien in Bereichen wie Antrieb, Materialien und Fertigung äußerst rigoros.

Trotz des starken Wettbewerbs bleibt die internationale Zusammenarbeit ein entscheidender Bestandteil der Weltraumforschung. Projekte wie die Internationale Raumstation (ISS) demonstrieren erfolgreiche Partnerschaften zwischen NASA, ESA, Roskosmos und JAXA. Gemeinsame Missionen wie das James-Webb-Weltraumteleskop oder Marsrover zeigen die Vorteile geteilter Ressourcen und Expertise. Globale Abkommen wie der Weltraumvertrag (Outer Space Treaty) und die Artemis Accords schaffen Rahmenbedingungen für friedliche Erforschung. Auch Organisationen wie COPUOS fördern internationale Koordination. Gemeinsame Forschung in Antriebstechnologie, Robotik, Nachhaltigkeit sowie Bildungs- und Forschungsaustauschprogramme sind weitere Beispiele für die Bedeutung internationaler Kooperation.

Parallel dazu hat die Integration von öffentlichen und privaten Akteuren an Bedeutung gewonnen – insbesondere durch Public-Private-Partnerships (PPP). Programme wie NASA's Commercial Crew Program zeigen, wie staatliche Aufträge private Innovation fördern können. Unternehmen wie SpaceX oder Boeing unterstützen Regierungsmissionen bei Satellitenstarts, Mondlandern oder Versorgungsflügen zur ISS. Gemeinsame Nutzung staatlicher Infrastruktur wie Launchpads erleichtert die Zusammenarbeit, während Regulierungen und Anreize den Einstieg privater Unternehmen in nationale Raumfahrtprogramme fördern.

Doch die Verzahnung von Wettbewerb und Kooperation bringt Herausforderungen mit sich. Politische Spannungen und geopolitische Konflikte können internationale Partnerschaften einschränken und den Technologieaustausch durch Exportkontrollen behindern. Die Balance zwischen nationalen Interessen und privater Profitabilität wirft Fragen zu Monopolbildung und fairem Wettbewerb auf. Ebenso erfordern Nachhaltigkeits- und Ethikthemen – etwa Weltraummüll, Umweltauswirkungen oder der faire Zugang zu Ressourcen – koordinierte internationale Antworten und einheitliche Normen.

Zukünftige Entwicklungen in der Raketenentwicklung werden wahrscheinlich hybride Modelle umfassen, die sowohl Wettbewerb als auch Zusammenarbeit vereinen. Programme wie NASA's Artemis-Initiative zeigen dies bereits, indem sie internationale sowie private Partner einbinden. Der Aufstieg neuer Raumfahrtnationen wie der Vereinigten Arabischen Emirate oder Südkorea erweitert die globale Raumfahrtlandschaft. Gleichzeitig werden private Unternehmen eine größere Rolle in interplanetaren Missionen, Weltraumbergbau und orbitaler Infrastruktur spielen, was den Weg für beispiellose Fortschritte bereitet.

Insgesamt treiben die verflochtenen Dynamiken aus Konkurrenz und Kooperation bedeutende Fortschritte in der Raketenentwicklung voran. Eine ausgewogene Balance zwischen strategischen Interessen und gemeinschaftlicher Zusammenarbeit wird entscheidend dafür sein, die Zukunft der Weltraumforschung zu gestalten und sicherzustellen, dass ihre Vorteile global geteilt werden.

Entstehende Märkte in der Weltraumtechnologie

Das Entstehen neuer Märkte in der Weltraumtechnologie markiert einen transformativen Wandel in der Branche, der durch technologische Fortschritte, sinkende Kosten und eine zunehmende Zugänglichkeit vorangetrieben wird. Diese Entwicklungen schaffen Chancen für Innovation, wirtschaftliches Wachstum und internationale Zusammenarbeit, stellen jedoch gleichzeitig Herausforderungen dar, die eine sorgfältige Auseinandersetzung mit regulatorischen, technologischen und ethischen Aspekten erfordern.

Einer der bedeutendsten Trends im Weltraumsektor ist die Entwicklung von Satellitenkonstellationen zur Bereitstellung globaler Internetdienste. Unternehmen wie SpaceX mit seinem Starlink-Projekt, Amazons Project Kuiper und OneWeb treiben diese Initiative voran und bringen Satelliten in niedrige Erdumlaufbahnen (LEO), um Hochgeschwindigkeitsinternet in unterversorgte Regionen zu liefern. Diese Projekte haben das Potenzial, die digitale Kluft zu verringern und die globale Konnektivität zu verbessern, insbesondere in abgelegenen Gebieten [511]. Gleichzeitig wirft der rasche Ausbau dieser Konstellationen wichtige Fragen hinsichtlich Weltraumschrott und orbitaler Überfüllung auf, die die Nachhaltigkeit zukünftiger Weltraumoperationen gefährden könnten [511, 512]. Die Notwendigkeit wirksamer Strategien zur Schrottminderung wird durch die zunehmende Zahl von Satelliten unterstrichen, die Risiken für operative Raumfahrzeuge und künftige Missionen darstellen [513, 514].

Der Weltraumtourismus entwickelt sich von einem theoretischen Konzept zu einer aufstrebenden Branche, wobei Unternehmen wie Blue Origin, Virgin Galactic und SpaceX bereits kommerzielle Raumflüge durchführen. Es wird erwartet, dass dieser Markt weiter wächst, da technologische Fortschritte die Kosten senken und den Zugang zum Weltraum für ein breiteres Publikum ermöglichen [515]. Obwohl Weltraumtourismus das öffentliche Interesse an der Raumfahrt steigern kann, birgt er auch erhebliche Herausforderungen, darunter Sicherheitsrisiken, Umweltbelastungen und ethische Fragen im Hinblick auf die Nutzung knapper Ressourcen [514]. Die Branche muss diese Herausforderungen bewältigen, um nachhaltiges Wachstum und Vertrauen in kommerzielle Weltraumaktivitäten sicherzustellen.

Die zunehmende Anzahl von Satelliten hat die Entwicklung von On-Orbit-Services vorangetrieben, darunter Satellitenwartung, Betankung und die Beseitigung von Weltraumschrott. Unternehmen wie Northrop Grumman und Astroscale entwickeln Technologien, um die Lebensdauer von Satelliten zu verlängern und Schrott im Orbit zu reduzieren, der erhebliche Risiken für operative Missionen darstellt [516, 517]. Die Notwendigkeit nachhaltiger Weltraumoperationen wird immer deutlicher, da die Ansammlung von Schrott die Durchführbarkeit künftiger Aktivitäten bedroht [518, 519]. Fortschritte in Robotik und künstlicher Intelligenz sind entscheidend für die Weiterentwicklung dieser orbitnahen Servicedienstleistungen, die für die Sicherheit und Funktionalität der Weltrauminfrastruktur von zentraler Bedeutung sind [520, 521].

Das Konzept des Weltraumbergbaus gewinnt als potenzielle Lösung für Ressourcenknappheit auf der Erde an Bedeutung. Himmelskörper wie Asteroiden und der Mond enthalten wertvolle Materialien, darunter seltene Metalle und Wasser, die für verschiedene industrielle Anwendungen genutzt werden könnten [522, 523]. Unternehmen wie Planetary Resources und Deep Space Industries prüfen die Machbarkeit der Rohstoffgewinnung, was Industrien wie Energie und Fertigung revolutionieren könnte. Allerdings sind internationale rechtliche Rahmenbedingungen erforderlich, um Fragen des

Grundlagen des Raketenbaus und der Konstruktion

Eigentums und des Umweltschutzes im Zusammenhang mit der Ressourcennutzung im Weltraum zu klären [524].

Mikrogravitation bietet einzigartige Möglichkeiten für wissenschaftliche Forschung und Fertigungsprozesse. Die Internationale Raumstation (ISS) hat bedeutende Fortschritte in Bereichen wie Pharmazie und Materialwissenschaft ermöglicht [525]. Aufstrebende Märkte für Mikrogravitation-Fertigung zielen darauf ab, hochwertige Produkte herzustellen, die unter irdischen Bedingungen schwer zu erzeugen sind [526]. Investitionen in Infrastruktur wie Weltraumhabitate und Orbitallabore sind notwendig, um diese Aktivitäten zu skalieren und ihr wirtschaftliches Potenzial auszuschöpfen [526].

Die Verbreitung kleiner Satelliten und fortschrittlicher Sensoren treibt das Wachstum in Erdbeobachtung und Datenanalyse voran. Unternehmen wie Planet Labs und Maxar Technologies liefern hochauflösende Bilder und Echtzeitdaten zur Unterstützung von Landwirtschaft, Stadtplanung und vielen anderen Bereichen [528]. Die Nutzung weltraumgestützter Daten zur Ableitung verwertbarer Erkenntnisse stellt eine transformativen Chance dar und fördert Innovationen in künstlicher Intelligenz und Big-Data-Analyse [527, 528]. Diese Fähigkeiten sind entscheidend für die Bewältigung globaler Herausforderungen wie Klimawandel und Katastrophenmanagement [529].

Die Militarisierung des Weltraums und die zunehmende Abhängigkeit von satellitengestützten Technologien für Verteidigung und nationale Sicherheit haben zu erheblichen Investitionen geführt. Staaten entwickeln fortschrittliche Fähigkeiten zur Raketenfrühwarnung, sicheren Kommunikation und weltraumgestützter Überwachung [530]. Der Wettbewerb um Dual-Use-Technologien verdeutlicht die strategische Bedeutung des Weltraums für geopolitische und sicherheitspolitische Interessen [531]. Da aufstrebende Märkte in der Weltraumtechnologie weiter wachsen, wird die Zusammenarbeit zwischen Regierungen und privaten Akteuren entscheidend sein, um die Komplexität dieser Entwicklungen zu bewältigen.

Die steigende Nachfrage nach Satellitenstarts hat weltweit zur Entwicklung neuer Weltraumbahnhöfe und Startdienste geführt. Diese neuen Märkte konzentrieren sich auf kostengünstigen und flexiblen Zugang zum Weltraum. Unternehmen wie Rocket Lab und Relativity Space treiben Innovationen in Starttechnologien voran [532]. Länder wie die VAE und Australien investieren in Weltraumbahnhöfe, um sich als regionale Zentren für kommerzielle Weltraumaktivitäten zu etablieren.

Auch neue Weltraumnationen tragen zunehmend zum Markt der Weltraumtechnologie bei. Länder wie Indien, Brasilien, Südkorea und die VAE investieren in ihre Raumfahrtprogramme, fördern Innovationen und schaffen Möglichkeiten für internationale Partnerschaften. Ihr Engagement ist entscheidend für die nachhaltige Entwicklung der Weltraumtechnologie und die gemeinsame Bewältigung globaler Herausforderungen.

Trotz der enormen Chancen, die aufstrebende Märkte in der Weltraumtechnologie bieten, bestehen Herausforderungen wie hohe Eintrittskosten, regulatorische Komplexität und Umweltfragen fort. Eine enge Zusammenarbeit zwischen Regierungen, privaten Akteuren und internationalen Organisationen ist notwendig, um diese Probleme wirksam anzugehen. Während sich Technologien weiterentwickeln und kommerzielle Aktivitäten zunehmen, wird der Weltraumsektor voraussichtlich zu einem

Eckpfeiler der globalen Wirtschaft werden – ein Treiber für Innovation und ein Wegbereiter für die Zukunft der Menschheit im Weltraum.

Grundlagen des Raketenbaus und der Konstruktion

Literaturverzeichnis

1. Neufeld, M.J., *Spaceflight*. 2018.
2. Benson, T., *Brief History of Rockets*. 2021, National Aeronautics and Space Administration.
3. Brake, M. and N. Hook, *Rocketry, Film and Fiction: The Road to Sputnik*. Physics Education, 2007. **42**(4): p. 345-350.
4. Herman, D.A. and A.D. Gallimore, *Discharge Chamber Plasma Potential Mapping of a 40-Cm NEXT-type Ion Engine*. 2005.
5. MacDonald, A.E., *The Long Space Age*. 2017.
6. Zahari, A.R. and F.I. Romli, *Potential of Commercial Human Spaceflight*. International Review of Aerospace Engineering (Irease), 2017. **10**(5): p. 277.
7. Motoki, A., et al., *SATELLITE-DERIVED GRAVIMETRY FOR ABROLHOS CONTINENTAL SHELF, STATES OF ESPÍ RITO SANTO AND BAHIA, BRAZIL, AND ITS RELATION TO TECTONIC GENESIS OF SEDIMENTARY BASINS*. Brazilian Journal of Geophysics, 2014. **32**(4): p. 735-751.
8. Lee, W.-C., K.-S. Kim, and Y.H. Kwon, *Review of the history of animals that helped human life and safety for aerospace medical research and space exploration*. 항공우주의학회지, 2020. **30**(1): p. 18-24.
9. Nelson, S., *Giant Leaps for Knowledge*. Physics World, 2019. **32**(7): p. 38-43.
10. Wood, C.A., *Scientific Knowledge of the Moon, 1609 to 1969*. Geosciences, 2018. **9**(1): p. 5.
11. Burnett, D.S., *Lunar Science: The Apollo Legacy*. Reviews of Geophysics, 1975. **13**(3): p. 13-34.
12. Holland, T., *From Apollo to the ISS: The Televisual Image in Human Spaceflight*. Television & New Media, 2023. **25**(1): p. 57-73.
13. Ming, D.W., *Lunar Sourcebook. A User's Guide to the Moon*. Endeavour, 1992. **16**(2): p. 96.
14. Kumar, K., *Space Exploration Technologies Corporation Aka SpaceX's Amazing Accomplishments: A Complete Analysis*. Interantional Journal of Scientific Research in Engineering and Management, 2023. **07**(06).
15. Cai, J., et al., *SpaceX's Network Effects and Innovation Strategy Analysis*. Highlights in Business Economics and Management, 2024. **30**: p. 234-238.
16. Sagar, R., *The SpaceX Effect*. New Space, 2018. **6**(2): p. 125-134.
17. Shammas, V.L. and T.B. Holen, *One Giant Leap for Capitalistkind: Private Enterprise in Outer Space*. Palgrave Communications, 2019. **5**(1).
18. Kim, M.J., et al., *Effects of Value-Belief-Norm Theory, ESG, and AI on Space Tourist Behavior for Sustainability With Three Types of Space Tourism*. Journal of Travel Research, 2023. **63**(6): p. 1395-1410.
19. Ryan, R.G., et al., *Impact of Rocket Launch and Space Debris Air Pollutant Emissions on Stratospheric Ozone and Global Climate*. Earth S Future, 2022. **10**(6).

20. Cao, Y., *Analyzing SpaceX's International Collaborations: Conflicts and Coordination Mechanisms With Space Partners.* Highlights in Business Economics and Management, 2024. **24**: p. 602-607.
21. Beavers, L., *National Space Policy: International Comparison of Policy and the 'Gray' Area.* 2021. **2**(1).
22. Hodkinson, P.D., et al., *An Overview of Space Medicine.* British Journal of Anaesthesia, 2017. **119**: p. i143-i153.
23. Wissehr, C., J. Concannon, and L.H. Barrow, *Looking Back at the Sputnik Era and Its Impact on Science Education.* School Science and Mathematics, 2011. **111**(7): p. 368-375.
24. Weiss, S.I. and A.R. Amir, *Secondary and tertiary aerospace systems*, in *Britannica*. 2024.
25. Li, X., et al., *Short-Period Concentric Traveling Ionospheric Disturbances Excited by the Launch of China's Long March 4B Rocket Detected by 1 Hz GNSS Data.* Space Weather, 2022. **20**(6).
26. Sirieys, E., et al., *Space Sustainability Isn't Just About Space Debris: On the Atmospheric Impact of Space Launches.* 2022. **3**: p. 143-151.
27. Ross, M.N. and D.W. Toohey, *The Coming Surge of Rocket Emissions.* Eos, 2019. **100**.
28. Trzun, Z., M. Vrdoljak, and H. Cajner, *The Effect of Manufacturing Quality on Rocket Precision.* Aerospace, 2021. **8**(6): p. 160.
29. Johnson, D.L. and W.W. Vaughan, *The Role of Terrestrial and Space Environments in Launch Vehicle Development.* Journal of Aerospace Technology and Management, 2019.
30. Zosimovych, N., et al., *Integrated Guidance System of a Commercial Launch Vehicle.* Matec Web of Conferences, 2018. **179**: p. 03002.
31. Guo, Z., J.X. Liu, and W.C. Luo, *Parametric Modeling and Simulation for Aerodynamic Design of Launch Vehicle.* Applied Mechanics and Materials, 2011. **101-102**: p. 697-701.
32. Duan, L., et al., *Data-Driven Model-Free Adaptive Attitude Control Approach for Launch Vehicle With Virtual Reference Feedback Parameters Tuning Method.* Ieee Access, 2019. **7**: p. 54106-54116.
33. Johnson, D.L. and W.W. Vaughan, *The Wind Environment Interactions Relative to Launch Vehicle Design.* Journal of Aerospace Technology and Management, 2020(12).
34. Sim, C.-H., et al., *Experimental and Computational Modal Analyses for Launch Vehicle Models Considering Liquid Propellant and Flange Joints.* International Journal of Aerospace Engineering, 2018. **2018**: p. 1-12.
35. Pu, P. and Y. Jiang, *Assessing Turbulence Models on the Simulation of Launch Vehicle Base Heating.* International Journal of Aerospace Engineering, 2019. **2019**: p. 1-14.
36. Sünör, E., *Current Trends in the Aerospace Industry.* 2024, StartupBlink.
37. National Aeronautics and Space Administration, *Rocket Principles.* 2021, National Aeronautics and Space Administration.
38. Bruce, A.L., *A General Quadrature Solution for Relativistic, Non-Relativistic, and Weakly-Relativistic Rocket Equations.* 2015.
39. Lee, H.-J., C.-H. Chiu, and W.-K. Hsia, *Integrated Energy Method for Propulsion Dynamics Analysis of Air-Pressurized Waterjet Rocket.* Transactions of the Japan Society for Aeronautical and Space Sciences, 2001. **44**(143): p. 1-7.
40. De Curtò, J. and I. De Zarzà, *Optimizing Propellant Distribution for Interorbital Transfers.* Mathematics, 2024. **12**(6): p. 900.
41. Hippke, M., *Spaceflight From Super-Earths Is Difficult.* International Journal of Astrobiology, 2018. **18**(05): p. 393-395.

Grundlagen des Raketenbaus und der Konstruktion

42. Krzysiak, A., et al., *Experimental Study of the Boosters Impact on the Rocket Aerodynamic Characteristics.* Aircraft Engineering and Aerospace Technology, 2022. **95**(2): p. 193-200.
43. Lee, I. and J. Koo, *Break-Up Characteristics of Gelled Propellant Simulants With Various Gelling Agent Contents.* Journal of Thermal Science, 2010. **19**(6): p. 545-552.
44. Glenn Research Center, *Chemical Propulsion Systems: Designing and testing chemical propulsion systems and nuclear thermal engines for satellites and spacecraft, in support of NASA's space exploration missions.* 2024, National Aeronautics and Space Administration.
45. Shafaee, M., P.M. Zadeh, and H. Fallah, *Design Optimization of a Thrust Chamber Using a Mass-Based Model to Improve the Geometrical and Performance Parameters of Low-Thrust Space Propulsion Systems.* Proceedings of the Institution of Mechanical Engineers Part G Journal of Aerospace Engineering, 2018. **233**(5): p. 1820-1837.
46. Chen, L., et al., *Numerical Simulation of Gas-Liquid Interface in a Blade Type Propellant Tank.* Journal of Physics Conference Series, 2024. **2752**(1): p. 012190.
47. Motooka, N., et al., *Microgravity Evaluation of Advantages of Porous Metal in the Gas-Liquid Equilibrium Thruster for Small Spacecraft.* Transactions of the Japan Society for Aeronautical and Space Sciences Aerospace Technology Japan, 2012. **10**(ists28): p. Pb_19-Pb_23.
48. Pettersson, G.M., O. Jia-Richards, and P. Lozano, *Development and Laboratory Testing of a CubeSat-Compatible Staged Ionic-Liquid Electrospray Propulsion System.* 2022.
49. Gao, H., et al., *Experimental Study on Thermal and Catalytic Decomposition of a Dual-Mode Ionic Liquid Propellant.* E3s Web of Conferences, 2021. **257**: p. 01041.
50. Rafalskyi, D. and A. Aanesland, *Brief Review on Plasma Propulsion With Neutralizer-Free Systems.* Plasma Sources Science and Technology, 2016. **25**(4): p. 043001.
51. Mazouffre, S., *Electric Propulsion for Satellites and Spacecraft: Established Technologies and Novel Approaches.* Plasma Sources Science and Technology, 2016. **25**(3): p. 033002.
52. Leomanni, M., et al., *All-Electric Spacecraft Precision Pointing Using Model Predictive Control.* Journal of Guidance Control and Dynamics, 2015. **38**(1): p. 161-168.
53. Takahashi, K., *Helicon-Type Radiofrequency Plasma Thrusters and Magnetic Plasma Nozzles.* Reviews of Modern Plasma Physics, 2019. **3**(1).
54. Kiss'ovski, Z., et al., *Microwave Electrothermal Thruster With Surface Wave Plasma.* Contributions to Plasma Physics, 2024. **64**(3).
55. Yildiz, M.S. and M. Çelik, *Numerical Investigation of the Electric Field Distribution and the Power Deposition in the Resonant Cavity of a Microwave Electrothermal Thruster.* Aip Advances, 2017. **7**(4).
56. Burke, L.M., M.C. Martini, and S.R. Oleson, *A High Power Solar Electric Propulsion - Chemical Mission for Human Exploration of Mars.* 2014.
57. Keidar, M., et al., *Electric Propulsion for Small Satellites.* Plasma Physics and Controlled Fusion, 2014. **57**(1): p. 014005.
58. Petitgenet, V., et al., *A Coupled Approach to the Design Space Exploration of Nuclear Thermal Propulsion Systems.* 2020.
59. Gabrielli, R. and G. Herdrich, *Review of Nuclear Thermal Propulsion Systems.* Progress in Aerospace Sciences, 2015. **79**: p. 92-113.
60. Khatry, J. and F. Aydoğan, *Modeling Loss-of-Flow Accidents and Their Impact on Radiation Heat Transfer.* Science and Technology of Nuclear Installations, 2017. **2017**: p. 1-15.
61. Song, J., et al., *Neutronics and Thermal Hydraulics Analysis of a Conceptual Ultra-High Temperature MHD Cermet Fuel Core for Nuclear Electric Propulsion.* Frontiers in Energy Research, 2018. **6**.

62. Randolph, T., et al., *The Prometheus 1 Spacecraft Preliminary Electric Propulsion System Design*. 2005.
63. Glenn Research Center, *Nuclear Thermal Propulsion Systems: Leading research, testing and analysis to support the development of nuclear thermal propulsion for spacecraft and vehicles*. 2024, National Aeronautics and Space Administration.
64. Petkow, D., et al., *Comparative Investigation of Fusion Reactions for Space Propulsion Applications*. Transactions of the Japan Society for Aeronautical and Space Sciences Space Technology Japan, 2009. **7**(ists26): p. Pb_59-Pb_63.
65. Summerer, L. and K. Stephenson, *Nuclear Power Sources: A Key Enabling Technology for Planetary Exploration*. Proceedings of the Institution of Mechanical Engineers Part G Journal of Aerospace Engineering, 2010. **225**(2): p. 129-143.
66. Dujarric, C., A. Santovincenzo, and L. Summerer, *The Nuclear Thermal Electric Rocket: A Proposed Innovative Propulsion Concept for Manned Interplanetary Missions*. 2013.
67. Houts, M.G., et al., *The Nuclear Cryogenic Propulsion Stage*. 2014.
68. Leishman, J.G., *Introduction to Aerospace Flight Vehicles*. 2024: Embry-Riddle Aeronautical University.
69. Creech, S., *NASA's Space Launch System: An Enabling Capability for Discovery*. 2014: p. 1-11.
70. Creech, S., *Game Changing: NASA's Space Launch System and Science Mission Design*. 2013.
71. Ahmed, M.M.Z., et al., *Friction Stir Welding of Aluminum in the Aerospace Industry: The Current Progress and State-of-the-Art Review*. Materials, 2023. **16**(8): p. 2971.
72. Singer, J., J. Pelfrey, and G. Norris, *Enabling Science and Deep Space Exploration Through Space Launch System Secondary Payload Opportunities*. 2016.
73. Robinson, K.F., A.A. Schorr, and D. Hitt, *NASA's Space Launch System: Exceptional Opportunities for Secondary Payloads to Deep Space*. 2018.
74. Bramon, C., et al., *NASA Space Rocket Logistics Challenges*. 2014.
75. Trotta, D., et al., *Optimal Tuning of Adaptive Augmenting Controller for Launch Vehicles in Atmospheric Flight*. Journal of Guidance Control and Dynamics, 2020. **43**(11): p. 2133-2140.
76. Pei, J. and P.M. Rothhaar, *Demonstration of the Space Launch System Augmenting Adaptive Control Algorithm on Pole-Cart Platform*. 2018.
77. Crocker, A., et al., *Update on Risk Reduction Activities for an F-1-Based Advanced Booster for NASA's Space Launch System*. 2014.
78. Crocker, A., et al., *The Benefits of an Advanced Booster Competition for NASA's Space Launch System*. 2013.
79. National Aeronautics and Space Administration, *State-of-the-Art of Small Spacecraft Technology* 2024: Hanover, MD.
80. Strojny-Nędza, A., K. Pietrzak, and W. Węglewski, *The Influence of Al2O3 Powder Morphology on the Properties of Cu-Al2O3 Composites Designed for Functionally Graded Materials (FGM)*. Journal of Materials Engineering and Performance, 2016. **25**(8): p. 3173-3184.
81. Nkhasi, N., W. du Preez, and H. Bissett, *Plasma Spheroidisation and Characterisation of Commercial Titanium Grade 5 Powder for Use in Metal Additive Manufacturing*. Matec Web of Conferences, 2023. **388**: p. 03004.
82. Gomez-Gallegos, A., et al., *Studies on Titanium Alloys for Aerospace Application*. Defect and Diffusion Forum, 2018. **385**: p. 419-423.

83. Peters, M., et al., *Titanium Alloys for Aerospace Applications*. Advanced Engineering Materials, 2003. **5**(6): p. 419-427.
84. Bach, C., F. Wehner, and J. Sieder-Katzmann, *Investigations on an All-Oxide Ceramic Composites Based on Al2O3 Fibres and Alumina–Zirconia Matrix for Application in Liquid Rocket Engines*. Aerospace, 2022. **9**(11): p. 684.
85. Schmidt, S., et al., *Ceramic Matrix Composites: A Challenge in Space-Propulsion Technology Applications*. International Journal of Applied Ceramic Technology, 2005. **2**(2): p. 85-96.
86. Panakarajupally, R.P., et al., *Fatigue Characterization of SiC/SiC Ceramic Matrix Composites in Combustion Environment*. Journal of Engineering for Gas Turbines and Power, 2020. **142**(12).
87. Kumaran, S.S., et al., *Fabrication of Al_2O_3 Based Ceramic Matrix Composite by Conventional Sintering and Sol-Gel Process*. Advanced Materials Research, 2011. **335-336**: p. 856-860.
88. Wessels, W., *The Different Materials Used To Make Orbital Rockets*. 2024, Headed for Space.
89. Yee, S.V., et al., *The Influence of ECAP Pass Through Bc Route on Mechanical Properties of Aluminum Alloy 6061*. Advanced Materials Research, 2014. **1024**: p. 219-222.
90. Abtan, N.S., A.H. Jassim, and M.S.M. Al-Janabi, *Tensile Strength, Micro-Hardness and Microstructure of Friction-Stir-Welding AA6061-T4 Joints*. Tikrit Journal of Engineering Sciences, 2018. **25**(4): p. 51-56.
91. Ma, X., et al., *Effect of Ultrasonic Surface Rolling Process on Surface Properties and Microstructure of 6061 Aluminum Alloy*. Materials Research, 2023. **26**.
92. Wang, G., et al., *Research on Corrosion Performance of 6061 aluminum Alloy in Salt Spray Environment*. Materialwissenschaft Und Werkstofftechnik, 2020. **51**(12): p. 1686-1699.
93. Zhang, S.X., G. Cai, and H.H. Wu, *Effects of Solution and Two-Stage Ageing Treatment Process on Microstructure and Properties of 6061 Aluminum Alloy*. Advanced Materials Research, 2011. **335-336**: p. 822-825.
94. Pajaroen, N., et al., *Influence of Solution Heat Treatment Temperature and Time on the Microstructure and Mechanical Properties of Gas Induced Semi-Solid (GISS) 6061 Aluminum Alloy*. Applied Mechanics and Materials, 2013. **313-314**: p. 67-71.
95. Bujuru, K., *Maraging Steel as a Material Choice for Rocket Motor Casings*. 2020.
96. Han, J.A., L. Feng, and H. Xia, *Matching Principle of Material Selection in Product Design*. Applied Mechanics and Materials, 2014. **496-500**: p. 414-417.
97. Mayyas, A. and M. Omar, *Eco-Material Selection for Lightweight Vehicle Design*. 2020.
98. Kanazaki, M., et al., *Conceptual Design of Single-Stage Rocket Using Hybrid Rocket byMeans of Genetic Algorithm*. Procedia Engineering, 2015. **99**: p. 198-207.
99. Tikul, N., *Environmental and Economic of Flooring Building Materials*. Applied Environmental Research, 2014: p. 47-59.
100. Louis-Charles, H.M., et al., *Emergency Management and the Final Frontier: Preparing Local Communities for Falling Space Debris*. Risk Hazards & Crisis in Public Policy, 2023. **14**(3): p. 247-266.
101. Byers, M., et al., *Unnecessary Risks Created by Uncontrolled Rocket Reentries*. Nature Astronomy, 2022. **6**(9): p. 1093-1097.
102. Ragul, M.S., et al., *Theoretical Model Study on Chemical Compositions Affecting the Space Launch Vehicles*. 2022. **8**(1): p. 35-38.
103. Chang, I.S. and E.J. Tomei, *Solid Rocket Failures in World Space Launches*. 2005.

104. Hidayah, Q., U. Salamah, and M. Sasono, *Analisis Uji Peluncuran Roket Air Berbasis Carbon Fiber Menggunakan Sistem Telemetri*. Jurnal Teori Dan Aplikasi Fisika, 2022. **10**(1): p. 81.
105. Ismail, I.I., et al., *Metals and Alloys Additives as Enhancer for Rocket Propulsion: A Review*. Journal of Advanced Research in Fluid Mechanics and Thermal Sciences, 2021. **90**(1): p. 1-9.
106. Burke, W., *Engineer's Guide to Lightweight Part Design*. 2024, Five Flute In.
107. Gao, X., et al., *Fused Deposition Modeling With Polyamide 1012*. Rapid Prototyping Journal, 2019. **25**(7): p. 1145-1154.
108. Tlegenov, Y., W.F. Lu, and G.Y. Hong, *A Dynamic Model for Current-Based Nozzle Condition Monitoring in Fused Deposition Modelling*. Progress in Additive Manufacturing, 2019. **4**(3): p. 211-223.
109. Bai, W., et al., *Academic Insights and Perspectives in 3D Printing: A Bibliometric Review*. Applied Sciences, 2021. **11**(18): p. 8298.
110. Mendenhall, R. and B. Eslami, *Experimental Investigation on Effect of Temperature on FDM 3D Printing Polymers: ABS, PETG, and PLA*. Applied Sciences, 2023. **13**(20): p. 11503.
111. Rojek, I., et al., *Bulletin of the Polish Academy of Sciences: Technical Sciences*. 2021.
112. Reis, R.I., W.K. Shimote, and L.C. Pardini, *Anomalous Behavior of a Solid Rocket Motor Nozzle Insert During Static Firing Test*. Journal of Aerospace Technology and Management, 2016. **8**(4): p. 483-490.
113. Mastura, M.T., et al., *Concurrent Material Selection of Natural Fibre Filament for Fused Deposition Modeling Using Integration of Analytic Hierarchy Process/Analytic Network Process*. Journal of Renewable Materials, 2022. **10**(5): p. 1221-1238.
114. Alafaghani, A.a., A. Qattawi, and M.A. Ablat, *Design Consideration for Additive Manufacturing: Fused Deposition Modelling*. Open Journal of Applied Sciences, 2017. **07**(06): p. 291-318.
115. Wałpuski, B. and M. Słoma, *Accelerated Testing and Reliability of FDM-Based Structural Electronics*. Applied Sciences, 2022. **12**(3): p. 1110.
116. Martinez, D.W.C., et al., *A Comprehensive Review on the Application of 3D Printing in the Aerospace Industry*. Key Engineering Materials, 2022. **913**: p. 27-34.
117. Laudante, E., et al., *Human–Robot Interaction for Improving Fuselage Assembly Tasks: A Case Study*. Applied Sciences, 2020. **10**(17): p. 5757.
118. Betts, E.M. and R.A. Frederick, *A Historical Systems Study of Liquid Rocket Engine Throttling Capabilities*. 2010.
119. Ziegler, B., J. Mosędrżny, and N. Lewandowska, *Swirled Injector Modeling for Cavitating Multiphase Flow*. E3s Web of Conferences, 2019. **128**: p. 06007.
120. Farrokhi, A., *Welding Properties of Titanium Alloys Grade 5*. 2023.
121. Cican, G., et al., *Design, Manufacturing, and Testing Process of a Lab Scale Test Bench Hybrid Rocket Engine*. Engineering Technology & Applied Science Research, 2023. **13**(6): p. 12039-12046.
122. Mahottamananda, S.N., N.P. Kadiresh, and Y. Pal, *Regression Rate Characterization of HTPB-Paraffin Based Solid Fuels for Hybrid Rocket*. Propellants Explosives Pyrotechnics, 2020. **45**(11): p. 1755-1763.
123. Kaneko, Y., et al., *Fuel Regression Rate Behavior of CAMUI Hybrid Rocket*. Transactions of the Japan Society for Aeronautical and Space Sciences Space Technology Japan, 2009. **7**(ists26): p. Pa_77-Pa_80.
124. Ismail, I.I., et al., *Modelling of Hybrid Rocket Flow-Fields With Computational Fluid Dynamics*. CFD Letters, 2022. **14**(3): p. 53-67.

125. Chen, P., et al., *The Effects of Non-Uniform Distribution of Oxidizer Flow on High-Frequency Combustion Instability.* Matec Web of Conferences, 2019. **257**: p. 01005.
126. Glenn Research Center, *Rocket Control.* 2024, National Aeronautics and Space Administration.
127. Ran, C. and Z. Deng, *Two Average Weighted Measurement Fusion Kalman Filtering Algorithms in Sensor Networks.* 2008: p. 2387-2391.
128. Feng, B., et al., *Real-time State Estimator Without Noise Covariance Matrices Knowledge – Fast Minimum Norm Filtering Algorithm.* Iet Control Theory and Applications, 2015. **9**(9): p. 1422-1432.
129. Imron, I., B. Satria, and M.D.B. Barus, *Implementation of Angklung Beat Density With Arduino and Piezoelectric Sensor Using Kalman Filter Applied for Reduce Noise Sensor.* International Journal of Economic Technology and Social Sciences (Injects), 2023. **3**(2): p. 346-355.
130. Schultz, J. and T.D. Murphey, *Extending Filter Performance Through Structured Integration.* 2014: p. 430-436.
131. Bae, J. and Y. Kim, *Attitude Estimation for Satellite Fault Tolerant System Using Federated Unscented Kalman Filter.* International Journal of Aeronautical and Space Sciences, 2010. **11**(2): p. 80-86.
132. Sreekantamurthy, V., R.M. Narayanan, and A.F. Martone, *Combined Kalman and Kalman-Levy Filter for Maneuvering Target Tracking.* 2024: p. 18.
133. Jiang, C.-H., S. Zhang, and Q. Zhang, *A Novel Robust Interval Kalman Filter Algorithm for GPS/INS Integrated Navigation.* Journal of Sensors, 2016. **2016**: p. 1-7.
134. Liang, X., *Principles of Multistage Rocket Vehicle and Concepts of Propulsion Methods for Rocket Applications.* Highlights in Science Engineering and Technology, 2022. **27**: p. 858-865.
135. Blanco, P.R., *Learning About Rockets, in Stages.* Physics Education, 2022. **57**(4): p. 045035.
136. Baldieri, F., E. Martelli, and A. Riccio, *A Numerical Study on Carbon-Fiber-Reinforced Composite Cylindrical Skirts for Solid Propeller Rockets.* Polymers, 2023. **15**(4): p. 908.
137. Dinesh, M. and R. Kumar, *Effect of Protrusion on Combustion Stability of Hybrid Rocket Motor.* Propellants Explosives Pyrotechnics, 2022. **47**(4).
138. Cui, S., et al., *Overall Parameters Design of Air-Launched Rockets Using Surrogate Based Optimization Method.* Aerospace, 2021. **9**(1): p. 15.
139. Mirshams, M., et al., *Liquid Propellant Engine Conceptual Design by Using a Fuzzy-Multi-Objective Genetic Algorithm (MOGA) Optimization Method.* Proceedings of the Institution of Mechanical Engineers Part G Journal of Aerospace Engineering, 2014. **228**(14): p. 2587-2603.
140. Khan, S.S., et al., *Comparison of Optimization Techniques and Objective Functions Using Gas Generator and Staged Combustion LPRE Cycles.* Applied Sciences, 2022. **12**(20): p. 10462.
141. Hernandez, R.N., et al., *Design and Performance of Modular 3-D Printed Solid-Propellant Rocket Airframes.* Aerospace, 2017. **4**(2): p. 17.
142. Okoli, B.I., O.S. Sholiyi, and R.O. Durojaye, *Design, Analysis and Simulation of a Single Stage Rocket (Launch Vehicle) Using RockSim.* International Journal of Science and Engineering Applications, 2021. **10**(04): p. 034-039.
143. Wenzhi, H., et al., *Design Optimization of a Low-Cost Three-Stage Launch Vehicle With Modular Hybrid Rocket Motors.* Journal of Physics Conference Series, 2024. **2764**(1): p. 012026.

144. Palharini, R.C., T. Scanlon, and J.M. Reese, *Effects of Angle of Attack on the Behaviour of Imperfections in Thermal Protection Systems of Re-Entry Vehicles*. 2015: p. 551-556.
145. Zhang, S., et al., *Thermally Insulating Polybenzoxazine/Nanosilica Aerogel Ablation Resistant to 1100 °C for Re-Entry Capsules*. Acs Applied Polymer Materials, 2023. **5**(10): p. 8223-8234.
146. Rold, G.D., et al., *Barriers of Oxidation Ans Ageing of Space Shuttle Material*. Advanced Materials Research, 2010. **89-91**: p. 136-141.
147. Pinto, J.R.A., et al., *Development of Asbestos-Free and Environment-Friendly Thermal Protection for Aerospace Application*. Materials Research, 2018. **21**(6).
148. Nagata, M., *A Space-Flight Ship Travelling by a Plasma Rocket Engine From the Earth Ground to the Moon*. Journal of Modern Physics, 2023. **14**(12): p. 1578-1586.
149. Goel, C. and G. Srinivas, *Mechanisms and Applications of Vibration Energy Harvesting in Solid Rocket Motors*. Microsystem Technologies, 2021. **27**(10): p. 3927-3933.
150. Biryukov, V.I. and R.A. Tsarapkin, *Damping Decrements in the Combustion Chambers of Liquid-Propellant Rocket Engines*. Russian Engineering Research, 2019. **39**(1): p. 6-12.
151. Zhan, Z.-H., et al., *Design of Active Vibration Control for Launcher of Multiple Launch Rocket System*. Proceedings of the Institution of Mechanical Engineers Part K Journal of Multi-Body Dynamics, 2011. **225**(3): p. 280-293.
152. Makihara, K. and S. Shimose, *Supersonic Flutter Utilization for Effective Energy-Harvesting Based on Piezoelectric Switching Control*. Smart Materials Research, 2012. **2012**: p. 1-10.
153. Dąbrowski, A. and S.R. Krawczuk, *Analysis of a Mechanical Vibration Filter and Amplifier for Sounding Rocket Applications*. 2021.
154. Wang, H., L. Liu, and W. Zhang, *Optimization Analysis of Dynamic Modal Characteristics of Large Draw Ratio Rocket Body Structure*. 2017.
155. Duan, X.L. and X.Y. Liu, *Noise Prediction of Liquid Rocket Engine by the Software AutoSEA2*. Advanced Materials Research, 2012. **466-467**: p. 794-798.
156. Nikolayev, D., *Forecasting of the Spacecraft Dynamic Loading Under the Rocket Engine Thrust Oscillations of the Launch Vehicle*. 2024.
157. Pinalia, A., et al., *Design of Propellant Composite Thermodynamic Properties Using Rocket Propulsion Analysis (RPA) Software*. Reaktor, 2022. **22**(1): p. 1-6.
158. ÖZel, C., C.K. MacİT, and M. ÖZel, *Investigation of Flight Performance of Notched Delta Wing Rockets on Different Types of Nose Cones*. Turkish Journal of Science and Technology, 2023. **18**(2): p. 435-447.
159. Srivastava, N., P.T. Tkacik, and R.G. Keanini, *Influence of Nozzle Random Side Loads on Launch Vehicle Dynamics*. Journal of Applied Physics, 2010. **108**(4).
160. Buchanan, G., et al., *The Development of Rocketry Capability in New Zealand—World Record Rocket and First of Its Kind Rocketry Course*. Aerospace, 2015. **2**(1): p. 91-117.
161. Shoyama, T., et al., *Air-Launch Experiment Using Suspended Rail Launcher for Rockoon*. Aerospace, 2021. **8**(10): p. 289.
162. Sarigul-Klijn, N. and M. Sarigul-Klijn, *A Comparative Analysis of Methods for Air-Launching Vehicles From Earth to Sub-Orbit or Orbit*. Proceedings of the Institution of Mechanical Engineers Part G Journal of Aerospace Engineering, 2006. **220**(5): p. 439-452.
163. Kelly, J.W., et al., *Motivation for Air-Launch: Past, Present, and Future*. 2017.
164. Tartabini, P.V., et al., *A Multidisciplinary Performance Analysis of a Lifting-Body Single-Stage-to-Orbit Vehicle*. 2000.
165. Kovač, M., et al., *Multi-Stage Micro Rockets for Robotic Insects*. 2012.

166. Ledsinger, L.A. and J.R. Olds, *Optimized Solutions for the Kistler K-1 Branching Trajectory Using MDO Techniques*. 2000.
167. Yoshida, H., et al., *Integrated Optimization for Single-Stage-to-Orbit Using a Pulse Detonation Engine*. Journal of Spacecraft and Rockets, 2019. **56**(4): p. 983-989.
168. Xue, R., et al., *A Survey on the Conceptual Design of Hypersonic Aircraft Powered by RBCC Engine*. Proceedings of the Institution of Mechanical Engineers Part C Journal of Mechanical Engineering Science, 2021. **237**(18): p. 4213-4245.
169. Bayley, D., et al., *Design Optimization of a Space Launch Vehicle Using a Genetic Algorithm*. 2007.
170. Fujikawa, T., T. Tsuchiya, and S. Tomioka, *Multi-Objective, Multidisciplinary Design Optimization of TSTO Space Planes With RBCC Engines*. 2015.
171. Lockwood, M.K., *Overview of Conceptual Design of Early VentureStar Configurations*. 2000.
172. Webber, H.L., A. Bond, and C.M. Hempsell, *Sensitivity of Pre-Cooled Air-Breathing Engine Performance to Heat Exchanger Design Parameters*. 2006.
173. Landis, G.A. and V. Denis, *High Altitude Launch for a Practical SSTO*. 2003. **654**: p. 290-295.
174. Han, P., R. Mu, and N. Cui, *Effective Fault Diagnosis Based on Strong Tracking UKF*. Aircraft Engineering and Aerospace Technology, 2011. **83**(5): p. 275-282.
175. Sato, M., et al., *Development of Main Propulsion System for Reusable Sounding Rocket: Design Considerations and Technology Demonstration*. Transactions of the Japan Society for Aeronautical and Space Sciences Aerospace Technology Japan, 2014. **12**(ists29): p. Tm_1-Tm_6.
176. Bhavana, Y., *Reusable Launch Vehicles: Evolution Redefined*. Journal of Aeronautics & Aerospace Engineering, 2013. **02**(02).
177. Torres, A.I., *Reusable Rockets and the Environment*. Uc Merced Undergraduate Research Journal, 2020. **12**(2).
178. Tománek, R. and J. Hospodka, *Reusable Launch Space Systems*. Mad - Magazine of Aviation Development, 2018. **6**(2): p. 10-13.
179. Hariharan, R., L.R. N, and G. Ravi, *Reusable Rockets and Multi-Planetary Human Life*. International Journal of Engineering and Advanced Technology, 2019. **8**(6s2): p. 576-579.
180. Wuilbercq, R., et al., *Robust Multidisciplinary Design and Optimisation of a Reusable Launch Vehicle*. 2014.
181. Dresia, K., et al., *Multidisciplinary Design Optimization of Reusable Launch Vehicles for Different Propellants and Objectives*. 2020.
182. Morrell, B., et al., *Development of a Hypersonic Aircraft Design Optimization Tool*. Applied Mechanics and Materials, 2014. **553**: p. 847-852.
183. Billingsley, M., et al., *Extent and Impacts of Hydrocarbon Fuel Compositional Variability for Aerospace Propulsion Systems*. 2010.
184. Cheng, T., *Review of Novel Energetic Polymers and Binders – High Energy Propellant Ingredients for the New Space Race*. Designed Monomers & Polymers, 2019. **22**(1): p. 54-65.
185. Vala, M.M., Y. Bayat, and M. Bayat, *Synthesis and Thermal Decomposition Kinetics of Epoxy Poly Glycidyl Nitrate as an Energetic Binder*. Defence Science Journal, 2020. **70**(4): p. 461-468.
186. Kondo, K., et al., *Vacuum Test of a Micro-Solid Propellant Rocket Array Thruster*. Ieice Electronics Express, 2004. **1**(8): p. 222-227.

187. Tanaka, S., et al., *MEMS-Based Solid Propellant Rocket Array Thruster With Electrical Feedthroughs.* Transactions of the Japan Society for Aeronautical and Space Sciences, 2003. **46**(151): p. 47-51.
188. Wu, C., et al., *Study on Mechanical Properties and Failure Mechanisms of Highly Filled Hydroxy-Terminated Polybutadiene Propellant Under Different Tensile Loading Conditions.* Polymers, 2023. **15**(19): p. 3869.
189. Wen, Z., et al., *Molecular Dynamics Simulation of the Pyrolysis and Oxidation of NEPE Propellant.* Propellants Explosives Pyrotechnics, 2022. **47**(12).
190. Pang, W., et al., *Effect of Metal Nanopowders on the Performance of Solid Rocket Propellants: A Review.* Nanomaterials, 2021. **11**(10): p. 2749.
191. Wang, Y., *Effect of Molecular Perovskite Energetic Materials DAP-4 on Energy Performances of Solid Propellants.* 2023.
192. Sharma, J. and A. Miglani, *Time-Varying Oscillatory Response of Burning Gel Fuel Droplets.* Gels, 2023. **9**(4): p. 309.
193. Chauhan, D., et al., *Studies on the Processing of HTPB-based Fast-burning Propellant With Trimodal Oxidiser Distribution and Its Rheological Behaviour.* Asia-Pacific Journal of Chemical Engineering, 2022. **17**(3).
194. El-Dakhakhny, M., et al., *Comparative Study Between Different Fillers Used as Reinforcements of Rubber Thermal Insulators.* International Conference on Aerospace Sciences and Aviation Technology, 2015. **16**(AEROSPACE SCIENCES): p. 1-15.
195. Bhuvaneswari, C.M., et al., *Ethylene-Propylene Diene Rubber as a Futuristic Elastomer for Insulation of Solid Rocket Motors.* Defence Science Journal, 2006. **56**(3): p. 309-320.
196. Ahmed, A.K.W. and S.V. Hoa, *Improvement of the Properties of Insulating Polymers Using Aramid Fiber for Solid Rocket Motor Insulation.* The International Conference on Chemical and Environmental Engineering, 2008. **4**(6): p. 467-478.
197. George, K., et al., *Recent Developments in Elastomeric Heat Shielding Materials for Solid Rocket Motor Casing Application for Future Perspective.* Polymers for Advanced Technologies, 2017. **29**(1): p. 8-21.
198. Yuan, W., et al., *Designing High-Performance Hypergolic Propellants Based on Materials Genome.* Science Advances, 2020. **6**(49).
199. Niwa, M., A. Santana, and K. Kessaev, *Development of a Resonance Igniter for GO/Kerosene Ignition.* Journal of Propulsion and Power, 2001. **17**(5): p. 995-997.
200. Kapitonova, T. and S. Bullock, *What Is the Optimal Fuel for Space Flight? Efficiency, Cost, and Environmental Impact.* 2023.
201. Borovik, I., et al., *Influence of Polyisobutylene Kerosene Additive on Combustion Efficiency in a Liquid Propellant Rocket Engine.* Aerospace, 2019. **6**(12): p. 129.
202. Xu, J., et al., *Energy Estimation and Testing Verification on Ignition of a Torch Ignition System.* Journal of Physics Conference Series, 2022. **2235**(1): p. 012052.
203. Fareghi-Alamdari, R., N. Zohari, and N. Sheibani, *Reliable Evaluation of Ignition Delay Time of Imidazolium Ionic Liquids as Green Hypergolic Propellants by a Novel Theoretical Approach.* Propellants Explosives Pyrotechnics, 2019. **44**(9): p. 1147-1153.
204. Badakhshan, A., et al., *Nano-Ignition Torch Applied to Cryogenic H2/O2 Coaxial Jet.* 2016.
205. Owis, F., *Design and Testing of the Ignition System for Hybrid Rocket Motor.* International Conference on Aerospace Sciences and Aviation Technology, 2011. **11**(ASAT CONFERENCE): p. 1-14.
206. Schneider, S., et al., *Liquid Azide Salts and Their Reactions With Common Oxidizers IRFNA and N_2O_4.* Inorganic Chemistry, 2008. **47**(13): p. 6082-6089.

207. Li, S., H. Gao, and J.n.M. Shreeve, *Borohydride Ionic Liquids and Borane/Ionic-Liquid Solutions as Hypergolic Fuels With Superior Low Ignition-Delay Times.* Angewandte Chemie, 2014. **126**(11): p. 3013-3016.
208. Bhosale, V.K., S.G. Kulkarni, and P.S. Kulkarni, *Ionic Liquid and Biofuel Blend: A Low–cost and High Performance Hypergolic Fuel for Propulsion Application.* Chemistryselect, 2016. **1**(9): p. 1921-1925.
209. Bhosale, V.K. and P.S. Kulkarni, *Ultrafast Igniting, Imidazolium Based Hypergolic Ionic Liquids With Enhanced Hydrophobicity.* New Journal of Chemistry, 2017. **41**(3): p. 1250-1258.
210. Marothiya, G., et al., *Development of H_2O_2 Based Mixed Hybrid Rocket.* Propellants Explosives Pyrotechnics, 2021. **46**(11): p. 1687-1695.
211. Kara, O. and A. Karabeyoğlu, *Hybrid Propulsion System: Novel Propellant Design for Mars Ascent Vehicles.* 2021.
212. Huh, J.W., et al., *Preliminary Assessment of Hydrogen Peroxide Gel as an Oxidizer in a Catalyst Ignited Hybrid Thruster.* International Journal of Aerospace Engineering, 2018. **2018**: p. 1-14.
213. Surmacz, P., *Green Rocket Propulsion Research and Development at the Institute of Aviation: Problems and Perspectives.* Journal of Kones Powertrain and Transport, 2016. **23**(1): p. 337-344.
214. Gligorijević, N., et al., *Influence of the Ignition Mixture Particle Size on Rocket Motor Igniter Pressure Gradient.* Scientific Technical Review, 2018. **68**(1): p. 33-39.
215. Whitmore, S.A., D.P. Merkley, and N.R. Inkley, *Development of a Power Efficient, Restart-Capable Arc Ignitor for Hybrid Rockets.* 2014.
216. Boiron, A.J. and B. Cantwell, *Hybrid Rocket Propulsion and in-Situ Propellant Production for Future Mars Missions.* 2013.
217. Paccagnella, E., et al., *Scaling Parameters of Swirling Oxidizer Injection in Hybrid Rocket Motors.* Journal of Propulsion and Power, 2017. **33**(6): p. 1378-1394.
218. Zilliac, G.G. and M.A. Karabeyoğlu, *Hybrid Rocket Fuel Regression Rate Data and Modeling.* 2006.
219. Morita, T., et al., *Solid-Fuel Regression Rate for Standard-Flow Hybrid Rocket Motors.* Journal of Thermal Science and Technology, 2012. **7**(2): p. 387-398.
220. Chiaverini, M.J., et al., *Regression Rate Behavior of Hybrid Rocket Solid Fuels.* Journal of Propulsion and Power, 2000. **16**(1): p. 125-132.
221. Chiaverini, M.J., et al., *Regression-Rate and Heat-Transfer Correlations for Hybrid Rocket Combustion.* Journal of Propulsion and Power, 2001. **17**(1): p. 99-110.
222. Barato, F., *Challenges of Ablatively Cooled Hybrid Rockets for Satellites or Upper Stages.* Aerospace, 2021. **8**(7): p. 190.
223. Kafafy, R., M.H. Azami, and M. Idres, *Hybrid Rocket Performance With Varying Additive Concentrations.* 2013.
224. Alsaidi, S.B., J. Huh, and M.Y.E. Selim, *Combustion of Date Stone and Jojoba Solid Waste in a Hybrid Rocket-Like Combustion Chamber.* Aerospace, 2024. **11**(3): p. 181.
225. Holste, K., et al., *Ion thrusters for electric propulsion: Scientific issues developing a niche technology into a game changer.* Review of Scientific Instruments, 2020. **91**(6).
226. Koda, D. and H. Kuninaka, *Demonstration of Negative Fullerene Ion Thruster Combined With Positive Xenon Ion Thruster.* Transactions of the Japan Society for Aeronautical and Space Sciences Aerospace Technology Japan, 2016. **14**(ists30): p. Pb_203-Pb_208.

227. Diamant, K.D., et al., *Ionization, Plume Properties, and Performance of Cylindrical Hall Thrusters.* Ieee Transactions on Plasma Science, 2010. **38**(4): p. 1052-1057.
228. Roibás, E., et al., *Characterization of the Ion Beam Neutralization of Plasma Thrusters Using Collecting and Emissive Langmuir Probes.* Contributions to Plasma Physics, 2013. **53**(1): p. 57-62.
229. Nakayama, Y., I. Funaki, and H. Kuninaka, *Sub-Milli-Newton Class Miniature Microwave Ion Thruster.* Journal of Propulsion and Power, 2007. **23**(2): p. 495-499.
230. Ekholm, J., et al., *Plume Characteristics of the Busek 600 W Hall Thruster.* 2006.
231. Anderson, J.R., I. Katz, and D.M. Goebel, *Numerical Simulation of Two-Grid Ion Optics Using a 3D Code.* 2004.
232. Takao, Y., et al., *Three-Dimensional Particle-in-Cell Simulation of a Miniature Plasma Source for a Microwave Discharge Ion Thruster.* Plasma Sources Science and Technology, 2014. **23**(6): p. 064004.
233. Charles, C., *Plasmas for Spacecraft Propulsion.* Journal of Physics D Applied Physics, 2009. **42**(16): p. 163001.
234. Bundesmann, C., et al., *In Situ Thermal Characterization of the Accelerator Grid of an Ion Thruster.* Journal of Propulsion and Power, 2011. **27**(3): p. 532-537.
235. Schneider, R., et al., *Particle-in-Cell Simulations for Ion Thrusters.* Contributions to Plasma Physics, 2009. **49**(9): p. 655-661.
236. Patino, M.I., L. Chu, and R.E. Wirz, *Ion-Neutral Collision Analysis for a Well-Characterized Plasma Experiment.* 2012.
237. Neumann, H., et al., *Broad Beam Ion Sources for Electrostatic Space Propulsion and Surface Modification Processes: From Roots to Present Applications.* Contributions to Plasma Physics, 2007. **47**(7): p. 487-497.
238. Greig, A.D., C. Charles, and R. Boswell, *Simulation of Main Plasma Parameters of a Cylindrical Asymmetric Capacitively Coupled Plasma Micro-Thruster Using Computational Fluid Dynamics.* Frontiers in Physics, 2015. **2**.
239. Wirz, R.E., J.R. Anderson, and I. Katz, *Time-Dependent Erosion of Ion Optics.* Journal of Propulsion and Power, 2011. **27**(1): p. 211-217.
240. Nakayama, Y., *Experimental Visualization of Ion Thruster Discharge and Beam Extraction.* Transactions of the Japan Society for Aeronautical and Space Sciences Space Technology Japan, 2009. **7**(ists26): p. Pb_29-Pb_34.
241. Aanesland, A., et al., *Development and Test of the Negative and Positive Ion Thruster PEGASES.* 2014.
242. Nakayama, Y. and F. Tanaka, *Experimental Evaluation of Neutralization Phenomena With Visualized Ion Thruster.* Transactions of the Japan Society for Aeronautical and Space Sciences Aerospace Technology Japan, 2014. **12**(ists29): p. Pb_53-Pb_58.
243. Criado, E., et al., *Ion Beam Neutralization and Properties of Plasmas From Low Power Ring Cusp Ion Thrusters.* Physics of Plasmas, 2012. **19**(2).
244. Lafleur, T., et al., *Electron Dynamics and Ion Acceleration in Expanding-Plasma Thrusters.* Plasma Sources Science and Technology, 2015. **24**(6): p. 065013.
245. Singh, L.A., et al., *Operation of a Carbon Nanotube Field Emitter Array in a Hall Effect Thruster Plume Environment.* Ieee Transactions on Plasma Science, 2015. **43**(1): p. 95-102.
246. Nakagawa, Y., et al., *Water and Xenon ECR Ion Thruster—comparison in Global Model and Experiment.* Plasma Sources Science and Technology, 2020. **29**(10): p. 105003.
247. Singhal, N., et al., *3D-Printed Multilayered Reinforced Material System for Gas Supply in CubeSats and Small Satellites.* Advanced Engineering Materials, 2019. **21**(11).

248. Souhair, N., *Numerical Suite for the Design, Simulation and Optimization of Cathode-Less Plasma Thrusters.* 2023.
249. Charles, C., R. Boswell, and K. Takahashi, *Investigation of Radiofrequency Plasma Sources for Space Travel.* Plasma Physics and Controlled Fusion, 2012. **54**(12): p. 124021.
250. Takahashi, K., et al., *Magnetic Nozzle Radiofrequency Plasma Systems for Space Propulsion, Industry, and Fusion Plasmas.* Plasma and Fusion Research, 2023. **18**(0): p. 2501050-2501050.
251. Otsuka, S., et al., *Study on Plasma Acceleration in Completely Electrodeless Electric Propulsion System.* Plasma and Fusion Research, 2015. **10**(0): p. 3401026-3401026.
252. Yang, B., J. Miao, and Y. Yang, *Terminal Sliding Mode Control of a Lunar Lander With Electric Propulsion.* Applied Mechanics and Materials, 2014. **494-495**: p. 1195-1201.
253. Song, H., et al., *Experimental Study of Electromagnetically Enhanced Laser Propulsion Performance.* 2022: p. 50.
254. Zhang, D.X., et al., *Discharge Characteristics of a Laser-Electromagnetic Coupling Plasma Thruster for Spacecraft Propulsion.* Applied Mechanics and Materials, 2012. **232**: p. 337-341.
255. Cannat, F., et al., *Optimization of a Coaxial Electron Cyclotron Resonance Plasma Thruster With an Analytical Model.* Physics of Plasmas, 2015. **22**(5): p. 053503.
256. Kajimura, Y., et al., *Numerical Simulation of Dipolar Magnetic Field Inflation Due to Equatorial Ring-Current.* Plasma and Fusion Research, 2014. **9**(0): p. 2405008-2405008.
257. Moritaka, T., et al., *Full Particle-in-Cell Simulation on a Small-Scale Magnetosphere Using Uniform and Nested Grid Systems.* Plasma and Fusion Research, 2011. **6**: p. 2401101-2401101.
258. Merino, M. and E. Ahedo, *Space Plasma Thrusters: Magnetic Nozzles For.* 2016: p. 1329-1351.
259. Bevilacqua, R., et al., *Guidance Navigation and Control for Autonomous Multiple Spacecraft Assembly: Analysis and Experimentation.* International Journal of Aerospace Engineering, 2011. **2011**: p. 1-18.
260. Nabeel I. Abdulbaki, Y., *Enhancement of Guidance System Using Kalman Filter.* Engineering and Technology Journal, 2010. **28**(3): p. 445-454.
261. Li, K., H.S. Shin, and A. Tsourdos, *Capturability of a Sliding-Mode Guidance Law With Finite-Time Convergence.* Ieee Transactions on Aerospace and Electronic Systems, 2020. **56**(3): p. 2312-2325.
262. He, S. and C.-H. Lee, *Optimality of Error Dynamics in Missile Guidance Problems.* Journal of Guidance Control and Dynamics, 2018. **41**(7): p. 1624-1633.
263. de Celis, R., et al., *Neural Network-Based Ambiguity Resolution for Precise Attitude Estimation With GNSS Sensors.* Ieee Transactions on Aerospace and Electronic Systems, 2024. **60**(5): p. 6702-6716.
264. Haytham, A., et al., *System Design and Realization of an Autonomous Unmanned Ground Vehicle Using GPS-Based Navigation.* International Conference on Aerospace Sciences and Aviation Technology, 2013. **15**(AEROSPACE SCIENCES): p. 1-13.
265. Schulte, P. and D.A. Spencer, *Development of an Integrated Spacecraft Guidance, Navigation, &Amp; Control Subsystem for Automated Proximity Operations.* Acta Astronautica, 2016. **118**: p. 168-186.
266. Li, S., et al., *Image processing algorithms for deep-space autonomous optical navigation.* The Journal of Navigation, 2013. **66**(4): p. 605-623.

267. Downes, L.M., T.J. Steiner, and J.P. How. *Lunar terrain relative navigation using a convolutional neural network for visual crater detection*. in *2020 American Control Conference (ACC)*. 2020. IEEE.
268. Zhang, L., et al., *Relative attitude and position estimation for a tumbling spacecraft.* Aerospace Science and Technology, 2015. **42**: p. 97-105.
269. Xiong, K. and C. Wei, *Integrated celestial navigation for spacecraft using interferometer and earth sensor.* Proceedings of the Institution of Mechanical Engineers, Part G: Journal of Aerospace Engineering, 2020. **234**(16): p. 2248-2262.
270. Christian, J.A., *StarNAV: Autonomous optical navigation of a spacecraft by the relativistic perturbation of starlight.* Sensors, 2019. **19**(19): p. 4064.
271. HE, F.-p., S.-y. ZHU, and P.-y. CUI. *Autonomous Optical Navigation for Spacecraft in Earth Departure Phase*. in *International Conference on Computer Networks and Communication Technology (CNCT 2016)*. 2016. Atlantis Press.
272. de Gioia, F., et al., *A robust RANSAC-based planet radius estimation for onboard visual based navigation.* Sensors, 2020. **20**(14): p. 4041.
273. Bowman, A., *5.0 Guidance, Navigation, and Control.* 2024, NASA.
274. Keanini, R.G., et al., *Stochastic Rocket Dynamics Under Random Nozzle Side Loads: Ornstein-Uhlenbeck Boundary Layer Separation and Its Coarse Grained Connection to Side Loading and Rocket Response.* Annalen Der Physik, 2011. **523**(6): p. 459-487.
275. Zhou, B., H. Wang, and W. Ruan, *Numerical Analysis of 3-D Inner Flow Field for Ladder-Shaped Multiple Propellant Rocket Motor.* Journal of Physics Conference Series, 2022. **2336**(1): p. 012025.
276. Eerland, W., et al., *An Open-Source, Stochastic, Six-Degrees-of-Freedom Rocket Flight Simulator, With a Probabilistic Trajectory Analysis Approach.* 2017.
277. Mingireanu, F., et al., *Solid Rocket Motors Internal Ballistic Model With Erosive and Condensed Phase Considerations.* The International Conference on Applied Mechanics and Mechanical Engineering, 2018. **18**(18): p. 1-13.
278. Celano, M.P., et al., *Injector Characterization for a Gaseous Oxygen-Methane Single Element Combustion Chamber.* 2016.
279. Marquardt, T. and J. Majdalani, *Review of Classical Diffusion-Limited Regression Rate Models in Hybrid Rockets.* Aerospace, 2019. **6**(6): p. 75.
280. Li, Z., et al., *Numerical Simulation of the Effect of Multiple Factors on the Ignition Process of a Solid Rocket Motor.* Propellants Explosives Pyrotechnics, 2024. **49**(5).
281. Blanco, P.R., *A Discrete, Energetic Approach to Rocket Propulsion.* Physics Education, 2019. **54**(6): p. 065001.
282. Ryazantsev, A., A. Shirokozhukhova, and S.M. Kovalev, *Application of Combined Processing Methods for High-Tech Products Manufacturing.* Key Engineering Materials, 2022. **910**: p. 61-66.
283. Lin, Y., et al., *Architecture Design and Timing Analysis of GNC System Based on Time-Triggered Architecture.* 2014.
284. Liu, H., et al., *Modeling and Simulation for Safety Redundant Architecture in Train Control System.* 2016.
285. Peng, W., et al., *A High-Precision Dynamic Model of a Sounding Rocket and Rapid Wind Compensation Method Research.* Advances in Mechanical Engineering, 2017. **9**(7): p. 168781401771394.
286. Nie, Y., Y. Cheng, and J. Wu, *Liquid-Propellant Rocket Engine Online Health Condition Monitoring Base on Multi-Algorithm Parallel Integrated Decision-Making.* Proceedings of the

287. Guram, S., et al., *Review Study on Thermal Characteristics of Bell Nozzle Used in Supersonic Engine*. 2023. **2**(1): p. 4-14.
288. Atygayev, T., V.P. Ivel, and Y.V. Gerasimova, *Development of a Hardware and Software Model of a Rocket Motion Correction System*. Eastern-European Journal of Enterprise Technologies, 2021. **3**(3 (111)): p. 15-23.
289. Schwarz, R. and S. Theil, *A Fault-Tolerant on-Board Computing and Data Handling Architecture Incorporating a Concept for Failure Detection, Isolation, and Recovery for the SHEFEX III Navigation System*. 2014.
290. Huh, J.W. and S. Kwon, *A Practical Design Approach for a Single-Stage Sounding Rocket to Reach a Target Altitude*. The Aeronautical Journal, 2022. **126**(1301): p. 1084-1100.
291. Chen, L., et al., *Rocket Recovery Carbin Section Passive Location Based on Whale Optimization Algorithm*. Journal of Physics Conference Series, 2022. **2364**(1): p. 012068.
292. Wu, T.-Y., et al., *TPAD: Hardware Trojan Prevention and Detection for Trusted Integrated Circuits*. Ieee Transactions on Computer-Aided Design of Integrated Circuits and Systems, 2016. **35**(4): p. 521-534.
293. Li, W., et al., *Powered Landing Control of Reusable Rockets Based on Softmax Double DDPG*. Aerospace, 2023. **10**(7): p. 590.
294. Han, Y., H. Sun, and H. Guo, *Research on Rocket Laser Scattering Characteristic Simulation Software*. Laser Physics, 2013. **23**(5): p. 056007.
295. Harari, Z., *Derivation of a Revised Tsiolkovsky Rocket Equation That Predicts Combustion Oscillations*. Advances in Aerospace Science and Technology, 2024. **09**(01): p. 10-27.
296. Pylypenko, O.V., et al., *Mathematical Modelling of Start-Up Transients at Clustered Propulsion System With POGO-suppressors for CYCLON-4M Launch Vehicle*. Kosmìčna Nauka Ì Tehnologìâ, 2021. **27**(6): p. 3-15.
297. Fink, W., T.L. Huntsberger, and H. Aghazarian, *Dynamic Optimization of <i>N</i>-joint Robotic Limb Deployments*. Journal of Field Robotics, 2009. **27**(3): p. 268-280.
298. Berger, R.W., et al., *The RAD6000MC System-on-Chip Microcontroller for Spacecraft Avionics and Instrument Control*. 2008.
299. Nakamura, Y., et al., *Exploration of Energization and Radiation in Geospace (ERG): Challenges, Development, and Operation of Satellite Systems*. Earth Planets and Space, 2018. **70**(1).
300. Lubin, P., A.N. Cohen, and J. Erlikhman, *Radiation Effects From ISM and Cosmic Ray Particle Impacts on Relativistic Spacecraft*. 2022.
301. Bonet, M.S. and L. Kosmidis, *SPARROW: A Low-Cost Hardware/Software Co-Designed SIMD Microarchitecture for AI Operations in Space Processors*. 2022.
302. Lindsay, P., K. Winter, and N. Yatapanage, *Safety Assessment Using Behavior Trees and Model Checking*. 2010: p. 181-190.
303. Sreekumar, A., et al., *Enhanced Performance Capability in a Dual Redundant Avionics Platform – Fault Tolerant Scheduling With Comparative Evaluation*. Procedia Computer Science, 2015. **46**: p. 921-932.
304. Gavriluţ, V., D. Tămaş-Selicean, and P. Pop, *Fault-Tolerant Topology Selection for TTEthernet Networks*. 2015: p. 4001-4009.
305. Chu, J., et al., *Optimal Design of Configuration Scheme for Integrated Modular Avionics Systems With Functional Redundancy Requirements*. Ieee Systems Journal, 2021. **15**(2): p. 2665-2676.

306. Zhao, C., et al., *Research on Resource Allocation Method of Integrated Avionics System Considering Fault Propagation Risk.* International Journal of Aerospace Engineering, 2022. **2022**: p. 1-19.
307. Lerro, A., et al., *Experimental Analysis of Neural Approaches for Synthetic Angle-of-Attack Estimation.* International Journal of Aerospace Engineering, 2021. **2021**: p. 1-13.
308. Horváth, Á., et al., *Hardware-Software Allocation Specification of IMA Systems for Early Simulation.* 2014.
309. Li, W. and G. Shi, *Redundancy Management Strategy for Electro-Hydraulic Actuators Based on Intelligent Algorithms.* Advances in Mechanical Engineering, 2014. **12**(6).
310. Hoffmann, M., et al., *Effectiveness of Fault Detection Mechanisms in Static and Dynamic Operating System Designs.* 2014: p. 230-237.
311. Wang, H., et al., *Integrated Modular Avionics System Safety Analysis Based on Model Checking.* 2017: p. 1-6.
312. Hickey, C., et al., *The Legacy of Space Shuttle Flight Software.* 2011.
313. Ichikawa, T., et al., *Development of Redundant Integrated Navigation System (RINS) for Launch Vehicle.* 2023.
314. Zhang, C., X. Shi, and D. Chen, *Safety Analysis and Optimization for Networked Avionics System.* 2014.
315. Edwards, B., et al., *Original Research by Young Twinkle Students (ORBYTS): Ephemeris Refinement of Transiting Exoplanets III.* Astronomy Theory Observation and Methods, 2021. **2**(1).
316. Porter, S.B., et al., *Orbits and Occultation Opportunities of 15 TNOs Observed by New Horizons.* The Planetary Science Journal, 2022. **3**(1): p. 23.
317. Stern, S.A., et al., *Initial Results From the New Horizons Exploration of 2014 MU$_{69}$, a Small Kuiper Belt Object.* Science, 2019. **364**(6441).
318. Sababha, B.H., O. Rawashdeh, and W. Sadeh, *A Real-Time Gracefully Degrading Avionics System for Unmanned Aerial Vehicles.* 2012.
319. Ellis, S.J., et al., *Runtime Fault Detection in Programmed Molecular Systems.* Acm Transactions on Software Engineering and Methodology, 2019. **28**(2): p. 1-20.
320. Wessels, W., *How Rockets Are Made – Where And How Orbital Launch Vehicles Are Build*. 2024, Headed For Space.
321. Kehayas, N., *Earth-to-Space and High-Speed "Air" Transportation: An Aerospaceplane Design.* Aircraft Engineering and Aerospace Technology, 2019. **91**(2): p. 381-403.
322. Su, Y., et al., *Simulations and Software Development for the Hard X-Ray Imager Onboard ASO-S.* Research in Astronomy and Astrophysics, 2019. **19**(11): p. 163.
323. Feng, L., et al., *Space Weather Related to Solar Eruptions With the ASO-S Mission.* Frontiers in Physics, 2020. **8**.
324. Montopoli, M., et al., *Remote Sensing of the Moon's Subsurface With Multifrequency Microwave Radiometers: A Numerical Study.* Radio Science, 2011. **46**(1).
325. Siemes, C., et al., *CASPA-ADM: A Mission Concept for Observing Thermospheric Mass Density.* Ceas Space Journal, 2022. **14**(4): p. 637-653.
326. Ferrando, P., *The COSPIX Mission: Focusing on the Energetic and Obscured Universe.* 2011.
327. Dunwoody, R., et al., *Development, Description, and Validation of the Operations Manual for EIRSAT-1, a 2U CubeSat With a Gamma-Ray Burst Detector.* Journal of Astronomical Telescopes Instruments and Systems, 2023. **9**(03).
328. Mudarris, M., M.R. Basirung, and I. Sumariyanto, *Rocket Load Test Based on Inertial Measurement Unit Sensor in Supporting National Air Defense.* Jurnal Pertahanan Media

Grundlagen des Raketenbaus und der Konstruktion

Informasi TTG Kajian & Strategi Pertahanan Yang Mengedepankan Identity Nasionalism & Integrity, 2022. **8**(1): p. 1.
329. Pütz, P., *Space Robotics.* Reports on Progress in Physics, 2002. **65**(3): p. 421-463.
330. Pursiainen, S. and M. Kaasalainen, *Electromagnetic 3D Subsurface Imaging With Source Sparsity for a Synthetic Object.* Inverse Problems, 2015. **31**(12): p. 125004.
331. Grundmann, J.T., et al., *Capabilities of Gossamer-1 Derived Small Spacecraft Solar Sails Carrying Mascot-Derived Nanolanders for in-Situ Surveying of NEAs.* Acta Astronautica, 2019. **156**: p. 330-362.
332. Ji, X. and Y.-G. Zhao, *Architecture Design for Unmanned Aerial Vehicle Mission Planning System.* 2019.
333. Yang, S., et al., *Autonomous Attitude Reconstruction Analysis for Propulsion System With Typical Thrust Drop Fault.* Aerospace, 2022. **9**(8): p. 409.
334. Yoshioka, H., et al., *Façade Tests on Fire Propagation Along Combustible Exterior Wall Systems.* Fire Science and Technology, 2014. **33**(1): p. 1-15.
335. Gooranorimi, O., et al., *Residual Mechanical Properties of Fire Exposed GFRP Reinforcement in Concrete Elements.* 2016. **2**: p. 985-994.
336. Ellis, D.S., H. Tabatabai, and A. Nabizadeh, *Residual Tensile Strength and Bond Properties of GFRP Bars After Exposure to Elevated Temperatures.* Materials, 2018. **11**(3): p. 346.
337. Raouffard, M.M. and M. Nishiyama, *Residual Load Bearing Capacity of Reinforced Concrete Frames After Fire.* Journal of Advanced Concrete Technology, 2016. **14**(10): p. 625-633.
338. Li, L.Z., et al., *Experimental Study on Seismic Performance of Post-Fire Reinforced Concrete Frames.* Engineering Structures, 2019. **179**: p. 161-173.
339. Zhang, X., et al., *Experimental Study on Fire Resistance of Reinforced Concrete Frame Structure.* 2014.
340. Li, Z., et al., *Numerical Simulation of Blast Resistance of Reinforced Concrete Slabs Under Fire Conditions.* Advances in Structural Engineering, 2023. **26**(10): p. 1877-1894.
341. Ünal, A., et al., *Design and Implementation of a Thrust Vector Control (TVC) Test System.* Journal of Polytechnic, 2018.
342. Koltunov, A., et al., *The Development and First Validation of the GOES Early Fire Detection (GOES-EFD) Algorithm.* Remote Sensing of Environment, 2016. **184**: p. 436-453.
343. Ruchała, P., et al., *Wind Tunnel Tests of Influence of Boosters and Fins on Aerodynamic Characteristics of the Experimental Rocket Platform.* Transactions on Aerospace Research, 2017. **2017**(4): p. 82-102.
344. Bryson, H., et al., *Vertical Wind Tunnel for Prediction of Rocket Flight Dynamics.* Aerospace, 2016. **3**(2): p. 10.
345. Ocokoljić, G., B. Rašuo, and A. Bengin, *Aerodynamic Shape Optimization of Guided Missile Based on Wind Tunnel Testing and Computational Fluid Dynamics Simulation.* Thermal Science, 2017. **21**(3): p. 1543-1554.
346. Camussi, R., et al., *Wind Tunnel Measurements of the Surface Pressure Fluctuations on the New VEGA-C Space Launcher.* Aerospace Science and Technology, 2020. **99**: p. 105772.
347. Hu, B., et al., *Engineering Calculation and Analysis of Aerodynamic Heating for Hypersonic Rocket Sled.* Journal of Physics Conference Series, 2023. **2478**(8): p. 082009.
348. Kimmel, R.L., et al., *Hypersonic International Flight Research Experimentation-5b Flight Overview.* Journal of Spacecraft and Rockets, 2018. **55**(6): p. 1303-1314.
349. Zilliac, G.G., et al., *A Comparison of the Measured and Computed Skin Friction Distribution on the Common Research Model.* 2011.

350. Kwiek, A., et al., *Results of Simulation and Scaled Flight Tests Performed on a Rocket-Plane at High Angles of Attack.* Aircraft Engineering and Aerospace Technology, 2021. **93**(9): p. 1445-1459.
351. Goetzendorf-Grabowski, T. and A. Kwiek, *Study of the Impact of Aerodynamic Model Fidelity on the Flight Characteristics of Unconventional Aircraft.* Applied Sciences, 2023. **13**(22): p. 12522.
352. Ramamurthy, B., E. Horowitz, and J.R. Fragola, *Physical Simulation in Space Launcher Engine Risk Assessment.* 2010.
353. Zhang, J.H. and S.S. Jiang, *Rigid-Flexible Coupling Model and Dynamic Analysis of Rocket Sled.* Advanced Materials Research, 2011. **346**: p. 447-454.
354. Deswandri, N., et al., *Risk Assessment of Solid Propellant Rocket Motor Using a Combination of HAZOP and FMEA Methods.* Journal of Advanced Research in Fluid Mechanics and Thermal Sciences, 2023. **110**(1): p. 63-78.
355. Ćatić, D. and J. Glišović, *Failure Mode, Effects and Criticality Analysis of Mechanical Systems' Elements.* Mobility and Vehicle Mechanics, 2019. **45**(3): p. 25-39.
356. Guixiang, S., et al., *System Failure Analysis Based on DEMATEL-ISM and FMECA.* Journal of Central South University, 2014. **21**(12): p. 4518-4525.
357. Zhu, M., et al., *A New Fault Injection Method for Liquid Rocket Pressurization and Feed System.* 2015.
358. Nagashima, F., et al., *Improvement in Identification Accuracy of a Failure Diagnostic System for a Reusable Rocket Engine.* 2023. **4**(1).
359. Nagashima, F., et al., *Development of Failure Diagnostic System for a Reusable Rocket Engine Using Simulation.* 2022: p. 734-739.
360. Korzun, A.M. and L.A. Cassel, *Scaling and Similitude in Single Nozzle Supersonic Retropropulsion Aerodynamics Interference.* 2020.
361. Braun, R.D., B. Sforzo, and C.H. Campbell, *Advancing Supersonic Retropropulsion Using Mars-Relevant Flight Data: An Overview.* 2017.
362. DeHart, M.D., S. Schunert, and V. Labouré, *Nuclear Thermal Propulsion.* 2022.
363. Myers, R., M. DeHart, and D. Kotlyar, *Integrated Steady-State System Package for Nuclear Thermal Propulsion Analysis Using Multi-Dimensional Thermal Hydraulics and Dimensionless Turbopump Treatment.* Energies, 2024. **17**(13): p. 3068.
364. Clough, J., et al., *Integrated Propulsion and Power Modeling for Bimodal Nuclear Thermal Rockets.* 2007.
365. Sessim, M. and M. Tonks, *Multiscale Simulations of Thermal Transport in W-UO_2 CERMET Fuel for Nuclear Thermal Propulsion.* Nuclear Technology, 2021. **207**(7): p. 1004-1014.
366. Hickman, R., J. Broadway, and O.R. Mireles, *Fabrication and Testing of CERMET Fuel Materials for Nuclear Thermal Propulsion.* 2012.
367. Taylor, B.D., et al., *Cryogenic Fluid Management Technology Development for Nuclear Thermal Propulsion.* 2015.
368. Poston, D.I., *Nuclear Thermal Propulsion: Benefits and Challenges.* 2021: p. 280-289.
369. Tatem, A.J., S.J. Goetz, and S.I. Hay, *Fifty Years of Earth-Observation Satellites.* American Scientist, 2008. **96**(5): p. 390.
370. Lee, W.-C., K.-S. Kim, and Y.H. Kwon, *Review of the History of Animals That Helped Human Life and Safety for Aerospace Medical Research and Space Exploration.* The Korean Journal of Aerospace and Environmental Medicine, 2020. **30**(1): p. 18-24.

371. Lettenmaier, D.P., et al., *Inroads of Remote Sensing Into Hydrologic Science During the WRR Era.* Water Resources Research, 2015. **51**(9): p. 7309-7342.
372. King, J.V., *Cospas-Sarsat Satellite System for Search and Rescue.* 2008: p. 69-87.
373. Kataoka, R., et al., *Unexpected Space Weather Causing the Reentry of 38 Starlink Satellites in February 2022.* Journal of Space Weather and Space Climate, 2022. **12**: p. 41.
374. Halferty, G., et al., *Photometric Characterization and Trajectory Accuracy of Starlink Satellites: Implications for Ground-Based Astronomical Surveys.* Monthly Notices of the Royal Astronomical Society, 2022. **516**(1): p. 1502-1508.
375. Curzi, G., D. Modenini, and P. Tortora, *Large Constellations of Small Satellites: A Survey of Near Future Challenges and Missions.* Aerospace, 2020. **7**(9): p. 133.
376. Tyson, J.A., et al., *Mitigation of LEO Satellite Brightness and Trail Effects on the Rubin Observatory LSST.* The Astronomical Journal, 2020. **160**(5): p. 226.
377. Burleigh, S., et al., *From Connectivity to Advanced Internet Services: A Comprehensive Review of Small Satellites Communications and Networks.* Wireless Communications and Mobile Computing, 2019. **2019**: p. 1-17.
378. Murphy, C.N. and J. Yates, *Afterword: The Globalizing Governance of International Communications: Market Creation and Voluntary Consensus Standard Setting.* Journal of Policy History, 2015. **27**(3): p. 550-558.
379. Sanctis, M.D., et al., *Satellite Communications Supporting Internet of Remote Things.* Ieee Internet of Things Journal, 2016. **3**(1): p. 113-123.
380. Hiatt, D. and Y.B. Choi, *Issues and Trends in Satellite Telecommunications.* International Journal of Advanced Computer Science and Applications, 2017. **8**(3).
381. Chen, J.Y., et al., *The Channel Capacity of Dual-Polarized MIMO Mobile Satellite System.* Applied Mechanics and Materials, 2014. **643**: p. 111-116.
382. Jena, J. and P.K. Sahu, *Rain Fade and Ka-Band Spot Beam Satellite Communication in India.* 2010: p. 304-306.
383. Chen, Y., X. Ma, and C. Wu, *The Concept, Technical Architecture, Applications and Impacts of Satellite Internet: A Systematic Literature Review.* Heliyon, 2024. **10**(13): p. e33793.
384. Kim, M. and O. Yang, *Precise Attitude Control System Design for the Tracking of Parabolic Satellite Antenna.* International Journal of Smart Home, 2013. **7**(5): p. 275-290.
385. Obiyemi, O. and K. Moloi, *Rainfall's Symphony: Understanding Its Influence on Communication Systems in Nigeria.* 2024.
386. Arapoglou, P.-D., et al., *MIMO Over Satellite: A Review.* Ieee Communications Surveys & Tutorials, 2011. **13**(1): p. 27-51.
387. Xu, Y., Q. Chang, and Z. Yu, *On New Measurement and Communication Techniques of GNSS Inter-Satellite Links.* Science China Technological Sciences, 2011. **55**(1): p. 285-294.
388. Slotten, H.R., *International Governance, Organizational Standards, and the First Global Satellite Communication System.* Journal of Policy History, 2015. **27**(3): p. 521-549.
389. Singh, J., *International Communication Regimes.* 2017.
390. Zhao, J., et al., *The First Result of Relative Positioning and Velocity Estimation Based on CAPS.* Sensors, 2018. **18**(5): p. 1528.
391. Li, B., et al., *Influence of Sweep Interference on Satellite Navigation Time-Domain Anti-Jamming.* Frontiers in Physics, 2023. **10**.
392. Asgari, J., T.H. Mohammadloo, and A.R. Amiri-Simkooei, *Geometrically Constrained Kinematic Global Navigation Satellite Systems Positioning: Implementation and Performance.* Advances in Space Research, 2015. **56**(6): p. 1067-1078.

393. Zhang, P., *Research on Satellite Selection Algorithm in Ship Positioning Based on Both Geometry and Geometric Dilution of Precision Contribution*. International Journal of Advanced Robotic Systems, 2019. **16**(1).
394. Li, M., et al., *Performance of Multi-GNSS in the Asia-Pacific Region: Signal Quality, Broadcast Ephemeris and Precise Point Positioning (PPP)*. Remote Sensing, 2022. **14**(13): p. 3028.
395. Li, B., *Unmodeled Error Mitigation for Single-Frequency Multi-GNSS Precise Positioning Based on Multi-Epoch Partial Parameterization*. Measurement Science and Technology, 2019. **31**(2): p. 025008.
396. Rahim, N.A., *L-Band Amplitude Scintillations During Solar Maximum at a Low Latitude Station*. International Journal of Advanced Trends in Computer Science and Engineering, 2020. **9**(1.4): p. 465-470.
397. Shivani*, B. and S. Raghunath, *Low Latitude Ionosphere Error Correction Algorithms for Global Navigation Satellite System*. International Journal of Innovative Technology and Exploring Engineering, 2020. **9**(3): p. 3244-3248.
398. Musumeci, L., J. Samson, and F. Dovis, *Performance Assessment of Pulse Blanking Mitigation in Presence of Multiple Distance Measuring Equipment/Tactical Air Navigation Interference on Global Navigation Satellite Systems Signals*. Iet Radar Sonar & Navigation, 2014. **8**(6): p. 647-657.
399. Innac, A., et al., *The EGNOS Augmentation in Maritime Navigation*. Sensors, 2022. **22**(3): p. 775.
400. Fu, W., et al., *Multi-GNSS Combined Precise Point Positioning Using Additional Observations With Opposite Weight for Real-Time Quality Control*. Remote Sensing, 2019. **11**(3): p. 311.
401. Sapry, H.R.M., et al., *The Implementation of Global Position System (GPS) Among the Cement Transporters and Its Impact to Business Performance*. International Journal of Advanced Trends in Computer Science and Engineering, 2020. **9**(1.1 S I): p. 12-16.
402. Jin, S., T.v. Dam, and S. Wdowinski, *Observing and Understanding the Earth System Variations From Space Geodesy*. Journal of Geodynamics, 2013. **72**: p. 1-10.
403. Gu, S., et al., *Quasi-4-Dimension Ionospheric Modeling and Its Application in PPP*. Satellite Navigation, 2022. **3**(1).
404. Siejka, Z., *Verification of the Usefulness of the Trimble RTX Extended Satellite Technology With the Xfill Function in the Local Network Implementing RTK Measurements*. Artificial Satellites, 2014. **49**(4): p. 191-209.
405. Wang, Z., et al., *On-Orbit Calibration and Characterization of GOES-17 ABI IR Bands Under Dynamic Thermal Condition*. Journal of Applied Remote Sensing, 2020. **14**(03).
406. Xiong, X., et al., *VIIRS On-orbit Calibration Methodology and Performance*. Journal of Geophysical Research Atmospheres, 2014. **119**(9): p. 5065-5078.
407. Upadhyaya, S., et al., *On the Propagation of Satellite Precipitation Estimation Errors: From Passive Microwave to Infrared Estimates*. Journal of Hydrometeorology, 2020. **21**(6): p. 1367-1381.
408. Schmit, T.J., et al., *A Closer Look at the ABI on the GOES-R Series*. Bulletin of the American Meteorological Society, 2017. **98**(4): p. 681-698.
409. Singh, R., et al., *Evaluation and Assimilation of the COSMIC-2 Radio Occultation Constellation Observed Atmospheric Refractivity in the WRF Data Assimilation System*. Journal of Geophysical Research Atmospheres, 2021. **126**(18).

410. Stolle, C., et al., *Space Weather Opportunities From the Swarm Mission Including Near Real Time Applications.* Earth Planets and Space, 2013. **65**(11): p. 1375-1383.
411. Kress, B., et al., *Observations From NOAA's Newest Solar Proton Sensor.* Space Weather, 2021. **19**(12).
412. Li, L., et al., *Design and Implementation of Variable Coding and Modulation for LEO High-resolution Earth Observation Satellite.* International Journal of Satellite Communications and Networking, 2022. **41**(4): p. 303-314.
413. Zhang, S., et al., *An Effectiveness Evaluation Model for Satellite Observation and Data-Downlink Scheduling Considering Weather Uncertainties.* Remote Sensing, 2019. **11**(13): p. 1621.
414. Choudhary, K., M.S. Boori, and A. Kupriyanov, *Spatio-Temporal Analysis Through Remote Sensing and GIS in Moscow Region, Russia.* 2017: p. 42-46.
415. Ngcofe, L. and K. Gottschalk, *The Growth of Space Science in African Countries for Earth Observation in the 21st Century.* South African Journal of Science, 2013. **109**(1/2): p. 1-5.
416. He, C. and Y. Dong, *Multi-Satellite Observation-Relay Transmission-Downloading Coupling Scheduling Method.* Remote Sensing, 2023. **15**(24): p. 5639.
417. Harris, R. and I. Baumann, *Satellite Earth Observation and National Data Regulation.* Space Policy, 2021. **56**: p. 101422.
418. Hossain, F., et al., *Building User-Readiness for Satellite Earth Observing Missions: The Case of the Surface Water and Ocean Topography (SWOT) Mission.* Agu Advances, 2022. **3**(6).
419. Amin, E., et al., *Multi-Season Phenology Mapping of Nile Delta Croplands Using Time Series of Sentinel-2 and Landsat 8 Green LAI.* Remote Sensing, 2022. **14**(8): p. 1812.
420. Zhou, Q., et al., *Monitoring Landscape Dynamics in Central U.S. Grasslands With Harmonized Landsat-8 and Sentinel-2 Time Series Data.* Remote Sensing, 2019. **11**(3): p. 328.
421. Houborg, R. and M.F. McCabe, *High-Resolution NDVI From Planet's Constellation of Earth Observing Nano-Satellites: A New Data Source for Precision Agriculture.* Remote Sensing, 2016. **8**(9): p. 768.
422. Lu, F., et al., *System Demonstrations of Ka-band 5-Gbps Data Transmission for Satellite Applications.* International Journal of Satellite Communications and Networking, 2021. **40**(3): p. 204-217.
423. Oz, I., *Design Tradeoffs in Full Electric, Hybrid and Full Chemical Propulsion Communication Satellite.* Sakarya University Journal of Computer and Information Sciences, 2019. **2**(3): p. 124-133.
424. Choi, Y.-G., K.-B. Shin, and W.-H. Kim, *A Study on Size Optimization of Rocket Motor Case Using the Modified 2D Axisymmetric Finite Element Model.* International Journal of Precision Engineering and Manufacturing, 2010. **11**(6): p. 901-907.
425. Zhang, M., X. Qin, and Q. Zhang, *Aggregated Preference Value Analysis of Small Satellite Launch Opportunities.* Transactions of the Japan Society for Aeronautical and Space Sciences, 2018. **61**(2): p. 69-78.
426. Saleh, J.H., et al., *Electric Propulsion Reliability: Statistical Analysis of on-Orbit Anomalies and Comparative Analysis of Electric Versus Chemical Propulsion Failure Rates.* Acta Astronautica, 2017. **139**: p. 141-156.
427. Zheng, Y., *An Overview of Communication and Orbital Composition Technologies Based on Starlink LEO Satellite Constellation From a Technical Perspective.* Theoretical and Natural Science, 2023. **18**(1): p. 230-237.

428. Guyot, J., A. Rao, and S. Rouillon, *Oligopoly Competition Between Satellite Constellations Will Reduce Economic Welfare From Orbit Use.* Proceedings of the National Academy of Sciences, 2023. **120**(43).
429. Kang, K. and J. Kugler, *Assessment of Deterrence and Missile Defense in East Asia: A Power Transition Perspective.* International Area Studies Review, 2015. **18**(3): p. 280-296.
430. Fontana, S. and F.D. Lauro, *An Overview of Sensors for Long Range Missile Defense.* Sensors, 2022. **22**(24): p. 9871.
431. Dou, J., et al., *Evaluation Method of Formation Ship-to-Air Missile Air Defense Area Capability.* Scientific Journal of Technology, 2023. **4**(12): p. 7-12.
432. Dawood, S.D.S. and M.Y. Harmin, *Structural Responses of a Conceptual Microsatellite Structure Incorporating Perforation Patterns to Dynamic Launch Loads.* Aerospace, 2022. **9**(8): p. 448.
433. Ryan, R.G., et al., *Impact of Rocket Launch and Space Debris Air Pollutant Emissions on Stratospheric Ozone and Global Climate.* 2022.
434. Slongo, A.G., et al., *Preliminary Study of Launch and Orbit of a CubeSat Using a Modified VSB-30 Launcher Vehicle.* Journal of Aerospace Technology and Management, 2020(12): p. 62-79.
435. Long, X., et al., *Mission Scheduling of Multi-Sensor Collaborative Observation for Space Surveillance Network.* Journal of Systems Engineering and Electronics, 2023. **34**(4): p. 906-923.
436. Chae, S.H., et al., *Performance Analysis of Dense Low Earth Orbit Satellite Communication Networks With Stochastic Geometry.* Journal of Communications and Networks, 2023. **25**(2): p. 208-221.
437. Sweeting, M., *Modern Small Satellites-Changing the Economics of Space.* Proceedings of the Ieee, 2018. **106**(3): p. 343-361.
438. Constantinou, V., et al., *Leveraging Deep Learning for High-Resolution Optical Satellite Imagery From Low-Cost Small Satellite Platforms.* Ieee Journal of Selected Topics in Applied Earth Observations and Remote Sensing, 2024. **17**: p. 6354-6365.
439. Nervold, A., et al., *A Pathway to Small Satellite Market Growth.* Advances in Aerospace Science and Technology, 2016. **01**(01): p. 14-20.
440. Zhang, Z. and X. Su, *Improvement of High Damping Structures Using a Photosensitive Resin Filled With Viscous Fluid.* Journal of the Brazilian Society of Mechanical Sciences and Engineering, 2020. **42**(3).
441. Hakia.com, *Space Tourism: Opening New Frontiers for Commercial Space Travel.* 2021, Hakia.com.
442. Sciti, D., et al., *Propulsion Tests on Ultra-High-Temperature Ceramic Matrix Composites for Reusable Rocket Nozzles.* Journal of Advanced Ceramics, 2023. **12**(7): p. 1345-1360.
443. Wang, C., et al., *Parameterized Design and Dynamic Analysis of a Reusable Launch Vehicle Landing System With Semi-Active Control.* Symmetry, 2020. **12**(9): p. 1572.
444. Edafetanure-Ibeh, F., *Mastering the Cosmos: Leveraging Machine Learning to Optimize Spacex Falcon 9 Launch Success Rates.* 2024.
445. Preclik, D., et al., *Reusability Aspects for Space Transportation Rocket Engines: Programmatic Status and Outlook.* Ceas Space Journal, 2011. **1**(1-4): p. 71-82.
446. Mian, A. and M.A. Mian, *Space Medicine: Inspiring a New Generation of Physicians.* Postgraduate Medical Journal, 2022. **99**(1173): p. 763-776.

447. Karukayil, J., H. Love, and N. None, *Optimal Leg Height of Landing Legs to Reduce Risk of Damage From Regolith Ejecta by Retrorocket Exhausts.* Hyperscience International Journals, 2023. **3**(3): p. 17-23.
448. Global Aerospace Editorial Team, *How Fully Reusable Rockets Are Transforming Spaceflight.* 2024, Global Aerospace.
449. Huang, M., *Analysis of Rocket Modelling Accuracy and Capsule Landing Safety.* International Journal of Aeronautical and Space Sciences, 2022. **23**(2): p. 392-405.
450. Dirloman, F.M., et al., *Novel Polyurethanes Based on Recycled Polyethylene Terephthalate: Synthesis, Characterization, and Formulation of Binders for Environmentally Responsible Rocket Propellants.* Polymers, 2021. **13**(21): p. 3828.
451. Okniński, A., et al., *Development of Green Storable Hybrid Rocket Propulsion Technology Using 98% Hydrogen Peroxide as Oxidizer.* Aerospace, 2021. **8**(9): p. 234.
452. Okniński, A., *On Use of Hybrid Rocket Propulsion for Suborbital Vehicles.* Acta Astronautica, 2018. **145**: p. 1-10.
453. Borowski, S.K., D.R. McCurdy, and T.W. Packard, *Conventional and Bimodal Nuclear Thermal Rocket (NTR) Artificial Gravity Mars Transfer Vehicle Concepts.* 2014.
454. Yam, C.H., et al., *Preliminary Design of Nuclear Electric Propulsion Missions to the Outer Planets.* 2004.
455. Casani, J.R., et al., *Enabling a New Generation of Outer Solar System Missions: Engineering Design Studies for Nuclear Electric Propulsion.* 2021. **53**(4).
456. Palaszewski, B., *Assessing Propulsion and Transportation Issues With Mars' Moons.* 2020.
457. McGuire, M.L., et al., *Use of High-Power Brayton Nuclear Electric Propulsion (NEP) for a 2033 Mars Round-Trip Mission.* 2006. **813**: p. 222-229.
458. Mason, L.S., *A Comparison of Energy Conversion Technologies for Space Nuclear Power Systems.* 2018.
459. Johnson, C.L., et al., *Status of Solar Sail Technology Within NASA.* Advances in Space Research, 2011. **48**(11): p. 1687-1694.
460. Guo, Y., et al., *The Earth-Mars Transfer Trajectory Optimization of Solar Sail Based On<i> Hp</I>-Adaptive Pseudospectral Method.* Discrete Dynamics in Nature and Society, 2018. **2018**: p. 1-14.
461. Bovesecchi, G., et al., *A Novel Self-Deployable Solar Sail System Activated by Shape Memory Alloys.* Aerospace, 2019. **6**(7): p. 78.
462. Boschetto, A., et al., *Shape Memory Activated Self-Deployable Solar Sails: Small-Scale Prototypes Manufacturing and Planarity Analysis by 3D Laser Scanner.* Actuators, 2019. **8**(2): p. 38.
463. Wilkie, W.K., et al., *Overview of the NASA Advanced Composite Solar Sail System (ACS3) Technology Demonstration Project.* 2021.
464. Quarta, A.A., et al., *Optimal Interplanetary Trajectories for Sun-Facing Ideal Diffractive Sails.* Astrodynamics, 2023. **7**(3): p. 285-299.
465. Kezerashvili, V.Y. and R.Y. Kezerashvili, *Solar Sail With Superconducting Circular Current-Carrying Wire.* 2021.
466. Costanza, G. and M.E. Tata, *Shape Memory Alloys for Aerospace, Recent Developments, and New Applications: A Short Review.* Materials, 2020. **13**(8): p. 1856.
467. Bassetto, M., et al., *Optimal Heliocentric Transfers of a Sun-Facing Heliogyro.* Aerospace Science and Technology, 2021. **119**: p. 107094.
468. Liu, J., et al., *Dynamics and Control of a Flexible Solar Sail.* Mathematical Problems in Engineering, 2014. **2014**: p. 1-25.

469. Gohardani, A.S., *A Historical Glance at Solar Sails*. 2014.
470. Heller, R. and M. Hippke, *Deceleration of High-Velocity Interstellar Photon Sails Into Bound Orbits at A Centauri*. The Astrophysical Journal, 2017. **835**(2): p. L32.
471. Matloff, G.L., *The Solar Photon Sail Comes of Age*. Astronomical Review, 2012. **7**(3): p. 5-12.
472. Kezerashvili, R.Y., et al., *Inflation Deployed Torus-Shaped Solar Sail Accelerated via Thermal Desorption of Coating*. 2019.
473. Campbell, M.F., et al., *Relativistic Light Sails Need to Billow*. 2021.
474. Kulkarni, N., P.M. Lubin, and Q. Zhang, *Relativistic Spacecraft Propelled by Directed Energy*. The Astronomical Journal, 2018. **155**(4): p. 155.
475. Holdman, G.R., et al., *Thermal Runaway of Silicon-Based Laser Sails*. Advanced Optical Materials, 2022. **10**(19).
476. She, H., W. Hettel, and P.M. Lubin, *Directed Energy Interception of Satellites*. Advances in Space Research, 2019. **63**(12): p. 3795-3815.
477. Daukantas, P., *Breakthrough Starshot*. Optics and Photonics News, 2017. **28**(5): p. 26.
478. Jin, W., et al., *Inverse Design of Lightweight Broadband Reflector for Relativistic Lightsail Propulsion*. Acs Photonics, 2020. **7**(9): p. 2350-2355.
479. Zhu, J.-P., B. Zhang, and Y.-P. Yang, *Relativistic Astronomy. II. In-Flight Solution of Motion and Test of Special Relativity Light Aberration*. The Astrophysical Journal, 2019. **877**(1): p. 14.
480. Kammash, T. and D.L. Galbraith, *Antimatter-Driven Fusion Propulsion Scheme for Solar System Exploration*. Journal of Propulsion and Power, 1992. **8**(3): p. 644-649.
481. Cassenti, B.N. and T. Kammash, *Future of Antiproton Triggered Fusion Propulsion*. 2009.
482. Cassenti, B.N., T. Kammash, and D.L. Galbraith, *Antiproton Catalyzed Fusion Propulsion for Interplanetary Missions*. 1996.
483. Lewis, R., et al., *Antiproton-Catalyzed Microfission/Fusion Propulsion Systems for Exploration of the Outer Solar System and Beyond*. 1998. **420**: p. 1365-1372.
484. Kezerashvili, R.Y., *Exploration of the Solar System and Beyond Using a Thermonuclear Fusion Drive*. 2021.
485. Emrich, W., *First Results of the Gasdynamic Mirror Fusion Propulsion Experiment*. 2003. **654**: p. 483-489.
486. Gabrielli, R., et al., *Effect of Nuclear Side Reactions on Magnetic Fusion Reactors in Space*. 2012.
487. Gajeri, M., P. Aime, and R.Y. Kezerashvili, *A Titan Mission Using the Direct Fusion Drive*. 2020.
488. Romanelli, F. and C. Bruno, *Assessment of Open Magnetic Fusion for Space Propulsion*. 2006.
489. Emrich, W. and C.W. Hawk, *Magnetohydrodynamic Instabilities in a Simple Gasdynamic Mirror Propulsion System*. Journal of Propulsion and Power, 2005. **21**(3): p. 401-407.
490. Gnesi, S. and T. Margaria, *Requirements of an Integrated Formal Method for Intelligent Swarms*. 2012: p. 33-59.
491. Ye, Z. and Q. Zhou, *Performance Evaluation Indicators of Space Dynamic Networks Under Broadcast Mechanism*. Space Science & Technology, 2021. **2021**.
492. Mejía–Kaiser, M., *Space Law and Hazardous Space Debris*. 2020.
493. Paliouras, Z.A., *The Non-Appropriation Principle: The <i>Grundnorm</I> of International Space Law*. Leiden Journal of International Law, 2014. **27**(1): p. 37-54.

494. Gupta, B. and R. Kd, *Understanding International Space Law and the Liability Mechanism for Commercial Outer Space Activities—Unravelling the Sources.* India Quarterly a Journal of International Affairs, 2019. **75**(4): p. 555-578.
495. Popova, R. and V. Schaus, *The Legal Framework for Space Debris Remediation as a Tool for Sustainability in Outer Space.* Aerospace, 2018. **5**(2): p. 55.
496. Nucera, G.G., *International Geopolitics and Space Regulation.* 2019.
497. Marinich, V.K. and M.I. Myklush, *Space Law, Subjects and Jurisdictions: Pre-1963 Period.* Analytical and Comparative Jurisprudence, 2023(4): p. 569-581.
498. Ross, M.N. and P. Sheaffer, *Radiative Forcing Caused by Rocket Engine Emissions.* Earth S Future, 2014. **2**(4): p. 177-196.
499. Dallas, J., et al., *The Environmental Impact of Emissions From Space Launches: A Comprehensive Review.* Journal of Cleaner Production, 2020. **255**: p. 120209.
500. Voigt, C., et al., *Impact of Rocket Exhaust Plumes on Atmospheric Composition and Climate — An Overview.* 2013.
501. Ross, M.N., M.J. Mills, and D.W. Toohey, *Potential Climate Impact of Black Carbon Emitted by Rockets.* Geophysical Research Letters, 2010. **37**(24).
502. Larsson, A. and N. Wingborg, *Green Propellants Based on Ammonium Dinitramide (ADN).* 2011.
503. Lock, A.C. and A. Sóbester, *Suborbital Air-Launch of Very Light Payloads From a Fixed Wing Platform.* 2016.
504. Orgeira-Crespo, P., et al., *Optimization of the Conceptual Design of a Multistage Rocket Launcher.* Aerospace, 2022. **9**(6): p. 286.
505. Fukunari, M., et al., *Replacement of Chemical Rocket Launchers by Beamed Energy Propulsion.* Applied Optics, 2014. **53**(31): p. I16.
506. Chen, D., et al., *Aerodynamic and Static Aeroelastic Computations of a Slender Rocket With All-Movable Canard Surface.* Proceedings of the Institution of Mechanical Engineers Part G Journal of Aerospace Engineering, 2017. **232**(6): p. 1103-1119.
507. Okniński, A., J. Kindracki, and P. Wolański, *Rocket Rotating Detonation Engine Flight Demonstrator.* Aircraft Engineering and Aerospace Technology, 2016. **88**(4): p. 480-491.
508. Cichocki, M. and D. Sokolowski, *Lessons Learned and the Recent Achievements of a Three-Stage Suborbital Rocket Production.* Safety & Defense, 2023. **9**(1): p. 47-57.
509. Strunz, R. and J.W. Herrmann, *Reliability as an Independent Variable Applied to Liquid Rocket Engine Hot Fire Test Plans.* Journal of Propulsion and Power, 2011. **27**(5): p. 1032-1044.
510. Kobald, M., et al., *The HyEnD Stern Hybrid Sounding Rocket Project.* 2019: p. 25-64.
511. Nomura, K., et al., *Tipping Points of Space Debris in Low Earth Orbit.* International Journal of the Commons, 2024. **18**(1).
512. Yang, W., et al., *Target Selection for a Space-Energy Driven Laser-Ablation Debris Removal System Based on Ant Colony Optimization.* Sustainability, 2023. **15**(13): p. 10380.
513. Costigliola, D. and L. Casalino, *Simplified Maneuvering Strategies for Rendezvous in Near-Circular Earth Orbits.* Aerospace, 2023. **10**(12): p. 1027.
514. Blaise, J. and M.C.F. Bazzocchi, *Space Manipulator Collision Avoidance Using a Deep Reinforcement Learning Control.* Aerospace, 2023. **10**(9): p. 778.
515. Pesaresi, M., V. Syrris, and A. Julea, *A New Method for Earth Observation Data Analytics Based on Symbolic Machine Learning.* Remote Sensing, 2016. **8**(5): p. 399.
516. Kanazaki, M., Y. Yamada, and M. Nakamiya, *Multi-Objective Path Optimization of a Satellite for Multiple Active Space Debris Removal Based on a Method for the Travelling Serviceman*

Problem. Advances in Science Technology and Engineering Systems Journal, 2018. **3**(6): p. 479-488.
517. Ma, B., et al., *Advances in Space Robots for On-Orbit Servicing: A Comprehensive Review.* Advanced Intelligent Systems, 2023. **5**(8).
518. Rybus, T., et al., *Application of the Obstacle Vector Field Method for Trajectory Planning of a Planar Manipulator in Simulated Microgravity.* Artificial Satellites, 2023. **58**(s1): p. 171-187.
519. Wilde, M., J. Harder, and E. Stoll, *Editorial: On-Orbit Servicing and Active Debris Removal: Enabling a Paradigm Shift in Spaceflight.* Frontiers in Robotics and Ai, 2019. **6**.
520. Seddaoui, A., C.M. Saaj, and M.H. Nair, *Modeling a Controlled-Floating Space Robot for in-Space Services: A Beginner's Tutorial.* Frontiers in Robotics and Ai, 2021. **8**.
521. Albee, K., et al., *A Robust Observation, Planning, and Control Pipeline for Autonomous Rendezvous With Tumbling Targets.* Frontiers in Robotics and Ai, 2021. **8**.
522. Kempler, S. and T.J. Mathews, *Earth Science Data Analytics: Definitions, Techniques and Skills.* Data Science Journal, 2017. **16**.
523. Rao, A., M.G. Burgess, and D.T. Kaffine, *Orbital-Use Fees Could More Than Quadruple the Value of the Space Industry.* Proceedings of the National Academy of Sciences, 2020. **117**(23): p. 12756-12762.
524. Bhattarai, S. and J.-R. Shang, *Space Debris Removal Mechanism Using CubeSat With Gun Shot Facilities.* American Journal of Applied Sciences, 2018. **15**(9): p. 456-463.
525. Zhao, S., et al., *Target Sequence Optimization for Multiple Debris Rendezvous Using Low Thrust Based on Characteristics of SSO.* Astrodynamics, 2017. **1**(1): p. 85-99.
526. Murtaza, A., et al., *Orbital Debris Threat for Space Sustainability and Way Forward (Review Article).* Ieee Access, 2020. **8**: p. 61000-61019.
527. Adamopoulos, G., *Optimizing the Space Debris Removal Process: An in-Depth Analysis of Current Debris Removal Technologies.* Journal of Student Research, 2023. **12**(4).
528. Becker, M., I. Retat, and E. Stoll, *Influence of Orbital Perturbations on Tethered Space Systems for Active Debris Removal Missions.* 2015.
529. Mark, C.P. and S. Kamath, *Review of Active Space Debris Removal Methods.* Space Policy, 2019. **47**: p. 194-206.
530. Алпатов, А.П. and Y.M. Holdshtein, *Assessment Perspectives for the Orbital Utilization of Space Debris.* Kosmìčna Nauka Ì Tehnologìâ, 2021. **27**(3): p. 3-12.
531. Rivière, A., *Potential Export Control Challenges and Constraints for Emerging Space Debris Detection and Removal Technologies: The Case of on-Orbit Collision.* Advances in Astronautics Science and Technology, 2020. **3**(2): p. 105-114.
532. Yang, C., et al., *Big Earth Data Analytics: A Survey.* Big Earth Data, 2019. **3**(2): p. 83-107.

Index

A

Abgasgeschwindigkeit, 167, 247, 248
Ablative Materialien, 103
Aerodynamik, 27, 122, 189, 363, 368, 444, 446
Aerodynamische Stabilität, 82
Aluminiumlegierungen, 93, 96, 97, 98, 99, 101, 108, 111, 113, 121, 151, 398
Aluminiumpulver, 196
Ammoniumnitrat, 197
Ammoniumperchlorat, 196, 197, 202, 425
Antriebssystem, 20, 53, 85, 99, 126, 130, 131, 148, 149, 151, 152, 162, 167, 174, 198, 247, 319, 328, 330, 334, 336, 347, 355, 392, 433
Apogäum, 53
Ariane 5, 26, 74, 100, 164, 174, 175, 177, 178, 186, 218, 310, 317, 377, 385, 396, 397
Ariane 6, 178, 307, 310, 367, 396, 397
Arianespace, 26, 178, 186, 406
Artemis-Programm, 20, 86, 123, 185, 304
Atlas V, 25, 83, 84, 85, 86, 100, 164, 177, 178, 190, 226, 293, 312, 317, 377, 379, 396, 403
Ausströmgeschwindigkeit, 41, 42, 43, 45, 46, 53, 253, 255, 260, 263, 264, 265
Austrittsgeschwindigkeit, 9, 10, 41, 245
Avionik, 28, 104, 108, 267, 302, 304, 305, 306, 307, 308, 311, 312, 313, 318, 323, 326, 330, 333, 334, 338, 340, 341, 345, 347, 350, 354, 357, 379, 461

B

Bergungssysteme, 154
Bipropellant, 53, 219, 377
Blue Origin, 23, 25, 26, 27, 31, 79, 163, 180, 182, 183, 190, 215, 218, 226, 304, 307, 312, 329, 332, 358, 367, 368, 404, 405, 407, 408, 410, 415, 420, 422, 425, 463, 465
Boosterstufe, 154
Brenndauer, 171, 176, 198, 204, 206, 207, 208, 237, 317
Brennkammer, 47, 48, 51, 61, 67, 78, 79, 82, 85, 126, 127, 128, 157, 174, 198, 199, 210, 211, 212, 213, 214, 220, 222, 223, 224, 225, 226, 227, 228, 230, 231, 232, 233, 234, 235, 236, 242, 243, 244

C

CNSA, 376, 463

D

Delta IV Heavy, 68, 164, 403, 459
Delta-v, 42, 43, 44, 45, 52
Distickstoffmonoxid, 242
Druckpunkt, 135, 136
Drucksysteme, 158, 211, 342, 353, 354, 356, 357
Düse, 33, 37, 47, 48, 50, 53, 61, 79, 82, 85, 99, 127, 136, 198, 199, 200, 204, 209, 210, 212, 213, 215, 225, 227, 230, 231, 235, 245, 381, 427, 435

E

Electron-Rakete, 123, 153, 155, 217, 225, 405
Endgeschwindigkeit, 166, 171
ESA, 22, 24, 130, 133, 158, 176, 187, 256, 269, 296, 297, 307, 310, 314, 360, 367, 372, 375, 376, 377, 378, 379, 394, 428, 463
Expansionsverhältnis, 227

F

Falcon 9, 9, 17, 22, 26, 30, 46, 47, 61, 65, 68, 72, 77, 83, 98, 99, 100, 103, 108, 118, 119, 126, 136, 144, 145, 150, 152, 153, 154, 156, 157, 161, 163, 164, 180, 182, 183, 186, 190, 211, 215, 217, 219, 221, 225, 293, 304, 307, 309, 311, 316, 320, 333, 335, 337, 341, 342, 345, 346, 347, 353, 378, 379, 384, 392, 396, 403, 415, 416, 418, 420, 422, 443, 448, 459, 460, 489
Falcon Heavy, 9, 26, 75, 76, 77, 78, 177, 180, 217, 221, 225, 346, 355, 358, 377, 378, 385, 397, 404, 415, 416, 419, 459
Feststofftreibstoff, 50, 76
Festtreibstoff, 51, 52, 67, 86
Finite-Elemente-Analyse (FEA), 110, 114, 116, 151, 368
Firefly Aerospace, 459
Fluchtgeschwindigkeit, 37, 40, 74, 76, 376, 377
Flüssiger Wasserstoff, 169
Flüssigtreibstoff, 8, 10, 67, 71, 78, 334

G

Gehäuse, 104, 123, 198, 204, 208, 209, 295
Gewichtsoptimierung, 105, 109
GPS-Navigation, 307
Grenzschicht, 201, 222, 227, 239, 240, 241

H

Hauptbrennkammer, 175, 225, 226
Heckflossen, 82, 83
Hybridrakete, 232, 236, 237, 242, 244
Hydrazin, 48, 49, 211, 219, 390, 425
Hypergole Treibstoffe, 49

I

Injektorplatte, 220
Ionentriebwerk, 129, 130, 248
Isogrid-Struktur, 114, 115

J

JAXA, 53, 463

K

Kammerdruck, 198, 199, 204, 222, 225, 231, 235, 236, 238, 244
Kohlenstofffaser, 111
Kryogene Treibstoffe, 49, 218

L

Langer Marsch 5, 177, 178
LauncherOne, 164
Leitsystem, 83, 135, 210, 267
Luftwiderstand, 34, 35, 39, 41, 45, 60, 61, 67, 69, 70, 71, 76, 80, 83, 100, 107, 108, 110, 121, 149, 152, 164, 170, 184, 212, 217, 363, 364, 367

M

Massenstromrate, 43, 205, 248, 260, 263, 264
Materialermüdung, 108, 118, 119, 120, 121, 158
Mehrstufige Rakete, 22, 34, 41, 44, 46, 61
Metalllegierungen, 28
Missionszuverlässigkeit, 290, 320, 443
Monomethylhydrazin, 219, 390
Monopropellant, 47, 48, 49, 50, 53, 425

N

NASA, 9, 11, 14, 18, 20, 21, 22, 23, 24, 27, 31, 54, 57, 62, 65, 66, 70, 75, 77, 86, 87, 88, 93, 115, 123, 130, 133, 134, 136, 157, 158, 165, 175, 176, 178, 180, 185, 189, 190, 191, 192, 251, 253, 257, 259, 268, 269, 270, 271, 272, 273, 284, 285, 292, 294, 297, 300, 304, 307, 309, 311, 314, 315, 316, 317, 320, 324, 326, 327, 329, 330, 331, 334, 336, 338, 340, 341, 342, 343, 348, 349, 355, 358, 361, 366, 367, 368, 372, 373, 374, 375, 376, 377, 378, 379, 380, 381, 382, 383, 384, 385, 394, 406, 408, 412, 425, 428, 431, 436, 438, 439, 440, 455, 457, 460, 463, 464, 470, 471, 481, 490
Neutron-Rakete, 405
New Glenn, 23, 25, 182, 358, 367, 368, 405
New Shepard, 25, 26, 31, 163, 180, 182, 190, 215, 226, 304, 307, 312, 313, 332, 358, 367, 405, 408, 420, 422
Northrop Grumman, 164, 188, 190, 192, 450, 465
Nuklearthermischer Antrieb, 55

Grundlagen des Raketenbaus und der Konstruktion

Nutzlastintegration, 345, 348, 404, 405, 460
Nutzlastmasse, 43, 160, 253, 377
Nutzlastoptimierung, 110
Nutzlastraum, 121
Nutzlastverhältnis, 170, 171, 350
Nutzlastverkleidung, 84, 85, 100, 103, 120, 121, 146, 147, 156, 333, 338, 348, 349, 350, 364, 367, 396

O

Oberstufe, 62, 85, 86, 156, 174, 175, 176, 182, 203, 338, 345, 350, 403
Oxidator, 34, 47, 48, 50, 51, 52, 67, 71, 79, 85, 89, 126, 127, 128, 157, 162, 196, 198, 202, 211, 212, 213, 214, 218, 219, 220, 221, 224, 227, 229, 230, 231, 232, 233, 234, 236, 237, 238, 239, 241, 242, 244, 303, 347

P

Plasmaantrieb, 266
Präzisionsbearbeitung, 327, 345, 458
Proton-Rakete, 179

R

Raketendüse, 40, 67, 210, 213
Raketendynamik, 35
Raketengleichung, 4, 8, 41, 42, 43, 44, 45, 46, 160, 167, 168
Raketenmontage, 341
Raketenstufung, 149, 150, 151
Raketentreibstoff, 212, 216
Raketentriebwerk, 33, 36, 37, 79, 212, 222, 224, 418
Raumfahrzeugdesign, 272, 409
Raumfahrzeugkonstruktion, 253
Redundanzsysteme, 293
Relativity Space, 26, 463, 466
Reynolds-Zahl, 241
Rocket Lab, 31, 92, 99, 123, 153, 155, 163, 164, 217, 225, 396, 404, 405, 443, 448, 459, 463, 466
Roscosmos, 24, 186, 190
RP-1, 67, 71, 72, 77, 80, 85, 126, 127, 169, 192, 211, 212, 216, 217, 218, 219, 425

S

Schub, 3, 21, 22, 33, 34, 35, 36, 38, 39, 40, 41, 42, 43, 44, 45, 46, 47, 48, 50, 51, 52, 53, 54, 55, 56, 57, 58, 60, 61, 66, 67, 68, 71, 72, 73, 74, 75, 76, 78, 79, 80, 81, 85, 86, 88, 93, 95, 107, 114, 126, 127, 128, 129, 130, 131, 132, 149, 151, 157, 158, 162, 167, 168, 170, 171, 172, 175, 192, 195, 196, 198, 199, 201, 202, 203, 204, 205, 206, 207, 210, 212, 213, 214, 215, 217, 218, 220, 224, 225, 226, 227, 229, 230, 231, 235, 236, 237, 244, 245, 246, 247, 248, 249, 250, 251, 253, 254, 255, 256, 257, 258, 259, 260, 261, 262, 263, 264, 265, 266, 305, 308, 315, 316, 320, 334, 338, 340, 361, 362, 368, 378, 380, 381, 382, 385, 390, 395, 396, 397, 400, 403, 418, 419, 427, 428, 430, 432, 433, 434, 435, 444, 445
Schubkraft, 14, 36, 39, 40, 41, 43, 57, 77, 107, 136, 152, 167, 198, 252, 330, 355, 357
Schubregelung, 47, 195, 215, 421
Schubvektorsteuerung, 145, 210, 290, 292, 307, 309, 311, 312, 320, 419, 421
Schwerpunkt, 64, 95, 107, 111, 135, 136, 274, 280, 287, 288, 362, 408, 442
Seitenbooster, 77
Sojus-Rakete, 176, 186, 219, 379, 407
SpaceX, 9, 13, 17, 18, 19, 20, 22, 23, 25, 26, 27, 30, 31, 46, 47, 61, 65, 68, 72, 76, 77, 78, 80, 81, 83, 91, 92, 98, 99, 100, 102, 103, 108, 109, 118, 119, 122, 123, 126, 136, 144, 145, 147, 149, 150, 153, 154, 155, 156, 157, 161, 163, 164, 165, 173, 180, 181, 182, 183, 184, 185, 186, 189, 190, 193, 211, 214, 215, 217, 218, 219, 221, 225, 226, 293, 304, 307, 308, 309, 310, 311, 314, 316, 320, 328, 329, 330, 331, 333, 335, 337, 339, 341, 342, 344, 345, 346, 347, 352, 353, 355, 358, 359, 366, 368, 377, 378, 379, 380, 381, 382, 384, 385, 391, 392, 396, 397, 398, 403, 404, 405, 406, 407, 408, 409, 415, 416, 417, 418, 419, 420, 421, 422, 425, 443, 448, 459, 460, 463, 464, 465, 468, 469
Spezifischer Impuls, 33, 58, 260
Starship, 18, 19, 20, 22, 23, 27, 30, 98, 102, 109, 119, 123, 161, 163, 164, 165, 173, 180, 181, 182, 184, 185, 186, 189, 190, 193, 226, 308, 310, 345, 346, 347, 359, 366, 368, 380, 382, 404, 408, 409, 416, 417, 425, 460

Startschub, 168
Steuerflächen, 61, 82, 83, 119, 122, 144, 268, 305, 364, 365
Stickstofftetroxid, 48, 210, 211, 212
Stoßdämpfer, 158
Strukturelles Design, 262
Superlegierungen, 96, 103, 111

T

Terran 1, 26
Torsionslasten, 115
Treibstoff, 21, 33, 35, 36, 37, 41, 42, 43, 44, 45, 46, 47, 48, 50, 51, 53, 54, 55, 60, 61, 66, 67, 71, 74, 75, 76, 78, 79, 80, 82, 85, 89, 99, 104, 107, 110, 121, 127, 129, 132, 133, 136, 149, 150, 152, 157, 160, 162, 166, 167, 168, 170, 172, 174, 175, 184, 191, 198, 203, 204, 205, 208, 209, 210, 212, 215, 217, 220, 221, 224, 225, 226, 227, 228, 236, 247, 248, 303, 334, 343, 347, 353, 354, 358, 360, 377, 386, 392, 417, 419, 428, 430
Treibstoffeffizienz, 8, 41, 81, 82, 100, 110, 129, 133, 148, 151, 152, 171, 330, 421, 444, 447
Treibstofftanks, 22, 34, 37, 66, 67, 68, 71, 73, 76, 85, 94, 96, 99, 101, 102, 103, 106, 109, 114, 115, 117, 119, 123, 126, 149, 151, 154, 156, 158, 326, 327, 330, 332, 335, 336, 337, 345, 347, 352, 354, 356, 357, 425, 446, 448
Treibstoffverbrennung, 38, 225
Triebwerkszyklus, 227, 228, 235
Trockenmasse, 160, 167, 225, 248
Turbomaschinen, 225

U

Überschallgeschwindigkeit, 33, 79, 127, 417

V

Vakuumtests, 384
Vega-Rakete, 202
Verbundwerkstoffe, 22, 26, 96, 97, 106, 111, 112, 116, 209, 327, 329, 347, 398, 423, 458, 461
Verstärkter Kohlenstoff-Kohlenstoff, 102
Vibrationsdämpfung, 147
Virgin Orbit, 164
Vulcan Centaur, 25, 183

W

Wärmeabfuhr, 176, 233
Wärmedämmung, 103
Wärmeleitung, 158, 232, 234, 235
Wärmestrom, 300
Wärmeübertragung, 89, 104, 199, 227, 235, 239, 242

Z

Zünder, 198, 214, 230, 357
Zwischenstufe, 85, 230, 338

www.ingramcontent.com/pod-product-compliance
Lightning Source LLC
Chambersburg PA
CBHW060503300426
44112CB00017B/2537